Spezialgebiete der

Gasdynamik

Schallnähe, Hyperschall, Tragflächen, Wellenausbreitung

K. Oswatitsch

Springer-Verlag
Wien New York

Prof. Dr. KLAUS OSWATITSCH
Vorstand des Institutes für Strömungslehre
der Technischen Universität Wien, Österreich,
Ehemaliger Direktor des Institutes für Theoretische Gasdynamik
der DFVLR, Aachen, Bundesrepublik Deutschland

Softcover reprint of the hardcover 1st edition 1977

Library of Congress Cataloging in Publication Data. Oswatitsch, Klaus. Spezialgebiete der Gasdynamik. 1. Aerodynamics. 2. Gas dynamics. I. Title. QA 930.083. 533'.01'51. 77-22302

Mit 161 Abbildungen

ISBN-13:978-3-7091-8441-7 e-ISBN-13:978-3-7091-8440-0
DOI: 10.1007/978-3-7091-8440-0

Vorwort

Im Rahmen der Gasdynamik ist eine Reihe von Spezialgebieten entstanden, die in einem allgemeinen Lehrbuch nicht mehr in ausreichender Breite und Tiefe behandelt werden können und denen daher dieser gesonderte Band gewidmet ist. Das Hauptgewicht wird darin auf eine möglichst verständliche Analyse der wichtigsten Phänomene gelegt, nicht aber auf eine vollständige Wiedergabe der gängigen Methoden. Von diesen wird nur die eine oder andere verwendet, im übrigen wird mit einer kurzen Erläuterung auf die Literatur verwiesen.

Bei Steigerung der Machzahlen stationärer Strömungen begegnet man den ersten ernsteren Schwierigkeiten beim gleichzeitigen Auftreten der in ihren Eigenschaften so grundlegend verschiedenen Strömungsformen bei Unter- und Überschallgeschwindigkeit. Im ersten Teil werden daher diese sogenannten schallnahen Strömungen behandelt. Am ausgeprägtesten treten die Probleme hier bei der ebenen, stationären Strömung zutage. Ihr ist daher eine Reihe von Kapiteln gewidmet, wobei die leistungsfähige Rheographenmethode von Sobieczky wiederholt herangezogen wird. Anschließend werden achsensymmetrische und räumliche Strömungen bearbeitet. Dabei findet der Äquivalenzsatz seine besondere Beachtung.

Der zweite Teil umfaßt die Hyperschallströmung, also den Bereich sehr hoher Machzahlen. Die Probleme liegen hier etwas einfacher, da selbst bei stumpfen Körpern in der Newton- und Busemann-Näherung sehr einfache, brauchbare Verfahren zur Verfügung stehen. Für höhere Genauigkeitsansprüche wird die Methode von W. Schneider dargelegt.

Der dritte Teil ist der räumlichen stationären Strömung gewidmet, vor allem den Tragflächen in reiner Unterschall- oder reiner Überschallströmung. Hier kann die lineare gasdynamische Gleichung mit den dazugehörigen Singularitätenmethoden angewendet werden. Die wesentliche Entwicklung erfolgte hier bereits vor rund 30 Jahren. Größere Teile der Darstellung sind dem älteren Buch [•11] entnommen. Die Hauptaufgabe in diesem Gebiet besteht in der Entwicklung des erforderlichen mathematischen Rüstzeuges. Die Behandlung der Tragflächen in Überschallströmung führt bereits zu Problemen der räumlichen Wellenausbreitung und damit zu Problemen, wie sie ausführlicher im letzten Teil behandelt werden.

Während in der Aerodynamik der Tragflächen und somit im vorangegangenen Teil im wesentlichen die Geschwindigkeits- und Druckverteilungen auf der Flügeloberfläche interessieren, werden in der ersten Hälfte des vierten Buchteiles die stehenden Wellen behandelt, die an einem mit Überschallgeschwindigkeit angeblasenen Flügel im Raume auftreten. Dies führt bereits im Linearisierungsgebiet der gasdynamischen Gleichung zu interessanten Aufgaben, die mittels der Gaußschen Flächentheorie gelöst werden. Zur richtigen Darstellung der Wellenfronten in größerer Entfernung vom Flügel und — bei schallnahen Kanten — selbst in unmittelbarer Kantenumgebung muß über die lineare akustische Theorie hinausgegangen werden. Zur Lösung wird hier und im folgenden das analytische Charakteristikenverfahren herangezogen. Die zweite Hälfte des vierten Teiles ist den instationären Wellenausbreitungsvorgängen bei zwei räumlichen Veränderlichen gewidmet, also instationären Wellen bei ebener oder achsensymmetrischer Strömung. Dazu muß zunächst die akustische Theorie hergeleitet werden. Abschließend werden mittels der analytischen Charakteristikentheorie typische Beispiele beim Auftreten schwacher instationärer Stöße behandelt. Die Berechnung allgemeiner flächenförmiger Wellenfronten in diesem Teil ist in der Buchliteratur wohl neu.

Die Darstellung wurde so gewählt, daß das Werk auch ohne mein Grundlagenbuch, [•13], verwendet werden kann. Auf S. 369 und 370 sind die erforderlichen Gleichungen aus [•13] zusammengestellt, die in ähnlicher Weise aber auch in den anderen Fachbüchern zu finden sind.

Nicht aufgenommen wurden die Vorgänge der Reibungsschichten und des Wärmeüberganges. Diese werden besser gemeinsam mit den entsprechenden eng verwandten Problemen der inkompressiblen Strömung in eigenen Lehrbüchern behandelt. Im Buchverzeichnis von [·13] sind einige dieser Fachbücher erwähnt: [·18], [·26], [·40], [·45]. Auch für das ausgedehnte Gebiet des Flügelflatterns sei auf Spezialwerke verwiesen, die unter Umständen auch die Fragen der Aeroelastizität mit umfassen, [·2], [·6], [·10], [··21]. Selbst im Themenkreis des vorliegenden Werkes war eine gewisse Umfangsbeschränkung erforderlich. Zur Ergänzung sind auf S. 371—373 weitere einschlägige Spezialwerke zitiert.

Es bedarf wohl kaum einer Erwähnung, daß ich verschiedene Teile des Buches erst nach intensiver Diskussion mit Mitarbeitern geschrieben habe. Dies kommt in entsprechender Namensnennung im Text zum Ausdruck. Vorweg habe ich aber dem Verlag und vor allem seinem Leiter, Direktor Dr. W. Schwabl, für das verständnisvolle Eingehen auf meine Wünsche und für die ausgezeichnete Ausstattung des Werkes zu danken. Von meinen ständigen Mitarbeitern möchte ich wie im vorangegangenen Werk vor allem jenen danken, die die verantwortungsvolle Aufgabe der Korrektur auf sich genommen haben, nämlich Dr. W. Koch, Dr. P. Niederdrenk, Dr. H. S. Schwarze und Dipl.-Math. R. Schwarzenberger.

Mein ganz besonderer Dank richtet sich aber wieder an meinen Wiener Mitarbeiter Dipl.-Ing. M. Horvat, der abermals die Redaktion in selbständiger Weise übernommen und mich in vielen Details beraten hat. Er hat zum erfolgreichen Abschluß der „Grundlagen" wie der „Spezialgebiete" der Gasdynamik einen entscheidenden Beitrag geliefert.

Wien, im Sommer 1977 KLAUS OSWATITSCH

Inhaltsverzeichnis

I. Stationäre, reibungsfreie, schallnahe Strömung

1. Vorbemerkung

Mit dem Wort „Schallnähe“ sei alles umfaßt, was das Wort selbst bereits ausdrückt. Es ist dabei nicht erforderlich, daß die gesamte Strömung Machsche Zahlen nahe an $M = 1$ aufweist. Schon das Erreichen oder Überschreiten der kritischen Geschwindigkeit an einer einzigen Stelle bei sonst tiefen Unterschallgeschwindigkeiten oder hohen Überschallgeschwindigkeiten genügt, um die Strömung in den Problemkreis dieses Teiles einzuordnen. Freilich wird in der Praxis nur dann auf die besonderen Erscheinungen Rücksicht zu nehmen sein, wenn die schallnahe Strömung einen wesentlichen Teil der betrachteten Strömung ausmacht. Denn genau genommen überschreitet die Geschwindigkeit auch bei niedrigster Machzahl der Anströmung an einer konvexen Kante stets den Wert $M^* = 1$, und es befindet sich auch in der praktischen Ausführung an der Spitze jedes noch so schnell fliegenden Geschosses ein lokales Unterschallgebiet. Doch werden solche Erscheinungen nur dann der „schallnahen Strömung“ zuzuzählen sein, wenn man sich ganz speziell für die Vorgänge in diesen für die Gesamtströmung unbedeutenden Teilgebieten interessiert.

Zumeist werden in der Literatur Vorgänge behandelt, bei welchen die Geschwindigkeit in allen Teilen schallnahe ist. Dann wird die kritische Geschwindigkeit bereits bei kleinen Geschwindigkeitsstörungen durchschritten. Das erleichtert nicht nur die Behandlung der Aufgaben etwas, sondern entspricht auch weitgehend den praktischen Erfordernissen, weil kleine Störungen auch im allgemeinen mit kleinen Widerständen verbunden sind.

Der Begriff der „Schallnähe“ deckt sich weitgehend mit dem, was im angloamerikanischen Sprachgebrauch mit „transonic“ (richtiger trans-sonic) bezeichnet wird. Dabei ist ein Durchschreiten der Schallgeschwindigkeit nicht unbedingt erforderlich. Besonders bei Überschallgeschwindigkeit zeigen sich die Effekte der Schallnähe schon deutlich, wenn die Schallgeschwindigkeit an den Stellen geringster Geschwindigkeit auch nur erreicht wird. In Anlehnung an die internationale Bezeichnungsweise spricht man auch im Deutschen von „transsonischer Strömung“.

Im Gegensatz zu anderen Gebieten muß man sich bei schallnaher Strömung trotz der großen Bedeutung, welche diesem Problemkreis zukommt, mit verhältnismäßig bescheidenen Ergebnissen begnügen. Es ist anzunehmen, daß noch wesentliche Fortschritte erzielt werden, so daß nur das berichtet werden soll, wo das Resultat den Aufwand einigermaßen rechtfertigt. Darüber hinaus sei dem Forschenden ein Bild über die bisher beschrittenen Wege gegeben und im übrigen auf die Spezialwerke und Monographien verwiesen.

Zwei Problemkreise stehen bei schallnaher Strömung im Vordergrund, jener des in Unterschallströmung eingebetteten *lokalen Überschallgebietes* und jener des in Überschallströmung eingebetteten *lokalen Unterschallgebietes.* Das erstere erscheint in Unterschallströmungen an Stellen höchster Geschwindigkeit, wenn die mittlere Geschwindigkeit ein gewisses Maß überschreitet. Lokale Unterschallgebiete dagegen treten vor allem an Profil- und Körpernasen bei nicht zu hoher Überschallanströmung auf, selbst wenn die Nasen spitz sind.

Ein weiteres wichtiges Problem bildet das Durchschreiten der Schallgeschwindigkeit auf allen Stromlinien, wie es in der engsten Stelle einer beschleunigt durchströmten Lavaldüse auftritt. Auch die Umströmung eines Profiles oder eines Körpers bei Schallgeschwindigkeit in der Anströmung, $M_\infty = 1$, liefert dafür Beispiele.

2. Überblick über das Umströmungsproblem, Einflüsse und Abhängigkeiten

Das allgemeine Verhalten der schallnahen Umströmung eines Körpers läßt sich am besten an der Umströmung eines schlanken Profiles studieren. Die typischen Eigenschaften einer gemischten Unterschall-Überschallströmung treten bei ebener Strömung am stärksten hervor. Dabei handelt es sich keineswegs um den Fall geringster, sondern um den Fall ausgeprägtester transsonischer Problematik. Die Anschaulichkeit ist darüber hinaus bei ebener stationärer Strömung am größten. Dagegen wird bei räumlicher Strömung der Übergang von Unterschall- zu Überschallgeschwindigkeit durch die Möglichkeit des Ausweichens in eine dritte Dimension gemildert. Das geht beim Auftriebsproblem angestellter Rotationskörper oder angestellter Flügel kleiner Streckung so weit, daß die Querkräfte in erster Näherung sogar im Rahmen linearer Theorie erfaßt werden können.

Die ebene Strömung um ein nichtangestelltes, schlankes Profil läßt sich durchaus verstehen, wenn sich auch der Berechnung erhebliche Schwierigkeiten entgegenstellen. Sie sei daher zur Diskussion der verschiedenen Typen schallnaher Strömung herangezogen. Das Profil sei dabei als vorne und auch hinten zugespitzt angenommen, um bei Überschall-Anströmung, $M_\infty > 1$, den Anschluß an reine Überschallströmung herstellen zu können. Die noch wenig durchgearbeitete, allerdings äußerst wichtige Strömung am angestellten oder gewölbten Profil wird erst in den nächsten Abschnitten untersucht. Die verschiedenen Strömungsformen seien in der durch ansteigende Machzahl der Anströmung M_∞ gegebenen Reihenfolge erläutert.

Nach Überschreiten der *unteren kritischen Machzahl* M_∞, d. i. jene Machzahl der Anströmung $M_\infty < 1$, bei der in *einem* Punkt am Profil Schallgeschwindigkeit gerade erreicht wird, bildet sich in der Umgebung des Dickenmaximums ein „lokales Überschallgebiet" aus. Die Geschwindigkeitsverteilung in diesem untersten schallnahen Bereich scheint sich im allgemeinen nur wenig von der reinen Unterschallströmung zu unterscheiden, indem die Geschwindigkeit in der Umgebung des Dickenmaximums eine nun im Überschallbereich liegende Maximalgeschwindigkeit erreicht und danach gegen das Körperende zu wieder abnimmt. Für solche Strömungsformen werden in Abschn. 14 Belegbeispiele gegeben. Die

Form des Überschallgebietes ist in Abb. 1 skizziert. Dort und im folgenden ist die Schallinie stets durch eine mit Kreuzen durchbrochene Kurve gekennzeichnet.

Ein solches „stetiges lokales Überschallgebiet" enthält bereits die exakte Lösung von RINGLEB, Abb. VI,21 in [•13]. Die Schallinie ist dort ein Kreis. Die Strömung ist im Unendlichen nicht parallel, sondern um 180° umgelenkt. Es besteht aber kein Zweifel daß die Ringleb-Lösung oder eine verwandte Lösung, vgl. Abschn. 14, in eine geeignete Parallelströmung eingebettet werden kann.

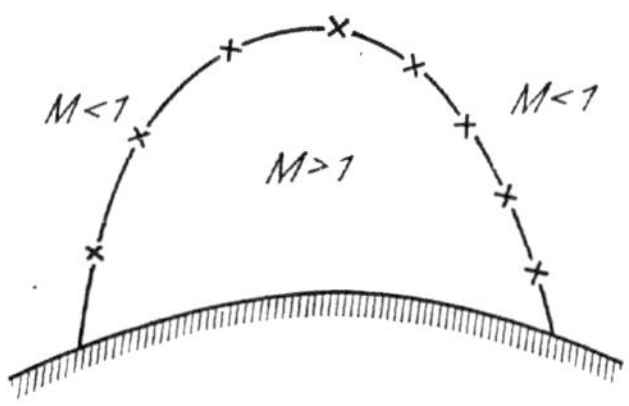

Abb. I,1. Stoßfreies lokales Überschallgebiet.

Bei unerlaubter Anwendung der Prandtl-Regel über die untere kritische Machzahl hinaus würden ebenfalls derartige lokale Überschallgebiete auftreten. Schon G. I. TAYLOR [1] hat durch Störung des Potentialwirbels ähnliche stetige lokale Überschallgebiete in Unterschallströmung erzeugt.

Die Strömung in einem derartigen Übergeschwindigkeitsgebiet in der Umgebung der dicksten Stelle eines Körpers ist dadurch gekennzeichnet, daß die Verdrängung durch das Profil durch Erhöhung der Geschwindigkeit an der Profiloberfläche kompensiert wird. Dieser Mechanismus funktioniert jedoch im wesentlichen nur im Unterschallbereich, weil nur dort eine Erhöhung der Stromdichte durch eine Erhöhung der Geschwindigkeit erzielt werden kann. Allerdings liegt bei geringer Überschallgeschwindigkeit die örtliche Stromdichte noch immer über der Stromdichte der Anströmung. Begnügt man sich mit der sehr guten Näherung der Stromdichtekurve in der Umgebung der kritischen Geschwindigkeit durch eine Parabel, so wird die Anström-Stromdichte am Geschwindigkeitmaximum erreicht, wenn folgendes gilt, vgl. etwa Gl. (3):

$$W_{\max} - c^* = c^* - u_\infty .$$

Erst wenn die auf diese Weise begrenzte höchste Geschwindigkeit am Profil überschritten wird, kann die Verdrängungswirkung des Körpers nicht mehr durch eine weitere Steigerung der Anström-Geschwindigkeit in den Überschallbereich hinein kompensiert werden. In der Nähe dieser Grenze muß demnach die Geschwindigkeitsverteilung vom Unterschalltypus aufhören zu existieren.

Dabei darf nicht angenommen werden, daß das eben besprochene Überschallgebiet völlig stoßfrei ist. Es ist nur vorausgesetzt, daß keine „wesentlichen Unstetigkeiten" auftreten, d.h. keine Stöße mit Geschwindigkeitssprüngen in der Größenordnung der in der Strömung auftretenden Geschwindigkeitsschwankungen. Es muß zugelassen werden, daß im allgemeinen schwache Sprungstellen im Überschallgebiet vorhanden sind.

Schon in [•13] Abschnitt IX,44 wurde gezeigt, daß eine reine stetige Überschallströmung im allgemeinen keine stetige Nachbarlösung besitzt. Dasselbe muß von lokalen Überschallgebieten angenommen werden. Wenn es also auch gelingt, für eine bestimmte Unterschallanströmung $M_\infty < 1$ Profile mit völlig stetigen Überschallgebieten zu entwickeln, woran heute nicht mehr zu zweifeln ist, so werden diese Profile bei geringen Änderungen der Anströmmachzahl M_∞ oder der Kontur sofort Stöße aufweisen, die jedoch aerodynamisch unwesentlich sein können, und unter Umständen nur mit sehr genauen Methoden nachzuweisen sind.

Freilich sind auch *spezielle* stetige Nachbarlösungen nicht ausgeschlossen. Man erhält sie beispielsweise, wenn die Profilform gleichzeitig mit M_∞ derart geändert wird, daß man von einer stoßfreien Lösung zu einer anderen stoßfreien Lösung gelangt.

Die hier angedeutete Problematik wurde des öfteren mißverstanden, woraus dann die sogenannte *Transsonische Kontroverse* entstand. Es wird nicht behauptet, daß es keine stoßfreien lokalen Überschallgebiete gibt, sondern nur, daß diese im allgemeinen keine stoßfreien Nachbarlösungen besitzen. Diese stoßbehafteten Nachbarlösungen brauchen jedoch, wie oben dargelegt, keine wesentlichen Stöße aufzuweisen, wie sie bei dem im folgenden besprochenen Typus aufscheinen, etwa in Abb. 2. Es kann sich bei den Nachbarlösungen durchaus um kleine, aerodynamisch unwesentliche Unstetigkeiten handeln. Im übrigen muß zu diesem Thema auf die einschlägigen Spezialwerke verwiesen werden [•5], [•7].

Nach Überschreiten der für die im wesentlichen stetigen Überschallgebiete gegebenen Grenze der Anströmmachzahl M_∞ machen sich im Überschallgebiet die typischen Überschalleigenschaften bemerkbar. Bei lokalen Überschallgebieten ist zwar eine begrenzte Wirkung stromaufwärts möglich, indem sich der Einfluß einer im Überschallbereich gelegenen Störung, Abb. 2, längs einer linkslaufenden Machlinie bis zur Schallinie oder bis zum Stoß ausbreitet, und von dort überall hin, also auch in die Unterschallströmung stromaufwärts ausstrahlt. Diese Wirkung muß jedoch um so kleiner sein, je ausgedehnter das lokale Überschallgebiet ist. Wegen des stark herabgesetzten Einflusses stromauf wirkt eine Abnahme der Oberflächenneigung im Überschallgebiet qualitativ gleich wie in reiner Überschallströmung als Vergrößerung des Stromfadenquerschnittes und folglich als

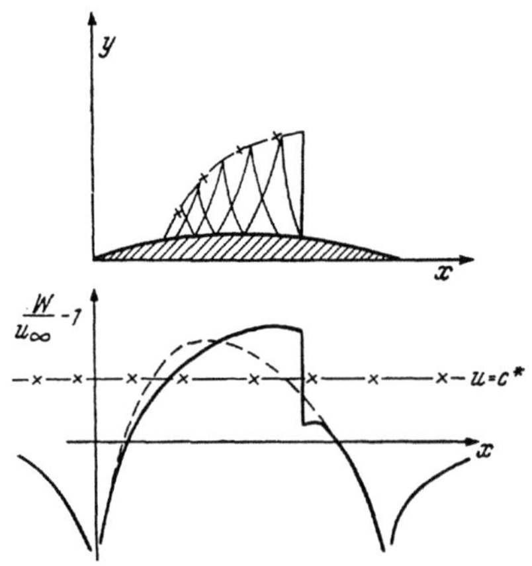

Abb. I,2. Lokales Überschallgebiet mit Stoß; — — — stoßfreie Geschwindigkeitsverteilung.

Beschleunigung der Strömung. Der wesentliche Unterschied gegenüber der reinen Überschallströmung besteht nur darin, daß dort die Beschleunigung aus einem Verzögerungsgebiet heraus erfolgt, das durch die Profilspitze in der Überschallströmung erzeugt wurde. Im vorliegenden Fall dagegen erfolgt die Beschleunigung ganz ähnlich wie bei einer Lavaldüse aus dem kritischen Zustand heraus. Bei den auf diese Weise entstandenen Übergeschwindigkeiten ist die Rückkehr zur Unterschallströmung in der Umgebung des hinteren Staupunktes nur mehr in Form eines im wesentlichen senkrechten Stoßes möglich, weil für eine stetige Abbremsung einfach der Platz fehlt.

Das Aufsetzen des senkrechten Stoßes auf der gekrümmten Wand bildet dabei ein Detailproblem, das in Abschn. 22 gesondert behandelt wird. Auch die Umgebung des Einmündens der Schallinie in das Stoßende bildet ein zweites Detailproblem. Der Strömungszustand ist dort keineswegs so einfach, wie er in der vereinfachten Darstellung hier erscheint. Dieses zweite Problem ist jedoch von geringerer praktischer Bedeutung als das erste.

Die ausgeprägte Verlegung des Geschwindigkeitsmaximums und damit des Soges hinter das Dickenmaximum des Profiles in Abb. 2 hat Widerstand zur Folge, der sich gemäß dem Entropiesatz, Abschnitt V,12 in [•13], energetisch in dem Stoßverlust äußert. Der Verlust im Stoß ist in Schallnähe proportional zur dritten Potenz der Stoßstärke. Die Länge des Stoßes läßt sich als proportional der Stoßstärke abschätzen, so daß der gesamte Entropie- und Widerstandsanstieg im wesentlichen erst mit der vierten Potenz der Stoßstärke beginnt. Der Widerstandsanstieg setzt demnach erst wesentlich verzögert nach Überschreiten der unteren kritischen Machzahl ein.

Es scheint gegenwärtig noch nicht klargestellt zu sein, ob die Form des lokalen Überschallgebietes mit abschließendem Stoß auch in jenem M_∞-Bereich auftreten kann, wo die Existenz von lokalen Überschallgebieten ohne wesentliche Unstetigkeiten angenommen werden darf. In diesem Falle könnten zwei unterschiedliche Strömungsformen nebeneinander existieren. Der mit dem abschließenden Stoß verknüpfte Widerstand wäre in einem solchen Falle derart gering, daß das Problem für den praktischen Aerodynamiker von untergeordneter Bedeutung wäre. Die Existenz zweier Strömungsformen nebeneinander kommt bei gemischten Unterschall-Überschallströmungen durchaus in Betracht. Dies wurde bereits am einfachen Fall der Strömung im Kanal mit zwei Verengungen deutlich, [•13] Abschn. II,12.

Zur Fragestellung nach der Existenz und Mehrdeutigkeit von Lösungen ist im übrigen einiges zu bemerken. Es können mathematische Lösungen existieren, die jedoch physikalisch sinnlos sind, weil sie Verdünnungsstöße aufweisen. Unter den physikalisch sinnvollen kann es wiederum Lösungen geben die mechanisch gegen kleine Störungen instabil sind. Die mittlere Lösung von Abb. II,12 in [•13] liefert dafür ein einleuchtendes Beispiel. Es besteht kein Grund zur Annahme, daß bei ebenen Strömungen nicht ähnliches auftreten kann, wie bei eindimensionalen Kanalströmungen. Unter allen Möglichkeiten interessieren den praktischen Aerodynamiker nur die physikalisch sinnvollen und gleichzeitig mechanisch stabilen Lösungen.

Für den Theoretiker dagegen sind alle Lösungen interessant, und zwar keineswegs so sehr wegen der Eindeutigkeitsfrage, sondern wegen des Auftretens von Lösungen mit Verdünnungsstößen bei den verschiedenen mathematischen Lösungsmethoden. Leider ist es nicht etwa so, daß die physikalisch sinnlosen Strömungsformen mit Verdünnungsstoß gleichzeitig bei der theoretischen Behandlung mathematische Instabilitäten aufweisen und daher gar nicht erst auftreten können. Die Verdünnungsstöße müssen mathematisch-methodisch ausgeschlossen werden, wenn die Lösungsmannigfaltigkeit auf die physikalisch sinnvollen Lösungen beschränkt werden soll.

Die Möglichkeit mehrdeutiger mathematischer Lösungen kann einfach gezeigt werden. Bei einer Umströmung eines Kreisbogenzweieckes mit Stoß, Abb. 3 links, können wie bei allen reibungsfreien Strömungen die Strömungsrichtungen in allen Punkten umgekehrt werden. Das ist gleichbedeutend damit, daß es eine um die Gerade $x = 0{,}50$ in Abb. 3 gespiegelte

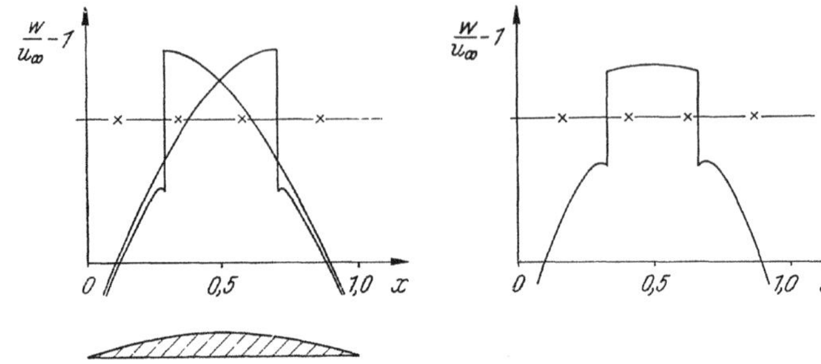

Abb. I,3. Mathematisch mögliche Geschwindigkeitsverteilungen.

Geschwindigkeitsverteilung gibt, bei der das lokale Überschallgebiet mit einem Verdünnungsstoß beginnt. Außerdem gibt es sicher noch eine symmetrische Lösung mit lokalem Überschallgebiet, die mit einem Verdünnungsstoß beginnt und einem Verdichtungsstoß endigt, Abb. 3 rechts, siehe auch Abschnitt 14. Unter Umständen gibt es im unteren transsonischen Bereich anstelle dieser symmetrischen oder neben dieser symmetrischen Lösung eine stetige oder im wesentlichen stetige symmetrische Lösung.

Es ist wahrscheinlich, daß es sogar beliebig viel mathematische Lösungen gibt, wenn beliebig viele Verdünnungsstöße zugelassen werden.

Bei weiterer Annäherung $M_\infty \to 1$ wandert der abschließende Stoß rasch gegen das Körperende und über dieses hinaus. Die Geschwindigkeitsverteilung im Überschallgebiet nimmt am Profil völlig Überschallcharakter an, Abb. 4. Das lokale Überschallgebiet reicht schließlich über das Profilende hinaus. Ein vom Profilende abgehender schiefer Stoß wird hervorgerufen durch den Knick, mit dem das Profil aufhört. Im abschließenden, annähernd senkrechten Stoß wird

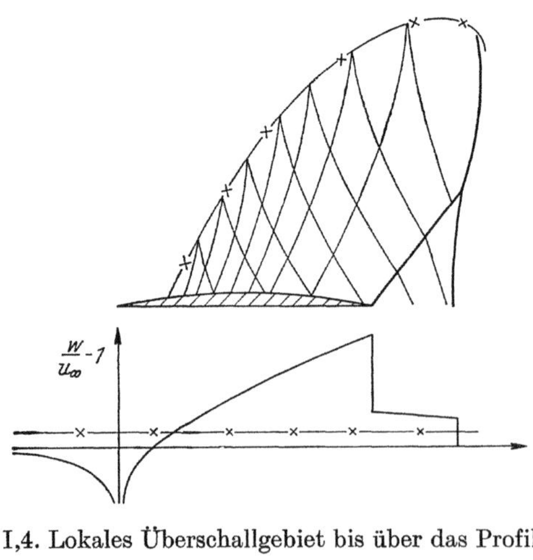

Abb. I,4. Lokales Überschallgebiet bis über das Profilende.

dann die Geschwindigkeit nahezu auf die Anströmgeschwindigkeit zurückgeführt. Die Einmündung des senkrechten Stoßes in die schiefe vom Profil ausgehende Schwanzwelle bildet wieder ein Detailproblem, Abschn. 20.

Der Strömungswinkel auf der Schallinie ist zweifellos am Profil am größten und nimmt dann mit zunehmender Entfernung vom Profil ab, wird aber im vorliegenden Fall nirgends auf der Schallinie mehr wesentlich negativ, wie das etwa in Abb. 1 sehr wohl der Fall ist. Die rechtslaufenden Machlinien, die von der Schallinie ausgehen und am Profil auftreffen, fallen daher nicht wie bei reiner Überschallströmung in der Hodographenebene zusammen. Sie bilden dort einen schmalen rechtslaufenden Streifen. Das gilt selbstverständlich auch für die vereinfachte speziell schallnahe Darstellung des nächsten Abschnittes. Daher entspricht die Beziehung zwischen Oberflächenwinkel und Geschwindigkeit am Profil nur mehr annähernd einer Prandtl-Meyer-Expansion. Weil die auf die abgehende Profilstromlinie beim Strömungswinkel $\vartheta = 0$ auftreffende rechtslaufende Machlinie bei $M = 1$ den Winkel $\vartheta^* > 1$ aufweist, herrscht auch unmittelbar hinter dem Profil Überschallgeschwindigkeit, womit die Voraussetzung für einen abschließenden senkrechten Stoß auf der Achse gegeben ist.

Der zuletzt dargestellte Strömungstypus wird später als die sogenannte *eingefrorene Strömung* erkannt werden. Die Machzahlverteilung in Profilnähe ist hier bereits weitgehend unabhängig von M_∞.

Damit ist die Strömungsform bei $M_\infty = 1$ erreicht. Die Strömung ist durch die Schallinie, Abb. 5, in ein Unterschallfeld stromaufwärts mit Staugebiet und

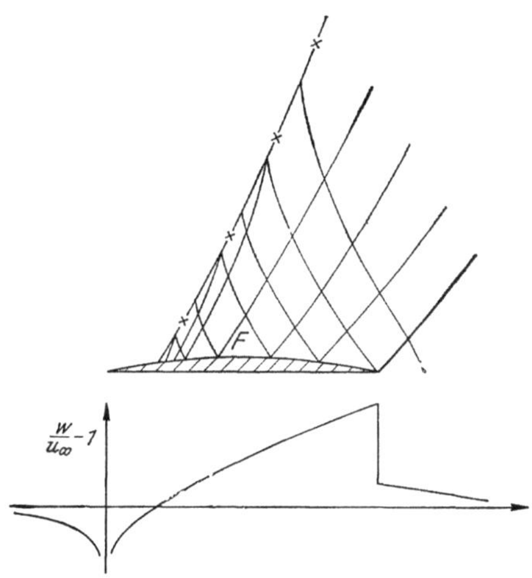

Abb. I,5. Profil bei Schallanströmung, $M_\infty = 1$.

gegebenenfalls Staupunkt, und ein Überschallfeld mit Beschleunigung am Profil und abschließender Schwanzwelle zweigeteilt. Eine Kopfwelle kann erst bei Überschallanströmung auftreten. Die Schwanzwelle dagegen ist in das Überschallfeld eingebettet. Sie erzeugt die dem Widerstand des Körpers entsprechenden Verluste. Der bei $M_\infty < 1$ auftretende abschließende senkrechte Stoß ist bei zunehmender Schwächung stromabwärts abgewandert.

Aus dem Profilteil unmittelbar hinter dem Schalldurchgang wandern linkslaufende Machlinien in die Schallinie hinein. So lange das möglich ist, in Abb. 5 bis zum Punkt F, hat der Körper Einfluß auf das gesamte Staugebiet. Vom Punkt F, dessen Lage erst mit der Lösung des Strömungsproblems bekannt ist, geht eine linkslaufende Machlinie aus, die die Schallinie erst im Unendlichen, also beim Strömungszustand $M = 1$, $\vartheta = \vartheta^* = 0$ erreicht. Diese *Grenzmachlinie* muß gemäß Gl. (13) am Profil von einer Stelle positiver Neigung ausgehen. Der Punkt F liegt folglich vor dem Dickenmaximum. Für die Bestimmung des Unterschallbereiches ist also nur die Profilform vor dem Punkt F von Bedeutung. Ist die Strömung bis einschließlich der Grenzmachlinie bestimmt, so läßt sich die Geschwindigkeitsverteilung am Restprofil mit reinen Überschallmethoden berechnen. Die rechtslaufenden Machlinien bilden in der Hodographenebene einen zwischen den Winkeln ϑ_F und $\vartheta = 0$ gelegenen schmalen rechtslaufenden Streifen. Die Schallinie, die im vorliegenden Fall auch als Kurve verschwindender Geschwindigkeitsstörung angesehen werden kann, liegt stromabwärts von der entsprechenden Kurve ungestörter Strömung bei reiner Unterschallströmung und stromaufwärts von ihrem Gegenstück bei reiner Überschallströmung. Das ist im letzteren Fall die vom Dickenmaximum ausgehende neutrale Machlinie.

Die Existenz einer Körperumströmung bei $M_\infty = 1$ wird gelegentlich deshalb in Frage gestellt, weil die Anströmung bereits das Stromdichtemaximum aufweist, und eine Verdrängung in einer Parallelströmung deshalb nicht mehr möglich wäre. Es handelt sich dabei aber um keine speziell transsonische Problematik. Auch bei inkompressibler Strömung um einen Halbkörper oder gar um eine sich stromabwärts in das Unendliche erstreckende Parabel stößt die Vorstellung, wie die Kontinuitätsbedingung im Unendlichen erfüllt ist auf Schwierigkeiten. Gefordert wird als Randbedingung im Unendlichen in allen diesen Fällen Parallelströmung, eine Randbedingung die umso besser erfüllt ist, je weiter man vom Körper weggeht. Freilich ist die Entfernung bei $M_\infty = 1$ für eine ausreichende Befriedigung der Anströmbedingung wesentlich größer als bei einer Strömung außerhalb des transsonischen Gebietes. Dies macht sich auch sehr unangenehm im Windkanalversuch für den schallnahen Bereich geltend, führt aber für die Theorie zu keiner grundsätzlichen Schwierigkeit.

Hat M_∞ den Wert 1 etwas überschritten, so tritt weit vor dem Profil eine schwache Kopfwelle auf. Der bei zunehmender Unterschallgeschwindigkeit auf der x-Achse abwandernde senkrechte Stoß erscheint also nun von $x = -\infty$ her wieder und rückt mit zunehmender Überschallmachzahl an die Profilspitze heran, wobei er gleichzeitig immer stärker wird. Vorerst ist in Abb. 6 das Unterschallgebiet noch als sehr groß angenommen. Die Lage des Profilpunktes der Schallinie und der Grenzmachlinie, der Punkt F, unterscheidet sich noch kaum von jener bei Schallanströmung, Abb. 5. Die Grenzmachlinie allerdings trifft jetzt gemeinsam mit der Schallinie die Kopfwelle im Schallpunkt C. Die vom Punkt C ausgehende rechtslaufende Machlinie liefert die Einflußgrenze des Unterschallgebietes auf der x-Achse. Der ganze Körper liegt im vorliegenden Fall noch im Einflußschatten des in die Überschallströmung eingebetteten „lokalen Unterschallgebietes".

Mit weiter zunehmender Anströmmachzahl M_∞ rückt der Stoß näher an die Körperspitze heran. Auch der Aufsatzpunkt F der Grenzmachlinie rückt stromaufwärts, das lokale Unterschallgebiet wird zusehends kleiner. Sein Einflußbereich auf der Achse in Abb. 7 ist bereits auf einen Teil des Körpers beschränkt, Punkt G. Da die Stoßpolare bereits im Schallpunkt in der Hodographenebene mit der Charakteristik nahezu zusammenfällt, herrscht hinter dem Punkt G am Profil dieselbe Geschwindigkeitsverteilung, wie in reiner Überschallströmung. Ist der Punkt G, wie in Abb. 7, vor das Dickenmaximum gerückt, so geht die neutrale Machlinie als Gerade vom Dickenmaximum aus ins Unendliche genauso wie bei reiner Überschallströmung.

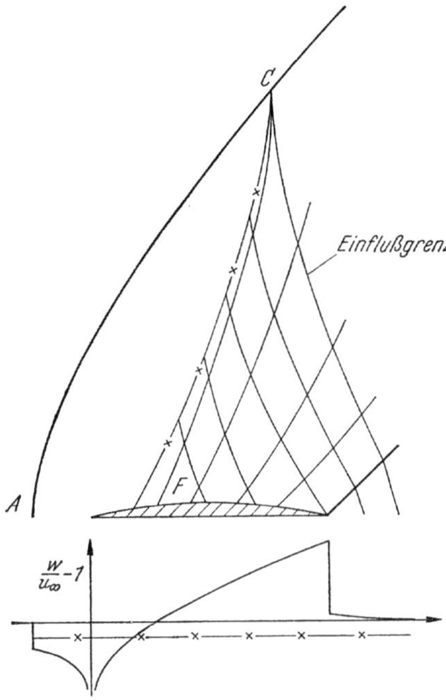

Abb. I,6. Profil völlig unter dem Einfluß des lokalen Unterschallgebietes.

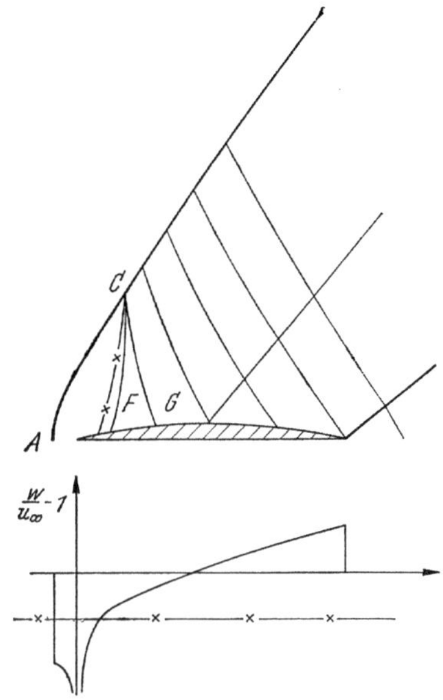

Abb. I,7. Profil teilweise unter dem Einfluß des lokalen Unterschallgebietes.

Bei Erreichen der *oberen kritischen Machzahl* legt sich die Kopfwelle schließlich an die Vorderkante an, für höhere Anströmmachzahlen herrscht dann reine Überschallströmung. Beim Anlegen der Kopfwelle gibt es allerdings auch wieder ein Detailproblem. Insbesondere ist zwischen der Machzahl des Anlegens eines Stoßes und des Verschwindens der Unterschallströmung ein kleiner Unterschied, der aber für die aerodynamische Praxis nicht ins Gewicht fällt.

Bei stumpfen Körpern ist die obere kritische Machzahl unendlich, weshalb der Behandlung lokaler Unterschallgebiete an stumpfen Nasen besondere Bedeutung zukommt. Reine Überschallströmungen kann es in diesem Fall nicht mehr geben.

Die schallnahe Strömung weist also eine ganze Reihe unterschiedlicher Strömungstypen auf. Diese enthalten wiederum gewisse für die praktischen Aerodynamiker weniger wichtige, im übrigen aber interessante Teilprobleme. Kennzeichnend bleiben in allen Fällen die Wirkung stromaufwärts in den Unterschallfeldern und die ausschließlich stromabwärts gerichteten Einflüsse in den Überschallbereichen.

3. Entwicklungen in Schallnähe

Die Behandlung der Strömungen in Schallnähe erfordert eine möglichst weitgehende Vereinfachung der Gleichungen in diesem Bereich. Eine Entwicklung der gebräuchlichen Beziehungen liegt daher nahe. Das typischste Verhalten zeigt bei $M = 1$ die Stromdichte. Ihr Maximum bei der kritischen Geschwindigkeit wird am besten durch eine Parabel darzustellen sein. Diese ergibt sich beispielsweise, wenn die Stromdichte nach der Geschwindigkeit bis einschließlich dem quadratischen Glied entwickelt wird, Gl. (II,83) in [·13]. Die Kurve hat dann mit dem exakten Wert an der Stelle der Entwicklung gleiche Tangente und gleiche Krümmung. Eine noch einfachere Form ergibt sich, wenn neben der Forderung gemeinsamer Tangenten im Punkte der Entwicklung $W = W_0$ die Forderung erhoben wird, daß das Stromdichtemaximum bei $W = c^*$ erreicht wird. Das heißt, die vereinfachte Stromdichtekurve soll ebenfalls den Wechsel vom elliptischen zum hyperbolischen Typus bei kritischer Geschwindigkeit bewirken. Daraus ergibt sich der Ansatz:

$$\frac{\varrho W}{\varrho_0 W_0} - 1 = (1 - M_0^2)\left(\frac{W}{W_0} - 1\right) + A\left(\frac{W}{W_0} - 1\right)^2 + \cdots.$$

$M_0^2 - 1$ kann durch den entsprechenden „Prandtl-Faktor" ersetzt oder, bei Überschall, $M_0 > 1_0$, durch den entsprechenden Machwinkel ausgedrückt werden:

$$\beta_0^2 = 1 - M_0^2; \qquad \cot^2 \alpha_0 = M_0^2 - 1$$

A bestimmt sich aus der Forderung eines Stromdichtemaximums bei $W = c^*$. Man erhält:

$$\frac{\varrho W}{\varrho_0 W_0} - 1 = \beta_0^2\left(\frac{W}{W_0} - 1\right) - \frac{1}{2}\,\frac{\beta_0^2}{\left(\frac{1}{M_0^*} - 1\right)}\left(\frac{W}{W_0} - 1\right)^2 + \cdots. \tag{1}$$

Der erste Summand stellt die Prandtlsche Näherung dar. Diese versagt natürlich beim Durchgang durch die Schallgeschwindigkeit. Einen Vergleich der Entwicklung in Gl. (1) mit den exakten Werten in einem speziellen Fall gibt Tabelle 1. Das Resultat ist sehr zufriedenstellend.

Die Größen β_0 und M_0 können mittels exakter Beziehungen, vgl. für ein id. Gas konst. sp. W. etwa Tab. II,5 in [·13], leicht ineinander übergeführt werden. In Schallnähe ist:

$$\begin{aligned}\beta^2 = 1 - M^2 &= (\varkappa + 1)(1 - M^*)\left[1 - \left(\varkappa - \frac{1}{2}\right)(1 - M^*) + \cdots\right] \\ &= (\varkappa + 1)\left(\frac{1}{M^*} - 1\right)\left[1 - \left(\varkappa + \frac{1}{2}\right)\left(\frac{1}{M^*} - 1\right) + \cdots\right].\end{aligned} \tag{2}$$

Vielfach ist es jedoch praktischer, β und M^* nebeneinander zu verwenden. (Bei $M > 1$ ist β durch $\cot \alpha$ zu ersetzen.)

Tabelle 1. *Exakte Werte der Stromdichte, Näherung nach* PRANDTL *und nach Gl. (1) für* $M_0 = 0{,}8$ *und* $\varkappa = 1{,}400$.

M	M^*	$\frac{\varrho W}{\varrho_0 W_0} - 1$ exakt	Gl. (1)	PRANDTL
0	0	−1,000	−1,209	−0,360
0,1	0,109	−0,821	−0,952	−0,312
0,2	0,218	−0,650	−0,724	−0,265
0,3	0,326	−0,490	−0,528	−0,218
0,4	0,431	−0,347	−0,366	−0,172
0,5	0,535	−0,225	−0,231	−0,126
0,6	0,635	−0,126	−0,128	−0,082
0,7	0,732	−0,051	−0,051	−0,041
0,8	0,825	0	0	0
0,9	0,915	0,029	0,029	0,039
1,0	1,000	0,038	0,038	0,076
1,1	1,082	0,030	0,030	0,112
1,2	1,158	0,007	0,007	0,145
1,3	1,231	−0,026	−0,028	0,177
1,4	1,300	−0,068	−0,074	0,207
1,5	1,365	−0,117	−0,128	0,236

Für die Entwicklung bei $W_0 = c^*$ ergibt sich damit:

$$\frac{\varrho W}{\varrho^* c^*} - 1 = -\frac{\varkappa + 1}{2}\left(\frac{W}{c^*} - 1\right)^2 + \cdots. \tag{3}$$

Für jede andere Geschwindigkeit $W_0 \neq c^*$ erweist sich hingegen folgende Schreibweise als geeignet:

$$\frac{\dfrac{\varrho W}{\varrho_0 W_0} - 1}{\beta_0^2\left(\dfrac{1}{M_0^*} - 1\right)} = \frac{W - W_0}{c^* - W_0} - \frac{1}{2}\left(\frac{W - W_0}{c^* - W_0}\right)^2 + \cdots. \tag{4}$$

Auf der linken Gleichungsseite steht eine „reduzierte Stromdichte“, auf der rechten eine „reduzierte Geschwindigkeit“. Da in Schallnähe oft mit solchen „reduzierten“ Größen gearbeitet wird, empfiehlt es sich, für diese besondere Symbole einzuführen, nämlich für Unterschallgeschwindigkeit im Punkte der Entwicklung:

$$M_0 < 1: \quad \frac{\dfrac{\varrho W}{\varrho_0 W_0} - 1}{\beta_0^2\left(\dfrac{1}{M_0^*} - 1\right)} = \Theta; \quad \frac{W - W_0}{c^* - W_0} = \mathfrak{W}; \quad \frac{u - W_0}{c^* - W_0} = \mathfrak{u}; \tag{5}$$

$$\frac{v}{\beta_0(c^* - W_0)} = \mathfrak{v}; \quad \frac{w}{\beta_0(c^* - W_0)} = \mathfrak{w}; \quad \beta_0 y = \mathfrak{y}; \quad \beta_0 z = \mathfrak{z}.$$

Die Zweckmäßigkeit der Abkürzungen wird sich im weiteren Verlauf zeigen. Vorläufig sei nur darauf hingewiesen, daß die Koordinatentransformationen in genau derselben Weise vorgenommen werden wie bei der Prandtl-Regel (Pr.-Regel). Auch die Verhältnisse der Geschwindigkeitskomponenten zueinander sind dieselben wie bei der Pr.-Regel. Die einzelnen Geschwindigkeitskomponenten haben allerdings einen Faktor, der einer speziellen Form der Pr.-Regel entspricht.

Die Stromdichte stellt sich nach Gl. (4) nun wie folgt in reduzierten Größen dar, Abb. 8.

$$M < 1: \; \Theta = \mathfrak{W} - \frac{1}{2}\,\mathfrak{W}^2. \tag{6}$$

$M = 1$ bedeutet nach Gl. (5) $\mathfrak{W} = 1$. Dort hat die reduzierte Stromdichte ihren Maximalwert von $\Theta = 1/2$. Zu beachten ist, daß die reduzierten Größen

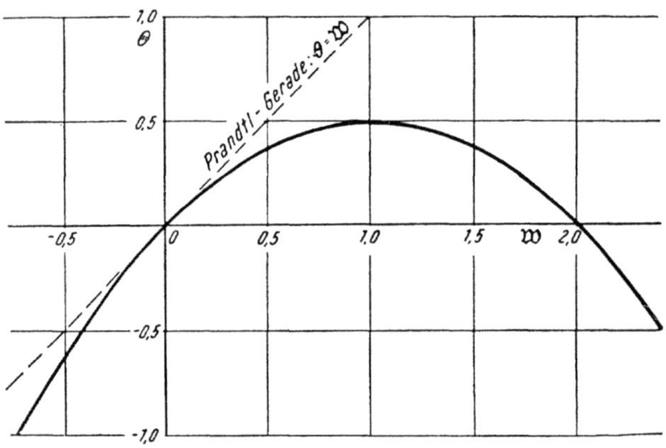

Abb. I,8. Reduzierte Stromdichte und Prandtl-Gerade abhängig von der reduzierten Geschwindigkeit.

auch bei kleinen Störungen in Schallnähe die Größenordnung der Einheit annehmen.

Bei Überschallgeschwindigkeiten von W_0 wird β_0 imaginär. Die reduzierten Größen sind dann ein wenig anders zu bilden. Damit sich Übergeschwindigkeiten und positive v-Komponenten auch in den reduzierten Größen als positive Werte ergeben, setzt man zweckmäßig:

$$M_0 > 1: \quad \frac{\dfrac{\varrho W}{\varrho_0 W_0} - 1}{\left(1 - \dfrac{1}{M_0^{*}}\right)} \operatorname{tg}^2 \alpha_0 = \Theta; \quad \frac{W - W_0}{W_0 - c^*} = \mathfrak{W}; \quad \frac{u - W_0}{W_0 - c^*} = \mathfrak{u};$$

$$\frac{v}{W_0 - c^*} \operatorname{tg} \alpha_0 = \mathfrak{v}; \quad \frac{w}{W_0 - c^*} \operatorname{tg} \alpha_0 = \mathfrak{w}; \quad y \cot \alpha_0 = \mathfrak{y}; \quad z \cot \alpha_0 = \mathfrak{z}. \tag{7}$$

Daraus folgt die Stromdichtebeziehung

$$M_0 > 1:\ \Theta = -\mathfrak{W} - \frac{1}{2}\,\mathfrak{W}^2, \tag{8}$$

mit dem Maximalwert $\Theta = 1/2$ bei $\mathfrak{W} = -1$, welcher Wert bei $M_0 > 1$ Schallgeschwindigkeit bedeutet.

Für die Machzahl ergibt sich folgende Beziehung, wenn analog zu den Forderungen bei der Stromdichte verlangt wird, daß M bei $W = W_0$ und $W = c^*$ richtig wiedergegeben wird,

$$M_0 \lessgtr 1:\ 1 - M^2 = (1 - M_0^2)\left[1 - \frac{W - W_0}{c^* - W_0}\right]. \tag{9}$$

Mit Gl. (5) und (7) ergibt sich daraus für

$$M_0 < 1:\ \beta^2 = 1 - M^2 = \beta_0^2[1 - \mathfrak{W}], \tag{10}$$

$$M_0 > 1:\ \cot^2\alpha = M^2 - 1 = \cot^2\alpha_0[1 + \mathfrak{W}]. \tag{11}$$

Wie die Entwicklung (1) gehen auch diese Gleichungen einen Schritt weiter als die Pr.-Linearisierung. Während aber bei der Stromdichtegleichung stets Isentropie vorausgesetzt werden muß, ist diese Forderung bei den letzten drei Gleichungen nicht erforderlich.

Nach der Entwicklung der Bernoullischen Gleichung, vgl. etwa Gl. (II,81) in [·13], ergibt sich der Druck in Schallnähe einfach als lineare Funktion der Geschwindigkeiten bis auf Glieder dritten Grades. Der *reduzierte Druckkoeffizient* ist wie die reduzierten Geschwindigkeiten zu bilden:

$$M_0 < 1:\ \frac{c_p}{\dfrac{1}{M_0^*} - 1} = -2\mathfrak{W};\qquad M_0 > 1:\ \frac{c_p}{1 - \dfrac{1}{M_0^*}} = -2\mathfrak{W}. \tag{12}$$

Ein besonders typisches Verhalten zeigen Charakteristik und Stoßpolare. Aus Gl. (VI,86) in [·13] folgt für Schallnähe:

$$\vartheta - \vartheta^* = \pm\frac{2}{3}\,\frac{1}{\varkappa + 1}\,(M^2 - 1)^{3/2} + \cdots = \pm\frac{2}{3}\sqrt{\varkappa + 1}\,(M^* - 1)^{3/2} + \cdots. \tag{13}$$

Eine Entwicklung in Schallnähe nach Potenzreihen mit ganzen Exponenten kann danach nicht voll befriedigend erfolgen. Damit könnte weder das Imaginärwerden für $M^* < 1$ noch die Verzweigung bei $M^* = 1$ erfaßt werden. Tab. 2 gibt einen Vergleich exakter und nach Gl. (13) genäherter Geschwindigkeiten in der Prandtl-Meyer-Expansion. Die Übereinstimmung erweist sich dabei noch in einem Bereich als gut, der weit über „kleine Schwankungen" hinausgeht. Besonders auffallend und wichtig im folgenden ist die starke Geschwindigkeitsänderung bei nur geringer Strömungswinkeländerung.

Tabelle 2. *Entwicklung der Charakteristik nach Gl. (13) für $\varkappa = 1{,}400$.*

$\vartheta - \vartheta^*$		0°	1°	2°	3°	4°	6°	8°	10°	12°	14°	16°
M		1,000	1,082	1,133	1,177	1,218	1,293	1,365	1,435	1,502	1,570	1,638
$M^* - 1$	exakt	0	0,067	0,107	0,141	0,171	0,227	0,276	0,323	0,366	0,409	0,448
	Gl. (13)	0	0,066	0,105	0,137	0,166	0,218	0,263	0,306	0,345	0,383	0,418

Wird in Gl. (13) $\vartheta = 0$ für $M^* = M_0^*$ angenommen, wie das der Fall ist, wenn die Störungen eines Anströmzustandes studiert werden, so läßt sich ϑ^* durch M_0^* ausdrücken und es ergibt sich:

$$M^* = M_0^*, \vartheta = 0: \ \pm\vartheta = \frac{2}{3}\sqrt{\varkappa + 1}\,[(M_0^* - 1)^{3/2} - (M^* - 1)^{3/2}].$$

Mit Gl. (2) kann die *Charakteristik* in gleicher Näherung wie folgt durch die reduzierten Größen, Gl. (7), ausgedrückt werden:

$$\frac{\vartheta \operatorname{tg} \alpha_0}{\left(1 - \frac{1}{M_0^*}\right)} = \frac{2}{3}\,[1 - (1 + \mathfrak{W})^{3/2}] \quad \text{oder} \quad \mathfrak{v} = \frac{2}{3}\,[1 - (1 + \mathfrak{u})^{3/2}]. \tag{14}$$

Die Formel für ϑ ist bei stärkeren Geschwindigkeitsschwankungen genauer als die für $\mathfrak{v}$. Tatsächlich ist meist die Oberflächenneigung ϑ und nicht $\mathfrak{v}$ gegeben, was der Genauigkeit zugute kommt. Man überzeugt sich leicht, daß im Punkte $W = W_0$: $\mathfrak{W} = 0$ nicht nur der Wert von ϑ, sondern auch noch die Tangente richtig wiedergegeben wird.

Bei der Ableitung der Stoßpolaren für Schallnähe ist zu beachten, daß sich die Geschwindigkeit sowohl vor wie nach dem Stoß von der Schallgeschwindigkeit nur wenig unterscheiden soll.

Mit Rücksicht darauf stehen nach einer Entwicklung von Gl. (IX,63) in [·13] in Schallnähe dem quadratischen Glied der v-Komponente vier Glieder dritter Ordnung in den u-Störungen gegenüber. In der zweiten Zeile von Gl. (15) sind dann noch die Glieder vierter Ordnung in den u-Störungen angegeben.

$$\begin{aligned}\frac{\hat{\mathfrak{v}}^2}{c^{*2}} = \frac{\varkappa + 1}{2}\left[\left(\frac{\mathfrak{u}}{c^*} - 1\right) - \left(\frac{\hat{\mathfrak{u}}}{c^*} - 1\right)\right]^2 \left[\left(\frac{\mathfrak{u}}{c^*} - 1\right) + \left(\frac{\hat{\mathfrak{u}}}{c^*} - 1\right)\right. \\ \left. - \frac{3 - \varkappa}{2}\left(\frac{\mathfrak{u}}{c^*} - 1\right)^2 + \varkappa\left(\frac{\mathfrak{u}}{c^*} - 1\right)\left(\frac{\hat{\mathfrak{u}}}{c^*} - 1\right) + \frac{\varkappa + 1}{2}\left(\frac{\hat{\mathfrak{u}}}{c^*} - 1\right)^2\right].\end{aligned} \tag{15}$$

Werden auch hier reduzierte Geschwindigkeitskomponenten eingeführt, so ergibt sich mit Gl. (2) für die Glieder niedrigster Ordnung nach elementarer Rechnung die *reduzierte Stoßpolare* wie folgt:

$$\hat{\mathfrak{v}}^2 = (\mathfrak{u} - \hat{\mathfrak{u}})\left[\left(\mathfrak{u} + \frac{\mathfrak{u}^2}{2}\right) - \left(\hat{\mathfrak{u}} + \frac{\hat{\mathfrak{u}}^2}{2}\right)\right], \tag{16}$$

das ist bei kleinem Strömungswinkel das Produkt einer Geschwindigkeits- und einer Stromdichtedifferenz. Gl. (16) schreibt sich noch einfacher, wenn die Bezugsgeschwindigkeit gleich der Strömungsgeschwindigkeit vor dem Stoß ist; für $u = W_0$ gilt:

$$\hat{\mathfrak{v}}^2 = \hat{\mathfrak{u}}\left(\hat{\mathfrak{u}} + \frac{\hat{\mathfrak{u}}^2}{2}\right). \tag{17}$$

Aus Gl. (16) lassen sich alle typischen Eigenschaften der Stoßpolaren leicht ablesen. Man erhält $\hat{\mathfrak{v}} = 0$ für:

$$\begin{aligned} &1.\ \hat{\mathfrak{u}} = 0;\\ &2.\ \hat{\mathfrak{u}} + \frac{\hat{\mathfrak{u}}^2}{2} = 0;\quad \hat{\mathfrak{u}} = -2. \end{aligned} \tag{18}$$

Die Quergeschwindigkeit verschwindet 1. bei verschwindender Stoßstärke und 2. beim senkrechten Stoß. Letzterer ist ein Sprung auf dieselbe reduzierte Stromdichte. Dabei liegt die Geschwindigkeit hinter dem Stoß genau so viel unter der kritischen Geschwindigkeit, wie jene vor dem Stoß darüber liegt, Abb. 9. Dies

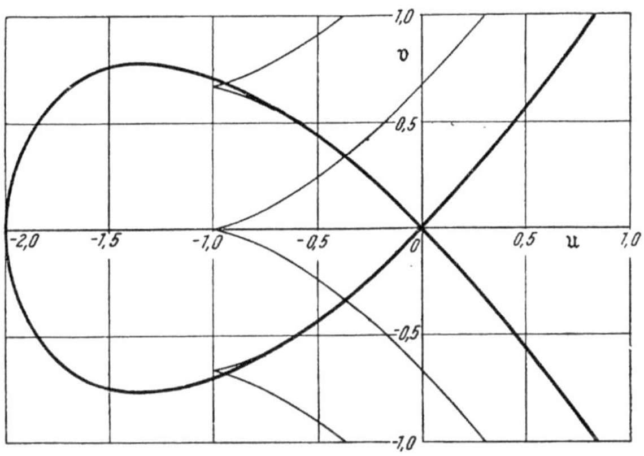

Abb. I,9. Reduzierte Stoßpolare und Charakteristik im reduzierten Hodographen (u, v nach Gl. (7)).

ergibt sich natürlich auch direkt aus der Pr.-Formel, Gl. (II,36) in [·13], unter der Annahme kleiner Sprünge. Es ist jener Bereich, in welchem die *Verluste* mit der dritten Potenz des Geschwindigkeitssprunges ansteigen.

Die maximale Ablenkung im Stoß ist bei kleinen Störungen identisch mit der maximalen $\hat{\mathfrak{v}}$-Komponente. Durch Nullsetzen der Ableitung von $\hat{\mathfrak{v}}$ nach $\hat{\mathfrak{u}}$ ergibt sich aus Gl. (16) der Maximalwert

$$\hat{\mathfrak{v}} = \frac{4}{9}\sqrt{3} \qquad \text{bei} \qquad \hat{\mathfrak{u}} = -\frac{4}{3}, \tag{19}$$

also, wie bekannt, bei Unterschallgeschwindigkeit hinter dem Stoß. Bei Schallgeschwindigkeit ist:

$$\hat{M} = 1:\ \hat{\mathfrak{u}} = -1;\ \hat{\mathfrak{v}}^* = \frac{1}{2}\sqrt{2}. \tag{20}$$

Dieser Wert liegt stets über dem Wert der Charakteristik gleichen Ausgangswertes, Abb. 9, welcher nach Gl. (14) gegeben ist durch:

$$M = 1:\ \mathfrak{u} = -1;\ \mathfrak{v}^* = \frac{2}{3}. \tag{21}$$

Damit ergibt sich folgender prozentualer Unterschied der reduzierten $\mathfrak{v}$-Komponenten, der in gleicher Weise unabhängig von $\varkappa$ auch für die gewöhnlichen v-Komponenten bei Schallnähe gilt:

$$M = 1: \qquad \frac{\hat{\mathfrak{v}}^* - \mathfrak{v}^*}{\mathfrak{v}^*} = \frac{\hat{v}^* - v^*}{v^*} = \frac{3}{4}\sqrt{2} - 1 = 0{,}0606. \tag{22}$$

Dieser Unterschied von rund 6% ist in Schallnähe unveränderlich gleich groß, stellt demnach also keinen Effekt höherer Ordnung dar. Für den praktischen Gebrauch wird er meist unberücksichtigt bleiben können. Im Ausgangspunkt stimmen Tangente und Krümmung beider Kurven überein.

Die Eigenschaft, daß die vom Ursprung in Abb. 9 ausgehende Charakteristik die Gerade $\mathfrak{u} = -1 (M = 1)$ unter der Stoßpolaren trifft, bedeutet, daß die Schallgeschwindigkeit bei einer Knickung der Stromlinie erst unter einem etwas größeren Winkel erreicht wird als bei entsprechender stetiger Krümmung der Stromlinie. Dies ist typisch für Schallnähe. Bei höherem Überschall ist es gerade umgekehrt. Bei höchsten Anströmgeschwindigkeiten wird $M = 1$ bei einer Knickung von rund 45° stets erreicht, ein Effekt, der bei stetiger Krümmung erst bei 130° auftritt. Bei etwa $M = 1{,}4$ haben Stoßpolare und Charakteristik im Hodographen nicht nur gleiche Tangente und Krümmung, sondern berühren sich nochmals am Schallkreis.

Ganz entsprechend zur Entwicklung der Stoßpolaren-Gl. (15) folgt aus Gl. (IX,62) in [·13] die Beziehung für die Stoßneigung in Schallnähe. Am besten wird von folgender, aus (IX,62) und (IX,63) in [·13] resultierender Gleichung ausgegangen:

$$\mathrm{tg}^2 \gamma = \frac{2}{\varkappa + 1} \, \frac{\left(\dfrac{u}{c^*}\right)^2}{\dfrac{u}{c^*} \cdot \dfrac{\hat{u}}{c^*} - 1} - 1. \tag{23}$$

Die exakte Gleichung ist wie Gl. (15) und die folgenden Ergebnisse im allgemeinen auf das id. Gas konst. sp. W. beschränkt.

Nach Einführen der Störgrößen folgt nach längerer Rechnung für die beiden niedrigsten Ordnungen:

$$\operatorname{tg}\gamma = \frac{\left(\frac{2}{\varkappa+1}\right)^{1/2}}{\left(\frac{u}{c^*}-1+\frac{\hat{u}}{c^*}-1\right)^{1/2}} + \frac{1}{2}\,\frac{\left(\frac{2}{\varkappa+1}\right)^{1/2}}{\left(\frac{u}{c^*}-1+\frac{\hat{u}}{c^*}-1\right)^{3/2}}$$
$$\times\left[\frac{3-\varkappa}{2}\left(\frac{u}{c^*}-1\right)^2-\varkappa\left(\frac{u}{c^*}-1\right)\left(\frac{\hat{u}}{c^*}-1\right)-\frac{\varkappa+1}{2}\left(\frac{\hat{u}}{c^*}-1\right)^2\right]+\cdots. \tag{24}$$

Der Stoßwinkel, wie auch die Machwinkel, liegen bei Schallnähe nahe an $\pi/2$. Es wäre also zu überlegen, ob nicht besser nach den Abweichungen des Machwinkels von $\pi/2$ als kleinen Störungen entwickelt werden sollte. Diese Abweichungen sind proportional zu den Wurzeln aus den u-Störungen und folglich selbst bei kleinen Abweichungen der Geschwindigkeiten von der Schallgeschwindigkeit nicht gering. So ist in niedrigster Ordnung:

$$\cot\gamma = \operatorname{tg}\left(\frac{\pi}{2}-\gamma\right) = \sqrt{\frac{\varkappa+1}{2}\left[\left(\frac{u}{c^*}-1\right)+\left(\frac{\hat{u}}{c^*}-1\right)\right]}. \tag{25}$$

In dieser Ordnung folgt mit Gl. (7) in reduzierter Darstellung:

$$\cot\alpha\,\operatorname{tg}\gamma = \frac{d\mathfrak{y}}{dx} = \frac{1}{\sqrt{1+\frac{1}{2}(\mathfrak{u}+\hat{\mathfrak{u}})}} = \frac{\mathfrak{u}-\hat{\mathfrak{u}}}{\hat{\mathfrak{v}}}. \tag{26}$$

Wenn die Bezugsgeschwindigkeit wie in Gl. (17) die Strömungsgeschwindigkeit vor dem Stoß ist, so geht Gl. (26) über in die einfache Form:

$$\cot\alpha_0\,\operatorname{tg}\gamma = \frac{d\mathfrak{y}}{dx} = \frac{1}{\sqrt{1+\frac{1}{2}\hat{\mathfrak{u}}}} = -\frac{\hat{\mathfrak{u}}}{\mathfrak{v}}.$$

In den Formeln für die reduzierten Größen erscheinen im wesentlichen folgende Funktionen der Machzahl:

$$\begin{aligned} M_0<1:&\quad \beta_0;\quad \left(\frac{1}{M_0^*}-1\right);\ \beta_0\left(\frac{1}{M_0^*}-1\right);\ \beta_0^2\left(\frac{1}{M_0^*}-1\right);\\ M_0>1:&\ \cot\alpha_0;\ \left(1-\frac{1}{M_0^*}\right);\ \cot\alpha_0\left(1-\frac{1}{M_0^*}\right);\ \cot^2\alpha_0\left(1-\frac{1}{M_0^*}\right). \end{aligned} \tag{27}$$

Sie sind bei gleichem $\varkappa$ im wesentlichen folgenden Potenzen proportional:

$$\beta_0,\ \beta_0^2,\ \beta_0^3,\ \beta_0^4 \quad \text{und} \quad \cot\alpha_0,\ \cot^2\alpha_0,\ \cot^3\alpha_0,\ \cot^4\alpha_0.$$

Sie sind für $\varkappa = 1{,}400$ in folgender Tabelle und in Abb. 10 wiedergegeben.

Tabelle 3. *Reduktionskoeffizienten bei Schallnähe* ($\varkappa = 1{,}400$).

M	0,7	0,8	0,9	0,95	
β	0,714	0,600	0,436	0,312	
$(1/M^* - 1)$	0,366	0,212	0,093	0,044	
$\beta(1/M^* - 1)$	0,261	0,127	0,040	0,014	
$\beta^2(1/M^* - 1)$	0,187	0,076	0,018	0,004	
M	1,05	1,10	1,20	1,30	1,40
$\cot\alpha$	0,320	0,458	0,663	0,831	0,980
$(1 - 1/M^*)$	0,039	0,076	0,136	0,188	0,231
$\cot\alpha\,(1 - 1/M^*)$	0,013	0,035	0,090	0,156	0,226
$\cot^2\alpha\,(1 - 1/M^*)$	0,004	0,016	0,060	0,130	0,222

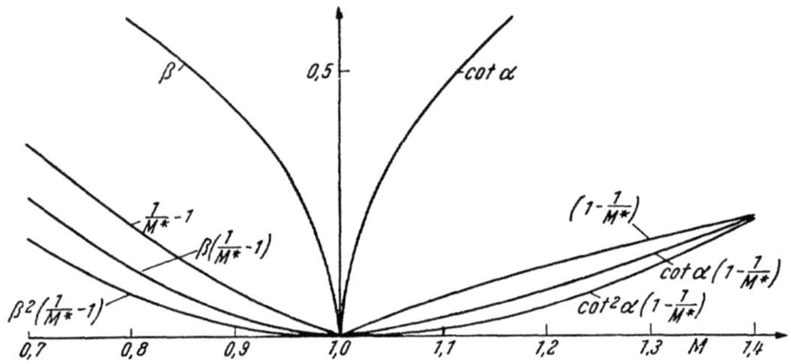

Abb. I,10. Reduktionskoeffizienten für $\varkappa = 1{,}4$.

4. Die gasdynamische Gleichung für kleine Störungen

Bei schallnahen Strömungen sind die Entropieänderungen in den Stößen sehr gering, denn die Entropie der Masseneinheit steigt erst mit der dritten Potenz der Abweichung von der Schallgeschwindigkeit an. Da sich allenfalls auftretende Stoßfronten tief in die Strömung hinein ausbreiten, ist die Änderung der Entropie längs der Stoßfront sehr schwach. Gem. dem Croccoschen Satz darf die Strömung in Schallnähe daher bei Drehungsfreiheit in der Anströmung bis einschl. zu Störgliedern zweiter Ordnung als drehungsfrei angesehen werden. Dies wurde zuerst exakt von G. Guderley [2] nachgewiesen. Eine ausführliche Darstellung über die zulässigen Näherungen gibt W. D. Hayes [3]. Vgl. auch Ende von Abschn. 8.

Damit darf also bis einschließlich dem zweiten Störglied ein Potential eingeführt werden. Im folgenden sollen zunächst Störungen bezüglich einer Parallelströmung bei $M_\infty = 1$ angesetzt werden, also mit der ungestörten Strömung:

$$u_0 = c^*, \qquad v_0 = 0, \qquad c_0 = c^*. \tag{28}$$

Mit diesem Ansatz sind die Untersuchungen keineswegs nur auf Parallelanströmung bei $M_\infty = 1$ beschränkt. Es ist noch durchaus freigestellt, auch in der Anströmung eine Störung zuzulassen, wenn dort die Anström-Machzahl $M_\infty \neq 1$ und allenfalls auch der Anstellwinkel $\varepsilon \neq 0$ ist.

Eine Trennung in symmetrischen und antisymmetrischen Anteil, wie sie etwa in [·13], Gl. (VII,20) vorgenommen wurde, sei im folgenden hintangestellt. Damit kann das in üblicher Weise zur Strömung Gl. (28) gebildete Störpotential

$$\varphi_x = u - c^*, \qquad \varphi_y = v, \qquad \varphi_z = w,$$

durch einen Störparameter δ und Störpotentiale erster und höherer Ordnung wie folgt angesetzt werden — allerdings sei in diesem Zusammenhang darauf hingewiesen, daß ein solcher Ansatz in ganzzahligen Potenzen des Störparameters δ nicht immer zum Ziel führen muß —:

$$\varphi = c^*\delta\varphi_1 + c^*\delta^2\varphi_2 + \cdots. \tag{29}$$

Für die Komponenten gilt dann:

$$\begin{aligned} &\frac{u}{c^*} - 1 = \delta\varphi_{1x} + \delta^2\varphi_{2x} + \cdots; \quad \frac{v}{c^*} = \delta\varphi_{1y} + \delta^2\varphi_{2y} + \cdots; \\ &\frac{w}{c^*} = \delta\varphi_{1z} + \delta^2\varphi_{2z} + \cdots. \end{aligned} \tag{30}$$

Die Körperlänge oder auch Flügeltiefe sei wie bisher als Längeneinheit gewählt, mit anderen Worten: Die auftretenden Abstände seien in Körperlängen gemessen.

Die Änderung des Strömungszustandes in y- und z-Richtung, also quer zur Hauptrichtung, erfolgt jedoch gewiß nicht in Abständen von der Körperlänge. Schon die allgemeine Prandtlsche Regel zeigt, daß sich bei Unterschallströmung die Störungen quer zur Anströmung mit einem Faktor $1/\beta = 1/\sqrt{1 - M_\infty^2}$ stärker ausdehnen als bei inkompressibler Strömung. Gerade bei Schallnähe muß es starke Wirkungen von Störungen in y- und z-Richtung geben, die auf die geringe Änderung der Stromdichte in diesem Bereich zurückzuführen sind. Der Faktor, durch den sich die Strömungsstruktur quer zur Hauptrichtung von jener in Hauptströmungsrichtung unterscheidet, sei mit l bezeichnet. Wie bei der Prandtl-Glauert-Affinitätstransformation, vgl. etwa [·13] Gl. (VII,100), sei in Schallnähe einheitlich angesetzt:

$$\bar{y} = y/l; \qquad \bar{z} = z/l. \tag{31}$$

Die Querkomponenten von Gl. (30) können dann auch durch Ableitungen nach diesen *reduzierten Koordinaten* (31) dargestellt werden, nämlich:

$$\frac{v}{c^*} = \frac{\delta}{l}\,\varphi_{1\bar{y}} + \frac{\delta^2}{l}\,\varphi_{2\bar{y}} + \cdots; \qquad \frac{w}{c^*} = \frac{\delta}{l}\,\varphi_{1\bar{z}} + \frac{\delta^2}{l}\,\varphi_{2\bar{z}} + \cdots. \tag{32}$$

Der Störansatz (29) werde nun in der gasdynamischen Gleichung für das Störpotential, etwa Gl. (VII,19) in [·13], eingeführt. Dabei seien gem. Gl. (32) die Ableitungen nach den reduzierten Koordinaten (31) gebildet. Für die stationäre Strömung entsteht dann folgende Form der gasdynamischen Gleichung eines id. Gases konst. sp. W.:

$$\frac{\delta}{l^2}\,[\varphi_{1\bar{y}\bar{y}} + \varphi_{1\bar{z}\bar{z}}] - \delta^2(\varkappa + 1)\,\varphi_{1x}\varphi_{1xx}$$

$$+ \frac{\delta^2}{l^2}\,[\varphi_{2\bar{y}\bar{y}} + \varphi_{2\bar{z}\bar{z}} - (\varkappa - 1)\,\varphi_{1x}(\varphi_{1\bar{y}\bar{y}} + \varphi_{1\bar{z}\bar{z}}) - 2\varphi_{1\bar{y}}\varphi_{1x\bar{y}} - 2\varphi_{1\bar{z}}\varphi_{1x\bar{z}}]$$

$$+ \delta^3\left[-(\varkappa + 1)\,\varphi_{1x}\varphi_{2xx} - (\varkappa + 1)\,\varphi_{2x}\varphi_{1xx} - \frac{\varkappa + 1}{2}\,\varphi_{1x}^2\varphi_{1xx}\right]$$

$$+ 0(\delta^3/l^2) + 0(\delta^3/l^4) = 0. \tag{33}$$

Die Beiträge mit den Faktoren δ^3/l^2 und δ^3/l^4 wurden weggelassen, weil sie für die folgenden Ergebnisse ohne Bedeutung sind.

Wie bereits vorhin festgelegt wurde, soll l ein Maß für die Struktur der Strömung quer zur x-Richtung darstellen. Das bedeutet, daß gerade so wie eine Differentiation nach x auch eine Differentiation nach $\bar{y}$ und $\bar{z}$ die Größenordnung nicht ändern soll. Diese ist in Gl. (33) im wesentlichen durch δ und l gegeben. Damit müssen die Terme mit dem Faktor δ^2/l^2 und δ^3 klein sein gegenüber den Termen mit dem Faktor δ/l^2 und δ^2. In den letzteren beiden Termen sind demnach die Hauptglieder von Gl. (33) enthalten.

Ein lineares Glied in φ_{1xx}, wie es die lineare gasdyn. Gl. (III,1) aufweist, kommt in Gl. (33) nicht mehr vor. An seine Stelle ist das quadratische Glied mit $\varphi_{1x}\cdot\varphi_{1xx}$ getreten. Es wird sich gleich zeigen, daß dieses Glied mit dem ersten Summanden von (III,1) nahe verwandt ist. Da Gl. (33) bis an die obere und untere kritische Machzahl heran gilt und dort der Anschluß an Gl. (III,1) gewahrt sein muß, muß dieses Glied in allen jenen Fällen mit berücksichtigt werden, in denen an der Grenze der Linearisierungsgebiete auch der Term $(1 - M_\infty^2)\,\varphi_{1xx}$ berücksichtigt wird.

Damit wird aber klar, daß in erster Näherung im allgemeinen beide zur Diskussion gestellten Terme von gleicher Größenordnung sein müssen.

Bei ebener Strömung ist das evident, weil dann überhaupt nur zwei Glieder übrig bleiben, die dann von gleicher Größenordnung sein müssen. Ein Versuch, die schallnahe Strömung nämlich durch die einfache Gleichung $\varphi_{1\bar{y}\bar{y}} = 0$ allein zu beschreiben, scheitert sofort.

Da es auf einen Faktor von der Größenordnung der Einheit nicht ankommt, sei mit Rücksicht auf größtmögliche Vereinfachung gesetzt:

$$1/l^2 = (\varkappa + 1)\,\delta. \tag{34}$$

Mit der Beziehung Gl. (34) lautet die gasdyn. Gleichung für das Störpotential erster Ordnung:

$$-\varphi_{1x}\varphi_{1xx} + \varphi_{1\bar{y}\bar{y}} + \varphi_{1\bar{z}\bar{z}} = 0. \tag{35}$$

Diese Gleichung tritt in Schallnähe an Stelle von Gl. (III, 1) in reiner Unter- oder Überschallströmung.

Mit den Gleichungen (34), (30) und (2) läßt sich für ein ideales Gas konst. sp. W. in erster Näherung setzen, wenn die v-Komponente entweder verschwindet oder vernachlässigbar ist:

$$1/l = \sqrt{(\varkappa + 1)\,\delta} = \sqrt{(\varkappa + 1)\left(\frac{u}{c^*} - 1\right)\Big/\varphi_{1x}} = \sqrt{(M^2 - 1)/\varphi_{1x}}. \tag{36}$$

Ein Vergleich der Transformation (31) mit der Prandtl-Regel, etwa Gl. (VII,100) in [•13], zeigt also, daß die Querkoordinaten mit jenem Prandtl-Faktor $\beta = \sqrt{1 - M^2}$ zu transformieren sind, der im Unterschallgebiet in Punkte mit dem Wert $\varphi_{1x} = -1$ erreicht wird. Wählt man bei symmetrischen Strömungen jenen Punkt auf der Staustromlinie mit dem Wert $\varphi_{1x} = -1$, so ist auch noch die Bedingung $v = 0$ erfüllt.

Ebenfalls aus Gl. (33) erhält man mit Gl. (34) für das Störpotential zweiter Ordnung die lineare Gleichung:

$$-\varphi_{1x}\varphi_{2xx} - \varphi_{2x}\varphi_{1xx} + \varphi_{2\bar{y}\bar{y}} + \varphi_{2\bar{z}\bar{z}} = \left(\varkappa - \frac{1}{2}\right)\varphi_{1x}^2\varphi_{1xx} + 2(\varphi_{1\bar{y}}\varphi_{1x\bar{y}} + \varphi_{1\bar{z}}\varphi_{1x\bar{z}}). \tag{37}$$

Die rechte Seite von Gl. (37) wurde mittels Gl. (35) vereinfacht.

Gl. (35) ist nicht linear, was ihre Behandlung wesentlich erschwert. Immerhin zeigt sich aber, daß der Parameteransatz (29) zusammen mit der Beziehung (34) zielführend ist, indem er wie bei reiner Unterschall- und reiner Überschallströmung zu Differentialgleichungen führt, nämlich zu Gl. (35) und (37), die den Parameter nicht mehr enthalten.

5. Kleine Streckung in Schallnähe

Im folgenden sei eine weitere Variante analysiert, die sich ergibt, wenn die Zustandsänderungen der Strömung quer zur Hauptströmungsrichtung wesentlich stärker sind als in Hauptströmungsrichtung. Man begegnet dieser Erscheinung bei *kleiner Streckung* der Flügel oder der Körper. Sie ist also nur bei räumlicher Strömung zu beobachten. Diese Theorie kleiner Streckung wird später noch im Rahmen der Tragflügeltheorie in den Linearisierungsgebieten der gasdynam. Gleichungen behandelt.

Wenn die Querausdehnung eines Flügels oder eines Körpers, also seine Erstreckung in Spannweitenrichtung nur gering ist, so ist die Strömungsstruktur in Körpernähe im wesentlichen durch die Querausdehnung des Körpers gegeben. Die Differentialgleichungen weisen dann in Körpernähe eine besonders einfache Gestalt auf, da einige Terme dort gar nicht ins Gewicht fallen.

Solchen Strömungsstrukturen sind wir bereits in [•13] bei nichtangestellten Rotationsrümpfen in Gl. (VII,70) und bei angestellten Rotationsrümpfen in Gl. (VII,89) begegnet, wo die zugehörigen Potentiale in Achsennähe vereinfachten Differentialgleichungen gehorchen, die dementsprechend einfache Lösungen aufweisen.

Bei Schallnähe braucht die Strukturlänge l nur von der Größenordnung der Einheit angenommen werden: d. h., wenn die halbe Spannweite nicht größer ist als die Tiefe, so ergibt sich bereits in Körpernähe eine deutliche Gewichtsverlagerung der Summanden in Gl. (33). Man erhält mit $l \sim 1$ für das Störpotential in erster Ordnung in Körpernähe

$$\varphi_{1\bar{y}\bar{y}} + \varphi_{1\bar{z}\bar{z}} = 0, \tag{38}$$

also die Laplace-Gleichung in Ebenen $x =$ konst.

Unter Ausnutzung dieser Gleichung folgt in zweiter Näherung aus Gl. (33), allerdings wieder nur in Körpernähe:

$$\varphi_{2\bar{y}\bar{y}} + \varphi_{2\bar{z}\bar{z}} = 2\Gamma_0 \varphi_{1x}\varphi_{1xx} + 2\varphi_{1\bar{y}}\varphi_{1x\bar{y}} + 2\varphi_{1\bar{z}}\varphi_{1x\bar{z}}. \tag{39}$$

Ist die Halbspannweite wesentlich kleiner als die Tiefe, dann würde für die Strukturlänge l in Körpernähe die Ungleichung $l^2 \ll 1$ gelten. Dies hätte, wie Gl. (33) zeigt, zur Folge, daß der Term $(\varkappa + 1)\,\varphi_{1x}\varphi_{1xx}$ noch nicht in Gl. (39), sondern erst in der nächsten Ordnung auftreten würde.

Daraus folgt also, daß bei Schallnähe bereits bei mittleren Streckungen mit der Theorie der „kleinen Streckung" gearbeitet werden kann.

Wie immer bei dieser Theorie ist allerdings darauf zu achten, daß die Gl. (38) gegenüber der Gl. (35) den Vorteil der Linearität besitzt, da der erste Summand von Gl. (35) in der Körperumgebung wegfällt. Dadurch, daß Gl. (38) und (39) nicht bis ins Anströmgebiet Gültigkeit besitzen, kann es aber Schwierigkeiten mit den Bedingungen in der Anströmung geben, wie sich noch herausstellen wird.

6. Darstellungen in Störvariablen

Für die Behandlung schallnaher Probleme in der niedrigsten Ordnung der Störungen erweist sich das mit Gl. (29) eingeführte Störpotential φ_1 mit seinen Ableitungen nach $x, \bar{y}$ und $\bar{z}$ als besonders geeignet. Es ist daher zweckmäßig, im folgenden öfters verwendete Gleichungen in diesen Variablen schon jetzt aufzustellen und die Zusammenhänge mit den bereits bekannten Formeln aufzuzeigen. Mit Rücksicht auf Einfachheit der Darstellung seien für Schallnähe mit Gl. (30), (32) und (34) folgende naheliegenden Symbole eingeführt:

$$\begin{gathered} u_1 = \varphi_{1x} = \frac{1}{\delta}\left(\frac{u}{c^*} - 1\right); \qquad v_1 = \varphi_{1\bar{y}} = \frac{1}{\sqrt{\varkappa + 1}\,\delta^{3/2}}\,\frac{v}{c^*}; \\ w_1 = \varphi_{1\bar{z}} = \frac{1}{\sqrt{\varkappa + 1}\,\delta^{3/2}}\,\frac{w}{c^*}. \end{gathered} \tag{40}$$

Für die Koordinaten bedarf es keiner neuen Symbole. Mit (31) und (34) gilt:

$$\bar{y} = y\sqrt{\varkappa + 1}\,\delta^{1/2}; \qquad \bar{z} = z\sqrt{\varkappa + 1}\,\delta^{1/2}. \tag{41}$$

Mit Gl. (40) und (41) lassen sich die Koordinaten und die Komponenten bestimmen, wenn die Probleme in reduzierten Variablen gelöst sind und der Störparameter δ festgelegt ist. Das letztere geschieht in den nächsten Abschnitten im Zusammenhang mit der Behandlung der Randbedingungen.

Für ebene oder achsensymmetrische Strömung kann Gl. (35) unter Verwendung der Symbole von Gl. (40) durch folgendes System ersetzt werden:

$$-u_1 \frac{\partial u_1}{\partial x} + \frac{\partial v_1}{\partial \bar{y}} + \left\{\frac{v_1}{\bar{y}}\right\} = 0; \qquad \frac{\partial u_1}{\partial \bar{y}} - \frac{\partial v_1}{\partial x} = 0. \tag{42}$$

Der Ausdruck in der geschwungenen Klammer tritt nur bei achsensymmetrischer Strömung auf. In diesem letzteren Falle steht $\bar{y}$ an Stelle von $\bar{r} = \sqrt{\bar{y}^2 + \bar{z}^2}$, d.h., Gl. (42) ist in der Ebene $\bar{z} = 0$ zu verstehen. Unter- oder Überschallströmung herrscht bei $u_1 \lessgtr 0$.

Für ebene Unterschallströmung läßt sich Gl. (42) — ganz analog zur Transformation in [•13], Abschn. VI,8 — auf eine lineare Form bringen. Es seien mit Hilfe der Beltrami-Gleichungen

$$\frac{\partial x}{\partial s} = \sqrt{-u_1} \frac{\partial \bar{y}}{\partial t}; \qquad \frac{\partial x}{\partial t} = -\sqrt{-u_1} \frac{\partial \bar{y}}{\partial s}; \qquad u_1 \leqq 0 \tag{43}$$

zwei neue unabhängige Veränderliche s und t eingeführt. Dann können die Gleichungen (42) wie folgt geschrieben werden:

$$-\frac{\partial}{\partial s}\left[\frac{2}{3}(-u_1)^{3/2}\right] + \frac{\partial v_1}{\partial t} = 0; \qquad \frac{\partial}{\partial t}\left[\frac{2}{3}(-u_1)^{3/2}\right] + \frac{\partial v_1}{\partial s} = 0. \tag{44}$$

Es handelt sich um ein System Cauchy-Riemannscher Differentialgleichungen, das freilich auch direkt durch Entwicklung der Variablen q von Gl. (VI,69) in [•13] hätte gewonnen werden können. Mit $W_0 = c^*$ würde damit in erster Näherung gelten

$$q = \int\limits_{c^*}^{W} \sqrt{1 - M'^2} \frac{\mathrm{d}W'}{W'} = -\frac{2}{3}\sqrt{\varkappa + 1}\left(1 - \frac{W}{c^*}\right)^{3/2} + \cdots, \tag{45}$$

mit folgenden Beziehungen zu den Abhängigen von Gl. (44):

$$q = -\sqrt{\varkappa + 1}\, \delta^{3/2} \frac{2}{3}(-u_1)^{3/2}; \qquad \frac{W}{c^*} - 1 = \delta u_1; \qquad \vartheta = \sqrt{\varkappa + 1}\, \delta^{3/2} v_1. \tag{46}$$

Die beiden letzteren Beziehungen sind im Rahmen der ersten Näherung gleichwertig mit Gl. (40), sie liefern jedoch im allgemeinen etwas bessere Ergebnisse, weil die Strömungsrichtung durch den Strömungswinkel ϑ etwas besser wiedergegeben wird als durch v/c^*.

Im Rahmen der Näherung kann ferner gesetzt werden

$$1 - M^2 = -(\varkappa + 1)\,\delta u_1 + \cdots; \qquad K = \sqrt{1 - M^2}/\varrho = \sqrt{(\varkappa + 1)\,\delta} \cdot \sqrt{-u_1}/\varrho^* + \cdots;$$
$$\varphi = u_\infty x + \cdots; \qquad \psi = u_\infty \varrho^* y = u_\infty \varrho^* \bar{y}/\sqrt{(\varkappa + 1)\,\delta}, \tag{47}$$

womit die Beltrami-Gleichungen (VI,71) oben in [•13] direkt in die Gleichungen (43) übergehen. Für Schallnähe bedeutet es eine große Vereinfachung, daß der

Weg über das Potential und die Stromfunktion vermieden werden kann, wie er in der höheren Näherung der Profiltheorie in [·13], Abschn. VIII,11 beschritten werden muß. Die Nichtlinearität des schallnahen Problems kommt in der vorliegenden Darstellung nur in den variablen Koeffizienten der Beltrami-Gleichung (43) zur Geltung.

Bei Überschallströmung, $0 \leqq u_1$, kann Gl. (42) wieder auf charakteristische Koordinaten umgeformt werden. Es handelt sich um eine sehr einfache Form eines hyperbolischen Systems, wie es beispielsweise im Instationären mit Gl. (III,58) und (III,59) in [·13] vorliegt. Die Neigungen der links- und rechtslaufenden Machlinien sind in einem solchen Fall gegeben durch:

$$\frac{\bar{y}_\eta}{x_\eta} = -\frac{\xi_x}{\xi_{\bar{y}}} = \frac{1}{\sqrt{u_1}}; \qquad \frac{\bar{y}_\xi}{x_\xi} = -\frac{\eta_x}{\eta_{\bar{y}}} = -\frac{1}{\sqrt{u_1}}. \tag{48}$$

Im Gegensatz zur exakten Überschallströmung hängt die Machlinienneigung in Schallnähe nicht mehr vom Strömungswinkel, sondern nur mehr von der Geschwindigkeitsstörung ab. Das ist darauf zurückzuführen, daß in Schallnähe geringfügige Winkeländerungen bereits relativ starke Geschwindigkeitsänderungen zur Folge haben.

Die Verträglichkeitsbedingungen ergeben sich durch Einführen der charakteristischen Variablen ξ und η in das System (42). Da die Herleitung völlig analog zu jener der allgemeinen Gleichungen, insbes. Gl. (IX,127) in [·13], erfolgt, kann sie hier wegbleiben. Es gilt für ebene Strömung, $\sigma = 0$, und achsensymmetrische Strömung, $\sigma = 1$:

$$\begin{aligned} \frac{2}{3}\,\bar{y}^\sigma \frac{\partial}{\partial\xi}\, u_1^{3/2} + \frac{\partial}{\partial\xi}\,(v_1 \bar{y}^\sigma) &= 0; \\ -\frac{2}{3}\,\bar{y}^\sigma \frac{\partial}{\partial\eta}\, u_1^{3/2} + \frac{\partial}{\partial\eta}\,(v_1 \bar{y}^\sigma) &= 0. \end{aligned} \tag{49}$$

Bei achsensymmetrischer Strömung hängt die Neigung der Charakteristiken in einem $u_1^{3/2}$, $(v_1\bar{y})$-Diagramm, wie beim Sauer-Heinz-Verfahren [·13], nur von $\bar{y}$ ab. Die Bestimmung des Zustandes kann also direkt von dort übernommen werden. Eine ausführliche Darstellung gibt die Originalarbeit [4]. Die Neigungen in der Strömungsebene sind im Gegensatz zum Sauer-Heinz-Verfahren mit Gl. (48) natürlich zustandsabhängig.

Für den Fall ebener Strömung fällt $\bar{y}$ mit $\sigma = 0$ weg, und Gl. (49) läßt sich wie üblich integrieren mit folgendem Ergebnis auf der links- (oberes Vorzeichen) und rechtslaufenden Machlinie:

$$\mp \frac{2}{3}\, u_1^{3/2} + v_1 = \text{konst.} \tag{50}$$

Es handelt sich um die mittels Gl. (46) auf Störvariable transformierte Gl. (13).

Schließlich sei noch die Stoßpolare (15) in Störvariablen geschrieben. Setzt man die Entwicklungen (30) und (32) in die Stoßgleichung (15) ein und ordnet man nach Potenzen von δ nachdem l mit Gl. (34) eliminiert wurde, so erhält man aus der Forderung, daß die neben den δ-Potenzen stehenden Ausdrücke für sich verschwinden müssen, für die niedrigste Ordnung die Bedingung:

$$\hat{v}_1^2 = \frac{1}{2} (u_1 + \hat{u}_1) (u_1 - \hat{u}_1)^2. \tag{51}$$

Es handelt sich wieder um eine Darstellung der Stoßpolaren für Schallnähe in reduzierten Variablen. Gl. (51) ist wie erwartet nichtlinear und ist kaum weniger elegant als die Darstellungen (16) und (17). Dennoch besteht ein für die Vereinfachung der Darstellung entscheidender Unterschied zu Gl. (17), weshalb letztere beispielsweise in Abschnitt 11 vorgezogen wird. In Gl. (17) kommt nämlich zufolge der Reduktion die Anströmgeschwindigkeit nicht mehr vor. Tritt also ein Stoß nur in Form einer Kopfwelle auf, so kann seine Darstellung mit Gl. (17) auf eine einzige Kurve beschränkt werden, wogegen in Gl. (51) eine Stoßpolarenschar für unterschiedliche $u_1 = u_{1\infty}$ wiedergegeben wird.

Aus den Gliedern nächsthöherer Ordnung in δ, das sind Ausdrücke mit den Koeffizienten δ^4, erhält man dann die Stoßpolare zweiter Ordnung. Sie enthält die Störglieder

$$u_2 = \varphi_{2x} \quad \text{und} \quad v_2 = \varphi_{2\bar{y}}$$

und die entsprechenden Größen hinter der Stoßfront, $\hat{u}_2$ und $\hat{v}_2$, linear und ferner eine Reihe von Ausdrücken aus der ersten Ordnung mit u_1, $\hat{u}_1$, $\hat{v}_1$. Die Eigenschaft, daß die Stoßpolare in zweiter Ordnung linear ist, hat sie mit der gasdynamischen Gleichung zweiter Ordnung (37) gemein. Sie ist natürlich auch nur heranzuziehen, wenn in zweiter Ordnung gerechnet wird.

Bei allen hier wiedergegebenen Stoßpolaren handelt es sich um jene Form, für die die y-Komponente der Geschwindigkeit vor der Stoßfront verschwindet: $v_1 = 0$. Für Stöße allgemeiner Lage, $v_1 \neq 0$, müßte Gl. (51) wie Gl. (50) ergänzt werden. Auch diese allgemeinere Form wäre wie die Gl. (51) frei vom Störparameter δ. Für die Stoßfrontneigung folgt in erster Ordnung aus dem ersten Summanden von Gl. (24) durch Einführen der Ansätze (30), (31) und (34):

$$\frac{\mathrm{d}\bar{y}}{\mathrm{d}x} = \sqrt{\frac{2}{u_1 + \hat{u}_1}} = \frac{u_1 - \hat{u}_1}{\hat{v}_1}. \tag{52}$$

Das Glied nächsthöherer Ordnung ist ganz entsprechend durch Berücksichtigung der nächsthöheren Glieder nach Einsetzen der Entwicklungen in Gl. (24) zu gewinnen.

Gl. (52) kann als spezieller Fall eines von A. Kluwick [5] für schwache Stöße ausgesprochenen Gesetzes angesehen werden. Danach kann die Neigung einer schwachen Stoßfront gleichgesetzt werden der Neigung einer gleichlaufenden Machlinie, Gl. (48) links, für jenen Strömungszustand, der sich aus dem arithmetischen Mittel der Strömungszustände unmittelbar vor und hinter der Front ergibt.

Wie bereits bei der gasdynamischen Gleichung (35) ist auch die Darstellung von Machschen Linien, Stoßpolaren wie auch die Neigung aller Fronten frei vom Störparameter. Damit ist die Zweckmäßigkeit der Einführung eines solchen Störparameters auch bei Schallnähe bekräftigt.

7. Ähnlichkeitsgesetz für Profile und Flügel

Im folgenden soll zunächst die Lösung erster Ordnung im Entwicklungsparameter δ von Gl. (29) ins Auge gefaßt werden. Die für diese Lösung maßgebende Potentialfunktion φ_1 hat dann der Gl. (35), den Rand- und Anströmbedingungen sowie den Verdichtungsstoß-Gleichungen für ebene und achsensymmetrische Strömungen, also den Gln. (51) und (52) zu genügen.

Zunächst seien die Randbedingungen untersucht. Zur Vermeidung unnötiger Breite sei ein symmetrischer Flügel oder ein symmetrisches Profil angenommen. Eine eventuelle Anstellung sei in die Anströmung verlegt. Mit Gl. (VII,55) lautet die Randbedingung dann analog zu Gl. (VII,57) aus [·13], wobei ja im Gegensatz zu dieser keine Aufspaltung in symmetrischen und antisymmetrischen Anteil vorgenommen wurde:

$$y \to +0: \qquad \frac{v}{c^*} = \delta \varphi_{1y} = \frac{\delta}{l} \varphi_{1\bar{y}} = \frac{1}{2} \tau f_x(x, z).$$

Dabei ist die halbe Dicke des Flügels $h(x, z)$ durch das Dickenverhältnis τ und die Dickenverteilungsfunktion $f(x, z)$ wie folgt dargestellt:

$$2h(x, z) = \tau \cdot f(x, z).$$

In reduzierten Größen schreiben sich diese Beziehungen mit Gl. (34)

$$\bar{y} \to +0: \; \varphi_{1\bar{y}} = \frac{1}{2} \frac{\tau l}{\delta} f_x(x, z) = \frac{1}{2} \frac{\tau}{\delta^{3/2} \sqrt{\varkappa + 1}} \bar{f}_x(x, \bar{z}), \tag{53}$$

mit

$$\bar{f}(x, \bar{z}) = f(x, z), \tag{54}$$

also jener Dickenverteilungsfunktion, die man erhält, wenn in f an Stelle der Unabhängigen z mit Gl. (31) die Unabhängige $\bar{z}$ eingeführt wird.

Eine vom Störparameter unabhängige Randbedingung auf $\bar{y} = 0$ kann nur erzielt werden, wenn der Koeffizient vor der Verteilungsfunktion in Gl. (53) eine Zahl ist, die wie außerdem schon $\varphi_{1\bar{y}}$ und $\bar{f}_x$ die Größenordnung der Einheit haben muß. Der Störparameter und gleichzeitig damit l seien daher wie folgt angesetzt:

$$\delta = (\varkappa + 1)^{-1/3} \tau^{2/3}; \qquad l = (\varkappa + 1)^{-1/3} \tau^{-1/3}. \tag{55}$$

Im Gegensatz zur reinen Unterschall- oder Überschallströmung, vgl. etwa [·13], Gl. (VII,58), ist der Störparameter bei Flügeln in Schallnähe nun nicht mehr zur ersten Potenz, sondern zur Potenz 2/3 von τ proportional.

Damit erhält die Randbedingung (53) die Form:

$$\bar{y} \to +0: \qquad v_1 = \varphi_{1\bar{y}} = \frac{1}{2} f_x(x, z) = \frac{1}{2} \bar{f}_x(x, \bar{z}). \tag{56}$$

Sie ist formal mit der Randbedingung (VII,58) in [·13] identisch, nur stehen in Gl. (56) überall die reduzierten Koordinaten $\bar{y}$, $\bar{z}$ an Stelle der kartesischen Koordinaten y und z.

Der Unterschied, daß in der Randbedingung in Gl. (56) links die Ableitung nach $\bar{y}$ an Stelle jener nach y wie etwa in der Randbedingung (VII,58) in [•13] steht, ist darauf zurückzuführen, daß der Störparameter für das gesamte Linearisierungsgebiet $\delta^+ = \tau$ gesetzt wurde. Wie im Rahmen der Prandtlschen Regel festgestellt wurde, wäre die Störung des Potentials bei einer genauen Berücksichtigung des Kompressibilitätseffektes proportional zu $\tau/\sqrt{1 - M_\infty^2}$ anzusetzen. Mit dem Störparameter

$$\delta = \tau/\sqrt{1 - M_\infty^2} \tag{57}$$

im Linearisierungsgebiet der Unterschallströmung ergibt sich eine völlige Analogie zum schallnahen Bereich, indem nur der Ausdruck

$$\sqrt{1 - M_\infty^2} \leftrightarrow (\varkappa + 1)^{1/3}\, \tau^{1/3} \tag{58}$$

ausgetauscht zu werden braucht, um die Störparameter (57) und (55) und die Koordinatentransformation (31) und (VII,100) in [•13] ineinander überzuführen. Gleichzeitig nimmt damit auch die Randbedingung in beiden Bereichen die Form der Gl. (56) an.

Mit den Werten von Gl. (55) und Gl. (31) erhält man die Koordinatentransformation für Schallnähe:

$$y = [(\varkappa + 1)\,\tau]^{-1/3}\, \bar{y}; \qquad z = [(\varkappa + 1)\,\tau]^{-1/3}\, \bar{z}. \tag{59}$$

Die Randbedingung Gl. (56) am Flügel stimmt also nur dann in Vergleichsfällen überein, wenn der Flügel gleichzeitig mit der Dickenänderung in z-Richtung gemäß Gl. (59) so gedehnt wird, daß die „Dickenverteilungsfunktion" $\bar{f}(x, \bar{z})$ in den Vergleichfällen dieselbe ist.

Das bedeutet, daß bestimmte Längsschnitte stets bei gleichen Werten von $\bar{z}$ auftreten. Je dünner der Flügel ist, desto weiter muß gemäß Gl. (59) ein bestimmter Längsschnitt vom Mittelschnitt abrücken, Abb. 11.

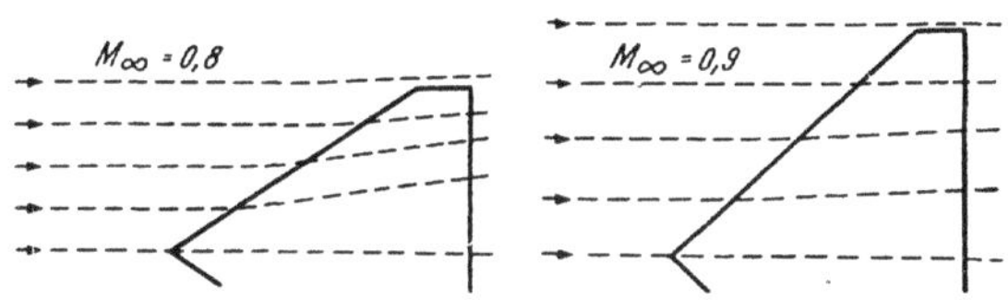

Abb. I,11. Mittelschnitt, Grundriß und Stromlinien zweier „ähnlicher" Flügel.

Insbesondere gilt diese Transformation auch für die Streckung 2σ, nämlich:

$$\bar{\sigma} = \sigma[(\varkappa + 1)\,\tau]^{1/3}. \tag{60}$$

Wie in den Linearisierungsgebieten der gasdynamischen Gleichung dürfen im allgemeinen nur Flügel gleicher reduzierter Streckung $\bar{\sigma}$ verglichen werden. Während aber die Änderung der Streckung im Anwendungsbereich der Prandtl-Glauert-Analogie nur mit der Änderung der Machzahl der Anströmung verknüpft ist, ist sie in Schallnähe mit dem Dickenverhältnis und, wie sich gleich zeigen wird, im allgemeinen gleichzeitig auch mit der Machzahl der Anströmung gekoppelt.

Bei ebener Strömung, also bei Unabhängigkeit des Strömungszustandes von z und für $\sigma \to \infty$, fällt eine derartige Bedingung weg. Dann ist die Randbedingung Gl. (56) in Vergleichsfällen dieselbe, wenn nur die Dickenverteilungsfunktion $f(x)$ dieselbe bleibt. Als ein zweiter Ausnahmefall stellt sich später der Flügel kleiner Streckung heraus.

Gleichzeitig mit dem Dickenverhältnis ändert sich aber auch die Lage entsprechender Punkte, das sind Punkte gleicher $\bar{y}$- und $\bar{z}$-Werte, in der Strömungsebene oder im Strömungsraum. Ausgezeichnet unter den entsprechenden Punkten sind die Punkte der Schallinie. Es handelt sich um die durch den Wert $u_1 = 0$, gemäß der ersten Näherung von Gl. (30) charakterisierten Punkte. Gemäß Gl. (59) muß beispielsweise das lokale Überschallgebiet in einer Unterschallströmung um so höher sein je schlanker das Vergleichsprofil ist, Abb. 12.

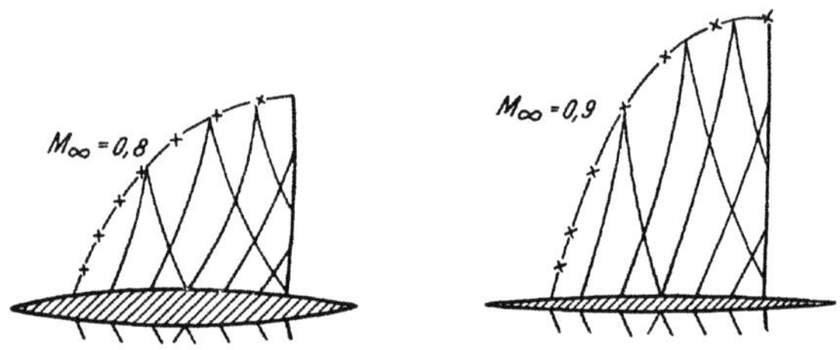

Abb. I,12. Lokale Überschallgebiete ähnlicher Strömungen.

Für schallnahe Strömungen durch schlanke, wenig gekrümmte Flügelgitter gilt sinngemäß dasselbe. Der quer zur Anströmung gemessene Profilabstand muß gleiche reduzierte Koordinaten $\bar{y}$ aufweisen. Mit abnehmender Profildicke muß also die Gitterteilung zunehmen.

Für den Strömungszustand folgt aus Gl. (30) und (32) mit Gl. (55)

$$\frac{u}{c^*} - 1 = (\varkappa + 1)^{-1/3}\, \tau^{2/3} \varphi_{1x}; \quad \frac{v}{c^*} = \tau \varphi_{1\bar{y}}; \quad \frac{w}{c^*} = \tau \varphi_{1\bar{z}}, \tag{61}$$

und zusammen mit Gl. (2):

$$M^2 - 1 = (\varkappa + 1)\left(\frac{u}{c^*} - 1\right) = [(\varkappa + 1)\, \tau]^{2/3} \varphi_{1x}. \tag{62}$$

Entsprechende Punkte sind durch gleiche Werte von φ_{1x}, $\varphi_{1\bar{y}}$ und $\varphi_{1\bar{z}}$ ausgezeichnet. Da in Vergleichsfällen auch die reduzierten Komponenten in der Anströmung dieselben sein müssen, bei Unterschallströmung also die „Randbedingung" im Unendlichen, bei Überschallströmung die Anfangsbedingungen unmittelbar vor der Kopfwelle, so folgt, daß Strömungen nur dann verglichen werden können, wenn sie gemäß Gl. (61) und (62) dieselben Werte aufweisen für:

$$u_{1\infty} = \varphi_{1x\infty} = \frac{M_\infty^2 - 1}{[(\varkappa + 1)\, \tau]^{2/3}}; \quad v_{1\infty} = \varphi_{1\bar{y}\infty} = \operatorname{tg} \varepsilon / \tau. \tag{63}$$

Es handelt sich hier also um eine ganz wesentliche *Kennzahl für Schallnähe.* Im Rahmen der vorliegenden Näherung ist $v_\infty / u_\infty = v_\infty / c^* = \operatorname{tg} \varepsilon$ zu setzen.

Nur wenn die Anströmbedingungen, also die Werte von $u_{1\infty}$ und $v_{1\infty}$, die Randbedingung (56) und die Differentialgleichung (35) sowie die Stoßgleichungen für das reduzierte Störpotential $\varphi_1(x, \bar{y}, \bar{z})$ übereinstimmen, können im allgemeinen die Lösungen mit Hilfe des Ähnlichkeitsgesetzes in Vergleichsfällen übertragen werden.

Gemäß Gl. (63) links muß also die Machzahl der Anströmung in ganz bestimmter Weise mit dem Dickenverhältnis geändert werden, wenn Strömungen miteinander vergleichbar sein sollen. Bei $M_\infty = 1$ ist ein Vergleich bei unterschiedlichen Dickenverhältnissen möglich. Bei $M_\infty \neq 1$ muß sich die Machzahl der Anströmung um so stärker von der Einheit unterscheiden, je dicker das Profil ist, Abb. 11 und 12.

Das hier ausgesprochene Gesetz kann auch als eine spezielle Form der Prandtl-Regel angesehen werden, indem sich gemäß Gl. (63) links etwa bei Unterschallströmung β proportional zu $\tau^{1/3}$ ändern muß. Dadurch wird nämlich erreicht, daß sich die reduzierten Stromdichtekurven in Vergleichsfällen decken.

Neben der Koppelung von M_∞ und τ führt Gl. (63) rechts zu einer weiteren Forderung, nämlich zur Bedingung, daß im allgemeinen in Vergleichsfällen der Anstellwinkel wie das Dickenverhältnis geändert werden müssen. Bei gewölbten Profilen folgt eine entsprechende Forderung auch für die Wölbungshöhe. Es leuchtet ein, daß bei nichtsymmetrischen Profilen an Ober- und Unterseite getrennt dieselben Forderungen zu stellen sind, wie bei einem symmetrischen Profil an eine Seite allein.

Das Ähnlichkeitsgesetz für Schallanströmung, $M_\infty = 1$, wurde zuerst von Th. von Kármán [6] am IUTAM-Kongreß in Paris (1946) vorgetragen. Für schallnahe Anströmung $M_\infty \neq 1$ wurde das Gesetz erstmalig von G. Guderley [1] in sehr knapper Form veröffentlicht und dann kurz hintereinander von Th. von Kármán [7], [8] und von K. Oswatitsch [9] bekanntgegeben und für praktische Zwecke erläutert. Das Ähnlichkeitsgesetz hat anschließend noch eine Reihe unterschiedlicher Darstellungen gefunden, vgl. etwa [••14], die in erster Ordnung alle gleichwertig sind, im speziellen Anwendungsbereich jedoch kleine Vorteile bieten können.

Eine der möglichen reduzierten Darstellungen ist bereits mit den Größen von Gl. (5) für Störungen bei Unterschallanströmung und mit den Größen von Gl. (7) für Störungen bei Überschallanströmung wiedergegeben worden. Der Zusammenhang mit der vorhin gegebenen Darstellung ergibt sich wie folgt.

Eliminiert man in Gl. (63) links mit Hilfe von Gl. (2) und mit

$$\varkappa + 1 = (1 - M_\infty^2)/(1 - M_\infty^*) + \cdots$$

das Verhältnis der spez. Wärmen $\varkappa$, so erhält man für $M_\infty \lessgtr 1$

$$\mp u_{1\infty} = \mp \varphi_{1x\infty} = \left[\pm \frac{\beta_\infty(1 - M_\infty^*)}{\tau}\right]^{2/3}, \tag{64}$$

worin bei Überschallanströmung noch β_∞ durch $\cot \alpha_\infty$ zu ersetzen wäre.

Durch Einführen der Variablen von Gl. (61) in die Gln. (5) oder (7) erhält man dann nach kurzer Zwischenrechnung für $M_\infty \lessgtr 1$:

$$\hat{\mathfrak{u}} = \mp \frac{u_1 - u_{1\infty}}{u_{1\infty}}; \quad \mathfrak{v} = \frac{v_1}{(\mp u_{1\infty})^{3/2}}; \quad \mathfrak{w} = \frac{w_1}{(\mp u_{1\infty})^{3/2}}; \qquad (65)$$
$$\mathfrak{y} = (\mp u_{1\infty})^{1/2}\, \bar{y}; \quad \mathfrak{z} = (\mp u_{1\infty})^{1/2}\, \bar{z}.$$

Dies führt zusammen mit Gl. (35) wieder auf das Differentialgleichungssystem für $M_\infty \lessgtr 1$:

$$(\pm 1 - \hat{\mathfrak{u}}) \frac{\partial \hat{\mathfrak{u}}}{\partial x} + \frac{\partial \mathfrak{v}}{\partial \mathfrak{y}} + \frac{\partial \mathfrak{w}}{\partial \mathfrak{z}}; \quad \frac{\partial \mathfrak{v}}{\partial x} - \frac{\partial \hat{\mathfrak{u}}}{\partial \mathfrak{y}} = 0; \quad \frac{\partial \hat{\mathfrak{u}}}{\partial \mathfrak{z}} - \frac{\partial \mathfrak{w}}{\partial x} = 0. \qquad (66)$$

Ebenso wie $u_{1\infty}$ in Gl. (63) als eine *reduzierte Machzahl* angesprochen werden kann, läßt sich auch ein *reduziertes Dickenverhältnis* einführen, z. B. für $M_\infty < 1$:

$$\tau_{\text{red}} = \frac{(\varkappa + 1)\,\tau}{(1 - M_\infty^2)^{3/2}} = \frac{\tau}{\beta_\infty (1 - M_\infty^*)} + \cdots = \frac{\tau}{\beta_\infty (1/M_\infty^* - 1)} + \cdots = (-u_{1\infty})^{-3/2}. \qquad (67)$$

Wie bereits betont, sind alle nebeneinander angeführten Formen in erster Näherung gleichwertig.

Abb. 13 zeigt die bereits klassisch gewordenen Messungen von B. Göthert [10] in der Auftragung mit den reduzierten Größen von Gl. (5). Das in der Abbildung angeführte reduzierte Dickenverhältnis ist in der Form von Gl. (67) rechts verwendet. Der Faktor im Nenner dieses Ausdruckes kann der Tabelle X,3 entnommen werden.

Abb. 14 zeigt Messungen von Michel, Marchaud und Le Gallo [11] am Kreisbogenzweieck bei Schallanströmung und verschwindender Anstellung. Im

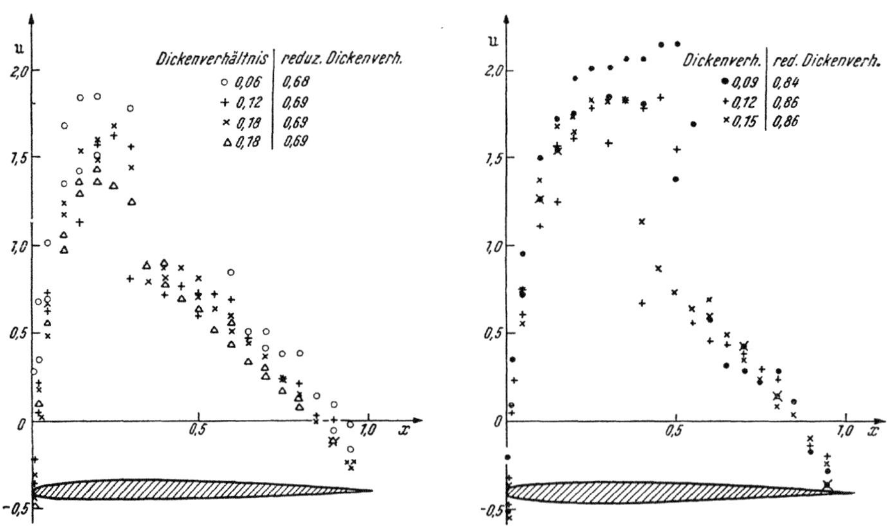

Abb. I,13. Prüfung des Ähnlichkeitsgesetzes an Versuchen von B. Göthert an NACA-Profilen mit 30% Dickenrücklage.

linken Bildteil ist als Ordinate die lokale Machzahl gewählt. Die Ordinate im rechten Bild-Teil ist eine von den Autoren gewählte „reduzierte Machzahl". Sie stellt eine der vielen möglichen Ähnlichkeitsvariablen dar und unterscheidet sich von der Variablen $u_1 = \varphi_{1x}$, Gl. (61), nur um Glieder höherer Ordnung.

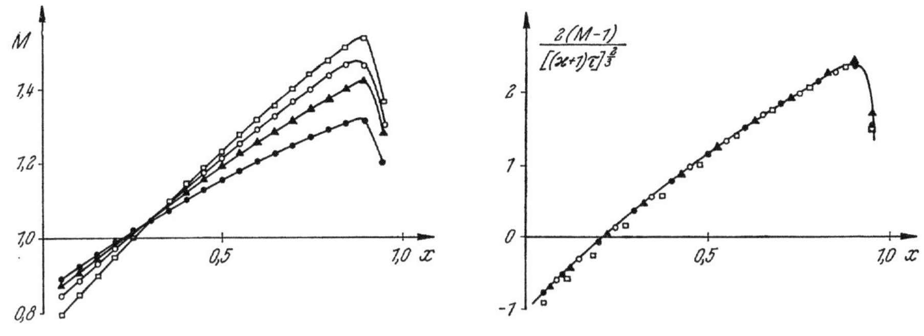

Abb. I,14. Machzahlverlauf am Kreisbogenzweieck bei Schallanströmung nach [11] für Dickenverhältnisse $\tau = 6\%$, 8%, 10%, 12%.

Das Ähnlichkeitsgesetz ist durch die Auftragung im rechten Bildteil bestens bestätigt. Die stärksten Abweichungen treten beim Dickenverhältnis $\tau = 0{,}12$ auf. Die Schwankungen der x-Komponente sind bei einem solchen Dickenverhältnis in Schallnähe aber bereits beträchtlich und daher reicht die erste Ordnung einer Theorie kleiner Störungen für größere Genauigkeitsansprüche nicht mehr aus.

Nicht zuletzt sei darauf hingewiesen, daß die u_1-Werte die Größenordnung der Einheit annehmen, wie ja bei den Überlegungen in Abschn. X,4 auch angenommen wurde.

8. Widerstand, Entropie, höhere Näherungen

Die Behandlung des Widerstandes sei in diesem Abschnitt auf das Dickenproblem des geschlossenen Profiles beschränkt, weil damit bereits der angestrebte Einblick erzielt wird. Der Widerstand ist dann gleich der Tangentialkraft K_x, für die beispielsweise Gl. (V,56) von [•13] herangezogen werden kann. Der darin auftretende Integrand kann für die Oberseite mit Gl. (61) wie folgt genähert werden:

$$y = +0: \qquad \varrho v(u - u_\infty) = \frac{\varrho^* c^{*2}}{2} (\varkappa + 1)^{-1/3} \tau^{5/3} v_1(u_1 - u_{1\infty}).$$

Die Darstellung ist dabei auf die Glieder erster Ordnung in den Abweichungen vom kritischen Zustand beschränkt.

Der Widerstandsbeiwert soll allerdings definitionsgemäß auch in Schallnähe mit dem Staudruck der *Anströmung* gebildet werden, damit die Darstellung der nicht reduzierten Größen wie c_w nicht durch eine spezielle Definition für Schallnähe belastet wird. Wird die Integration auf die Oberseite der Belegungslinie beschränkt, die Länge des Profils als Einheit gewählt und beachtet, daß bei schallnaher Anströmung in den Koeffizienten $\varrho^* c^* = \varrho_\infty u_\infty$ gesetzt werden darf, so vereinfacht sich das Ergebnis zu:

$$c_w M_\infty^* (\varkappa + 1)^{1/3} \tau^{-5/3} = c_{w1} = -2 \int_0^1 (u_1 - u_{1\infty}) f_x(x) \, dx. \tag{68}$$

Hierin ist v_1 gemäß der Randbedingung Gl. (56) durch die Dickenverteilungsfunktion $f(x)$ ersetzt. Gleichzeitig wurde der reduzierte Widerstandsbeiwert c_{w1} eingeführt, der allein von den reduzierten Variablen und von der Kennzahl $u_{1\infty}$ abhängt. Der Faktor M_∞^* bei c_w folgt aus der üblichen Bildung des Widerstandsbeiwertes mit dem Staudruck der Anströmung, während c_{w1} mit $\varrho^* c^{*2}/2$ gebildet ist.

Zur Herausarbeitung des Zusammenhanges zwischen dem Widerstand und dem Entropieanstieg seien ähnlich wie in [•13], Abschn. IX,43, die Verluste in der Trefftz-Ebene betrachtet. Die Rechnungen seien in Anlehnung an jene von J. Zierep [••23], S. 157 durchgeführt, jedoch nicht wie dort auf $M_\infty = 1$ beschränkt.

Der Widerstand ergibt sich aus dem Integral über die Trefftz-Ebene mittels [•13], Gl. (V,46), wenn dort $\cos(n, x) = 1$ gesetzt wird. Der Integrand bekommt dann zunächst folgende Gestalt:

$$\varrho u (u_\infty - u) + p_\infty - p = \varrho u [(u_\infty - c^*) - (u - c^*)] + p_\infty - p^* - (p - p^*).$$

Bei den folgenden Störrechnungen darf man sich nun keineswegs auf die linearen Glieder in u_1 beschränken. Man muß bis zu u_1^3 gehen, weil alle anderen Potenzen bei Schallnähe in diesem letzten Ausdruck wegfallen. Es handelt sich um jene Potenz, die auch für die Entropiezunahme verantwortlich ist, welche letztere deshalb nur in erster Ordnung berücksichtigt zu werden braucht. Entwickelt man überall nach Abweichungen vom kritischen Zustand und nur die Entropie nach Abweichungen vom Anströmwert s_∞, so erhält man mit [•13], Gl. (II,81), für die kinematischen Glieder mit $M_a = 1$ bei Berücksichtigung des Entropieanstieges in erster Ordnung:

$$p - p^* = \varrho^* c^{*2} \left[-\left(\frac{u}{c^*} - 1\right) - \frac{1}{2}\left(\frac{v}{c^*}\right)^2 + \frac{\varkappa + 1}{6}\left(\frac{u}{c^*} - 1\right)^3 - \frac{s - s_\infty}{c_p(\varkappa - 1)} + \cdots \right].$$

Da bei ϱu bereits eine Geschwindigkeitsstörung steht, genügt für diesen Faktor die Näherung gemäß [•13], Gl. (II,83) wieder mit $M_a = 1$ und $W = u$:

$$\varrho u = \varrho^* c^* \left[1 - \frac{\varkappa + 1}{2}\left(\frac{u}{c^*} - 1\right)^2 \right].$$

Durch Einsetzen dieser Näherungen in die Ausgangsformel, wobei für $p = p_\infty$ zu beachten ist, daß $v_\infty = 0$ angenommen wurde, erhält man nach Reduktion:

$$\varrho u (u_\infty - u) + p_\infty - p = \varrho^* c^{*2} \left[\frac{\varkappa + 1}{6}\left(\frac{u_\infty}{c^*} - 1\right)^3 - \frac{\varkappa + 1}{2}\left(\frac{u_\infty}{c^*} - 1\right)\left(\frac{u}{c^*} - 1\right)_2 \right.$$
$$\left. + \frac{\varkappa + 1}{3}\left(\frac{u}{c^*} - 1\right)^3 + \frac{1}{2}\left(\frac{v}{c^*}\right)^2 + \frac{s - s_\infty}{c_p(\varkappa - 1)} + \cdots \right].$$

Die Geschwindigkeitskomponenten können ohne Schwierigkeit auf die reduzierten Störgrößen umgeschrieben werden. Für den Entropieanstieg sei mit Gl. (69) auch eine reduzierte Größe für ebene schallnahe Strömung eingeführt, der der Übersichtlichkeit wegen der reduzierte Widerstandsbeiwert, Gl. (68), an die Seite gestellt sei:

$$s_1 = \frac{s - s_\infty}{\tau^2 c_p(\varkappa - 1)}; \qquad c_{w1} = \frac{M_\infty^{*}(\varkappa + 1)^{1/3}}{\tau^{5/3}} c_w. \tag{69}$$

Die Reduktion von s folgt ohne weiteres aus dem Vergleich mit den davor stehenden Summanden in der drittletzten Gleichung.

Durch Einführen aller reduzierten Größen in die Beziehung zwischen dem Widerstand und dem Strömungszustand in der Trefftz-Ebene Gl. (V,46) mit $\cos(n, x) = 1$, erhält man unter Heranziehung von Gl. (59) für $\bar{y}$ nach längerer elementarer Rechnung:

$$c_{w1} = 4 \int_0^\infty \left[\frac{1}{6} u_{1\infty}^3 - \frac{1}{2} u_{1\infty} u_1^2 + \frac{1}{3} u_1^3 + \frac{1}{2} v_1^2 + s_1\right] d\bar{y}. \tag{70}$$

Wie die Gl. (68) rechts enthält Gl. (70) nur mehr reduzierte Störgrößen und die Kennzahl für Schallnähe $u_{1\infty}$, Gl. (63).

Der Entropieanstieg s_1 wird durch Verdichtungsstöße verursacht. Im Rahmen der ersten Ordnung der Störtheorie ist die Entropie nur Funktion der Ordinate, $s_1 = s_1(\bar{y})$. Das Abweichen der Stromlinien von den Geraden $\bar{y} =$ konst. gibt nur Störeffekte zweiter Ordnung in s_1. Die Entropiezunahme folgt also aus den Entropiesprüngen in den Stößen bei gleichen $\bar{y}$-Werten. Diese Entropiesprünge können durch die Drucksprünge und damit aber auch durch die Geschwindigkeitssprünge ausgedrückt werden. In niedrigster Ordnung gilt:

$$\hat{s} - s = \frac{\varkappa^2 - 1}{12\varkappa^2} c_v \left(\frac{\hat{p} - p}{p^*}\right)^3 = \frac{\varkappa^2 - 1}{12} c_p \left[\left(\frac{W}{c^*} - 1\right) - \left(\frac{\hat{W}}{c^*} - 1\right)\right]^3.$$

Auch hier darf die Geschwindigkeitsstörung durch die u-Störung ersetzt werden. Daraus folgt in reduzierten Störgrößen mit Gl. (61) und (69) für den Entropieanstieg in einer geneigten oder auch senkrechten Stoßfront:

$$\hat{s}_1 - s_1 = \frac{1}{12} (u_1 - \hat{u}_1)^3.$$

Auch in dieser Gleichung treten ausschließlich reduzierte Größen auf. Durchquert die Gerade $\bar{y} =$ konst. nur eine Stoßfront, was beispielsweise bei einem lokalen Überschallgebiet mit abschließendem Stoß der Fall ist, so ist der Wert vor der Stoßfront gem. Gl. (69) $s_1 = 0$ und $\hat{s}_1$, der Wert hinter der Stoßfront ist in Gl. (70) einzusetzen. Liegen dagegen mehrere Stöße vor, etwa eine abgelöste Kopfwelle und eine Schwanzwelle, dann sind die verschiedenen Entropieanstiege zu addieren. Stets drückt sich aber s_1 in Gl. (70) durch u_1-Sprünge an den Stoßfronten aus.

Die Überlegungen können völlig parallel zu jenen in [·13], Abschnitt IX,43 geführt werden. Liegt die Trefftz-Ebene knapp hinter dem Profil, dann liefern die kinetischen Glieder in Gl. (70) einen wesentlichen Beitrag, unter Umständen auch den Hauptanteil der Verluste. Liegt die Trefftz-Ebene dagegen weit stromabwärts vom Profil, so geht $u_1 \to u_{1\infty}$, $v_1 \to 0$. In Gl. (70) bleibt entsprechend dem Entropiesatz [·13], Gl. (V,53) nur mehr der letzte Summand übrig.

Aus Gl. (68) folgt, daß der auf die Projektionsfläche bezogene Widerstandsbeiwert ähnlicher Strömungen, also von Strömungen mit gleichen u_1-Werten, mit der Potenz $\tau^{5/3}$ des Dickenverhältnisses ansteigt. Darin ist der Faktor τ dem Dickenverhältnis und der Faktor $\tau^{2/3}$ der Druckschwankung zuzuschreiben.

Im übrigen wachsen die örtlichen Verluste ähnlicher Strömungen gem. Gl. (69) proportional zu τ^2. Sie erstrecken sich dagegen gem. Gl. (59) in der Ordinatenrichtung proportional zu $\tau^{-1/3}$, also um so weiter in das Strömungsfeld hinein, je dünner das Profil wird. Daraus folgt dann wieder die Proportionalität des Widerstandsbeiwertes zu $\tau^{5/3}$.

Die der drehungsfreien schallnahen Strömung gesteckten Grenzen können leicht mit Hilfe des Croccoschen Wirbelsatzes [·13], Gl. (VI,18) abgesteckt werden. Für das erste drehungsbehaftete Glied kann der Entropieausdruck im Wirbelsatz linearisiert und die Stromfunktion durch das erste Glied $\psi = \varrho^* c^* y$ genähert werden. Damit erhält [·13], Gl. (VI,18) die genäherte Darstellung:

$$\frac{\partial}{\partial x}\left(\frac{v}{c^*}\right) - \frac{\partial}{\partial y}\left(\frac{u}{c^*} - 1\right) = \frac{1}{c_p(\varkappa - 1)}\,\frac{\mathrm{d}s}{\mathrm{d}y} + \cdots.$$

In dieser ersten Näherung hängt s nur von y ab. Da in den höheren Gliedern keine Geschwindigkeitspotentiale mehr vorausgesetzt werden dürfen, kann die Entwicklung (29) nicht verwendet werden, aber wohl die Entwicklung (30). Mit Erweiterung auf Glieder dritter Ordnung und unter Verwendung der Parameter (55) wäre die Entwicklung dann anzusetzen als:

$$\frac{u}{c^*} - 1 = (\varkappa + 1)^{-1/3}\,\tau^{2/3} u_1 + (\varkappa + 1)^{-2/3}\,\tau^{4/3} u_2 + (\varkappa + 1)^{-1}\,\tau^2 u_3 + \cdots$$

$$\frac{v}{c^*} = \tau v_1 + (\varkappa + 1)^{-1/3}\,\tau^{5/3} v_2 + (\varkappa + 1)^{-2/3}\,\tau^{7/3}\, v_3 + \cdots.$$

Die höheren Summanden unterscheiden sich von den vorausgegangenen um den Faktor $\delta = (\varkappa + 1)^{-1/3}\,\tau^{2/3}$.

Diese Ansätze in den Croccoschen Wirbelsatz eingeführt, liefern zusammen mit Gl. (59) und (69):

$$\frac{\partial v_1}{\partial x} - \frac{\partial u_1}{\partial \bar{y}} = 0; \quad \frac{\partial v_2}{\partial x} - \frac{\partial u_2}{\partial \bar{y}} = 0; \quad \frac{\partial v_3}{\partial x} - \frac{\partial u_3}{\partial \bar{y}} = (\varkappa + 1)\,\frac{\partial s_1}{\partial \bar{y}}.$$

Die Entropieunterschiede wirken sich bei der Wirbelbildung erst auf Glieder dritter Ordnung aus, eine Feststellung, die schon sehr früh von G. Guderley gemacht wurde. Danach existiert also noch in zweiter Ordnung ein Geschwindigkeitspotential, das der linearen Gl. (37)

$$-\varphi_{1x}\varphi_{2xx} + \varphi_{2\bar{y}\bar{y}} - \varphi_{1xx}\varphi_{2x} = \left(\varkappa - \frac{1}{2}\right)\varphi_{1x}^2\varphi_{1xx} + 2\varphi_{1\bar{y}}\varphi_{1x\bar{y}}$$

genügen muß. Die elliptischen und die hyperbolischen Gebiete decken sich mit jenen der ersten Näherung, Gl. (36).

Bei einer Beschränkung auf die Randbedingung (53) würde für φ_2 auf $\bar{y} = 0$ gelten: $\varphi_{2\bar{y}} = 0$. Im Anströmgebiet müßten φ_{2x} und $\varphi_{2\bar{y}}$ verschwinden. Die Differentialgleichung und die Stoßbedingungen wären unter diesen Randbedingungen zu erfüllen. Da unter den getroffenen Annahmen die Störparameter in die Lösung nicht eingehen, wäre damit die Ähnlichkeitstheorie zweiter Ordnung bereits abgeschlossen. Allerdings würden diese Lösungen wegen der inhomogenen Seite der letzten Gleichung das Verhältnis der spez. Wärmen $\varkappa$ als Ähnlichkeitsparameter explizite enthalten.

Die skizzierten Lösungen wären damit in zweiter Ordnung zweifellos exakt, sie würden jedoch die Strömung um ein gegenüber der ersten Ordnung etwas deformiertes Profil darstellen. Wenn auch das Profil in der gleichen Ordnung unverändert bleiben soll, ist eine Verfeinerung der Randbedingung auf der Belegungsgeraden erforderlich. Dieses Problem wurde von W. D. Hayes [3] ausführlich behandelt, indem auch die Randbedingungen konsequent weiter entwickelt wurden, wie das schon früher für Unterschallströmung von anderen Autoren gemacht wurde [·9].

Neben der Entwicklung im Potential kommt auch eine Entwicklung in der Geschwindigkeitsfunktion und in den Strömungswinkeln in Frage, wie sie beispielsweise in [·13], Abschn. VIII,11 für reine Unterschallströmung oder in [·13], Abschn. IX,20 für reine Überschallströmung durchgeführt wurde. Dafür müßte freilich die Darstellung in zweiter und höherer Ordnung völlig neu entwickelt werden.

9. Symmetrie-Eigenschaften der Lösungen

Die Aufteilung der Lösung in einen symmetrischen, das Dickenproblem berücksichtigenden Anteil und einen antisymmetrischen Anteil, der dem Auftriebsproblem entspricht, ist zwar vor allem bei linearen Differentialgleichungen zweckmäßig, jedoch läßt sich aus einer solchen Aufteilung auch bei nichtlinearen Differentialgleichungen einiges erkennen, wie im folgenden gezeigt wird. Es sei:

$$\varphi/c^* = \delta\varphi_1 = \delta^+\varphi_1^+ + \delta^-\varphi_1^- . \tag{71}$$

Diese Aufspaltung ist immer möglich.

Es braucht ja nur gebildet zu werden:

$$\delta[\varphi_1(x, y) + \varphi_1(x, -y)] = 2\delta^+\varphi_1^+(x, y); \qquad \delta[\varphi_1(x, y) - \varphi_1(x, -y)] = 2\delta^-\varphi_1^-(x, y),$$

womit $\varphi_1^+(x, y) = \varphi_1^+(x, -y)$ und $\varphi_1^-(x, y) = -\varphi_1^-(x, -y)$ gewährleistet ist.

Die Störparameter δ^+ und δ^- hängen nun aber, wie sich zeigen wird, nicht mehr derart einfach mit den Randbedingungen zusammen, wie bei einer linearen Ausgangsdifferentialgleichung. Die Problematik kann bereits im formal einfachsten Fall, nämlich in jenem der *ebenen* schallnahen Strömung dargelegt werden. Daher sollen sich die folgenden Ausführungen auf ebene Strömung beschränken.

Da sich die symmetrischen und antisymmetrischen Lösungen im vorliegenden Fall voneinander nicht trennen lassen, muß den beiden Teilen auch eine gemeinsame Ausdehnung der Strömungsstruktur, gekennzeichnet durch die Länge l in Gl. (31), zugeordnet werden. Wird nun der Ansatz (71) mit (31) in Gl. (33) eingeführt, so erhält man unter alleiniger Berücksichtigung der Hauptglieder, die zu Gl. (35) führen, für ebene Strömung:

$$\delta^+\varphi^+_{1\overline{yy}} + \delta^-\varphi^-_{1\overline{yy}} - (\varkappa + 1)\, l^2(\delta^+\varphi^+_{1\overline{x}} + \delta^-\varphi^-_{1\overline{x}})\,(\delta^+\varphi^+_{1\overline{xx}} + \delta^-\varphi^-_{1\overline{xx}}) = 0\,.$$

Aus dieser Gleichung ist zu erkennen, daß es wohl eine isolierte symmetrische Lösung geben kann, $\delta^- = 0$, was auch einleuchtend ist, da die Strömung um ein nichtangestelltes symmetrisches Profil dafür ein Beispiel bietet. Es gibt jedoch im allgemeinen keine isolierte antisymmetrische Lösung, $\delta^+ = 0$. Denn das Produkt $\varphi^-_{1\overline{x}} \cdot \varphi^-_{1\overline{xx}}$ stellt einen symmetrischen Beitrag dar, kann aber im allgemeinen für sich allein nicht Null sein. Dies wird sich gleich noch herausstellen, weshalb zunächst nicht weiter darauf eingegangen werden soll. Selbst bei der angestellten oder gewölbten Platte in Schallnähe muß also $\delta^+ \neq 0$ sein. Daher sei die Strukturlänge l in Spezialisierung von Gl. (34) mit dem Störparameter δ^+ in die Beziehung gesetzt:

$$1/l^2 = 2\Gamma_0\delta^+ = (\varkappa + 1)\,\delta^+. \tag{72}$$

Bei Gl. (72) handelt es sich nicht um ein unumstößliches Resultat, sondern nur um eine mögliche Wahl, deren Zweckmäßigkeit sich aber bestätigen wird.

Wenn nun l mittels Gl. (72) in der vorgehenden Gleichung eliminiert wird und nach symmetrischen und antisymmetrischen Termen geordnet wird, so folgt das gekoppelte System:

$$\left.\begin{aligned} -\varphi^+_{1\overline{x}}\varphi^+_{1\overline{xx}} - (\delta^-/\delta^+)^2\,\varphi^-_{1\overline{x}}\varphi^-_{1\overline{xx}} + \varphi^+_{1\overline{yy}} &= 0;\\ -\varphi^+_{1\overline{x}}\varphi^-_{1\overline{xx}} - \varphi^+_{1\overline{xx}}\varphi^-_{1\overline{x}} + \varphi^-_{1\overline{yy}} &= 0. \end{aligned}\right\} \tag{73}$$

Es bestätigt sich also, daß es wohl eine isolierte symmetrische Lösung gibt, $\varphi_1^- = 0$, jedoch keine isolierte antisymmetrische Lösung $\varphi_1{}^+ = 0$.

Ist $(\delta^-/\delta^+)^2 \ll 1$, was, wie sich zeigen wird, darauf hinausläuft, daß Anstellwinkel oder Wölbung klein gegen das Dickenverhältnis sind, so kann das mittlere Glied der oberen Gleichung gestrichen werden. Die Lösung für das Dickenproblem kann damit zuerst für sich durchgeführt werden. Die untere Gleichung ist stets linear in φ_1^-. Da die Lösung für φ_1^+ in diesem Fall in der oberen Gleichung unabhängig von jener von φ_1^- wird, geht φ_1^- auch nicht in die Koeffizienten von $\varphi^+_{1\overline{x}}$ und $\varphi^+_{1\overline{xx}}$ der unteren Gleichung ein. Es handelt sich dann um eine *Teillinearisierung* nach dem Anstellwinkel oder nach der Wölbung, in jedem Fall nach dem Auftriebseffekt.

Derartige Teillinearisierungen insbesondere nach dem Anstellwinkel haben besondere Bedeutung, wenn etwa nach der Änderung von c_a mit dem Anstellwinkel ε bei $\varepsilon = 0$ gefragt wird.

In der Aerodynamikersprache handelt es sich um das sogenannte „$dc_a/d\alpha$“, wobei unter dem Symbol α der Anstellwinkel und nicht wie bei uns der Machwinkel verstanden wird und auch angenommen wird, daß es sich um die Ableitung bei $\alpha = 0$ handelt.

Das Anstellproblem wurde in Schallnähe für symmetrische Profile von T. GULLSTRAND [12] behandelt. Dabei zeigte sich, daß bei lokalen Überschallgebieten auf der Saug- und Druckseite auch eine entgegengesetzte Verschiebung des abschließenden Verdichtungsstoßes angesetzt werden muß. Solche Lösungen haben jedoch nur dann praktische Bedeutung, wenn das Linearisierungsgebiet, also im wesentlichen der Bereich $(\mathrm{tg}\,\varepsilon/\tau)^2 \ll 1$, innerhalb der in Frage kommenden Anstellwinkel liegt.

In einem solchen Fall der Teillinearisierung, also der Entkoppelung der oberen Gleichung (73) von der unteren, ist das Problem für φ_1^+ elliptisch oder hyperbolisch je nachdem ob $\varphi_{1x}^+ \lesseqgtr 0$ ist, also je nachdem ob die symmetrische Lösung für sich im Unter- oder Überschallbereich liegt. Dasselbe gilt dann aber auch für die Gleichung von φ_1^-, denn der mathematische Typus ist durch die Koeffizienten der höchsten Ableitungen von φ_1^- gegeben. Maßgebend für den Typus bleibt also auch für φ_1^- der Wertebereich von φ_{1x}^+.

Diese letzte Schlußfolgerung gilt jedoch nur für das entkoppelte System. Für den allgemeinen Fall würde eine genauere Untersuchung des Systems (73) ergeben, daß dieses in jenem Teil der Strömungsebene elliptisch oder hyperbolisch ist, wo $\delta^+\varphi_{1x}^+ + \delta^-\varphi_{1x}^- \lesseqgtr 0$ ist. Wie nicht anders erwartet werden kann, kommt es genauso wie bei der Darstellung Gl. (35) auf den Wertebereich von φ_{1x} an.

Für die Wahl der Parameter δ^+ und δ^- ist also zu bedenken, daß δ^- mit dem Anstellwinkel oder der Wölbung verschwinden muß. Dabei sei der Übersichtlichkeit wegen nur ein Anstellwinkel in Betracht gezogen. Der Parameter δ^+ dagegen darf mit der Dicke τ nicht verschwinden und muß sich mit $(\tau/\mathrm{tg}\,\varepsilon)^2 \ll 1$ auf τ allein reduzieren. Dieser Forderung würde folgender Ansatz genügen:

$$\begin{aligned} \delta^+ &= (\varkappa+1)^{-1/3}(\tau^2+\mathrm{tg}^2\,\varepsilon)^{1/3}; \qquad & \delta^- &= (\varkappa+1)^{-1/3}\,\mathrm{tg}\,\varepsilon(\tau^2+\mathrm{tg}^2\,\varepsilon)^{-1/6} \\ l &= (\varkappa+1)^{-1/3}(\tau^2+\mathrm{tg}^2\,\varepsilon)^{-1/6}; \qquad & \delta^-/\delta^+ &= \mathrm{tg}\,\varepsilon/\sqrt{\tau^2+\mathrm{tg}^2\,\varepsilon}\,. \end{aligned} \tag{74}$$

Der Ansatz geht für $\mathrm{tg}^2\,\varepsilon/\tau^2 \to 0$ in die Darstellung von Gl. (55) über. Er führt aber auch für beliebige Anstellwinkel zu keinem Widerspruch zu dem Ähnlichkeitsgesetz für Schallnähe (61), (63), sondern nur zu einer etwas geänderten Darstellung dieser Sätze. Denn bei Anstellung in Schallnähe muß dann ja auch das Verhältnis $\mathrm{tg}\,\varepsilon/\tau$ in Vergleichsfällen übereinstimmen.

Aufschlußreich ist ein Blick auf die Strömung um die angestellte ebene Platte. Dann ist $\tau = 0$ und gem. Gl. (74):

$$\delta^+ = \delta^- = (\varkappa+1)^{-1/3}\,\mathrm{tg}^{2/3}\,\varepsilon; \qquad l = (\varkappa+1)^{-1/3}\,\mathrm{tg}^{-1/3}\,\varepsilon.$$

Die symmetrische und antisymmetrische Lösung stehen in Gl. (73) gleichberechtigt nebeneinander. Wird beispielsweise die Platte und nicht die Anströmung angestellt, und ist außerdem $M_\infty = 1$, dann verschwinden im Anströmgebiet alle ersten Ableitungen:

$$\varphi_{1\bar{x}}^+ = \varphi_{1\bar{x}}^- = 0; \qquad \varphi_{1\bar{y}}^+ = \varphi_{1\bar{y}}^- = 0.$$

Auf der x-Achse ist im Bereich der Platte, also für $0 < x < 1$ gemäß Gl. (71) und (31):

$$-\mathrm{tg}\,\varepsilon = \varphi_y/c^* = (\delta^+\varphi_{1\bar{y}}^+ + \delta^-\varphi_{1\bar{y}}^-)/l = (\varphi_{1\bar{y}}^+ + \varphi_{1\bar{y}}^-)\,\mathrm{tg}\,\varepsilon.$$

Die Randbedingung auf der Platte kann aber nur von φ_1^- erfüllt werden, da nur dieser Anteil gleiche v-Werte an der Ober- und Unterseite der Platte liefert. Also lautet die Randbedingung:

$$0 < x < 1, \bar{y} = 0: \qquad \varphi_{1\bar{y}}^+ = 0, \qquad \varphi_{1\bar{y}}^- = -1.$$

Danach verschwinden beide Komponenten von φ_1^+ in der Anströmung und außerdem noch $\varphi_{1\bar{y}}^+$ an der Platte. Doch kann die obere Gleichung (73) durch die triviale Lösung $\varphi_1^+ \equiv 0$ nicht erfüllt werden.

Ganz analog zu Gl. (61) folgt aus Gl. (30) und (71):

$$\frac{u}{c^*} - 1 = (\varkappa + 1)^{-1/3} \operatorname{tg}^{2/3} \varepsilon (\varphi_{1x}^+ + \varphi_{1x}^-).$$

Auf der Platte braucht φ_{1x}^+ durchaus nicht zu verschwinden, weshalb die u-Störung nun auch nicht mehr antisymmetrische Funktion in y ist. Die Auftriebskraft an der Platte ergibt sich allerdings nur aus dem φ_1^--Anteil, weil sich der φ_1^+-Anteil der Ober- und Unterseite für den Auftriebsbeitrag aufheben. Zufolge der letzten Gleichung und Gl. (VII,44) in [·13] ist also die Normalkraft, unter kleinen Anstellwinkeln damit auch der Auftrieb, proportional zu $\operatorname{tg}^{2/3} \varepsilon$. Damit wäre bei der Platte in Schallnähe $dc_a/d\varepsilon \sim \operatorname{tg}^{-1/3} \varepsilon$, womit dieser Wert für $\varepsilon \to 0$ über alle Grenzen wächst. Das letzte Ergebnis ist allerdings kaum von praktischem Interesse, weil jede Platte eine endliche Dicke besitzt. Der Grenzübergang $\operatorname{tg} \varepsilon \to 0$ ist damit unter der getroffenen Voraussetzung $\operatorname{tg}^2 \varepsilon \gg \tau^2$ nicht möglich.

10. Ähnlichkeitsgesetz für Rotationsrümpfe

Die folgenden Ausführungen beziehen sich nur auf nichtangestellte Rotationsrümpfe. Der Anstelleffekt, die antisymmetrische Lösung also, konnte bereits in [·13], Abschn. VII,9 in einer für Unterschall, Überschall und Schallnähe in gleicher Weise gültigen Form angegeben werden.

Führt man auch bei Zylinderkoordinaten x, r in Analogie zu Gl. (31) eine reduzierte Radialkoordinate ein

$$\bar{r} = r/l, \tag{75}$$

so erhält man für die gasdynamische Gl. (35) für Schallnähe und achsensymmetrische Strömung die Gleichung

$$-\varphi_{1x}^+ \varphi_{1xx}^+ + \varphi_{1\bar{r}\bar{r}}^+ + \frac{1}{\bar{r}} \varphi_{1\bar{r}}^+ = 0, \tag{76}$$

die mit Rücksicht auf die vorangegangenen Darstellungen nicht speziell hergeleitet zu werden braucht. Da die Achsensymmetrie einen Spezialfall von symmetrischer Strömung in y darstellt, wurde in Gl. (76) der obere Index + eingeführt. Folgerichtig wird der Störparameter ebenfalls mit diesem Index versehen: $\delta = \delta^+$. Die Strömung ist ein Spezialfall der schallnahen Strömung, wie sie in Abschn. 4 behandelt wurde. Damit gilt zwischen der Strukturlänge l, Gl. (75), und dem Störparameter $\delta = \delta^+$ wieder die Beziehung (34).

Die Randbedingung kann wie in [·13], Abschn. VII,8 formuliert werden. Aus Gl. (VII,68), (VII,69) dort und Gl. (75) folgt

$$r \to 0\colon\ \delta^+ \bar{r} \varphi_{1\bar{r}}^+ = \delta^+ r \varphi_{1r}^+ = \frac{1}{2\pi} F_{\max} f_x(x),$$

mit $F_{\max}$ als größter Querschnittsfläche und $f(x)$ als Querschnittsflächen-Verteilungsfunktion.

Für die Parameterwahl

$$\delta^+ = F_{\max} = \frac{\tau^2 \pi}{4} \tag{77}$$

folgt daraus die Randbedingung in reduzierten Koordinaten:

$$\bar{r} \to 0\colon\ \bar{r} \varphi_{1\bar{r}}^+ = \frac{1}{2\pi} f_x(x). \tag{78}$$

Durch die Wahl desselben Parameters wie bei reiner Unterschall- und reiner Überschallströmung in [·13], Abschn. (VII,8), insbesonders Gl. (VII,70), ist die Randbedingung (78) für das Störpotential $\varphi_1{}^+(x, \bar{r})$ bereits unabhängig vom Dickenverhältnis des Rumpfes geworden. Damit folgt aber aus Gl. (76) genauso wie früher für reine Unter- und Überschallströmung, daß $u_1^+ = \varphi_{1x}^+(x, \bar{r})$ in *entsprechenden Punkten* $P(x, \bar{r})$ denselben Wert annehmen muß. Der Unterschied gegenüber der in [·13], Abschn. VII,11, hergeleiteten Prandtl-Glauert-Analogie liegt nur darin, daß die Zuordnung entsprechender Punkte nicht durch den Prandtl-Faktor β bei Unterschall oder durch $\cot \alpha$ bei Überschall gem. Gl. (VII,100) dort erfolgt, sondern durch Gl. (75), in der sich l aus Gl. (34) und (77) ergibt. Damit gilt:

$$l = \frac{2}{\tau \sqrt{(\varkappa + 1)\pi}} = \frac{1}{\sqrt{(\varkappa + 1) F_{\max}}}; \qquad \bar{r} = r\tau \sqrt{(\varkappa + 1)\pi}/2 = r\sqrt{(\varkappa + 1) F_{\max}}. \tag{79}$$

Entsprechende Punkte liegen danach in der x,r-Ebene um so weiter von der x-Achse entfernt, je kleiner das Dickenverhältnis τ des Vergleichskörpers ist. Eine qualitativ ähnliche Eigenschaft konnte bereits bei den Profil- und Flügelströmungen festgestellt werden, wo gem. Abb. 12 die entsprechenden Punkte, also beispielsweise die Punkte der Schallinie, um so weiter im Feld liegen, je dünner das Profil ist.

Für die Störkomponenten der symmetrischen Strömung folgt aus Gl. (40) in erster Ordnung mit dem Störparameter (77):

$$\frac{u}{c^*} - 1 = \frac{\tau^2 \pi}{4} \varphi_{1x}^+(x, \bar{r}); \qquad \frac{\sqrt{v^2 + w^2}}{c^*} = \left(\frac{\tau^2 \pi}{4}\right)^{3/2} \sqrt{\varkappa + 1}\, \varphi_{1\bar{r}}^+(x, \bar{r}). \tag{80}$$

Mit Gl. (2) erhält man damit für die Störung im Unendlichen die Beziehung:

$$\sqrt{x^2 + r^2} \to \infty\colon\ \varphi_{1x\infty}^+ = u_{1\infty}^+ = \frac{4}{\pi} \frac{M_\infty^2 - 1}{(\varkappa + 1)\tau^2} = \frac{M_\infty^2 - 1}{(\varkappa + 1) F_{\max}}. \tag{81}$$

Strömungen können nur bei gleicher Anströmungsbedingung für die reduzierten Größen verglichen werden. Also spielt $u_{1\infty}^{+}$ wieder die Rolle eines Ähnlichkeitsparameters, der in Vergleichsfällen übereinstimmen muß, wenn das Ähnlichkeitsgesetz angewendet werden soll. Im Gegensatz zum Fall der Strömung um Profile oder um Flügel, Gl. (63), wo außerdem noch Anstellung mit in Betracht gezogen wurde, muß bei nichtangestellten Rotationsrümpfen $M_\infty^2 - 1$ wie τ^2 geändert werden. Wie früher aber können Strömungen bei $M_\infty = 1$ an verschieden dicken Rümpfen verglichen werden.

Wie immer bei Rotationsrümpfen interessiert aber nicht so sehr die Geschwindigkeitsstörung in den „entsprechenden Punkten", sondern die Geschwindigkeitsstörung an der Körperoberfläche. Die Herleitung des Ähnlichkeitsgesetzes für Schallnähe erfolgt damit ganz analog zu den Ähnlichkeitsgesetzen für Rümpfe in den Linearisierungsgebieten, Abschn. VII,11 in [•13], weshalb die folgenden Ausführungen kurz gehalten werden können.

Aus der Gleichheit der reduzierten Komponenten in entsprechenden Punkten, vgl. (VII,117) in [•13],

$$u_1^+(x, r) = \bar{u}_1^+(x, \bar{r}),$$

folgt für Punkte in Achsennähe, zu denen die Punkte an der Körperoberfläche gehören, mit $R_x(x)$ und $\bar{R}_x(x)$ als Raumeinflüsse für die nichtreduzierte und für die reduzierte Darstellung:

$$R_x(x) + \frac{1}{2\pi} f_{xx}(x) \ln r = \frac{1}{2\pi} f_{xx}(x) \ln \bar{r} + \bar{R}_x(x).$$

Daraus folgt mit Gl. (75) und (79) die Beziehung für die beiden Raumeinflußfunktionen

$$R_x(x) = \bar{R}_x(x) - \frac{1}{2\pi} f_{xx}(x) \ln l = \bar{R}_x(x) + \frac{1}{4\pi} f_{xx}(x) \ln [(\varkappa + 1) F_{\max}] \tag{82}$$

in voller Analogie zu den Gleichungen (VII,118) in [•13], die nur nach x abgeleitet zu werden brauchen. Wie in Gl. (75) der Faktor $1/l$ an die Stelle von β oder $\cot\alpha$ in Gl. (VII,100), [•13] tritt, so geschieht nun dasselbe bei einer Gegenüberstellung der „Raumeinflüsse".

Ein Unterschied allerdings besteht dennoch. Die reduzierte Strömung besitzt in Gl. (VII,118) von [•13] physikalische Bedeutung. Es handelt sich bei Unterschallströmung um die inkompressible Strömung, bei Überschall um die Strömung, bei der Normmachzahl $M_\infty = \sqrt{2}$. In Gl. (82) wäre die reduzierte Strömung also die Strömung für die $\bar{R}(x) = R(x)$ ist, die Strömung bei $(\varkappa + 1) F_{\max} = 1$. Das dieser Beziehung entsprechende Dickenverhältnis liegt jedoch außerhalb des Gültigkeitsbereiches der Theorie kleiner Störungen, Das war jedoch auch bei den Ähnlichkeitsgesetzen für Profile und Flügel im Abschn. 7 nicht anders. Man muß sich damit begnügen, die Störungen an der Körperoberfläche durch reduzierte Größen allein auszudrücken, denen jedoch bei Schallnähe kein physikalischer Inhalt zugesprochen werden kann.

An der Körperoberfläche gilt mit Gl. (82) und der Darstellung

$$F = h^2\pi = F_{\max} f(x)$$

für den Querschnittsflächen-Verlauf:

$$u_1^+(x,h) = R_x(x) + \frac{1}{4\pi} f_{xx}(x) \ln h^2$$
$$= \overline{R}_x(x) + \frac{1}{4\pi} f_{xx}(x) \ln \left[(\varkappa + 1) F_{\max}^2 \frac{1}{\pi} f(x)\right].$$

Bringt man hier alle Ausdrücke, die ausschließlich reduzierte Größen enthalten, auf die rechte Gleichungsseite, einschließlich der Querschnittsverteilung $f(x)$, die auch zu den reduzierten Größen zu zählen ist, so folgt:

$$u_1^+(x,h) - \frac{1}{2\pi} f_{xx}(x) \ln \left(F_{\max} \sqrt{\varkappa + 1}\right) = \overline{R}_x(x) + \frac{1}{4\pi} f_{xx}(x) \ln\left(f(x)/\pi\right). \quad (83)$$

Mit dieser Gleichung ist das Ähnlichkeitsgesetz im wesentlichen formuliert. Da auf der rechten Gleichungsseite nur reduzierte Größen stehen, muß auch die linke Seite in Vergleichsfällen die gleichen Ergebnisse liefern.

Man braucht auf beiden Gleichungsseiten von (83) nur $f_x^2/(8\pi f)$ zu addieren, um von der u-Störung auf die Geschwindigkeitsstörung überzugehen und behält dabei auf der rechten Seite immer noch einen rein reduzierten Ausdruck. Damit läßt sich Gl. (83) in die Form für die Geschwindigkeitsstörungen bringen. Es gilt für $r = h$:

$$\frac{1}{F_{\max}} \left[\frac{W}{c^*} - 1 - \frac{1}{2\pi} F_{xx}(x) \ln \left(F_{\max} \sqrt{\varkappa + 1}\right)\right]$$
$$= \overline{R}_x(x) + \frac{1}{4\pi} f_{xx} \ln \left(f(x)/\pi\right) + \frac{1}{8\pi} \frac{f_x^2}{f}. \quad (84)$$

Der Ausdruck auf der linken Gleichungsseite muß wieder übereinstimmen, wenn das Ähnlichkeitsgesetz erfüllt sein soll. Da auf der linken Seite außer der Geschwindigkeitsstörung nur geometrische Größen und das Verhältnis der spezifischen Wärme $\varkappa$ stehen, kann damit die Geschwindigkeitsstörung von einem bekannten Fall auf einen Vergleichsfall umgerechnet werden.

Gleichzeitig muß die Anströmmachzahl mit dem Maximalquerschnitt in der Beziehung (81) stehen, so daß der Parameter $u_{1\infty}^+$ derselbe bleibt. Wie immer können also nur bei $M_\infty = 1$ verschiedene Körper bei gleicher Anströmmachzahl verglichen werden. Bei $M_\infty \neq 1$ kann $F_{\max}$ im Argument des Logarithmus in Gl. (84) durch $u_{1\infty}^+$, $(\varkappa + 1)$ und $M_\infty^2 - 1$ ersetzt werden. Damit ist der Zusammenhang zu dem Ähnlichkeitsgesetz (VII,124) in [$\cdot$13] gegeben. Auch bei Rotationsrümpfen kann, von $M_\infty = 1$ abgesehen, das Ähnlichkeitsgesetz für Schallnähe, das von K. Oswatitsch und S. B. Berndt stammt, [13], als jener Spezialfall des Ähnlichkeitsgesetzes in den Linearisierungsgebieten angesehen werden, [$\cdot$13], Abschn. VII,11, bei dem $(M_\infty^2 - 1)$ und $F_{\max}$ durch die Forderung gleicher Parameter $u_{1\infty}^+$ in Gl. (81) verknüpft sind.

Bei Übergang von der Formulierung von Gl. (84) auf jene für den Druckkoeffizienten, wie sie in der Originalarbeit [13] gegeben ist, ist darauf zu achten, daß c_p als Störung bezüglich des Anströmzustandes definiert ist, während bei der vorliegenden Darstellung nur Störungen bezüglich des kritischen Zustandes verwendet wurden. In erster Ordnung gilt mit Gl. (VII,76) in [·13], weil sich u_∞ nur wenig von c^* unterscheidet und daher im Nenner, aber nicht im Zähler, im Rahmen der Näherung durch c^* ersetzt werden darf, mit Gl. (40) und (77):

$$c_p/F_{\max} = -\frac{2}{F_{\max}}\left(\frac{W}{u_\infty}-1\right) = -\frac{2}{F_{\max}}\left[\left(\frac{W}{c^*}-1\right)-\left(\frac{u_\infty}{c^*}-1\right)\right]$$
$$= -2(u_1^+ - u_{1\infty}^+) - \frac{1}{4\pi}\frac{f_x^2}{f}. \tag{85}$$

Da eine Anwendung nur bei gleichem Parameter $u_{1\infty}^+$ zulässig ist, kann das Ähnlichkeitsgesetz für Schallnähe also ohne weiteres auf den Druckkoeffizienten übertragen werden mit folgendem Ergebnis auf der Körperoberfläche, $r = h(x)$:

$$\frac{1}{F_{\max}}\left[c_p^+ + \frac{1}{2\pi}F_{xx}(x)\ln\left((\varkappa+1)F_{\max}^2\right)\right]$$
$$= -2\overline{R}_x(x) + 2u_{1\infty}^+ - \frac{1}{2\pi}f_{xx}\ln\left(f(x)/\pi\right) - \frac{1}{4\pi}\frac{f_x^2}{f}. \tag{86}$$

Die rechte Seite enthält wieder ausschließlich reduzierte Größen, weshalb der Ausdruck auf der linken Seite bei gleichem Parameter (81) für affin verzerrte Körper übereinstimmen muß.

Das durch Gl. (84) und (86) formulierte Ähnlichkeitsgesetz ist im allgemeinen sehr gut erfüllt. Man bestätigt es durch Versuchsresultate in der Form, daß man die Ausdrücke der linken Seite von (84) oder (86) bildet und bei gleichem $u_{1\infty}^+$ als Funktion von x aufträgt.

Abb. 15 zeigt links den aus Messungen ermittelten Druckkoeffizienten an zwei Parabelbogenspindeln unterschiedlichen Dickenverhältnisses nach G. Drougge

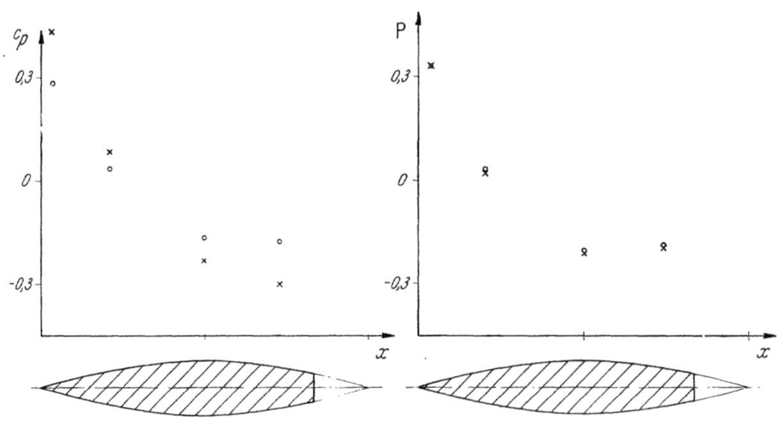

Abb. I,15. Druckverteilung an zwei Parabelbogenspindeln der Dickenverhältnisse $\tau = 1/6$ (×) und $\tau = \sqrt{2}/12$ (○) bei $M_\infty = 1$ nach [34].

[34]. Die rechte Abbildungsseite zeigt die Ähnlichkeitsauftragung des Autors, wobei als Ordinate der Ausdruck

$$\mathrm{P} = \frac{1}{\tau^2}\left[c_p + \frac{1}{\pi} F_{xx} \ln \tau^2\right]$$

gewählt wurde. Er unterscheidet sich vom Ausdruck (86) durch eine additive und eine multiplikative Konstante, was nur den Maßstab und die Nullinie der Ordinate ändert. Wegen $M_\infty = 1$ ist der Ähnlichkeitsparameter (81) $u_{1\infty}^+ = 0$.

Der Zusammenhang zu den in dem Linearisierungsgebiet gültigen Ähnlichkeitsgesetzen [•13], (VII,121) ist wieder leicht gefunden, wenn man dort $\beta^2 = 1 - M_\infty^2$ durch den Ähnlichkeitsparameter und $F_{\max}$ mittels Gl. (81) ersetzt.

Durch Einführen von Gl. (86) in [•13], Gl. (VII,79) für den auf den Querschnitt bezogenen Beiwert der Tangentialkraft c_t^+ erhält man nach Durchführung der Integration in der in [•13], Abschn. VII,8 erfolgten Weise:

$$c_t^+/F_{\max} + \frac{1}{4\pi} f_x^2(1) \ln\left((\varkappa + 1) F_{\max}^2\right)$$

$$= -2\int_0^1 \bar{R}_x f_x(x)\, dx + 2u_{1\infty} f_x(1) - \frac{1}{4\pi} f_x^2(1) \ln\left(f(1)/\pi\right). \qquad (87)$$

Auch dieses Ähnlichkeitsgesetz schließt wieder an jenes im Linearisierungsbereich der Überschallströmung gültige Gesetz [•13], (VII,123) an. Dort ist nun $\cot^2\alpha = M_\infty^2 - 1$ mittels Gl. (81) zu eliminieren.

Wenn die Körper entweder spitz oder zylindrisch endigen, $f_x(1) = 0$, so fällt das logarithmische Glied weg. Wie in reiner Überschallströmung ist der Widerstandsbeiwert eines solchen schlanken, nichtangestellten Rotationsrumpfes proportional zu $F_{\max}$. Bei $f(1) \neq 0$ bezieht sich Gl. (87) natürlich nur auf den Beiwert des *Mantelwiderstandes.*

Auf zwei Besonderheiten der schallnahen Strömung an Rotationsrümpfen muß noch hingewiesen werden, die beide damit zusammenhängen, daß die Störung der u-Komponente in Körpernähe nicht mit jener des Geschwindigkeitsbetrages gleichgesetzt werden kann. Zur Vereinfachung der Darstellung sei die Trennlinie zwischen elliptischem und hyperbolischem Gebiet als *parabolische Kurve* bezeichnet. Für eine derartige Bezeichnung bestand bisher kein Bedarf, weil die parabolische Kurve bei Profilen und Flügeln im Rahmen der herangezogenen Näherung mit der *Schallinie* zusammenfiel. Das ist jedoch bei Rotationsrümpfen in der Umgebung der Achse und damit auch in der Umgebung der Körperoberfläche nicht mehr der Fall, weil sich z. B. die reduzierte u-Störung und die reduzierte Geschwindigkeitsstörung um die additive Größe $v_1^2/2$ unterscheiden.

Daraus könnten Zweifel an der Richtigkeit von Gl. (76) erwachsen, da dort der Typus durch die parabolische Kurve $u_1^+(x, \bar{r}) = 0$ gegeben ist, in Achsennähe also nicht durch den Wechsel von Unter- zur Überschallgeschwindigkeit. Mit Gl. (2) gilt ja in erster Näherung:

$$M^2 - 1 = (\varkappa + 1)(M^* - 1) = (\varkappa + 1)\left[\frac{u}{c^*} - 1 + \frac{1}{2}\left(\frac{v}{c^*}\right)^2\right].$$

Die parabolische Kurve $u_1^+ = 0$, d. i. $u = c^*$, liegt also im allgemeinen am Körper im Überschallbereich.

Gl. (76) wurde nun aber nicht durch anschauliche Annahmen, sondern durch Größenordnungsabschätzung gewonnen. Es darf also wohl davon ausgegangen werden, daß sie richtig ist. In Achsennähe kommt es nämlich gar nicht auf das erste Glied von Gl. (76) an. Dort halten sich vielmehr das zweite und dritte Glied die Waage. Das kam bereits in den entsprechenden Entwicklungen im Kleindruck von [•13], Abschn. VII,8 zum Ausdruck, Entwicklungen, die in ganz entsprechender Weise auch für Gl. (76) durchgeführt werden können.

Ferner ist die parabolische Kurve $u_1^+ = 0$ an „entsprechende Punkte" geknüpft. Ihre Lage ändert sich beim Übergang von einer bestimmten Strömung zu einer ähnlichen wie jene der entsprechenden Punkte, die Lage der Oberflächenpunkte dagegen ändert sich sogar in entgegengesetzter Richtung. Es wurde ja bereits festgestellt, daß die Kurve $u_1^+ = 0$ in ähnlichen Fällen um so weiter von der Achse wegliegt, je schlanker der Körper ist. Ein Oberflächenpunkt des Körpers in einem bestimmten Querschnitt $x =$ konst. wird bei Rotationsrümpfen daher in Vergleichsfällen das eine Mal im elliptischen, im Vergleichsfall im hyperbolischen Gebiet liegen können. Ebenso ist es möglich, daß in einem Fall der Punkt im Unterschallbereich, im Vergleichsfall jedoch im Überschallbereich liegt. Der Gleichungstypus sowie der Wechsel von Unter- auf Überschallgeschwindigkeit ist eben in Achsennähe von untergeordneter Bedeutung. Der nächste Abschnitt liefert bereits einschlägige Beispiele.

11. Schallnahe Überschallanströmung am Kreiskegel

Mit Hilfe der reduzierten Variablen der Gl. (7) lassen sich alle Überschallströmungen an schlanken Kreiskegeln mit anliegender Kopfwelle in eine gemeinsame Darstellung bringen. Dabei sei im wesentlichen der Weg der Originalarbeit von K. Oswatitsch und L. Sjödin [14] beschritten.

Die Gl. (66) soll für $M_\infty > 1$ und Rotationssymmetrie umgeschrieben werden, wobei in Anlehnung an Gl. (7) die Zylinderkoordinate $\mathfrak{r}$ eingeführt wird,

$$\mathfrak{r} = r \cot \alpha_\infty, \tag{88}$$

und als Bezugszustand der mit dem Index unendlich gekennzeichnete Anströmzustand gewählt wird.

Es liegt damit dieselbe Koordinatentransformation wie bei der Prandtl-Regel Gl. (VII,100) in [•13] vor, wobei nur deshalb nicht dieselben Symbole wie dort verwendet werden, weil diese bereits im laufenden Abschnitt für die Reduktion gemäß Gl. (75) verwendet wurden.

Man erhält aus Gl. (66) zunächst die Darstellung:

$$(1 + \mathfrak{u})\, \mathfrak{r} \frac{\partial \mathfrak{u}}{\partial x} - \frac{\partial(\mathfrak{v}\mathfrak{r})}{\partial \mathfrak{r}} = 0; \qquad \frac{\partial \mathfrak{v}}{\partial \mathfrak{r}} - \frac{\partial \mathfrak{u}}{\partial x} = 0. \tag{89}$$

Hierin wird $\mathfrak{v}$ als Symbol für die Radialkomponente der Geschwindigkeit verwendet, um die Einführung neuer Symbole zu vermeiden.

Bei kegeliger Strömung können die Komponenten $\mathfrak{u}$ und $\mathfrak{v}$ nur vom Verhältnis

$$\eta = \mathfrak{r}/x = r \cot \alpha_\infty / x \tag{90}$$

abhängen.

Durch Anwendung der Kettenregel der Differentiation geht das System (89) für Kreiskegelströmung in folgendes System gewöhnlicher Differentialgleichungen über:

$$\begin{aligned} \eta^2(1 + \hat{\mathfrak{u}}) \frac{d\hat{\mathfrak{u}}}{d\eta} + \frac{d(\mathfrak{v}\eta)}{d\eta} &= 0; \\ \frac{d\hat{\mathfrak{u}}}{d\eta} + \frac{d(\mathfrak{v}\eta)}{d\eta} - \frac{(\mathfrak{v}\eta)}{\eta} &= 0. \end{aligned} \tag{91}$$

Es handelt sich um die für Schallnähe spezialisierte Darstellung in [·13], Abschn. VI,12. Nur ist die dort gewählte Variable $\beta = \operatorname{artg}(r/x)$ wegen der Affintransformation (90) hier nicht zweckmäßig.

An der Achse, das ist $\eta = 0$, in deren Nähe sich auch die Kegeloberfläche befindet, besitzen $\mathfrak{u}$ und $\mathfrak{v}$ alle singulären Eigenschaften, wie sie schon bei den linearen Gleichungen bestehen.

Um eine Rechnung bis an die Achse heran zu ermöglichen, seien daher anstatt der beiden Geschwindigkeitskomponenten zwei neue abhängige Veränderliche gewählt, die auch an der Achse noch endliche Werte aufweisen. Als solche können dienen:

$$\psi(\eta) = \mathfrak{v}\eta; \qquad \chi(\eta) = \hat{\mathfrak{u}}(\eta) - \psi(\eta) \ln \eta. \tag{92}$$

Die Größe ψ ist im wesentlichen die durch x geteilte y-Komponente der Stromdichte, wie sie stets ähnlich in der Randbedingung auftritt. $\chi(\eta)$ dagegen entspricht nicht exakt dem Raumeinfluß, also etwa $R_x(x)$ in Gl. (82), weil der Faktor beim $\ln \eta$ in Gl. (92) nicht $\psi(0)$ lautet. Doch geht $\chi(\eta)$ in Achsennähe, also für $\eta \to 0$, in den reduzierten Raumeinfluß über.

In den beiden neuen abhängigen Veränderlichen erhält das Gleichungssystem nun die Gestalt:

$$\begin{aligned} \frac{d\psi}{d\eta} &= \psi \frac{\eta(1 + \hat{\mathfrak{u}})}{\eta^2(1 + \hat{\mathfrak{u}}) - 1}; \qquad \hat{\mathfrak{u}} = \chi(\eta) + \psi(\eta) \ln \eta; \\ \frac{d\chi}{d\eta} &= -\frac{d\psi}{d\eta}(1 + \ln \eta). \end{aligned} \tag{93}$$

Wie bei der exakten Kreiskegelströmung wäre die eine Randbedingung für das System an der Kegeloberfläche zu stellen. Das bedeutet im Rahmen dieser Darstellung, daß auf $\eta = 0$, $\psi(\eta) = \psi(0)$ vorzugeben wäre. Die zweite an der Stoßfront zu stellende Bedingung ist noch in die neuen Veränderlichen η, ψ und χ umzuschreiben.

Die Stoßfrontneigung ist bei der kegeligen Strömung durch einen festen Wert von η, Gl. (90), etwa $\eta = \hat{\eta}$ gegeben. Dort kann die aus Gl. (26) folgende Neigungsgleichung in der Form geschrieben werden:

$$\hat{\mathfrak{v}} \cdot \hat{\eta} = \psi(\hat{\eta}) = -\hat{\mathfrak{u}}.$$

Damit kann aber die Stoßpolare wie auch die Neigungsgleichung in den neuen Veränderlichen verhältnismäßig einfach ausgedrückt werden. Mit der auf Gl. (26) folgenden Gleichung und mit Gl. (92) gilt:

$$\chi(\hat{\eta}) = -\psi(\hat{\eta})\,(1 + \ln \hat{\eta})\,; \qquad \hat{\eta} = \left[1 - \frac{1}{2}\,\psi(\hat{\eta})\right]^{-1/2}. \tag{94}$$

Im Grunde tritt bei der schallnahen Kreiskegelströmung durch Verteilung der Randbedingung auf die Achse und auf die Stoßfront dieselbe Schwierigkeit auf wie bei der exakten Kreiskegelströmung. Daher wird auch im vorliegenden Falle $\psi(\hat{\eta})$ vorgegeben, und zwar in der zitierten Arbeit $\psi(\hat{\eta}) = 0{,}10;\ 0{,}20;\ 0{,}40;\ \cdots\ 1{,}20;\ 1{,}40$. Aus Gl. (94) folgt $\hat{\eta}$ und $\chi(\hat{\eta})$. Mit diesem Anfangswert wird sodann die Integration der Gl. (93) bei fallenden η-Werten bis $\eta = 0$ durchgeführt. Auf diese Weise wird für jedes $\psi(\hat{\eta})$ ein Wert $\psi(0)$ und $\chi(0)$ ermittelt. Die Beziehung zwischen $\psi(0)$ und $\chi(0)$ stellt die *Apfel-Kurve* im χ,ψ-Diagramm dar, die Beziehung von $\psi(\hat{\eta})$ zu $\chi(\hat{\eta})$ die Stoßpolare, Abb. 16. Im Gegensatz zum exakten Diagramm, Abb. IX,30 in [·13], überschneiden sich Apfelkurve und Stoßpolare in der χ,ψ-

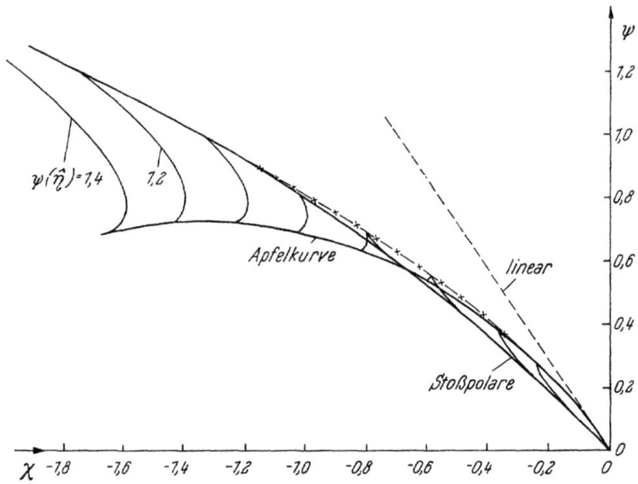

Abb. I,16. Apfelkurve für Schallnähe.

Darstellung. Die Verbindungslinien zwischen Apfelkurve und Stoßpolare sind die Integrationskurven. Sie geben die Beziehung von ψ und χ im Strömungsfeld wieder und beginnen auf der Stoßpolaren bei den dort ausgewählten Werten von $\psi(\hat{\eta}) = 1{,}40;\ 1{,}20;\ 1{,}0$ usw.

Als kritische Geschwindigkeit ist der Wert $\mathfrak{u} = -1$ zu bezeichnen. Die Lösung der linearen Theorie tangiert die Apfel-Kurve bei sehr kleinen ψ-Werten. Sie läßt jedoch die lineare Theorie schlechter erscheinen, als sie nach der Umrechnung auf die Geschwindigkeitsstörung wirklich ist.

Abb. 17 gibt den reduzierten Stoßfrontwinkel als Funktion von $\psi(0)$ wieder. Der größte Wert dieser Variablen liegt demnach bei $\psi(0) = 0{,}726$. Aus Abb. 16

ist zu erkennen, daß dann bereits die ganze Strömung hinter der Stoßfront unterkritisch ist. Betreffs numerischer Werte sei im übrigen auf die Zahlentafeln in der Originalarbeit hingewiesen.

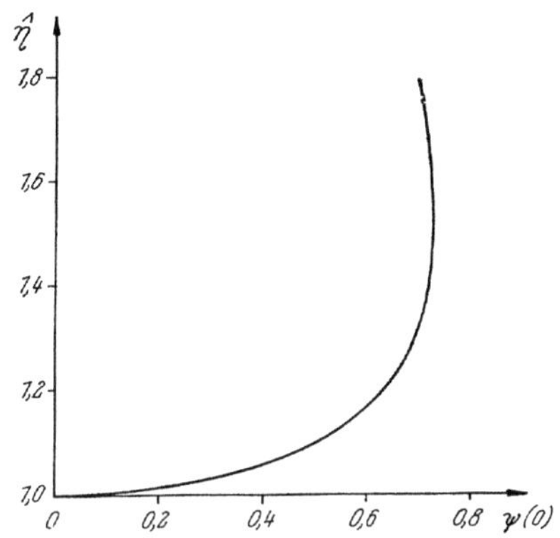

Abb. I,17. Reduzierter Stoßfrontwinkel.

Abschließend sei noch auf die Auswertung der Ergebnisse eingegangen. Aus Gl. (90, 92 und 7) erhält man die Beziehungen zu den nicht reduzierten Komponenten:

$$\frac{r}{x}\frac{v}{u_\infty} = (1 - 1/M_\infty^*)\,\psi(\eta); \qquad \frac{u - u_\infty}{u_\infty} = (1 - 1/M_\infty^*)\left(\chi(\eta) + \psi(\eta)\ln\eta\right). \quad (95)$$

Mit ϑ als halbem Öffnungswinkel des Kreiskegels und dem oben genannten Maximalwert von $\psi(0)$ erhält man dann den Maximalkegelöffnungswinkel, für den die Kopfwelle noch anliegt, nämlich:

$$\operatorname{tg}\vartheta_{\max} = \sqrt{(1 - 1/M_\infty^*)\,\psi_{\max}(0)} = 0{,}86\sqrt{1 - 1/M_\infty^*}. \quad (96)$$

Mit Gl. (2) kann M_∞^* in dieser und den übrigen Beziehungen überall auch auf M_∞ umgerechnet werden.

Die Störung der u-Komponente auf der Kegeloberfläche erhält man, indem man zunächst mit Hilfe der linken Seite den Wert von $\psi(0)$ aus der Machzahl der Anströmung und dem halben Kegelöffnungswinkel ϑ bestimmt:

$$\psi(0)\,(1 - 1/M_\infty^*) = \operatorname{tg}^2\vartheta.$$

Aus der Achsenkurve liest man das zugehörige $\chi(0)$ ab und setzt dieses in die rechte Gleichung (95) ein, in der auch noch der Oberflächenwert von η einzufügen ist. Damit gilt für die Störung der u-Komponente

$$\frac{u - u_\infty}{u_\infty} = (1 - 1/M_\infty^*)\,[\chi(0) + \psi(0)\ln(\cot\alpha_\infty\operatorname{tg}\vartheta)].$$

Aus der rechten Gl. (95) läßt sich auch sofort der Wert von η ermitteln, den man für $u = c^*$ erhält. Da sich $(1 - 1/M_\infty^*)$ herauskürzt, folgt für die Grenze des hyperbolischen Bereiches, $u = c^*$, die Bedingung

$$1 + \chi(\eta) + \psi(\eta) \ln \eta = 0.$$

Auf der Kurve für $\psi(\hat{\eta}) = 0{,}10$ wird die Gleichung etwa an der Stelle $\eta = 0{,}06$ erfüllt. Bei jenem unter allen Kreiskegeln, dessen Oberfläche gerade dem Werte $\eta = 0{,}06$ entspricht, ist an der Oberfläche gerade $u = c^*$. Die Oberfläche fällt also in diesem Fall mit der Grenze des hyperbolischen Gebietes zusammen. Die Oberflächen aller übrigen Vergleichskegel mit dem Wert $\psi(\hat{\eta}) = 0{,}10$, was einem Wert $\psi(0) = 0{,}276$ entspricht, liegen dagegen entweder schon im elliptischen oder noch im hyperbolischen Bereich. Die Oberflächenpunkte sind eben keine „entsprechenden Punkte“. Bei Vergleichskörpern ist der Wechsel vom elliptischen zum hyperbolischen Bereich an der Körperoberfläche kein kennzeichnender Punkt, worauf bereits im letzten Abschnitt hingewiesen wurde.

12. Exakte Lösungen

Noch viel mehr als die exakte gasdynamische Gleichung gestaltet die gasdynamische Gleichung für Schallnähe eine große Anzahl einfacher exakter Lösungen, die für das Studium des lokalen Verhaltens der Strömung, insbesondere bei Schall-Durchgang wertvolle Dienste leisten können. Es sei mit ebenen Strömungen, also mit Gl. (35) begonnen, und zwar mit zwei von A. Kluwick [15] angegebenen Lösungen. Es läßt sich zeigen, daß

$$\varphi_1 = K x \bar{y}; \qquad \varphi_{1x\bar{y}} = v_{1x} = K \tag{97}$$

Lösung von Gl. (35) ist. Die Konstante K kann als reduzierte Krümmung der Stromlinien angesehen werden, die gemäß (97) positiv ist, wenn die Stromlinie nach oben konkav ist. Es handelt sich um die Umgebung des horizontalen Teiles der Schallinie eines Potentialwirbels, Abb. 18. In der vorliegenden Näherung ist die Schallinie die x-Achse und kein Kreisbogen wie in der exakten Lösung, [·13] Abschnitt VI.9.

Weniger naheliegend ist die Lösung:

$$\begin{aligned} \varphi_1 &= v_1^* \bar{y} + \frac{1}{2}\frac{K}{m}\bar{y}^2 + \frac{1}{m^3}(mx - \bar{y}) - \frac{1}{3}\frac{m}{K}\left[\frac{1}{m^4} + 2\frac{K}{m^2}(mx - \bar{y})\right]^{3/2}; \\ u_1 &= \varphi_{1x} = \frac{1}{m^2} - \left[\frac{1}{m^4} + 2\frac{K}{m^2}(mx - \bar{y})\right]^{1/2}. \end{aligned} \tag{98}$$

Es ist ein Spezialfall einer vom genannten Verfasser [15] angegebenen Lösung für instationäre Strömung. Sie ist durch konstante u_1-Werte auf parallelen Geraden $\bar{y} = mx +$ konst. ausgezeichnet, wobei die Schallinie im vorliegenden Spezialfall durch den Ursprung geht. Die drei Konstanten sind der Reihe nach die reduzierte $\bar{y}$-Komponente im Ursprung, v_1^*, die reduzierte Krümmung der Stromlinie im Ursprung, K, und die Neigung der Linien konstanter Geschwindigkeit, m. In

Abb. 19 sind die Werte der Konstanten wie folgt gewählt: $v_1^* = 0{,}25$; $K = -0{,}50$; $m = 1$, was mit der Strömung in der Umgebung des Schalldurchganges an einem Profil übereinstimmt, vgl. etwa Abb. 26. Für die Umrechnung auf nicht redu-

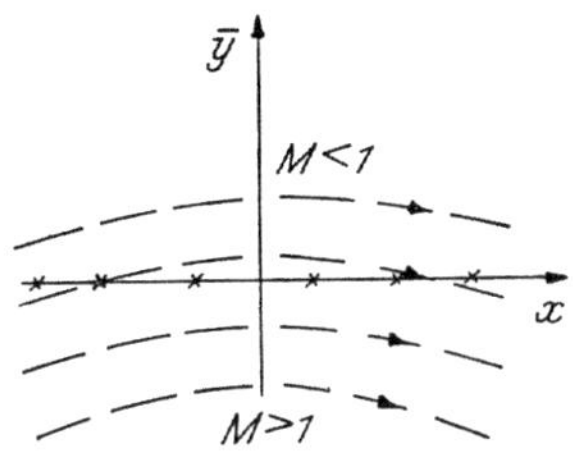

Abb. I,18. Potentialwirbel in Schallnäherung.

zierte Komponenten und Koordinaten mittels Gl. (59) und (61) wurde $\tau = 0{,}1$ gewählt. Die Lösung (98) hat bei

$$mx - \bar{y} = -1/(2m^2K)$$

eine Umkehrkante, was ihren Wert für lokale Untersuchungen allerdings nicht beeinträchtigt.

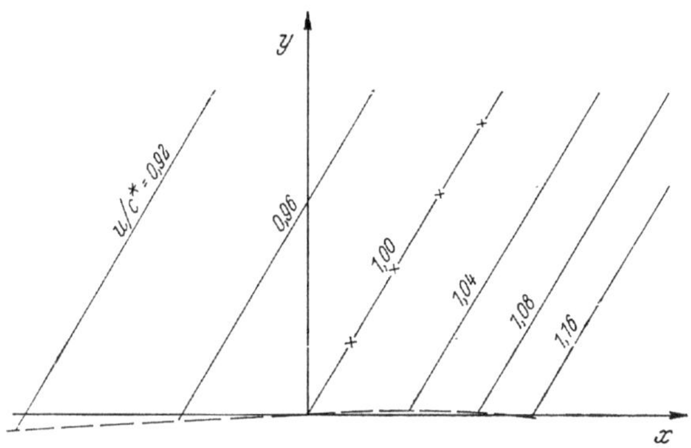

Abb. I,19. Strömung gemäß Gl. (98); – – – Stromlinie.

Eine Schar von Lösungen läßt sich durch den Ansatz:

$$\varphi_1 = x^{3-2m} f(\eta); \qquad \eta = \bar{y}/x^m \tag{99}$$

finden, der in Gl. (35) eingesetzt auf eine gewöhnliche nichtlineare Differentialgleichung für $f(\eta)$ führt. Dabei braucht m keine ganze Zahl zu sein. Die Lösung der gewöhnlichen Differentialgleichung ist jedoch im allgemeinen nur numerisch möglich, oder sie führt auf bereits bekannte Ergebnisse. Beispielsweise handelt es sich in Gl. (99) bei $m = 1$ um die Prandtl-Meyer-Expansion für Schallnähe.

Auch für eine Störstromfunktion läßt sich eine analoge Lösung ansetzen.

Geht man beispielsweise auf die Gl. (42) für ebene Strömung zurück und führt man dort eine reduzierte Störstromfunktion wie folgt ein

$$\psi_{1\bar{y}} = -u_1^2/2; \qquad v_1 = -\psi_{1x}, \tag{100}$$

so gewinnt man die Stromfunktionsgleichung für Schallnähe für $u_1 \gtrless 0$:

$$\psi_{1\bar{y}\bar{y}} \pm \sqrt{-2\psi_{1\bar{y}}} \cdot \psi_{1xx} = 0. \tag{101}$$

Diese führt mit dem Ansatz

$$\psi_1 = x^{4-3m} f(\eta); \qquad \eta = \bar{y}/x^m \tag{102}$$

wieder zu einer gewöhnlichen linearen Differentialgleichung für $f(\eta)$. Für $m = 4/3$ entspricht die Lösung unter anderem einer ebenen Staupunktströmung [16], für $m = 1$ der Prandtl-Meyer-Expansion.

Eine wichtige Rolle spielt eine Lösung, die den beschleunigten Schalldurchgang durch eine Lavaldüse beschreibt, [•7], S. 73ff. Sie lautet für ebene bzw. achsensymmetrische Strömung:

$$\begin{aligned} \varphi_1 &= \frac{1}{2} a^2 x^2 + \frac{1}{2} a^4 x \bar{y}^2 + \frac{1}{24} a^6 \bar{y}^4, \\ \text{bzw.} \quad \varphi_1 &= \frac{1}{2} a^2 x^2 + \frac{1}{4} a^4 x \bar{r}^2 + \frac{1}{64} a^6 \bar{r}^4. \end{aligned} \tag{103}$$

Es handelt sich nicht um eine abgebrochene Potenzreihe, sondern um eine exakte Lösung der Gl. (35) und ihre Verallgemeinerung für Rotationssymmetrie. Auch für die allgemeine räumliche Strömung lassen sich Verallgemeinerungen von Gl. (103) finden. Sie sind ausgezeichnet durch konstanten Wert von φ_{1xx}, also durch konstante Geschwindigkeitszunahme. Es gilt für ebene bzw. achsensymmetrische Strömung:

$$\begin{aligned} u_1 &= \varphi_{1x} = a^2 x + \frac{1}{2} a^4 \bar{y}^2, \qquad \varphi_{1xx} = a^2, \\ \text{bzw.} \quad u_1 &= \varphi_{1x} = a^2 x + \frac{1}{4} a^4 \bar{r}^2, \qquad \varphi_{1xx} = a^2. \end{aligned} \tag{104}$$

Die Schallinien sind also alle exakt Parabeln. Auf diese Lösung wird später noch zurückgekommen, weshalb auch eine Analyse des Schalldurchganges im Düsenhals hintangestellt werden kann.

In diesem Abschnitt wurden nur exakte Lösungen angeführt, die sich ohne Umformung direkt aus den Gleichungen in der Strömungsebene ergeben. Auch dabei konnte keinesfalls Vollständigkeit erzielt werden. Beispielsweise gehören alle „einfachen" Wellen der schallnahen Überschallströmung zu den exakten Lösungen. Weitere exakte Lösungen werden in Abschn. 13 wiedergegeben.

13. Lösungen im Rheographen

Für die ebene schallnahe Strömung, insbesondere auch bei Schallgeschwindigkeit in der Anströmung, erweist sich eine von H. Sobieczky entwickelte Methode [17] als sehr zweckmäßig. Sie stützt sich bei Unterschallströmung auf das lineare Gleichungssystem (44) mit den Koordinatentransformationen (43). Diese Methode sei den nächsten Untersuchungen ebener Strömungen zugrunde gelegt. Zuvor seien jedoch noch einige einfache Transformationen durchgeführt, die dann auch wie in der Originalarbeit eine weitgehend gleichzeitige Behandlung von Unterschall- und Überschallströmung zulassen. Der vom Autor eingeführte Begriff „Rheograph" wird im Anschluß an Gl. (111) erläutert.

Als neue Störvariable sei folgende Größe eingeführt:

$$M \lesseqgtr 1: \; q_1 = \mp \frac{2}{3} (\mp u_1)^{3/2}. \tag{105}$$

q_1 ist also bei Unterschallströmung negativ und bei Überschallströmung positiv. Diese Definition lehnt sich an die allgemeine Darstellung (VI,69) in [·13] mit $W_0 = c^*$ an. Sie entspricht einer verzerrten Störgeschwindigkeit mit $M = 1$ als ungestörtem Zustand.

In der Originalarbeit [17] ist die entsprechende Variable sowohl bei Unterschall- als auch bei Überschallströmung als negative Größe eingeführt. Das entspricht dort also dem Abweichen der örtlichen Stromdichte von der kritischen Stromdichte. Eine solche Auffassung steht der in Gl. (105) enthaltenen durchaus gleichwertig gegenüber. Die Störstromdichte ist nämlich bis auf einen Normierungsfaktor $-u_1^2$, vgl. etwa Gl. (3). q_1 oder auch q in Schallnähe kann daher — wieder bis auf einen Normierungsfaktor — als geometrisches Mittel von Störgeschwindigkeit und Störstromdichte aufgefaßt werden. Das erinnert sehr stark an die alte Methode von E. Krahn, Abschn. VII,6 in [·11]. Die Vorzeichenwahl in Gl. (105) konnte mit Rücksicht auf eine konsequente einheitliche Darstellung in diesem Buch nicht anders getroffen werden.

Mit Gl. (105) erhalten dann Kontinuitätsbedingung und Drehungsfreiheit folgende Form:

$$M \lesseqgtr 1: \; \frac{\partial q_1}{\partial s} \pm \frac{\partial v_1}{\partial t} = 0; \qquad \frac{\partial q_1}{\partial t} - \frac{\partial v_1}{\partial s} = 0. \tag{106}$$

Für Unterschallströmung liegen also die Cauchy-Riemannschen-Differentialgleichungen vor. Für Überschallströmung müßte die Herleitung von (106) noch nachgeholt werden, sie ist jedoch bereits im wesentlichen durch die Herleitung der Gln. (VI,72) in [·13] vorweggenommen.

Werden auch in der Koeffizientenfunktion $K(q)$ von Gl. (VI,72) in [·13] Näherungen für Schallnähe eingeführt, so folgt:

$$M \lesseqgtr 1: \; K_1 = \sqrt{\mp u_1} = \mp \left(\frac{3}{2}\right)^{1/3} q_1^{1/3} = \mp A_1 q_1^{1/3}; \qquad A_1 = \left(\frac{3}{2}\right)^{1/3}. \tag{107}$$

Damit erhalten die Beltrami-Gleichungen (43) die Gestalt für $M \lesseqgtr 1$:

$$\begin{aligned} \frac{\partial x}{\partial s} &= K_1 \frac{\partial \bar{y}}{\partial t} = \mp A_1 q_1^{1/3} \frac{\partial \bar{y}}{\partial t}; \\ \frac{\partial x}{\partial t} &= \mp K_1 \frac{\partial \bar{y}}{\partial s} = + A_1 q_1^{1/3} \frac{\partial \bar{y}}{\partial s}. \end{aligned} \tag{108}$$

Auch hier ist die Darstellung für die Überschall-Lösung vorweggenommen worden. Sie kann aus [·13], Gl. (VI,72), übernommen werden. Man kommt aber noch einfacher zum Ziel, wenn man in (49) und (48) folgende Veränderliche für die charakteristischen Unabhängigen einführt:

$$\xi = s - t, \qquad \eta = s + t. \tag{109}$$

Die Verträglichkeitsbedingungen (49) für ebene Strömung führen dann auf das System von Kontinuitätsbedingung und Gleichung für die Drehungsfreiheit, die Neigungsbedingungen (48) führen auf die Beltramigleichungen (108).

Die Beziehungen (109) erinnern dabei an das analytische Charakteristikenverfahren [•13], Abschnitt IX,38, wobei sich folgende Größen entsprechen:

$$s \leftrightarrow x_0; \qquad t \leftrightarrow y_0 \cot \alpha_\infty .$$

Das Symbol für den Zahlenfaktor A_1, Gl. (107) wurde nur wegen seines im folgenden häufigen Auftretens eingeführt. Der Zahlenfaktor erscheint stets in der Verbindung $A_1\bar{y}$, was auf eine Streckung von $\bar{y}$ herausläuft. Wegen $A_1 > 0$ ist gemäß Gl. (105) und (107) stets $K_1 \geqq 0$, wie es seiner Definition nach auch sein muß.

Die größte Genauigkeit im Rahmen der ersten Näherung wird im allgemeinen mit der Beziehung (46) erzielt. Wird dort q_1 gemäß Gl. (105) eingeführt und wird für den Störparameter δ mit Gl. (55) das Dickenverhältnis eingesetzt, so folgt nach elementarer Rechnung für $M \lesseqgtr 1$:

$$\frac{W}{c^*} - 1 = (\varkappa + 1)^{-1/3}\, u_1 \tau^{2/3} = \mp \left(\frac{3}{2}\right)^{2/3} (\varkappa + 1)^{-1/3}\, q_1^{2/3} \tau^{2/3}; \qquad \vartheta = v_1 \cdot \tau . \tag{110}$$

Die Beziehung zwischen der Ordinate und ihrer reduzierten Form $\bar{y}$ gibt bereits Gl. (59).

Die Methode der Lösung im Rheographen besteht nun darin, daß eine möglichst einfache Lösung der Gl. (106) herangezogen wird, um auf diese Weise einfache Lösungen der Beltrami-Gleichungen zu ermöglichen. Die Mannigfaltigkeit der Lösungen liegt dabei also in der Mannigfaltigkeit der Lösungen der Beltrami-Gleichungen und nicht der Lösungen der Gl. (106), bei Unterschall also der Cauchy-Riemannschen Differentialgleichungen. Für diese wird stets nur eine ganz bestimmte Lösung herangezogen.

Die Darstellung sei auf folgende Lösung beschränkt

$$M \lesseqgtr 1\colon\; q_1 = \mp s, \; v_1 = t, \tag{111}$$

die offensichtlich den Gln. (106) genügt. Es kann freilich auch eine andere Lösung zugrunde gelegt werden, bei $M < 1$ nämlich irgendeine konforme Transformation der Lösungen (111), was unter bestimmten Umständen auch Vorteile haben kann.

Bei Verwendung von (111) spricht Sobieczky vom *linearen Rheographen.* Die Vorgangsweise scheint sich damit zunächst völlig mit der Hodographenmethode zu decken, denn auch dort, [•13], Abschn. VI,13 bis VI,15 werden die Koordinaten als Funktionen der Geschwindigkeitskomponenten gesucht. Ein wesentlicher Unterschied besteht jedoch darin, daß schon allein wegen der Variablen q getrennte Darstellungen für $M \leqq 1$ und $M \geqq 1$ erforderlich sind, die allerdings bei $M = 1$ aneinander anschließen. Durch diesen zunächst als Nachteil erscheinenden

Unterschied gelangt man zu einer Fülle brauchbarer Lösungen für Schallnähe, die weit über die Zahl der bisher bekannten Lösungen hinausgeht. Außerdem hat die getrennte Behandlung der Überschall- und Unterschallgebiete in der transsonischen Strömung schon wegen der völlig anders gearteten Abhängigkeitsverhältnisse ganz bestimmte Vorteile. Eine unterschiedliche Bezeichnung mit *Rheographen* gegenüber dem *Hodographen* scheint damit gerechtfertigt.

Für den linearen Rheographen, Gl. (111), erhalten die Beltrami-Gleichungen folgende Form für $M \lesseqgtr 1$:

$$x_s - s^{1/3} A_1 \bar{y}_t = 0, \qquad x_t \pm s^{1/3} A_1 \bar{y}_s = 0. \tag{112}$$

Eines besonderen Hinweises für den Gültigkeitsbereich der Gln. (106), (108) und (112) bedarf es im übrigen nicht mehr, da der elliptische Charakter dieser Gleichungen für Unterschallströmung stets dadurch zum Ausdruck kommt, daß in einer der beiden Gleichungen stets Vorzeichenwechsel, in der anderen Vorzeichenfolge herrscht. Beim hyperbolischen System in der Überschallströmung dagegen zeigen beide Gleichungen entweder Vorzeichenwechsel oder Vorzeichenfolge.

Das System (112) kann nun durch folgenden Ähnlichkeitsansatz für beliebige Werte von ν befriedigt werden

$$x = r^{\nu + 2/3} f_\nu(z), \qquad A_1 \bar{y} = r^{\nu + 1/3} g_\nu(z), \tag{113}$$

mit:

$$r = \sqrt{t^2 \pm s^2}, \qquad z = \frac{t}{r}, \qquad M \lesseqgtr 1. \tag{114}$$

Man erhält nach Bildung der Ableitung und Einsetzen in Gl. (112) für $M \lesseqgtr 1$ folgendes System gewöhnlicher Differentialgleichungen mit f'_ν und g'_ν als Ableitungen der Funktionen nach z:

$$\begin{aligned} \left(\nu + \frac{1}{3}\right) z g_\nu + (1 - z^2)\, g'_\nu &= (1 - z^2)^{1/3} \left[\left(\nu + \frac{2}{3}\right) f_\nu - z f'_\nu\right]; \\ \left(\nu + \frac{2}{3}\right) z f_\nu + (1 - z^2)\, f'_\nu &= -(1 - z^2)^{2/3} \left[\left(\nu + \frac{1}{3}\right) g_\nu - z g'_\nu\right]. \end{aligned} \tag{115}$$

Das System läßt sich auf eine einzige Differentialgleichung zweiter Ordnung für f_ν oder g_ν zurückführen, die den Typus der hypergeometrischen Differentialgleichung besitzt, ein Typus, dem man bei schallnahen ebenen Problemen immer wieder begegnet.

Im Rahmen der Theorie der hypergeometrischen Differentialgleichung kann gezeigt werden, daß es sich um geschlossene Lösungen für f_ν und g_ν handelt, wenn ν folgende Bedingung erfüllt:

$$3\nu = 0, \pm 1, \pm 2, \pm 3, \ldots . \tag{116}$$

Dabei erhält man durchaus sehr brauchbare Lösungen. In der Originalarbeit [17] werden alle dreizehn Lösungen für $-2 \leqq \nu \leqq 2$ angegeben und diskutiert. In Tabelle 4 sind nur fünf solcher Lösungen, die später verwendet werden, angeführt. Die Unterschiede der Lösungen für $M \lessgtr 1$ sind nur in der unterschiedlichen Bedeutung von r gemäß Gl. (114) enthalten.

Der Lösung für $\nu = -2$ und $\nu = 0$ sieht man den Typus des Ansatzes (113) sofort an. Die Potenz von r ist bei $\bar{y}$ stets um den Wert 1/3 niedriger als jene bei x. Dies ist auch bei den Lösungen für $\nu = 1/3$, 4/3, und 5/3, die mittels der Beziehungen (114) auf s und t umgerechnet sind, leicht zu erkennen.

Tabelle 4. *Geschlossene Lösungen im Rheographen.*

ν	x	$A_1\bar{y}$
-2	$-r^{-4/3}[(1+z)^{2/3}(2-3z)$ $+(1-z)^{2/3}(2+3z)]$	$-r^{-5/3}[(1+z)^{1/3}(1-3z)$ $-(1-z)^{1/3}(1+3z)]$
0	$-r^{2/3}[(1+z)^{2/3}+(1-z)^{2/3}]$	$-2r^{1/3}[(1+z)^{1/3}-(1-z)^{1/3}]$
$\frac{1}{3}$	$-t$	$\pm\frac{3}{2}s^{2/3}$
$\frac{4}{3}$	$+t^2\mp\frac{3}{2}s^2$	$\mp 3s^{2/3}t$
$\frac{5}{3}$	$-\frac{3}{2}s^{4/3}t$	$-t^2\pm\frac{3}{4}s^2$

Die weiteren Ergebnisse von Sobieczky [17] können leicht auf die vorliegende Darstellung umgerechnet werden, wenn die in der Originalarbeit verwendeten Symbole durch die darunterstehenden Symbole unserer Darstellung ersetzt werden, [17], Abschn. 13,

$$\begin{matrix} t; & s; & \varrho^2; & 2p; & 2(1-p); & q; & \vartheta; & K; & A; & \frac{x}{A}; & y \\ t; & \mp s; & 2r; & 1+z; & 1-z; & \pm q_1; & v_1; & K_1; & -A_1; & -Cx; & CA_1\bar{y}, \end{matrix} \tag{117}$$

mit C als beliebiger Konstanten. Es ist ferner zu beachten, daß sich in der vorliegenden Darstellung das obere Vorzeichen stets auf $M < 1$, in der Originalarbeit [17] jedoch auf $M > 1$ bezieht.

Die Gegenüberstellung (117) besagt nicht, daß die übereinanderstehenden Größen einander gleich sind. So unterscheiden sich q, ϑ und A beispielsweise von der darunterstehenden Größe um einen positiven Faktor. Die Übertragbarkeit der Lösung folgt allein daraus, daß sich die entsprechenden Gleichungen in [17] auf diese Weise exakt in die Gleichungen des laufenden Abschnittes überführen lassen, was dann auch für die Lösungen gelten muß.

Alle Lösungen der Tabelle 4 sowie die Fälle 1 bis 13 in [17] sind nur bis auf einen für x und $\bar{y}$ gemeinsamen multiplikativen Faktor bestimmt, was allein schon aus der Linearität der Beltramigleichung (108) oder (112) sowie aus den Gln. (115) für den Lösungsansatz (113) folgt. Dies kommt in der Gegenüberstellung (117) in der freien Wahl der Konstanten C zum Ausdruck.

Die Lösung für $\nu = -2$ entspricht einer punktförmigen Quelle bei Schallanströmung. Sie wurde als Teillösung zuerst von G. Guderley [·7], S. 235ff. gefunden und wurde neuerdings von Müller-Matschat [18] in der Strömungsebene diskutiert. Ihre Behandlung ist in der vorliegenden Form besonders einfach. Für $t = 0$, $r \neq 0$, das ist also für $z = 0$, folgt sofort für $M \leqq 1$ wegen $r = s$

mit Gl. (111)

$$-x = 4s^{-4/3} = 4q_1^{-4/3}; \qquad \bar{y} = 0; \qquad v_1 = t = 0,$$

und für die Schallinie $M = 1$, das ist $s = 0$ und für $t > 0$, $r = t$ und $z = 1$:

$$x = 2^{2/3} t^{-4/3}; \qquad A_1 \bar{y} = 2^{4/3} t^{-5/3}.$$

Es handelt sich um eine zur x-Achse symmetrische Lösung, denn eine Vorzeichenumkehr von t und damit von z führt zu einer Vorzeichenumkehr von $\bar{y}$ aber nicht von x. Die Untersuchung kann daher auf die obere Halbebene beschränkt bleiben.

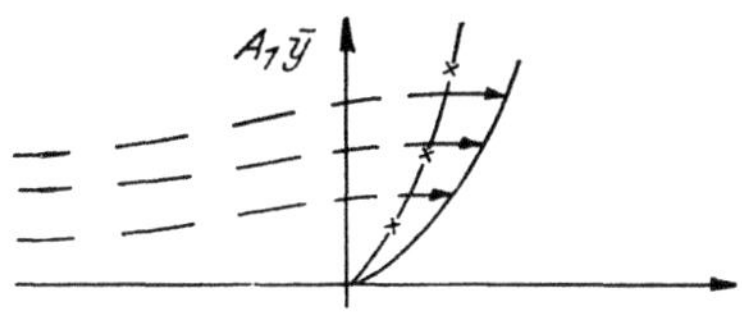

Abb. I,20. Quelle bei Schallanströmung, Tab. I,4; $\nu = -2$; —— $\xi = 0$.

Für $M \geqq 1$ muß für $t > 0$ gemäß Gl. (111) und (114) gelten:

$$M \geqq 1, \qquad 0 \leqq s \leqq t; \qquad t \geqq r \geqq 0; \qquad 1 \leqq z \leqq +\infty.$$

Die obere Grenze für Überschallgeschwindigkeit liegt also gemäß Gl. (109) auf der Charakteristik:

$$s - t = \xi = 0.$$

Die Berechnung der Koordinaten auf $\xi = 0$ erfordert eine Entwicklung nach $1/z$ bis zu Gliedern einschließlich $1/z^3$ mit folgendem Ergebnis nach Grenzübergang $r \to 0$:

$$\xi = 0: \qquad x = \frac{20}{27} t^{-4/3}; \qquad A_1 \bar{y} = \frac{16}{27} t^{-5/3}.$$

Es treten also dieselben Potenzen auf wie auf der Schallinie.

Der Umstand, daß die angegebene Lösung auf $\xi = 0$ endigt, bedeutet keineswegs, daß die Strömung über diese Charakteristik hinaus keine Fortsetzung besitzt.

Bei einer im Ursprung singulären Lösung, wie die vorliegende für $\nu = -2$, hat es wenig Sinn von den reduzierten Größen u_1 und v_1 abzugehen, weil das „Dickenverhältnis" τ dieser Lösung keine physikalische Bedeutung besitzt. Mittels Gl. (105) können die Ergebnisse der Auswertung für die Lösung $\nu = -2$ wie folgt zusammengefaßt werden:

$$\begin{aligned} &x < 0, \quad \bar{y} = 0: \quad u_1 = -2^{1/3}\, 3^{2/3} \frac{1}{\sqrt{-x}}, \quad v_1 = 0, \\ &M = 1: \quad \bar{y} = 2^{5/6} 3^{-1/3} x^{5/4}, \quad v_1 = 2 \cdot 3^{-1/5} \bar{y}^{-3/5}, \quad u_1 = 0, \qquad (118) \\ &\xi = 0: \quad \bar{y} = 2^{11/6}\, 3^{-7/12}\, 5^{-1/4} x^{5/4}, \quad v_1 = \frac{2}{3} u_1^{3/2} = 2^{13/5}\, 3^{-8/5} \bar{y}^{-3/5}. \end{aligned}$$

Die Geschwindigkeitsstörung klingt also bei dieser Lösung auf der Staupunktsstromlinie stromaufwärts ab wie die Wurzel aus dem reziproken Abstand vom Ursprung. Dieses Abklingen entspricht jenem bei der Anströmung einer Parabel mit inkompressibler Strömung. Allerdings ist das Abklingen in y-Richtung ein ganz anderes. Es kann in einfacher Weise auf der Schallinie und auf der Charakteristik $\xi = 0$ angegeben werden. Auf diesen beiden Kurven treten dieselben Potenzen von x, y und v_1 auf. Der Verlauf der Strömung ist in Abb. 20 skizziert.

Bei der Lösung für $\nu = 0$ handelt es sich um die bereits in Gl. (103) und (104) wiedergegebene ebene beschleunigte Durchströmung einer Düse. Dennoch liegt damit keine überflüssige Wiederholung vor, wie sich noch im nächsten Abschnitt zeigen wird. Es ist mit Gl. (111) und (105):

$$4x + A_1^2\bar{y}^2 = -8(r^2 - t^2)^{1/3} = \mp 8s^{2/3} = \mp 8q_1^{2/3} = 8\left(\frac{2}{3}\right)^{2/3} u_1 .$$

Das ergibt für $a^2 = 1/2 \cdot A_1^2$ mit Gl. (107) exakte Übereinstimmung mit (104). Wie in der letzten Lösung könnten auch in der Lösung für $\nu = 0$, wie bereits erwähnt, die Koordinaten noch mit einer beliebigen Konstanten multipliziert werden, die positiv sein muß, wenn die Geschwindigkeitszunahme in positiver x-Richtung erfolgen soll. Im Gegensatz zur Lösung Gl. (104) gilt die Darstellung für $\nu = 0$ allerdings nur für $s \leqq -t$, das ist gemäß Gl. (109) $\eta \leqq 0$, nämlich auf der einen Seite der durch den Ursprung gehenden rechtslaufenden Machlinie, Abb. 44.

Die Lösung für $\nu = 1/3$ in Tabelle 4 ist auch bereits im letzten Abschnitt angegeben worden, und zwar in Gl. (97) mit $K = 1$. Es handelt sich um den Potentialwirbel, Abb. 18.

Die Lösung für $\nu = 4/3$ in Tabelle 4 dagegen ist wieder neu. Es handelt sich um eine zur x-Achse symmetrische Lösung, sofern man sich auf $M < 1$ oder auf $M > 1$ beschränkt, da $t = v_1$ mit $\bar{y}$ das Vorzeichen wechselt, x dagegen den Wert beibehält. Durch Eliminierung von t kann leicht gezeigt werden, daß die Linien konstanter Machzahl, also konstanten s-Wertes, für $M \lesseqgtr 1$ Parabeln von der Form sind:

$$|A_1\bar{y}| = 3s^{2/3}\sqrt{x \pm \frac{3}{2}\, s^2} .$$

Die Schallinie, $M = 1$, $s = 0$, ist die positive x-Achse. Lösungen existieren nur für $x \geqq \mp 3/2\, s^2$, für Überschall also nur bei positiven x-Werten. In Abb. 21 ist in der oberen Halbebene die Unterschallösung skizziert, in der unteren Halbebene die Überschallösung. Mit gleichem Recht könnte das Umgekehrte gemacht werden, oder auch in der ganzen Ebene nur die Unterschallösung oder nur die Überschallösung gezeigt werden. Bei Beschränkung auf reine Unterschallösung, $M \leqq 1$, würde das Ergebnis einer Senkenverteilung auf der positiven x-Achse entsprechen. Die reine Überschallströmung entspricht dagegen einer Quellverteilung auf der positiven x-Achse. Eine nähere Untersuchung würde darüber hinaus eine Faltung der Strömung ergeben, worauf wir erst in anderem Zusammenhang eingehen werden. Abb. 21 stellt in der Umgebung der Schallinie eine durchaus mögliche quellenfreie Strömung dar. In der Umgebung der positiven x-Achse,

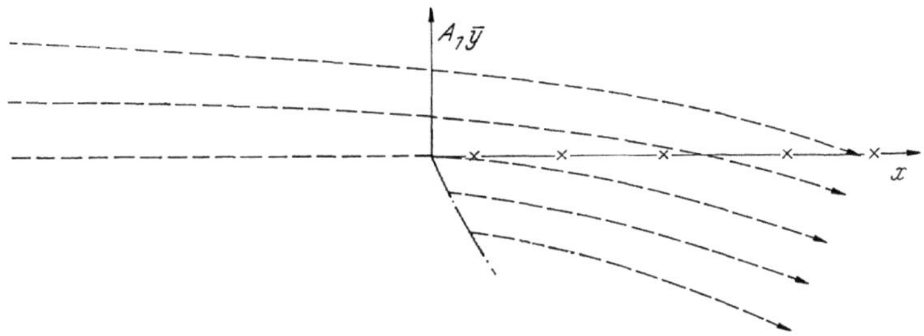

Abb. I,21. Schalldurchtritt. Lösung für $\nu = 4/3$; —·—·— Grenzlinie.

also bei kleinen Werten von s, aber beliebigen Werten von $|t|$, besitzt t beiderseits der Schallinie das gleiche Vorzeichen. Zufolge von Tabelle 4 springt nämlich für $\nu = 4/3$ beim Übergang von Unterschall auf Überschall das Vorzeichen von t nicht, weil jenes von $\bar{y}$ springt. Trotz der getrennten Darstellung für $M \lessgtr 1$ geben alle bisher diskutierten Lösungen stetigen Verlauf der Strömung über die Schallinie hinweg.

Bei der Lösung für $\nu = 5/3$ liegen die Zustände konstanter s-Werte wieder auf Parabeln. Man erhält leicht die Beziehung:

$$|x| = \frac{3}{2}\, s^{4/3} \sqrt{-A_1\bar{y} \pm \frac{3}{4}\, s^2}\,.$$

Das sind Parabeln mit $x = 0$ als Parabelachse mit dem Scheitel bei $A_1\bar{y} = \pm 3/4\, s^2$. Es handelt sich jetzt um eine zur $\bar{y}$-Achse symmetrische Strömung, das heißt, daß $t = v_1$ und damit die Strömungsrichtung mit x das Vorzeichen wechselt. Im ganzen Machzahlbereich geht die Strömung in der linken Halbebene aufwärts, in der rechten abwärts, Abb. 22. Die Schallinie ist jetzt die negative $\bar{y}$-Achse, in der

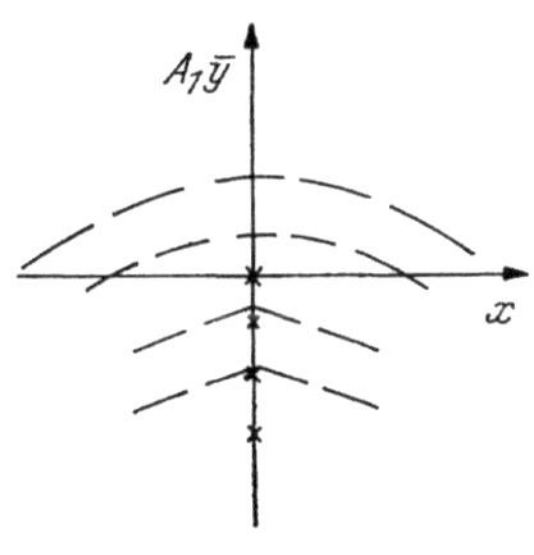

Abb. I,22. $\nu = 5/3$; Wirbelbelegung auf $x = 0$, $y < 0$.

oberen Halbebene gibt es nur Unterschallströmung und die Strömungsrichtung erfährt in jedem Fall auf $x = 0$, $\bar{y} < 0$ denselben Knick. Der Sprung der v-Komponente auf der negativen $\bar{y}$-Achse bedeutet, daß dort sowohl bei der Unterschalllösung wie auch bei Überschallströmung im übrigen Feld dieselbe Wirbelbelegung vorliegt. Wieder würde eine nähere Untersuchung eine Faltung der Überschallströmung ergeben. Ihrer größeren Bedeutung für das folgende wegen ist in Abb. 22 nur die Unterschallösung eingetragen.

14. Lokales Überschallgebiet ohne und mit Stoß

Bei überkritischer Unterschallströmung spielt das lokale Überschallgebiet eine besondere Rolle. Es wurde in Abb. 1 skizzenhaft dargestellt, kann aber mittels der Lösungen des letzten Abschnittes genauer behandelt werden. Eine Einbettung in eine Unterschallparallelströmung ist damit allerdings noch nicht vollzogen und wird in diesem Abschnitt auch nicht vorgenommen.

Eine Superposition der Lösungen für $\nu = 1/3$ und $\nu = 5/3$ von Tabelle 4 führt zu folgender Lösung:

$$x = -t\left(1 + \frac{3}{2}\,s^{4/3}\right); \qquad A_1\bar{y} = -t^2 \pm \frac{3}{4}\,s^{2/3}(2 + s^{4/3}). \tag{119}$$

Auf die Einführung von Gewichten bei der Superposition kann verzichtet werden. Mit ihrer Hilfe kann das lokale Überschallgebiet wohl affin verzerrt werden, dies kann aber ebensogut durch Wahl des Störparameters τ geschehen.

Für die Schallinie, $s = 0$, folgt die Parameterdarstellung:

$$x = -t, \qquad A_1\bar{y} = -t^2 = -x^2.$$

Es handelt sich also um eine Parabel mit der negativen Ordinate als Parabelachse und mit dem Ursprung als Scheitel, Abb. 23.

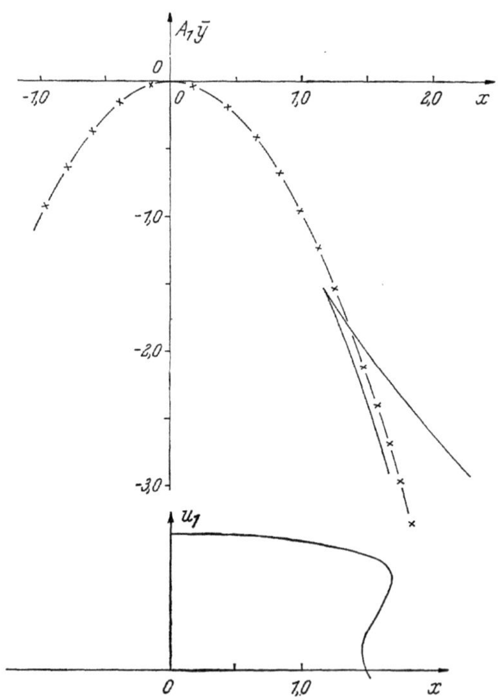

Abb. I,23. Symmetrisches lokales Überschallgebiet.

Die Neigung der Stromlinien ist durch die Funktion $t(x)$ auf $\bar{y} =$ konst. gegeben. Durch Eliminierung von t aus der ersten Gl. (119) erhält man folgende Parameterdarstellung für die Stromlinienneigung bei $0 \leqq x$:

$$t = -\sqrt{-A_1\bar{y} \pm \frac{3}{4}\, s^{2/3}(2 + s^{4/3})}\,,$$

$$x = \left(1 + \frac{3}{2}\, s^{4/3}\right)\sqrt{-A_1\bar{y} \pm \frac{3}{4}\, s^{2/3}(2 + s^{4/3})}\,.$$

Mit Hilfe dieser Gleichungen läßt sich beispielsweise die Krümmung der Stromlinie auf der Ordinatenachse bestimmen. Dabei würde sich zeigen, daß die Krümmung im Schallpunkt, also im Koordinatenursprung am größten ist und dann auf der $\bar{y}$-Achse in positiver wie in negativer Richtung abnimmt. Dies leuchtet unmittelbar ein, weil auf der Ordinatenachse bei $M < 1$ die größte Stromdichte, bei $M > 1$ dagegen die kleinste Stromdichte erreicht wird.

Während die Strömung im Unterschallbereich überall stetig verläuft, treten im Überschallgebiet Faltungen auf. Der Faltungsbeginn ist mathematisch durch das Verschwinden der Jakobischen Determinante der Koordinaten nach den Charakteristischen Variablen gekennzeichnet. Nach Abschnitt IX,44 in [•13], insb. Gl. (IX,262), gilt am Ort der Faltung unter Heranziehen von Gl. (109):

$$0 = x_\xi = \frac{1}{2}\,(x_s - x_t)\,; \qquad 0 = x_\eta = \frac{1}{2}\,(x_s + x_t)\,. \tag{120}$$

Wenn die linke Bedingung erfüllt ist, handelt es sich um eine Überfaltung linkslaufender Machlinien, ein Anzeichen für das Auftreten eines linkslaufenden Stoßes. Bei Erfüllung der rechten Bedingung (120) überfalten sich die rechtslaufenden Machlinien, was einen rechtslaufenden Stoß ankündigt. Da die Faltung nur im Überschallbereich möglich ist, können die Rechnungen dafür auf das Überschallgebiet beschränkt werden.

Für die beiden Faltungen folgt mit dem oberen Vorzeichen für die linke Bedingung (120) für das Beispiel (119):

$$2ts^{1/3} = \mp\left(1 + \frac{3}{2}\, s^{4/3}\right).$$

Es handelt sich offenbar um zwei symmetrisch zur Ordinatenachse gelegene Faltungskurven, da stets $s > 0$ ist, aber t bei positivem x negative Werte aufweist. Im Hinblick auf die Symmetrie der Lösung zur y-Achse können die nächsten Untersuchungen auf die rechte Halbebene, $0 \leqq x$, beschränkt bleiben.

Wird mit Hilfe der Faltungskurve t aus Gl. (119) eliminiert, so folgt die Parameterdarstellung für die Faltungskurve in der Strömungsebene für $0 \leqq x$:

$$x = \frac{1}{2s^{1/3}}\left(1 + \frac{3}{2}\, s^{4/3}\right)^2, \qquad A_1\bar{y} = -\frac{1}{4s^{2/3}}\left[1 + 9s^{4/3} + \frac{21}{4}\, s^{8/3}\right].$$

Durch Aufsuchen der Extremwerte der Koordinaten ermittelt man für diese leicht folgenden Faltungsbeginn:

$$s^{2/3} = \sqrt{\frac{2}{21}}, \qquad t = -\frac{4}{7}\sqrt{\frac{21}{2}}, \qquad x = \frac{32}{49}\sqrt{\frac{21}{2}} = 1{,}17\ldots,$$

$$A_1\bar{y} = -5\sqrt{\frac{2}{21}} = -1{,}54\ldots$$

Abb. 23 zeigt das lokale Überschallgebiet mit Schallinie und Faltungskurven und darunter die Störkomponente u_1 als Funktion von x auf $A_1\bar{y} = -9/4$.

Für x erhält man durch Eliminierung von t aus den Gln. (119) mittels Gl. (105) und (111)

$$x = \left(1 + \frac{3}{2}\,s^{4/3}\right)\sqrt{-A_1\bar{y} \pm \frac{3}{4}\,s^{2/3}\,(2 + s^{4/3})}$$

$$= \left[1 + \left(\frac{2}{3}\right)^{1/3} u_1^2\right]\sqrt{-A_1\bar{y} + \left(\frac{3}{2}\right)^{1/3} u_1 + \frac{1}{3}\,u_1^3},$$

und zwar sowohl für den Unterschall- wie für den Überschallbereich der rechten Halbebene.

Es handelt sich im wesentlichen um die um 90° gedrehte und in die Schallnäherung übertragene exakte Lösung von RINGLEB, Abb. VI,21 in [·13], die in der vorliegenden Form zur Analyse besonders gut geeignet ist.

Über dem Faltungsgebiet, $-1{,}54 < A_1\bar{y}$, verläuft die Strömung völlig stetig durch den Überschallbereich hindurch. Daraus darf geschlossen werden, daß es bei nicht zu großen Überschreitungen der Schallgeschwindigkeit stoßfreie lokale Überschallgebiete gibt. Es ist nämlich nicht einzusehen, warum durch Einbetten der vorliegenden Lösung in eine Unterschallparallelströmung die Stetigkeit in einem Teilbereich des Überschallgebietes oder der Überschallcharakter selbst verlorengehen soll. Freilich ist die Stromlinienform im Überschallgebiet festgelegt. In der Tat sind z. B. mittels der Hodographenmethode bereits eine ganze Reihe spezieller Strömungen mit stoßfreien lokalen Überschallgebieten ermittelt worden [19]. Vgl. aber auch Abb. 58.

In das Faltungsgebiet kann gemäß den Ausführungen in Teil IV ein Verdichtungsstoß hineingelegt werden. Da eine Stoßfront eine Kurve konstanten Potentialsprunges darstellt und der Stoßbeginn mit dem Faltungsbeginn zusammenfällt, handelt es sich um die Kurve verschwindenden Potentialsprunges. Sie ist durch Ermittlung des Störpotentiales φ_1 durch Integration der ersten Gl. (40) auf $\bar{y} =$ konst. leicht zu ermitteln. Dabei spielt die untere Grenze des Integrals keine Rolle; da das Faltungsgebiet die Unterschallströmung überlappt, führt der Stoß weiter unten sogar auf Unterschallgeschwindigkeit. Allerdings handelt es sich dabei im vorliegenden Beispiel nirgends um einen senkrechten Stoß, da die Faltung auch einen Sprung in t und somit im Strömungswinkel bedingt.

Da es sich bei $0 < x$ um die Faltung der rechtslaufenden Machlinien handelt, liegt ein rechtslaufender Stoß vor. Für den Stoßbeginn im lokalen Überschallgebiet liegen eine Reihe von Studien vor [20], in denen die Stoßspitze in der Regel mit verschwindender Stärke auf die Schallinie verlegt wird. Im vorliegenden Fall dagegen beginnt der Stoß in der reinen Überschallströmung. Die Schallinie mündet hier folglich am stromabwärts liegenden Ufer der Stoßfront. In der skizzierten Art dürfte ganz allgemein der Stoß am Ende eines lokalen Überschallgebietes beginnen. Die Lösung wurde erstmalig von S. Nocilla angegeben, [58]. Danach wird das lokale Überschallgebiet beispielsweise in Abb. 2 von einem im Überschallgebiet in der Nähe der Schall-Linie entstehenden, rechtslaufenden (!) Stoß abgeschlossen, der an der Körperoberfläche senkrecht mündet.

Wenn die vorliegende Lösung auch zweifellos einen Einblick in das lokale Verhalten der Strömung in Schallnähe gewährt, so ist sie für Werte $A_1\bar{y} < -1{,}54$ doch nicht brauchbar. Die Strömung ist zur Ordinate symmetrisch. Das trifft auch auf die Faltung und auf den Stoß zu. Dies bedeutet jedoch, daß dem Verdichtungsstoß auf der rechten Seite ein Verdünnungsstoß auf der linken Seite, $x < 0$, gegenübersteht. Dieser ist in den mechanischen Gleichungen wohl enthalten, gemäß dem 2. Hauptsatz der Wärmelehre jedoch unzulässig. Dennoch ist dieses Teilergebnis für die allgemeine Theorie schallnaher Strömungen nicht wertlos.

Auch in den vereinfachten Theorien, wie beispielsweise bei der Methode der Integralgleichung, Abschn. 28, können solche Lösungen mit symmetrischen lokalen Überschallgebieten auftreten, die etwa mit einem Verdünnungsstoß beginnen und mit einem Verdichtungsstoß enden. Das vorliegende Beispiel zeigt, daß derartige Ergebnisse nicht Folgen der Vereinfachung sind, sondern im System von Differentialgleichungen und Stoßbedingungen durchaus enthalten sind. Obwohl der zweite Hauptsatz der Wärmelehre wohl gute Dienste für das nachträgliche Ausschließen von Lösungen mit Verdünnungsstoß leistet, wird er doch kaum dazu herangezogen werden können, um das Auftreten derartiger Resultate von vornherein zu unterbinden.

Es sei also festgehalten, daß bei Theorien für schallnahe Strömungen mit dem Auftreten von Verdünnungsstößen gerechnet werden muß, wenn nicht besondere Vorsorge zu ihrer Vermeidung getroffen wird.

Die Ursache für das Auftreten des Verdünnungsstoßes hängt im vorliegenden Beispiel mit den Symmetrieeigenschaften der herangezogenen Lösung zusammen, indem das Geschwindigkeitsmaximum bei verschwindender Stromlinienneigung, $t = 0$, erreicht wird. Schon beim Überblick über das Umströmungsproblem in Abschn. 2 wurde darauf hingewiesen, daß sich auf diese Weise nur begrenzte Überschallgeschwindigkeiten erreichen lassen. Für Überschallströmungen ist eine Beschleunigung der Strömung bei verschwindender Stromlinienneigung geradezu kennzeichnend. Das zeigt sich sowohl bei der Potentialtheorie der Überschallströmung am Profil als auch bei der beschleunigten Durchströmung einer Lavaldüse.

Zur Erzeugung eines lokalen Überschallgebietes mit abschließendem Stoß muß folglich noch eine bezüglich der t-Achse asymmetrische Lösung herangezogen werden. Dafür leistet die Lösung für $\nu = 4/3$ von Tabelle 4 gute Dienste. Mit C als zunächst noch willkürlichem Gewicht kommt man zusammen mit

Gl. (119) zur Lösung:

$$\begin{aligned} x &= -t\left(1+\frac{3}{2}\,s^{4/3}\right) - C\left(t^2 \mp \frac{3}{2}\,s^2\right), \\ A_1\bar{y} &= -t^2 \pm \frac{3}{4}\,s^{2/3}\,(2+s^{4/3}) \pm 3Cs^{2/3}t. \end{aligned} \qquad (121)$$

Die Parameterdarstellung für die Schallinie, $s = 0$, ist wieder schnell gefunden:

$$x = -t - Ct^2, \qquad A_1\bar{y} = -t^2 = -(x - CA_1\bar{y})^2.$$

Es handelt sich um eine Parabel mit der Achsenneigung $1/C$ in der $x,A_1\bar{y}$-Ebene. Für die Faltungskurve erhält man aus den Gln. (120) mittels der Überschalllösung von Gl. (121) die Beziehung:

$$0 = 2ts^{1/3} + 3Cs \pm \left[1 + \frac{3}{2}\,s^{4/3} + 2Ct\right].$$

Die beiden Vorzeichen liefern nun im Gegensatz zur Abb. 23 zwei verschiedene Faltungskurven. Man braucht nur t mittels der letzten Gleichung in der Überschallösung (unteres Vorzeichen von (121)) zu eliminieren und erhält die Parameterdarstellung der Faltungskurve in der Form $x(s)$, $\bar{y}(s)$. Es zeigt sich, daß bereits verhältnismäßig kleine Werte des Gewichtes C zu ganz beträchtlichen Asymmetrien führen. Dies ist auch an der Schallinie zu erkennen. Bei positiven

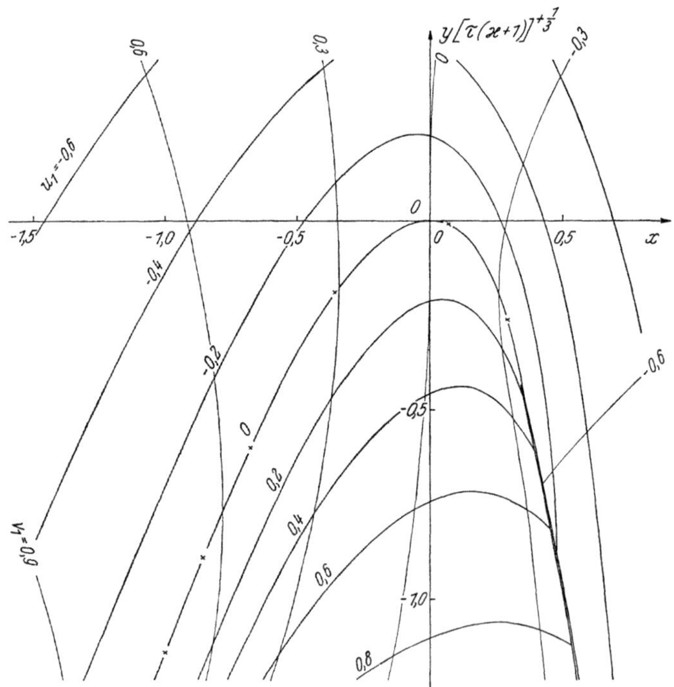

Abb. I,24. Lokales Überschallgebiet mit Stoß.

Werten des Gewichtes C wird die linke Faltungskurve herabgedrückt und die rechte angehoben, womit in einem weiten Bereich des Feldes nur mehr der Verdichtungsstoß in Erscheinung tritt. Abb. 24 zeigt das Ergebnis für einen Wert von $C = -0{,}021$. Bis auf den Fußpunkt des Stoßes, wo noch Korrekturen anzubringen wären, um den Knick der Stromlinien dort zu eliminieren, siehe auch Abschn. 22, zeigt das Ergebnis bereits alle typischen Eigenschaften eines lokalen Überschallgebietes mit abschließendem Stoß.

15. Profil bei Schallanströmung

Die Superposition der Lösung für $\nu = -2$ und $\nu = 0$ der Tabelle 4 mit den Gewichten C_{-2} und C_0 führt zunächst zur Lösung:

$$x = -r^{-4/3}(1 + z)^{2/3}\,[C_{-2}(2 - 3z) + C_0 r^2] - r^{-4/3}(1 - z)^{2/3}\,[C_{-2}(2 + 3z) + C_0 r^2];$$
$$(122)$$
$$A_1\bar{y} = -r^{-5/3}(1 + z)^{1/3}[C_{-2}(1 - 3z) + 2C_0 r^2] + r^{-5/3}(1 - z)^{1/3}\,[C_{-2}(1 + 3z) + 2C_0 r^2].$$

Die Strömungen zu den Teillösungen waren bezüglich der x-Achse symmetrisch, daher behält auch die neue Strömung diese Eigenschaft. Bei einem Vorzeichenwechsel von t, also einem Vorzeichenwechsel von z, Gl. (114), behält x das Vorzeichen, während $\bar{y}$ sein Vorzeichen wechselt. Man erhält für $z = 0$, das ist $\bar{y} = 0$, im Unterschallbereich mit Gl. (114) $r = s$ und folglich für $t = 0$:

$$x = -2s^{-4/3}(2C_{-2} + C_0 s^2).$$

Der kleinste Betrag, den x bei $t = 0$ annehmen kann, ist leicht durch die Lösung einer einfachen Extremalaufgabe gefunden. Der Wert ergibt sich für:

$$s^2 = 4C_{-2}/C_0.$$

Normiert man zur Vereinfachung der folgenden Rechnungen die Strömung derart, daß dort $x = -1$ und $s = 1$ ist, dann erhält man für die Gewichte die Werte:

$$C_{-2} = 1/12; \qquad C_0 = 1/3. \tag{123}$$

Mit diesen im folgenden verwendeten Gewichten erhält man also mit Gl. (111) für

$$\bar{y} = 0, \quad x \leqq -1: \quad x = -\frac{1}{3}\,(2s^{2/3} + s^{-4/3}) = -\frac{1}{3}\,(2q_1^{2/3} + q_1^{-4/3}). \tag{124}$$

Es handelt sich um die implizite Darstellung der Geschwindigkeitsverteilung auf der „Verzweigungsstromlinie“. Dort liegt bei $x = -1$ kein Staupunkt vor, sondern nur ein Geschwindigkeitsminimum, weil es sich um ein Schnabelprofil handelt, wie sich noch herausstellen wird.

Es kann aber unter Berücksichtigung der Gewichte (123) $\bar{y} = 0$ auch für folgende Beziehung erfüllt werden:

$$\left(\frac{1 + z}{1 - z}\right)^{1/3} = \frac{8r^2 + 1 + 3z}{8r^2 + 1 - 3z}.$$

Aus dieser Gleichung gewinnt man durch Potenzieren die Lösung:

$$27z^2r^2 = (1 - r^2)(1 + 8r^2)^2; \qquad r^2 \leqq 1$$
$$3r^{2/3}(1 - z^2)^{1/3} = 4r^2 - 1.$$

Damit können zunächst die Wurzeln und dann z^2 selbst aus der Darstellung für x in Gl. (122) eliminiert werden, und man erhält nach längerer Rechnung schließlich für $-1 \leqq x$:

$$x = -\frac{1}{3}(4r^2 - 1) = -(r^2 - t^2)^{1/3} = \mp s^{2/3} = \mp q_1^{2/3} \quad \text{oder}$$
$$2t = \sqrt{1 \mp s^{2/3}}\,(1 \pm 2s^{2/3}); \qquad 2v_1 = \sqrt{1 \mp q_1^{2/3}}\,(1 \pm 2q_1^{2/3}). \tag{125}$$

Die Geschwindigkeitsverteilung ist demnach für $-1 \leqq x$ gemäß Gl. (105) linear. In der zweiten Zeile ist das Profil in der Rheographen-Ebene dargestellt.

Zur Ermittlung der Profilform hat man am besten von der vorletzten Gleichung auszugehen und führt dort mit Gl. (114) s und t ein. Man erhält mit Rücksicht auf Gl. (125):

$$4t^2 = 1 \pm 3s^{2/3} \mp 4s^2 = 1 - 3x + 4x^3 = (1 + x)(1 - 2x)^2.$$

Daraus folgt weiter mit Gl. (110) und (111) für die halbe Dicke $h(x)$:

$$h_x(x) = v_1\tau = t\tau = \frac{\tau}{2}(1 - 2x)\sqrt{1 + x};$$
$$h(x) = \frac{\tau}{5}(1 + x)^{3/2}(3 - 2x). \tag{126}$$

Das Profil weist also bei $x = -1$ wie bereits erwähnt einen Schnabel auf, besitzt bei $x = 1/2$ die größte Dicke und endigt bei $x = 3/2$, sofern dieser im Überschallbereich befindliche Profilteil überhaupt verwendet wird. Es handelt sich um die von G. Guderley mit Hilfe der Hodographenmethode ermittelte Strömung um ein nicht angestelltes Profil bei $M_\infty = 1$, die erste exakte Lösung für Schallanströmung [·7], S. 239. Die analytischen Ausdrücke für die Geschwindigkeitsverteilung und die Profilform wurden erst später von J. Zierep [·16] hergeleitet.

Da die kleinste Geschwindigkeit, nämlich jene am Schnabel, mit $s = 1$ normiert wurde, kann τ nur als Dickenverhältnis gedeutet werden, wenn es auf einen ganz bestimmten Abstand l vom Schnabel bezogen wird. Für diesen erhält man

$$l = \frac{2h_{\max}}{\tau} = \frac{4}{5}\left(\frac{3}{2}\right)^{3/2} = 1{,}47\ldots,$$

das ist bis auf 2% die Länge des Profils bis zum Dickenmaximum. Im Rahmen der bei Schallnähe zu erwartenden Genauigkeit darf also gesagt werden, daß das Dickenverhältnis τ bisher auf die Profillänge bis zum Dickenmaximum bezogen ist.

Abb. 25 zeigt die Profilform und die Geschwindigkeitsverteilung auf $\bar{y} = 0$. Der obere Abszissenmaßstab entspricht dabei den aus der Theorie hervorgegangenen Gln. (124), (125), (126), der untere Maßstab der üblichen Darstellung, wie sie bisher und auch wieder in den späteren Abschnitten verwendet wird. Auch

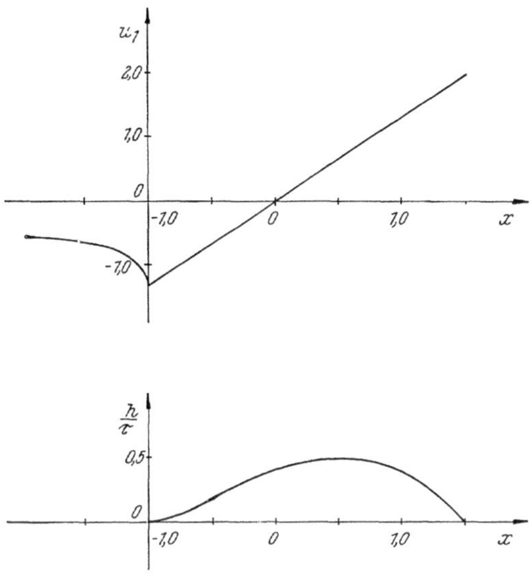

Abb. I,25. Geschwindigkeitsverteilung am GUDERLEY-Profil bei $M_\infty = 1$.

τ ist auf die Gesamtprofillänge bezogen. In Anströmrichtung ergibt sich auf $\bar{y} = 0$ für $x \to -\infty$ aus Gl. (124) folgendes Abklingen:

$$q_1^{2/3} = 1/\sqrt{-3x}.$$

Das entspricht, wie schon erwähnt, im Inkompressiblen dem Abklingen einer stromabwärts ins Unendliche gehenden Parabel.

Form und Winkelverteilung der Schallinie sind schnell gefunden. Für $s = 0$, das ist $r = t$ und $z = 1$ folgt aus Gl. (122):

$$\begin{aligned} x &= \frac{2^{7/3}}{12} t^{-4/3}(1 - 4t^2), \\ A_1\bar{y} &= \frac{2^{4/3}}{12} t^{-5/3}(1 - 4t^2). \end{aligned} \tag{127}$$

Die Schallinie mündet mit $t = 1/2$ im Ursprung, wie es auch gemäß Gl. (126) sein muß.

Die Ermittlung der Grenzcharakteristik erfordert, wie schon beim Beispiel für $\nu = -2$ im vorletzten Abschnitt, mehr Aufwand. Es folgt für

$$\xi \to 0\colon\quad r \to 0, \quad s \to t, \quad z \to \infty,$$

was eine Entwicklung nach $1/z$ erforderlich macht. Sie führt schließlich zum Ergebnis für $\xi = 0$, $s = t$:

$$\begin{aligned} x &= \frac{5}{81} t^{-4/3} \left(1 - \frac{2 \cdot 27}{5} t^2\right); \\ A_1 \bar{y} &= \frac{4}{81} t^{-5/3} (1 - 27 t^2). \end{aligned} \tag{128}$$

Daraus folgt weiter, daß die Grenzcharakteristik auf der Profilsehne, $\bar{y} = 0$, bei folgenden Werten mündet:

$$s = t = \frac{1}{9}\sqrt{3}, \qquad x = s^{2/3} = 1/3. \tag{129}$$

Abb. 26 zeigt den Verlauf von Schallinie und Grenzcharakteristik in der Strömungsebene. Für $1/3 < x$ kann also das Profil abgeändert werden, ohne daß sich ein Einfluß auf das Unterschallgebiet und damit auf die Geschwindigkeits-

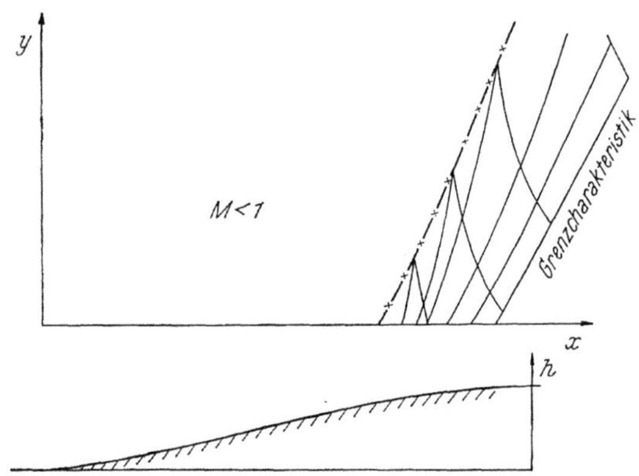

Abb. I,26. Überschallgebiet an einer mit Schall angeströmten Flügelnase nach G. GUDERLEY.

verteilung stromaufwärts geltend macht. Freilich werden als Änderungen im wesentlichen stärkere Verjüngungen in Frage kommen, da Verdickungen zu Stößen führen können, die dann schließlich doch die Schallinie beeinflussen könnten. Dennoch ist es bemerkenswert, daß die Einflußgrenze des Profiles auf die Strömung stromaufwärts vor dem Dickenmaximum liegt.

Es gibt im übrigen durchaus auch „Körper", welche keine Grenzcharakteristiken aufweisen. Diese verdicken sich allerdings stromabwärts kontinuierlich. Betreffs Einzelheiten sei auf die Originalarbeit verwiesen, [17] Bild 24. Dort ist auch die Schallanströmung eines gewölbten Profiles behandelt, [17] Bild 26.

Die Verfolgung der Strömung weiter stromabwärts, insbesondere die Ermittlung der Schwanzwelle, bietet keine grundsätzliche Schwierigkeit, wenn einmal die Schallinie bekannt ist. Die Berechnungen können etwa mittels Charakteristikenverfahren erfolgen.

16. Die Stoßpolare in der Rheographenebene

Bei schallnaher Überschallanströmung treten Kopfwellen auf, wie das bereits im Überblick, Abschn. 2, in Abb. 6 und 7 skizziert wurde. Es ist daher zweckmäßig, die Stoßpolare in die Rheographenvariablen q_1 und v_1 zu übertragen, bevor im nächsten Abschnitt das Problem der schallnahen Überschallanströmung behandelt wird.

Mit Gl. (51) und (105) erhält man nach kurzer Umrechnung:

$$\hat{v}_1^2 = \frac{9}{8} (q_1^{2/3} \mp \hat{q}_1^{2/3}) (q_1^{2/3} \pm \hat{q}_1^{2/3})^2. \tag{130}$$

Die mit einem Dach versehenen Größen gelten wie früher unmittelbar hinter der Stoßfront, jene ohne Dach unmittelbar davor. Dort ist $v_1 = 0$ angenommen. Das obere Vorzeichen bezieht sich auf den Unterschallzweig, $\hat{q}_1 \leqq 0$, das untere Vorzeichen auf den Überschallzweig der Stoßfront, $0 \leqq \hat{q}_1$.

Für die Neigung der Stoßfront folgt aus Gl. (52) nach kurzer Rechnung mit A_1 von Gl. (107):

$$A_1 \cdot \frac{d\bar{y}}{dx} = \sqrt{\frac{2}{q_1^{2/3} \mp \hat{q}_1^{2/3}}}. \tag{131}$$

Wenn wie im folgenden die Berechnung in der Rheographenebene durchgeführt wird, dann liegt die Neigung der Stoßpolaren, wie auch in der Geschwindigkeitsebene, von vornherein fest. An ihre Stelle tritt die Neigung der Koordinatenlinien. Dabei genügt eine Berechnung der Neigung der Kurven $\bar{y} =$ konst. in der q_1,v_1-Ebene, da damit gleichzeitig die Neigung der Linien $x =$ konst. festgelegt ist. Sie verlaufen zufolge von Gl. (108) und (111) im Unterschallbereich orthogonal zueinander.

Für die Neigung der Stoßpolaren in der q_1,v_1-Ebene folgt aus Gl. (130):

$$\frac{d\hat{v}_1}{d\hat{q}_1} = \pm \frac{\sqrt{2}}{4} \frac{q_1^{2/3} \mp 3\hat{q}_1^{2/3}}{\hat{q}_1^{1/3}\sqrt{q_1^{2/3} \mp \hat{q}_1^{2/3}}}. \tag{132}$$

Aus der Neigungsbedingung (131) folgt ferner mit Gl. (108) für $q_1 = \hat{q}_1$ und (111)

$$A_1 \frac{d\bar{y}}{dx} = \frac{A_1 \dfrac{\partial \bar{y}}{\partial q_1} dq_1 + A_1 \dfrac{\partial \bar{y}}{\partial v_1} dv_1}{\dfrac{\partial x}{\partial q_1} dq_1 + \dfrac{\partial x}{\partial v_1} dv_1} = \frac{\dfrac{\partial \bar{y}}{\partial q_1} dq_1 + \dfrac{\partial \bar{y}}{\partial v_1} dv_1}{\hat{q}_1^{1/3} \left[\dfrac{\partial \bar{y}}{\partial v_1} dq_1 \mp \dfrac{\partial \bar{y}}{\partial q_1} dv_1 \right]},$$

und daraus wieder unter Heranziehung von Gl. (131) und (132) nach einigen Zwischenrechnungen für die gesuchte Neigung der Kurven $\bar{y} =$ konst. an der Stoßpolaren in der Rheographenebene:

$$-\frac{\partial \bar{y}}{\partial q_1} \bigg/ \frac{\partial \bar{y}}{\partial v_1} = \left(\frac{\partial v_1}{\partial q_1} \right)_{\bar{y} = \text{konst}} = -\sqrt{\frac{q_1^{2/3} \mp \hat{q}_1^{2/3}}{2\hat{q}_1^{2/3}} \frac{7\hat{q}_1^{2/3} \mp q_1^{2/3}}{5\hat{q}_1^{2/3} \mp 3q_1^{2/3}}}. \tag{133}$$

Selbstverständlich können alle Ergebnisse und insbesondere das letzte mit Hilfe von Gl. (105) in u_1 oder mit Hilfe von Gl. (111) in s, t übertragen werden. Die gewählte Darstellung hat jedoch gegenüber jener in u_1 den Vorteil, daß $\hat{v}_1$ und $\hat{q}_1$ proportional zu q_1 sind und daß damit alle Neigungen unabhängig von q_1 werden. Gegenüber s hat q_1 den Vorteil, daß der Überschallzweig vom Unterschallzweig getrennt ist und nicht wie bei s übereinandergeklappt in der positiven s-Halbebene liegt.

Abb. 27 zeigt die Stoßpolare in der q_1,v_1-Ebene, wobei die Koordinaten bereits in Vielfachen des Anströmwertes $q_1 = q_{1\infty}$ dargestellt sind. Die Richtungs-

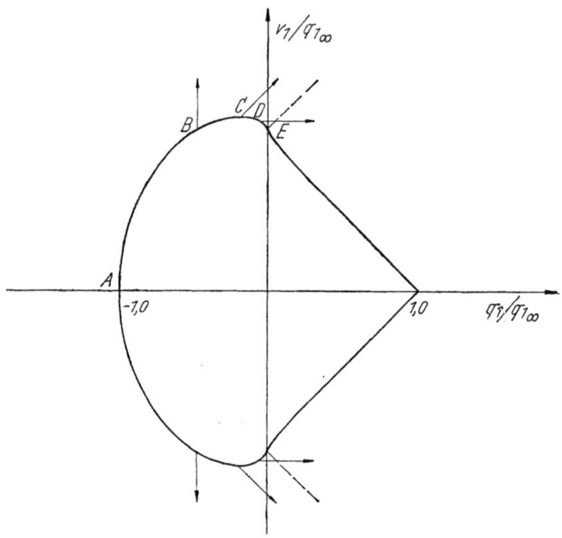

Abb. I,27. Reduzierte Stoßpolare und ausgezeichnete Punkte gemäß Tab. I,5.

pfeile auf der Stoßpolaren deuten die Neigungen der Kurven $\bar{y} =$ konst. an. Zu Geraden ergänzt, bilden sie eine Einhüllende, auf deren Berechnung hier aber verzichtet werden kann. Auffallend ist der gerade Verlauf der Stoßpolaren im Überschallteil. Dieser Ast deckt sich bis zu Werten $\hat{q}_1/q_{1\infty} \ll 1$ mit der rechtslaufenden Charakteristik durch den Anströmwert, das ist zufolge von Gl. (109) und (111) die Gerade:

$$q_1 + v_1 = q_{1\infty}.$$

Bei Schallgeschwindigkeit, $\hat{q}_1 = 0$, mündet die Stoßpolare gemäß Gl. (132) senkrecht in die Ordinate als Folge der Potenzbeziehung Gl. (105). Mit $1/\sqrt{\hat{q}_1}$ handelt es sich jedoch um ein kaum sichtbares Senkrechtwerden.

Der Unterschallast der Stoßpolare zeigt einige markante Punkte, die sich im vorliegenden Zusammenhang besonders einfach ermitteln lassen. Sie treten auch bei der exakten Stoßpolaren auf. Ein Teil der Punkte ist bereits in Abschnitt 3 genannt.

Tabelle 5. *Ausgezeichnete Punkte der Stoßfront.*

Symbol	$\hat{q}_1/q_{1\infty}$	$\hat{u}_1/u_{1\infty}$	$\hat{v}_1/q_{1\infty}$	Anmerkung
A	-1	-1	0	senkrechter Stoß
B	$-(3/5)^{3/2}$	$-3/5$	$12\sqrt{5}/25$	$\partial\bar{y}/\partial v_1 = 0$; Beschleunigung $= 0$
C	$-(1/3)^{3/2}$	$-1/3$	$2\sqrt{3}/3$	Ablenkungsmaximum
D	$-(1/7)^{3/2}$	$-1/7$	$12\sqrt{21}/49$	$\partial\bar{y}/\partial q_1 = 0$; Stromlinienkrümmung $= 0$
E	0	0	$3\sqrt{2}/4$	Schallpunkt

Nach dem senkrechten Stoß kommt eine Stelle verschwindender Beschleunigung längs der Stromlinie. Das bedeutet in der vorliegenden Näherung: konstantes q_1 bei konstantem $\bar{y}$ oder $\partial\bar{y}/\partial v_1 = 0$. Der Tabellenwert folgt sofort aus dem Nullwerden des Nenners in Gl. (133). Nach dem Ablenkungsmaximum, Punkt C, folgt dann der Punkt verschwindender Stromlinienkrümmung, der sogenannte *Crocco-Punkt*, Punkt D. Hier muß in der Näherung v_1 zusammen mit $\bar{y}$ konstant sein, also $\partial\bar{y}/\partial q_1 = 0$. In der Abbildung sind die Punkte B und D sofort durch die senkrechte und waagerechte Richtung von $\bar{y} =$ konst zu erkennen.

Die Punkte der Tabelle eignen sich auch sehr gut für die Zuordnung der Stoßfront in der Strömungsebene zur Stoßpolaren.

17. Profil bei geringer Überschallgeschwindigkeit

Zur Darstellung unterschiedlicher Profile dienen wie auch bei Schallanströmung solche Lösungen, die bei beschränkten Werten von s und t, also auch bei $r \to 0$, beschränkte Werte von x und $\bar{y}$ liefern. Dieser Bedingung genügen gemäß Gl. (113) die Lösungen für $0 \leqq \nu$.

Zur Befriedigung der Randbedingung am Stoß dagegen erweist sich eine Verallgemeinerung der Lösung für $\nu = -2$ als sehr zweckmäßig. Wird beispielsweise in den Gln. (114) an Stelle von t überall der Ausdruck $(t - \lambda)$ gesetzt, wobei λ eine beliebige Konstante sei, so entsteht eine neue Lösung, die den Differentialgleichungen genauso genügt wie die Lösung für $\lambda = 0$. Das hängt damit zusammen, daß in allen transsonischen Differentialgleichungen der ersten Ordnung v_1 nur linear und nur in den Ableitungen auftritt und folglich durch eine additive Konstante ergänzt werden kann, ohne die Form der Differentialgleichungen zu ändern, wie anhand von Gl. (106) und (108) bestätigt werden kann. Durch den Linearansatz (111) überträgt sich die additive Konstante dann auf t.

Es gibt somit eine neue Klasse von Lösungen:

$$x_{\nu,\lambda}(r, z), \qquad \bar{y}_{\nu,\lambda}(r, z), \qquad r = \sqrt{(t-\lambda)^2 + s^2}, \qquad z = \frac{t-\lambda}{r}. \tag{134}$$

Dazu gehören unter vielen anderen auch die Lösungen von Tabelle 4, wenn dort überall unter r und z die Werte von Gl. (134) verstanden werden. In den Beziehungen für $\nu = 1/3$, $4/3$, $5/3$ dagegen muß überall t durch $(t - \lambda)$ ersetzt werden.

Zur Befriedigung der Lösung auf der Stoßpolaren wird gemäß Sobieczky die Lösung mit $\nu = -2$ und λ herangezogen, das sind also jene Lösungen, die bei

Schallanströmung, Abschn. 15, die Strömung im Anströmgebiet darstellen, dort jedoch auf eine endliche Stromlinienneigung $v_1 = t = \lambda$ führen. Durch symmetrische Anordnung solcher Lösungen auf der t-Achse, Abb. 28 rechts, bei gleichzeitiger Forderung, daß die Summe der Gewichte dieser Lösungen gleich dem

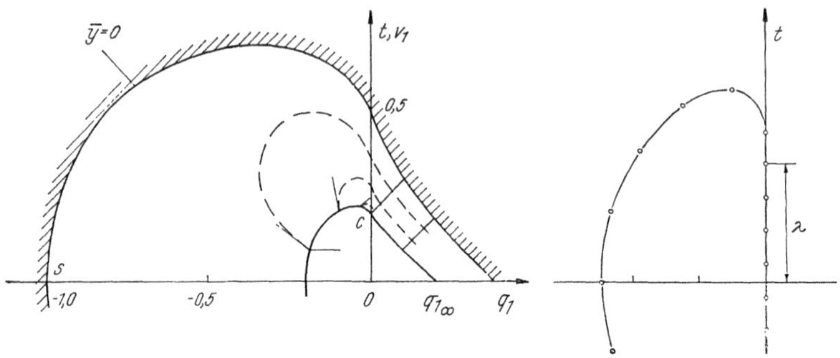

Abb. I,28. Anordnung von Lösungen auf der t-Achse.

Gewicht der Lösung von $\nu = -2$, $\lambda = 0$ ist, wird der Anschluß an die Schallanströmung bei $M_\infty \to 1$ erreicht.

Damit gelangt man zu folgendem Ansatz:

$$x(s, t) = \sum_\lambda C_\lambda x_{-2,\lambda}(s, t) + \sum_\nu C_\nu x_\nu(s, t);$$

$$A_1\bar{y}(s, t) = \sum_\lambda C_\lambda A_1\bar{y}_{-2,\lambda}(s, t) + \sum_\nu C_\nu A_1\bar{y}_\nu(s, t); \tag{135}$$

$$-\frac{3}{4}\sqrt{2}\,q_{1\infty} < \lambda < +\frac{3}{4}\sqrt{2}\,q_{1\infty}, \qquad \nu = 0, +2, +4, +6, \ldots.$$

Die Anzahl der herangezogenen Lösungen richtet sich nach den Genauigkeitsansprüchen, die einerseits an die Kopfwellenform, andererseits an die Profilform gestellt werden. λ darf nur solche Werte annehmen, die innerhalb der Stoßpolaren liegen, das ist gemäß Tabelle 5 der für den Schallpunkt E gegebene v_1-Wert. Das Profil könnte freilich auch noch durch andere Lösungen als jene für die oben angegebenen ν-Werte dargestellt werden. Für die weiteren Ausführungen spielt das jedoch eine untergeordnete Rolle.

Die Vorgabe eines Profiles führt in jedem Fall zu einem System nichtlinearer Gleichungen, wenn nicht bereits Nachbarlösungen vorliegen und nach Störungen zu solchen Nachbarlösungen linearisiert werden kann. Wird beispielsweise v_1 und damit t auf der Skelettlinie $\bar{y} = 0$ für eine Anzahl von x-Werten vorgegeben, so werden n Summanden ν benötigt. Sie liefern $2n$ Gleichungen für n unbekannte Koeffizienten C_ν und für die gesuchten s-Werte in den vorgegebenen Punkten. Das System (135) ist zwar in den Koeffizienten C_ν linear, in den unbekannten s-Werten dagegen völlig nichtlinear. Bei diesem Teil der Behandlung treten dieselben Schwierigkeiten auf, wie sie von der Hodographenmethode her bekannt sind.

Wesentlich einfacher dagegen sind die Bedingungen an der Stoßpolaren zu erfüllen. Dort müssen die Neigungen für die Stoßfront befriedigt werden. Das bedeutet, daß die Neigungen der Linien $\bar{y} =$ konstant gemäß Abb. 27 in die Stoßpolare münden müssen. Mit Gl. (133) und (111) haben die Ansätze (135) im Unterschallbereich mit s_∞ als Wert der Anströmung folgenden Beziehungen zu genügen:

$$A_1 \frac{\partial \bar{y}}{\partial s} - \sqrt{\frac{s_\infty^{2/3} - s^{2/3}}{2\hat{s}_1^{2/3}} \frac{7s^{2/3} - s_\infty^{2/3}}{5s^{2/3} - 3s_\infty^{2/3}}} A_1 \frac{\partial \bar{y}}{\partial t} = 0 .$$

Hier spielt es keine Rolle, ob in den verschiedenen Punkten der Stoßpolaren, in denen man eine exakte Erfüllung der oberen Bedingungen fordert, s oder t vorgegeben wird. Beide Veränderliche sind ja durch die Stoßpolarengleichung gekoppelt. Nach Ableiten und Einsetzen des Ansatzes für $\bar{y}$ aus Gl. (135) erhält man aus der letzten Gleichung ebensoviele lineare Gleichungen für die Koeffizienten C_λ wie Vorschriften auf der Stoßpolaren getroffen werden.

Die weiteren Ausführungen seien der Kopfwellenberechnung bei „großem" Stoßabstand gewidmet. Dafür eignet sich das skizzierte Verfahren besonders gut. Es wird sich zeigen, daß damit auch Strömungen mittleren Kopfwellenabstandes erfaßt werden können.

Bei ausreichend großem Kopfwellenabstand ist die Strömung am Profil *eingefroren*. Die Stoßpolare befindet sich in einem ausreichend großen Abstand von der Profilkurve $\bar{y} = 0$, Abb. 28 links, und beeinflußt deren Form, d. h. den s,t-Zusammenhang oder auch den u_1,v_1-Zusammenhang am Körper nicht mehr. Sie wirkt auf $\bar{y} = 0$ nur mit der Summe der C_λ-Koeffizienten ein, die ja, wie bereits gefordert, gleich sein sollen:

$$\sum_\lambda C_\lambda = C_{-2} = 1/12 .$$

C_{-2} ist der Koeffizient der Abklinglösung Gl. (123).

Diese Forderung hat zur Folge, daß die für die Profilform verantwortlichen Koeffizienten C_ν in Gl. (135) bei eingefrorenen Strömungen dieselben sind wie bei Schallanströmung. Es bleibt in diesem Falle nur die Aufgabe der Bestimmung der für die Kopfwellenform verantwortlichen Koeffizienten C_λ. Sobieczky [21] hat diese Aufgabe für eine Anzahl von 20 äquidistanten Punkten auf der t-Achse gelöst, was mit Rücksicht auf die Symmetrie auf die Bestimmung von 10 unbekannten C_λ-Werten hinausläuft. Auf die Einzelheiten der Durchführung soll hier nicht näher eingegangen werden.

Abb. 29 zeigt die Kopfwelle vor dem Unterschallbereich mit den fünf ausgezeichneten Punkten gemäß Tabelle 5. Die skizzierte Theorie führt zu folgender Wahl reduzierter Koordinaten X, Y, die mit kartesischen Koordinaten in folgender Beziehung stehen:

$$Lx = Q(\varkappa + 1)^{-2/3} \left(\frac{u_\infty}{c^*} - 1\right)^{-2} X ; \qquad Ly \cot \alpha_\infty = Q(\varkappa + 1)^{-2/3} \left(\frac{u_\infty}{c^*} - 1\right)^{-2} Y .$$

Der Buchstabe Q soll dabei an „Quelle" erinnern, weil dieser Faktor mit der Verdrängungswirkung jenes Profiles zusammenhängt, das man sich in den

Koordinatenursprung verlegt vorstellen muß. Der Wert von Q hängt von Eigenschaften des Profilbuges ab und wird für das Guderleyprofil noch angegeben. Da die Stoßdarstellung in der vorliegenden Form unabhängig von der speziellen Profillänge L ist, wäre es nicht sinnvoll, X und Y auf eine Profillänge zu beziehen,

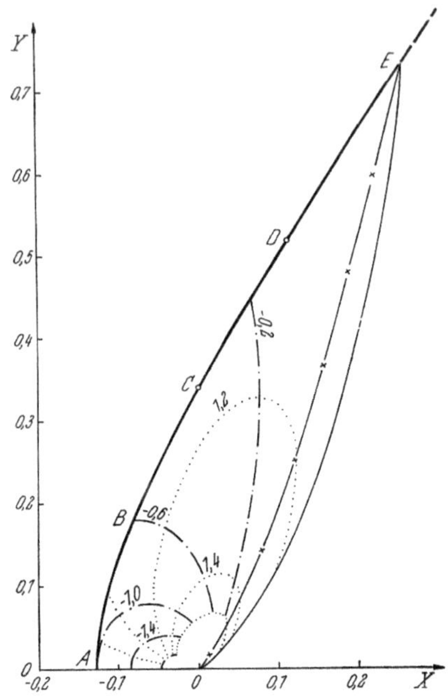

Abb. I,29. Abgelöste Kopfwelle bei eingefrorenen Profilströmungen.

wie das bei x und y gemacht wird. Daher sind die neuen reduzierten Koordinaten zu den absoluten Längen $x \cdot L$ und $y \cdot L$ in Relation gesetzt.

Im Bereich eingefrorener Machzahlverteilung am Profil wird die abgelöste Kopfwelle durch eine einzige Kurve dargestellt, nämlich jene von Abb. 29, bei der es sich also um eine Ähnlichkeitslösung besonderer Art handelt. Bei ein- und demselben Profil, d. h. bei gleichem Q und L, wachsen die Stoßkoordinaten x und $y \cot \alpha_\infty$ proportional zu $(u_\infty/c^* - 1)^{-2}$. Der Faktor $(\varkappa + 1)^{-2/3}$ läßt überdies eine Übertragung auf Gase anderer $\varkappa$-Werte zu, wie dies bei Schallnähe die Regel ist. Mit zunehmendem Abstand nimmt die Stoßstärke naturgemäß ab, in den fünf ausgezeichneten Punkten beispielsweise gemäß Tabelle 5.

Der Punkt C maximaler Umlenkung in der Front liegt genau über dem Ursprung des asymptotischen Anteiles der Guderley-Lösung, $\nu = -2$. Davor ist der Stoß „stark", dahinter beginnt die „schwache" Lösung.

In die Abbildung sind die Isotachen $u_1/u_{1\infty} =$ konst. und die Isoklinen $v_1/q_{1\infty} =$ konst. eingetragen. Sie werden erst in der Umgebung des Ursprunges von der speziellen Profilform beeinflußt.

Die Lösung enthält durchaus auch den Grenzübergang zur Schallanströmung: $u_{1\infty} \to 0$. Bei sehr kleinem $u_{1\infty}$ liegt ein bestimmter negativer u_1-Wert bei großen negativen Werten von $u_1/u_{1\infty}$. Mit $M_\infty \to 1$ konzentriert sich die Strömung der Profilnähe immer stärker auf den Ursprung von Abb. 29.

Für den Spezialfall des Guderley-Profiles, Abb. 30, erhält der Autor [21] mit $u_{1\infty}$ als Ähnlichkeitsparameter gemäß Gl. (63) und mit d als Abstand der Kopf-

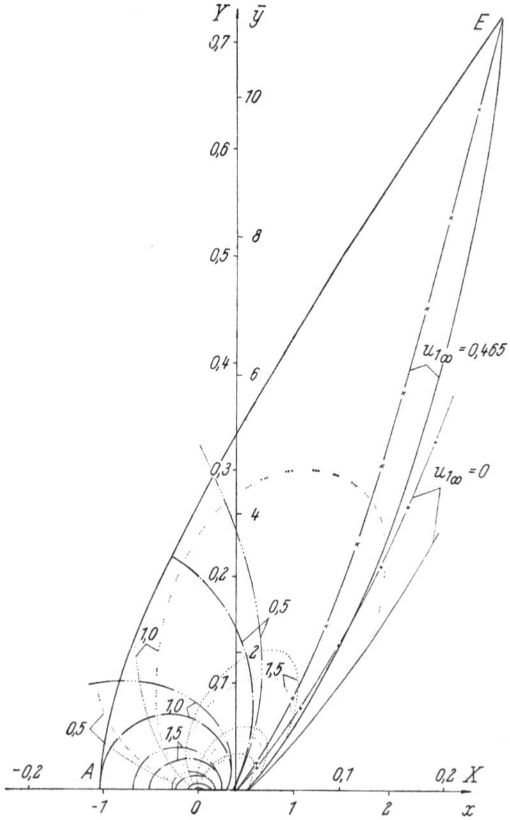

Abb. I,30. Isotachen im Unterschallbereich für $u_{1\infty} = 0$ und $u_{1\infty} = 0{,}465$.

welle auf der x-Achse vom Profilschnabel, bezogen auf die Länge des Gesamtprofiles, Abb. 31, die Beziehung:

$$d = 0{,}292 u_{1\infty}^{-2} + 0{,}026 u_{1\infty}^{-1/2} - 0{,}389 + 0{,}132 u_{1\infty} + \cdots. \tag{136}$$

Sie gilt praktisch bis zum Anlegen an den Profilschnabel, $d = 0$. In Abb. 30 sind unter anderem wieder die Isotachen $u_1/u_{1\infty}$ und Isoklinen $v_1/q_{1\infty}$ gemäß Abb. 29 eingetragen, für die für die Abbildungen geltenden Werte: $u_{1\infty} = 0{,}465$, d. i. $q_{1\infty} = 0{,}211$. Gegenübergestellt sind die entsprechenden Kurven der Strömung bei $M_\infty = 1$, $u_{1\infty} = 0$. Es ist deutlich zu erkennen, daß sich am Profil dieselben Verteilungen ergeben. Die Strömung ist demnach dort auch noch bei einem Parameter von $u_{1\infty} = 0{,}465$ als „eingefroren“ anzusehen. An der Stoßfront dagegen weichen die Kurven für $u_{1\infty} = 0{,}465$ und $u_{1\infty} = 0$ sehr deutlich voneinander ab. Hier herrscht dagegen sehr gute Übereinstimmung mit der Ähnlichkeitslösung der abgelösten Kopfwelle, Abb. 29. Der Ursprung der Abszisse x ist wie bei den späteren Auswertungen an den Profilschnabel verlegt. Der Ursprung von X dagegen liegt nach der Theorie beim Guderley-Profil ganz wenig vor der Schallinie. Das Profil „wächst" also hauptsächlich stromaufwärts, aber auch etwas stromabwärts, aus dem X, Y-Ursprung heraus.

Als Ordinate der Abbildung ist neben Y noch die reduzierte, schallnahe Ordinate $\bar{y}$ gemäß Gl. (59) gewählt. Sie steht mit Y in folgender Beziehung:

$$\bar{y} = \frac{Q}{L \cdot \tau^{4/3}} u_{1\infty}^{-5/2} Y .$$

Da die Kurven von Abb. 30 den Ähnlichkeitsgesetzen für Schallnähe genügen müssen, darf in die Umrechnung von Y in $\bar{y}$ nur der Ähnlichkeitsparameter $u_{1\infty}$ eingehen. Schon daraus ist zu ersehen, daß Q proportional zum Produkt $L \cdot \tau^{4/3}$ sein muß.

Zur Ermittlung der noch fehlenden Darstellung von Q sei die asymptotische Lösung herangezogen. Die letzte Abbildung zeigt, daß die asymptotische Lösung auch noch für $u_{1\infty} = 0{,}465$ sehr gut sein muß. Für diesen Parameterwert gibt der erste Summand von Gl. (136) jedoch eine recht schlechte Darstellung. Wie leicht zu kontrollieren ist, wird sie wesentlich verbessert, wenn für den Abstand der Kopfwelle vom Schallpunkt, das ist $(d + 0{,}40)$ gesetzt wird:

$$d + 0{,}40 = 0{,}292 u_{1\infty}^{-2} + \cdots .$$

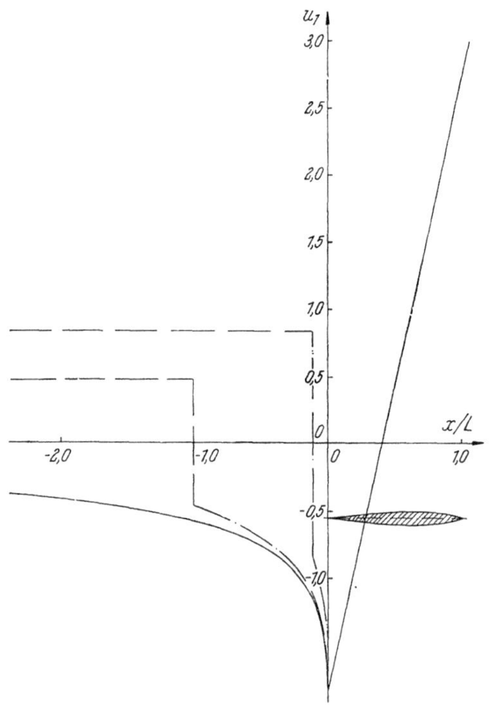

Abb. I,31. u_1-Verteilung auf der Achse des GUDERLEY-Profiles für $u_{1\infty} = 0$ (——); 0,465 (–·–) und 0,836 (–··–).

Wird dieser Wert in die Beziehung zwischen x_A und X_A eingesetzt und der Kopfwellenabstand auf der x-Achse aus Abb. 29 mit $X = -0{,}126$ entnommen, so folgt:

$$-L\,x_A = -L \cdot 0{,}292 u_{1\infty}^{-2} = Q(\varkappa + 1)^{-2/3}\left(\frac{u_\infty}{c^*} - 1\right)(-0{,}126).$$

Mit Gl. (63) und (62) folgt daraus schließlich für das Guderley-Profil

$$Q = 2{,}32 L \cdot \tau^{4/3}$$

und weiter für ausreichende Entfernung vom Guderley-Profil, insbesondere aber für den Stoß bei eingefrorener Profilströmung:

$$x = 2{,}32 u_{1\infty}^{-2}\, X; \qquad y \cot \alpha_\infty = 2{,}32 u_{1\infty}^{-2}\, Y.$$

Diese Aussage geht weit über das Ähnlichkeitsgesetz für Schallnähe hinaus, weil sie die Stoßwellen bei unterschiedlichem $u_{1\infty}$ aufeinander abbilden läßt.

Abb. 31 gibt die u_1-Verteilung auf der x-Achse vor und auf dem Profil für die drei Parameter-Werte $u_{1\infty} = 0;\ 0{,}465;\ 0{,}836$. Im letzten Fall weicht die Verteilung schon etwas von der „eingefrorenen" ab, mit Rücksicht auf den geringen Stoßabstand vom Schnabel jedoch noch erstaunlich wenig. Im Staugebiet vor dem Profil unterscheiden sich die Geschwindigkeitsverteilungen dagegen ganz merklich.

18. Machzahlabhängigkeit des Widerstandes, Einfrieren

Auch dieses Problem sei nur für die symmetrische Strömung behandelt. Für den Widerstandsbeiwert kann dann von Gl. (68) ausgegangen werden. Das Integral sei dabei in zwei Anteile aufgespalten, den Widerstand infolge des Druckes auf die Profiloberfläche vor dem Dickenmaximum an der Stelle $x = l$ und den Widerstandsbeitrag des Profilhecks, also des Teiles hinter dem Dickenmaximum. Die Summe beider Anteile gibt den Gesamtwiderstand.

Der Widerstandsanteil des Profilbuges ist natürlich nicht gleich dem Widerstand des am Dickenmaximum abgeschnittenen Profiles, weil nur der „Manteldruck" berücksichtigt wird, nicht aber der Sog am senkrechten Teil.

Nur bei kleinen Überschallgebieten nahe der unteren kritischen Machzahl macht sich das Abschneiden des Profiles am Dickenmaximum bemerkbar. Im Gebiet des Widerstandsanstieges, bei dem sich das Überschallgebiet bereits über wesentliche Teile des Profilheckes ausdehnt, ist die Druckverteilung vor dem Dickenmaximum praktisch unabhängig von der Form des Hecks.

Da die Beziehung (68) dem aus der Skelettlinie austretenden Impuls entspricht, müßte die Integration genaugenommen nicht bei Abszissenwerten des Dickenmaximums, $x = l$, unterbrochen werden, sondern an jener etwas vor $x = l$ liegenden Stelle auf $y = +0$, von der aus die linkslaufende Machlinie durch das Dickenmaximum hindurchläuft. Bei einer solchen Unterscheidung handelt es sich jedoch um einen Effekt höherer Ordnung.

Gl. (68) sei also in der Form geschrieben:

$$c_w(\varkappa + 1)^{1/3}\,\tau^{-5/3} = -2\int_0^l (u_1 - u_{1\infty})\, f_x(x)\,\mathrm{d}x - 2\int_l^1 (u_1 - u_{1\infty})\, f_x(x)\,\mathrm{d}x.$$

Der Faktor M_∞^* ist hier mit Rücksicht auf den Anschluß an das Linearisierungsgebiet absichtlich weggelassen. Dieser Faktor tritt nämlich nicht auf, wenn in der Randbedingung die Neigung wie im Linearisierungsgebiet $v/u_\infty = h_x$ gesetzt wird und nicht wie in Schallnähe $v/c^* = h_x$. Selbstverständlich entsteht in Schallnähe dadurch nur ein Fehler höherer Ordnung.

Wird in der letzten Gleichung der Anteil mit dem Ähnlichkeitsparameter $u_{1\infty}$ als Faktor ausintegriert und wird berücksichtigt, daß die Dickenverteilungsfunktion am Dickenmaximum den Wert $f(l) = 1$ annimmt, so gelangt man zu der Darstellung:

$$c_w(\varkappa + 1)^{1/3}\,\tau^{-5/3} = -2\int_0^l u_1 f_x(x)\,dx + 2u_{1\infty} - \int_l^1 u_1 f_x(x)\,dx - 2u_{1\infty}. \qquad (137)$$

Die ersten beiden Summanden stellen den Beitrag des Profilbuges, die letzten beiden Summanden den Beitrag des Profilhecks zum reduzierten Widerstandsbeiwert c_{w1}, Gl. (69), dar.

Für den c_{w1}-Wert eines geschlossenen Profiles heben sich der zweite und vierte Summand in Gl. (137) weg. Die Abhängigkeit von $u_{1\infty}$ kommt in c_{w1} nur dadurch herein, daß u_1 in den Integranden selbst von $u_{1\infty}$ abhängt. Eine weitere Abhängigkeit von M_∞ kommt bei allen Umrechnungen von c_{w1} auf c_w mittels Gl. (69) durch den Faktor M_∞^* noch hinzu.

Im Gebiet der „eingefrorenen Strömung“, d. i. beim Guderley-Profil bis zu Werten des schallnahen Parameters von $u_{1\infty} = 0{,}80$, werden jedoch mit u_1 auch die Integrale in Gl. (137) unabhängig vom Parameter $u_{1\infty}$. Das bedeutet, daß c_{w1} für das geschlossene Profil unabhängig von $u_{1\infty}$ wird. Der Anteil des Profilbuges steigt jedoch mit $2u_{1\infty}$ an, der Anteil des Profilhecks dagegen sinkt mit dem gleichen Wert ab, Abb. 32.

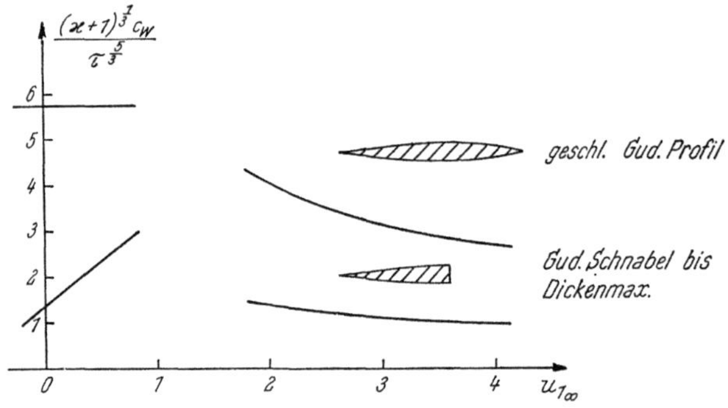

Abb. I,32. Widerstandsverlauf des Guderley-Profiles.

Das Einfrieren und der damit verbundene Widerstandsanstieg wurde erstmals von H. W. Liepmann und A. E. Bryson [22] durch Versuche an Keilen festgestellt. Der Effekt läßt sich dadurch erklären, daß ein Profil durch die bei leichter Überschallanströmung stromaufwärts liegende selbst erzeugte Kopfwelle eigentlich mit Unterschallgeschwindigkeit angeströmt wird. Damit erklärt sich auch, daß die Eigenschaft des Einfrierens ausgeprägter für den Bug des Profiles gilt als für das Heck und daß ein ähnlicher Effekt bei Rotationskörpern nicht ohne weiteres erwartet werden darf, weil die Kopfwelle dort stets sehr nahe am Bug liegt.

Es ist zweckmäßig für das Folgende die Ergebnisse für das Guderley-Profil von Abschn. 15 zunächst auf die Gesamtlänge 1 umzurechnen und den Profilschnabel in den Ursprung zu verlegen. Aus Gl. (126) erhält man dann die Dickenverteilungsfunktion für $0 \leqq x \leqq 1$:

$$f_x(x) = \frac{5}{4}\left(\frac{5}{3}\right)^{3/2}(3 - 5x)\sqrt{x}; \qquad f(x) = \frac{5}{2}\left(\frac{5}{3}\right)^{3/2} x^{3/2}(1 - x)$$

mit

$$l = 3/5, \qquad f(l) = 1, \qquad f_x(l) = 0.$$

Wegen der Normierung im Abschn. 15, Gl. (123) war das Dickenverhältnis dort nicht auf die Gesamtprofillänge bezogen. Mit einem auf die Gesamtlänge bezogenen τ erhält man auf die neue Abszisse umgerechnet für $0 \leqq x \leqq 1$:

$$u_1 = \frac{5}{4}\left(\frac{10}{3}\right)^{1/3}\left(\frac{5}{2}x - 1\right).$$

Daraus folgt für den Widerstandsbeiwert bei $M_\infty = 1$:

$$(\varkappa + 1)^{1/3}\,\tau^{-5/3} c_w^*(3/5) = -2\int_0^{3/5} u_1 f_x(x)\,dx = \frac{25}{28}\left(\frac{10}{3}\right)^{1/3} = 1{,}33;$$

$$(\varkappa + 1)^{1/3}\,\tau^{-5/3} c_w^*(1) = -2\int_0^{1} u_1 f_x(x)\,dx = \frac{25}{14}\left(\frac{5}{3}\right)^{3/2}\left(\frac{10}{3}\right)^{1/3} = 5{,}74.$$

Die untere Grenze für das Überschall-Linearisierungsgebiet sei mit der oberen kritischen Machzahl gleichgesetzt. Diese liegt vor, wenn am Ort größter Neigung, d. i. an der Stelle $x = 1/5$ mit $t = f_x(1/5) = 25\sqrt{3}/18$ gerade Schallgeschwindigkeit erreicht wird.

Auf der rechtslaufenden Machlinie von Gl. (109) tritt das ein für $s_\infty = t$ oder für

$$u_{1\infty}^{3/2} = \frac{3}{2}t = \frac{3}{2}v_1. \tag{138}$$

Für den zuvor berechneten Maximalwert von t des Guderley-Profiles erhält man daraus für die obere kritische Machzahl des Guderley-Profiles die Beziehung:

$$u_{1\infty} = \left(\frac{25}{12}\right)^{2/3} 3^{1/3} = 2{,}35.$$

Der Widerstandsbeiwert im Linearisierungsgebiet eines symmetrischen nicht angestellten Profiles ergibt sich aus Gl. (IX,9) mit $h_0 = h_u = \tau/2 f(x)$

$$c_w = \tau^2 \operatorname{tg}\alpha_\infty \int_0^1 f_x^2(x)\,dx,$$

oder nach Einführen des schallnahen Parameters

$$(\varkappa + 1)^{1/3}\,\tau^{-5/3} c_w = \frac{1}{\sqrt{u_{1\infty}}} \int_0^1 f_x^2(x)\,\mathrm{d}x\,. \tag{139}$$

Hier bestätigt sich wieder, daß die Ergebnisse in den Linearisierungsgebieten in die Form der schallnahen Ähnlichkeitsgesetze gekleidet werden können. Speziell erhält man für das Guderley-Profil:

$$\int_0^{3/5} f_x^2(x)\,\mathrm{d}x = \frac{125}{64} = 1{,}95\,; \qquad \int_0^1 f_x^2(x)\,\mathrm{d}x = \frac{3\,125}{576} = 5{,}42\,.$$

Damit sind alle Daten für die Abb. 32 bekannt.

Das Guderley-Profil hat wegen der starken Dickenrücklage natürlich einen verhältnismäßig hohen Heckwiderstand. Einer Berechnung des Widerstandes eines Profiles mit Guderley-Bug und beliebigem Heck im eingefrorenen Gebiet sowie im Linearisierungsgebiet steht nichts im Wege. Bei längerem Heck allerdings erstreckt sich das Einfriergebiet auf einen kleineren M_∞-Bereich. Genauere Rechnungen für das Profilende werden dann erforderlich.

19. Konvexe Ecken bei Unterschallanströmung

Konkave Ecken einer Berandung weisen keine wesentlichen Probleme auf. Bei Unterschallströmung haben sie einen Staupunkt zur Folge, in dessen Umgebung die Strömung qualitativ gleich wie eine inkompressible Strömung verläuft. Bei Überschallanströmung und ausreichend kleiner Änderung der Strömungsrichtung löst eine solche Ecke einen schiefen Verdichtungsstoß aus. Bei starken Richtungsänderungen wirkt sie wie ein stumpfer Körper und führt lokal zu einem Unterschallgebiet. Bei Überschallströmung führt auch die konvexe Ecke zu keinem Problem. Sie bildet den Ansatzpunkt einer Prandtl-Meyer-Eckenströmung. Eine reine Unterschallströmung dagegen ist an einer konvexen Ecke nicht möglich. Die Theorie inkompressibler ebener Strömungen liefert als einfaches Ergebnis der konformen Abbildung unendlich große Geschwindigkeiten an einer solchen konvexen Ecke.

Das komplexe Potential einer Eckenströmung ist durch eine Potenz der komplexen Variablen $z = x + iy$ gegeben, deren Hochzahl vom Winkel ϑ der Ecke abhängt. Für die unmittelbare Umgebung der Keilschulter von Abb. 33 würde man an der Ecke folgende Geschwindigkeitsverteilung erhalten:

$$W = C r^{-\frac{\vartheta}{\pi+\vartheta}}\,.$$

Darin ist r der von der Keilschulter aus gemessene Radiusvektor und C eine sich nur aus der Gesamtströmung ergebende Konstante.

Eine konvexe Ecke bedeutet bei Unterschallströmung stets eine sehr starke Einschnürung des Stromfadens. Da die Stromdichte bei inkompressibler Strömung mit der Geschwindigkeit über alle Grenzen wächst, führt die Theorie der inkompressiblen Strömung zu einer über alle Grenzen wachsenden Geschwindigkeit. Daraus ist zu ersehen, daß die Voraussetzung dichtebeständiger Strömung an einem solchen Knick nicht mehr erfüllt ist. Die höchste Stromdichte, welche das Medium an der Ecke erreichen kann und auch annimmt, ist jene bei $M = 1$. Die Strömung erreicht also an einer solchen „Schulter" Schallgeschwindigkeit. Wenn die Berandung an der Schulter keine Wölbung aufweist, was im folgenden angenommen werden soll, so muß die Schall-Isotache, wie jede andere Isotache bei verschwindender Stromlinienkrümmung, auch senkrecht auf die Strömungsrichtung in der Schulter münden.

Der Schluß ist ohne Schwierigkeit aus Gl. (VI,68) in [•13] zu ziehen. Da $\mathrm{d}\vartheta/\mathrm{d}\psi = 0$ gilt, muß auch $\mathrm{d}W/\mathrm{d}\psi$ verschwinden. Die Isotache verläuft also an dieser Stelle wie die Potentiallinie.

Hinter der Schall-Isotache kann nun aber unmittelbar an der Schulter eine Prandtl-Meyer-Expansion angesetzt werden, durch die die Geschwindigkeit an der Kontur sprunghaft eine dem Umlenkungswinkel entsprechende Überschallgeschwindigkeit annimmt. Die quantitative Analyse des Vorgangs ist nicht ganz einfach. Diesbezüglich sei auf die ausführliche Behandlung im Buch von G. GUDERLEY verwiesen, [•7], S. 129, dem auch Abb. 33 entnommen wird. Es zeigt

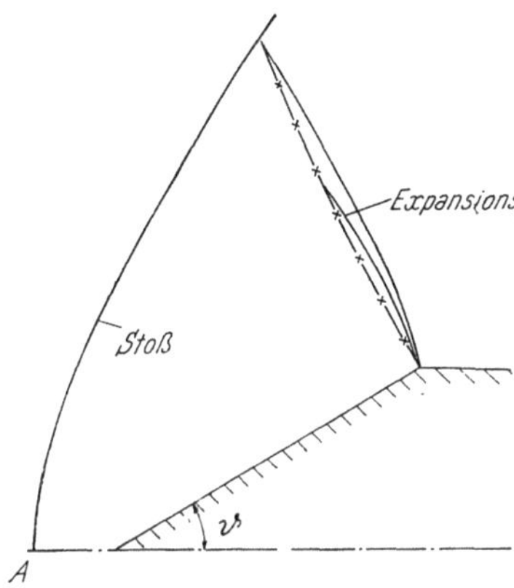

Abb. I,33. Lokales Überschallgebiet an konvexer Ecke.

die Strömung an der Schulter eines Keiles bei Überschallanströmung und abgelöster Kopfwelle. Ganz ähnliche Strömungsformen müssen aber an allen konvexen Ecken auftreten, also auch an Keilschultern bei Unterschallströmung im Unendlichen. Eine konvexe Ecke verursacht danach in reibungsloser Unterschallströmung bei noch so geringem M_∞ stets das Auftreten — wenn auch noch so kleiner — lokaler Überschallgebiete. Die untere kritische Machzahl eines Körpers mit einer konvexen Ecke liegt also theoretisch stets bei $M_\infty \to 0$. Der Expansionsfächer, in Abb. 33 nur bis zur Grenzcharakteristik gezeichnet, mündet in diesem ersten Teil in die Schallinie und krümmt sie stromabwärts. Der Strömungswinkel auf der Schallinie wird mit zunehmendem Körperabstand kleiner. An der Schallinie kommt es zu einer unendlichen Beschleunigung.

Zu einem verwandten Vorgang, der jedoch noch viel ausgeprägter ist, kommt es an der Vorderkante einer angestellten Platte. Abb. 34 zeigt die Strömung bei $M_\infty = 1$. Auch hier sei betreffs der Einzelheiten auf das Buch von G. GUDERLEY [•7], S. 260ff. hingewiesen. Gemäß der Theorie inkompressibler Strömungen müßte bei einer solchen Wendung der Strömung um den Winkel π die Geschwindigkeit mit $1/\sqrt{r}$ über alle Grenzen wachsen, vgl. etwa den letzten Kleindruck. Bei einer angestellten Platte ist an der Oberseite Sog, also Überschallgeschwindigkeit, an der Unterseite Überdruck und damit Unterschallgeschwindigkeit zu erwarten. Da die Vorderkante jedoch umströmt wird, muß die Schallinie an der

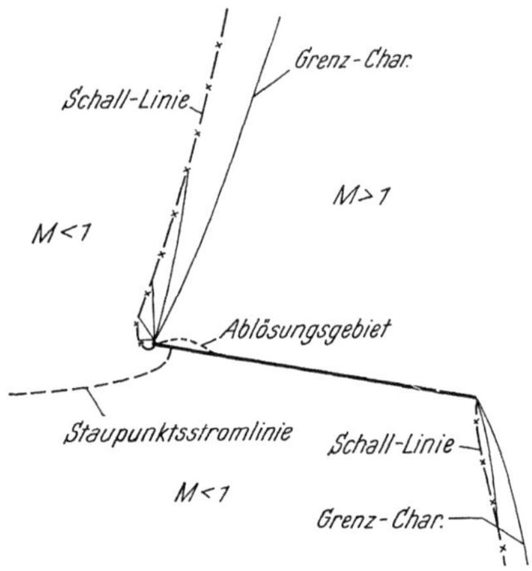

Abb. I,34. Lokales Überschallgebiet an der Vorderkante einer angestellten Platte.

Unterseite mit einem rechten Winkel nach abwärts ansetzen. Sie wendet sich dann in einem Bereich, der sich als außerordentlich klein erweist, um 180° nach oben. Wieder entsteht eine Prandtl-Meyer-Eckenströmung, die in die Schallinie einmündet. Da jedoch eine solche Eckenströmung, Abb. VI,17 in [•13], nur eine Drehung der Strömung um etwa 130° bewerkstelligen kann, muß an der Oberseite ein Ablösungsgebiet mit Vakuum und der Machzahl $M = \infty$ am Rande des Ablösungsgebietes entstehen. Da an der Unterseite der Platte ein Staupunkt auftritt, weist die genannte Strömung die ganze Skala der Machzahlen, $0 \leqq M \leqq \infty$, auf.

Die besprochene Lösung besitzt nur theoretische Bedeutung, da Reibungseffekte derartige Beschleunigungen an der Vorderkante niemals zulassen würden. Immerhin ist die Lösung aber nicht weniger interessant als die inkompressible Strömung an einer Platte. Ganz ähnliche Verhältnisse treten nämlich an der Vorderkante jeder unendlich dünnen angestellten Platte auf, wenn sie mit $M_\infty < 1$ angeströmt wird. Das lokale Überschallgebiet ist dann aber freilich sehr begrenzt. Das Problem bekommt praktische Bedeutung, wenn der Nasenkrümmungsradius des Profils so klein ist, daß bei vorgegebenem Anstellwinkel durch die Umströmung der Nasenkontur Überschallgeschwindigkeit auftritt.

20. Gabelstöße

Bereits in [•13], Abschn. IX,14 wurde darauf hingewiesen, daß es bei Schallnähe keine Gabelstöße gibt, d. h. keine Dreierstoßkonfigurationen ohne zusätzliche Prandtl-Meyer-Eckenströmung. Dies sei zunächst anhand der Stoßpolaren für Schallnähe bestätigt.

Ist bereits die Anströmung angestellt, ist also in schallnaher Darstellung vor dem Stoß $v_1 \neq 0$, dann erhält die Stoßpolare Gl. (51) die neue Form:

$$(\hat{v}_1 - v_1)^2 = \frac{1}{2} (u_1 + \hat{u}_1)(u_1 - \hat{u}_1)^2. \tag{140}$$

In Abb. 35 ist die Stoßpolare des Anströmzustandes „1" gezeichnet sowie die Stoßpolare eines willkürlich herausgegriffenen Zustandes „2", der hinter einem schiefen Stoß in der Anströmung erreicht wird. Die zweite Stoßpolare verläuft völlig innerhalb der ersten, weshalb es auch keinen Gabelstoß im Sinne von Abb. IX,29 von [•13] geben kann.

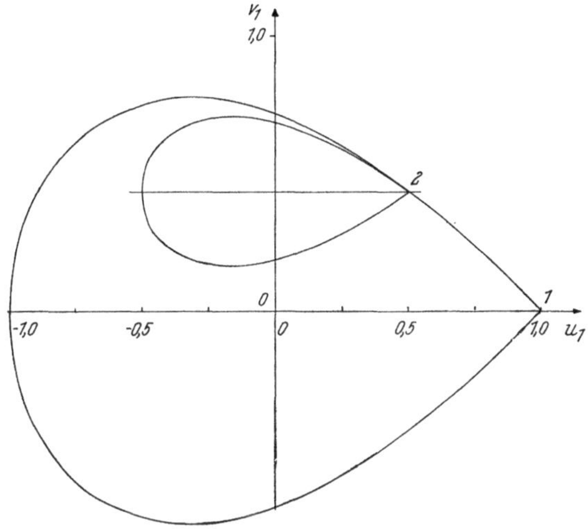

Abb. I,35. Stoßkombination in Schallnähe.

Das Ergebnis läßt sich analytisch nachweisen. Durch Eliminierung der v_1-Komponente erhält man nach elementarer Rechnung, wenn die Zustände in den einzelnen Feldern durch den zweiten Index bezeichnet werden, die Gleichung:

$$(u_{1,1} + u_{1,2})(u_{1,1} + u_{1,3}) = \frac{1}{4} [(u_{1,1} + u_{1,2}) + (u_{1,1} + u_{1,3})]^2.$$

Das bedeutet, daß das arithmetische und geometrische Mittel der Ausdrücke $(u_{1,1} + u_{1,2})$ und $(u_{1,1} + u_{1,3})$ einander gleich sein müssen, was gleichbedeutend ist mit $u_{1,2} = u_{1,3}$. Es gibt also nur die Lösung für verschwindenden dritten Stoß!

Das Ergebnis von W. Wuest, wonach es z. B. bei $\varkappa = 1{,}405$ nur unter einer Strömungsmachzahl von $M_1 = 1{,}2447$ keine Gabelstöße geben kann, zeigt gewisse Grenzen für die Gültigkeit der ersten Näherung schallnaher Entwicklungen auf.

Nun kann aber das Auftreffen eines schiefen Stoßes auf einen nahezu senkrechten Stoß auch in Schallnähe erzwungen werden. Beispielsweise könnte ein schwacher schiefer Stoß aus dem Anströmgebiet auf die abgelöste Kopfwelle eines Profiles, Abb. 29, zulaufen. Ein solcher Stoß bedingt eine sprunghafte Änderung der Anströmbedingungen. Diese sprunghafte Änderung kann jedoch von einer Unterschallströmung unmittelbar hinter der Kopfwelle nicht aufgenommen werden, wenn Gabelstöße ausgeschlossen sind. Auf freien Stromlinien sind Druck- und in Schallnähe damit auch Geschwindigkeitssprünge ausgeschlossen. Konfigurationen der Art von Abb. IX,27 in [·13] sind wegen des Auftretens einer Prandtl-Meyer-Expansion nur bei Überschallströmung hinter der Stoßfront möglich.

Die Lösung des aufgeworfenen Problems stammt von G. GUDERLEY, dem sich die folgende Darstellung auch anschließt, [·7], S. 161ff. Sie besteht darin, daß der im allgemeinen auf Unterschallgeschwindigkeiten führende Hauptstoß, Stoßfront 2 in Abb. 36, vom auftreffenden Stoß 1 in der Umgebung der Auftreff-

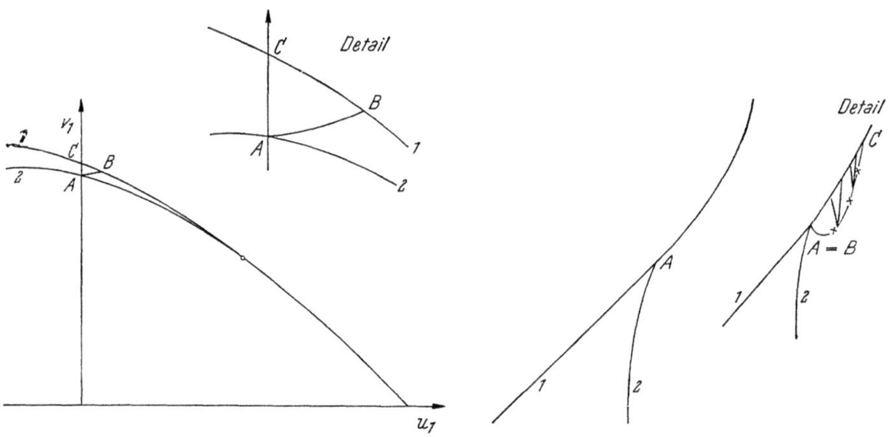

Abb. I,36. GUDERLEY-Gabelstoß in der Zustandsebene (links) und in der Strömungsebene.

stelle A stromaufwärts gebogen wird. Dadurch wird er an der Auftreffstelle zu einem schiefen Stoß. Der Störstoß 1 bringt die Strömung hinter der Stoßfront auf Schallgeschwindigkeit, A im Geschwindigkeitsdiagramm links der Abb. 36. Im Punkt A setzt eine Prandtl-Meyer-Expansion ein, die auf den Zustand B führt. In diesem, in der Strömungsebene mit dem Punkt A zusammenfallenden Punkt, wird die größte Überschallgeschwindigkeit erreicht. Es bildet sich ein lokales Überschallgebiet aus. Im Punkt C erreicht der Hauptstoß wieder Schallgeschwindigkeit und biegt von da aus in die ursprüngliche Strömungsrichtung ein, siehe auch [25].

Die Verwandtschaft mit dem in [·13], Abschn. IX,12 geschilderten Vorgang ist offensichtlich. Der Zustand A entspricht in Abb. IX,27 dem Zustand 4, der dort aber Überschallgeschwindigkeit aufweist. Der Zustand B entspricht in Abb. IX,27 dem Zustand 5 und 3. Der Entropiesprung fällt weg.

21. Abklingen im Raume bei Schallanströmung

Die Lösungen von Gl. (113) können auch in der Form geschrieben werden:

$$x^{3\nu+1}/\overline{y}^{3\nu+2} = F(z).$$

Dabei soll hier und im folgenden $F(z)$ keine bestimmte Funktion darstellen, sondern nur die Tatsache des funktionellen Zusammenhanges ausdrücken. Aus Gl. (40) und (114) folgt dann

$$\varphi_{1\overline{y}} = v_1 = t = rz = \overline{y}^{\frac{3}{3\nu+1}} F(z) = \overline{y}^{\frac{3}{3\nu+1}} F(x^{3\nu+1}/\overline{y}^{3\nu+2})$$

und nach Integration über $\overline{y}$:

$$\varphi_1 = \overline{y}^{\frac{3\nu+4}{3\nu+1}} F(\eta); \qquad \eta = x\overline{y}^{-\frac{3\nu+2}{3\nu+1}}. \tag{141}$$

Die bei der Integration über $\overline{y}$ allenfalls auftretende additive Funktion von x muß wegbleiben, wie das Einsetzen in Gl. (35) zeigt. Diese lautet mit $\sigma = 0$ für ebene und $\sigma = 1$ für achsensymmetrische Strömung, siehe auch Gl. (76):

$$-\varphi_{1x}\varphi_{xx} + \varphi_{1\overline{y}\overline{y}} + \frac{\sigma}{\overline{y}}\varphi_{1\overline{y}} = 0. \tag{142}$$

Gl. (141) ist ganz analog zu früheren Ansätzen, beispielsweise zu [13], Gl. (III,118), gebildet. Dort handelt es sich allerdings um ein System von Differentialgleichungen erster Ordnung, während hier eine einzige Differentialgleichung zweiter Ordnung vorliegt. Durch Übergang zu den Komponenten kann aber auch leicht auf ein System von Gleichungen erster Ordnung zurückgegangen werden.

Die Darstellung (141) kann ebensogut wie bei ebener Strömung, $\sigma = 0$, auch bei achsensymmetrischer Strömung, $\sigma = 1$, verwendet werden. Der Unterschied zwischen den beiden Fällen kommt nur in der Form der gewöhnlichen Differentialgleichung zweiter Ordnung für $F(\eta)$ zum Ausdruck.

Für das Abklingen der Störung eines nichtangestellten Profils wurde bereits in Abschnitt 15 der Wert $\nu = -2$ verwendet. Es handelt sich um die Lösung für $\nu = -2$ der Tabelle 4. Für den Fall der Achsensymmetrie, $\sigma = 1$, haben Guderley und Yoshihara [23] den Wert $\nu = -10/9$ ermittelt. Die Rechnungen sind nicht einfach und können daher hier nicht wiedergegeben werden. Aus Gl. (141) erhält man damit folgende Ergebnisse:

$$\begin{aligned} &\sigma = 0: \nu = -2; \quad \eta = x\overline{y}^{-4/5}; \quad u_1 = \overline{y}^{-2/5}F'(\eta); \quad v_1 = \frac{2}{5}\overline{y}^{-3/5}[F - 2\eta F'];\\ &\sigma = 1: \nu = -\frac{10}{9}; \quad \eta = x\overline{y}^{-4/7}; \quad u_1 = \overline{y}^{-6/7}F(\eta); \quad v_1 = -\frac{2}{7}\overline{y}^{-9/7}[F + 2\eta F']. \end{aligned} \tag{143}$$

Die Störung der Geschwindigkeitskomponenten klingt also auf verallgemeinerten Parabeln $\eta =$ konst. mit bestimmten Potenzen von $\overline{y}$ ab. Dabei klingt die y-

Komponente stets etwas stärker als die x-Komponente ab und außerdem ist das Abklingen achsensymmetrischer Strömungen stets stärker als jenes ebener Strömungen, was nicht anders zu erwarten war. Auch die Stromdichtekomponente v_1 der achsensymmetrischen Strömung verschwindet im Unendlichen, jedoch mit einer ziemlich schwachen Potenz, nämlich mit der Potenz $-2/7$ von $\bar{y}$.

22. Aufsetzen des senkrechten Stoßes auf gekrümmter Wand

Bei einer Reihe von Strömungsproblemen, wie sie beispielsweise in dem nächsten Abschnitt behandelt werden, ist die Unterschallströmung mit der Überschallströmung durch eine Stoßfront verkoppelt, ohne daß außerdem stetige Übergänge von $M > 1$ auf $M < 1$ auftreten. In einem solchen Fall können die Unter- und die Überschallströmung getrennt näherungsweise durch die linearisierte gasdynamische Gleichung für die beiden Strömungstypen dargestellt werden. Nichtlineare Einflüsse können aber trotzdem über die Stoßbedingungen hereinkommen, durch die die beiden Strömungsformen gekoppelt sind.

Als erstes solches Strömungsproblem sei das Aufsetzen eines senkrechten Stoßes auf gekrümmter Wand behandelt. Dabei soll hier nur der transsonische Fall schwacher Stöße untersucht werden, wenngleich ähnliche Fragen auch bei mittleren und starken Stößen auftreten können, [24].

In Schallnähe gilt vor und hinter der Stoßfront, Abb. 37, S. 89, die Gleichung der Drehungsfreiheit, d. h. daß eine Krümmung der Wand stets mit einem Geschwindigkeitsgradienten senkrecht zur Wand verknüpft ist, bei einer nach oben konvexen Krümmung also mit einer Geschwindigkeitsabnahme nach oben. Da nun aber abnehmende Machzahlen vor dem Stoß bei einem annähernd senkrechten Stoß mit Zunahme der Machzahl unmittelbar hinter der Stoßfront verknüpft sind, ist zunächst unklar, wie dann noch die Bedingungen der Drehungsfreiheit hinter dem Stoß erfüllt werden können.

Für das Studium des Vorganges im Unterschallgebiet unmittelbar hinter der aufsetzenden Stoßfront kann mit der folgend geübten Beschränkung auf die Hauptglieder des Effektes von der linearisierten gasdynamischen Gleichung ausgegangen werden:

$$\varphi_{1xx} + \varphi_{1\bar{y}\bar{y}} = 0. \tag{144}$$

Die Störungsrechnung und die Linearisierung erfolge in bezug auf den mit dem Index 0 gekennzeichneten Zustand im Aufsetzpunkt unmittelbar hinter der Stoßfront: $\hat{u}_0 < \hat{c}_0$, $\hat{v}_0 = 0$. Dann gilt:

$$\varphi = \delta \hat{u}_0 \varphi_1, \qquad \bar{y} = \beta y = y\sqrt{1 - \hat{M}_0^2}. \tag{145}$$

Der Aufsetzpunkt des Stoßes sei in den Koordinatenursprung verlegt. Dort herrschen folgende Beziehungen zwischen der örtlichen Krümmung der Wand, K, und der Ableitung der v-Komponente

$$\frac{\partial v}{\partial x} = \hat{u}_0 K = \delta \hat{u}_0 \beta \varphi_{1x\bar{y}} = \delta \hat{u}_0 \beta v_{1x};$$

dabei ist die Krümmung K wie in Gl. (97) positiv, wenn der Körperrand nach oben konkav ist. Mit der Parameterwahl

$$\delta = |K|/\beta, \tag{146}$$

in der nun der Betrag der Krümmung anstelle des Dickenverhältnisses τ auftritt, erhält man also in der Umgebung des Ursprunges für $K \gtrless 0$ folgende Randbedingung:

$$\bar{y} = 0: \qquad v_1 = \pm x. \tag{147}$$

Für die weitere Rechnung erweist sich die Einführung von Polarkoordinaten als zweckmäßig. Es sei:

$$x = r\cos\chi, \qquad \bar{y} = r\sin\chi. \tag{148}$$

Gemäß der Originalarbeit [24] eignet sich folgender Summenansatz für die Lösung:

$$\varphi_1 = f(\chi)\, r^2 \ln r + g(\chi)\, r^2. \tag{149}$$

Setzt man den Ansatz in der auf Polarkoordinaten transformierten Gleichung (144)

$$\varphi_{1rr} + \frac{1}{r}\varphi_{1r} + \frac{1}{r^2}\varphi_{1\chi\chi} = 0$$

ein, so erhält man die gewöhnlichen Differentialgleichungen für die Funktionen f, g

$$f'' + 4f = 0, \qquad g'' + 4g + 4f = 0$$

mit den Lösungen:

$$\begin{aligned} f &= a\cos 2\chi + b\sin 2\chi, \\ g &= -a\chi\sin 2\chi + b\chi\cos 2\chi + c\cos 2\chi + d\sin 2\chi. \end{aligned} \tag{150}$$

Für die reduzierten Geschwindigkeitskomponenten erhält man nach längerer, aber elementarer Rechnung:

$$\begin{aligned} u_1 = \varphi_{1x} &= 2r\ln r[a\cos\chi + b\sin\chi] \\ &\quad + r[-2a\chi\sin\chi + 2b\chi\cos\chi + (a+2c)\cos\chi + (b+2d)\sin\chi]; \\ v_1 = \varphi_{1\bar{y}} &= 2r\ln r[-a\sin\chi + b\cos\chi] \\ &\quad + r[-2a\chi\cos\chi - 2b\chi\sin\chi - (a+2c)\sin\chi + (b+2d)\cos\chi]. \end{aligned} \tag{151}$$

Daraus ergibt sich für die Zustände auf der Kontur:

$$\begin{aligned} \chi = 0: \qquad u_1 &= 2ar\ln r + (a+2c)\, r, \\ v_1 &= 2br\ln r + (b+2d)\, r. \end{aligned} \tag{152}$$

Da auf $\chi = 0$ auch $r = x$ gilt, folgt aus einem Vergleich der unteren Beziehungen mit der Randbedingung (147) für positive und negative Krümmung:

$$b = 0: \qquad d = \pm 1/2. \tag{153}$$

Die weiteren Überlegungen seien den Bedingungen an der Stoßfront gewidmet. Sie sind auch für die Probleme des nächsten Abschnittes wichtig. In der Umgebung des senkrechten Stoßes ist die Stoßpolare in der Geschwindigkeitsebene parabelförmig. Handelt es sich wie hier und im folgenden um nahezu senkrechte Stöße, dann weicht die Geschwindigkeit erst in den Störungen zweiter Ordnung von den Werten hinter dem senkrechten Stoß ab. Die x-Komponente unmittelbar hinter der Stoßfront ist also im Rahmen der vorliegenden Näherung stets jene hinter einem senkrechten Stoß. Das bedeutet aber, daß die x-Komponente in der Tat im selben Maße hinter der Stoßfront abnehmen muß, wie sie vor dem Stoß zunimmt. Es gilt:

$$\hat{u}_0 = c^{*2}/u_0, \qquad \hat{u} = c^{*2}/u.$$

Die Störkomponenten sind alle gemäß Gl. (145) auf den Unterschallpunkt im Stoßansatz bezogen.

Aus der letzteren Gleichung folgt für die Störungen erster Ordnung:

$$\frac{\hat{u} - \hat{u}_0}{\hat{u}_0} = \frac{1}{\hat{u}_0}\left(\frac{c^{*2}}{u} - \frac{c^{*2}}{u_0}\right) = \frac{c^{*2}}{u_0^2}\,\frac{u_0 - u}{\hat{u}_0} + \cdots = \frac{c^{*2}}{u_0^2}\left[\frac{u_0 - \hat{u}_0}{\hat{u}_0} - \frac{u - \hat{u}_0}{\hat{u}_0}\right] + \cdots.$$

Wird noch durch den Störparameter δ dividiert, so folgt im Rahmen kleiner Störungen für die x-Komponente am annähernd senkrechten Stoß in erster Ordnung:

$$\hat{u}_1 = \frac{1}{M_0^{*2}}\,(u_{10} - u_1). \tag{154}$$

u_{10} ist darin die auf den Unterschallwert $\hat{u}_0$ bezogene Geschwindigkeitsstörung auf der Unterschallseite des Stoßfußpunktes. Sie hat bei Schallnähe einen kleinen positiven Wert, der leicht zu berechnen ist, für das Folgende aber keine größere Bedeutung hat.

u_{10} hängt bei Schallnähe eng mit dem in Gl. (63) definierten Parameter für Schallnähe zusammen. Es gilt mit Gl. (146) und der für Schallnähe gültigen Näherung $\beta = \cot\alpha_0$:

$$u_{10} = \frac{u_0 - \hat{u}_0}{\delta\hat{u}_0} = \frac{1}{\delta}\,(M_0^{*2} - 1) = \frac{\beta(M_0^{*2} - 1)}{|K|} = 2\,\frac{(M_0^2 - 1)^{3/2}}{(\varkappa + 1)\,|K|}.$$

In der Kennzahl für Schallnähe tritt also an die Stelle des Dickenverhältnisses der Betrag der Krümmung K.

Beim Vergleich der Symbole u_1 ist ferner zu beachten, daß im folgenden mit den Störgrößen der linearisierten gasdynamischen Gleichung, vgl. [•13], Abschn. VII,7, und nicht mit den Störgrößen für Schallnähe gearbeitet wird.

Für $u_1 = u_{10}$, also etwa für Parallelanströmung, gilt überall hinter dem nahezu senkrechten Stoß $\hat{u}_1 = 0$. Für Schallnähe folgt speziell aus Gl. (154):

$$M_0^* \to 1: \qquad \hat{u}_1 = u_{10} - u_1. \tag{155}$$

Bei der Neigungsgleichung für den Stoß, [•13], Gl. (IX,62), ist zu beachten, daß auch vor der Stoßfront v-Komponenten erster Ordnung auftreten. Damit gilt:

$$\cot\gamma = \frac{\mathrm{d}x}{\mathrm{d}y} = \frac{\hat{v} - v}{u - \hat{u}}. \tag{156}$$

Im Nenner darf in dieser Gleichung im Rahmen der vorliegenden Näherung der Sprung im senkrechten Stoß eingesetzt werden. Damit ist wieder zunächst allgemein für schwache Störungen des senkrechten Stoßes:

$$\frac{\mathrm{d}x}{\mathrm{d}\bar{y}} = \frac{1}{\beta} \frac{\hat{v} - v}{\hat{u}_0} \frac{1}{M_0^{*2} - 1} = \frac{|K|}{\beta(M_0^{*2} - 1)} (\hat{v}_1 - v_1). \qquad (157)$$

Diese Beziehung gilt genauso wie Gl. (154) für schwache Abweichungen von der Parallelströmung hinter einem senkrechten Stoß, wobei der senkrechte Stoß selbst aber durchaus stark sein darf. Der Prandtl-Faktor β kommt durch die Prandtl-Glauertsche Affintransformation im Unterschallgebiet in die Gleichung. Für den speziellen Fall der Schallnähe erhält man auf demselben Weg wie früher:

$$\frac{\mathrm{d}x}{\mathrm{d}\bar{y}} = \frac{(\varkappa + 1)\,|K|}{2(M_0^2 - 1)^{3/2}} (\hat{v}_1 - v_1). \qquad (158)$$

Die Abweichung von der Neigung des senkrechten Stoßes, das ist $\mathrm{d}x/\mathrm{d}\bar{y}$, ist also im betrachteten Bereich einfach proportional zur Änderung der Strömungsrichtung, d. i. $(\hat{v}_1 - v_1)$.

Die Geschwindigkeitsverteilung unmittelbar vor der Stoßfront ist von der Krümmung der Kontur beeinflußt, kann aber darüber hinaus noch ein beliebiges Beschleunigungsglied aufweisen. Damit kann im Anströmgebiet für positive und negative Krümmung angesetzt werden:

$$u_1 = u_{10} + Bx \pm \bar{y}, \qquad v_1 = \pm x + B\bar{y}. \qquad (159)$$

Im Ursprung ist, wie erforderlich, $u_1 = u_{10}$, $v_1 = 0$. Die Krümmung K tritt im Ansatz (159) nicht auf, weil sie in den Störparameter hereingenommen wurde. B stellt ein Verhältnis von Beschleunigungseffekt und Krümmungseffekt dar. In Schallnähe tritt der Beschleunigungseffekt mit demselben Faktor in beiden Komponenten auf, weil $\beta = \cot \alpha_0$ gesetzt werden darf. Beschleunigung bedeutet in der Überschallanströmung zunehmende v-Komponente mit y. $B = 0$ liegt vor, wenn vor der Stoßfront ein Potentialwirbel herrscht.

Für die Zustände unmittelbar hinter der Stoßfront darf in den Gleichungen (151) einfach $\chi = \pi/2$ gesetzt werden. Zusammen mit der Bedingung (155) und mit Gl. (159) links erhält man dann unter Berücksichtigung des Ergebnisses (153):

$$\mp\bar{y} = \mp r = (-a\pi \pm 1)\, r = 0 \qquad \text{oder} \qquad a = \pm 2/\pi.$$

Die Stoßkurve sei zur Befriedigung der Bedingung (158) wie folgt angesetzt:

$$x = s_1 \bar{y}^2 \ln \bar{y} + s_2 \bar{y}^2.$$

Mit der v_1-Verteilung (159) vor dem Stoß und der v_1-Verteilung von Gl. (151) mit $\chi = \pi/2$ sowie mit $\bar{y} = r$ hinter dem Stoß folgt

$$2 s_1 r \ln r + (s_1 + 2 s_2)\, r = -\frac{(\varkappa + 1)\,|K|}{2(M_0^2 - 1)^{3/2}} [Br + 2ar \ln r + (a + 2c)\, r],$$

und damit mit Rücksicht auf die für positive und negative Krümmung geltende Beziehung $\pm|K| = K$:

$$a = \pm\frac{2}{\pi}, \qquad s_1 = -\frac{1}{\pi}\frac{(\varkappa+1)\,K}{(M_0^2-1)^{3/2}}, \qquad s_2 = \mp\frac{1}{2}\frac{(\varkappa+1)\,K}{(M_0^2-1)^{3/2}}\left(\frac{B}{2}+c\right). \qquad (160)$$

Zunächst sei jener Anteil der Lösung betrachtet, der keinerlei Singularität in der Geschwindigkeitszunahme oder in der Stoßkrümmung aufweist. Es sind die Konstanten c und B, welche gemäß Gl. (159) und Gl. (152) für die Geschwindigkeitszunahme vor und hinter dem Stoß maßgebend sind, und die Konstante s_2, die in die Stoßneigung eingeht. Diese drei Konstanten müssen zwar der letzten Gleichung (160) genügen, wobei jedoch c unbestimmt bleibt und B durch die Anströmung vorgegeben sein muß. Die Unbestimmtheit von c ist erklärlich; denn der Geschwindigkeitsgradient hinter der Stoßfront ist von der Randkonfiguration stromabwärts abhängig, er kann nicht aus den lokalen Verhältnissen im Ansatzpunkt des Stoßes allein bestimmt werden. Dazu wird der nächste Abschnitt Beispiele liefern. So folgen aus der skizzierten Theorie also nur die singulären Anteile in den Ableitungen, in die nur die Krümmung des Profiles eingeht.

Beim Einsetzen der Konstanten in die Ansätze ergibt sich schließlich:

$$\bar{y} = 0,\ x < 0\colon\quad u_1 = 2\,\frac{(M_0^2-1)^{3/2}}{(\varkappa+1)\,|K|} + Bx + \cdots;$$

$$\bar{y} = 0,\ 0 < x\colon\quad u_1 = \pm\frac{4}{\pi}\,x\ln x + \left(\pm\frac{2}{\pi}+2c\right)x + \cdots; \qquad (161)$$

$$\text{Stoßkurve:}\qquad x = \frac{(\varkappa+1)\,K}{(M_0^2-1)^{3/2}}\left[-\frac{1}{\pi}\,\bar{y}^2\ln\bar{y} \mp \left(\frac{B}{4}+\frac{c}{2}\right)\bar{y}^2 + \cdots\right].$$

Für die in der Gleichung für die Drehungsfreiheit auftretenden Ableitungen würde aus den Gl. (151) nach Zwischenrechnung und Einsetzen der Konstanten folgen:

$$\frac{\partial v_1}{\partial x} = \frac{\partial u_1}{\partial \bar{y}} = -\frac{4}{\pi}\,\chi + 1.$$

Die Lösung (149) liefert damit an der Wand, $\chi = 0$, und am Stoß, $\chi = \pi/2$, für die Ableitung $\mathrm{d}v_1/\mathrm{d}x = \mathrm{d}u_1/\mathrm{d}\bar{y}$ entgegengesetzte Werte. Dadurch wird der anfangs skizzierte scheinbare Widerspruch behoben. Die Beseitigung dieses Widerspruchs ist aber freilich nur mit singulären Lösungen möglich, Lösungen also, die in einem Punkt abhängig von der Richtung verschiedene Ergebnisse liefern.

Der Stoß ist an der konvexen Wand, $K < 0$, Abb. 38, stromaufwärts, an der konkaven Wand stromabwärts gekrümmt. Dies läßt sich gut verstehen, wenn man den schiefen Stoß betrachtet. Bei ihm ist die Stoßfrontneigung positiv, wenn der Strömungswinkel im Stoß sprunghaft zunimmt, die Frontneigung ist dagegen negativ, wenn der Strömungswinkel abnimmt. Letzteres entspricht der negativen Wandkrümmung.

Maßgebend für das lokale Strömungsbild ist eine mit den lokalen Größen gebildete *reduzierte Krümmung*. Die Bildung dieser lokalen Kenngrößen erinnert an die Bildung des reduzierten Dickenverhältnisses in Gl. (67),

$$K_{\text{red}} = \frac{(\varkappa + 1)\,K}{(M_0^2 - 1)^{3/2}}.$$

Gemäß den ersten beiden Gln. (161) hängt das Verhältnis von Sprunghöhe und Geschwindigkeitszunahme an der Wand hinter dem Stoß ganz wesentlich von dieser Kenngröße ab.

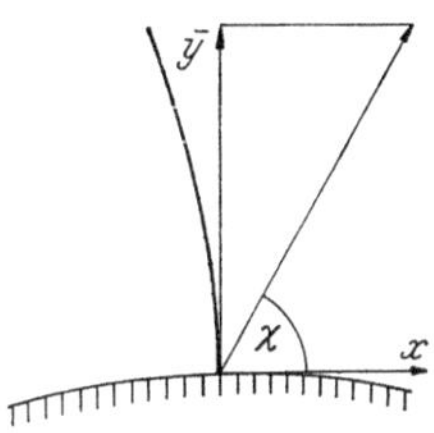

Abb. I,37. Koordinaten am Ansatzpunkt eines Stoßes.

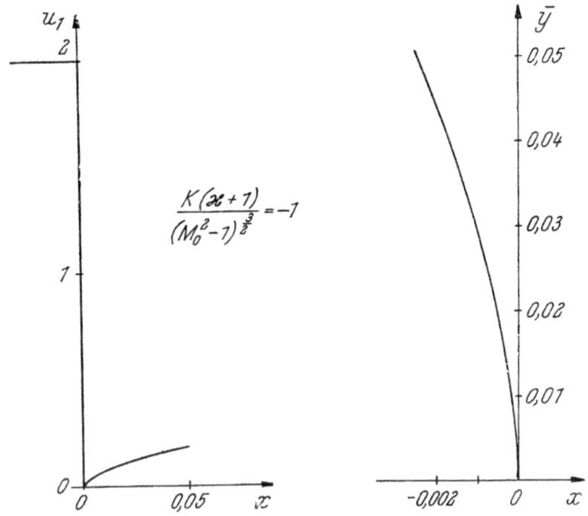

Abb. I,38. Geschwindigkeitsverteilung am Stoß und Stoßverlauf (verzerrter Maßstab) am Aufsetzpunkt an konvexer Wand.

Die Beschleunigung der Strömung unmittelbar hinter dem Stoßsprung kann zur Folge haben, daß die Stoßstärke im Versuch nicht genau gemessen und der Stoß also als schiefer Stoß gedeutet wird.

Aufsetzende Stöße beschleunigen im allgemeinen die Ablösung der Reibungsschichten, durch die Beschleunigung hinter der Stoßfront dürfte dieser Effekt jedoch gemildert werden.

Der wirkliche Strömungsvorgang ist an einer solchen Stelle allerdings viel komplizierter, weil der Stoß in der Reibungsschicht endigt und der Vorgang eigentlich zusammen mit der Reibungsschicht studiert werden müßte.

23. Einflüsse auf Stöße durch stromabwärtsgelegene Störungen

In besonders ausgeprägter Form zeigt sich das gekoppelte schallnahe Problem, wenn beispielsweise eine Überschallströmung infolge von Widerständen stromabwärts in einem Stoß auf Unterschallströmung springt, die Stoßfront aber zusätzlich noch durch eine Sonde gestört wird. Der Vorgang sei in folgender vereinfachter Aufgabenstellung behandelt.

Eine Überschallparallelströmung springe auf der y-Achse, $x = 0$, auf eine

Unterschallströmung. Wie wird der Stoß nun verformt, wenn in die Unterschallströmung ein Störkörper eingebracht wird? Bei ausreichender Entfernung des Störkörpers von der ungestörten Stoßfront oder bei ausreichender Schlankheit des Störkörpers bleibt der Verdichtungsstoß auf der ganzen Front nahezu senkrecht. Die x-Komponente hat also in erster Näherung hinter der Stoßfront den Wert der ungestörten Parallelströmung hinter dem Stoß, nämlich $\hat{u}_\infty$. Da die y-Komponente vor dem Stoß verschwindet, gilt mit Gl. (157) an der Stoßfront die Beziehung:

$$\frac{\mathrm{d}x}{\mathrm{d}y} = \frac{v}{\hat{u}_\infty} \cdot \frac{1}{M_0^{*2} - 1}. \tag{162}$$

y ist hierin die unverzerrte Ordinate, v ist die y-Komponente der Geschwindigkeit unmittelbar hinter der Front.

Wegen der geringen Ausbeulung der Stoßfront kann die Bedingung $u = \hat{u}_\infty$ und die Neigungsbedingung (162) auf der y-Achse befriedigt werden. Eine solche Verlegung der Randbedingung erfolgt völlig analog zur Verlegung der Randbedingung in der Profiltheorie von der Körperoberfläche auf die Sehne.

Sollte der Störkörper in die Halbebene links vom ungestörten Stoß hereinragen, dann kann die Gerade $y =$ konst., an der die Stoßbedingungen erfüllt werden, auch geeignet verlegt werden.

Damit entsteht folgendes Unterschallrandwertproblem: Auf der x-Achse ist durch eine entsprechende Singularitätenverteilung ein nichtangestelltes oder auch angestelltes Profil gegeben, auf der y-Achse ist verschwindende u-Störung vorgeschrieben. Dasselbe Problem kann bei Rotationskörpern gestellt werden. Für räumliche Strömung müßte allerdings die Stoßfrontbedingung (162) noch verallgemeinert werden.

Die Randbedingung auf $x = 0$ ist leicht mit Hilfe der klassischen Methode der gespiegelten Bilder zu erfüllen. Eine Quellbelegung auf der positiven x-Achse ist durch eine entsprechende Senkenbelegung in den Spiegelpunkten der negativen x-Achse zu ersetzen. Wirbelbelegungen auf der positiven x-Achse werden in Spiegelpunkten mit Wirbelbelegungen entgegengesetzter Zirkulation kompensiert, womit die u-Störung auf der y-Achse verschwindet.

Damit ist nun aber die v-Verteilung auf der x-Achse gegeben. Die Lage der Stoßfront kann abschließend durch Integration von Gl. (162) ermittelt werden. Die x-Auslenkung ergibt sich damit als proportional zum Potential auf $x = 0$.

Abb. 39 zeigt Ergebnisse von D. Rues [26] für den ebenen Fall. Derselbe Verfasser hat auch den asymmetrischen Fall behandelt [27]. Die vorliegende Darstellung ist im wesentlichen den beiden zitierten Arbeiten entnommen, auf die im übrigen betreffs der Einzelheiten hingewiesen werden muß.

Die Auslenkung ist, wie die Ergebnisse zeigen, ziemlich gering und im übrigen proportional zum Dickenverhältnis, eine Eigenschaft, die typisch ist für die Störwirkung von Profilen in großem Abstand.

Auch das Problem, daß der Störkörper wie eine Sonde den Hauptstoß durchsticht, kann in ähnlicher Weise behandelt werden. In einem solchen Fall erzeugt der Körper im Überschallgebiet jedoch eine Kopfwelle, die im Auftreffpunkt auf den Hauptstoß einen Gabelstoß bedingt. Dies kann bei geringer Überschallgeschwindigkeit zu der in Abschn. 20 behandelten Problematik führen.

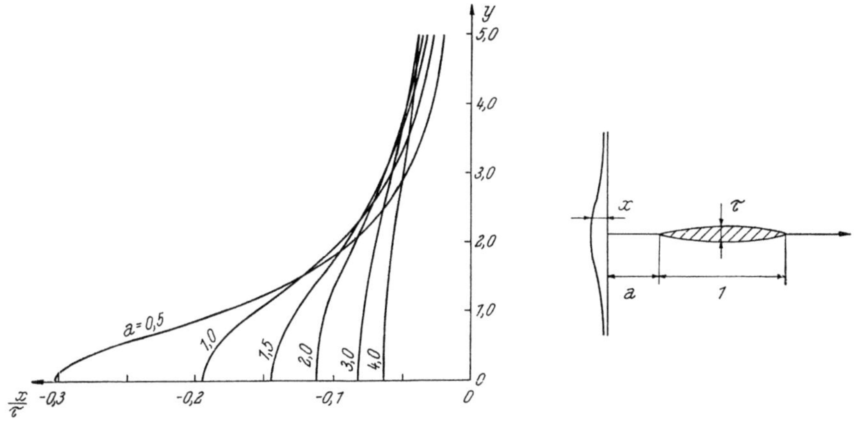

Abb. I,39. Stoßverschiebung durch ein Parabelbogenzweieck bei $M_\infty = 1{,}58$, $M_\infty^* = \sqrt{2}$.

24. Machreflexion

Ein auf eine Wand zustrebender schiefer Stoß kann nicht immer reflektiert werden, selbst dann nicht, wenn die Strömung hinter der Stoßfront im Überschallbereich liegt. Liegt nämlich die zweite Umlenkung, in [·13], Abb. IX,20 der Sprung vom Zustand 2 auf den Zustand 3, über dem zur Machzahl hinter der Stoßfront, M_2 in Abb. IX,20, gehörigen Umlenkwinkel, so ist keine Reflexion möglich, da die Richtung der Geschwindigkeit nach der Reflexion tangential zur Wand sein muß. In der Stoßkonstruktion macht sich das dadurch bemerkbar, daß es keinen Schnittpunkt der zweiten Stoßpolaren mit der Anströmrichtung gibt. Bereits im Grenzfall der eben noch möglichen Reflexion herrscht hinter der Reflexion Unterschallgeschwindigkeit wie stets bei maximaler Umlenkung.

Liegt die Machzahl der Anströmung in jenem Wertebereich, in dem Gabelstöße möglich sind, [·13], Abschn. IX,14, dann tritt die Gabelung des Stoßes bereits in der Strömung auf. Vom Reflexionspunkt G geht ein nahezu senkrechter Stoß zur Wand, wo er exakt senkrecht mündet. Man nennt diese Art der Stoßreflexion *Machreflexion*, [28], p. 411ff. Ernst Mach hat das Phänomen als erster beobachtet und richtig gedeutet.

Der Vorgang kann bei allen Machzahlen der Anströmung auftreten. Bei starken Stößen ist die Strömung im Feld 3 und 4, Abb. 40, und allenfalls auch im Feld 2 nicht mehr drehungsfrei und die von der Gabelung ausgehenden Stromlinien weisen einen Entropiesprung auf, jedoch keinen Sprung im Druck und natürlich keinen in der Strömungsrichtung.

Bei einem großen Teil der Fälle ist nicht nur der Stoß 1—3 sondern auch der reflektierte Stoß 2—4 nahezu senkrecht. In den Strömungsgebieten 3 und 4 sind dann die Strömungswinkel ϑ klein und auch die Drücke unterscheiden sich nur wenig vom Wert hinter dem senkrechten Stoß im Fußpunkt P_0 an der Wand. Einem solchen Fall kleiner p- und ϑ-Störungen in anisentroper Strömung kann man ein linearisiertes Gleichungssystem mit M_0, ϱ_0, p_0, W_0 und $\vartheta_0 = 0$ als Strömungszustand im Punkte P_0 zugrunde legen:

$$-(1 - M_0^2)\frac{1}{\varrho_0 W_0^2}\frac{\partial p}{\partial x} + \frac{\partial \vartheta}{\partial y} = 0; \qquad \frac{1}{\varrho_0 W_0^2}\frac{\partial p}{\partial y} + \frac{\partial \vartheta}{\partial x} = 0.$$

Mit dem „Potentialansatz" und mit c_p als dem auf den Zustand im Punkte P_0 bezogenen Druckkoeffizienten,

$$\chi_x = -\frac{p - p_0}{\varrho_0 W_0^2} = -\frac{c_p}{2}; \qquad \chi_y = \vartheta, \tag{163}$$

erhält man die linearisierte gasdynamische Gleichung:

$$(1 - M_0^2)\,\chi_{xx} + \chi_{yy} = 0. \tag{164}$$

Sie ist formal identisch mit der linearisierten Potentialgleichung, setzt jedoch nicht Drehungsfreiheit voraus. χ ist mit dem instationären Impulspotential, Abschn. III,10 in [•13] verwandt. Im Überschallgebiet würde die Vorgangsweise einer Linearisierung der Verträglichkeitsbedingungen (IX.71) in [•13] entsprechen.

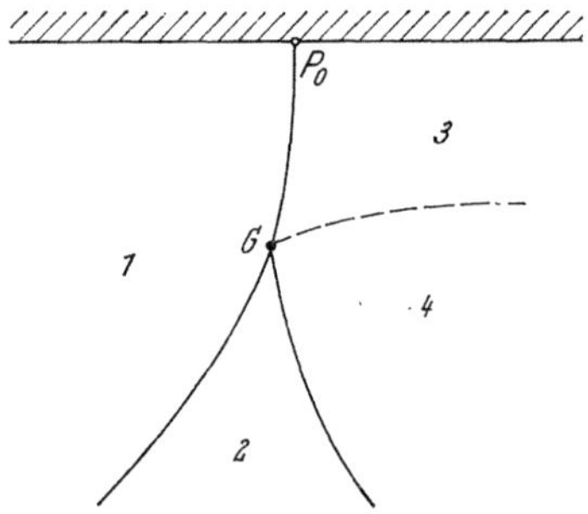

Abb. I,40. Machreflexion.

Die Herleitung von Gl. (164) kann aus den Gleichungen von [•13], Abschnitt VI,5 erfolgen. Setzt man dort

$$\beta = \vartheta, \qquad W_1 = W, \qquad W_2 = 0,$$

so erhält man für die Kontinuitätsbedingung (VI,47) und die erste Eulersche Gleichung (VI,48):

$$h_1 W_\xi + h_2 \frac{W}{\varrho}\varrho_\xi = 0,$$

$$\varrho W W_\xi + p_\xi = 0.$$

Aus der Kontinuitätsbedingung und der ersten Eulerschen Gleichung, also der Bernoulli-Gleichung, erhält man wegen Isentropie auf Stromlinien $\eta =$ konst.:

$$(W^2/c^2 - 1)\,h_1 p_\xi + \varrho W^2\,h_2\,\vartheta_\eta = 0. \tag{165}$$

Die zweite Differentialgleichung für p und ϑ liefert die zweite Eulersche Gleichung, nämlich:

$$\varrho W^2\,h_1\,\vartheta_\xi + h_2 p_\eta = 0. \tag{166}$$

Das ist eine Beziehung zwischen Stromlinienkrümmung und Zentrifugalkraft.

In den letzten beiden, noch völlig exakten Gleichungen kann nun die Annahme kleiner Winkel ϑ eingeführt werden. Das gibt mit Gl. (VI,44)

$$\xi_x = h_1, \qquad \xi_y = 0, \qquad \eta_x = 0, \qquad \eta_y = h_2,$$

und damit für kleine Strömungswinkel:

$$\frac{\partial}{\partial x} = h_1 \frac{\partial}{\partial \xi}, \qquad \frac{\partial}{\partial y} = h_2 \frac{\partial}{\partial \eta}.$$

Damit erhalten die Gleichungen (165) und (166) für kleine Winkeländerungen die Form

$$-(1 - M^2) \frac{\partial p}{\partial x} + \varrho W^2 \frac{\partial \vartheta}{\partial y} = 0, \qquad \frac{\partial p}{\partial y} + \varrho W^2 \frac{\partial \vartheta}{\partial x} = 0, \tag{167}$$

woraus dann die linearisierten Gleichungen hergeleitet werden können.

D. Rues und P. Böttger [28] haben das Problem gelöst für den Fall, daß auch der reflektierte Stoß nahezu senkrecht ist. In diesem Fall kann die Randbedingung, wie bei der Aufgabe der letzten beiden Abschnitte, auf eine Gerade $x =$ konst., im vorliegenden Fall auf die y-Achse, verlegt werden. Es herrscht jedoch nicht wie in Abschnitt 23 konstanter Anströmzustand; im Feld 2 liegt eine durch die einfallende Welle bedingte Störung vor. Eine Folge davon ist, daß nun nicht mehr mit der Randbedingung des vorigen Abschnittes gearbeitet werden kann, nämlich daß unmittelbar hinter der Stoßfront der Druck des senkrechten Stoßes herrscht. Bei einer solchen Annahme gäbe es nämlich an der Gabel einen Drucksprung.

Etwas komplizierter wird die Lösung der Aufgabe einer Machreflexion in einem Kanaleintritt, Abb. 41, wegen des senkrechten Aufsetzens der Stoßfront an der inneren Kanalwand. Die Machreflexion tritt in diesem Falle in der Kanalmitte auf, da es für die Durchkreuzung der Kantenstöße unter der vorgegebenen Bedingung keine Lösung gibt. Der Stoß 1—3 ist an der Gabelung nicht exakt senkrecht.

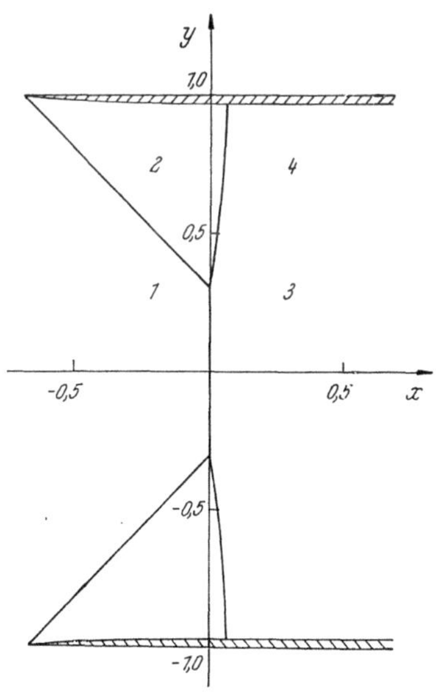

Abb. I,41. Stoßfront an einem Kanaleintritt bei $M_\infty = 1{,}4$ nach [28].

25. Düsenströmung

Die Strömungen durch ebene symmetrische Düsen und durch achsensymmetrische Düsen sind durch Geschwindigkeitsprofile von annähernd parabolischer Gestalt gekennzeichnet, Abb. 42. Mit den entsprechenden Parabelansätzen wurden Düsenströmungen zuerst ziemlich allgemein von OSWATITSCH und ROTHSTEIN [29] für reine Unterschall-, reine Überschallströmung und für den Schalldurchgang behandelt. Höhere Näherungen für den Schalldurchgang

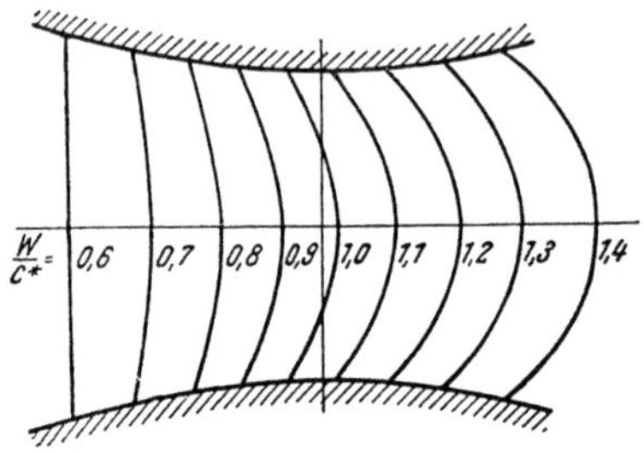

Abb. I,42. Asymmetrische Strömung durch eine Lavaldüse mit $h^*/R^* = 0{,}20$.

sowie zusätzliches Schrifttum finden sich in der Arbeit von I. M. HALL [30]. Im Gegensatz zur ersten Auflage dieses Buches sei im folgenden Abschnitt nur die beschleunigte Durchströmung des Düsenhalses in parabolischer Näherung für die Geschwindigkeitsprofile behandelt. Diese Aufgabe läßt sich nämlich verhältnismäßig kurz mit Hilfe der exakten Lösung (103) der schallnahen Gleichungen (35) erledigen.

Bei achsensymmetrischer Strömung genügt eine Beschränkung auf die Ebene $z = 0$. Wird der Störparameter in Gl. (40) und (41) $\delta = 1$ gesetzt, so folgt aus Gl. (103) und den genannten Gleichungen für ebene, $\sigma = 0$, und achsensymmetrische Strömung, $\sigma = 1$:

$$\varphi_1 = \frac{1}{2} a^2 x^2 + \frac{1}{2(1+\sigma)} a^4(\varkappa+1)\, x y^2 + \frac{1}{8(3+5\sigma)} a^6 (\varkappa+1)^2\, y^4 .$$

Daraus folgt für die Komponenten:

$$\begin{aligned} \frac{u}{c^*} - 1 &= \varphi_{1x} = a^2 x + \frac{1}{2(1+\sigma)} a^4(\varkappa+1)\, y^2 , \\ \frac{v}{c^*} &= \varphi_{1y} = \frac{1}{1+\sigma} a^4 (\varkappa+1)\, x y + \frac{1}{2(3+5\sigma)} a^6(\varkappa+1)^2\, y^3 . \end{aligned} \tag{168}$$

Bei dieser Lösung liegt der Koordinatenursprung auf der Düsenachse im Schallpunkt $u = c^*$, $v = 0$. Jede Stromlinie kann als Düsenrand $y = h(x)$ angesehen werden. Nur liegt der Düsenhals, das ist die Stelle $v = 0$, bei um so kleineren Werten $x = x^*$, je größer der Halbmesser des Düsenhalses $y = h^*$ ist.

Aus der Bedingung $v = 0$ folgt mit Gl. (168) für ebene und achsensymmetrische Düsen:

$$\sigma = 0:\ x^* = -\frac{1}{6}\, a^2(\varkappa + 1)\, h^*; \qquad \sigma = 1:\ x^* = -\frac{1}{8}\, a^2(\varkappa + 1)\, h^*. \tag{169}$$

Ähnlich wie in Gl. (97) ist die Krümmung K an der engsten Stelle oder der dortige Krümmungsradius R^* im Rahmen der Näherung für Schallnähe gegeben durch:

$$K = \frac{1}{R^*} = \varphi_{1xy} = \frac{1}{1+\sigma}\, a^4(\varkappa + 1)\, h^*. \tag{170}$$

a^2 läßt sich also im wesentlichen auf den Krümmungsradius der Düsenwand an der engsten Stelle zurückführen.

Wird a^2 in Gl. (168) mittels Gl. (170) durch R^* ersetzt, so folgt schließlich die Darstellung für die Umgebung der engsten Stelle bei ebener oder rotationssymmetrischer Düse:

$$\begin{aligned}
\sigma = 0:\ \frac{u}{c^*} - 1 &= \sqrt{\frac{1}{\varkappa+1}\,\frac{h^*}{R^*}}\,\frac{x}{h^*} + \frac{1}{2}\,\frac{h^*}{R^*}\left(\frac{y}{h^*}\right)^2;\\
\frac{v}{c^*} &= \frac{h^*}{R^*}\,\frac{x}{h^*}\,\frac{y}{h^*} + \frac{1}{6}\sqrt{\varkappa+1}\left(\frac{h}{R^*}\right)^{3/2}\left(\frac{y}{h^*}\right)^3;\\
\sigma = 1:\ \frac{u}{c^*} - 1 &= \sqrt{\frac{2}{\varkappa+1}\,\frac{h^*}{R^*}}\,\frac{x}{h^*} + \frac{1}{2}\,\frac{h^*}{R^*}\left(\frac{y}{h^*}\right)^2;\\
\frac{v}{c^*} &= \frac{h^*}{R^*}\,\frac{x}{h^*}\,\frac{y}{h^*} + \frac{\sqrt{2(\varkappa+1)}}{8}\left(\frac{h}{R^*}\right)^{3/2}\left(\frac{y}{h^*}\right)^3.
\end{aligned} \tag{171}$$

Daraus folgt sowohl die Geschwindigkeitsverteilung und es folgen auch die Isotachen und Isoklinen der Umgebung des Düsenhalses. Die Gleichungen (171) wie auch die folgenden Ergebnisse können ebenso als Auswertung der exakten Lösung (103) als auch als erste Glieder der Entwicklung in der Umgebung des Düsenhalses nach Potenzen von $\sqrt{h^*/R^*}$ angesehen werden.

Die ersten Summanden der Gleichungen (171) entsprechen demnach der Stromfadentheorie. Die engste Stelle, $v = 0$ für $y = h^*$, fällt nach dieser Näherung mit $x = 0$ und mit $u = c^*$ zusammen. Das Ergebnis für die Beschleunigung du/dx im Düsenhals gemäß Gl. (171) und gemäß der Stromfadentheorie [·13], Gl. (II,87) stimmen völlig überein. Beim Vergleich ist nur darauf zu achten, daß R^* in [·13], Abschnitt II,11, der Krümmungsradius der Querschnittsfunktion $f(x)$ und nicht der Krümmungsradius der Düsenwand ist.

Abb. 43 zeigt Versuche über die Geschwindigkeitsverteilung auf der Achse einer rotationssymmetrischen Düse und die Theorie gemäß Gl. (171) für $\sigma = 1$. Bei genanntem Bild ist der Ursprung des Koordinatensystems in den Mittelpunkt des engsten Querschnitts verlegt. Die Abweichung von der Stromfadentheorie ist recht deutlich, die Übereinstimmung von Theorie und Versuch sehr befriedigend.

Die Durchflußmenge ist gegenüber jener der Stromfadentheorie geringfügig vermindert. Sie wird am zweckmäßigsten durch Integration über $u \cdot \varrho$ an der engsten Stelle berechnet, das ist gemäß Gl. (169) und (170) oder auch gemäß Gl. (171) die Stelle:

$$\sigma = 0:\ x^* = -\frac{1}{6}\sqrt{(\varkappa + 1)\frac{h^*}{R^*}}; \qquad \sigma = 1:\ x^* = -\frac{1}{8}\sqrt{2(\varkappa + 1)\frac{h^*}{R^*}}. \tag{172}$$

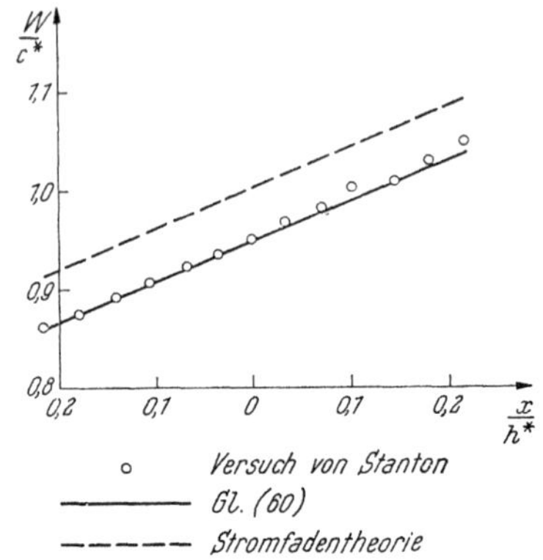

Abb. I,43. Geschwindigkeitsverteilung auf der Achse einer rotationssymmetrischen Lavaldüse mit $h^*/R^* = 0{,}21$.

Daraus folgt weiter mittels Gl. (3) und (171) bei ebener Düse für die Durchflußmenge der Breiteneinheit bei Integration immer an der Stelle $x = x^*$

$$\sigma = 0:\ G = 2\int_0^{h^*} u\varrho \, dy = 2\varrho^* c^* \int_0^{h^*} \left[1 - \frac{\varkappa + 1}{2}\left(\frac{u}{c^*} - 1\right)^2\right] dy$$

$$= 2\varrho^* c^* h^* \left[1 - \frac{\varkappa + 1}{90}\left(\frac{h^*}{R^*}\right)^2\right], \tag{173}$$

und für rotationssymmetrische Düsen:

$$\sigma = 1:\ G = 2\pi \int_0^{h^*} u\varrho y \, dy = \varrho^* c^* h^* \pi \left[1 - \frac{\varkappa + 1}{96}\left(\frac{h^*}{R^*}\right)^2\right]. \tag{174}$$

Diese Ergebnisse wie auch im wesentlichen die Gln. (171) sind bereits in der Arbeit [29] hergeleitet. Die Mengenkorrekturen zufolge der Wölbung der Düsenwand sind danach außerordentlich gering, was nicht überraschen kann, weil die Stromdichte im Düsenhals nur wenig von der Maximalstromdichte abweicht.

Neben der Zustandsverteilung im Düsenhals interessieren wegen der Abhängigkeitsverhältnisse die Machlinien. Die Neigung ist gemäß Gl. (48) und (41) gegeben durch:

$$\frac{dx}{dy} = \mp\sqrt{(\varkappa + 1)\left(\frac{u}{c^*} - 1\right)}.$$

Es zeigt sich, daß die durch den Ursprung gehenden „Grenzcharakteristiken“ ebenfalls Parabeln sind, wie sich leicht verifizieren läßt. Es gilt:

$$\begin{aligned}
\sigma = 0:\ \xi &= 0 = \frac{x}{h^*} - \frac{1}{2}\sqrt{(\varkappa+1)\frac{h^*}{R^*}}\left(\frac{y}{h^*}\right)^2,\\
\eta &= 0 = \frac{x}{h^*} + \frac{1}{4}\sqrt{(\varkappa+1)\frac{h^*}{R^*}}\left(\frac{y}{h^*}\right)^2,\\
\sigma = 1:\ \xi &= 0 = \frac{x}{h^*} - \frac{\sqrt{5}+1}{8}\sqrt{2(\varkappa+1)\frac{h^*}{R^*}}\left(\frac{y}{h^*}\right)^2,\\
\eta &= 0 = \frac{x}{h^*} + \frac{\sqrt{5}-1}{8}\sqrt{2(\varkappa+1)\frac{h^*}{R^*}}\left(\frac{y}{h^*}\right)^2.
\end{aligned} \tag{175}$$

Abb. 44 zeigt die Schallinie, die Kurve $v = 0$ sowie die Grenzmachlinien für die ebene Strömung gemäß Gl. (171) und (175). Ähnlich wie bei Guderleyprofilen geht die rechtslaufende Grenzcharakteristik auch bei den Düsen noch etwas vor der Stelle verschwindender Wandneigung von der Düsenwand weg. Das Unterschallgebiet ist also durch die Düsenkontur knapp vor der engsten Stelle bereits festgelegt.

Die Theorie für stärkere Düsenwandneigungen führt in erster Ordnung nach Oswatitsch und Rothstein [29] zu folgendem Ergebnis:

$$\begin{aligned}
\sigma = 0:\ W/W_s &= 1 + \frac{1}{2}\left(\frac{y^2}{h^2} - \frac{1}{3}\right)\left(hh'' + \frac{W_s'h}{W_s}h'\right) - \frac{1}{6}\frac{W_s'h}{W_s}h',\\
\sigma = 1:\ W/W_s &= 1 + \frac{1}{2}\left(\frac{y^2}{h^2} - \frac{1}{2}\right)\left(hh'' + \frac{W_s'h}{W_s}h'\right) - \frac{1}{8}\frac{W_s'h}{W_s}h'.
\end{aligned} \tag{176}$$

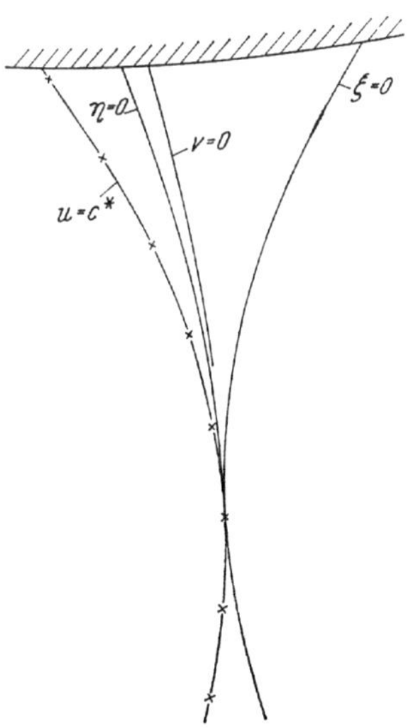

Abb. I,44. Schallinie, Machlinie und 0-Isokline im Düsenhals $h^*/R^* = 0{,}20$.

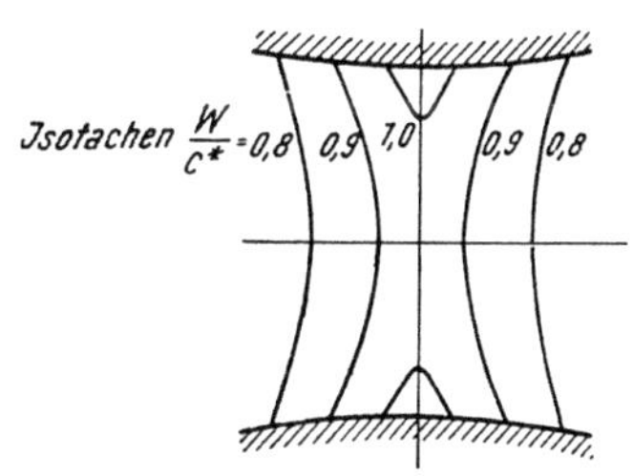

Abb. I,45. Symmetrische ebene Strömung durch eine Lavaldüse mit $h^*/R^* = 0{,}20$.

Hierin sind W_s die aus der Stromfadentheorie, [•13], Abschn. II,11, gewonnene Geschwindigkeitsverteilung und W_s', h', h'' die Ableitungen der entsprechenden Größen nach x.

Aus Gl. (176) folgt ein Krümmungseffekt, hh'', und ein Neigungseffekt, $W_s'h'$, der Wand. Es zeigt sich, daß beide Effekte bei Unterschallströmung einander entgegenwirken, bei Überschallströmung hingegen einander verstärken, Abb. 42.

Mit den Gln. (176) kann auch die symmetrische Strömung durch die Lavaldüse dargestellt werden, wenn für W_s die symmetrische Lösung verwendet wird, Abb. 45.

26. Näherung durch die parabolische Differentialgleichung

Die Schwierigkeit bei der Behandlung der schallnahen Differentialgleichung (35) liegt im Vorzeichenwechsel von $u_1 = \varphi_{1x}$ beim Schalldurchgang und damit im Wechsel der Differentialgleichung vom elliptischen zum hyperbolischen Typus. Dagegen ist jedoch festzustellen, daß bei beschleunigtem Schalldurchgang von Unter- zu Überschallströmung das Vorzeichen von $\varphi_{1xx} = du_1/dx$ konstant bleibt. Daher soll in diesem Abschnitt nach einem Vorschlag des Verfassers in der Differentialgleichung (35) gesetzt werden:

$$\frac{\partial u_1}{\partial x} = \varphi_{1xx} = a^2. \tag{177}$$

Die zweite Ableitung von φ_1 nach x wird also durch eine positive Konstante genähert. Damit erhält die Gleichung für Schallnähe die Form der linearen parabolischen Differentialgleichung:

$$a^2\varphi_{1x} = \varphi_{1\bar{y}\bar{y}} + \varphi_{1\bar{z}\bar{z}}. \tag{178}$$

Die exakte Lösung (103) für die beschleunigte Durchströmung des Düsenhalses ist im übrigen auch exakte Lösung der Differentialgleichung (178).

H. Behrbohm hat die Methode erstmalig erfolgreich auf die beschleunigte Durchströmung eines Düsenhalses angewendet, unter anderem auch auf den Düsenhals allgemeiner Querschnittsform [31].

Der Wert von a^2 ist in der Differentialgleichung (178) zunächst unbestimmt, was noch Gegenstand einiger Überlegungen sein wird.

Bemerkenswert und für die allgemeine Praxis der Linearisierung ungewöhnlich ist das Konstantsetzen eines höheren Differentialquotienten gemäß Gl. (177) und das gleichzeitige Beibehalten der niedrigeren Ableitung φ_{1x}. Eine solche Vorgangsweise erscheint aber immerhin dadurch gerechtfertigt, daß beim Schalldurchgang φ_{1x} die entscheidende Änderung erfährt, nicht aber φ_{1xx}. Im übrigen wird sich zeigen, daß die vorgenommene Vereinfachung auch entscheidende Einschränkungen für die Behandlung des Randwertproblems zur Folge hat.

Im folgenden wird das Umströmungsproblem des nicht angestellten Profiles, $\sigma = 0$, bzw. des Rotationskörpers, $\sigma = 1$, behandelt. Gl. (178) erhält dann die vereinfachte Form:

$$a^2\varphi_{1x} = \varphi_{1\bar{y}\bar{y}} + \frac{\sigma}{\bar{y}}\varphi_{1\bar{y}}. \tag{179}$$

Die Anströmmachzahl sei stets $M_\infty = 1$. Betreffs schallnaher Anströmung, $M_\infty \neq 1$, sei auf die Spezialliteratur verwiesen, insbesondere auf die Vorträge von P. F. MAEDER, von J. R. SPREITER und die Diskussionsbemerkung von H. O. THOMMEN am ersten Symposium Transsonicum [••14].

Für Gl. (179) stehen folgende singuläre Lösungen zur Verfügung:

$$\sigma = 0\colon\ \varphi_1 = \frac{1}{\sqrt{x}}\, e^{-\frac{a^2\bar{y}^2}{4x}}; \qquad \sigma = 1\colon\ \varphi_1 = \frac{1}{x}\, e^{-\frac{a^2\bar{y}^2}{4x}}. \tag{180}$$

Die Lösung für $\sigma = 0$ ist nur für $0 \leqq x$ reell. Aber auch die Lösung für $\sigma = 1$ ist nur für $0 \leqq x$ brauchbar, weil sie für $x < 0$ mit $\bar{y}$ über alle Grenzen wächst. Beide Lösungen kommen also nur für Wirkungen stromabwärts in Frage.

Wird nun auf der x-Achse eine Belegung vorgenommen, so ergibt sich für diese bei ebener Strömung, der die nächsten Gleichungen gewidmet sind, folgender Ansatz:

$$\sigma = 0\colon\ \varphi_1 = \int_0^x \frac{q(\xi)}{\sqrt{x-\xi}}\, e^{-\frac{a^2\bar{y}^2}{4(x-\xi)}}\, \mathrm{d}\xi. \tag{181}$$

Die Belegungsfunktion $q(x)$ kann wie bei Unter- und Überschallströmung auf die y-Komponente zurückgeführt werden. Es gilt:

$$\varphi_{1\bar{y}} = -\int_0^x q(\xi)\, \frac{a^2\bar{y}^2}{2(x-\xi)^{3/2}}\, e^{-\frac{a^2\bar{y}^2}{4(x-\xi)}} \mathrm{d}\xi.$$

Für $\bar{y} \to 0$ kann nur die Stelle $x = \xi$ Beiträge liefern. Man erhält daher bei Verwendung des bekannten Wertes für das Fehlerintegral mit:

$$\eta = \frac{a\bar{y}}{2\sqrt{x-\xi}}; \qquad \lim_{\bar{y}\to 0} \varphi_{1\bar{y}} = -2aq(x) \int_{\frac{a\bar{y}}{2\sqrt{x}}}^{\infty} e^{-\eta^2}\, \mathrm{d}\eta = -a\sqrt{\pi}\, g(x).$$

Durch Einsetzen der Gewichtsfunktion in Gl. (181) folgt schließlich für $y = 0$:

$$\begin{aligned} \varphi_1(x, 0) &= -\frac{1}{a\sqrt{\pi}} \int_0^x v_1(\xi, +0)\, \frac{\mathrm{d}\xi}{\sqrt{x-\xi}}, \\ \varphi_{1x}(x, 0) &= -\frac{1}{a\sqrt{\pi}}\, \frac{\mathrm{d}}{\mathrm{d}x} \int_0^x v_1(\xi, +0)\, \frac{\mathrm{d}\xi}{\sqrt{x-\xi}}. \end{aligned} \tag{182}$$

Wie immer kann v_1 in der entsprechenden Näherung mittels Gl. (56) durch die Dickenverteilungsfunktion $f(x)$ ersetzt werden.

Aus der Form der Integrale (181) folgt sofort, daß die vorliegende Theorie für das Anströmgebiet keinerlei Störung liefert. Das ist wegen der vereinfachten gasdynamischen Gleichung (178) bzw. (179) auch zu erwarten, da diese vom parabolischen Typus ist und bei Fortschreiten in Strömungsrichtung nur ungestörte Anströmung zuläßt, wobei folglich alle Störungen stromaufwärts von der Profilnase wegbleiben. Dies ist eine erste Schwäche insbesondere der parabolischen Theorie für ebene Strömung, deren Beseitigung bisher nur in besonders gelagerten Einzelfällen gelungen ist.

Dieser Schwäche steht eine erstaunlich gute Übereinstimmung der „parabolischen Methode" mit Versuchen und mit Ergebnissen exakter Methoden gegenüber, Gegenüberstellungen die in der Literatur zahlreich zu finden sind, vgl. etwa J. R. SPREITER in [••15] pp. 152—183, ferner [32]. Vor allem solche Ergebnisse rechtfertigen eine Anwendung der Methode in der Praxis.

Es ist anzunehmen, daß die Erfolge der parabolischen Methode nicht auf reinem Zufall beruhen, sondern daß die Strömung bei Schallnähe wesentlich durch den Schalldurchgang in der Körperumgebung gesteuert wird, ein Strömungsgebiet, das durch die parabolische Differentialgleichung besonders gut wiedergegeben wird. In dieser Hinsicht besitzt die Methode auch starkes theoretisches Interesse.

Für die Bestimmung von a^2 gibt es verschiedene Möglichkeiten. Zunächst sei darauf hingewiesen, daß der Schalldurchgang, $x = x^*$, unabhängig von a gegeben ist durch:

$$\varphi_{1x} = 0\colon \quad \frac{\mathrm{d}}{\mathrm{d}x} \int_0^x v_1(\xi, +0) \frac{\mathrm{d}\xi}{\sqrt{x - \xi}} = 0. \tag{183}$$

Es kann also beispielsweise a^2 gleich der Geschwindigkeitszunahme am Schalldurchgang gesetzt werden. Dann wäre für $x = x^*$:

$$a^3 = a\varphi_{1xx}(x^*) = -\frac{1}{\sqrt{\pi}} \frac{\mathrm{d}^2}{\mathrm{d}x^2} \int_0^x v_1(\xi, +0) \frac{\mathrm{d}\xi}{\sqrt{x - \xi}}. \tag{184}$$

Mit Gl. (183) wird x^* und mit Gl. (184) dann a bestimmt. Aus der letzten Gleichung ist zu erkennen, daß das Ähnlichkeitsgesetz für Schallnähe erfüllt wird, was im übrigen auch bei allen anderen Varianten für die Bestimmung von a zutrifft.

Es macht keine grundsätzlichen Schwierigkeiten $a^2 = a^2(x)$ anzusetzen und dann an jeder Stelle der Skelettlinie so zu bestimmen, daß dort das Ergebnis mit dem jeweiligen Gradienten übereinstimmt. Auch in Gl. (178) oder (179) kann eine abhängige Funktion $a^2(x)$ eingeführt werden, ohne den mathematischen Aufwand stark zu erhöhen. Die Substitution:

$$\mathrm{d}x' = \frac{1}{a^2(x)}\,\mathrm{d}x, \qquad \frac{\partial}{\partial x'} = a^2(x) \frac{\partial}{\partial x}$$

führt wieder zurück zu einer linearen parabolischen Differentialgleichung mit konstanten Koeffizienten. Damit hängt die *lokale Linearisierung* von SPREITER und ALKSNE zusammen [••15], pp. 152—183. Allerdings kann eine solche Vorgangsweise vorläufig nur durch die Güte der Ergebnisse gerechtfertigt werden.

Es wurde schon in [•13], Abschnitt IX,20 darauf hingewiesen und für Überschallströmung gezeigt, daß die durch eine Linearisierung gewonnenen Koeffizienten gewisse Mittelwerte über das gesamte Strömungsfeld darstellen. Ihr lokaler Wert ist nur für eine lokale Betrachtung maßgebend, nicht aber für eine Anwendung der vereinfachten Differentialgleichung im ganzen Strömungsraum oder in der ganzen Strömungsebene.

Eine aufwendigere Form, die allerdings auch eine gewisse Befriedigung liefert, besteht in einer Bestimmung von a^2 derart, daß die Strömung in der Umgebung der Schallinie — oder bei $\sigma = 1$ in der Umgebung der parabolischen Grenzkurve $\varphi_{1x} = 0$ — möglichst genau wiedergegeben wird. Dieser Weg wurde in der Arbeit von OSWATITSCH und KEUNE [33] beschritten, in der die parabolische Methode erstmalig auf Umströmungsprobleme angewendet wurde. Bei ebener und achsensymmetrischer Strömung ist die Lage der Schallinie im Strömungsfeld durch eine funktionelle Beziehung zwischen x und $a\bar{y}$ gegeben. Aus der Lage der Schallinie und der Form der Körperoberfläche kann mittels Charakteristikenverfahren für schallnahe Strömungen, Gl. (49), der $v_1\bar{y}$-Wert auf der Schallinie ermittelt und mit jenem dort bereits vorhandenen Wert der parabolischen Methode verglichen werden. Bei einem bestimmten Wert von a^2 muß sich dann optimale Übereinstimmung ergeben, die sich im übrigen auch als sehr gut erweist. Die Ergebnisse sind also nicht nur am Körper, sondern dann auch im Strömungsfeld sehr zufriedenstellend, obwohl auf der Schallinie der Wert von φ_{1xx} keineswegs konstant ist, wie das in Gl. (177) angesetzt wurde. Durch solche Resultate wird das Vertrauen in die Methode nicht unwesentlich erhöht, da ja bei Schallnähe gerade die Querwirkungen starke Bedeutung besitzen. Die eben skizzierte Vorgangsweise sei im folgenden als räumliches *Einpassen der Schallinie* bezeichnet.

Für die Umströmung nicht angestellter Rotationskörper ist die Strömung aus der für $\sigma = 1$ in Gl. (180) wiedergegebenen singulären Lösung aufzubauen. Man erhält zunächst:

$$\varphi_1 = \int_0^x \frac{q(\xi)}{x - \xi}\, e^{-\frac{a^2\bar{y}^2}{4(x-\xi)}}\, d\xi . \tag{185}$$

Für die Achsenumgebung folgt mit

$$t = \frac{a^2\bar{y}^2}{4(x - \xi)}; \qquad \lim_{\bar{y}\to 0} (\bar{y}\varphi_{1\bar{y}}) = -f(x) \lim_{\bar{y}\to 0} \int_0^x \frac{a^2\bar{y}^2}{2(x - \xi)^2}\, e^{-\frac{a^2\bar{y}^2}{4(x-\xi)}}\, d\xi$$

$$= -2f(x) \int_0^\infty e^{-t}\, dt = -2f(x) = \lim_{\bar{y}\to 0} (\bar{y}v_1) .$$

Wird mit Gl. (77) und (78) wieder die Formfunktion $f(x)$ eingeführt, so folgt für das Potential φ_1 mit der letzten Gleichung:

$$\varphi_1 = -\frac{1}{4\pi}\int_0^x \frac{f_x(\xi)}{x-\xi}\, e^{-\frac{a^2\bar{y}^2}{4(x-\xi)}}\, d\xi,$$

$$\varphi_{1x} = -\frac{1}{4\pi}\int_0^x \frac{f_{xx}(\xi)}{x-\xi}\, e^{-\frac{a^2\bar{y}^2}{4(x-\xi)}}\, d\xi. \tag{186}$$

Die untere Gleichung folgt aus der oberen, indem in der oberen zunächst eine partielle Integration durchgeführt wird. Ferner muß bei der unteren Gleichung ein spitzer Körper vorausgesetzt werden, $f_x(0) = 0$.

Wie stets bei achsensymmetrischer Belegung kann in der unteren Gleichung der Grenzübergang $\bar{y} \to 0$ nicht durchgeführt werden, weil φ_1 und φ_{1x} auf der Achse logarithmisch unendlich werden. Es kann jedoch genauso wie bei reiner Unter- oder Überschallströmung vorgegangen werden. Man findet dann für Achsennähe,

$$\begin{aligned} a^2\bar{y}^2 \ll 4x:\quad \varphi_{1x} &= \frac{1}{4\pi}\int_0^x \frac{f_{xx}(x) - f_{xx}(\xi)}{x-\xi}\, d\xi - \frac{f_{xx}(x)}{4\pi}\int_{\frac{a^2\bar{y}^2}{4x}}^{\infty} \frac{1}{t}\, e^{-t}\, dt \\ &= \frac{f_{xx}(x)}{4\pi} \ln\left(\frac{\gamma a^2\bar{y}^2}{4x}\right) + \frac{1}{4\pi}\int_0^x \frac{f_{xx}(x) - f_{xx}(\xi)}{x-\xi}\, d\xi \\ &= \frac{f_{xx}(x)}{4\pi} \ln \frac{1{,}781 a^2(\varkappa+1)\, F_{\max} y^2}{4x} \\ &\quad + \frac{1}{4\pi}\int_0^x \frac{f_{xx}(x) - f_{xx}(\xi)}{x-\xi}\, d\xi. \end{aligned} \tag{187}$$

$\ln \gamma = \ln (1{,}781072)$ ist die sogenannte „Eulersche Konstante".

Gl. (187) zeigt einen ganz ähnlichen Aufbau wie die Gln. für u_1^+ der Achsenumgebung bei Unterschallströmung, Gl. (VIII,37), und bei Überschallströmung (IX,33) in [•13]. u_1 zeigt die an der Achse bei Schallnähe auftretende logarithmische Singularität. Es läßt sich zeigen, daß nun das Ähnlichkeitsgesetz für Rotationskörper in Schallnähe erfüllt ist. Für Berechnungen an der Körperoberfläche ist y noch durch $h(x)$ zu ersetzen.

Die Strömung in der Staupunktsumgebung ist bei Rotationskörpern weit weniger gestört als bei Profilen. Die Störung beschränkt sich zudem auf eine verhältnismäßig kleine Umgebung der Achse. Dies ist der Grund, weshalb Oswatitsch und Keune die parabolische Methode zunächst auf die Umströmung des Rotationskörpers angewendet haben. Sie haben in ihrer Arbeit [33] auch Abschätzungen des Fehlers durchgeführt, der dadurch hereinkommt, daß in der Ebene $x = 0$ die Störung $\varphi_{1x} \neq 0$ ist und damit vom Wert $\varphi_{1x}(0, \bar{y}) = 0$ der unteren Gleichung (186) abweicht. Der Fehler erweist sich dabei als klein, womit die gute Übereinstimmung mit dem Experiment [34] in Abb. 46 verständlich wird. τ ist das auf die volle Spindellänge bezogene Dickenverhältnis. Der Wert von a^2 ist durch Einpassen der Schallinie ermittelt. Abb. 47 zeigt den Wert von $v.y$ in [33] auf der Schallinie aufgetragen als Funktion von x gemäß der para-

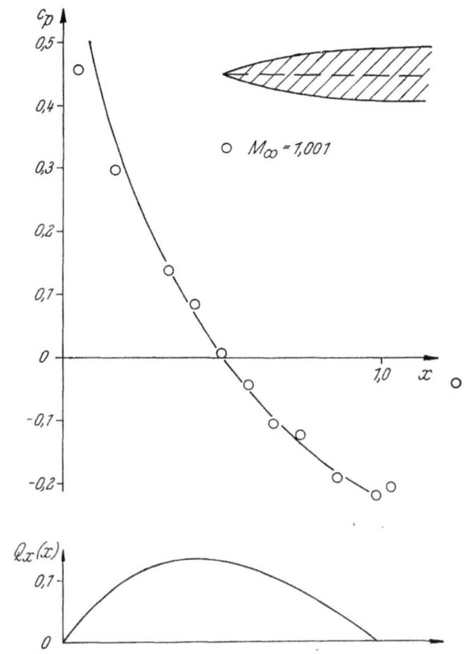

Abb. I,46. Parabolische Näherung und Versuch, [34], bei $M_\infty = 1$ an einer Parabelspindel.

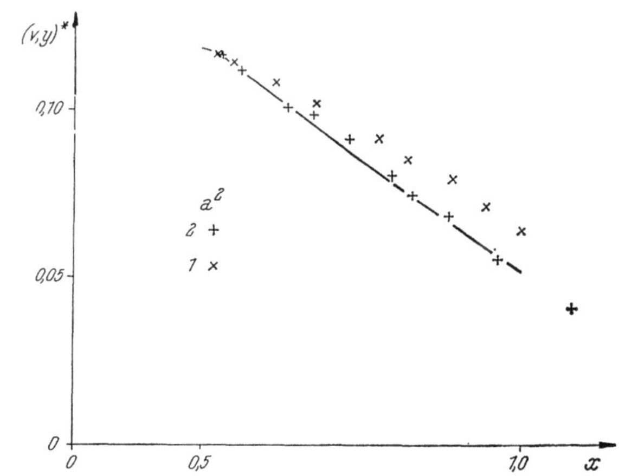

Abb. I,47. $v.y$-Verteilung auf der Kurve $u_1 = 0$.

bolischen Methode und gemäß dem Charakteristikenverfahren, Abschn. 6, insb. Gl. (49), ausgehend von der Schallinie der parabolischen Theorie für $a^2 = 1$ und $a^2 = 2$ (in der Originalarbeit ist das Symbol a^2 für den Reziprokwert verwendet). Bei $a^2 = 2$ zeigt sich die beste Übereinstimmung. Daher ist dieser Wert in Abb. 46 verwendet.

Der Wert von a^2 gilt auf Grund der gewählten Darstellung und Ermittlung unabhängig vom Dickenverhältnis. Er hängt nur von der Dickenverteilung ab. Das wäre im übrigen bei einer lokalen Linearisierung nicht der Fall.

Wie schon ZIEREP [·16], Bild 1,22 zeigt, ist das Ergebnis auf der Körperoberfläche ziemlich unabhängig von der Wahl des Parameters a^2. Das bedeutet aber gleichzeitig, daß mit dem Einpassen auf der Schallinie eine recht genaue Wahl von a^2 erreicht wird. Das ist insbesondere dann von Bedeutung, wenn die Schallinie als Anfangsverteilung für die Ermittlung der Strömung im Überschallteil mit der Charakteristikenmethode auf dem übrigen Körper verwendet wird.

Ein Vergleich mit der Geschwindigkeitsverteilung am Körper würde zeigen, daß der Wert von $a^2 = 2$ wesentlich unter jenem Wert liegt, der aus der Beschleunigung an der Oberfläche folgen würde. Auch das deutet darauf hin, daß a^2 ein Mittelwert des Strömungsraumes sein muß und kein lokaler Wert. Dem steht bei der lokalen Linearisierung allerdings der Vorteil gegenüber, daß auch stärkere Änderungen in der Beschleunigung am Körper berücksichtigt werden können.

In [·13], Gl. (VII,80) ist der Beiwert der Tangentialkraft durch ein Integral ausgedrückt, in dem der „Raumeinfluß" $R_x(x)$ der u-Komponente auftritt. Für den Raumeinfluß des Potentials $R(x)$ erhält man aus Gl. (186) oben durch denselben Grenzübergang, der zur Darstellung (187) geführt hat, nach Umrechnung:

$$\begin{aligned} R(x) &= \frac{1}{4\pi} f_x(x) \ln \frac{\gamma a^2(\varkappa+1) F_{\max}}{4x} + \frac{1}{4\pi} \int_0^x \frac{f_x(x) - f_x(\xi)}{x-\xi}\, d\xi \\ &= \frac{1}{2\pi} f_x(x) \ln \sqrt{\frac{\gamma a^2(\varkappa+1) F_{\max}}{2}} - \frac{1}{4\pi} \int_0^x f_{xx}(\xi) \ln 2(x-\xi)\, d\xi . \end{aligned} \tag{188}$$

Ein Vergleich mit dem Raumeinfluß für reine Überschallströmung, [·13], Gl. (IX, 31), zeigt natürlich einen Unterschied im konstanten Argument des Logarithmus im ersten Summanden. Das entscheidende Integral der parabolischen Theorie liefert in der unteren Gleichung (188) nur den halben Wert von jenem der Überschallströmung.

Da bei einem zylindrisch oder spitz endenden Körper der erste Summand der unteren Zeile von Gl. (188) keinen Beitrag zum Widerstand liefert, folgt bei spitzen Körpern, $f_x(0) = 0$, und zylindrisch oder spitz endenden Körpern, $f_x(1) = 0$, für den Tangentialkraftbeiwert genau der halbe Betrag der linearen Überschalltheorie, [·13], Gl. (IX,36). So wie dieser Beiwert im Linearisierungsbereich der Überschalltheorie unter den getroffenen Voraussetzungen unabhängig von der Machzahl folgt, ist das Ergebnis im Rahmen der parabolischen Näherung unabhängig vom Parameter a^2, Gl. (177).

Für den Vorderteil der Spindel von Abb. 46 mit $\tau = 1/6$ liegt der Tangentialkraftbeiwert gemäß der parabolischen Theorie mit $c_t^+ = 0{,}065$ etwas über dem aus der gemessenen Druckverteilung gewonnenen Teilwert von $c_t^+ = 0{,}058$. Damit ist ein Überblick über die Brauchbarkeit und über die Grenzen der parabolischen Näherung gegeben.

Abb. 48 zeigt das mittels des Charakteristikenverfahrens, Gl. (49), ermittelte Machlinienfeld der vollen Spindel des Dickenverhältnisses $\tau = 1/6$ mit der parabolischen Schallkurve als Anfangsverteilung [4]. Daneben befindet sich das Zustandsdiagramm, aus dem der Geschwindigkeitsbetrag in den verschiedenen Gitterpunkten sowie die Strömungsrichtung entnommen werden kann. Das lokale Unterschallgebiet, das an einem spitz endenden Körper stets auftritt, ist

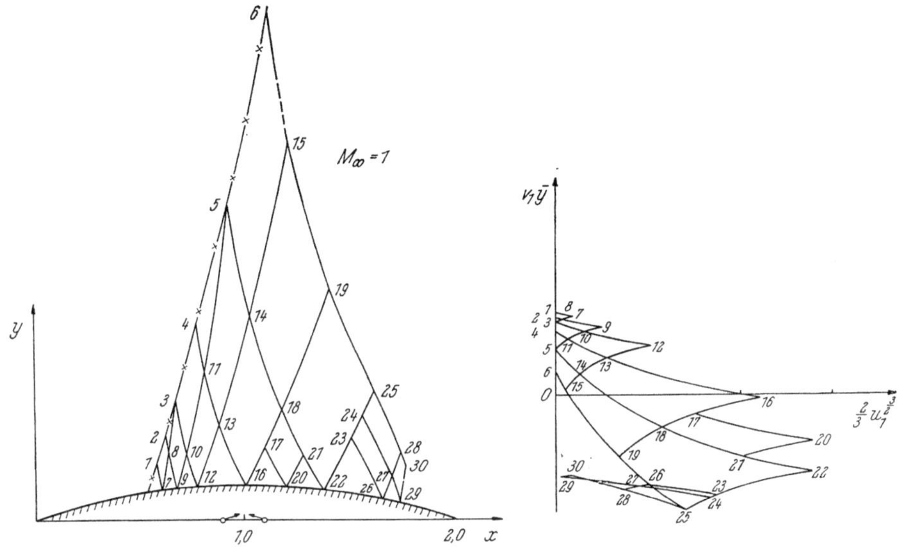

Abb. I,48. Machlinienfeld und Zustandsdiagramm bei Schallanströmung einer Spindel.

bei Schallnähe bereits ziemlich groß. Aus dem vorliegenden Resultat geht nicht klar hervor, ob es sich am Körper nur um einen sehr starken Druckanstieg handelt oder ob dort bereits ein Stoß vorliegt.

Da die Randbedingungen auf der Körperoberfläche und nicht auf der Achse erfüllt wurden, erhält man ein vom speziellen Dickenverhältnis abhängiges Machliniennetz. Die Auswertung auf der Körperoberfläche muß jedoch trotzdem einen Raumeinfluß ergeben, der im Rahmen der Genauigkeit der Störtheorie vom Dickenverhältnis unabhängig ist.

27. Integralgleichung für schallnahe Umströmung von Profilen

Die folgende Darstellung ist deshalb ziemlich ausführlich, weil ihr über die Herleitung der Integralgleichung für schallnahe Strömung hinaus allgemeinere Bedeutung zukommt. Sie enthält eine spezielle Form der Lösung des Randwertproblems der homogenen Differentialgleichung, also der Laplace-Gleichung. Solche Lösungen werden meist rein anschaulich hergeleitet, [·13]. Es ist aber zweckmäßig, der anschaulichen Darstellung eine mathematisch exakte Herleitung gegenüberzustellen. Darüber hinaus dürfte die Integraldarstellung auch bei den numerischen Methoden an Bedeutung gewinnen, weil sich Integrale in der Regel wesentlich genauer numerisch approximieren lassen als Differentialquotienten.

Bei der im folgenden dargestellten Methode sei vom Differentialgleichungssystem (66) für den Fall ebener Strömung ausgegangen, wobei die reduzierten Komponenten in Verallgemeinerung von Gl. (5) folgende Bedeutung haben mögen:

$$\varphi_x = \frac{u - u_\infty}{c^* - u_\infty} = \mathfrak{u}; \qquad \varphi_{\mathfrak{y}} = \frac{v - v_\infty}{\beta(c^* - u_\infty)} = \mathfrak{v}; \qquad \mathfrak{y} = \beta y. \tag{189}$$

Mit Gl. (189) wird ein Störpotential φ eingeführt, das mit dem geläufigen Störpotential, etwa Gl. (VI,14) in [•13], bis auf einen Faktor übereinstimmt. Dennoch wird kein neues Symbol gewählt, weil die Darstellung Gl. (189) nur vorübergehend in diesem Abschnitt verwendet wird. Die Beziehung zu den bisher überwiegend verwendeten Störgrößen u_1, v_1, $\bar{y}$ gibt Gl. (65), in der allerdings v_1 durch $(v_1 - v_{1\infty})$ zu ersetzen ist.

In Gl. (189) wurde anstelle des Index 0 in Gl. (5), der auf eine beliebige ungestörte Geschwindigkeit hinweist, der Index ∞ verwendet. Es werden also Störungen bezüglich einer ungestörten Parallelströmung mit den Komponenten u_∞, v_∞ ins Auge gefaßt, wobei jedoch stets $u_\infty < c_\infty$ und $v_\infty \ll u_\infty$ angenommen werden sollen. Die folgende Methode hat aus Gründen, die sich noch ergeben werden, ihr Hauptanwendungsgebiet im hohen Unterschallbereich der Anströmung. Damit ist bei ebener Strömung auch bereits Schallanströmung wegen der Einfriereigenschaft der Strömung praktisch mit erfaßt.

Die Beschränkung auf ebene Strömung erfolgt hauptsächlich mit Rücksicht auf die Einfachheit und Übersichtlichkeit der Darstellung. Das Anwendungsgebiet erstreckt sich durchaus auch auf Flügel endlicher Streckung [35].

Mit dem Störpotential von Gl. (189) erhält das System (66) für ebene Strömung folgende Darstellung, die im wesentlichen mit Gl. (35) für φ_1 übereinstimmt:

$$\varphi_{xx} + \varphi_{\mathfrak{y}\mathfrak{y}} = \varphi_x \varphi_{xx} = \frac{1}{2} \frac{\partial}{\partial x} (\varphi_x^2). \tag{190}$$

Der nichtlineare Anteil der Differentialgleichung erscheint hier auf der rechten Seite als Quellglied einer Poisson-Gleichung. Im Bereich der Überschallströmung, $\varphi_x > 1$, ist das inhomogene Glied sogar größer als der erste Summand der linken Seite. Das deutet darauf hin, daß die rechte Seite im allgemeinen nicht wie beim Verfahren von Janzen-Rayleigh, ausgehend von der Lösung der Laplace-Gleichung, iterativ genähert werden darf, zumindestens nicht im Bereich lokaler Überschallgeschwindigkeiten. Nichts ist dagegen einzuwenden, Gl. (190) wie eine Poisson-Gleichung zu behandeln, deren „Quellglied" auf der rechten Seite allerdings durch die unbekannte Lösung dargestellt wird. Auf diese Weise gelangt man zu einer Darstellung der Lösung in der Form einer Integralgleichung, womit auch die Bezeichnung der Methode erklärt ist.

Die anschließende Herleitung der Integralgleichung mit Hilfe der Greenschen Formel erfordert zwar die Verwendung mathematischer Hilfsmittel, doch wird damit auch gewissen Gefahren und Fehlerquellen begegnet, die immer in der Anschauung liegen.

Φ und Ω seien zwei beliebige, in einem Bereich B zweimal stetig differenzierbare Funktionen. Der Bereich B werde von der geschlossenen Kurve C begrenzt, deren Bogenelement $\mathrm{d}s$ und deren nach außen weisender Einheitsvektor der Normalen $\vec{n}$ sei. Dann gilt die Greensche Formel (Anhang S. 368):

$$\iint_B (\Phi \Delta \Omega - \Omega \Delta \Phi)\, \mathrm{d}\xi\, \mathrm{d}\eta = \oint_C \left[\Phi \frac{\partial \Omega}{\partial n} - \Omega \frac{\partial \Phi}{\partial n}\right] \mathrm{d}s.$$

Das — gegebenenfalls auch gekrümmte — Profil sei durch eine Quell- und Wirbelbelegung auf der ξ-Achse zwischen $0 \leqq \xi \leqq 1$ dargestellt. Der Aufpunkt $P(x, \mathfrak{y})$ befinde sich in der oberen Halbebene. Ferner ist in der oberen und unteren Halbebene ein im wesentlichen senkrechter Verdichtungsstoß an der Stelle $\xi = \xi_{St}$ angenommen. Bei Auftriebsproblemen ist die Stoßlage ξ_{St} an der Ober- und Unterseite verschieden, was aber nicht durch ein besonderes Symbol ausgedrückt zu werden braucht. Auch kann der Stoß auf der Druckseite völlig ausbleiben.

Die Funktionen im Greenschen Satz seien wie folgt gewählt:

$$\Phi = \varphi; \qquad \Omega = \ln(1/\varrho); \qquad \varrho = \sqrt{(\xi - x)^2 + (\eta - \mathfrak{y})^2}.$$

Unstetigkeiten treten dann an folgenden Stellen auf: Im Aufpunkt wegen $\varrho \to 0$ auf der Skelettlinie des Flügels, wo in y-Richtung $\mathfrak{u}$ und $\mathfrak{v}$ springen können — ersteres beispielsweise bei einem Auftriebsproblem — und an den Stoßfronten, an denen wegen der Annahme eines nahezu senkrechten Stoßes nur $\mathfrak{u}$ von seinem Werte auf den Wert $\hat{\mathfrak{u}}$ springt, nicht jedoch $\mathfrak{v}$.

Wegen der Stetigkeitsforderung im Bereich B müssen alle Unstetigkeiten durch die Kurve C ausgeschlossen werden, Abb. 49. Die Kurve C verlaufe daher, aus dem Anströmgebiet kommend, zunächst knapp über der x-Achse, umschließe den Aufpunkt $P(x, \mathfrak{y})$ und die Stoßfront der Oberseite in Form eines schlanken, hochgestellten Rechteckes, wende sich hinter dem Ende der Skelettlinie auf die Unterseite der x-Achse, umschließe dort die Stoßfront und verlaufe dann weiter

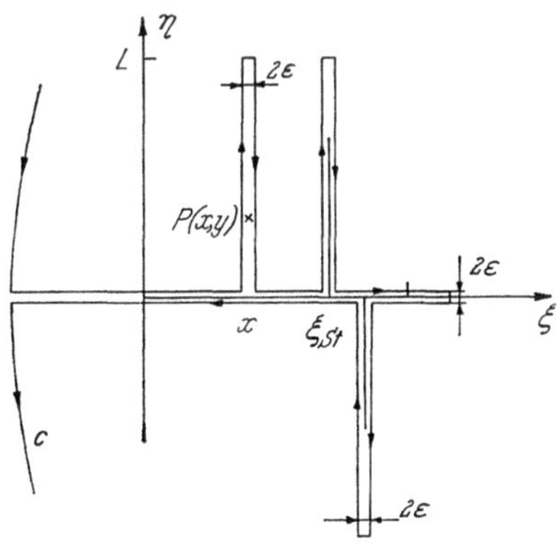

Abb. I,49. Integrationsbereich.

an der Unterseite der x-Achse tief in das Anströmgebiet hinein. Dort werde die Kurve C durch einen kreisförmigen Teil ergänzt, der alle Singularitäten in großem Abstand umfährt und die Kurve schließt.

Der Einfachheit halber werden alle kleinen Abstände mit ε oder 2ε und alle Rechteckhöhen mit L als gleich groß gewählt. In der Grenze gilt dabei $\lim\limits_{\varepsilon \to 0} (\varepsilon/L) \to 0$.

Der Beitrag auf dem in großer Entfernung verlaufenden Kurventeil von C verschwindet, wie leicht zu zeigen ist. Für die verschiedenen Geradenstücke dagegen gilt:

	$\frac{\partial}{\partial n}$	$\mathrm{d}s$	Ω	$\frac{\partial \Omega}{\partial n}$
$\eta = \pm\varepsilon$:	$\mp \frac{\partial}{\partial \eta}$	$\pm \mathrm{d}\xi$	$-\ln \sqrt{(\xi - x)^2 + \mathfrak{y}^2}$	$\mp \frac{\mathfrak{y}}{(\xi - x)^2 + \mathfrak{y}^2}$
$\xi = x \mp \varepsilon$:	$\pm \frac{\partial}{\partial \xi}$	$\pm \mathrm{d}\eta$	$-\ln \sqrt{\varepsilon^2 + (\eta - \mathfrak{y})^2}$	$\frac{\varepsilon}{\varepsilon^2 + (\eta - \mathfrak{y})^2}$
$\xi = \xi_{St} \mp \varepsilon$:	$\pm \frac{\partial}{\partial \xi}$	$\pm \mathrm{d}\eta$	$-\ln \sqrt{(\xi_{St} - x)^2 + (\eta - \mathfrak{y})^2}$	$\mp \frac{\xi_{St} - x}{(\xi_{St} - x)^2 + (\eta - \mathfrak{y})^2}$

In den Ausdrücken für Ω wie $\partial\Omega/\partial n$ an der Skelettlinie und an der Stoßfront wurde in Vorwegnahme des späteren Grenzüberganges bereits $\varepsilon = 0$ gesetzt. Im Aufpunkt, also für $\xi = x \mp \varepsilon$, ist dies jedoch nicht zulässig, weil $(\eta - \mathfrak{y})$ den Wert 0 durchschreitet. Wenn $(L - \mathfrak{y}) \gg \varepsilon$ gewählt wird, wie das in diesen Rechnungen gemacht werden soll, können die Beiträge auf den kurzen Querstücken von der Länge 2ε als von höherer Ordnung vernachlässigt werden. Entsprechendes gilt bei den folgenden Integralen auch für die kurzen Stücke von der Länge ε oder 2ε, die sich aus dem Aneinanderfügen der verschiedenen Kurventeile an der Skelettlinie ergeben.

Das Kurvenintegral der Greenschen Formel liefert damit folgenden Wert:

$$\oint_C \left[\varphi \frac{\partial \Omega}{\partial n} - \Omega \frac{\partial \varphi}{\partial n}\right] \mathrm{d}s$$

$$= \int_0^1 \left[-\varphi(\xi, +\varepsilon) \frac{\mathfrak{y}}{(\xi - x)^2 + \mathfrak{y}^2} - \ln \sqrt{(\xi - x)^2 + \mathfrak{y}^2} \cdot \mathfrak{v}\,(\xi, +\,\varepsilon)\right] \mathrm{d}\xi$$

$$+ \int_1^0 \left[\varphi(\xi, -\varepsilon) \frac{\mathfrak{y}}{(\xi - x)^2 + \mathfrak{y}^2} + \ln \sqrt{(\xi - x)^2 + \mathfrak{y}^2} \cdot \mathfrak{v}(\xi, -\varepsilon)\right] (-\mathrm{d}\xi)$$

$$+ \int_0^L \left[\varphi(x - \varepsilon, \eta) \frac{\varepsilon}{\varepsilon^2 + (\eta - \mathfrak{y})^2} + \ln \sqrt{\varepsilon^2 + (\eta - \mathfrak{y})^2} \cdot \mathfrak{u}(x - \varepsilon, \eta)\right] \mathrm{d}\eta$$

$$+\int_L^0 \left[\varphi(x+\varepsilon,\eta)\,\frac{\varepsilon}{\varepsilon^2+(\eta-\mathfrak{y})^2}-\ln\sqrt{\varepsilon^2+(\eta-\mathfrak{y})^2}\cdot\mathfrak{u}(x+\varepsilon,\eta)\right](-d\eta)$$

$$+\int_{-L}^{L}\left[-\varphi(\xi_{St}-\varepsilon,\eta)\,\frac{\xi_{St}-x}{(\xi_{St}-x)^2+(\eta-\mathfrak{y})^2}\right.$$

$$\left.+\ln\sqrt{(\xi_{St}-x)^2+(\eta-\mathfrak{y})^2}\cdot\mathfrak{u}(\xi_{St}-\varepsilon,\eta)\right]d\eta$$

$$+\int_{-L}^{L}\left[\varphi(\xi_{St}+\varepsilon,\eta)\,\frac{\xi_{St}-x}{(\xi_{St}-x)^2+(\eta-\mathfrak{y})^2}\right.$$

$$\left.-\ln\sqrt{(\xi_{St}-x)^2+(\eta-\mathfrak{y})^2}\cdot\mathfrak{u}(\xi_{St}-\varepsilon,\eta)\right](-d\eta).$$

Nun können alle jeweils auf den beiden Seiten der Singularitäten verlaufenden Integrationen zusammengefaßt werden, indem gleichzeitig mit dem Vorzeichen des Integrationselementes auch die untere und obere Grenze des Integrals vertauscht wird. Wird dann auch noch zur Grenze $\varepsilon\to 0$ übergegangen, so liefert nur die Stelle des Aufpunktes einen Beitrag. Da in der Umgebung des Aufpunktes sowohl φ als auch $\mathfrak{u}$ stetig ist, gilt für den Limes $\varepsilon\to 0$:

$$\int_0^L\Big\{[\varphi(x-\varepsilon,\eta)+\varphi(x+\varepsilon,\eta)]\,\frac{\varepsilon}{\varepsilon^2+(\eta+\mathfrak{y})^2}$$

$$+[\mathfrak{u}(x-\varepsilon,\eta)-\mathfrak{u}(x+\varepsilon,\eta)]\ln\sqrt{\varepsilon^2+(\eta-\mathfrak{y})^2}\Big\}\,d\eta$$

$$=2\int_0^L\varphi(x,\eta)\,\frac{\varepsilon}{\varepsilon^2+(\eta-\mathfrak{y})^2}\,d\eta=2\varphi(x,\mathfrak{y})\int_0^L\frac{\varepsilon}{\varepsilon^2+(\eta-\mathfrak{y})^2}\,d\eta$$

$$=2\varphi(x,\mathfrak{y})\left[\operatorname{arctg}\frac{L-\mathfrak{y}}{\varepsilon}-\operatorname{arctg}\frac{-\mathfrak{y}}{\varepsilon}\right]=2\pi\varphi(x,\mathfrak{y}).$$

Berücksichtigt man ferner im Bereichsintegral auf der linken Seite der Greenschen Formel neben Gl. (190) noch, daß $\Delta\Omega=0$ gilt, so erhält man schließlich das Ergebnis:

$$-\iint_B\frac{1}{2}\,\frac{\partial}{\partial\xi}\,(\varphi_\xi)^2\ln\left(\frac{1}{\varrho}\right)d\xi\,d\eta=2\pi\varphi(x,\mathfrak{y})$$

$$-\int_0^1\Big\{[\varphi(\xi,+0)-\varphi(\xi,-0)]\,\frac{\mathfrak{y}}{(\xi-x)^2+\mathfrak{y}^2}+[\mathfrak{v}(\xi,+0)-\mathfrak{v}(\xi,-0)]\qquad(191)$$

$$\times\ln\sqrt{(\xi-x)^2+\mathfrak{y}^2}\Big\}\,d\xi+\int_{-L}^{L}[\mathfrak{u}(\xi_{St},\eta)-\hat{\mathfrak{u}}(\xi_{St},\eta)]\ln\sqrt{(\xi_{St}-x)^2+(\eta-\mathfrak{y})^2}\,d\eta.$$

Das Doppelintegral auf der linken Seite kann als der Beitrag der „Kompressibilitätsquellen" angesprochen werden. Das erste Integral auf der rechten Gleichungsseite setzt sich zusammen aus einer Wirbelbelegung, die bei symmetrischer Strömung wegen $\varphi(x, +0) = \varphi(x, -0)$ verschwindet, und einer Quellbelegung, die bei verschwindender Dicke, $\mathfrak{v}(x, +0) = \mathfrak{v}(x, -0)$, fortfällt. Im Integral über die Stoßfronten schließlich fällt der Beitrag des Störpotentials weg, weil dieses an der Stoßfront keinen Sprung macht. Der Sprung der x-Komponente an der senkrechten Stoßfront, $\mathfrak{u} - \hat{\mathfrak{u}}$, dagegen wirkt wie eine Quellbelegung dort. Derartige „Quellbelegungen" sind bereits in Abschnitt 23 und 24 aufgetreten. Diese letzte Integration braucht natürlich nur über die Länge der Stoßfront erstreckt zu werden, da nur dort der Integrand $\neq 0$ ist.

Durch Ableitung von Gl. (191) nach x sei zur Darstellung der $\mathfrak{u}$-Komponente übergegangen. Dabei sei das über die Skelettlinie gebildete Integral unter dem Symbol $2\pi\mathfrak{u}_H$ zusammengefaßt. Der Index H möge andeuten, daß es sich um eine Lösung der homogenen Differentialgleichung handelt. Beachtet man ferner, daß

$$\frac{\partial}{\partial x} \ln\left(\frac{1}{\varrho}\right) = -\frac{\partial}{\partial \xi} \ln\left(\frac{1}{\varrho}\right)$$

ist, so erhält man zunächst das Ergebnis:

$$2\pi\mathfrak{u} = 2\pi\mathfrak{u}_H + \iint_B \frac{1}{2} \frac{\partial}{\partial \xi} (\mathfrak{u}^2) \frac{\partial}{\partial \xi} \ln\left(\frac{1}{\varrho}\right) d\xi\, d\eta$$
$$+ \int_{-L}^{L} [\mathfrak{u}(\xi_{St}, \eta) - \hat{\mathfrak{u}}(\xi_{St}, \eta)] \frac{\xi_{St} - x}{(\xi_{St} - x)^2 + (\eta - \mathfrak{y})^2}\, d\eta.$$

Hier ist wie auch schon in Gl. (191) zu beachten, daß das Doppelintegral über den Bereich B als ein Doppelintegral über den in Abb. 49 dargestellten Bereich zu verstehen ist mit nachträglichem Grenzübergang $\varepsilon \to 0$. Dies ist nämlich für die im folgenden durchgeführte partielle Integration von entscheidender Bedeutung. Berücksichtigt man ferner, daß an der Front des senkrechten Stoßes folgendes gilt:

$$\mathfrak{u} - \hat{\mathfrak{u}} = \frac{1}{2} (\mathfrak{u}^2 - \hat{\mathfrak{u}}^2), \tag{192}$$

so erhält man zunächst:

$$2\pi\mathfrak{u}(x, y) = 2\pi\mathfrak{u}_H(x, y) + \int_{-L}^{L} [\mathfrak{u}(\xi_{St}, \eta) - \hat{\mathfrak{u}}(\xi_{St}, \eta)] \frac{\xi_{St} - x}{(\xi_{St} - x)^2 + (\eta - \mathfrak{y})^2}\, d\eta$$
$$- \int_{-\infty}^{+\infty} \left\{ \frac{\mathfrak{u}^2}{2} \frac{\xi - x}{(\xi - x)^2 + (\eta - \mathfrak{y})^2} \Bigg|_{-\infty,\, x+\varepsilon,\, \xi_{St}+\varepsilon}^{x-\varepsilon,\, \xi_{St}-\varepsilon,\, \infty} + \int_{-\infty}^{+\infty} \frac{\mathfrak{u}^2}{2} \frac{\partial^2}{\partial \xi^2} \left(\ln \frac{1}{\varrho}\right) d\xi \right\} d\eta.$$

Im ausintegrierten Bestandteil sind die Grenzen angedeutet, die in ξ-Richtung nacheinander einzusetzen sind, nämlich vor und hinter dem Aufpunkt, $x \mp \varepsilon$, und vor und hinter der Stoßfront, $\xi_{St} \mp \varepsilon$. Danach ist wieder zur Grenze $\varepsilon \to 0$ überzugehen. Die Beiträge beiderseits des Aufpunktes liefern nach Grenzübergang $\varepsilon \to 0$ auf die gleiche Weise, wie schon beim Potential vorgegangen wurde, einen Beitrag $\mathfrak{u}^2$ im Aufpunkt. An der Stoßfront dagegen erhält man ein ganz ähnliches Integral, wie es bereits in der letzten Gleichung auftritt. Das Ergebnis sei in folgender Form geschrieben:

$$\mathfrak{u}(x, \mathfrak{y}) - \frac{1}{2\pi} \int_{-L}^{+L} [\mathfrak{u}(\xi_{St}, \eta) - \hat{\mathfrak{u}}(\xi_{St}, \eta)] \frac{(\xi_{St} - x)\, d\eta}{(\xi_{St} - x)^2 + (\eta - \mathfrak{y})^2}$$

$$= \mathfrak{u}_H(x, \mathfrak{y}) + \frac{1}{2} \mathfrak{u}^2(x, \mathfrak{y}) - \frac{1}{2\pi} \int_{-L}^{+L} \frac{1}{2} [\mathfrak{u}^2(\xi_{St}, \eta) - \hat{\mathfrak{u}}^2(\xi_{St}, \eta)] \frac{(\xi_{St} - x)\, d\eta}{(\xi_{St} - x)^2 + (\eta - \mathfrak{y})^2}$$

$$- \frac{1}{2\pi} \int_{-\infty}^{+\infty}\int_{-\infty}^{+\infty} \frac{1}{2} \mathfrak{u}^2(\xi, \eta) \frac{(\xi - x)^2 - (\eta - \mathfrak{y})^2}{[(\xi - x)^2 + (\eta - \mathfrak{y})^2]^2}\, d\xi\, d\eta. \qquad (193)$$

Zufolge von Gl. (192) haben die beiden Linienintegrale über die Stoßfront auf der linken und rechten Gleichungsseite von (193) denselben Wert und können also wegbleiben. Doch wird sich im folgenden auch die Darstellung (193) als nützlich erweisen.

Bei Eliminierung der Stoßintegrale erhält man schließlich die bereits länger bekannte Form der nichtlinearen Integralgleichung für schallnahe ebene Strömung:

$$\mathfrak{u} - \frac{\mathfrak{u}}{2} = \mathfrak{u}_H - \frac{1}{2\pi} \int_{-\infty}^{+\infty}\int_{-\infty}^{+\infty} \frac{\mathfrak{u}^2}{2} \frac{(\xi - x)^2 - (\eta - \mathfrak{y})^2}{[(\xi - x)^2 + (\eta - \mathfrak{y})^2]^2}\, d\xi\, d\eta. \qquad (194)$$

Stets ist das Doppelintegral als Grenze $\varepsilon \to 0$ für die in Abb. 49 skizzierte Ausschließung des Aufpunktes zu verstehen. Ein derartiges Doppelintegral ist bei der Durchwanderung einer senkrechten Stoßfront stetig. Der senkrechte Stoß folgt dort aus den beiden Lösungen der quadratischen Gleichung

$$\mathfrak{u} - \frac{\mathfrak{u}^2}{2} = C,$$

wobei sich C aus dem homogenen Anteil und aus dem Beitrag des Doppelintegrals an der Stoßfront additiv zusammensetzt. Die Lösung an der senkrechten Stoßfront erfüllt dabei stets die Bedingung:

$$\mathfrak{u} - 1 = 1 - \hat{\mathfrak{u}}.$$

Gl. (194) gilt auch beim Auftreten schiefer Stoßfronten. Beim Überschreiten einer solchen geneigten Front ist allerdings die rechte Gleichungsseite von (194) nicht mehr stetig. KLUWICK und OSWATITSCH [36] haben aber gezeigt, daß dann auch das Doppelintegral beim Überschreiten der Stoßfront nicht mehr stetig ist und den für die schiefe Front erforderlichen Sprungterm liefert.

Die Lösung der homogenen Gleichung, nämlich $\mathfrak{u}_H$, folgt aus der Ableitung des ersten Integrals der rechten Seite von Gl. (191) nach x. Nach vorausgegangener

Integration des Anteils mit der Potentialbelegung gilt schließlich:

$$\mathfrak{u}_H = \frac{1}{2\pi}\int\limits_0^1 \left\{[\mathfrak{u}(\xi, +0) - \mathfrak{u}(\xi, -0)]\,\frac{\mathfrak{y}}{(\xi - x)^2 + \mathfrak{y}^2} - [\mathfrak{v}(\xi, +0) - \mathfrak{v}(\xi, -0)]\,\frac{\xi - x}{(\xi - x)^2 + \mathfrak{y}^2}\right\} d\xi.$$

Der erste Summand des Integrals liefert nur einen Beitrag der antisymmetrischen Lösung, also des Auftriebseffektes, der zweite Summand dagegen nur einen Beitrag der symmetrischen Lösung, des Dickeneffektes. Es empfiehlt sich daher bei der Darstellung von $\mathfrak{u}_H$ unter Umständen eine Aufspaltung in symmetrischen und antisymmetrischen Anteil gemäß Abschn. 9. Mit den dort verwendeten Symbolen führt das zu folgender Form:

$$\mathfrak{u}_H = \frac{1}{\pi}\int\limits_0^1 \left[\mathfrak{v}^+(\xi, +0)\,\frac{\xi - x}{(\xi - x)^2 + \mathfrak{y}^2} - \mathfrak{u}^-(\xi, +0)\,\frac{\mathfrak{y}}{(\xi - x)^2 + \mathfrak{y}^2}\right] d\xi.$$

Hierin erkennt man die Darstellung in den Gln. (VIII,7) und (VIII,11) von [·13], die sich nur in der Wahl der reduzierten Größen unterscheidet.

Der zweite Summand fällt bei reinem Dickenproblem weg. $\mathfrak{v}^+$ kann dann auf die Oberflächenneigung zurückgeführt werden, und es handelt sich um die in den reduzierten Variablen geschriebene Lösung der Prandtl-Regel. In dieser Form wurde die Integralgleichung erstmals vom Verfasser bekanntgegeben [37], [38] und auch in der ersten Auflage dieses Buches dargestellt. Der zweite Summand, also der Beitrag der Auftriebsströmung, ist aber im allgemeinen keineswegs jener der Prandtl-Lösung, denn im Integranden steht ja nicht die Geschwindigkeitsverteilung der Prandtl-Glauert-Analogie, die im folgenden mit $\mathfrak{u}_P$ bezeichnet wird, sondern jene der wirklichen Verteilung. Das ist darauf zurückzuführen, daß Kompressibilitätsquellen, die auf beiden Seiten der x-Achse symmetrisch auftreten, keine $\mathfrak{v}$-Komponente auf der Skelettlinie induzieren. Dagegen induzieren antisymmetrisch auftretende Kompressibilitätsquellen auf der Skelettlinie sehr wohl Wirbelverteilungen. Die homogene Lösung $\mathfrak{u}_H$ besteht daher aus einem der Prandtl-Regel entsprechenden Anteil $\mathfrak{u}_P^-$, der allein schon für die geforderte Anstellung und Wölbung des Profils sorgt, und einem zweiten Anteil, der die durch die nichtlinearen Glieder verursachte zusätzliche Wirbelverteilung auf der Skelettlinie kompensiert. Er sei mit $\mathfrak{u}_w^-$ bezeichnet und ist natürlich antisymmetrisch in $\mathfrak{y}$. Wird das Dickenglied und das Auftriebsglied der Prandtl-Regel in $\mathfrak{u}_P$ zusammengefaßt, so gewinnt man schließlich folgende Darstellung:

$$\mathfrak{u}_H = \mathfrak{u}_P + \mathfrak{u}_w.$$

$$\mathfrak{u}_P = \mathfrak{u}_P^+ + \mathfrak{u}_P^- = \frac{1}{\pi}\int\limits_0^1 \left[-\mathfrak{v}^+(\xi, +0)\,\frac{\xi - x}{(\xi - x)^2 + \mathfrak{y}^2} + \mathfrak{u}_P^-(\xi, +0)\,\frac{\mathfrak{y}}{(\xi - x)^2 + \mathfrak{y}^2}\right] d\xi,$$

$$\mathfrak{u}_w = \mathfrak{u}_w^- = \frac{1}{\pi}\int\limits_0^1 [\mathfrak{u}^-(\xi, +0) - \mathfrak{u}_P^-(\xi, +0)]\,\frac{\mathfrak{y}}{(\xi - x)^2 + \mathfrak{y}^2}\, d\xi. \tag{195}$$

Mit Gl. (194) und (195) ist das Integralgleichungsproblem der Strömung formuliert, wobei außer der Näherung für Schallnähe der Einfachheit halber nur noch die Annahme nahezu senkrechter Stöße getroffen wurde. Körperform und Anstellung kommen lediglich durch die Prandtlsche Lösung $\mathfrak{u}_p$ herein. Die gesuchte Lösung tritt allerdings nicht nur im Doppelintegral der Gl. (194) auf, sondern bei Auftriebsproblemen auch noch in der zusätzlichen Wirbelverteilung, letzte Gl. (195). Die mathematischen Schwierigkeiten liegen zunächst in der Nichtlinearität und dann noch im Aufwand, der sich aus der Abhängigkeit von zwei unabhängigen Veränderlichen ergibt.

28. Näherungsweise Lösung der Integralgleichung

Die Integralgleichung (194) ist im Rahmen schallnaher Näherung exakt. Das gilt auch für die Integralgleichung (193), bei der zwar in der Herleitung senkrechte Stoßfronten vorausgesetzt wurden, der durch diese Annahme hervorgerufene Fehler muß sich aber wie die Stoßfrontintegrale selbst wegheben. Die Integralgleichungen könnten also mit Hilfe elektronischer Rechenmaschinen einer numerischen Lösung zugeführt werden. Da jedoch bei gemischten elliptisch-hyperbolischen Problemen häufig Schwierigkeiten auftreten, ist es zweckmäßig, die Methode an einer eindimensionalen Integralgleichung zu entwickeln, die man für die Geschwindigkeitsverteilung auf der x-Achse erhält, wenn die $\mathfrak{u}$-Verteilung im Feld in den Integralen näherungsweise durch jene auf der x-Achse dargestellt wird. Dies läßt sich mit guter Näherung durchführen, womit eine recht brauchbare näherungsweise Darstellung der Strömung mit lokalen Überschallgebieten gewonnen wäre.

Es gibt im übrigen verschiedene Möglichkeiten der näherungsweisen Darstellung der Integrale. So kann das Doppelintegral beispielsweise partiell in η-Richtung integriert werden, wobei $\mathfrak{u}$ differenziert und der Kern integriert wird. Mit einer solchen Form werden im Buch von J. Zierep [•16] mehrere Beispiele gerechnet.

Für eine Darstellung der Geschwindigkeit in der Umgebung der Skelettlinie gibt es verschiedene Varianten, die sich auf die Ergebnisse quantitativ nur wenig auswirken [39]. Mit Rücksicht auf eine allfällige Auswertung der Stoßfrontintegrale in Gl. (193) wurde eine möglichst einfache Darstellung, nämlich ein linearer Geschwindigkeitsabfall auf der Geraden $x =$ konst. vom Wert auf der Skelettlinie $\mathfrak{u}(x, 0)$ auf den Wert in der Anströmung $\mathfrak{u} = 0$ angesetzt, für die Oberseite also:

$$0 \leqq k(x)\,\mathfrak{y} \leqq 1: \quad \mathfrak{u}(x, \mathfrak{y}) = \mathfrak{u}(x, +0)\,[1 - k(x)\,\mathfrak{y}]. \tag{196}$$

Der Ansatz setzt im Übergeschwindigkeitsbereich, $\mathfrak{u}(x, +0) > 0$, überall konvexes Profil voraus und müßte für konkave Profilteile und für das „An- und Abströmgebiet" erweitert werden. Eine solche Verallgemeinerung ist durchaus möglich [12]. Sie ist aber von nicht allzu großer Bedeutung, wie in der zitierten Arbeit selbst gezeigt wurde, und hat mit dem eigentlichen transsonischen Problem wenig Berührung.

Die Funktion $k(x)$ läßt sich auf Werte an der x-Achse allein zurückführen. Es handelt sich bei ihr im wesentlichen um eine reduzierte Krümmung, denn es gilt mit Gl. (196) auf $\mathfrak{y} = +0$:

$$\frac{\partial \mathfrak{u}}{\partial \mathfrak{y}} = \frac{\partial \mathfrak{v}}{\partial x} = -k(x)\, \mathfrak{u}(x, +0). \tag{197}$$

Unter der vorhin getroffenen Annahme konvexer Krümmung im Übergeschwindigkeitsbereich gilt:

$$\frac{\partial \mathfrak{v}}{\partial x} < 0, \qquad \mathfrak{u}(x, +0) > 0, \qquad k(x) > 0.$$

Der Ansatz (196) in das Doppelintegral von Gl. (193) oder (194) eingeführt, wobei natürlich nur bis zur oberen Grenze $\eta = 1/k(\xi)$ integriert werden darf, führt für den Beitrag der oberen Halbebene zu folgendem Zwischenergebnis auf der Skelettlinie $\mathfrak{y} = 0$:

$$\frac{1}{2\pi} \int\limits_{\xi=-\infty}^{+\infty} \int\limits_{\eta=0}^{\infty} \frac{1}{2}\, \mathfrak{u}^2(\xi, \eta)\, \frac{(\xi - x)^2 - \eta^2}{[(\xi - x)^2 + \eta^2]^2}\, d\eta\, d\xi$$

$$= \frac{1}{2\pi} \int\limits_{\xi=-\infty}^{+\infty} \frac{1}{2}\, \mathfrak{u}^2(\xi, +0) \left\{ \int\limits_{\eta=0}^{1/k(\xi)} [1 - k(\xi)\, \eta]^2\, \frac{(\xi - x)^2 - \eta^2}{[(\xi - x)^2 + \eta^2]^2}\, d\eta \right\} d\xi$$

$$= \frac{1}{2\pi} \int\limits_{-\infty}^{+\infty} \frac{1}{2}\, \mathfrak{u}^2(\xi, +0) \left\{ \int\limits_{0}^{1} (1 - t)^2\, \frac{k^2(\xi)\, (\xi - x)^2 - t^2}{[k^2(\xi)\, (\xi - x)^2 + t^2]^2}\, dt \right\} k(\xi)\, d\xi$$

mit $t = k(\xi)\, \eta$.

Für das t-Integral sei nun ein spezielles Funktionssymbol eingeführt:

$$E(z) = \frac{1}{2\pi} \int\limits_0^1 \frac{z^2 - t^2}{[z^2 + t^2]^2}\, (1 - t)^2\, dt = \frac{1}{\pi} \left[\ln \frac{\sqrt{1 + z^2}}{z} + z \ln \frac{1}{z} - 1 \right]. \tag{198}$$

Diese Einflußfunktion ist bezüglich des Argumentes z symmetrisch, sie ist im ganzen Bereich positiv und weist im Punkte $z = 0$ eine logarithmische Singularität auf, also eine Singularität harmlosester Art, Abb. 50. Das hat die wichtige Folge, daß ein Sprung im Werte von $\mathfrak{u}^2$, wie er im Verdichtungsstoß auftritt, keinen Sprung des Integrales zur Folge hat. Das „Kompressibilitätsintegral" verläuft an der Stoßstelle demgemäß stetig. Die genannten Eigenschaften bleiben auch für andere Ansätze als jene von Gl. (196) erhalten. Sie haben alle den Vorteil, daß sich das Näherungsintegral für die „Kompressionsquellen" nur aus positiven Beiträgen zusammensetzt, soweit die Krümmung des Profiles, also $k(x)$, das Vorzeichen nicht ändert.

Die Form der Funktion $E(z)$ hängt deshalb nur relativ wenig vom Ansatz (196) ab, weil sowohl $\mathfrak{u}^2$ als auch der Kern des Doppelintegrales mit η sehr rasch abnimmt. Es kommt also bei diesem Integral vor allem auf den Wert von $\mathfrak{u}$ auf der Skelettlinie sowie auf den Geschwindigkeitsabfall mit η gemäß Gl. (197) an.

Bei einem symmetrischen, nicht angestellten Profil ist der Beitrag der Kompressibilitätsquellen beiderseits der Skelettlinie derselbe. Für diesen Fall stellt sich Gl. (194) in sehr guter Näherung auf der Achse, $\mathfrak{y} = 0$, also wie folgt dar:

$$\mathfrak{u} - \frac{\mathfrak{u}^2}{2} = \mathfrak{u}_P - \int\limits_{-\infty}^{+\infty} \mathfrak{u}^2(\xi, 0)\, E\big(k(\xi)\,(\xi - x)\big)\, k(\xi)\, \mathrm{d}\xi. \tag{199}$$

Da $k(\xi)$ gemäß Gl. (197) $\mathfrak{u}(x, 0)$ als Faktor enthält, würde sich bei Einführen der Profilkrümmung im Integranden $\mathfrak{u}(x, 0)$ wegkürzen. Gleichzeitig tritt aber dann $\mathfrak{u}(x, 0)$ im Argument der Funktion E auf. Eine formale Vereinfachung wird also durch Einführung der reduzierten Profilkrümmung nicht erreicht.

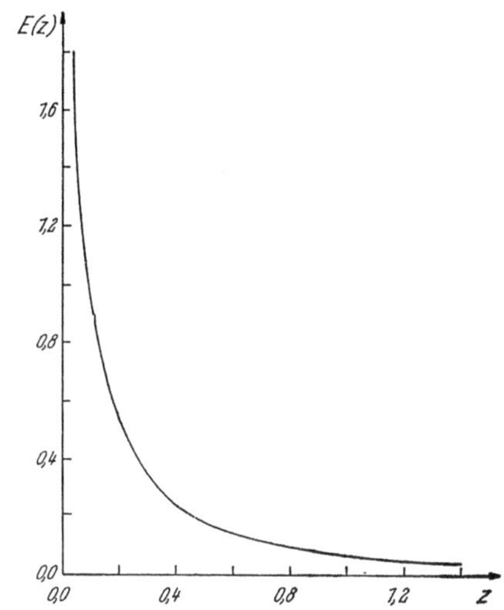

Abb. I,50. Die Einflußfunktion $E(z)$.

Beim Verdrängungsproblem, also bei symmetrischen nicht angestellten Profilen, braucht $\mathfrak{u}$ an der Ober- und Unterseite der Skelettlinie nicht unterschieden zu werden, und gemäß Gl. (195) ist in diesem Fall die homogene Lösung $\mathfrak{u}_H$ gleich der in die reduzierten Größen umgeschriebenen Prandtl-Lösung. Die der Stromdichte entsprechende linke Gleichungsseite kann den Wert $\mathfrak{u} - \mathfrak{u}^2/2 = 0{,}50$ nicht überschreiten; es ist der Maximalwert bei Schallgeschwindigkeit $\mathfrak{u} = 1$. Da aber $\mathfrak{u}_P$ bei kritischer Strömung den Wert $\mathfrak{u}_P = 1$ annimmt, muß das Quellintegral bei überkritischer Strömung erhebliche Beiträge liefern. Dieses wird jedoch im allgemeinen den Wert $\mathfrak{u}/2$ nicht wesentlich überschreiten, da $\mathfrak{u}$ in der Umgebung des Dickenmaximums des Profiles wohl erheblich größer als $\mathfrak{u}_P$ ist, vor und hinter dem Geschwindigkeitsmaximum aber nirgends wesentlich unter $\mathfrak{u}_P$ liegt, vgl. etwa Abb. 53. Da die Einflußfunktion $E(z)$ mit z rasch abklingt und ausgedehnte Gebiete großen $\mathfrak{u}$-Wertes vor allem im Übergeschwindigkeitsbereich auftreten, kommt es bei der Berechnung kritischer und überkritischer Strömungen auf die Beiträge des Integrales im kritischen und überkritischen Bereich an. Die

Beiträge an den Staupunkten können für nicht allzu anspruchsvolle Rechnungen vernachlässigt werden. In der Darstellung (199) fällt der Beitrag im An- und Abströmgebiet überhaupt weg, weil auf der Staustromlinie $k(x) = 0$ ist.

Die Berechnung der unterkritischen und kritischen Strömung mit Hilfe der Integralgleichung (199) macht keine Schwierigkeiten, indem man ausgehend von der Prandtl-Lösung das Quellintegral nähert und dann iterativ die Geschwindigkeit ermittelt. Dabei stellt sich die Frage, ob $\mathfrak{u}^2/2$ bei der Iteration auf die linke oder auf die rechte Seite kommen soll. Im allgemeinen ergeben sich in der Nähe der kritischen Geschwindigkeit, $\mathfrak{u} = 1$, Probleme, wenn direkt mit Gl. (199) iteriert wird, weil die Diskriminante der quadratischen Gleichung genau an der Stelle $\mathfrak{u} = 1$ verschwinden muß.

Die schnellste Konvergenz erhält man in der Nähe der kritischen Strömung nach NIXON und HANCOCK, wenn auf jeder der beiden Gleichungsseiten die Hälfte des quadratischen Gliedes, also $\mathfrak{u}^2/4$ steht. Es steht dann also auf der linken Gleichungsseite $\mathfrak{u} - \mathfrak{u}^2/4$, d. i. das arithmetische Mittel von Geschwindigkeits- und Stromdichtestörung. Eine solche Vorgangsweise erinnert an die alte Näherung von KRAHN, bei der mit dem geometrischen Mittel der vollständigen Geschwindigkeit und Stromdichte operiert wurde, vgl. [•11], Abschn. VII,5. Abb. 51 zeigt ein

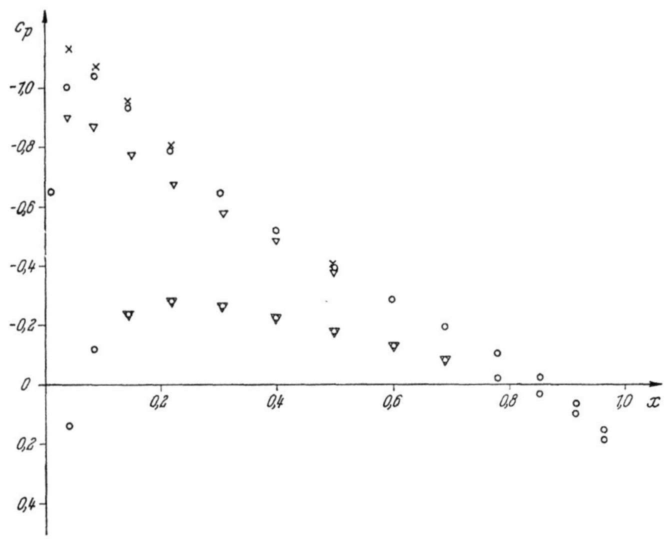

Abb. I,51. Druckverteilung nach [40] am Profil NACA 012, bei 2° Anstellung und $M_\infty = 0{,}63$.

solches von NIXON und HANCOCK berechnetes Beispiel bei annähernd kritischer Strömung um einen angestellten Flügel [40], und zwar die erste Näherung (× × ×), die zweite Näherung (○ ○ ○) und eine verbesserte lineare Lösung (▽ ▽ ▽). Weitere Beispiele gibt unter andern H. NÖRSTRUD an [35].

Selbstverständlich enthält Gl. (199) auch einen, das lokale Überschallgebiet allenfalls abschließenden senkrechten Stoß, und es liegt nahe, mittels dieser Integralgleichung oder einer entsprechenden, auf das Auftriebsproblem erweiterten Integralgleichung Profilströmungen mit lokalen Überschallgebieten zu berechnen.

Die Beispiele in den Originalarbeiten [37] und [38] wurden mit Hilfe von Ansätzen für die Geschwindigkeitsverteilung auf der Skelettlinie ermittelt, Ansätze, die die Integralgleichung in einigen wenigen Punkten exakt befriedigen. Eine Verallgemeinerung dieser nicht iterativen Methode mit dem Ziel der Erfüllung der Integralgleichung in einer größeren Anzahl von Punkten scheint aber nicht ohne weiteres möglich zu sein. T. GULLSTRAND [12] hat dann im wesentlichen in der Weise iteriert, daß er die Stoßlage festhielt und die dazugehörige Anströmmachzahl M_∞ iterativ ermittelte, Abb. 52. Diese Vorgangsweise erscheint deshalb

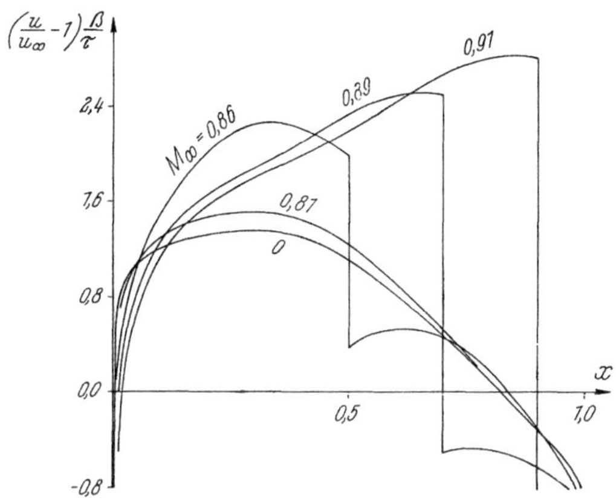

Abb. I,52. Geschwindigkeitsverteilung am Profil NACA 63A006 nach [12].

berechtigt, weil die Stoßlage im untersuchten Machzahlbereich besonders empfindlich von M_∞ abhängt. Damals standen noch keine Computer zur Verfügung. Es wurde also in nicht allzu vielen Punkten gerechnet, und die Iteration wurde bei befriedigenden Resultaten bald beendet.

T. GULLSTRAND ermittelte im übrigen auch Lösungen für wenig angestellte Profile und Lösungen bei $M_\infty = 1$. Der Vergleich mit Versuchen [11] erwies sich auch im letzteren Fall als einigermaßen befriedigend.

Mit der Entwicklung der elektronischen Rechenmaschinen ergaben sich auch für die Lösung der Integralgleichung neue Möglichkeiten. Hier sind vor allem die Arbeiten von H. NÖRSTRUD [35] und [39] zu nennen, die eine Reihe von Lösungsergebnissen enthalten, darunter auch solche bei Anstellung sowie weitere an Flügeln endlicher Streckung. Eine davon mit lokalem Überschallgebiet ist in Abb. 53 wiedergegeben. Die Methode erfordert allerdings noch einige Vorsicht und Erfahrung. Das hängt damit zusammen, daß mit der Stromdichte auf der linken Seite iteriert wurde, im großen und ganzen gemäß folgender Gleichung:

$$\mathfrak{u}_n - \frac{\mathfrak{u}_n^2}{2} = \mathfrak{u}_P - \int\limits_{-\infty}^{+\infty} \mathfrak{u}_{n-1}^2(\xi, 0)\, E\, k(\xi)\, \mathrm{d}\xi . \qquad (200)$$

Das Kompressibilitätsintegral wird also mit der $\mathfrak{u}$-Verteilung des vorangegangenen, $(n-1)$-ten Schrittes berechnet. Aus der ermittelten Stromdichte

$\mathfrak{u}_n - \mathfrak{u}_n^2/2$ wird dann die Geschwindigkeitsverteilung im n-ten Schritt ermittelt. Damit dies jedoch gelingt, muß dafür gesorgt werden, daß das Kompressibilitätsintegral des vorangegangenen Schrittes eine Verteilung liefert, die zusammen mit $\mathfrak{u}_P$ nirgends den Wert 1/2 überschreitet und an einer Stelle diesen Maximalwert genau erreicht, die dann die Stelle des Schalldurchgangs bei Beschleunigung, also den Beginn des lokalen Überschallgebietes, darstellt.

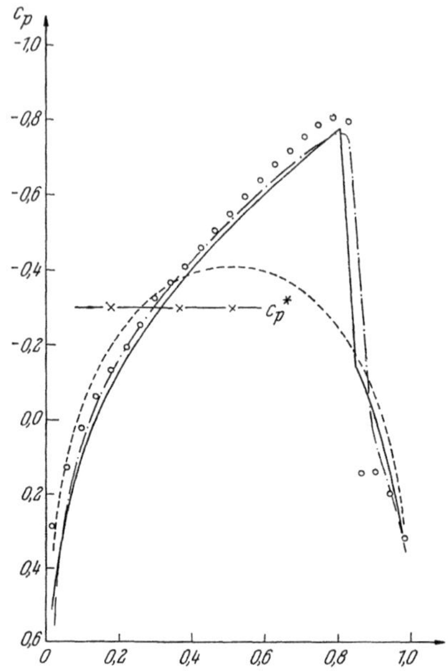

Abb. I,53. Druckverteilung am Parabelbogenzweieck, $\tau = 0{,}084$, $M_\infty = 0{,}85$. ○○○ H. Nörstrud; —— [43]; ––– Prandtl-Lösung; —·—·— [58].

Verwandt mit diesem Vorgehen ist die Methode von Nixon und Hancock [40], siehe auch [••24]. Diese Autoren arbeiten im übrigen mit der nicht vereinfachten Integralgleichung (194).

Der skizzierten Schwierigkeit mit der Stromdichte entgeht man, wenn die Iteration gemäß Gl. (201) durchgeführt wird:

$$\mathfrak{u}_n = \mathfrak{u}_P - \frac{1}{2}\,\mathfrak{u}_{n-1}^2 - \int\limits_{-\infty}^{+\infty} \mathfrak{u}_{n-1}(\xi, 0)\, E\, k(\xi)\, d\xi\,. \qquad (201)$$

Hier wird also die Geschwindigkeitsverteilung im n-ten Schritt direkt aus der Verteilung des vorangegangenen Schrittes ermittelt. Dabei gibt es stets ein Ergebnis, da es für den Wert von $\mathfrak{u}_n$ keine Einschränkung gibt. Die Problematik liegt hier jedoch in der Konvergenz der Methode, die im Überschallbereich Schwierigkeiten bereitet. Es kann z. B. sehr leicht zur Bildung von Verdünnungsstößen kommen, ein unerwünschtes aber mathematisch gerechtfertigtes Ergebnis, das auch bei völlig anderen Methoden gelegentlich auftritt.

Ein Fortschritt bei der iterativen Lösung von Gl. (201) scheint in letzter Zeit durch A. FROHN [41] erzielt worden zu sein. Zur Erläuterung sei zunächst Gl. (193) herangezogen. Durch Subtraktion einer Sprunglösung von $\mathfrak{u}$, also des den Verdichtungsstoß darstellenden Integrals, wird die linke Seite von Gl. (193) zu einer im ganzen Bereich stetigen Lösung. Daher muß auch die rechte Gleichungsseite im ganzen Bereich stetig sein. Mathematische Untersuchungen zeigen nämlich, daß die Schwierigkeit bei der Konvergenz iterativer Lösungen vor allem in der Umgebung mathematischer Unstetigkeiten auftritt, wie eine solche durch die Stoßfront bedingt ist.

Das Wesentliche der Methode von A. FROHN besteht in einer Abspaltung des unstetigen Anteiles:

$$\mathfrak{u} = \mathfrak{u}_c + \mathfrak{u}_d. \tag{202}$$

Der erste Summand der rechten Seite sei der kontinuierliche Anteil, der zweite der diskontinuierliche Beitrag. Beispiele für den Verlauf dieses zweiten Anteils gibt Abb. 54. Dabei sind mindestens drei Parameter frei: die Lage der Sprungstelle, die Sprunghöhe an der Diskontinuität und die Erstreckung des Abklingens stromauf- und stromabwärts.

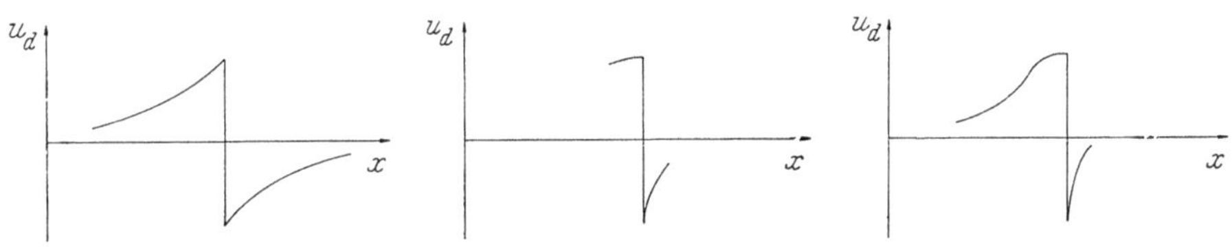

Abb. I,54. Unstetiger Geschwindigkeitsanteil.

Es wird nun eine Integralgleichung für $\mathfrak{u}_c$ aufgestellt und daneben eine Gleichung für die Sprunghöhe. Es läßt sich leicht zeigen, daß der Sprung stets an einer Stelle $\mathfrak{u}_c = 1$ liegen muß, an der $\mathfrak{u}_c$ fallend zu Werten $\mathfrak{u}_c < 1$ übergeht. Die Methode konvergiert unter bestimmten Voraussetzungen sehr schnell, ist aber noch nicht ohne Probleme, weshalb auf eine weitere Darstellung des Verfahrens hier verzichtet wird. Da die Methode jedoch grundsätzliches Interesse besitzt, sollte sie nicht unerwähnt bleiben.

Die Konvergenzschwierigkeiten werden vermieden, wenn die Geschwindigkeitsverteilung vorgegeben und die dazugehörige Profilform und Anstellung gesucht wird. Dieser Weg, der für den Entwurf geeigneter Profile Bedeutung besitzt, wird von H. HANSEN [42] beschritten, siehe diesbezüglich auch [••16].

29. Numerisches Verfahren von Murman und Cole

Angesichts der weiten Möglichkeiten, die die elektronischen Rechenmaschinen heute bieten, liegt die Entwicklung numerischer Verfahren nahe. Eine besonders erfolgreiche Methode wurde von E. M. MURMAN und J. D. COLE [43] zunächst für stationäre ebene schallnahe Strömung entwickelt und dann von J. A. KRUPP und E. M. MURMAN [44] erweitert. Ihr Konzept besitzt grundsätzliches Interesse und soll daher im folgenden skizziert werden.

Es handelt sich um die Darstellung der Differentialgleichung für Schallnähe, Gl. (190), als Differenzengleichung. Die Auflösung des Strömungsfeldes in ein Gitterpunktfeld liefert dann ebensoviel Gleichungen für das Störpotential $\varphi_{i,j}$, wie das Netzwerk Gitterpunkte aufweist. Der erste Index bezieht sich dabei auf die Kolonne i, der zweite Index auf die Zeile j des rechteckigen Netzes. $j = 0$ stellt die x-Achse dar.

Mit $\Delta\mathfrak{y}$ als Gitterpunktabstand in $\mathfrak{y}$-Richtung erhält man dann mit einer Genauigkeit zweiter Ordnung:

$$\varphi_{\mathfrak{y}\mathfrak{y}} = \frac{1}{(\Delta\mathfrak{y})^2}\left[\varphi_{i,j+1} - 2\varphi_{i,j} + \varphi_{i,j-1}\right]. \tag{203}$$

Auf der Skelettlinie $j = 0$ muß mit Rücksicht auf die dort vorgegebene Randbedingung eine spezielle Formel gelten, deren Herleitung keine Schwierigkeiten bietet und die im übrigen für alle derartigen numerischen Gitterverfahren dieselbe ist.

Im elliptischen Bereich hängt der Strömungszustand hinter einem Punkt auch von den Vorgängen stromabwärts ab. Dies wird durch die Gitterpunktgruppierung in Abb. 55 links berücksichtigt. Dort erhält man mit einer Genauigkeit von der zweiten Ordnung für die beiden Terme mit den x-Ableitungen in Gl. (190):

$$\begin{aligned}\varphi_{xx} &= \frac{1}{(\Delta x)^2}\left[\varphi_{i+1,j} - 2\varphi_{i,j} + \varphi_{i-1,j}\right];\\ \varphi_x\varphi_{xx} &= \frac{1}{2(\Delta x)^2}\left[\varphi_{i+1,j} - \varphi_{i-1,j}\right]\cdot\left[\varphi_{i+1,j} - 2\varphi_{i,j} + \varphi_{i-1,j}\right].\end{aligned} \tag{204}$$

Die Gitterpunktabstände Δx und $\Delta\mathfrak{y}$ können im elliptischen Gebiet gleich groß gewählt werden. Durch Einsetzen der Differenzenausdrücke (203) und (204) in Gl. (190) erhält man bereits die erforderlichen Beziehungen im Unterschallbereich.

Im Überschallbereich ist darauf zu achten, daß bei einem Fortschreiten stromabwärts nirgends das Einflußgebiet der Ausgangswerte überschritten wird. Würde beispielsweise in Abb. 55 links der Zustand im Punkt $P_{i+1,j}$ aus den Zuständen in den übrigen 4 Punkten berechnet werden, so würde eine solche Berechnung nur dann konvergieren, wenn der Punkt $P_{i+1,j}$ im Einflußbereich der Punkte

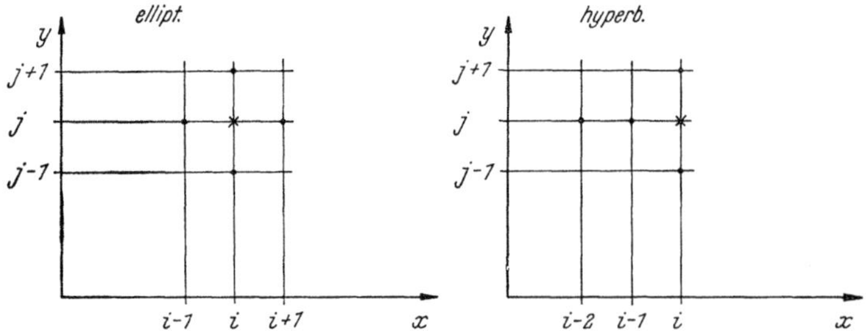

Abb. I,55. Gitterpunktgruppierung im elliptischen und hyperbolischen Bereich.

$P_{i,j+1}$ und $P_{i,j-1}$ liegen würde. Damit kann aber im allgemeinen nicht gerechnet werden, zumal der Einflußbereich von der Höhe der lokalen Überschallgeschwindigkeit abhängt. Aus dem Grunde wurde von den Verfassern [43] zur Berechnung des Zustandes im Punkte $P_{i,j}$ die Punktgruppierung von Abb. 55 rechts gewählt. Hier liegt der gesuchte Zustand auch noch bei Schallgeschwindigkeit im Einflußbereich aller vorgegebenen Zustände in den Punkten $P_{i-2,j}$; $P_{i-1,j}$; $P_{i,j+1}$ und $P_{i,j-1}$. Damit ist die Konvergenz der Methode gesichert. Für Schall- oder Überschallgeschwindigkeit im Punkt $P_{i,j}$ ändert sich zwar nichts in der Beziehung (203), anstelle von Gl. (204) muß jedoch treten:

$$\begin{aligned} \varphi_{xx} &= \frac{1}{(\Delta x)^2}\,[\varphi_{i,j} - 2\varphi_{i-1,j} + \varphi_{i-2,j}]; \\ \varphi_x\varphi_{xx} &= \frac{1}{2(\Delta x)^3}\,[\varphi_{i,j} - \varphi_{i-2,j}]\,[\varphi_{i,j} - 2\varphi_{i-1,j} + \varphi_{i-2,j}]. \end{aligned} \qquad (205)$$

Die Beziehung (205) folgt aus den Beziehungen (204) einfach durch Verminderung des ersten Index um den Wert 1. Da die Ableitung (203) nun nicht innerhalb der Punkte $P_{i-2,j}$, $P_{i-1,j}$ und $P_{i,j}$ gebildet wird sondern am Randpunkt $P_{i,j}$, ist die Genauigkeit der Beziehung (203) nur mehr von erster Ordnung. Man kann die Genauigkeit durch Zuhilfenahme des Punktes $P_{i-3,j}$ um eine Ordnung erhöhen. Dies wurde von den Verfassern auch durchgeführt, aber an Hand der Ergebnisse als nichtlohnend erkannt. Somit reicht die Genauigkeit der Beziehung (203) also aus.

Der wesentliche Vorteil der gewählten Gitterpunkte für den Überschallbereich liegt darin, daß dasselbe Netzwerk für den elliptischen und den hyperbolischen Bereich verwendet werden kann und sich die beiden Bereiche nur durch die Wahl der Gitterpunktkombination unterscheiden. Freilich muß laufend kontrolliert werden, ob im Aufpunkt Unter- oder Überschallgeschwindigkeit herrscht, um die richtige Wahl der Gruppierung im folgenden zu treffen. Eine solche Vorgangsweise ist jedoch typisch für die vorliegende Aufgabe und sehr wahrscheinlich der Grund für das gute Funktionieren der Methode.

Der Rechenaufwand der skizzierten Methode ist allerdings sehr groß und kann nur mit elektronischen Rechnern großer Kapazität bewältigt werden. Im vorliegenden Fall wurden auf der Profilsehne im allgemeinen 40 Netzpunkte äquidistant verteilt. In die Strömung hinein wurden dagegen Streckungen des Gitterabstandes vorgenommen, um im Gebiet abklingender Störungen nicht unnötig viel zu rechnen. Für einen „typischen Fall" geben die Verfasser für die Auflösung des Gleichungssystems 400 Iterationen an! Dennoch ist eine solche Berechnung billiger als Versuche in Windkanälen bei Schallnähe und ausreichend hohen Reynoldszahlen, wenn die Kanalamortisation und alle Nebenkosten berücksichtigt werden.

In der Originalarbeit [43] sind Ergebnisse für das Kreisbogenzweieck vom Dickenverhältnis $\tau = 0{,}06$ und der Vergleich mit Versuchen bei einer Reynoldszahl von $\mathrm{Re} = 2 \cdot 10^6$ wiedergegeben. Die Übereinstimmung ist sehr zufriedenstellend. Die theoretischen Ergebnisse für das reduzierte Dickenverhältnis von $\tau_{\mathrm{red}} = 1{,}06$ sind in Abb. 53 in die dort verwendeten Variablen übertragen.

Abb. 56 zeigt den Vergleich von Theorie und Versuch an einem Rotationskörper [44]. Zur Vermeidung der Singularität auf der Körperachse werden für die Rechnung hier im wesentlichen dieselben Größen herangezogen wie beim Ähnlichkeitsgesetz für Rotationskörper, Abschn. 10, nämlich der „Raumeinfluß" und die y-Komponente der Stromdichte. Die Ergebnisse in Abb. 56 sind jedoch nicht

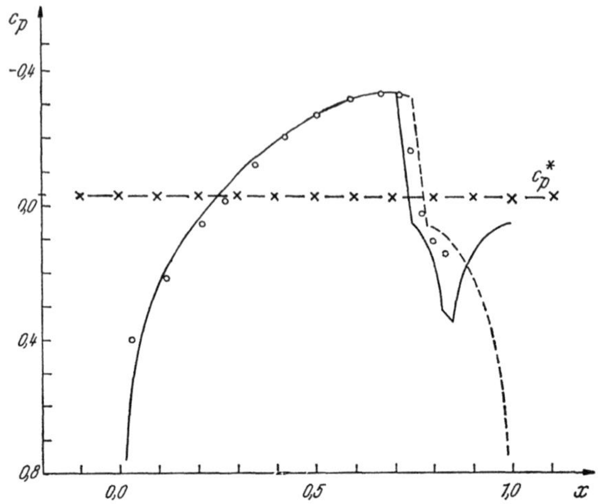

Abb. I,56. Druckverteilung an einer Parabelbogenspindel.

in Form der Ähnlichkeitsgrößen sondern in der anschaulichen Form des nichtreduzierten Druckkoeffizienten aufgetragen. Das Beispiel entspricht mit $M_\infty = 0{,}98$ und einem Dickenverhältnis der Spindel von $\tau = 1/6$ einem schallnahen Parameter gemäß Gl. (81) von:

$$u_{1\infty}^{+} = \frac{4}{\pi} \frac{M_\infty^2 - 1}{(\varkappa + 1)\tau^2} = 0{,}76.$$

Der Parameter liegt ziemlich nahe bei jenem der ebenen Strömung mit starken Überschallgebieten. Allzu weitgehende Schlüsse dürfen aus diesem Vergleich von ebener und achsensymmetrischer Strömung allerdings nicht gezogen werden. Die Methode vermag auch die geringen Unterschiede von Umströmung des Modelles mit ‚ausgezogen' und ohne Halter ‚gestrichelt' wiederzugeben. Die Übereinstimmung mit dem Experiment [34] ‚kleine Kreise' ist sehr zufriedenstellend.

30. Verfahren von Garabedian und Korn

Im folgenden sei ein indirektes Verfahren kurz skizziert, dessen Idee auf den erstgenannten Verfasser zurückgeht. Es wurde erfolgreich bis zur Anwendungsreife entwickelt und beansprucht auch deshalb näheres Interesse, weil es mit den bisher dargestellten Methoden nur entfernt verwandt ist. Es ist auf ebene Strömungen beschränkt.

Die Verfasser gehen im Überschallbereich von den Charakteristiken als unabhängigen Veränderlichen aus. Die Charakteristiken gestatten in diesem Bereich besonders einfache Lösungen. Aber auch im Unterschallbereich werden die Charakteristiken als Unabhängige verwendet. Dort sind sie jedoch komplex. Bei $M < 1$ wird also in einem vierdimensionalen Raum gearbeitet. Die Achsen dieses Raumes sind Real- und Imaginärteile der beiden komplexen Charakteristiken. Dort werden die reellen Lösungen der Unterschallströmungen gesucht. Sie liegen offenbar in jener Ebene des vierdimensionalen Raumes, in der die beiden Koordinaten der Achsen der Realteile einander gleiches und die Koordinaten der Achsen der Imaginärteile entgegengesetztes Vorzeichen aufweisen. Die Entwicklung dieser mathematisch anspruchsvollen Methode ist in [46] dargestellt. Sie liefert exakte Lösungen, wobei sich gleichzeitig die Profilform und die dazugehörige Geschwindigkeitsverteilung ergibt. Es handelt sich demnach um eine indirekte Methode; sie hat mit der Rheographenmethode eine gewisse Verwandtschaft. Die Lösungsebene im vierdimensionalen Unterschallraum ist mit der Rheographenebene durch eine konforme Abbildung verknüpft.

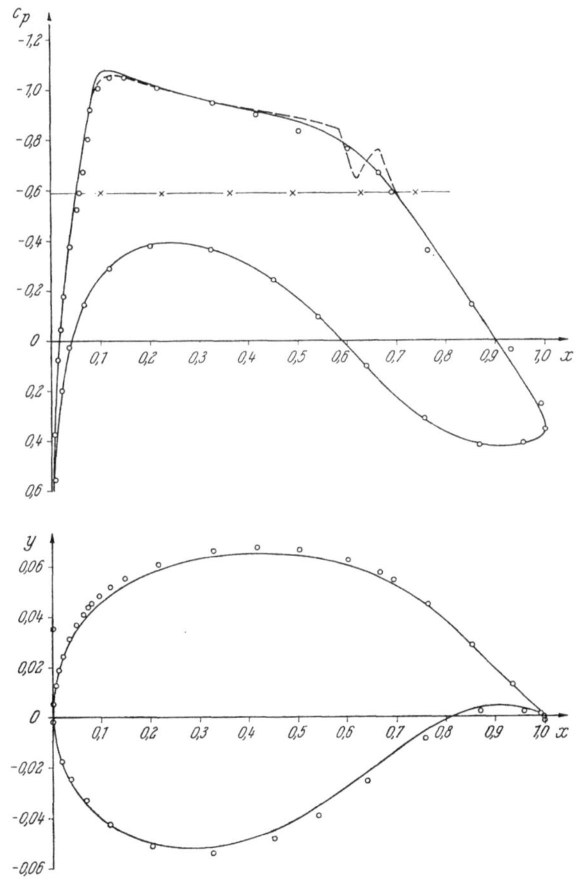

Abb. I,57. Druckverteilung am darunter angegebenen Profil nach [46] ——, nach [47] ○○○, sowie nach [45] — — —.

Abb. 57 zeigt eine stoßfreie Strömung mit lokalem Überschallgebiet auf der Saugseite eines tragenden Profiles. Auf der Druckseite herrscht im vorliegenden Fall reine Unterschallströmung. In die Abbildung ist auch ein von H. SOBIECZKY [47] gewonnenes Ergebnis eingetragen. Es wurde durch Lösung der vollständigen Beltrami-Gleichungen, also nicht Gl. (108), sondern Gl. (VI,71) aus [•13], mit Hilfe einer rheoelektrischen Analogie ermittelt. Dieses weicht sowohl in der Profilform wie in der zugehörigen Druckverteilung etwas von der exakten Garabedian-Korn-Lösung ab. Weiter zeigt die Abbildung noch ein Resultat, das für das vorgegebene Profil mit Hilfe des im letzten Abschnitt wiedergegebenen Verfahrens [45] berechnet wurde. Es zeigt nur an einer Stelle eine stärkere Abweichung von der exakten Lösung. Die Abweichung hängt mit der begrenzten Genauigkeit aller numerischen Methoden zusammen. Sie deutet aber auch auf eine gewisse Empfindlichkeit der Druckverteilung an gewissen Stellen gegenüber Änderungen der Profilform hin.

Es gibt inzwischen auch Versuchsergebnisse für das genannte Profil, und zwar von POLLOK und FAIRLIE, [••16] pp. 289—296. Die Versuche weichen jedoch von der Theorie stärker ab als die verschiedenen Berechnungen es untereinander tun. Das mag an den Windkanaleffekten liegen, an Grenzschichteinflüssen oder auch an den hohen Ansprüchen an die Modellherstellung. In jedem Fall zeigt sich auch hier wieder die große Empfindlichkeit schallnaher Strömung gegenüber irgendwelchen Störungen oder Ungenauigkeiten.

Abb. 58 schließlich zeigt das lokale Überschallgebiet der exakten Lösung. Die mit den genannten Näherungslösungen ermittelten lokalen Überschallgebiete unterscheiden sich im übrigen kaum von den gezeigten; auf ihre Eintragung wurde daher verzichtet.

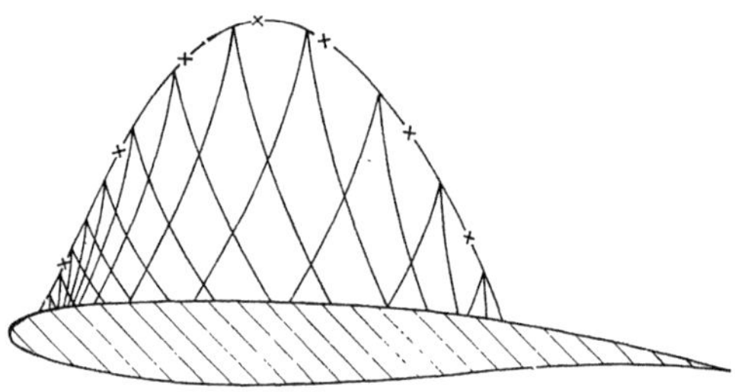

Abb. I,58. Profil „Shockless Lifting Airfoil Nr. 1" (GARABEDIAN u. KORN).

31. Äquivalenzsatz

Für Flügel ausreichend kleiner Streckung gilt in der Körperumgebung die Laplace-Gleichung in Querschnittsebenen $x =$ konst., Gl. (38). Sie lautet in nicht reduzierten Koordinaten für das Störpotential:

$$\varphi_{1yy} + \varphi_{1zz} = 0. \tag{206}$$

Alle späteren Ergebnisse zeigen, daß die Gültigkeit von Gl. (206) sehr weit gespannt ist. Mit σ als halber Streckung erhält man in Schallnähe bis zu $\sigma \to 1$ noch recht brauchbare Ergebnisse. Die folgenden Resultate sind auch in den Linearisierungsgebieten der Über- und Unterschallströmung verwendbar, wenngleich das weiteste Anwendungsgebiet bei Schallnähe liegt. Bei Überschallanströmung soll die Flügelspannweite kleiner als der halbe Kopfwellendurchmesser sein:

$$\sigma \cdot \cot \alpha_\infty < 1/2.$$

Zunächst seien Flügel ins Auge gefaßt, die sich durch Belegung der Skelettfläche zwischen $-s(x) \leqq z \leqq s(x)$ darstellen lassen, Abb. III,7. Werden sowohl Dickeneffekte als auch Auftriebseffekte berücksichtigt, dann ist die Dickenverteilung durch eine Quellverteilung, also eine v_1^+-Verteilung darzustellen:

$$\varphi_1^+(x, y, z) = \frac{1}{\pi} \int_{-s(x)}^{+s(x)} v_1^+(x, +0, \zeta) \ln \sqrt{y^2 + (z-\zeta)^2}\, d\zeta + R(x). \tag{207}$$

Die Lösung hat für jede Ebene $x =$ konst. gesondert zu erfolgen. Es handelt sich also um ein „ebenes" Problem in Querschnitten $x =$ konst., bei dem die Koordinate x in die v_1^+-Komponente, in die Grenze $s(x)$ und in die additive Funktion $R(x)$ eingeht. Gl. (207) genügt der Randbedingung auf der Skelettlinie

$$-s(x) < z < s(x): \quad \varphi_{1y}^+(x, +0, z) = v_1^+(x, +0, z), \tag{208}$$

was wegen der nahen Verwandtschaft zur ebenen Strömung kaum gesondert untersucht zu werden braucht.

Man findet die Zusammenhänge beispielsweise durch folgende Substitution in den Gleichungen von Abschnitt VIII,4 in [•13]:

$$x \to -z, \qquad \xi \to -\zeta, \qquad u_1 \to -w_1. \tag{209}$$

Gl. (207) genügt selbstverständlich der Differentialgleichung (206). Die Randbedingung in großer Entfernung, also die Bedingung des Verschwindens der Störungen im Unendlichen wird noch zu prüfen sein.

Der in y antisymmetrische Anteil des Störpotentials sei durch eine w_1^--Belegung der Skelettlinie dargestellt, was einer Belegung mit Wirbeln deren Achsen parallel zur x-Achse liegen, gleichkommt. Wieder im Hinblick auf die Analogie zur ebenen Strömung ist dann:

$$\varphi_1^- = -\frac{1}{\pi} \int_{-s(x)}^{+s(x)} w_1^-(x, +0, \zeta) \operatorname{arctg} \frac{y}{z-\zeta}\, d\zeta. \tag{210}$$

Eine additive Funktion von x kann hier nicht auftreten. Sie würde der Bedingung $\varphi_1^-(x, y, z) = -\varphi_1^-(x, -y, z)$ widersprechen. Wieder genügt (210) der Differentialgleichung (206) und der Randbedingung auf der Skelettlinie

$$-s(x) < z < s(x): \quad \varphi_{1z}^-(x, +0, z) = w_1^-(x, +0, z), \tag{211}$$

wie leicht zu verifizieren ist.

Die in Gl. (210) enthaltene Theorie der Tragflügel kleiner Streckung geht auf R. T. Jones zurück, [54].

Soll φ_{I}^{-} nicht durch die Wirbelverteilung, also die w_{I}^{-}-Verteilung, dargestellt werden, sondern durch die Form der Platte, also die v_{I}^{-}-Verteilung, so wäre ähnlich wie bei ebener Strömung eine Integralgleichung zu lösen, womit man zu ganz ähnlichen Ergebnissen wie dort gelangt.

Für elliptische Wirbelverteilung sind die Ergebnisse — von einem anderen Ausgangspunkt kommend — in Abschnitt III,7, Gl. (III,32) und (III,33) wiedergegeben. v_{I}^{-} hängt in diesem Falle elliptischer Wirbelverteilung nur mehr von x und nicht mehr von z ab. Die Platte darf in diesem Spezialfall wohl in x-Richtung, nicht jedoch in z-Richtung gewölbt sein.

Der Integralausdruck in Gl. (207) verschwindet in großer Entfernung im allgemeinen nicht, wie sich aus der folgenden Entwicklung ersehen läßt. Man erhält bei Flügeln, die zum Mittelschnitt symmetrisch sind, für $y^2 + z^2 \gg s^2$:

$$\varphi_{\text{I}}^{+}(x, y, z) = \frac{1}{\pi} \ln \sqrt{y^2 + z^2} \int\limits_{-s(x)}^{s(x)} v_{\text{I}}^{+}(x, +0, \zeta)\, d\zeta + R(x). \tag{212}$$

Das ist das Störpotential eines nicht angestellten Rotationsrumpfes, vgl. Gl. (VII,71) in [·13]. Die Näherung Gl. (212) gilt, wie genaue Untersuchungen zeigen, im Linearisierungsgebiet der gasdynamischen Gleichung außerhalb des eigentlichen schallnahen Bereiches, jedoch bis an die obere und untere kritische Machzahl heran für den Strömungsraum, wieder mit σ als halber Streckung:

$$|1 - M_\infty^2|\, \sigma^2 \ll |1 - M_\infty^2|\, (y^2 + z^2) \ll 1. \tag{213}$$

Es läßt sich anhand spezieller Beispiele leicht zeigen, in welcher Entfernung von der x-Achse das Potential Gl. (207) annähernd die achsensymmetrische Form Gl. (212) annimmt. Dies ist bei

$$\sqrt{y^2 + z^2} = 2\sigma$$

weitgehend der Fall, Abb. 59, wie überhaupt der Gültigkeitsbereich der folgenden Schlüsse weiter gesteckt ist, als erste Abschätzungen es vermuten lassen.

Für die Störung im Raume um einen nicht angestellten Flügel kleiner Streckung, der sowohl bezüglich der Ebene $y = 0$ als auch bezüglich der Ebene $z = 0$ symmetrisch ist, ergibt sich demnach folgendes Bild. In einer Entfernung, die durch Gl. (213) abgegrenzt ist, nimmt die Störung achsensymmetrischen Charakter an und diese achsensymmetrische Störung geht in Entfernungen, die groß gegen die Körperlänge sind, dann in das Störfeld einer Einzelstörung über, bei $M_\infty < 1$ etwa also in einen Dipol im Prandtl-Glauert verzerrten $x,\bar{y},\bar{z}$-Raum.

Die Randbedingung im Unendlichen,

$$\sqrt{y^2 + z^2} \to \infty: \quad u_1 = 0, \quad v_1 = 0, \quad w_1 \to 0, \tag{214}$$

wird von u_{I}^{+} nicht erfüllt. Diese Komponente wächst wie bei der rotationssymmetrischen Darstellung (212) mit $\ln \sqrt{y^2 + z^2}$ über alle Grenzen und weist außerdem noch einen nichtverschwindenden endlichen Anteil auf, nämlich $R_x(x)$. Das darf nicht verwundern, denn Gl. (207) gilt ja nur in einer begrenzten Körperumgebung und keineswegs bis in das Anströmgebiet hinein. Damit darf auch nicht gefordert werden, daß im Gültigkeitsgebiet von Gl. (207) die Anströmbedingung erfüllt wird. Dies kann sehr wohl, muß aber nicht der Fall sein.

Der wesentliche Unterschied zu der Strömung, die in x,y-Ebenen eben ist, hat mehrere Ursachen. Eine additive Funktion entsprechend $R(x)$ in Gl. (207) kann

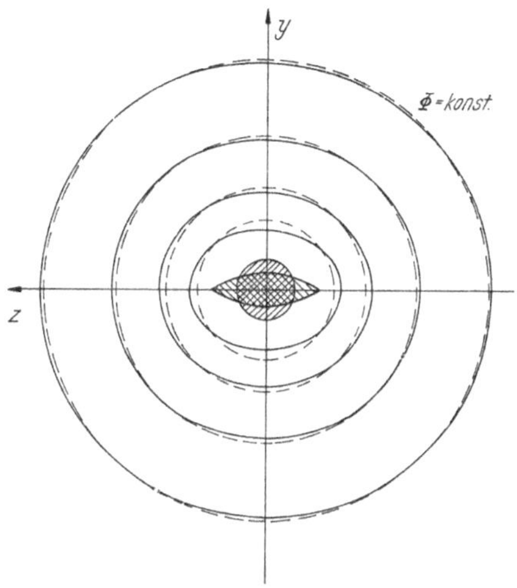

Abb. I,59. Einige Potentiallinien in einer Querschnittsebene $x =$ konst. für den Kegel mit dem Parabelbogenzweieck als Querschnitt (——) und seinem äquivalenten Kreiskegel (– – –).

dort nicht auftreten. Bei der Bildung der Geschwindigkeitskomponenten wird dort stets nur der Kern abgeleitet. Es kann bei ebenen Strömungen in x,y-Ebenen unter Umständen wohl das Störpotential φ_1^+ logarithmisch über alle Grenzen wachsen, nicht aber eine Störkomponente, also eine Ableitung des Potentials. Darüber hinaus ist aber noch zu beachten, daß bei der ebenen Strömung um ein geschlossenes Profil stets Quellen und Senken in gleicher Stärke auftreten, weshalb die Strömung in großer Entfernung nicht wie ein Pol abklingt, sondern wie ein Dipol:

$$\text{Pol: } \varphi_1^+ \sim \ln \sqrt{x^2 + y^2}, \qquad \text{Dipol: } \varphi_1^+ \sim \frac{x}{x^2 + y^2}.$$

Bei Gl. (212) dagegen handelt es sich um ein Integral der v_1^+-Komponente über einen Querschnitt. Dieses Integral enthält vor dem Dickenmaximum des Flügels überwiegend positive v_1^+-Beiträge, hinter dem Dickenmaximum dagegen überwiegend Senken, also negative v_1^+-Anteile. Daher verhält sich die Verdrängungsströmung um einen geschlossenen Querschnitt im Gültigkeitsbereich von Gl. (207) in Ebenen $x =$ konst. wie ein Pol und nicht wie ein Dipol.

Beim Auftriebsproblem ergibt ein Vergleich der Profiltheorie gerade das umgekehrte Bild. Ein angestelltes oder gewölbtes Einzelprofil wirkt in großer Entfernung wie ein Einzelwirbel. Die Störkomponenten eines solchen Poles mit Auftrieb klingen also mit derselben Potenz ab wie die einer Einzelquelle. Bei Gl. (210) dagegen handelt es sich um die Anordnung von Wirbeln mit Achsen in

x-Richtung und mit entgegengesetztem Drehsinn beiderseits des Mittelschnittes. Nur so kann die in Abb. III,7 links skizzierte Strömung zustande kommen. Damit verschwindet die gesamte Zirkulation auf einer um den tragenden Querschnitt gelegten Kurve. Das Abklingen mit $\sqrt{y^2 + z^2} \to \infty$ erfolgt für den antisymmetrischen Anteil also wie bei einem Dipol. Darüber hinaus wird von der Lösung (210) auch die Anströmbedingung (214) für die antisymmetrischen Anteile erfüllt. Das richtige Abklingen allerdings wird wegen der räumlichen Wirkung schneller erfolgen als jenes der Lösung (210).

Bei den Integralen in Gl. (210) und (212) handelt es sich, wie gesagt, um die Darstellung von Strömungen in Querschnittsebenen $x =$ konst. Diese Anteile werden daher nach Keune und Oswatitsch [48] als *Querschnittsströmung* bezeichnet. Der additive Anteil $R(x)$ in Gl. (212) dagegen repräsentiert die Beiträge des Körpers außerhalb des betrachteten Querschnitts $x =$ konst. zu den Störungen und heißt *Raumeinfluß*. Dieser tritt nur beim Dickenproblem auf. Für den Rotationsrumpf wurde der Begriff bereits in Abschnitt 10 eingeführt und verwendet, vgl. auch Gl. (VII,71) in [•13].

In der Bestimmung des Raumeinflusses liegt die wesentliche Problematik der Berechnung von Strömungen um Körper kleiner Streckung. In die Berechnung der Querkomponenten $v_1^+ = \varphi_{1y}^+$, $w_1^+ = \varphi_{1z}^+$ geht $R(x)$ allerdings nicht ein. Daher können die Stromlinien an Flügeln kleiner Streckung in der ersten Ordnung der Störtheorie bereits mit den hier angegebenen Formeln (207) und (210) bestimmt werden. Das ist beispielsweise für das Interferenzproblem zwischen Rumpf und Flügel wichtig.

Soll der Rumpf auf die Geschwindigkeitsverteilung am Flügel möglichst wenig einwirken, so wird man ersteren möglichst nach der Flügelstromlinie formen. Abb. 60 zeigt die Höhenlinien des im folgenden verwendeten Deltaflügels mit abgeschnittenen Seitenecken. Die Längsschnitte sind durchwegs Parabelbogenzweiecke. Einzelheiten über die Ergebnisse für diesen Flügel können der Arbeit [48] entnommen werden. Abb. 61 zeigt die Stromlinien auf diesem

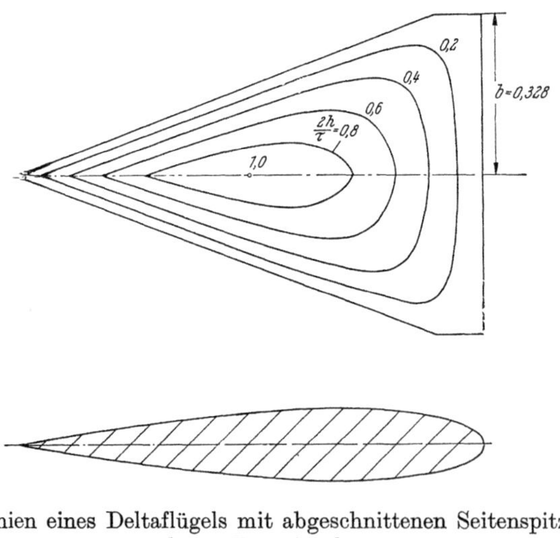

Abb. I,60. Höhenlinien eines Deltaflügels mit abgeschnittenen Seitenspitzen und sein äquivalenter Rotationskörper.

Flügel. Sie sind im Rahmen der Näherung erster Ordnung unabhängig von M_∞. Die Machzahl tritt bei der Bildung von $w_1 = \varphi_{1z}$ weder im symmetrischen Anteil, Gl. (207), noch im antisymmetrischen Anteil der Gl. (210) auf. Die obere Grenze für die Brauchbarkeit des Ergebnisses ist allein durch die Annahme „kleiner Streckung" mit rund $M_\infty = \sqrt{2}$ bedingt.

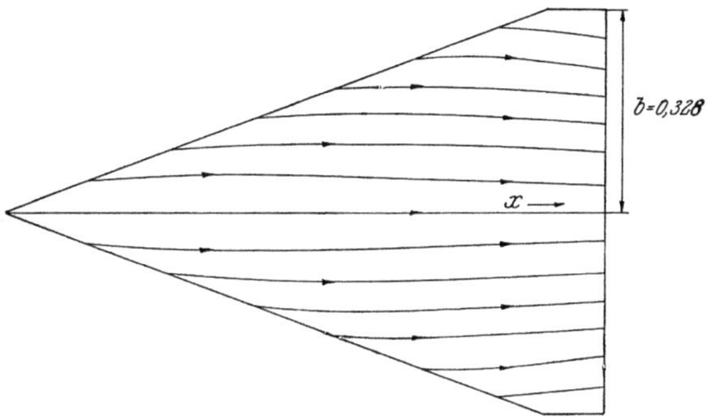

Abb. I,61. Stromlinien auf dem Deltaflügel der letzten Abbildung mit $\tau = 0{,}06$ für $0 \leqq M_\infty \leqq \sqrt{2}$.

Da die Strömung um einen Flügel kleiner Streckung noch im Gültigkeitsbereich von Gl. (207) achsensymmetrisch wird, muß der nicht reduzierte Raumeinfluß $\delta^+ R(x)$ eines Flügels kleiner Streckung der gleiche sein wie jener eines Rotationsrumpfes gleicher Quellwirkung. Für die Gegenüberstellung der Quellwirkung kann man sich nicht auf den reduzierten Raumeinfluß beschränken, es muß auch der Störparameter mit einbezogen werden.

Die Querschnittsströmung eines Rotationskörpers erhält mit [·13], Gl. (VII,71) und dem Störparameter des Rotationskörpers, Gl. (VII,70), die Form:

$$\frac{1}{2\pi} F_{\max} f_x(x) \ln \sqrt{y^2 + z^2} = \frac{1}{2\pi} F_x(x) \ln \sqrt{y^2 + z^2},$$

worin $F(x)$ die Querschnittsfläche des Rotationskörpers darstellt. Andererseits folgt für die Querschnittsströmung in Gl. (212), diesmal mit δ^+ als Störparameter des Flügels, mit Hilfe von [·13], Gl. (VII,32):

$$\frac{\delta^+}{\pi} \ln \sqrt{y^2 + z^2} \int\limits_{-s(x)}^{s(x)} v_1^+(x, +0, \zeta)\, \mathrm{d}\zeta = \frac{1}{2\pi} \ln \sqrt{y^2 + z^2} \int\limits_{-s(x)}^{s(x)} \frac{\mathrm{d}}{\mathrm{d}x} (h_o + h_u)\, \mathrm{d}\zeta$$

$$= \frac{1}{2\pi} \frac{\mathrm{d}}{\mathrm{d}x} \int\limits_{-s(x)}^{s(x)} (h_o + h_u)\, \mathrm{d}\zeta \cdot \ln \sqrt{y^2 + z^2}.$$

Hierin sind h_o und h_u die Dicken der Längsschnitte über und unter der Skelettlinie. Die Ableitung nach x darf vor das Integral gezogen werden, weil der Integrand an den Grenzen $\zeta = \pm s(x)$ verschwindet. Durch Gleichsetzen der Koeffizienten von $\ln \sqrt{y^2 + z^2}$ erhält man schließlich aus den beiden Querschnittsströmungen das Ergebnis:

$$F(x) = \int\limits_{-s(x)}^{s(x)} [h_o(x, \zeta) + h_u(x, \zeta)] \, d\zeta . \tag{215}$$

Das Integral stellt den Flächeninhalt des Flügelquerschnittes an der Stelle x dar. Der Rotationskörper gleicher Querschnittsflächenverteilung $F(x)$ wird als *äquivalenter Rotationskörper* bezeichnet, Abb. 62.

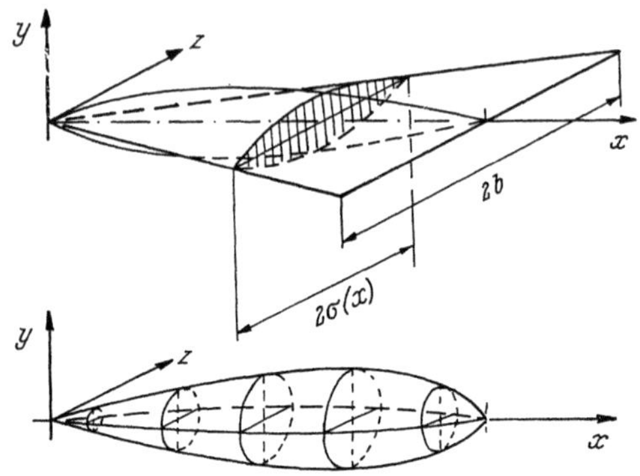

Abb. I,62. Flügel kleiner Streckung und äquivalenter Rotationskörper.

Damit kann der sogenannte *Äquivalenzsatz* wie folgt formuliert werden: Ein Flügel kleiner Streckung hat denselben Raumeinfluß wie sein äquivalenter Rotationskörper.

Dieser Satz wurde für das Linearisierungsgebiet der Unter- und Überschallströmung von KEUNE und OSWATITSCH [48] und für das schallnahe Gebiet von OSWATITSCH allein aufgestellt [49].

Das Gebiet, in welchem die Gl. (212) bei Schallnähe als gültig angesehen werden darf, kann durch einen Vergleich der Dehnungsmaßstäbe im Linearisierungsbereich, [·13], Gl. (VII,117), mit jenen der Schallnähe, Gl. (79), mittels Gl. (213) wie folgt abgegrenzt werden:

$$(\varkappa + 1) \, F_{\max} \, \sigma^2 \ll (\varkappa + 1) \, F_{\max} \, (y^2 + z^2) \ll 1 . \tag{216}$$

Hierin kann $F_{\max}$ sowohl als größte Querschnittsfläche des Flügels als auch als jene des äquivalenten Rotationskörpers angesehen werden.

Mit dem Äquivalenzsatz ist die Bestimmung der Geschwindigkeitsverteilung an einem Flügel kleiner Streckung auf die Bestimmung der Geschwindigkeitsverteilung am äquivalenten Rotationskörper zurückgeführt. In den Linearisierungsgebieten sind die Raumeinflüsse bereits formelmäßig dargestellt. Es wird sich freilich herausstellen, daß Flügelströmungen in den Linearisierungsgebieten auch ohne Äquivalenzsatz berechnet werden können, etwa Abschn. III,2. Der Aufwand ist mit der Ausrechnung eines Doppelintegrals aber ganz bedeutend größer als die Berechnung zweier Einzelintegrale, nämlich eines für die Querschnittsströmung und eines für den Raumeinfluß.

Abb. 63 zeigt die Geschwindigkeitsverteilung auf dem Flügel von Abb. 60 aus der Arbeit [48]. Dabei handelt es sich zwar durchwegs um Ergebnisse aus den Linearisierungsgebieten der gasdynamischen Gleichung. $M_\infty = 0{,}916$ und $M_\infty = 1{,}077$ entsprechen annähernd der unteren und oberen kritischen Machzahl.

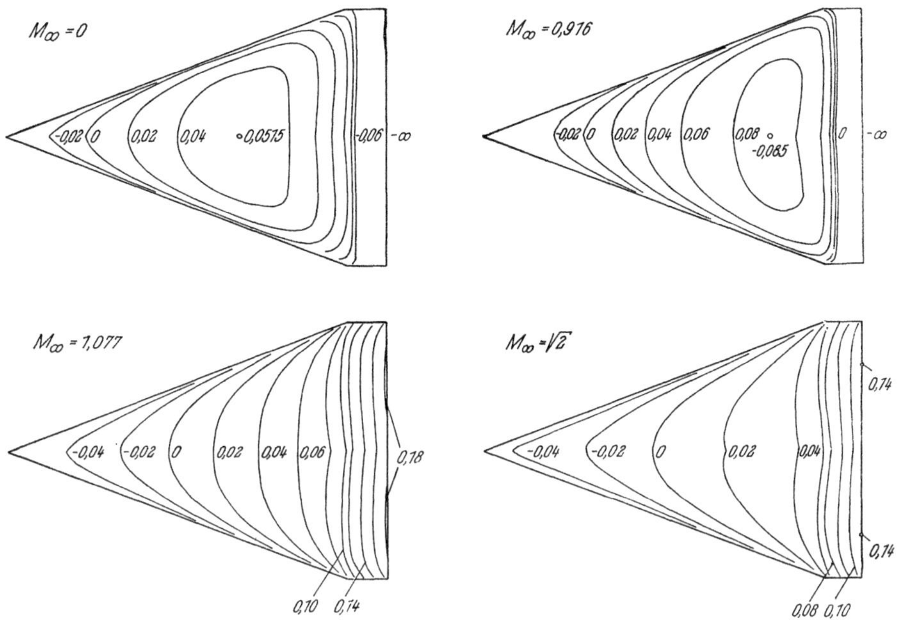

Abb. I,63. Kurven konstanter Geschwindigkeit bei vier Machzahlen, $\tau = 0{,}06$; $\sigma = 0{,}328$

Das richtige schallnahe Gebiet wird also durch die wiedergegebenen Resultate umrahmt. Durch Hinzunahme der Verteilung für $M_\infty = 0$ und $M_\infty = \sqrt{2}$ wird der Übergang von Unterschallanströmung zu Überschallanströmung bereits sehr deutlich. Es sei nochmals darauf hingewiesen, daß der charakteristische Unterschied zwischen der Unterschall- und der Überschallverteilung lediglich auf dem unterschiedlichen Raumeinfluß $R_x(x)$ beruht.

Als Beispiel im Bereich der Schallanströmung seien Messungen von G. Drougge [34] an der Doppelspindel herangezogen, Abb. 64. Es handelt sich um zwei parallel zueinander angeordnete Parabelbogenspindeln vom Dickenverhältnis $\tau = \sqrt{2}/12 = 0{,}118$. Das Beispiel stellt insofern eine genaue Prüfung des Äquivalenzsatzes dar, als der Querschnitt nun aus zwei getrennten Teilen besteht. Das kann im übrigen auch in der Praxis durchaus vorkommen, wenn stark gepfeilte Flügel geringer Tiefe vorliegen. Der äquivalente Rotationskörper des Spindelpaares ist wieder eine Parabelbogenspindel, jedoch von der doppelten Querschnittsfläche der Einzelspindel. Diese sei im folgenden durch den Index I, die äquivalente Parabelbogenspindel mit dem Index II bezeichnet. Dann gilt:

$$\tau_{\mathrm{I}} = \sqrt{2}/12 = 0{,}118, \qquad \tau_{\mathrm{II}} = \sqrt{2} \cdot \tau_{\mathrm{I}} = 1/6 = 0{,}167.$$

Im vorliegenden Fall ist also der reduzierte Raumeinfluß für Potential und x-Komponente, $R(x)$ und $R_x(x)$, der Spindel I und II derselbe. Der Unterschied liegt nur beim Störparameter $F_{\max\,\mathrm{II}} = 2\,F_{\max\,\mathrm{I}}$.

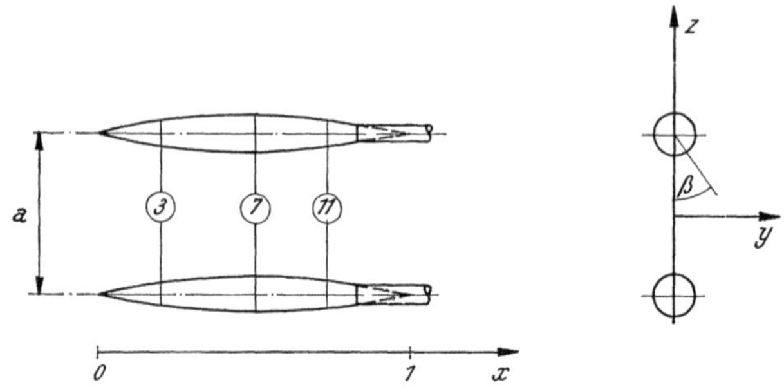

Abb. I,64. Spindelpaar.

Die Querschnittsströmung läßt sich im vorliegenden Fall nicht mittels des Integrals von Gl. (212) berechnen, weil dieses nur für flache Körper anwendbar ist. Das komplexe Potential der Querschnittsströmung wird von S. B. Berndt und L. O. A. Hilding [34] angegeben. Abb. 65 zeigt den Vergleich von Theorie und Versuch in drei typischen Querschnitten beim Verhältnis von Achsenabstand zu Körperlänge $a = 0{,}12$. Der Achsenabstand ist hier nur wenig größer als das Dickenverhältnis der Einzelspindel. Die beiden Spindeln berühren sich in diesem Fall also nahezu. Als Abszisse ist der Azimutalwinkel der einen Spindel, β, gewählt, Abb. 64. Der Druckkoeffizient $c_{p\,\mathrm{II}}$ der äquivalenten Spindel ist natürlich unab-

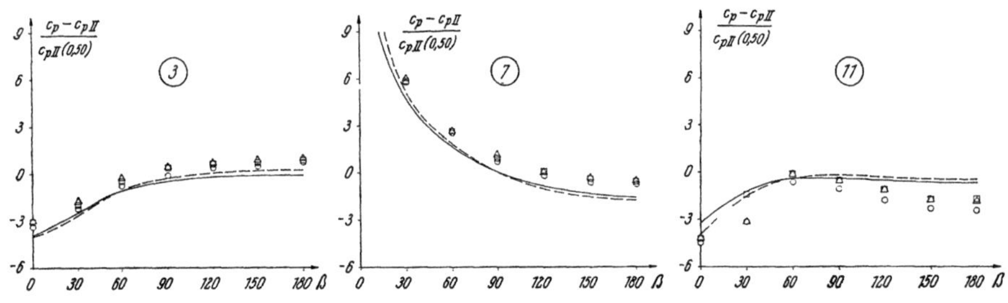

Abb. I,65. Vergleich von Versuch mit der Theorie kleiner Streckung bei kleinem Abstand $a = 0{,}12$ gemäß [34].

hängig von β. Die Differenz $c_p - c_{p\,\mathrm{II}}$ ist durch den Druckkoeffizient der Spindel im Dickenmaximum, $c_{p\,\mathrm{II}}$ (0,50) dimensionslos gemacht, womit ein Maß für die relative Abweichung gewonnen ist. Der gegenseitige Interferenzeinfluß des Spindelpaares ist insbesondere bei $x = 0{,}50$ sehr deutlich und dort wieder in der Nähe der zweiten Spindel, d. i. $\beta = 0$, am größten. Die Übereinstimmung von Theorie und Versuch ist sehr zufriedenstellend. Insbesondere zeigt der Versuch auch die Unabhängigkeit der reinen Querschnittsströmungseffekte von M_∞ recht deutlich. ○, △, □ entspricht $M_\infty = 1{,}00;\ 1{,}02;\ 1{,}04$.

Dem Mangel einer exakten Theorie für die Berechnung der schallnahen Strömung um Rotationskörper und damit der theoretischen Ermittlung des Raumeinfluses kann natürlich durch Messungen oder durch Heranziehung der parabolischen Methode begegnet werden. Der letzte Weg wurde von J. ZIEREP [50] und von SPREITER und STAHARA [32] beschritten. In diesen beiden Arbeiten sind eine Reihe weiterer Beispiele für die Anwendung und Prüfung des Äquivalenzsatzes zu finden.

Der Äquivalenzsatz kann auch innerhalb der Grenzen, die durch die Forderung „kleiner Streckung" gesetzt sind, an begrenzten Stellen des Körpers versagen, wenn dort die nötigen Voraussetzungen lokal nicht erfüllt sind. Die Annahme „kleiner Streckung" genügt allein nämlich nicht. Vielmehr muß sich überall dort die Körperform in Spannweitenrichtung wesentlich stärker ändern als in Hauptströmungsrichtung, wo der Äquivalenzsatz auch lokal richtige Ergebnisse liefern soll. Sehr instruktiv ist die Umströmung eines Rechteckflügels kleiner Streckung und kleinen Dickenverhältnisses, Abb. 66. Die Voraussetzung „kleiner Streckung"

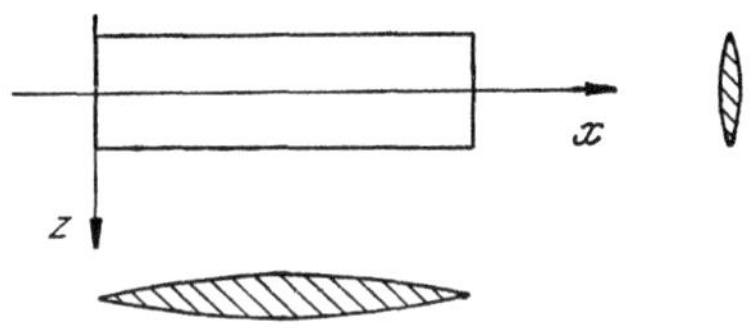

Abb. I,66. Rechteckflügel mit Parabelbogen-Mittelschnitt und -Querschnitt.

ist zwar hier im allgemeinen erfüllt. An der Vorder- und Hinterkante macht die lokale Spannweite jedoch einen Sprung. Das hat zur Folge, daß sich dort die Strömungszustände in x-Richtung wesentlich stärker ändern als in z-Richtung. In der Umgebung der Vorder- und Hinterkante kann daher bei diesem Flügel in der gasdynamischen Gleichung φ_{1zz} eher vernachlässigt werden als φ_{1xx}. Es liegt lokal im wesentlichen in x,y-Ebenen zweidimensionale Strömung vor! Praktische Bedeutung besitzt dieser Effekt insbesondere an Hinterkanten von Deltaflügeln und dort wieder vor allem im Unterschallbereich, wo die Hinterkante Wirkungen stromaufwärts zeigt. Auch im Beispiel von Abb. 63 folgt sogar aus dem Äquivalenzsatz an der Hinterkante eine nahezu ebene Strömung in Längsschnitten, was in dem nahezu parallelen Verlauf der Störungskurven zur Hinterkante zum Ausdruck kommt.

Ähnliches gilt auch in der Umgebung von Knicken des Grundrisses und von eckigen Ansätzen der Flügel an den Rumpf. In einigem Abstand von der Vorder- und Hinterkante, also etwa in Flügelmitte, gibt der Äquivalenzsatz bei dem skizzierten Rechteckflügel durchaus richtige Ergebnisse.

Auch mit der Anstellung eines Körpers ist in großer Entfernung ein gewisser Verdrängungseffekt verbunden, der dem Quadrat des Anstellwinkels proportional ist. Das hat zur Folge, daß der äquivalente Rotationskörper bei stärkerer Anstellung von Flügeln kleiner Streckung nicht mehr durch Gl. (208) gegeben ist. Diese muß noch durch eine additives, den Anstellwinkel enthaltendes Glied ergänzt werden. Betreffs Einzelheiten und Literatur sei auf die Arbeit von H. K. CHENG und M. M. HAFEZ verwiesen [51].

32. Flächenregeln

Die Geschwindigkeitsverteilung interessiert vor allem mit Rücksicht auf die daraus zu ermittelnden Luftkräfte. Auftrieb und Moment eines Flügels kleiner Streckung ergeben sich — sehr zum Unterschied zu den entsprechenden Luftkräften am Profil und am Flügel mittlerer und großer Streckung — gemäß Gl. (210) unabhängig von der symmetrischen Lösung. Da sich aber auch die Tangentialkraft additiv aus dem Dickenanteil und dem Auftriebsanteil zusammensetzt, können beim Flügel kleiner Streckung und kleinen Anstellwinkels auch bei den Luftkräften Dicken- und Auftriebsanteil getrennt behandelt werden. Die Formeln für den letzteren werden im Rahmen der Tragflächentheorie in Abschn. III,7 hergeleitet. Im vorliegenden Abschnitt sollen Aussagen über die Tangentialkraft, also den Widerstand des Dickenanteils und damit der nicht angestellten, zur Ebene $y = 0$ symmetrischen Körper hergeleitet werden.

Wegen der vorliegenden Meßergebnisse sei mit der Doppelspindel, Abb. 64, von G. Drougge begonnen. Nach dem Äquivalenzsatz besitzt die Doppelspindel mit dem Dickenverhältnis τ_{I} der einzelnen Körper den gleichen reduzierten Raumeinfluß wie eine äquivalente Einzelspindel vom Dickenverhältnis $\tau_{\mathrm{II}} = \tau_{\mathrm{I}}\sqrt{2}$. Geschwindigkeitsstörung und Druckkoeffizient von Doppelspindel und äquivalenter Einzelspindel unterscheiden sich daher nur durch die Querschnittsströmung. Nach Integration des Druckkoeffizienten über die Körperoberfläche dürfen für den Unterschied im Widerstandsbeiwert der Doppelspindel, c_W, und der äquivalenten Einzelspindel, $c_{W\mathrm{II}}$, nur Größen aus der Querschnittsströmung eingehen. Unter c_W kann dabei sowohl der auf $F_{\mathrm{II}\max} = 2F_{\mathrm{I}\max}$ bezogene Widerstandsbeiwert des Spindelpaares oder der auf $F_{\mathrm{I}\max}$ bezogene Widerstandsbeiwert einer der beiden Spindeln verstanden werden. Die Integration führt nach Berndt und Hilding [34] zu folgendem Ergebnis:

$$c_W(x) - c_{W\mathrm{II}}(x) = -\frac{1}{2\pi}\, F_{\max\mathrm{I}}\, f_x^2(x) \ln\left\{\frac{1}{2}\left[\frac{a}{2h(x)} + \sqrt{\left(\frac{a}{2h(x)}\right)^2 - 1}\right]\right\}, \quad (217)$$

Der Mantelwiderstandsbeiwert bis zur Stelle x, $c_W(x)$, hängt also nur von der Ableitung der Querschnittsverteilung $f_x(x)$ und dem Verhältnis $a/h(x)$ ab.

Gemäß Gl. (217), also gemäß dem Äquivalenzsatz, ist der Mantelwiderstand der Doppelspindel gleich dem Mantelwiderstand der äquivalenten Einzelspindel, wenn $f_x(x) = 0$ ist. Diese Bedingung ist erfüllt für einen zylindrisch endenden Körper, also für den Mantelwiderstand bis zum Dickenmaximum, c_W (0,50), und für einen spitz endenden Körper, das wäre die volle Spindel, wobei natürlich der nicht geringe Effekt der ablaufenden Grenzschicht unberücksichtigt bleibt.

Es handelt sich dabei um dieselben Sonderfälle, bei denen auch die Machzahlabhängigkeit des Widerstandes entfällt, vgl. etwa [•13], Gl. (IX,36).

Im Falle $f_x(x) \neq 0$ nimmt gemäß Gl. (217) der Widerstand des Spindelpaares monoton mit zunehmenden Abstand $a/2h(x)$ ab. Bei ausreichendem Achsenabstand muß sich der Widerstand des Spindelpaares dem Widerstand zweier völlig getrennter Einzelspindeln nähern, da die Interferenz der Körper verschwindet. Dies zeigt auch ganz deutlich der Versuch, Abb. 67. Die Theorie gemäß Gl. (217) allerdings gibt rechts für $(a/2h)^2 \gg 1$ einen mit $\ln (a/2h)$ über alle Grenzen wachsenden Wert. Das darf nicht verwundern, weil richtige Aussagen vom Äquivalenzsatz nur für „kleine Streckung“, also für Werte $a < 1$ erwartet werden dürfen.

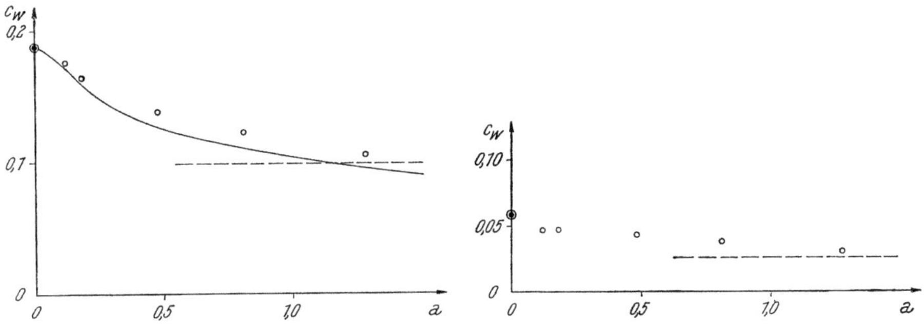

Abb. I,67. Druckwiderstandsbeiwert der Doppelspindel (○○○ Versuch, —— Theorie) und der zugehörigen äquivalenten Spindel (⊙ Versuch), für die Spindel bis zum Ablösungspunkt (links) und bis zum Dichtenmaximum (rechts) bei $M_\infty = 1$; — — — einzelne Spindel (Versuch).

Im Falle $f_x(x) = 0$ muß der Widerstandsbeiwert der Doppelspindel geringen Abstandes nach Gl. (217) genau den doppelten Wert des Widerstandsbeiwertes der getrennten Einzelspindel aufweisen, denn der auf den Querschnitt bezogene Widerstandsbeiwert ist gemäß [•13], Gl. (VII,80) proportional zu $F_{\max}$.

Die experimentellen Ergebnisse sind alle mittels Integration der gemessenen Druckverteilung gewonnen, so daß der Reibungswiderstand bei einem Vergleich von Versuch und Theorie bereits eliminiert ist. Die Ergebnisse für volle Spindeln (bis zum Halteransatz $x = 5/6$) sind sehr zufriedenstellend, was aber zum Teil auch auf zufällige Eliminierung von Fehlern zurückzuführen sein dürfte, wie die Versuche an den Halbspindeln, Abb. 67 rechts, zeigen. Für diese ergeben sich bei etwa $a = 0{,}50$ schon starke Abweichungen vom Äquivalenzsatz. Der Widerstandsbeiwert ist hier bereits nicht viel weiter vom Widerstandsbeiwert der Einzelspindel als vom Ergebnis des Äquivalenzsatzes entfernt. Doch muß auch darauf hingewiesen werden, daß bei den Halbspindeln ein Wert von $a = 0{,}50$ nicht mehr als „kleine Streckung“ angesprochen werden kann.

Für die richtige Beziehung zwischen dem Widerstand eines nicht angestellten Flügels und dem Widerstand eines äquivalenten Rotationskörpers sei vom symmetrischen Anteil von Gl. (VII,42) in [•13] ausgegangen, wobei an Stelle der Tangentialkraft T wieder der Widerstand W gesetzt werden darf. Mit dem Störansatz [•13], Gl. (VII,52) erhält man unter Beschränkung auf den symmetrischen Anteil:

$$\mathrm{W} = -2\varrho_\infty u_\infty^2\, \delta^{t+2} \iint\limits_{\text{Flügel}} \varphi_{1x}^+(x, +0, z)\, \varphi_{1y}^+(x, +0, z)\, dz\, dx,$$

wobei die Integration über jenen Flügelteil, in der vorliegenden Ordnung also über jenen Teil der Belegungsfläche zu erstrecken ist, nach dessen Widerstandsanteil gefragt wird. Zusammen mit Gl. (209) erhält man für den gesuchten Wert zunächst den Ausdruck:

$$\mathrm{W} = -\frac{2}{\pi}\,\varrho_\infty u_\infty^2\,\delta^{+2} \iint\limits_{\text{Flügel}} v_1^+(x, +0, z)\,\frac{\partial}{\partial x}\int\limits_{-s(x)}^{s(x)} v_1(x, +0, \zeta)\ln|z-\zeta|\,\mathrm{d}\zeta\,\mathrm{d}z\,\mathrm{d}x$$
$$-\,2\varrho_\infty u_\infty^2\,\delta^{+2}\int R_x(x)\int v_1^+(x, +0, z)\,\mathrm{d}z\,\mathrm{d}x.$$

Der zweite Summand kann mittels [•13], Gl. (VII,55), (VII,57) und Gl. (215) wie folgt vereinfacht werden:

$$2\delta^+\int\limits_{-s(x)}^{s(x)} v_1^+(x, +0, z)\,\mathrm{d}z = \tau\int\limits_{-s}^{+s} f_x(x, z)\,\mathrm{d}z = \int\limits_{-s(x)}^{s(x)} (h_{ox} + h_{ux})\,\mathrm{d}z = \mathrm{d}F/\mathrm{d}x,$$

wobei $F(x)$ die Querschnittsfläche des Flügels oder auch des äquivalenten Rotationskörpers darstellt.

Das dreifache Integral im Ausdruck für den Widerstand kann dagegen auf ein Integral über die Hinterkante des Flügels, $x = x_H$, umgeformt werden. Die Durchführung der Rechnung erfordert etwas Aufwand. Sie ist im Anhang der Arbeit [52] vollzogen. Danach gilt:

$$\iint\limits_{\text{Fläche}} v_1^+(x, +0, z)\,\frac{\partial}{\partial x}\int\limits_{-s(x)}^{s(x)} v_1(x, +0, \zeta)\ln|z-\zeta|\,\mathrm{d}\zeta\,\mathrm{d}x\,\mathrm{d}z$$
$$= \frac{1}{2}\int\limits_{z=-s(x_H)}^{+s(x_H)} v_1(x_H, +0, z)\int\limits_{\zeta=-s(x_H)}^{s(x_H)} v_1(x_H, +0, \zeta)\ln|z-\zeta|\,\mathrm{d}\zeta\,\mathrm{d}z.$$

Mit Hilfe der letzten Transformationen ist der Widerstand eines nicht angestellten Flügels kleiner Streckung durch folgende Integrale dargestellt, wobei einfach $s(x_H) = s_H$ gesetzt wurde:

$$\mathrm{W} = \frac{\varrho_\infty u_\infty^2}{2}\left\{-2\delta^+\int\limits_0^{x_H} F_x(x)\,R_x(x)\,\mathrm{d}x\right.$$
$$\left.-\,\frac{2}{\pi}\,\delta^{+2}\int\limits_{-s_H}^{+s_H}\int\limits_{-s_H}^{+s_H} v_1^+(x_H, +0, z)\,v_1^+(x_H, +0, \zeta)\ln|z-\zeta|\,\mathrm{d}\zeta\,\mathrm{d}z\right\}. \qquad (218)$$

Der Dickenanteil des Widerstandes eines Flügels kleiner Streckung ergibt sich demnach als Summe über ein Raumeinflußintegral und über ein Quellintegral an der Hinterkante.

Der erste Anteil tritt in gleicher Form beim äquivalenten Rotationskörper auf. Er wird anschließend auf den Widerstand des äquivalenten Rotationskörpers zurückgeführt. Dieser ist im Linearisierungsgebiet der gasdynamischen Gleichung bekannt. Im eigentlichen transsonischen Gebiet dagegen muß man diesen ersten Anteil entweder aus einem Versuch am äquivalenten Rotationskörper ermitteln oder aus einer Näherungstheorie, also etwa aus der parabolischen Näherung.

Der zweite Anteil, das Doppelintegral in Gl. (218), ergibt allein aus der Körperform an der Hinterkante, $x = x_H$, eine Korrektur. Formal besteht eine außerordentlich starke Ähnlichkeit dieses Anteils mit dem Widerstandsintegral für den schlanken Rotationskörper bei Überschallströmung [·13], Gl. (IX,36). Setzt man den Dickenstörparameter δ^+ gleich dem Flächeninhalt des maximalen Querschnittes des äquivalenten Rotationskörpers, was sich als sehr zweckmäßig erweist und im folgenden durchwegs gemacht werden soll,

$$\delta^+ = F_{\max}, \tag{219}$$

so erhält man für den auf $F_{\max}$ bezogenen Widerstandsbeiwert c_W des Flügels kleiner Streckung:

$$c_W = \mathrm{W} \Big/ \left(\frac{\varrho_\infty u_\infty^2}{2} F_{\max}\right) = -2 \int\limits_0^{x_H} F_x(x)\, R_x(x)\, \mathrm{d}x$$

$$- \frac{2}{\pi} F_{\max} \int\limits_{-s_H}^{s_H} \int\limits_{-s_H}^{s_H} v_1^+(x_H, +0, \zeta)\, v_1^+(x_H, +0, z) \ln |z - \zeta|\, \mathrm{d}z\, \mathrm{d}\zeta. \tag{220}$$

Für den Widerstandsbeiwert des äquivalenten Rotationskörpers, der wegen Gl. (219) nun den gleichen reduzierten Raumeinfluß $R(x)$ besitzt, erhält man dagegen gemäß [·13], Gl. (VII,80), wenn die dort auftretende Dickenverteilungsfunktion des Rotationskörpers mittels [·13], Gl. (VII,69) durch die Querschnittsfläche ersetzt wird, nach einfacher Umformung:

$$c_{W\,\text{äqu. Rot.}} = -2 \int\limits_0^{x_H} R_x(x)\, F_x(x)\, \mathrm{d}x - \frac{1}{2\pi} \frac{F_x^2(x_H)}{F_{\max}} \ln h_R(x_H).$$

Hierin ist h_R der Radius des äquivalenten Rotationskörpers.

Wird nun der Raumeinfluß aus den letzten beiden Gleichungen für die Widerstandsbeiwerte eliminiert, so erhält man nach kurzer Umrechnung unter Verwendung von Gl. (208) sowie [·13], (VII,55) und (VII,57):

$$c_W - c_{W\,\text{äqu. Rot.}} = -\frac{2}{\pi} F_{\max} \int\limits_{-s_H}^{+s_H} \int\limits_{-s_H}^{s_H} v_1^+(x_H, +0, z)\, v_1^+(x_H, +0, \zeta) \ln \left|\frac{z - \zeta}{h_R(x_H)}\right| \mathrm{d}z\, \mathrm{d}\zeta$$

$$= -\frac{1}{2\pi} \frac{\tau^2}{F_{\max}} \int\limits_{-s_H}^{s+_H} \int\limits_{-s_H}^{+s_H} f_x(x_H, z)\, f_x(x_H, \zeta) \ln \frac{|z - \zeta|}{h_R(x_H)}\, \mathrm{d}\zeta\, \mathrm{d}z. \tag{221}$$

Es sei daran erinnert, daß $f(x, z)$ die Dickenfunktion des Flügels kleiner Streckung ist, [·13], Gl. (VII,55).

Der Dickenanteil des Widerstandsbeiwertes eines Flügels kleiner Streckung ist nach Gl. (221) nur dann gleich dem Widerstandsbeiwert seines äquivalenten

Rotationskörpers, wenn die Quellbelegung am Endquerschnitt $x = x_H$ verschwindet oder sich wenigstens im Sonderfall in der Weise aufhebt, daß das Doppelintegral in Gl. (221) verschwindet.

Bereits bei sehr einfachen Beispielen ist der Widerstand des Flügels und äquivalenten Rotationskörpers nicht gleichzusetzen, wie beispielsweise beim Mantelwiderstand von kegeligen Körpern von rhombusförmigem Querschnitt einerseits und kreisförmigem andererseits. Der erste Körper werde der Einfachheit halber als *Rhombuskegel* oder als *Pfeilspitze* bezeichnet. Er wird auch in den Abschnitten III,12 und IV,7, 8 als Beispiel herangezogen, weshalb sich hier eine bildliche Darstellung erübrigt. Mit Λ als Pfeilwinkel der Vorderkante gilt für seine Dickenverteilungsfunktion:

$$0 \lessgtr z \lessgtr \pm x \cot \Lambda\colon \quad f(x, z) = x \mp z \operatorname{tg} \Lambda, \quad f_x = 1.$$

Die Tiefe des Körpers sei als Einheit gewählt, $x_H = 1$; damit ist die halbe Streckung $\sigma = \cot \Lambda$. Im Gegensatz zu der späteren Behandlung, wo kleine Streckung nicht vorausgesetzt ist, werde der Störparameter gemäß Gl. (212) angesetzt. Dann ist:

$$\delta^+ = F_{\max} = h_R^2(1)\,\pi = \tau\sigma.$$

Aus Gl. (221) erfolgt nach elementarer Integration mittels der angegebenen geometrischen Daten:

$$c_{W\blacklozenge} - c_{W\bullet} = -\frac{\sigma\tau}{\pi}\left[\ln\frac{4\pi\sigma}{\tau} - 3\right].$$

Das bedeutet, daß die Widerstände für den in Abb. 68 skizzierten Fall gerade gleich werden, weil der Klammerausdruck dann auf der rechten Gleichungsseite verschwindet. Die eingezeichnete Streckung ist etwa die Grenze für die Gültigkeit der Darstellung in Abschn. VII,7 durch Belegung der Projektionsfläche. Diese Darstellung setzt nämlich nicht nur schlanke Längsschnitte des Flügels voraus, sondern auch schlanke Querschnitte. Für schlankere Querschnitte als jenen von Abb. 68 ist also der Mantelwiderstand des Rhombuskegels kleiner als jener des äquivalenten Kreiskegels. Dabei kann die Voraussetzung „kleiner Streckung" durchaus erfüllt bleiben, weil über die Tiefe des Flügels, also über den Koordinatenmaßstab in der Abbildung, keine Voraussetzungen getroffen wurden.

Mit Gl. (221) ist der Widerstand bis auf ein allenfalls zu berücksichtigendes Doppelintegral über den Endquerschnitt auf den Inhalt von Querschnittsflächen

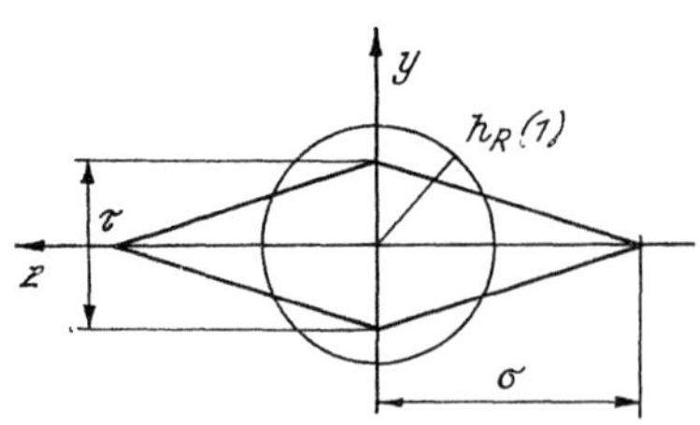

Abb. I,68. Rhombus und Kreiskegel im Endquerschnitt.

allein zurückzuführen. Auch das Doppelintegral enthält nur geometrische Größen des Körpers. Geschwindigkeit und Druckkoeffizient treten explizite nicht mehr auf. Solche Darstellungen werden allgemein als *Flächenregeln* oder im Englischen als *area rule* bezeichnet.

Unter diesem Begriff werden allerdings, wie sich gleich zeigen wird, oft auch speziellere Aussagen über den Widerstand von Körpern kleiner Streckung verstanden. Dazu sei etwa auch auf die Übersicht [53] verwiesen.

Wohl als erster (1947) hat W. D. Hayes in seiner Dissertation im Rahmen der akustischen Überschalltheorie eine „Flächenregel" aufgestellt [55], siehe auch [•1], p. 184ff. Die Schlußfolgerungen von Hayes sind zwar auf das Linearisierungsgebiet der Überschallströmung beschränkt, nicht aber auf Körper „kleiner Streckung". Dabei muß über Querschnittsflächen unterschiedlicher Neigung zur Anströmrichtung integriert werden. Es handelt sich um alle Querschnittsebenen von „Überschallcharakter", also alle denkbaren Querschnittsebenen, für die die Normalkomponente der Machzahl im Überschallbereich liegt. G. N. Ward [56] hat dann gezeigt, daß für die Berechnung des Druckwiderstandes beim Flügel kleiner Streckung, wieder im Rahmen der akustischen Theorie, die Querschnittsflächen senkrecht zur Anströmung, also in $x =$ konst., genügen.

Bei Annäherung $M_\infty \to 1$ würden auch die in der Theorie von Hayes herangezogenen Ebenen sich den Ebenen $x =$ konst. nähern, wobei allerdings gleichzeitig die Voraussetzung für die Anwendung der akustischen Theorie problematisch würde. Bei Fortsetzung der Schlüsse in den unterkritischen Unterschallbereich, $M_\infty < M_{\infty \text{krit.}}$, verlieren die Folgerungen für den Widerstand ihren Sinn. Es kann aber gezeigt werden, daß dort der Widerstand eines geschlossenen Körpers verschwindet [52], wie das dem sogenannten d'Alembertschen Paradoxon entspricht.

R. T. Whitcomb [57] hat unabhängig von der gleichzeitigen Aufstellung des Äquivalenzsatzes, allein aus Überlegungen über die Verluste in Stößen, den Schluß gezogen, daß der Widerstand von Körpern kleiner Streckung in Schallnähe gleich dem Widerstand des äquivalenten Rotationskörpers sein muß. Das gilt allerdings, wie in Gl. (221) gezeigt wurde, nur unter ganz bestimmten Voraussetzungen. Whithcomb hat seine These sehr sorgfältig an Versuchen geprüft. Dabei muß natürlich bei Flügeln größeren Flächenausmaßes der Reibungswiderstand abgezogen werden. Er ist im wesentlichen machzahlunabhängig und als im unterkritischen Machzahlbereich allein auftretender Beitrag leicht zu erkennen. Abb. 69 zeigt ein typisches Ergebnis. Obwohl hier die Hinterkantenneigung der Flügel nur ziemlich geringe Schiebewinkel aufweist, ist die Übereinstimmung in den Widerständen der Vergleichskörper sehr zufriedenstellend und zeigt die weite Anwendbarkeit der Regel.

In dem wiedergegebenen Versuch kommt aber noch eine weitere Schlußfolgerung zum Ausdruck. Eine Flügel-Rumpf-Kombination wird dann einen minimalen Dickenwiderstand aufweisen, wenn dies für den äquivalenten Rotationskörper zutrifft. Das bedeutet einen möglichst kontinuierlichen und monotonen Querschnittsverlauf $F(x)$. Daraus folgt dann der weitere Schluß, daß der Rumpf im Bereich der Flügelansätze entsprechend den Beiträgen der Flügel zum Querschnitt eingezogen werden muß. Auch diese spezielle Aussage über die Optimierung wird des öfteren als *area rule* bezeichnet.

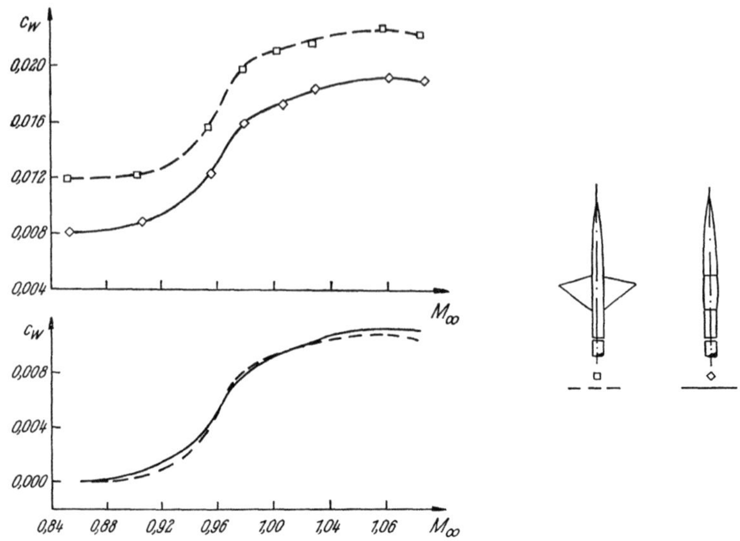

Abb. I,69. Widerstandsmessungen an zwei äquivalenten Körpern nach [57].

33. Ähnlichkeitsgesetze für Flügel kleiner Streckung

Bei Flügeln kleiner Streckung unterscheiden sich die Ähnlichkeitsgesetze für den Dickeneffekt, also für die symmetrische Lösung, ganz wesentlich von den Ähnlichkeitsgesetzen für den Auftriebseffekt. Dies war schon beim Rotationsrumpf festzustellen, Abschn. 10. Auch die Auftriebseigenschaften eines Flügels kleiner Streckung sind wie jene des Rotationsrumpfes machzahlunabhängig und proportional zum Anstellwinkel. Die folgenden Ausführungen sollen daher nur den etwas problematischeren Ähnlichkeitsgesetzen des in y und z symmetrischen, nicht angestellten Flügels gewidmet sein. Der reduzierte Raumeinfluß $R_x(x)$ eines solchen Flügels darf gemäß dem Äquivalenzsatz dem Raumeinfluß des äquivalenten Rotationsrumpfes gleichgesetzt werden. Allein in diesem ist der Machzahleinfluß enthalten und etwa im Linearisierungsgebiet durch Gl. (VII,118) in [·13] gegeben.

Nun kann aber einem und demselben Rotationsrumpf eine Mannigfaltigkeit äquivalenter Flügel entsprechen, deren Querschnitte sich durch eine Affinverzerrung in Spannweitenrichtung unterscheiden, wobei nötigenfalls das Dickenverhältnis derart geändert werden kann, daß der Flächeninhalt des Querschnittes $F(x)$ beibehalten wird, Abb. 70. Dies gibt bei Flügeln kleiner Streckung unter

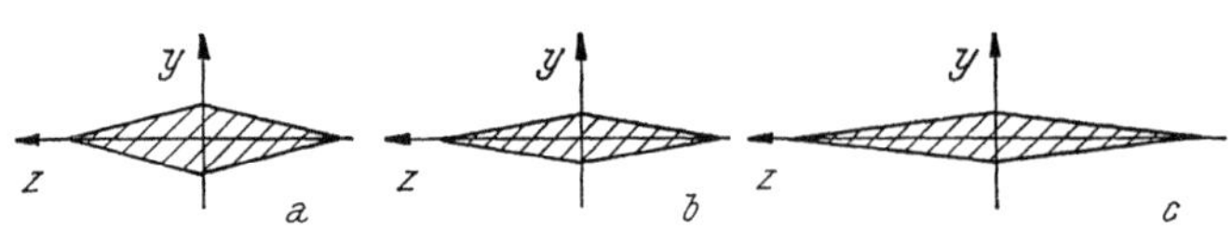

Abb. I,70. Flügelquerschnitt gleicher Streckung (a, b) gleicher Dicke (b, c) und gleicher Fläche (c, a).

anderem die Möglichkeit eines Vergleiches bei Beibehaltung der Streckung, eine Möglichkeit, die bei mittleren Streckungen beispielsweise nicht besteht, siehe etwa Gl. (60).

Bei der im folgenden ins Auge gefaßten Affinverzerrung sollen alle in Spannweitenrichtung auftretenden Längen durch die halbe Streckung, d. i. σ, dividiert werden:

$$\tilde{z} = z/\sigma; \qquad \tilde{\zeta} = \zeta/\sigma; \qquad \tilde{s}(x) = s(x)/\sigma. \tag{222}$$

Es handelt sich dabei also um eine andere Reduktion als bei der Prandtlregel, Gl. (100) in [·13], oder bei Schallnähe, Gl. (59). Daher wird in Gl. (222) auch ein anderes Reduktionssymbol gewählt als in den zuvor genannten Gleichungen.

Wird ferner für die Dickenverteilungsfunktion folgende Darstellung gewählt:

$$f(x, z) = \tilde{f}(x, z/\sigma) = \tilde{f}(x, \tilde{z}), \tag{223}$$

dann sind alle in Spannweitenrichtung verzerrten Flügel dadurch gekennzeichnet, daß sie dieselbe reduzierte Dickenverteilungsfunktion $\tilde{f}(x, \tilde{z})$ aufweisen. Das trifft natürlich auch für Flügel mit den in Abb. 70 dargestellten Querschnitten zu.

Es sei im folgenden stets angenommen, daß die Flügel und folglich auch ihre Querschnitte flach genug sind, um die Randbedingungen durch [·13], Gl. (VII,57) mit τ als Dickenverhältnis und δ als Störparameter gemäß Gl. (212) darstellen zu können. Unter Heranziehung der Gleichungen [·13], (VII,55) und (215) erhält man dann nach Zwischenrechnung für die Störkomponenten auf $y = 0$ folgende Darstellung:

$$\begin{aligned} u_1^+ &= \frac{\sigma\tau}{\delta^+}\, g_x(x, \tilde{z}) + \frac{F_{xx}(x)}{2\delta^+\pi} \ln\sigma + R_x(x); \\ v_1^+ &= \frac{\tau}{2\delta^+}\, \tilde{f}_x(x, \tilde{z}); \qquad w_1^+ = \frac{\tau}{\delta^+}\,\frac{1}{2\pi} \int\limits_{-\tilde{s}(x)}^{+\tilde{s}(x)} \tilde{f}_x(x, \tilde{\zeta})\, \frac{d\tilde{\zeta}}{\tilde{z} - \tilde{\zeta}} \end{aligned} \tag{224}$$

mit:

$$g(x, \tilde{z}) = \frac{1}{2\pi} \int\limits_{-\tilde{s}(x)}^{+\tilde{s}(x)} \tilde{f}_x(x, \tilde{\zeta}) \ln|\tilde{z} - \tilde{\zeta}|\, d\tilde{\zeta}. \tag{225}$$

Da die Dickenverteilungsfunktionen $f(x, z)$ und $\tilde{f}(x, \tilde{z})$ sowie ihre Ableitungen nach x gemäß ihren Definitionen die Größenordnung der Einheit aufweisen, trifft das auch für $g(x, \tilde{z})$ und deren Ableitungen nach x zu und auch für das Integral über $\tilde{f}_x$, Gl. (224). Wenn den logarithmischen Gliedern in σ oder τ keine gesonderte Rolle zuerkannt wird, dann weisen die einzelnen Geschwindigkeitsstörungen also folgende Größenordnungen auf:

$$\begin{array}{lll} \delta_1^+ u_1^+ = \left(\dfrac{u}{u_\infty} - 1\right); & \delta^+ v_1^+ = \dfrac{v}{u_\infty}; & \delta^+ w_1 = \dfrac{w}{u_\infty}; \\ \tau\sigma; & \tau; & \tau, \end{array} \tag{226}$$

denn die Größenordnung von u_1^+ wird durch den Raumeinfluß $R_x(x)$ nicht geändert. Wird die Geschwindigkeitsstörung durch die u-Störung ersetzt, so wird ein Fehler von der Größenordnung τ/σ gemacht. Auch hier kommt es also wieder auf die Schlankheit der Flügelquerschnitte an.

Auch in Abb. 63 wird die Größenordnung der u-Störung gemäß Gl. (226) bestätigt. Es handelt sich um die Größenordnung der Fläche des größten Querschnittes wie bei Rotationskörpern. Setzt man

$$F_{\max} = C\tau\sigma, \tag{227}$$

so weisen alle hier betrachteten, affin verzerrten Flügel denselben Wert des Koeffizienten C auf. Bei Rhombuskegeln beispielsweise ist $C = 1$, beim Flügel von Abb. 60 errechnet man einen Wert von etwa $C = 1{,}15$. Es zeigt sich, daß die größte Übergeschwindigkeit sowohl beim Flügel, Abb. 63, wie auch beim Rotationskörper, grob geschätzt, beim doppelten Wert von $F_{\max}$ liegt.

Zur Herleitung der Ähnlichkeitsgesetze für flache Flügel kleiner Streckung sei von der Darstellung des reduzierten Raumeinflusses ausgegangen. Für diesen gilt:

$$\bar{R}_x(x) = R_x(x) - \frac{1}{2\pi} \frac{F_{xx}(x)}{F_{\max}} \ln (1/l), \tag{228}$$

wenn für die verschiedenen Machzahlbereiche von folgenden Beziehungen ausgegangen wird:

M_∞	$1/l = \bar{r}/r$ gemäß Gl. (75)	$\bar{R}_x(x)$
< 1	β (VII,117) gemäß in [·13]	(VII,118) in [·13]
~ 1	$\sqrt{(\varkappa + 1) F_{\max}}$ gemäß (79)	(82)
> 1	$\cot \alpha_\infty$	(VII,118) in [·13]

In diese Tabelle sind jene Gleichungsnummern aufgenommen, unter denen die Beziehungen zu finden sind.

Die Übertragbarkeit der Lösungen ist nur bei gleichem reduzierten Raumeinfluß $\bar{R}(x)$ möglich. Für diesen erhält man zunächst mit Hilfe von Gl. (219), (224) und (228):

$$\bar{R}_x(x) = u_1^+ + \frac{F_{xx}(x)}{F_{\max}} \frac{1}{2\pi} \ln (\sigma/l) - \frac{\sigma\tau}{F_{\max}} g_x(x, \tilde{z}).$$

Nun haben aber alle ähnlich verzerrten Flügel gemäß Gl. (225) dieselbe Funktion $g(x, \tilde{z})$. Wenn also alle für den Flügel spezifischen Ausdrücke auf die linke Gleichungsseite kommen, die für alle Flügel dagegen gleichen Funktionen auf die rechte Gleichungsseite genommen werden, so folgt schließlich mit Gl. (227) folgendes Ergebnis:

$$\frac{1}{\sigma\tau} \left[\frac{u - u_\infty}{u_\infty} - \frac{1}{2\pi} F_{xx}(x) \ln (\sigma/l) \right] = C\bar{R}_x(x) + g_x(x, \tilde{z}).$$

Im Linearisierungsbereich der gasdynamischen Gleichung sei die Betrachtung auf $M_\infty < 1$ beschränkt, da die Schlüsse für $1 < M_\infty$ ganz ähnlich zu ziehen sind. Mit der ersten Zeile der letzten Tabelle gilt dann:

$$\frac{1}{\sigma\tau}\left[\frac{u-u_\infty}{u_\infty}-\frac{1}{2\pi}F_{xx}(x)\ln(\beta\sigma)\right]=\text{Funktion von } x \text{ und } z/\sigma. \qquad (229)$$

Für den Spezialfall der Prandtlregel, also gleiche Werte von $\bar{\sigma}=\beta\sigma$ für die Vergleichsflügel, fällt das logarithmische Glied weg, womit nur ein früher gewonnenes Ergebnis bestätigt wird. Bei gleichbleibender Streckung σ und gleichbleibender Machzahl, also gleichem β-Wert, fällt das logarithmische Glied ebenfalls aus dem Vergleich heraus. Die u-Störung ist dann proportional dem Dickenverhältnis, wie das der linearen Theorie entspricht. Der wichtigste Fall ist wohl der Vergleich bei beibehaltener Streckung und unterschiedlichem M_∞, wie er auch Abb. 63 entspricht. In diesem Fall ist die Machzahlkorrektur ganz analog zu jener des Rotationskörpers, [•13], Gl. (VII,120). Damit können also die Strömungen um Flügel kleiner aber sonst beliebiger Streckung σ von beliebigem Dickenverhältnis τ und beliebiger Machzahl aufeinander zurückgeführt werden.

Im Bereich der Schallnähe gilt mit der zweiten Zeile der letzten Tabelle, nachdem noch $F_{\max}$ mittels Gl. (227) aus dem Argument des Logarithmus eliminiert wurde, für $M_\infty \sim 1$:

$$\frac{1}{\sigma\tau}\left[\frac{u-u_\infty}{u_\infty}-\frac{1}{4\pi}F_{xx}(x)\ln\left((\varkappa+1)\,\sigma^3\tau\right)\right]=\text{Funktion von } x \text{ und } \sigma. \qquad (230)$$

Hier darf wie beim Rotationskörper jedoch nur bei gleichem Parameter für Schallnähe, Gl. (81) rechts, verglichen werden. Schafft man auch noch die Querschnittskonstante C auf die linke Seite, so erhält man den Parameter für Schallnähe:

$$C u_{1\infty}^{+}=\frac{M_\infty^2-1}{(\varkappa+1)\,\sigma\tau}. \qquad (231)$$

Hier fällt nun beim Vergleich der Flügel das logarithmische Glied in (230) weg, wenn die Streckung gemäß Gl. (60), $\bar{\sigma}=\sqrt[3]{(\varkappa+1)\,\tau}\cdot\sigma$, bei gleichbleibendem $\bar{\sigma}$ geändert wird, womit wieder nur schon bekannte Formen der Ähnlichkeitsgesetze bestätigt werden. Gemäß Gl. (230) und (231) dürfen jedoch nur in Schallnähe selbst bei $M_\infty \neq 1$ Flügel gleichbleibender Streckung σ bei verschiedenen Machzahlen M_∞ verglichen werden. Doch muß dann im Gegensatz zu Linearisierungsbereichen das Dickenverhältnis τ proportional zu M_∞^2-1 geändert werden, damit der Wert des Parameters (231) erhalten bleibt. In diesem Falle ergibt sich aus Gl. (230) dann wieder ein logarithmischer Einfluß.

Es läge nahe, die Ähnlichkeitsgesetze auch noch auf die Widerstandsbeiwerte auszudehnen. Dabei zeigen sich jedoch im großen und ganzen keine besonders interessanten Aspekte, außer einem, der bereits aus Gl. (221) abzulesen ist. Da dort auf der rechten Gleichungsseite ausschließlich die Körperform auftritt, kann folgender Satz ausgesprochen werden, [52], S. 56: Der Unterschied in den Widerständen äquivalenter Körper ist von der Machzahl unabhängig!

Diese Aussage verliert allerdings wie Gl. (221) selbst ihre Gültigkeit, sobald das Körperende, also die Hinterkante in Unterschallbereich gerät, weil dann dort die Voraussetzung „kleiner Streckung“ verletzt ist. Deshalb kann der letzte

Satz auch nicht auf den Bereich $M_\infty < M_{\infty \mathrm{krit.}}$, also unterkritischer Machzahlen, ausgedehnt werden. Dort wäre die Aussage offensichtlich falsch, da der Widerstand jedes Einzelkörpers und damit auch der Unterschied in den Widerständen verschwindet. Dies wird im übrigen auch in der Arbeit [52], Anhang 2 gezeigt. Der Ausdehnung des Satzes auf den Linearisierungsbereich des Überschalls dagegen steht nichts im Wege, soweit nur die Körperform den getroffenen Voraussetzungen vor der Hinterkante genügt.

Literatur

[1] Taylor, G. I.: Strömung um einen Körper in einer kompressiblen Flüssigkeit. ZAMM **10**, 334—345 (1930).

[2] Guderley, G.: Die Ursache für das Auftreten von Verdichtungsstößen in gemischten Unter-Überschallströmungen. M.O.S. (A) Völkenrode, R & T 110.

[3] Hayes, W. D.: La seconde approximation pour les écoulements transsoniques non visqueux. Journal de Mécanique **5**, 163—206 (1966).

[4] Oswatitsch, K.: Die Berechnung wirbelfreier achsensymmetrischer Überschallfelder. Österr. Ing. Arch. **10**, 359—382 (1956).

[5] Kluwick, A.: Zur Ausbreitung schwacher Stöße in dreidimensionalen instationären Strömungen. ZAMM **51**, 225—232 (1971).

[6] Kármán, Th. v.: Vortrag am 6. internationalen Kongreß für angewandte Mechanik, Paris (1946).

[7] Kármán, Th. v.: The similarity law of transonic flow. J. Math. Physics **26**, 182—190 (1947).

[8] Kármán, Th. v.: Supersonic aerodynamics—principles and applications. J. aeronaut. Sci. **14**, 373—402 (1947).

[9] Oswatitsch, K.: A new law of similarity for profiles valid in the transonic region. R.A.E. TN 1902 (1947).

[10] Göthert, B.: Druckverteilung- und Impulsverlust-Schaubilder für das Profil NACA 00006 (bis 00018) — 1,130 bei hohen Überschallgeschwindigkeiten. FB 1501/1 bis 5.

[11] Michel, R., Marchaud, F. und Le Gallo, J.: Etude des écoulements transsoniques autour des profils lenticulaires à incidence nulle. ONERA — Publ. Nr. 65 (1953).

[12] Gullstrand, T.: Transonic Flow around Two-Dimensional Aerofoils. Diss. Kungl. Tekn. Högskolan Stockholm (1952).

[13] Oswatitsch, K. und Berndt, S. B.: Aerodynamic Similarity at Axisymmetric Transonic Flow around Slender Bodies. KTH-AERO TN **15**, Stockholm (1950).

[14] Oswatitsch, K. und Sjödin, L.: Kegelige Überschallströmung in Schallnähe. Österr. Ing. Arch. **8**, 284—292 (1954).

[15] Kluwick, A.: Probleme der Störtheorie bei Wellenausbreitungsvorgängen. Diss. Techn. Hochschule Wien (1970); DLR-FB 71—18.

[16] Oswatitsch, K. und Rues, D.: Eine exakte Lösung der schallnahen gasdynamischen Gleichung. Z. f. Flugwiss. **9**, 125—129 (1961).

[17] Sobieczky, H.: Exakte Lösungen der ebenen gasdynamischen Gleichung in Schallnähe. Z. f. Flugwiss. **19**, 197—214 (1971).

[18] Müller, E. A. und Matschat, K.: Ähnlichkeitslösungen der transsonischen Gleichungen bei der Anström-Machzahl 1. Proc. Int. Congr. Appl. Mech., 1061—1068. Berlin—Göttingen—Heidelberg—New York: Springer. 1964.

[19] Boerstoel, J. W.: Lifting Aerofoils with Supercritical Shockless Flow. 7th ICAS-Congress, Rome (1970).

[20] Germain, P. et Gillon, G.: Ecoulements Transsoniques au Voisinage d'un Point de Recontre d'une Onde de Choc et d'une Ligne sonique. ONERA — Publ. Nr. 102 (1961).

[21] Sobieczky, H.: Die abgelöste transsonische Kopfwelle. Z. f. Flugwiss. **22**, 65—73 (1974).

[22] Liepmann, H. W. and Bryson, A. E.: Transonic Flow past Wedge Sections. J. Aeron. Sci. **17**, 745—755 (1950).

[23] GUDERLEY, G. and YOSHIHARA, H.: An Axial-Symmetric Transonic Flow Pattern. Quart. Appl. Math. **1951**, 333–349.
[24] OSWATITSCH, K. und ZIEREP, J.: Das Problem des senkrechten Stoßes an einer gekrümmten Wand. ZAMM **40**, 143–144 (1960).
[25] RUES, D.: Das Verhalten von Gabelstößen in schallnaher Strömung. DVL-FB Nr. 294 (1963).
[26] RUES, D.: Der Einfluß ebener Körper auf stromaufwärts liegende senkrechte Stöße. Z. f. Flugwiss. **8**, 67–76 (1960).
[27] RUES, D.: Der Einfluß rotationssymmetrischer Körper auf senkrechte Stöße. Z. f. Flugwiss. **13**, 123–136 (1965).
[28] RUES, D. und BÖTTGER, P.: Zur analytischen Behandlung von Machreflexionen beim Eintritt einer ebenen Strömung in einen Kanal. Acta Mechanica **2**, 171–193 (1966).
[29] OSWATITSCH, K. und ROTHSTEIN, W.: Das Strömungsfeld in einer Laval-Düse. Jb. dtsch. Lufo I, 91–102 (1942).
[30] HALL, I. M.: Transonic Flow in Two-Dimensional and Axially-Symmetrical Nozzles. Quart. Journ. Mech. Appl. Math. **15**, 487–508 (1962).
[31] BEHRBOHM, H.: Zum Schalldurchgang in zwei- und dreidimensionalen Düsenströmungen. ZAMM **30**, 268–269 (1950).
[32] SPREITER, J. R. and STAHARA, ST. S.: Aerodynamics of Slender Bodies and Wing-Body Combinations at M = 1. AIAA Journ. **1971**, 1784–1791.
[33] OSWATITSCH, K. und KEUNE, F.: The flow around bodies of revolution at Mach-Number 1. Proc. High-Speed Aeronautics, 113–131. Brooklyn 1955.
[34] DROUGGE, G.: An Experimental Investigation of the Interference between Bodies of Revolution at Transonic Speeds with Special Reference to the Sonic and Supersonic Area Rules. FFA Medd. 83, Stockholm 1959.
[35] NÖRSTRUD, H.: High-Speed Flow past Wings. NASA CR-2246 (1973).
[36] KLUWICK, A. und OSWATITSCH, K.: Unstetigkeitseigenschaften der Integralgleichung für stationäre räumliche schallnahe Strömungen. Omaggio a Carlo Ferrari. Libreria Editrice Universitaria Levrotto & Bella, 415–429, Torino (1974).
[37] OSWATITSCH, K.: Die Geschwindigkeitsverteilung bei lokalen Überschallgebieten an flachen Profilen. ZAMM **30**, 17–24 (1950).
[38] OSWATITSCH, K.: Die Geschwindigkeitsverteilung an symmetrischen Profilen beim Auftreten lokaler Überschallgebiete. Acta Physica Austriaca **4**, 230–271 (1950).
[39] NÖRSTRUD, H.: Numerische Lösungen für schallnahe Strömungen um ebene Profile. Z. f. Flugwiss. **18**, 149–157 (1970).
[40] NIXON, D. and HANCOCK, G. J.: High Subsonic Flow past a Steady Two-Dimensional Aerofoil. Aeronaut. Res. Council C.P. Nr. 1280 (1974).
[41] FROHN, A.: Lösung der nichtlinearen Integralgleichung der schallnahen Strömung. ZAMM **54**, T 116–T 117 (1974).
[42] HANSEN, H.: Airfoil design for a prescribed velocity distribution in transonic flow by an integral method. Proc. Symposium Transsonicum II. Berlin–Heidelberg–New York: Springer. 1976.
[43] MURMAN, E. A. und COLE, J. D.: Calculation of Plane Steady Transonic Flows. AIAA Journ. **9**, 114–121 (1971).
[44] KRUPP, J. A. and MURMAN, E. M.: Computation of Transonic Flows past Lifting Airfoils and Slender Bodies. AIAA Journ. **10**, 880–886 (1972).
[45] BAUER, F., GARABEDIAN, P. and KORN, D. (JAMESON, A.): Supercritical Wing Sections. I and II. Lecture Notes in Economics and Mathematical Systems 66 a. 108. Berlin–Heidelberg–New York: Springer. 1972 a. 1975.
[46] GARABEDIAN, P. R. and KORN, D. G.: Numerical Design of Transonic Airfoils. Numerical Solutions of Partial Differential Equations — II, 253–271. New York: Academic Press. 1971.
[47] SOBIECZKY, H.: Entwurf überkritischer Profile mit Hilfe der rheoelektrischen Analogie. DLR-FB 75-43 (1975).
[48] KEUNE, F. und OSWATITSCH, K.: Nicht angestellte Körper kleiner Spannweite in Unter- und Überschallströmung. Z. f. Flugwiss. **1**, 137–145 (1953).

[49] Oswatitsch, K.: Die theoretischen Arbeiten über schallnahe Strömung am Flugtechn. Inst. der Königl. T.H. Stockholm. Proc. 8th Int. Congr. Theor. a. Appl. Mech., Istanbul (1952).
[50] Zierep, J.: Der Äquivalenzsatz und die parabolische Methode für schallnahe Strömungen. ZAMM **45**, 19—27 (1965).
[51] Cheng, H. K. and Hafez, M. M.: Equivalence rule and transonic flows involving lift. Univ. South. Calif. Aero. Engr. Dept. Report USCAE 124 (1973).
[52] Keune, F. und Oswatitsch, K.: Äquivalenzsatz, Ähnlichkeitssätze für schallnahe Geschwindigkeiten und Widerstand nicht angestellter Körper kleiner Spannweite. ZAMP **7**, 39—63 (1956).
[53] Oswatitsch, K.: The Area Rule. Appl. Mech. Review **10**, 543—545 (1957).
[54] Jones, R. T.: Properties of Low-Aspect-Ratio Pointed Wings at Speeds Below and Above the Speed of Sound. NACA Rep. 835 (1946).
[55] Hayes, W. D.: Linearised supersonic flow. Thesis Cal. Inst. Techn. (1947); Rep. N. Amer. Aviation Inc. no. AL-222.
[56] Ward, G. N.: Supersonic flow past slender pointed bodies. Quart. J. Mech. Appl. Math. **2**, 75—97 (1949).
[57] Whitcomb, R. T.: A Study of zero-lift dragrise characteristics of wing-body combinations near the speed of sound. NACA RM L 52 H 08 (1952).
[58] Magnus, R., Gallaher, W. and Yoshihara, H.: Inviscid Supercritical Airfoil Theory, AGARD CP No. 35, pp. 3—1 to 3—8, September 1968.

II. Hyperschallströmung

1. Vorbemerkung

Von *Hyperschall* spricht man, wenn die Strömungsgeschwindigkeit in wesentlichen Teilen des Strömungsraumes groß gegen die Schallgeschwindigkeit ist. Notwendige Voraussetzung für Hyperschallströmung ist:

$$M^2 \gg 1,$$

womit etwa in den Gleichungen näherungsweise

$$\sin \alpha = \operatorname{tg} \alpha + \cdots, \qquad \cos \alpha = 1 + \cdots$$

gesetzt werden darf.

Man spricht von Hyperschall-Luftkräften, wenn $M_\infty^2 \gg 1$ ist, wobei etwa bei stumpfen Körpern auch Unterschall- und Staugebiete auftreten können. Man spricht von Hyperschalldüsen, wenn im Endquerschnitt Hyperschall erreicht wird.

Stets besitzt die Hyperschallströmung die Eigenschaft, daß der thermodynamische Zustand im großen und ganzen starke Änderungen aufweist im Vergleich zur Geschwindigkeit. Dies zeigt allein schon die Stromfadentheorie. Beschränkt man sich für solche Überlegungen auf das ideale Gas konst. spez. Wärme, so folgt für die Änderung längs der Stromlinie einer reibungsfreien Strömung, etwa aus Gl. II,64 in [·13]:

$$\frac{d\varrho}{\varrho} = \frac{1}{\varkappa}\frac{dp}{p} = \frac{1}{\varkappa - 1}\frac{dT}{T} = -M^2\frac{dW}{W}. \tag{1}$$

Die Änderung des thermodynamischen Zustandes eines Teilchens im Stromfaden ist also das M^2-fache der Geschwindigkeitsänderung. Eine gewisse Ausnahme zeigt hier wie auch später wiederholt die Temperatur, wenn nämlich das Verhältnis der spez. Wärmen $\varkappa$ nahe an 1 liegt.

Bevor die unterschiedlichen Formen der Hyperschallströmung besprochen werden, sei auf ihr Auftreten in Technik und Natur hingewiesen. In der äußeren Ballistik kennt man Hyperschallerscheinungen bereits lange bevor es überhaupt zu dieser Begriffsbildung kam, nämlich in der Form der Umströmung schnell fliegender Geschosse. Da es auf die Größe von M^2 ankommt, wie beispielsweise in Gl. (1), kann die Strömung um Körper, die mit mehr als dreifacher Schallgeschwindigkeit fliegen, bereits als Hyperschallströmung angesprochen werden. Das kann beispielsweise auch auf Behälterteile bei einer Explosion zutreffen und ist bei einer Reihe von Geschoßtypen der Fall.

In der unteren Stufe einer mehrstufigen Startrakete für die Raumfahrt werden Machzahlen von rund $M = 5$ erreicht. Die weiteren Stufen solcher Raketen arbeiten allerdings im allgemeinen bereits außerhalb der Atmosphäre. Ein künstlicher Erdsatellit dringt etwa mit $M = 25$ in die obersten Luftschichten ein, ein vom Mond zurückkehrendes Raumschiff, bevor Bremsraketen eingeschaltet werden, etwa mit $M = 35$.

Für die Verbindung zu Raumstationen, die in wenigen hundert Kilometern Entfernung von der Erdoberfläche um die Erde kreisen, kommen Hyperschallflugkörper mit Flügeln in Betracht. Damit sind dann Probleme der Hyperschallaerodynamik am schlanken Flügel verknüpft.

Wie häufig, werden die extremsten Beispiele aber auch hier von der Natur geliefert. Ein Meteor erreicht rund 100-fache Schallgeschwindigkeit in der Erdatmosphäre und verglüht unter Umständen in der Luft, bevor er die Erdoberfläche erreicht.

Im Endquerschnitt von Raketenschubdüsen liegen die Machzahlen im unteren Hyperschallbereich. Hohe Ausstoßgeschwindigkeiten werden ja weniger durch hohe Machzahlen als durch hohe Brennkammertemperaturen und durch niedere Molmassen des Schubgases erreicht.

Hohe Machzahlen werden natürlich auch in Windkanälen für Hyperschallversuche angestrebt. Die Problematik liegt dabei in der starken Abkühlung des Mediums bei der Expansion in der Windkanal-Lavaldüse. Entweder wird eine Kondensation des Gases durch begrenzte Vorwärmung oder durch Verwendung von Gasen tiefer Sättigungstemperatur vermieden, z. B. durch Verwendung von Helium. Das Versuchsgas hat dann im wesentlichen die Eigenschaft eines idealen Gases konst. spez. Wärme. Dies steht jedoch im Gegensatz zur Praxis, wo vor dem Körper beim Eintritt in die Atmosphäre Dissoziations- und Ionisationserscheinungen auftreten. Man versucht, diese wirklichen Verhältnisse mit Hochenthalpiekanälen zu simulieren, was allerdings beträchtlichen Aufwand erfordert [••3].

Dieser kurze Überblick zeigt, daß in Natur und Technik eine ganze Reihe von Hyperschallströmungen auftreten. Im Versuchsbetrieb hat man es dabei vor allem mit Hyperschallströmungen idealer Gase zu tun. In der technischen Praxis und in der Natur dagegen muß in vielen wichtigen Fällen mit dem Zerfall der Gase durch Dissoziation und Ionisation gerechnet werden.

In der Skala der Machzahlen stellt die Hyperschallströmung, $1 \ll M^2$, das obere Ende, die inkompressible Strömung, $M^2 \ll 1$, das untere Ende dar. Die inkompressible Strömung tritt allerdings in der Regel „rein“ auf: sie erfüllt im ganzen Feld die Bedingung $M^2 \ll 1$. Ausnahmen bilden gelegentlich scharfe Kanten, wo die Machzahl in einem eng begrenzten Bereich hohe Werte annimmt, ein Effekt, der dann in der Regel übergangen wird. Die Hyperschallströmung dagegen durchläuft in vielen wichtigen Fällen die ganze Skala der Machzahlen.

An schlanken Körpern dagegen kann es *reine Hyperschallströmung* geben: Die Hyperschallbedingung $M^2 \gg 1$ ist im ganzen Raum erfüllt. Dieser Fall sei im folgenden kritisch durchleuchtet. Da eine solche Hyperschallströmung im wesentlichen ebenen Charakter aufweist, vgl. etwa Abschn. 15, kann dafür die ebene gasdynamische Gleichung herangezogen werden.

In der gasdynamischen Gleichung, etwa Gl. (VI,5) in [•13], bietet der Koeffizient $(c^2 - u^2)$ in Schallnähe, nicht aber bei Hyperschall Schwierigkeiten für die Linearisierung. Umgekehrt ist es beim Koeffizienten $(c^2 - v^2)$. Hier kann bei schlanken Körpern in Schallnähe v^2 gegenüber c^2 gestrichen werden, keineswegs aber im allgemeinen im Hyperschallbereich. Dort kann wohl in günstigen Fällen $v^2 \ll c^2$ sein. Dann ist die gebräuchliche Linearisierung der gasdynamischen Gleichung im allgemeinen zulässig und in der linearen Überschalltheorie kann überall $M^2 - 1$ durch M^2 ersetzt werden. Interessanter und wichtiger sind die Fälle, wo v^2 die Größenordnung von c^2 erreicht oder übertrifft. In diesem Falle gilt:

$$\frac{v^2}{c^2} = \frac{\sin^2 \vartheta}{\sin^2 \alpha} = M^2 \sin^2 \vartheta \gtrapprox 1 . \tag{2}$$

Unter der Bedingung (2) ist also selbst bei schlanken Körpern eine Linearisierung der gasdynamischen Gleichung nicht mehr zulässig. Es liegt ein Gegenstück zur schallnahen Strömung an schlanken Körpern vor.

In Gl. (2) ist zunächst eine lokale Größe gebildet worden. Das Produkt von lokaler Machzahl und dem Sinus des lokalen Strömungswinkels, nämlich

$$M \sin \vartheta , \tag{3}$$

sei als *lokaler Hyperschallparameter* oder *lokaler Tsien-Parameter* bezeichnet.

Die Wahl des Koordinatensystems ist bei einer solchen Überlegung natürlich so gedacht daß die Richtung $\vartheta = 0$, also die Strömung in x-Richtung, irgendwo im Strömungsfeld auftritt. Im allgemeinen wird die Anströmung mit $\vartheta = \vartheta_\infty = 0$ gewählt, es kann sich aber auch wie in [•13], Abb. IX,52 um die Strömung an der Körperspitze handeln. Ohne eine solche Festlegung hätte der Ausdruck von Gl. (3) oder die Annahme in Gl. (2) keine physikalische Bedeutung.

Zur Kennzeichnung einer Hyperschallströmung um einen Flugkörper wird der lokale Hyperschallparameter (3) durch eine das Gesamtproblem charakterisierende Größe ersetzt, indem als Repräsentant der Machzahl jene der Anströmung und als Repräsentant der Strömungsrichtung meist das Dickenverhältnis τ gewählt wird. Anstelle des lokalen Hyperschallparameters (3) tritt damit der Ausdruck

$$M_\infty \tau , \tag{4}$$

der als *Hyperschallparameter* oder *Tsien-Parameter* ohne einschränkendes Adjektiv bezeichnet wird. In Gl. (4) darf natürlich M_∞ auch durch $\cot \alpha_\infty$ ersetzt werden. Für

$$M_\infty^2 \tau^2 \ll 1 \tag{5}$$

ist nach dieser Erläuterung Linearisierung zulässig. Das bedeutet z. B.: kleine halbe Öffnungswinkel eines Keiles oder Kegels im Vergleich zum ungestörten Machwinkel, der aber bei Hyperschall selbst wieder ziemlich klein ist.

Der Hyperschallparameter (4) wurde erstmals von H. Tsien [1] in einer Arbeit hergeleitet, die jedoch noch eine Reihe von Präzisierungen erforderlich machte [2], [3].

Ähnlich wie bei Schallnähe wird die Theorie im Hyperschallbereich mit dem Fortfall der Linearisierung der gasdyn. Gleichung komplizierter. Immerhin stehen jedoch an schlanken Keilen und Kegeln exakte Lösungen zur Verfügung und für nicht zu dicke Profile oder Rotationskörper die Charakteristikenmethoden. Gerade so wie in Schallnähe gibt es für schlanke Körper auch Ähnlichkeitsgesetze.

Darüber hinaus lassen hohe Hyperschallparameter, also Hyperschallparameter, die der Bedingung

$$M_\infty^2 \tau^2 \gg 1 \tag{6}$$

genügen, selbst bei stumpfen Körpern besondere Vereinfachungen sowie Ähnlichkeitsaussagen zu.

Im allgemeinen kann bei Hyperschallströmung angenommen werden, daß es sich bei dem vor der Kopfwelle anströmenden Medium um ein ideales Gas konst. sp. W. handelt. Der Zerfall des Gases durch Dissoziation und Ionisation wird erst durch die Kopfwelle ausgelöst.

Solche Vorgänge in starken senkrechten Stößen wurden bereits in [•13], Abschn. II,6 ausführlich behandelt. Das dort Gesagte gilt also beispielsweise im senkrechten Teil einer abgelösten Kopfwelle. Für die schiefen Teile der Kopfwelle gilt ganz entsprechendes, wobei nur die Anströmgeschwindigkeit W durch ihre Normalkomponente W_n oder die Machzahl vor der Kopfwelle M durch $M \sin\gamma$ zu ersetzen ist.

Im selben Abschnitt II,6 wurde auch auf die Unterschiede der Hyperschallströmung im Windkanal und im freien Flug hingewiesen.

Handelt es sich vor der Kopfwelle also um ein id. Gas konst. sp. W. mit den Werten $\varkappa$ und c_p und mit einem durch den Index ∞ gekennzeichneten Strömungszustand, dann können die beiden Summanden des Impulssatzes vor der Stoßfront mit dem Neigungswinkel γ wie folgt ausgedrückt werden:

$$p_\infty + \underline{\varrho_\infty W_{\infty n}^2} = p_\infty + \underline{\varrho_\infty u_\infty^2 \sin^2\gamma} = p_\infty[1 + \underline{\varkappa M_\infty^2 \sin^2\gamma}]. \tag{7}$$

Die Neigung der Stoßfront hat nahezu denselben Wert wie das Dickenverhältnis. Unter der Bedingung (6) hoher Hyperschallparameter ist in Gl. (7) nur der unterstrichene Summand ausschlaggebend. Der statische Druck des anströmenden Gases ist unter der Bedingung (6) also für die Strömung hinter der Kopfwelle ohne Bedeutung. Wesentlich ist nur der anströmende Impuls $\varrho_\infty u_\infty^2$. Damit erhält der Druckkoeffizient auch für Hyperschallströmungen starke Bedeutung. Das gilt also nicht nur für den senkrechten Stoß, wie in [•13], Abschn. II,6 bereits gezeigt wurde.

Eine ähnliche Untersuchung für den Energiesatz führt zu der bereits früher verwendeten Beziehung:

$$\frac{W_\infty^2}{2} + c_p T_\infty = \frac{W_\infty^2}{2}\left[1 + \frac{2}{\varkappa - 1}\,\frac{1}{M_\infty^2}\right].$$

Unter der Voraussetzung:

$$\frac{\varkappa - 1}{2}\, M_\infty^2 \gg 1 \tag{8}$$

kann in der Anströmung die Enthalpie gegen die kinetische Energie vernachlässigt werden. Die Bedingung (8) ist bei stumpfen Körpern wesentlich strenger als die Bedingung (6), da sich $\varkappa$ nicht allzu viel von 1 unterscheidet. Unter Umständen muß also die Enthalpie und damit die Temperatur bei bestimmten Machzahlen M_∞ noch berücksichtigt werden, bei denen der Druck der Anströmung bereits vernachlässigt werden darf. Der Gas-Zerfall hinter der Kopfwelle wird im wesentlichen durch die hohe kinetische Energie in der Anströmung verursacht. Auch in der eindimensionalen Behandlung in [•13], Abschn. II,6 tritt nur die kinetische Energie $W^2/2$ vor dem Stoß und nicht die Temperatur T vor dem Stoß auf. Die Voraussetzungen dort unterscheiden sich allerdings etwas von jenen, die hier getroffen wurden.

Schließlich wird es sich oft als zweckmäßig erweisen, den Grenzübergang $M_\infty^2 \to \infty$ durchzuführen. Man kommt damit zum sogenannten *Hyperschall-Limes*. Er entspricht der Ungleichung (6). Es ist eine Frage der Genauigkeit und der Problemstellung, ob in einem bestimmten Falle bereits der Hyperschall-Limes erreicht wird. Von einem in die Erdatmosphäre wieder eintretenden künstlichen Satelliten ist mit $M_\infty = 25$ sowohl die Bedingung (6) als auch die Bedingung (8) sehr gut erfüllt.

2. Eigenschaften der Hyperschallumströmung, kleine Richtungsstörungen

Die Umströmung von Körpern mit Hyperschallgeschwindigkeit zeigt ganz charakteristische Eigenschaften, die im folgenden dargelegt werden sollen, nachdem im vorangegangenen Abschnitt die zugehörigen Definitionen eingeführt wurden. Es braucht nicht näher begründet zu werden, daß die typischen Vorgänge im Hyperschall-Limes am stärksten zutage treten und daher am besten auch in diesem Bereich besprochen werden. Nötigenfalls wird dazu die Gesetzmäßigkeit des idealen Gases konst. spez. Wärme herangezogen. Denn dieses einfachste Gasmodell unterscheidet sich in vielen Hyperschalleigenschaften nicht wesentlich von jenen realerer Modelle.

An einem schlanken umströmten Körper, Abb. 1, wird die Kopfwelle nur geringen Abstand von der Körperoberfläche aufweisen, weil das Gas durch die

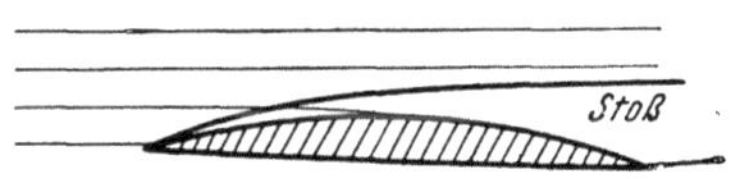

Abb. II,1. Profil in Hyperschallströmung.

starke Verdichtung im Stoß nur geringe Verdrängungswirkung besitzt. Aus den Gleichungen für schiefe Stöße, etwa [•13], Abschn. IX,7, folgt für den Geschwindigkeitsbetrag beliebiger Medien hinter der Stoßfront:

$$\hat{W}^2/u^2 = 1 - 2\sin^2\gamma\,(1 - \varrho/\hat{\varrho}) + \sin^2\gamma\,(1 - \varrho/\hat{\varrho})^2. \tag{9}$$

Der das Verdichtungsverhältnis $\varrho/\hat{\varrho}$ enthaltende Klammerausdruck unterscheidet sich wegen der starken Verdichtung nur wenig von der Einheit. Die Geschwindigkeitsstörung im Stoß ist folglich proportional zu $\sin^2\gamma$. Bei schlanken Körpern unterscheidet sich die Stoßfrontneigung, wie noch gleich genauer gezeigt wird, nur wenig von der Stromlinienrichtung. Die Geschwindigkeitsstörung verschwindet folglich mit dem Quadrat der Oberflächenneigung.

Diese Eigenschaft hat also die ebene Hyperschallströmung mit der Unter- und Überschallströmung an schlanken Rotationsrümpfen gemeinsam. Wie bei letzteren liefert im vorliegenden Fall die Querkomponente $\hat{v}$ hinter der Stoßfront zur Geschwindigkeitsstörung einen Beitrag von der gleichen Größenordnung wie die Störung der x-Komponente $(u - \hat{u})$.

Für die Beziehung zwischen Strömungs- und Stoßfront-Winkel folgt aus der im Kleindruck am Ende von Abschn. IX,7 in [•13] wiedergegebenen, allein aus der Kontinuitätsbedingung folgenden Beziehung:

$$\operatorname{tg}(\gamma - \vartheta) = \operatorname{tg}\gamma \cdot \varrho/\hat{\varrho},$$

für kleine Stoßfrontwinkel beliebiger Medien:

$$\operatorname{tg}\vartheta = (1 - \varrho/\hat{\varrho}) \operatorname{tg}\gamma. \tag{10}$$

Bei der im Hyperschall-Limes außerordentlich starken Verdichtung ist der Strömungswinkel in der Tat nur wenig kleiner als der Stoßwinkel.

Die Stromdichte ϱW ist demnach in einem solchen Gebiet kleiner Stromlinienneigungen bis einschließlich von Gliedern erster Ordnung in ϑ nur mehr Funktion der Dichte und nicht mehr Funktion der Geschwindigkeit. In dieser Hinsicht bildet die reine Hyperschallströmung also das Gegenstück zur inkompressiblen Strömung.

Die Beziehung (10) ist leicht zu verstehen, Abb. 2. Im Abstand $x = 1$ ist die zufließende Menge bei einem Keil pro Breiteneinheit $\varrho \operatorname{tg}\gamma$, die abfließende Menge

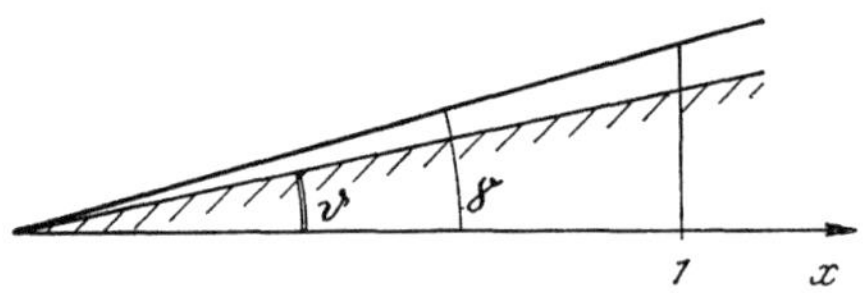

Abb. II,2. Stoß am Keil.

dagegen $\hat{\varrho}(\operatorname{tg}\gamma - \operatorname{tg}\beta)$. Aus dem Gleichsetzen dieser Größen allein folgt bereits Gl. (10). Es wird sich zeigen, daß auch bei einem Kegel im hohen Hyperschallbereich zwischen Kopfwelle und Kegeloberfläche nahezu die konstante Dichte $\hat{\varrho}$ herrscht. Während also im Linearisierungsbereich der gasdynamischen Gleichung nahezu die gesamte Kompression des Gases zwischen Kopfwelle und Kegeloberfläche in stetiger Weise erfolgt und die Kompression in der Kopfwelle ein Glied höherer Ordnung darstellt, [•13], Abschn. IX,42, erfolgt die Kompression im Hyperschallbereich am Kreiskegel nahezu voll in der Kopfwelle, wozu nur eine geringe zusätzliche Kompression im Bereich zwischen Kopfwelle und Kegeloberfläche hinzukommt. Betreffs der Hyperschall-Kegelströmung kann auf Beispiel VIII,28 in [•12] verwiesen werden. Damit begegnen wir zum ersten Mal dem „ebenen Charakter" der Hyperschallströmung. Aus der Kontinuitätsbedingung folgt also für den schlanken Kreiskegel im oberen Hyperschallbereich:

$$\varrho \operatorname{tg}^2\gamma \cdot \pi = \hat{\varrho}(\operatorname{tg}^2\gamma - \operatorname{tg}^2\vartheta)\,\pi$$

und folglich wegen des geringen Unterschiedes zwischen γ und ϑ:

$$\operatorname{tg}\gamma - \operatorname{tg}\vartheta = \frac{1}{2}\frac{\varrho}{\hat{\varrho}}\operatorname{tg}\gamma + \cdots. \tag{11}$$

Bei starker und gleicher Verdichtung hat die Kopfwelle am Kreiskegel also im Vergleich zur Kopfwelle am Keil nur den halben Körperabstand. Wegen des rotationssymmetrischen Abflusses schmiegt sich also die Kopfwelle an einen Rotationskörper viel stärker an als an ein Profil. Dieser Schluß darf nicht ohne weiteres auf beliebig geformte Körper übertragen werden. Bei Oberflächenwölbung nimmt nämlich die Dichte an der Körperoberfläche sehr rasch ab, während sie hinter der Kopfwellenfront hoch bleibt, Abschn. 13. Für die Dichte in einem Querschnitt $x =$ konst. können bei gewölbten Oberflächen also keineswegs mehr konstante Werte angenommen werden.

Wenn in die folgende Überlegung die Schallgeschwindigkeit mit hereingezogen wird, bedeutet die Beschränkung auf ideale Gase konst. sp. W. eine ganz wesentliche Vereinfachung. Für ein solches Gas gewinnt man aus den Stoßgleichungen, etwa [·13], Gl. (IX,59), im Hyperschall-Limes, $M^2 \sin^2\gamma \to \infty$, die Beziehungen:

$$\frac{\hat{\varrho}}{\varrho} = \frac{\varkappa+1}{\varkappa-1}; \qquad \hat{p} = \frac{2}{\varkappa+1}\, u^2 \varrho \sin^2\gamma; \qquad (\varkappa-1)\, c_p \hat{T} = \hat{c}^2 = \frac{2\varkappa(\varkappa-1)}{(\varkappa+1)^2}\, u^2 \sin^2\gamma. \tag{12}$$

Unter der zusätzlichen Voraussetzung kleiner Stoßfrontwinkel, die für Gl. (12) noch nicht gestellt wurde, gilt mit Gl. (10):

$$\operatorname{tg}\gamma = \frac{\varkappa+1}{2}\operatorname{tg}\vartheta. \tag{13}$$

Wegen der geringen Geschwindigkeitsänderung im Stoß gilt ferner wie in Gl. (13) unter Vernachlässigung von Gliedern der Größenordnung $\sin^2\gamma$ für Machzahl und Machwinkel hinter der Stoßfront:

$$\hat{M} = 1/\sin\hat{\alpha} = W/\hat{c} = \frac{\varkappa+1}{\sqrt{2\varkappa(\varkappa-1)}}\,\frac{1}{\sin\gamma}. \tag{14}$$

Im Hyperschall-Limes an schlanken Körpern ist also die Machzahl auch hinter der Front sehr hoch. Mit Gl. (13) und (14) erhält man für den lokalen Hyperschallparameter, Gl. (3), hinter der Stoßfront den Wert:

$$\hat{M}\sin\vartheta = \sin\vartheta/\sin\hat{\alpha} = \sqrt{\frac{2}{\varkappa(\varkappa-1)}}, \tag{15}$$

das ist ein Wert, der bei $\varkappa = 1{,}40$ in der Nähe von $\hat{M}\sin\vartheta = 2$ liegt. Es handelt sich also um einen lokalen Hyperschallparameter von der Größenordnung der Einheit.

Allerdings liegt beim Auftreten von Dissoziation oder Ionisation die Machzahl und damit auch der lokale Hyperschallparameter hinter der Stoßfront höher als beim idealen Gas konst. sp. W., weil die lokale Schallgeschwindigkeit gemäß den Ausführungen in [•13], Abschn. II,6 durch den Gaszerfall herabgesetzt wird.

In der Aerodynamik ist eine Theorie *kleiner Störungen*, wie sie wiederholt ausführlich entwickelt wurde, von großem Nutzen, weil die Rechnungen dadurch erheblich vereinfacht werden können, ohne daß die Voraussetzung kleiner Neigungen der Oberflächenelemente dem praktischen Bedürfnis allzu sehr widerspricht. In den Linearisierungsgebieten der gasdynamischen Gleichung, aber auch bei Schallnähe, bezogen sich die Annahmen „kleiner Störungen" auf den gesamten Strömungszustand. Bei Hyperschallströmung muß man jedoch scharf unterscheiden, welche Größen man in Betracht zieht, wenn eine Annahme kleiner Störungen getroffen wird. Im allgemeinen soll bei Hyperschallströmung dann von *kleinen Störungen* gesprochen werden, wenn die Strömungsrichtungen nur wenig voneinander abweichen, der Strömungswinkel ϑ also als klein vorausgesetzt werden kann.

Gemäß Gl. (12) ist jedoch im Hyperschall-Limes selbst bei kleinem Strömungswinkel und damit bei kleinem Stoßfrontwinkel γ die Störung des thermodynamischen Zustandes erheblich. Man erhält unter denselben Voraussetzungen, die zu Gl. (12) führten:

$$\frac{\hat{\varrho}}{\varrho} = \frac{\varkappa + 1}{\varkappa - 1}; \quad \frac{\hat{p}}{p} = \frac{2\varkappa}{\varkappa + 1} M^2 \sin^2 \gamma; \quad \frac{\hat{T}}{T} = \frac{\hat{c}^2}{c^2} = \frac{2\varkappa(\varkappa - 1)}{(\varkappa + 1)^2} M^2 \sin^2 \gamma. \tag{16}$$

Die Druckstörung in der Stoßfront ist also außerordentlich stark. Aber auch die Dichte und die Temperatur ändern sich dort erheblich. Dabei kann keine Rede davon sein, daß der Zustand hinter der Kopfwelle bei der Umströmung des Körpers annähernd aufrechterhalten bleibt. Daher kann im allgemeinen auch nicht mit einem solchen Zustand hinter der Stoßfront linearisiert werden. Druck, Dichte und Temperatur fallen mit einer Verflachung des Profils stark ab, wie etwa im Beispiel von Abschn. 8 gezeigt werden wird. Selbst bei schlanken Körpern zeigen Druck, Temperatur und Dichte also gewaltige Schwankungen. Im Hyperschallbereich können daher für diese thermodynamischen Größen keine Voraussetzungen „kleiner Störungen" getroffen werden.

Für die Geschwindigkeitsschwankungen wurde dagegen bereits ganz allgemein die Größenordnung von $\operatorname{tg}^2 \vartheta$ festgestellt. Gemäß Gl. (15) ist aber auch der Machwinkel α hinter der Stoßfront klein und behält diese Eigenschaft im ganzen reinen Hyperschallbereich bei.

Für den „Druckkoeffizient" hinter der Stoßfront erhält man gemäß Gl. (12) im Hyperschall-Limes:

$$\hat{c}_p = \frac{\hat{p} - p_\infty}{\varrho_\infty u_\infty^2/2} = \frac{4}{\varkappa + 1} \sin^2 \gamma. \tag{17}$$

Auch der Druckkoeffizient bleibt also hinter der Kopfwelle eines schlanken Körpers klein und damit auch in der gesamten reinen Hyperschallströmung. Das liegt einfach daran, daß der hohe Druck durch den noch viel größeren Staudruck der Anströmung geteilt wird. Hier zeigt sich wieder die Zweckmäßigkeit der Bildung des Druckkoeffizienten. Die Druckunterschiede in einer Strömung stehen in allen Machzahlbereichen in engem Zusammenhang mit dem Strömungsimpuls und dieser wieder mit dem „Staudruck".

Die Größenordnung des Druckkoeffizienten an schlanken Körpern in Hyperschallströmung ist also dieselbe wie die Größenordnung der Geschwindigkeitsstörungen. Daraus darf jedoch nicht fälschlich der Schluß gezogen werden, daß die Entwicklung des Druckkoeffizienten nach der Geschwindigkeitsstörung auch bei reiner Hyperschallströmung zulässig ist. Die Voraussetzungen, welche zu Gl. (II,81) in [·13] führten, sind nicht mehr erfüllt.

Die Entwicklung kann betreffs eines mit dem Index a gekennzeichneten Zustandes durchgeführt werden, der nicht notwendig der Anströmzustand zu sein braucht. Für das ideale Gas konst. sp. W. war vorausgesetzt, [·13], Gl. (II,75):

$$\frac{\varkappa - 1}{2} M_a^2 (W^2/W_a^2 - 1) \ll 1 .$$

Wird für M_a etwa $\hat{M}$ gesetzt, so erhält man für den Ausdruck der linken Seite mit Gl. (14):

$$\frac{\varkappa - 1}{2} M_a^2 (W^2/W_a^2 - 1) \sim \frac{\varkappa - 1}{2} \hat{M}^2 \sin^2 \gamma \sim \frac{(\varkappa + 1)^2}{4\varkappa},$$

also einen Wert, der nahe an der Einheit liegt und nicht klein gegen diese ist.

Bei Hyperschall ist es demnach oft zweckmäßig, den Druck direkt zu ermitteln und nicht den Umweg über die Geschwindigkeit und über die Bernoulligleichung zu beschreiten.

Der Ruhedruckverlust und damit der Entropieanstieg bei Hyperschallströmung sind außerordentlich hoch. Aus der letzten Gl. (IX,59) in [·13] folgt mit Gl. (16) für den Hyperschall-Limes:

$$\frac{\hat{p}_0}{p_0} = \frac{\hat{\varrho}_0}{\varrho_0} = \left(\frac{\varkappa + 1}{\varkappa - 1}\right)^{\frac{\varkappa}{\varkappa - 1}} \left(\frac{2\varkappa}{\varkappa + 1} M^2 \sin^2 \gamma\right)^{-\frac{1}{\varkappa - 1}} = \left(\frac{\varkappa + 1}{\varkappa - 1}\right)^{\frac{\varkappa}{\varkappa - 1}} \left(\frac{p}{\hat{p}}\right)^{\frac{1}{\varkappa - 1}}. \quad (18)$$

Das hat zur Folge, daß Krümmungen der Kopfwelle auf Grund des Croccoschen Wirbelsatzes starke Rotation in der Strömung bedingen. Der Fall ist als Beispiel VIII,36 in [·12] durchgerechnet. Danach erhält man für den Fall des Hyperschall-Limes für die drei Anteile des Croccoschen Wirbelsatzes, Gl. (VI,19) in [·13]:

$$\frac{\partial v}{\partial x} : \left(-\frac{\partial u}{\partial y}\right) : \left(-\frac{p}{c_p - c_v} \frac{\mathrm{d}s}{\mathrm{d}\Psi}\right) = [(\varkappa - 1)\,(2\varkappa - 1)] : [2\varkappa(2 - \varkappa)] : [-(\varkappa + 1)]. \quad (19)$$

Für $\varkappa = 1{,}40$ kommt man zum Verhältnis von $3:7:-10$. Für $\varkappa$-Werte nahe an der Einheit wird das Glied $\mathrm{d}v/\mathrm{d}x$ überhaupt bedeutungslos. Es liegt dann sehr starke Wirbelströmung vor.

3. Verträglichkeitsbedingungen und Neigungsbedingungen bei reiner hoher Hyperschallströmung

Mit Rücksicht auf die relativ umständliche Ermittlung des Druckes aus der Geschwindigkeitsstörung bei kleinen Strömungswinkeln seien die Verträglichkeitsbedingungen in der Form [·13], (IX,71), also mit den Ableitungen des

Strömungswinkels und des Druckes, herangezogen. Führt man dort im eingeklammerten Beitrag für achsensymmetrische Strömung anstelle der Bogenlänge l die Koordinate x ein, so erhält man für reinen Hyperschall wegen $M^2 \gg 1$ die Beziehung:

$$-\vartheta_\xi + \frac{1}{\varrho W c}\, p_\xi + \left\{\frac{\sin\alpha \sin\vartheta}{y\cos(\vartheta+\alpha)}\, x_\xi\right\} = 0.$$

Der zweite Summand kann unter den getroffenen Annahmen kleiner Machwinkel wie folgt umgeschrieben werden:

$$\frac{1}{\varrho W c}\, p_\xi = \frac{p}{\varrho}\frac{1}{c^2}\sin\alpha\,\frac{\partial}{\partial\xi}(\ln p) = \frac{\sin\alpha}{\varkappa_{\text{eff}}}\frac{\partial}{\partial\xi}(\ln p).$$

Diese Darstellung gilt durch Einführen des effektiven Verhältnisses der spezifischen Wärmen $\varkappa_{\text{eff}}$ für beliebige Medien, was mit Rücksicht auf mögliche Dissoziationen und Ionisationen in Hyperschallströmung wichtig ist. Für das ideale Gas konst. sp. W. oder für eingefrorenes thermodynamisches Gleichgewicht ist $\varkappa_{\text{eff}}$ identisch mit dem Verhältnis der spezifischen Wärmen $\varkappa$ = konst. Im Dissoziations- oder Ionisationsgebiet eines Zweisubstanzenmodelles ist $\varkappa_{\text{eff}}$ durch den verhältnismäßig komplizierten Ausdruck [•13], (I,103) mit der Näherung (I,104) gegeben. Im allgemeinen hängt also $\varkappa_{\text{eff}}$ bei thermodynamischem Gleichgewicht vom thermodynamischen Zustand ab, in erster Linie von der Temperatur, aber auch von der Dichte oder dem Druck.

Der in [•13], Gl. (I,103) und (I,104) auftretende Massenanteil der zweiten Substanz im Gleichgewichtszustand $\bar{\bar{\alpha}}$ darf trotz der Ähnlichkeit der Symbole natürlich nicht mit dem Machwinkel verwechselt werden.

Wird nun die Kleinheit von Machwinkel und Strömungswinkel berücksichtigt, was ausreichend hohe Hyperschallparameter und schlanke Körper zur Voraussetzung hat, so erhält die Verträglichkeitsbedingung mit einer Genauigkeit, die bis einschließlich quadratischer Glieder in den Winkeln ϑ und α reicht, für reine hohe Hyperschallströmung die Form:

$$\begin{aligned} -\frac{\partial\vartheta}{\partial\xi} + \frac{\alpha}{\varkappa_{\text{eff}}}\frac{\partial}{\partial\xi}(\ln p) + \left\{\frac{\alpha\vartheta}{y}\frac{\partial x}{\partial\xi}\right\} &= 0; \\ +\frac{\partial\vartheta}{\partial\eta} + \frac{\alpha}{\varkappa_{\text{eff}}}\frac{\partial}{\partial\eta}(\ln p) + \left\{\frac{\alpha\vartheta}{y}\frac{\partial x}{\partial\eta}\right\} &= 0. \end{aligned} \tag{20}$$

Wie bei der Herleitung von Gl. (17) kann anstelle von $\ln p$ auch $\ln c_p$ geschrieben werden. Selbst beim idealen Gas konst. sp. W., $\varkappa_{\text{eff}} = \varkappa$ = konst., hängt α nicht nur vom Druck, sondern auch von der Entropie s ab, die ihrerseits aber wieder auf Stromlinien konstant ist.

Die Neigungsbedingung erhält unter den vorhin getroffenen Annahmen die Form:

$$y_\xi = (\vartheta - \alpha)\, x_\xi; \qquad y_\eta = (\vartheta + \alpha)\, x_\eta. \tag{21}$$

Ähnlich wie bei Schallnähe tritt in diesen Gleichungen der Machwinkel der Anströmung nicht auf.

Wie in allen Machzahlbereichen ist es auch bei Hyperschallströmung um schlanke Körper vorteilhaft, nach einem Störparameter zu entwickeln, wofür sich bei allen Winkeln das Dickenverhältnis τ anbietet. Damit ist mit der früher für Störungen verwendeten Symbolik zu setzen:

$$\vartheta = \tau\vartheta_1 + \cdots; \qquad \alpha = \tau\alpha_1 + \cdots; \qquad \gamma = \tau\gamma_1 + \cdots. \tag{22}$$

Weil x ebenso wie bei allen früher angewandten Affintransformationen ungeändert bleiben soll, folgt aus Gl. (21) für die Ordinate:

$$y = \tau\bar{y} + \cdots. \tag{23}$$

Da es sich um eine Darstellung in charakteristischen unabhängigen Veränderlichen handelt, ist y — und auch x — eine abhängige Veränderliche und wäre folglich wie beim analytischen Charakteristikenverfahren nach Störungen in eine Reihe zu entwickeln. Bei den Gleichungen (20) und (21) wurde jedoch von vornherein eine Einschränkung auf die ersten Glieder der Entwicklung hingenommen. Daher wurde in Gl. (23) das Symbol $\bar{y}$, wie es bei der Prandtl-Glauert-Analogie angewendet wurde, dem Symbol y_0 vorgezogen.

Gegenüber der geläufigen Prandtl-Regel tritt in der vorliegenden Näherung bei Hyperschallströmung anstelle des Faktors $\cot \alpha_\infty$ im Linearisierungsgebiet jetzt in Gl. (23) der Faktor $1/\tau$ im Hyperschallbereich. Auch in der Störtheorie der Schallnähe, Gl. (I,59), wurde der Prandtl-Faktor durch eine Potenz von τ ersetzt.

Mit Gl. (22) und (23) nehmen die Neigungsbedingungen (21) die Form an:

$$\bar{y}_\xi = (\vartheta_1 - \alpha_1)\, x_\xi; \qquad \bar{y}_\eta = (\vartheta_1 + \alpha_1)\, x_\eta. \tag{24}$$

Diese Gleichungen unterscheiden sich zwar formal nicht von Gl. (21), doch sind die abhängigen Veränderlichen in (24) im Gegensatz zu den abhängigen Veränderlichen in Gl. (21) von der Größenordnung der Einheit, was zumindest rechentechnische Vorteile bietet.

Über die Änderung des thermodynamischen Zustandes kann man sich durch die Gleichungen für den Verdichtungsstoß unterrichten. Demnach ist der Druck proportional zum Staudruck und zum Quadrat der Stoßneigung, also im wesentlichen zum Quadrat des Dickenverhältnisses τ. Die Temperatur dagegen kann als proportional zur kinetischen Energie der Anströmung angesehen werden und außerdem als proportional zum Quadrat des Dickenverhältnisses τ. Wenn also ähnlich wie der Druckkoeffizient für Hyperschallströmung auch ein Temperaturkoeffizient c_T eingeführt wird, so ergibt sich im Hyperschall-Limes für diese Koeffizienten folgender „Störansatz“:

$$c_p = \frac{2p}{\varrho_\infty u_\infty^2} = \tau^2 c_{p1} + \cdots; \qquad c_T = \frac{2RT}{m_\infty u_\infty^2} = \tau^2 c_{T1} + \cdots. \tag{25}$$

In der rechten Gleichung (25) wurde die Temperatur mit dem Faktor R/m_∞ auf eine Energie der Masseneinheit zurückgeführt. Damit ist eine zur ersten Kennzahl (II,53) in [·13] analoge Wahl getroffen worden. Freilich hätte durch Bildung des Produktes $c_p T$ die Temperatur auf die Form einer Enthalpie gebracht werden können. Alle diese Varianten haben ihre Vor- und Nachteile, weshalb an eine Diskussion nicht weiter Zeit verloren werden soll.

Das Produkt RT/m_∞ ist gaskinetisch ausgedrückt die Energie, die auf zwei Freiheitsgrade eines idealen Gases der Temperatur T und der Molmasse m_∞ fällt, also etwa die Energie, die in der Rotation der Moleküle eines Hantel-Modelles steckt, vergleiche etwa die Ausführungen nach Gl. (I,33) in [·13].

Mit den Gln. (22), (23) und (25) erhalten die Verträglichkeitsbedingungen (20) schließlich folgende Form in den Störgrößen:

$$\begin{aligned} -\frac{\partial \vartheta_1}{\partial \xi} + \frac{\alpha_1}{\varkappa_{\text{eff}}} \frac{\partial}{\partial \xi} (\ln c_{p1}) + \left\{\frac{\alpha_1 \vartheta_1}{\bar{y}} \frac{\partial x}{\partial \xi}\right\} &= 0; \\ \frac{\partial \vartheta_1}{\partial \eta} + \frac{\alpha_1}{\varkappa_{\text{eff}}} \frac{\partial}{\partial \eta} (\ln c_{p1}) + \left\{\frac{\alpha_1 \vartheta_1}{\bar{y}} \frac{\partial x}{\partial \eta}\right\} &= 0. \end{aligned} \tag{26}$$

Wegen der großen Bedeutung der Entropieunterschiede in Hyperschallströmung muß, von Ausnahmen abgesehen, auch noch die Isentropie längs Stromlinien mit herangezogen werden. Für viele Rechnungen ist es dabei zweckmäßig, die Ableitungen längs Stromlinien durch solche längs Machlinien zu ersetzen.

Gemäß Gl. (IX,69) in [·13] gilt für den folgenden Operator die Beziehung:

$$u \frac{\partial}{\partial x} + v \frac{\partial}{\partial y} = (u \xi_x + v \xi_y) \frac{\partial}{\partial \xi} + (u \eta_x + v \eta_y) \frac{\partial}{\partial \eta} = c h_1 \frac{\partial}{\partial \xi} + c h_2 \frac{\partial}{\partial \eta}.$$

Ferner gilt gemäß [·13], Gl. (IX,70) und (IX,66):

$$\frac{1}{h_2 \sin 2\alpha} = x_\eta \sqrt{1 + \operatorname{tg}^2(\vartheta + \alpha)} = \frac{x_\eta}{\cos(\vartheta + \alpha)}; \quad \frac{1}{h_1 \sin 2\alpha} = \frac{x_\xi}{\cos(\vartheta - \alpha)}.$$

Daraus folgt die Beziehung:

$$u \frac{\partial}{\partial x} + v \frac{\partial}{\partial y} = h_1 h_2 c \sin 2\alpha \left[\frac{x_\eta}{\cos(\vartheta + \alpha)} \frac{\partial}{\partial \xi} + \frac{x_\xi}{\cos(\vartheta - \alpha)} \frac{\partial}{\partial \eta}\right]. \tag{27}$$

Für die Entropie der Masseneinheit s gilt dann mit derselben Genauigkeit wie Gl. (20) wegen der Kleinheit der Winkel ϑ und α:

$$x_\eta \frac{\partial s}{\partial \xi} + x_\xi \frac{\partial s}{\partial \eta} = 0. \tag{28}$$

Es ist bemerkenswert und wichtig, daß sowohl die Gln. (20), (21), (24) und (26) als auch die Gl. (28) unabhängig von der funktionalen Form von ξ und η sind. Diese beiden Funktionen sind zunächst ja nur dadurch festgelegt, daß die einen längs linkslaufenden und die anderen längs rechtslaufenden Machlinien konstant sind. Diese Bedingung wird aber auch von Funktionen $\tilde{\xi}(\xi)$ und $\tilde{\eta}(\eta)$ erfüllt. Wird nun in den genannten Gleichungen $\tilde{\xi}$, $\tilde{\eta}$ anstelle von ξ, η eingeführt, so läuft dies darauf hinaus, daß die Ableitungen nach ξ und η durch solche nach $\tilde{\xi}$ und $\tilde{\eta}$ zu ersetzen sind.

Die Einführung von Störgrößen sei bei Gl. (28) auf das ideale Gas konst. sp. W. beschränkt. Für beliebige Medien im thermodynamischen Gleichgewicht, wofür Gl. (28) ebenfalls gilt, bedarf es besonderer Überlegungen. Für das ideale Gas konst. sp. W. gilt für die Änderung längs Stromlinien:

$$(\varkappa - 1) \frac{\mathrm{d}p}{p} = \varkappa \frac{\mathrm{d}T}{T} = 2\varkappa \frac{\mathrm{d}c}{c}.$$

Da sich aber die Geschwindigkeit in der angenommenen Näherung nicht ändert, kann die Änderung der Schallgeschwindigkeit durch jene des Machwinkels ersetzt werden. Mit Gl. (28) gilt dann:

$$\begin{aligned} x_\eta \frac{\partial \alpha}{\partial \xi} + x_\xi \frac{\partial \alpha}{\partial \eta} &= \frac{\varkappa - 1}{2\varkappa}\, \alpha \left[x_\eta \frac{\partial (\ln p)}{\partial \xi} + x_\xi \frac{\partial (\ln p)}{\partial \eta} \right], \\ x_\eta \frac{\partial \alpha_1}{\partial \xi} + x_\xi \frac{\partial \alpha_1}{\partial \eta} &= \frac{\varkappa - 1}{2\varkappa}\, \alpha_1 \left[x_\eta \frac{\partial (\ln c_{p1})}{\partial \xi} + x_\xi \frac{\partial (\ln c_{p1})}{\partial \eta} \right]. \end{aligned} \tag{29}$$

Die untere Gleichung ist mit Gl. (24) und (25) für die Störgrößen aus der oberen hergeleitet.

Mit Gl. (24), (26) und (29) sind die erforderlichen Differentialgleichungen für Charakteristikenverfahren in den Störgrößen hergeleitet. Sie sind noch durch die Gleichungen für Verdichtungsstöße zu ergänzen.

4. Starke schiefe Verdichtungsstöße

Die Gleichungen für den thermodynamischen Zustand hinter der Front eines starken schiefen Stoßes in einem idealen Gas konst. sp. W. wurden bereits in Abschn. 2 hergeleitet. Sie sollen nun noch in den Koeffizienten (25) geschrieben werden. In teilweiser Wiederholung von Gl. (12) und (17) gilt dann:

$$\frac{\hat{\varrho}}{\varrho} = \frac{\varkappa + 1}{\varkappa - 1}; \qquad \hat{c}_p = \frac{4}{\varkappa + 1} \sin^2 \gamma; \qquad \hat{c}_T = \frac{4(\varkappa - 1)}{(\varkappa + 1)^2} \sin^2 \gamma. \tag{30}$$

Dazu kommen noch die Gleichungen für die Geschwindigkeitskomponenten hinter der Stoßfront. Sie seien in der allgemeinen Form für beliebige Medien von [13], Abschnitt IX,7 übernommen:

$$\frac{\hat{u}}{u} = 1 - \sin^2 \gamma (1 - \varrho/\hat{\varrho}); \qquad \frac{\hat{v}}{u} = (1 - \varrho/\hat{\varrho}) \sin \gamma \cos \gamma. \tag{31}$$

In dieser Darstellung ist die bekannte Neigungsbedingung für die Stoßfront mit enthalten. Die Gln. (31) gelten noch ohne Einschränkung auf starke Stöße. Aus den beiden Gleichungen (31) und weiter unter Heranziehung des Energiesatzes folgt nach elementarer Rechnung:

$$\begin{aligned} \frac{\hat{W}^2}{u^2} &= \frac{\hat{u}^2}{u^2} + \frac{\hat{v}^2}{u^2} = 1 - (1 - \varrho^2/\hat{\varrho}^2) \sin^2 \gamma; \\ \hat{\imath} &= i + \frac{u^2}{2} (1 - \varrho^2/\hat{\varrho}^2) \sin^2 \gamma \end{aligned} \tag{32}$$

Auch diese Beziehungen sind exakt. Sie fügen sich jedoch wie Gl. (31) im Hinblick auf ihre spätere Anwendung sehr gut in den laufenden Abschnitt.

Durch Eliminieren von γ aus Gl. (31) erhält man nach kurzer Rechnung folgende *Stoßpolare*:

$$\left(\frac{\hat{v}}{u}\right)^2 = \left(1 - \frac{\hat{u}}{u}\right) \left(\frac{\hat{u}}{u} - \frac{\varrho}{\hat{\varrho}}\right). \tag{33}$$

Auch diese Beziehung gilt noch ganz allgemein. Nur ist im allgemeinen Fall γ noch in $\varrho/\hat{\varrho}$ enthalten, wie etwa auch beim id. Gas konst. sp. W. Wenn jedoch wie unter den Voraussetzungen von Gl. (30) $\varrho/\hat{\varrho}$ konstant ist, dann stellt Gl. (33) eine Kreisgleichung dar. Das cartesische Blatt, [·13], Gl. (IX,63), degeneriert im Hyperschall-Limes also zu einem Kreis.

Für einen solchen Fall des Hyperschall-Limes mit konstantem Dichteverhältnis $\hat{\varrho}/\varrho$, also beispielsweise für den Hyperschall-Limes des idealen Gases konst. sp. W., lassen sich einfache Beziehungen für die Maximalablenkung angeben. Man geht bei der Herleitung am besten von der vor Gl. (10) stehenden Beziehung aus und findet für das Extremum $\mathrm{d}\vartheta/\mathrm{d}\gamma = 0$ zunächst:

$$\cos^2(\gamma - \vartheta)\, \varrho/\hat{\varrho} = \cos^2 \gamma .$$

Unter Heranziehung der Ausgangsgleichung erhält man nach einiger Rechnung für die extreme Ablenkung am Stoß:

$$\operatorname{tg} \gamma = \sqrt{\frac{\hat{\varrho}}{\varrho}}; \qquad \operatorname{tg} \vartheta = \frac{1}{2}\left(\sqrt{\frac{\hat{\varrho}}{\varrho}} - \sqrt{\frac{\varrho}{\hat{\varrho}}}\right).$$

Die maximal mögliche Umlenkung am schiefen Stoß ist danach um so größer, je höher die Verdichtung am Stoß ist; immer unter der Voraussetzung, daß die Verdichtung unabhängig von der Ablenkung ist.

Es läßt sich im übrigen zeigen, daß beim idealen Gas konst. sp. W. im so errechneten Punkt maximaler Ablenkung $\hat{M} = 1$ ist. Mit $\varkappa \to 1$ rückt der Stoßfrontwinkel des genannten Punktes gemäß den vorangegangenen Gleichungen $\gamma \to \pi/2$. Bei Dissoziation, wo ja die Verdichtung auch noch im Hyperschall-Limes vom Dissoziationsgrad abhängen kann, gilt die letzte Gleichung im allgemeinen nicht.

Allerdings enthält die Stoßpolare für den Hyperschall-Limes eine gewisse Problematik. Es gibt sicher selbst bei noch so kleinem Strömungswinkel stets Machwinkel, die noch bedeutend kleiner sind, so daß für jeden noch so spitzen Keil die Bedingung des Hyperschall-Limes, Gl. (6), erfüllt werden kann. Umgekehrt gibt es für jede noch so hohe Machzahl, also für jeden noch so kleinen Machwinkel, einen Strömungswinkel, der noch wesentlich kleiner ist. Dies trifft beim Abklingen der Kopfwelle in großer Entfernung vom Körper zu, wo die Störungen im Stoß und damit der Stoßwinkel und damit der lokale Hyperschall-Parameter beliebig klein werden. In diesem, bei Hyperschall weit vom Körper entfernten Gebiet kann die kreisförmige Hyperschallstoßpolare nicht gelten. Das Problem ist in [··14] auf Seite 209 behandelt. Für die Umströmung der Körperoberfläche hat dieser Teil der Stoßpolare im Hyperschall-Limes freilich keine Bedeutung.

Unter der Voraussetzung kleiner Dickenverhältnisse τ und idealer Gase konst. sp. W. gilt im Hyperschall-Limes mit den Gln. (26), (30), (22), (25), (13), (15) und (17):

$$\hat{\alpha}_1 = \sqrt{\frac{\varkappa(\varkappa - 1)}{2}}\, \frac{2}{\varkappa + 1}\, \gamma_1; \qquad \hat{\vartheta}_1 = \frac{2}{\varkappa + 1}\, \gamma_1; \qquad \hat{c}_{p1} = \frac{4}{\varkappa + 1}\, \gamma_1^2. \tag{34}$$

Neben dem Fall des idealen Gases konst. sp. W., der für Versuche in Windkanälen eine wichtige Rolle spielt, sei der starke Stoß für den Fall des Zweisubstanzenmodelles studiert, womit die Vorgänge in einem einfach dissoziierenden oder einfach ionisierenden Gas sehr gut beschrieben werden. Der entsprechende senkrechte Stoß wurde bereits in [•13], Abschn. (II,6) behandelt. Der schiefe Stoß unterscheidet sich nur dadurch, daß überall an Stelle der Geschwindigkeit $W = u$ vor der Stoßfront nun die Normalkomponente der Geschwindigkeit vor der Stoßfront auftritt, d. i. $W_n = u \sin\gamma$. Damit geht Gl. (II,48) von [•13] für den schiefen Stoß über in:

$$\frac{2\hat{p}}{\varrho u^2} = \hat{c}_p = 2\left(1 - \frac{\varrho}{\hat{\varrho}}\right)\sin^2\gamma. \tag{35}$$

Gl. (II,49), [•13] dagegen erhält folgende Form, wenn die Molmasse mit [•13], Gl. (I,9) durch den im thermodynamischen Gleichgewicht vorliegenden Massenanteil $\alpha = \bar{\bar{\alpha}}$ und die Ausgangsmolmasse m ersetzt wird:

$$\frac{2R\hat{T}}{mu^2\sin^2\gamma} = \frac{\hat{c}_T}{\sin^2\gamma} = \frac{2}{1+\bar{\bar{\alpha}}}\,\frac{\varrho}{\hat{\varrho}}\left(1 - \frac{\varrho}{\hat{\varrho}}\right). \tag{36}$$

Für den Spezialfall von $\hat{\varrho}/\varrho = (\varkappa + 1)/(\varkappa - 1)$ werden sofort die Werte von Gl. (31) bestätigt.

Der Zusammenhang der thermodynamischen Zustandsgrößen untereinander ist gegeben durch Gl. (II,51) und (II,50) in [•13]. In der letzteren ist wegen des mit Gl. (II,51) vorausgesetzten thermodynamischen Gleichgewichtes wieder $\alpha = \bar{\bar{\alpha}}$ zu setzen. Führt man in diesen Gleichungen den Temperaturkoeffizienten c_T ein, so gilt:

$$\frac{\hat{\varrho}}{\varrho} = \frac{\varkappa+1}{\varkappa-1} + \frac{2\bar{\bar{\alpha}}}{1+\bar{\bar{\alpha}}}\left[\frac{2RT_d}{mu^2\sin^2\gamma}\,\frac{\sin^2\gamma}{\hat{c}_T} + \lambda - \frac{1}{\varkappa-1}\right] \tag{37}$$

und für die Gleichgewichtsbeziehung unter denselben Voraussetzungen wie in Abschn. II,6 von [•13]:

$$\frac{\bar{\bar{\alpha}}^2}{1-\bar{\bar{\alpha}}} = \frac{\varrho}{\hat{\varrho}}\,\frac{\varrho_d}{\varrho}\left(\frac{mu^2\sin^2\gamma}{2RT_d}\,\frac{\hat{c}_T}{\sin^2\gamma}\right)^{\lambda}\exp\left(-\frac{2RT_d}{mu^2\sin^2\gamma}\,\frac{\sin^2\gamma}{\hat{c}_T}\right). \tag{38}$$

Mit Rücksicht auf die folgenden Anwendungen sei anstatt der dimensionslosen Variablen T/T_d der Temperaturkoeffizient c_T vorgezogen. In Gl. (37) und (38) ist der Ausdruck $\sin^2\gamma$, der auch wegbleiben könnte, in Hinblick auf die Erleichterung der folgenden Schlüsse eingefügt. Durch die Gleichungen (36), (37) und (38) sind $\hat{\varrho}/\varrho$, $\bar{\bar{\alpha}}$ und $\hat{c}_T/\sin^2\gamma$ festgelegt, wenn folgende Größen gegeben sind, vgl. auch Gl. (II,53) in [•13]:

$$\frac{mu^2\sin^2\gamma}{2RT_d},\quad \frac{\varrho}{\varrho_d},\quad \varkappa,\quad \lambda. \tag{39}$$

Das Verhältnis der spezifischen Wärmen $\varkappa$ in der Anströmung tritt bereits beim idealen Gas konst. sp. W. auf. λ ist durch [•13], Gl. (I,28) definiert und ist dort in Tabelle I,6 für einige wichtige Fälle angegeben. ϱ_d ist der wesentliche Faktor in der Beziehung (38) für das thermodynamische Gleichgewicht und ist in [•13], Tabelle I,5 für einige Substanzen zu finden. In allen bisher herangezogenen

Gleichungen handelt es sich um rein thermodynamische Größen. Im Gebiete der Gasreaktionen, Dissoziationen oder Ionisationen ist dabei eine Übereinstimmung im Verhältnis von Ausgangsdichte ϱ und ϱ_d besonders wichtig, wenn die Ergebnisse übertragbar sein sollen.

Nur die erste der 4 Kenngrößen (39) ist ein ausgesprochen dynamischer Kennwert. Für den Faktor vor $\sin^2 \gamma$ sei ein besonderes Symbol eingeführt. Dabei seien die Größen vor der Stoßfront mit Rücksicht auf die spätere Anwendung mit dem Anströmindex ∞ gekennzeichnet. Zufolge der Definitionsgleichung für T_d, [·13], (I,85), kann $T_d R/m$ als eine auf den absoluten Nullpunkt, $T = 0$, bezogene Reaktionswärme bei konstantem Druck aufgefaßt werden, r_{p0}. Damit ist:

$$K_d = \frac{u_\infty^2 m_\infty}{2RT_d} = \frac{u_\infty^2}{2r_{p0}}. \tag{40}$$

Diese Kennzahl ist also sehr anschaulich. Es ist das Verhältnis von kinetischer Energie in der Anströmung zur Reaktionswärme bei konstantem Druck, die auch eine Dissoziationswärme oder eine Ionisationswärme sein kann.

Die Kurvenblätter von [·13], Abschn. II,6 können ohne weiteres auch für den schiefen starken Stoß verwendet werden, wenn nur anstelle von K_d überall $K_d \sin^2 \gamma$ gesetzt wird. Ganz ähnlich wie bei den Änderungen der thermodynamischen Zustandsgrößen des idealen Gases konst. sp. W., wo der Stoßfrontwinkel stets nur in der Kombination $M^2 \sin^2 \gamma$ auftritt, kommt es im besprochenen Fall nur auf die Kombination $K_d \sin^2 \gamma$ an.

Während jedoch im Hyperschall-Limes des idealen Gases konst. sp. W. nur ein einziger Wert des Dichteverhältnisses auftritt, kann im Hyperschall-Limes des dissoziierten Gases $\hat{\varrho}/\varrho$ variieren, wenn die Kennzahl K_d genügend groß ist und der Kopfwellenneigungswinkel γ sich mit dem Ort ändert. Dies ist insbesondere bei abgelösten Kopfwellen der Fall, bei denen γ alle Werte zwischen $\pi/2$ und $\alpha_\infty \ll 1$ annimmt, kann aber auch bei anliegender Kopfwelle vorkommen.

Bei ausreichend großen Kennzahlen K_d, also bei genügend hoher kinetischer Energie der Anströmung im Verhältnis zur Dissoziationsenergie, ist es durchaus denkbar, daß ein zweiatomiges Gas im senkrechten Teil der abgelösten Kopfwelle voll dissoziiert; das Argument der Exponentialfunktion in Gl. (38) ist dann sehr klein. Die e-Potenz nimmt den Wert der Einheit an. Da aber ϱ_d/ϱ sehr groß ist, ist $\bar{\bar{\alpha}} = 1$. Der erste Summand der eckigen Klammer von Gl. (37) ist mit dem Argument der Exponentialfunktion identisch und kann vernachlässigt werden. Mit [·13], Tabelle I,6 ist dann die Verdichtung:

$$\bar{\bar{\alpha}} = 1: \qquad \frac{\hat{\varrho}}{\varrho} = \frac{\varkappa + 1}{\varkappa - 1} + \lambda - \frac{1}{\varkappa - 1} = 4.$$

Dagegen ist in Abständen weiter weg vom Körper der Stoßfrontwinkel γ bereits klein. Weil sich aber $\hat{c}_T/\sin^2 \gamma$ gemäß Gl. (36) nicht allzu stark ändert, bekommt die Exponentialfunktion in Gl. (38) ein großes negatives Argument, wodurch die großen Werte ϱ_d/ϱ völlig wettgemacht werden. Man erhält mit Gl. (37) das Ergebnis für den starken Stoß konstanter spez. Wärme:

$$\bar{\bar{\alpha}} = 0: \qquad \frac{\hat{\varrho}}{\varrho} = \frac{\varkappa + 1}{\varkappa - 1} = 6.$$

Zwischen den beiden eben besprochenen Gebieten sind allerdings die Verdichtungen bedeutend höher, wie in [•13], Abschn. II,6 gezeigt wurde.

Ein sehr interessantes Beispiel für die Auswirkung der Abhängigkeit starker Verdichtungsstöße vom Zerfallsgrad des Gases gibt W. SCHNEIDER. Er behandelt den Anstelleffekt des spitzen Kreiskegels im Hyperschall-Limes bei Dissoziation und Ionisation im Stoß und erhält für die Kopfwellenlage und den Auftriebsbeiwert abhängig von der Normalkomponente der Geschwindigkeit auf die Stoßfront außerordentlich schwankende Werte, siehe [4], Abb. 6 bis 9, die an die Schwankungen der effektiven spezifischen Wärme im Zerfallsgebiet erinnern. Ein solcher Effekt kann nicht mit einem Ersatzgas konst. sp. W. wiedergegeben werden, auch dann nicht, wenn man vor und hinter dem Stoß unterschiedliche Werte von $\varkappa$ einführt. Bei einer Beschränkung auf das Zweisubstanzenmodell würden die Rechnungen zu entsprechenden Ähnlichkeitsgesetzen führen. Die Ergebnisse wären dann allerdings auf eine einzige starke Schwankung im Auftriebsbeiwert und im Stoßfrontwinkel beschränkt.

Wenn die Tiefe der Stoßfront als verschwindend klein angesehen wird, so könnte sich im praktischen Fall kein Gleichgewichtsstoß ergeben, weil die Zeit zur Einstellung des Dissoziations- oder Ionisationsgleichgewichtes fehlt. Wie in Abschn. II,16 in [•13] ausgeführt wurde, folgt in einem solchen Fall dem eingefrorenen Stoß eine Relaxationszone, in der sich das thermodynamische Gleichgewicht erst einstellt. Die Tiefe dieser Einzelzone ist oft aber sehr klein, so daß dann die Stoßfront tatsächlich als ein einziger Sprungvorgang behandelt werden darf.

5. Machzahlunabhängigkeit im Hyperschall-Limes

Ähnlich wie im Gebiete der niederen Machzahlen $M^2 \ll 1$ werden die wesentlichen Strömungseigenschaften bei sehr hohen Machzahlen, also im Hyperschall-Limes, definiert durch die Ungleichung (8), unabhängig von M_∞. Dies wurde erstmalig in den Arbeiten [2] u. [3] für beliebige Körper und ideale Gase konst. sp. W. gezeigt. Der folgende Beweis wird im Rahmen des Zweisubstanzenmodells geführt, schließt also Dissoziations- und Ionisationsvorgänge mit ein, beschränkt sich aber der einfacheren Kopfwellendarstellung wegen auf den ebenen und achsensymmetrischen Fall.

Die Kontinuitätsbedingung für stationäre Strömung kann sofort in dimensionsloser Form geschrieben werden:

$$\operatorname{div}\left(\frac{\varrho}{\varrho_\infty}\frac{\vec{W}}{u_\infty}\right) = 0. \tag{41}$$

In die Eulerschen Gleichungen sei mit Gl. (25) der Druckkoeffizient eingeführt. Damit lauten sie:

$$\frac{1}{2}\operatorname{grad}\left(\frac{\vec{W}}{u_\infty}\right)^2 - \frac{\vec{W}}{u_\infty}\times\operatorname{rot}\frac{\vec{W}}{u_\infty} = -\frac{\varrho_\infty}{\varrho}\operatorname{grad} c_p. \tag{42}$$

Der Energiesatz sei in integrierter Form herangezogen. Mit [•13], Gl. (II,6) und Gl. (I,92) für das Zweisubstanzenmodell und dem Molmassenverhältnis

$m_1/m_2 = 2$ gewinnt man zunächst die Beziehung:

$$\frac{W^2}{2} + \bar{\bar{\alpha}} T_d \frac{R}{m_\infty} + \bar{\bar{\alpha}}(\lambda + 1) \frac{R}{m_\infty} T + \frac{\varkappa_\infty}{\varkappa_\infty - 1} \frac{R}{m_\infty} T = \frac{u_\infty^2}{2} + \frac{\varkappa_\infty}{\varkappa_\infty - 1} \frac{R}{m_\infty} T_\infty .$$

Führt man hier wieder nur dimensionslose Größen ein sowie die Kennzahl K_d und den Temperaturkoeffizienten, so erhält der Energiesatz für das Zweisubstanzenmodell im Hyperschall-Limes folgende Form:

$$\frac{W^2}{u_\infty^2} + \left[\frac{\varkappa_\infty}{\varkappa_\infty - 1} + \bar{\bar{\alpha}}(\lambda + 1)\right] c_T + \frac{\bar{\bar{\alpha}}}{K_d} = 1. \tag{43}$$

Darin ist der Spezialfall des idealen Gases konst. sp. W., $\varkappa = \varkappa_\infty$, $\bar{\bar{\alpha}} = 0$, bereits enthalten und braucht nicht gesondert hergeleitet zu werden:

$$\frac{W^2}{u_\infty^2} + \frac{\varkappa}{\varkappa - 1} c_T = 1. \tag{44}$$

Dichte, Druck- und Temperaturkoeffizient stehen außerdem durch die Zustandsgleichung idealer Gase [•13], (I,7) und (I,9) in folgender Beziehung:

$$c_p = (1 + \bar{\bar{\alpha}}) \frac{\varrho}{\varrho_\infty} c_T \tag{45}$$

und für den Spezialfall des idealen Gases konst. spez. Wärme:

$$c_p = \frac{\varrho}{\varrho_\infty} c_T . \tag{46}$$

Für den Fall von Gasreaktionen muß noch die Beziehung für das thermodynamische Gleichgewicht herangezogen werden. Sie kann von Gl. (38) übernommen werden, wobei der Faktor $\sin^2 \gamma$ wieder weggelassen und die Kennzahl K_d mit (40) eingeführt werden soll:

$$\frac{\bar{\bar{\alpha}}^2}{1 - \bar{\bar{\alpha}}} = \frac{\varrho_\infty}{\varrho} \frac{\varrho_d}{\varrho_\infty} (K_d\, c_T)^\lambda \exp\left(-\frac{1}{K_d c_T}\right). \tag{47}$$

Damit ist das Gleichungssystem für das Strömungsfeld vollständig. Für das Zweisubstanzenmodell wird der Strömungszustand beschrieben durch die abhängigen Veränderlichen:

$$\vec{W}/u_\infty ; \quad \varrho/\varrho_\infty ; \quad c_p ; \quad c_T ; \quad \bar{\bar{\alpha}} . \tag{48}$$

Für diese stehen ebenso viel Gleichungen zur Verfügung, nämlich (42), (41) und (43), (45), (47) mit den Kennzahlen:

$$K_d, \ \varrho_d/\varrho_\infty, \ \lambda, \ \varkappa_\infty . \tag{49}$$

Beim idealen Gas konst. sp. W. fällt die letzte der Veränderlichen (48) weg und damit gleichzeitig auch Gl. (47). Maßgebend sind dann die Gln. (42), (41), (44) und

(46), in denen als einzige Kennzahl die letzte von (49) auftritt, nämlich $\varkappa = \varkappa_\infty$.

Die Randbedingung am Körper

$$y = h(x): \quad \frac{v}{u_\infty} = \frac{u}{u_\infty} \frac{\mathrm{d}h}{\mathrm{d}x} \tag{50}$$

enthält keine Kennzahl.

Es bleibt also nur noch die „Anfangsbedingung" an der Kopfwelle anzugeben. Mit $\hat{y}(x)$ als Ordinate der Stoßfront gilt für die thermodynamischen Zustandsgrößen mit Gl. (35) und (37) auf $y = \hat{y}(x)$:

$$\begin{gathered} c_p = 2\left(1 - \frac{\varrho_\infty}{\varrho}\right) \sin^2 \gamma; \\ \frac{\varrho}{\varrho_\infty} = \frac{\varkappa_\infty + 1}{\varkappa_\infty - 1} + \frac{2\bar{\bar{\alpha}}}{1 + \bar{\bar{\alpha}}} \left[\frac{1}{K_d c_T} + \lambda - \frac{1}{\varkappa_\infty - 1}\right]. \end{gathered} \tag{51}$$

Dazu kommen noch die Zustandsgleichung (45) und die Gleichgewichtsbeziehung (47). Gl. (36) bleibt weg, weil sie durch die einfache Zustandsgleichung (45) ersetzt wurde.

Zu den genannten thermodynamischen Beziehungen tritt noch die geometrische Beziehung

$$\operatorname{tg} \gamma = \frac{\mathrm{d}\hat{y}}{\mathrm{d}x} \tag{52}$$

und mit Gl. (31) wieder auf $y = \hat{y}(x)$:

$$\frac{u}{u_\infty} = 1 - (1 - \varrho_\infty/\varrho) \sin^2 \gamma; \qquad \frac{v}{u_\infty} = (1 - \varrho_\infty/\varrho) \sin \gamma \cos \gamma. \tag{53}$$

Es handelt sich um 7 Gleichungen, nämlich (51), (45), (47), (52), (53) für die Größen:

$$\frac{u}{u_\infty}, \quad \frac{v}{u_\infty}, \quad \gamma, \quad \frac{\varrho}{\varrho_\infty}, \quad c_p, \quad c_T, \quad \bar{\bar{\alpha}}.$$

Wenn wie im vorliegenden Fall mit Gl. (50) der Körper vorgegeben ist, dann muß an der Stoßfront stets eine Gleichung mehr vorliegen als im Feld, da die Lage der Kopfwelle mitbestimmt werden muß.

Die aufgezählten Gleichungen enthalten wieder nur die Kennzahlen (49). Daher müssen bei Übereinstimmung in den Kennzahlen, also unter anderm bei gleichem Verhältnis von kinetischer Energie und Reaktionsenergie in der Anströmung, auch die Größen (48) im Felde und auf dem Körper übereinstimmen. Wegen der Übereinstimmung in c_p auf der Körperoberfläche müssen folglich auch sämtliche Luftkraftbeiwerte dieselben sein.

Bei gleicher Körperform und bei gleichen Kennzahlen (49) streben die Strömungen, dargestellt durch die abhängigen Veränderlichen (48), im Hyperschall-Limes, $M_\infty^2 \to \infty$, einem gemeinsamen Grenzzustand zu. Insbesondere sind die Luftkräfte und das Strömungsbild, dargestellt durch Kopfwelle, Strom- und Machlinien, dasselbe.

Das ideale Gas konst. spez. Wärme bedarf kaum einer gesonderten Behandlung. Man erhält die Ergebnisse für diesen Spezialfall wieder einfach, indem in allen Gleichungen $\bar{\bar{\alpha}} = 0$ gesetzt wird. Damit bleibt als einzige maßgebende Kennzahl wie bereits bei den Feldgleichungen nur $\varkappa = \varkappa_\infty$. Diese Kennzahl ist im Hyperschallbereich wesentlich und kann nicht wie bei Schallnähe aus den Gleichungen eliminiert werden. Das leuchtet auch ein, denn die Verdichtung im Stoß hängt gemäß der ersten Gleichung (30) ganz wesentlich vom $\varkappa$-Wert ab.

Bei beliebigen Gasen, also etwa dissoziierenden und ionisierenden Gasen, die nicht mehr mittels des Zweisubstanzenmodells ausreichend genau beschrieben werden können, sind Vergleiche im allgemeinen nur bei derselben strömenden Substanz möglich. Hier treten mehrere Kennzahlen der Form K_d und ϱ_d/ϱ_∞ auf. Für eine Übereinstimmung im Hyperschall-Limes wird dann eine Übereinstimmung in den Werten von u_∞ und ϱ_∞ erforderlich, nicht aber in T_∞, weil die ganze Erhitzung im Stoß aus der zuströmenden kinetischen Energie resultiert.

Während die starken Druck- und Temperaturerhöhungen im Hyperschallstoß durch Bilden des Druck- und des Temperaturkoeffizienten auf die Größenordnung der Einheit gebracht werden konnten, muß bei der Entropie ein anderer Weg beschritten werden. Gemäß [·13], Gl. (I,95) gilt für die Entropie der Masseneinheit des Zweisubstanzenmediums:

$$\frac{m_\infty}{R}(s - s_\infty) = \frac{1}{\varkappa_\infty - 1} \ln \frac{T}{T_\infty} - \ln\left[(1 - \bar{\bar{\alpha}})\frac{\varrho}{\varrho_\infty}\right] + \bar{\bar{\alpha}}\left[\frac{T_d}{T} + 1 + \lambda\right].$$

Durch Einführen des Temperaturbeiwertes Gl. (25) und der Kennzahl (40) kann diese Gleichung auf folgende Form gebracht werden:

$$\bar{s} = \frac{s - s_\infty}{c_v} - \ln\left(\frac{\varkappa}{2} M_\infty^2\right)$$
$$= \ln c_T - (\varkappa_\infty - 1) \ln\left[(1 - \bar{\bar{\alpha}})\frac{\varrho}{\varrho_\infty}\right] + \bar{\bar{\alpha}}(\varkappa_\infty - 1)\left[\frac{1}{K_d c_T} + 1 + \lambda\right]. \quad (54)$$

Übereinstimmung in den unabhängigen Veränderlichen (48) bedeutet also Übereinstimmung in der Funktion $\bar{s}$. Die Entropieerhöhung $(s - s_\infty)/c_v$ wächst mit $M_\infty^2 \to \infty$ logarithmisch über alle Grenzen. Im Hyperschall-Limes allerdings ist M_∞^2 zwar sehr groß, nicht aber unendlich. Dementsprechend unterscheiden sich die Entropieanstiege im Hyperschall-Limes in den Vergleichsfällen um eine additive Konstante. Das spielt jedoch in den Differentialgleichungen, also etwa im Croccoschen Wirbelsatz, keine Rolle. Dort können die Ableitungen von s ohne Schwierigkeit durch solche von $\bar{s}$ ersetzt werden. Auch in Gl. (54) kann mit $\bar{\bar{\alpha}} = 0$ und $\varkappa = \varkappa_\infty$ der Spezialfall für das ideale Gas konst. sp. W. gebildet werden.

Abb. 3 zeigt den Widerstandsbeiwert einiger stumpfer Körper. Bereits bei verhältnismäßig niederen Machzahlen ist er schon nahezu konstant. Abb. 4 zeigt die Kopfwelle bei hohen Machzahlen. Die Kopfwellenform ist in den Vergleichsfällen praktisch dieselbe. Die Machzahlunabhängigkeit im hohen Hyperschallbereich erspart dem Theoretiker wie dem Experimentator viel Arbeit.

Bei gleichen Anströmtemperaturen verliert die Machzahl mit zunehmender Anströmgeschwindigkeit im Hyperschallbereich rasch an Bedeutung. Allerdings

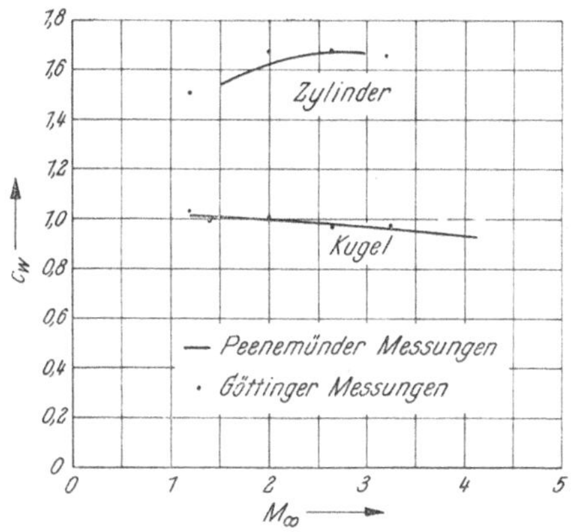

Abb. II,3. Widerstandsbeiwert eines fünf Durchmesser langen Zylinders und einer Kuge abhängig von M_∞.

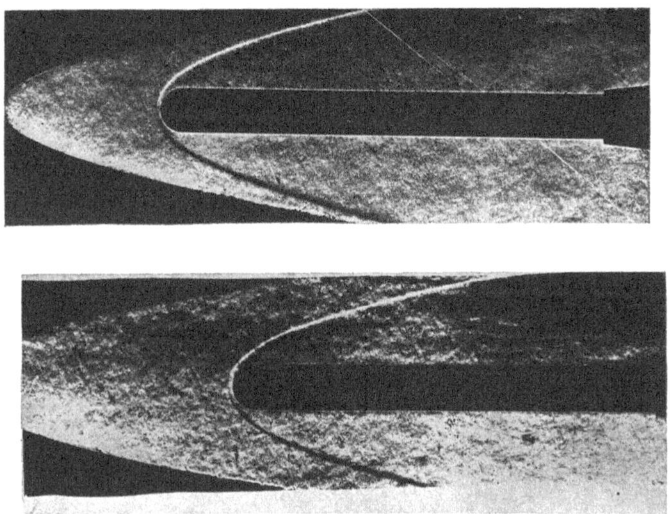

Abb. II,4. Kopfwelle eines stumpfen Rotationskörpers in Helium bei $M_\infty = 12{,}7$ (oben) und bei $M_\infty = 19$ (unten) nach [17].

gewinnt dann die Kennzahl K_d an Gewicht und wird schließlich dominant. Wenn, wie in Luft, neben der Dissoziation gleichzeitig auch Ionisation in Betracht gezogen werden muß, kann mit einer Kennzahl von der Form (40) nicht mehr das Auslangen gefunden werden.

6. Ähnlichkeitsgesetze

Ähnlichkeitsgesetze in dem Sinn der Prandtl-Regel oder der schallnahen Ähnlichkeit in Abschn. I,7 und I,10, bei denen also die Eigenschaften verschieden dicker Körper verglichen werden, kann es auch bei Hyperschallströmung nur für schlanke Körper, also für kleine Strömungswinkel geben. Die ersten Aussagen seien dabei auf den Hyperschall-Limes beschränkt. Für die durch Gl. (22) und (25) definierten Störgrößen ϑ_1, α_1, γ_1 und c_{p1} eines idealen Gases konst. sp. W. sind die Feldgleichungen bereits in Form der Verträglichkeitsbedingungen (26) und des Energiesatzes (29) gegeben. Als einzige Kenngröße tritt in beiden Gleichungen das Verhältnis der spezifischen Wärmen auf, wobei in Gl. (26) für das ideale Gas konst. spez. Wärme $\varkappa_{\text{eff}} = \varkappa$ zu setzen ist. Dazu kommen noch die Neigungsbedingungen (24), die überhaupt keine Kennzahlen enthalten. Damit liegen 5 Differentialgleichungen für 5 Variable vor, nämlich:

$$\vartheta_1, \quad \alpha_1, \quad c_{p1}, \quad x, \ \bar{y}. \tag{55}$$

Die Randbedingung muß wegen der starken Struktur der Hyperschallströmung quer zur Hauptströmungsrichtung auf der Körperoberfläche erfüllt werden, gegeben durch $y = h(x) = \tau f(x)$. Darin ist wie früher τ das Dickenverhältnis und $f(x)$ die Dickenverteilungsfunktion. Daraus folgt mit Gl. (23) die Randbedingung für die reduzierten Größen:

$$\bar{y} = f(x): \qquad \vartheta_1 = f_x(x). \tag{56}$$

Dazu kommt noch die Anfangsbedingung an der Kopfwelle, die in Analogie zu Gl. (51) und (52) formuliert werden soll:

$$\gamma_1 = \frac{\mathrm{d}\hat{\bar{y}}}{\mathrm{d}x} \tag{57}$$

und zufolge von Gl. (34):

$$\bar{y} = \hat{\bar{y}}: \qquad \vartheta_1 = \frac{2}{\varkappa + 1}\,\gamma_1; \quad \alpha_1 = \frac{2}{\varkappa + 1}\sqrt{\frac{\varkappa(\varkappa - 1)}{2}}\,\gamma_1; \quad c_{p1} = \frac{4}{\varkappa + 1}\,\gamma_1^2. \tag{58}$$

Wie im letzten Abschnitt tritt zu den Zustandsgrößen, also ϑ_1, α_1, c_{p1}, jetzt als Unbekannte auch noch der Stoßfrontwinkel γ_1 hinzu, dafür aber mit Gl. (57) auch eine zusätzliche Beziehung, aus der sich der Zustand hinter der Stoßfront gleichzeitig mit der Lage der Stoßfront ergibt.

Mit den bereits genannten Differentialgleichungen, der Randbedingung (56) und den Anfangsbedingungen am Stoß (57) und (58) ist das gemischte Rand-Anfangswertproblem für die Variablen (55) völlig festgelegt. Da affinverzerrte Körper gleiche Formfunktion $f(x)$ aufweisen, müssen sich für solche Körper in „entsprechenden Punkten“ $\bar{P}(x, \bar{y})$ dieselben Resultate für die Störvariablen ϑ_1, α_1 und c_{p1} ergeben.

Die Ordinate entsprechender Punkte verzerrt sich gemäß Gl. (23) also wie das Dickenverhältnis; das betrifft im speziellen genauso Punkte der Körperoberfläche wie auch beispielsweise Punkte der Kopfwelle.

Diese Art der Analogie wurde im Linearisierungsbereich als *Stromlinienanalogie* bezeichnet. Dort wurden allerdings nur kleine Strömungswinkel, nicht aber kleine Machwinkel vorausgesetzt, weshalb tg α_∞ nicht durch α_∞ ersetzt werden durfte. In [·13] lauten Gl. (VII,100) und (VII,109) für den speziellen Fall der Überschallströmung:

$$\bar{y} = y \cot \alpha_\infty; \qquad \bar{\tau} = \tau \cot \alpha_\infty,$$

wobei $\bar{\tau}$ von [·13], Abschn. VII,10 mit Rücksicht auf die Hyperschallvoraussetzung $M_\infty^2 \gg 1$ gemäß Gl. (4) genau dem Hyperschallparameter entspricht. Gl. (VII,115) in [·13] mit Gl. (25) in die nunmehr verwandte Symbolik übertragen, lautet:

$$c_p/\tau^2 = \bar{c}_p/\bar{\tau}^2 = c_{p1}.$$

Der Druckkoeffizient analoger Strömungen ändert sich wie das Quadrat des Dickenverhältnisses. Natürlich zeigen sich auch die übrigen Aussagen der Stromlinienanalogie in Übereinstimmung mit der Hyperschallanalogie.

Bereits die Ähnlichkeitsgesetze für Schallnähe, Abschn. I,7, konnten als ein Spezialfall der allgemeinen Prandtl-Regel im Linearisierungsgebiet gedeutet werden. Nur war es ein Spezialfall, der zuvor nicht behandelt wurde. Bei Hyperschall ist das einfacher, indem die Gültigkeit der Stromlinienanalogie auf den Hyperschall-Limes ausgedehnt werden darf. Damit wird auch klar, daß die Analogie unverändert für die achsensymmetrische Strömung, die nur im eingeklammerten letzten Summanden der beiden Gleichungen (26) zum Ausdruck kommt, gilt.

Nach alledem ist es nicht überraschend, daß die Stromlinienanalogie nicht nur im Hyperschall-Limes, sondern im ganzen Hyperschallbereich angewendet werden darf. Der Nachweis ist beispielsweise in [··14] durchgeführt. Strömungen dürfen nur bei gleichem „Hyperschallparameter“ verglichen werden, der mit Rücksicht auf den Anschluß an das Linearisierungsgebiet nicht mit Gl. (4), sondern zweckmäßiger durch

$$\tau \sqrt{M_\infty^2 - 1} = \tau \cot \alpha_\infty \tag{59}$$

definiert wird. Die Analogie kann dann, zunächst für ideale Gase konst. sp. W., bei allen Werten des Hyperschallparameters, nämlich angefangen von sehr kleinen im Linearisierungsgebiet der gasdynamischen Gleichung bis hinauf zu außerordentlich großen im Hyperschall-Limes, verwendet werden.

Da zwei vergleichbare Strömungen in den Veränderlichen (55) und im Hyperschallparameter (59) übereinstimmen, müssen sie auch gleiche Produkte

$$\tau^2 M_\infty^2 c_{p1} \qquad \text{und} \qquad \tau M_\infty \alpha_1$$

aufweisen. Im ersten Fall führt das mit Gl. (25) zu folgendem Ergebnis:

$$\tau^2 M_\infty^2 c_{p1} = \frac{2p}{\varrho_\infty u_\infty^2} M_\infty^2 = \frac{2}{\varkappa} \frac{p}{p_\infty}.$$

Da im Hyperschallbereich nur Medien mit gleichem Verhältnis der spez. Wärmen $\varkappa$ verglichen werden dürfen, haben „ähnliche“ Strömungen in entsprechenden Punkten gleiche Druckverhältnisse p/p_∞.

Im zweiten Fall der vorletzten Gleichung gilt mit Gl. (22):

$$\tau M_\infty \alpha_1 = M_\infty \alpha = M_\infty / M = c / c_\infty = \sqrt{T/T_\infty},$$

denn bei kleinem Machwinkel darf dieser durch den Reziprokwert der Machzahl ersetzt werden, und in Hyperschallströmung bleibt bei kleinen Änderungen des Strömungswinkels die Geschwindigkeit ungeändert, $W = W_\infty$. Damit sind also bei „ähnlichen" Hyperschallströmungen in entsprechenden Punkten auch das Temperaturverhältnis T/T_∞ und das Dichteverhältnis ϱ/ϱ_∞ das gleiche.

Abb. 5 zeigt den Stromlinien-, Machlinien- und Stoßfront-Verlauf zweier ebener Strömungen an gekrümmten Spitzen von Profilen bei gleichem Hyperschall-

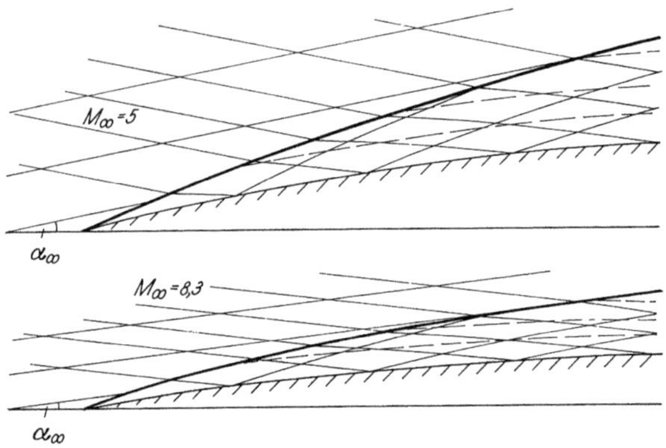

Abb. II,5. Affinität der Hyperschallströmung an schlanken Profilen.

parameter. Dieser wurde mit τ als Neigung der Vorderkante gemäß der Gl. (59) gebildet und liegt etwas über dem Wert 1. Das ist schon daraus zu erkennen, daß die Neigung der ungestörten linkslaufenden Machlinien nur etwas kleiner ist als jene der Profilvorderkante. Bei Überschall- und insbesondere bei Hyperschallvorgängen besagt die Neigung der Vorderkante im allgemeinen viel mehr als etwa das Dickenverhältnis des geschlossenen Profiles. Die Profilteile hinter dem Dickenmaximum sind ja für die Luftkräfte im Hyperschallbereich überhaupt nicht maßgebend. Deshalb ist es in der Regel zweckmäßig, das Dickenverhältnis des Körpervorderteiles zu nehmen oder durch den tg des Vorderkantenwinkels zu ersetzen. Abb. 6 bestätigt das Ähnlichkeitsgesetz anhand der exakten Lösung für den Kreiskegel. Es zeigt, daß sich der Druckbeiwert bereits bei nicht allzu großem Hyperschallparameter einem asymptotischen Wert, nämlich jenem des Hyperschall-Limes, nähert.

Das Ähnlichkeitsgesetz läßt sich auch auf Strömungen mit Gasreaktionen wie zum Beispiel mit Dissoziationen und Ionisationen ausdehnen. Dies soll anhand des Zweisubstanzenmodelles gezeigt werden.

In Gl. (26) ist das effektive Verhältnis der spezifischen Wärmen $\varkappa_{\text{eff}}$ Funktion des thermodynamischen Zustandes. Diese Funktion ist allerdings gemäß [·13], Gl. (I,103) ziemlich kompliziert. $\varkappa_{\text{eff}}$ liegt dabei stets zwischen 1 und dem Ver-

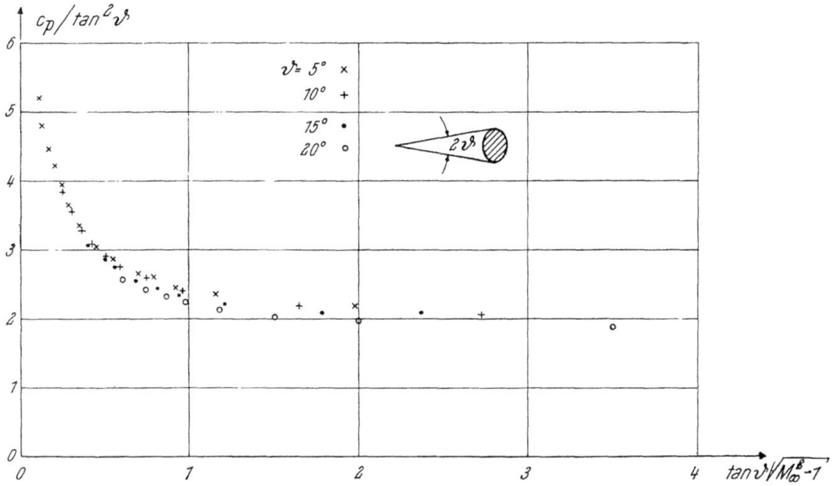

Abb. II,6. Hyperschallströmung an einem Kegel.

hältnis der eingefrorenen spezifischen Wärmen. Um die Darstellung nicht zu sehr zu belasten, sei der Beweis auf den eigentlichen Bereich der Gasreaktion beschränkt, wo gemäß [•13], Gl. (I,104) folgende Näherung sehr brauchbar ist. Für $m_1/m_2 = 2$ kann gesetzt werden:

$$\varkappa_{\mathrm{eff}} = 1 + 2\,\frac{T}{T_d} = 1 + 2 c_T K_d = 1 + 2 c_{T1} K_d \tau^2. \tag{60}$$

Im mittleren Reaktionsbereich hängt $\varkappa_{\mathrm{eff}}$ also gar nicht mehr vom Massenanteil $\bar{\bar{\alpha}}$ ab.

Die Zustandsgleichung (45) läßt sich einfach in Störgrößen umschreiben,

$$c_{p1} = (1 + \bar{\bar{\alpha}})\,\frac{\varrho}{\varrho_\infty}\,c_{T1}, \tag{61}$$

und $\bar{\bar{\alpha}}$ ist bei thermodynamischem Gleichgewicht durch Gl. (47) und Gl. (25) wie folgt auszudrücken:

$$\frac{\bar{\bar{\alpha}}^2}{1 - \bar{\bar{\alpha}}} = \frac{\varrho_\infty}{\varrho}\,\frac{\varrho_d}{\varrho_\infty}\,(c_{T1} K_d \tau^2)^\lambda \exp\left(-\frac{1}{c_{T1} K_d \tau^2}\right). \tag{62}$$

Auch der Machwinkel läßt sich im Bereich einer Hyperschallströmung durch thermodynamische Größen allein darstellen. Mit Hilfe der Zustandsgleichung und Gl. (I,104) in [•13] gilt:

$$\alpha^2 = \frac{1}{u_\infty^2}\left(\frac{\partial p}{\partial \varrho}\right)_s = \varkappa_{\mathrm{eff}}(1 + \bar{\bar{\alpha}})\,\frac{RT}{m_\infty u_\infty^2} = \varkappa_{\mathrm{eff}}\,\frac{1 + \bar{\bar{\alpha}}}{2}\,c_T$$

und damit für die durch den Index 1 gekennzeichneten Störgrößen:

$$\alpha_1^2 = \varkappa_{\mathrm{eff}}\,\frac{1 + \bar{\bar{\alpha}}}{2}\,c_{T1}. \tag{63}$$

Die Entropiefunktion (54) auf die Störgrößen reduziert gibt:

$$\bar{s}_1 = \frac{s - s_\infty}{c_v} - \ln\left(\frac{\varkappa_\infty}{2} M_\infty^2 \tau^2\right)$$

$$= \ln c_{T1} - (\varkappa_\infty - 1) \ln\left[(1 - \bar{\bar{\alpha}}) \frac{\varrho}{\varrho_\infty}\right] + \bar{\bar{\alpha}}(\varkappa_\infty - 1)\left[\frac{1}{c_{T1} K_d \tau^2} + 1 + \lambda\right]. \quad (64)$$

Die Entropieänderung ergibt sich im vorliegenden Falle schlanker Körper also im wesentlichen aus der reduzierten Entropiefunktion $\bar{s}_1$ vermehrt um einen logarithmischen Ausdruck, der den Hyperschallparameter $M_\infty \tau$ enthält.

Gegenüber dem einfachen Fall des idealen Gases konst. sp. W., Gl. (55), haben sich also die abhängigen Veränderlichen stark vermehrt. Es handelt sich um neun Größen:

$$\vartheta_1, \quad \alpha_1, \quad c_{p1}, \quad c_{T1}, \quad \varrho/\varrho_\infty, \quad \bar{\bar{\alpha}}, \quad \bar{s}_1, \quad x, \quad \bar{y}. \quad (65)$$

Dafür stehen 7 Gleichungen zur Verfügung, nämlich Gl. (26), die in $\bar{s}_1$ geschriebene Gl. (28), Gl. (24) und vier thermodynamische Beziehungen, nämlich (61), (62), (63) und (64). Das effektive Verhältnis der spezifischen Wärmen, das in Gl. (26) und (63) auftritt, ist durch Gl. (60) ausgedrückt und könnte mittels dieser Gleichung eliminiert werden. Das Gleichungssystem enthält jetzt abweichend von (49) die Kennzahlen:

$$\tau^2 K_d = \frac{\tau^2 u_\infty^2 m_\infty}{2 R T_d} = \frac{\tau^2 u_\infty^2}{2 r_{p0}}; \qquad \frac{\varrho_d}{\varrho_\infty}; \qquad \lambda; \qquad \varkappa_\infty. \quad (66)$$

An der Randbedingung am Körper (56) und der Bedingung (57) am Stoß ändert sich nichts.

Die Gln. (53) und (51) sind nur auf kleine Winkelstörungen umzuschreiben:

$$\bar{y} = \hat{\bar{y}}(x): \quad \vartheta_1 = (1 - \varrho_\infty/\varrho)\,\gamma_1;$$
$$c_{p1} = 2(1 - \varrho_\infty/\varrho)\,\gamma_1^2; \quad (67)$$
$$\frac{\varrho}{\varrho_\infty} = \frac{\varkappa_\infty + 1}{\varkappa_\infty - 1} + \frac{2\bar{\bar{\alpha}}}{1 + \bar{\bar{\alpha}}}\left[\frac{1}{c_{T1} K_d \tau^2} + \lambda - \frac{1}{\varkappa_\infty - 1}\right].$$

Man erkennt in der ersten und letzten Gl. (58) leicht den Spezialfall der ersten und zweiten Gl. (67) für das ideale Gas konst. sp. W.

Zu den Gln. (67) treten noch die allgemein gültigen Gln. (61), (62), (63) wieder mit Gl. (60) für das effektive Verhältnis der spez. Wärmen $\varkappa_{\text{eff}}$. Das sind an der Stoßfront 6 Gleichungen für die ersten 6 Größen in (65). Die ersten beiden Gleichungen (67) enthalten zusätzlich noch γ_1, dafür kommt aber noch Gl. (58) hinzu.

Die für den Stoß anstelle der Differentialgleichungen hinzutretende Gl. (67) enthält keine neue, zu (66) noch hinzutretende Kennzahl. Bei Übereinstimmung in diesen Kennzahlen herrscht also Ähnlichkeit selbst bei Gasreaktionen, freilich nur im Rahmen des Zweisubstanzenmodelles. Dieses läßt sich nur etwas umständlicher auch für die allgemeine Form des effektiven Verhältnisses der spezifischen Wärmen $\varkappa_{\text{eff}}$, Gl. (I,103) zeigen. In dieser Gleichung tritt über die bereits in Gl. (60) vorliegende Abhängigkeit noch jene von $\bar{\bar{x}}$ hinzu.

Die Kennzahl $\tau^2 K_d$ ist ganz ähnlich gebildet wie der Hyperschallparameter (4). Während in dieser Gleichung zur Kennzahl M_∞ der Parameter τ tritt, tritt in (66) zur Kennzahl K_d der Faktor τ^2. In beiden Fällen wurde u_∞ mit τ multipliziert. Der physikalische Sinn liegt darin, daß die Normalkomponente des anströmenden Impulses auf die Körperoberfläche und die mit der Normalkomponente der Geschwindigkeit gebildete anströmende kinetische Energie dieselbe sein muß, damit sich in entsprechenden Punkten derselbe thermodynamische Zustand einstellt. Nur so kann dasselbe thermodynamische Verhältnis, insbesondere derselbe Massenanteil $\bar{\bar{x}}$, in entsprechenden Punkten gesichert werden.

Mit dem hier dargestellten auf den Hyperschall-Limes schlanker Körper bezogenen Fall sind die Ähnlichkeitsgesetze keineswegs erschöpft. Sie könnten auch auf kleinere Hyperschallparameter ausgedehnt werden, haben aber dort wohl geringere Bedeutung. Wichtiger ist eine Verallgemeinerung auf Vorgänge mit Relaxation, die von J. Zierep [5] erstmalig behandelt wurde.

7. Analogie zur instationären Wellenausbreitung

W. D. Hayes hat bereits sehr früh auf die Analogie zwischen einer ebenen oder einer achsensymmetrischen Hyperschallströmung und der Ausbreitung kräftiger ebener oder achsensymmetrischer Zylinderwellen hingewiesen [6]. Während die Zylinderwelle mit der Strömung um einen Rotationskörper verglichen werden kann, hat die Kugelwelle freilich kein Gegenstück in der stationären Strömung. Die Analogie ist wieder an die Voraussetzung geringer Änderungen der Strömungsrichtung gebunden, was zur Folge hat, daß die Änderung der u-Komponente erst von der Größe der zweiten Ordnung des Dickenverhältnisses ist. Mit derselben Genauigkeit, die den Abschnitten 3 und 6 zugrunde liegt, kann also $u = u_\infty$ gesetzt werden.

Ein mit der Anströmung bewegter Beobachter bemerkt also in x-Richtung nur untergeordnete Störungen der Geschwindigkeiten. Er sieht die ebene Strömung an einem vorne zugespitzten Profil wie den Vorgang in einem Rohr, in dem das Vordringen eines Kolbens der Verdickung des Profils in der stationären Strömung entspricht, Abb. 7. Die Verdickung eines Rotationsrumpfes entspricht der Wirkung einer achsensymmetrischen Quelle, die Rumpfoberfläche der von der Achse abzweigenden Teilchenbahn.

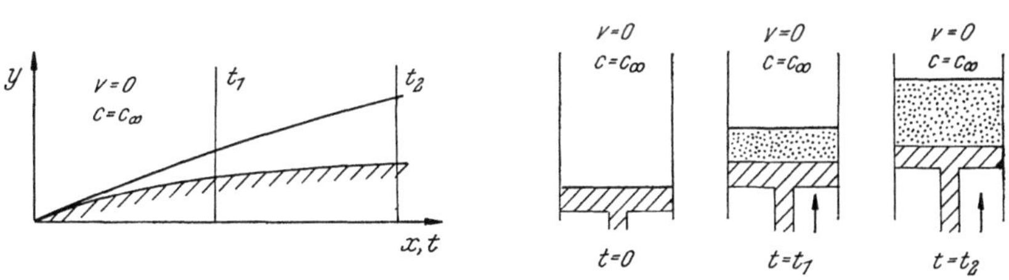

Abb. II,7. Analogie zwischen stationärer und instationärer Strömung.

Mit der bereits genannten Genauigkeit entsprechen sich also folgende untereinandergeschriebene Größen:

$$\begin{array}{llllll} \text{stationär:} & x; & y; & u_\infty \vartheta; & u_\infty \alpha; & u_\infty \gamma; \\ \text{instationär:} & u_\infty t; & -x; & -W; & c; & U, \end{array} \tag{68}$$

wobei die Symbole der unteren Zeile jene von Teil IV sind. Die thermodynamischen Zustandsgrößen sind wie stets in beiden Systemen dieselben.

Das negative Vorzeichen in der unteren Zeile könnte für die reine Anschauung weggelassen werden. Eine Drehung der Abbildung einer stationären Strömung mit der x-Achse nach oben läßt jedoch die y-Achse in negativer x-Richtung der Abbildung für instationäre Vorgänge weisen, was sich dann auch auf das Vorzeichen der Geschwindigkeit auswirkt. Die vorzeichenrichtige Übertragung hat den Vorteil, daß alle Gleichungen der instationären Strömung vorzeichenrichtig herauskommen, wodurch sich eine nachträgliche Vorzeichendiskussion erübrigt.

In den Gleichungen kann nun überall folgende Operation durchgeführt werden:

$$u \frac{\partial}{\partial x} \to u_\infty \frac{\partial}{\partial x} \to \frac{\partial}{\partial t},$$

wodurch die Gleichungen für stationäre Strömung mit zwei Raum-Koordinaten in die Gleichungen für instationäre Strömung mit einer Raum-Koordinate übergehen. Dies ist die übliche, auch in der Originalarbeit verwendete Darstellung.

Sie soll im folgenden durch Anwendung der Analogie auf die Charakteristikenmethode ergänzt werden, wobei auch die Einschränkung auf ideale Gase konst. spez. Wärme wegbleiben kann. Wird die Substitution (68) auf die Verträglichkeitsbedingungen (20) angewendet, so folgt:

$$\begin{aligned} \frac{\partial W}{\partial \xi} + \frac{c}{\varkappa_{\text{eff}}} \frac{\partial}{\partial \xi} (\ln p) + \left\{\frac{c W}{x} \frac{\partial t}{\partial \xi}\right\} &= 0; \\ -\frac{\partial W}{\partial \eta} + \frac{c}{\varkappa_{\text{eff}}} \frac{\partial}{\partial \eta} (\ln p) + \left\{\frac{c W}{x} \frac{\partial t}{\partial \eta}\right\} &= 0. \end{aligned} \tag{69}$$

Es handelt sich um den Spezialfall $\alpha = 0$, $q = 0$ der Verträglichkeitsbedingungen (III,126) in [•13]. Die Neigungsbedingung (21) erhält durch die Substitution (68) die Form:

$$x_\xi = (W + c)\, t_\xi; \qquad x_\eta = (W - c)\, t_\eta,$$

die mit [•13], Gl. (III,122) übereinstimmt.

Gl. (28) für die Entropie ist in dieser Form bei instationärer Strömung nicht verwendet worden. Da aber leicht zu zeigen ist, daß auch die Stromlinien in Teilchenbahnen übergehen und die Entropie eines Massenteilchens in beiden Fällen konstant bleibt, liegt die Übertragbarkeit von Gl. (28) auf der Hand.

Auch die Übertragung der Stoßbedingungen, insbesondere in der Form (12) für das ideale Gas konst. sp. W., ist einfach genug, als daß es eine Wiederholung im einzelnen erforderlich machte. Mit Hilfe der letzten Substitution (68) gehen beispielsweise die drei Gleichungen sofort über in die mittleren drei Gleichungen (III,102) in [•13]. Selbstverständlich muß die Kolbenbahn der Oberflächenform des Körpers entsprechen, wenn das Resultat von stationärer Strömung auf den entsprechenden instationären Vorgang übertragbar sein soll. Damit können nun Schlüsse für die Analogie im Falle von Gasreaktionen gezogen werden. Wird eine charakteristische Kolbengeschwindigkeit W_0 entsprechend zum Dickenverhältnis eingeführt,

$$\tau u_\infty = W_0, \tag{70}$$

z. B. die Anfangsgeschwindigkeit des Kolbens, wenn τ die Neigung der Profilvorderkante ist, so geht die erste Kennzahl (66) über in

$$\frac{\tau^2 u_\infty^2}{2 r_{p0}} = \frac{W_0^2}{2 r_{p0}}, \tag{71}$$

während sich an den übrigen Kennzahlen (66) nichts ändert. Diese beiden Kennzahlen, links für die stationäre Strömung, rechts für das instationäre Gegenstück, müssen also übereinstimmen, wenn eine Übertragung bei Vorgängen mit Reaktion zulässig sein soll. Werden jedoch zwei instationäre Vorgänge untereinander verglichen, so müssen sie in der Kennzahl (71) rechts übereinstimmen: Das Quadrat der charakteristischen Kolbengeschwindigkeit muß proportional zur Reaktionswärme der Masseneinheit r_{p0} sein.

Die Analogie ist nicht auf den Hyperschall-Limes beschränkt, sie kann auch auf Überschallströmungen kleiner Hyperschallparameter übertragen werden. Diese Übertragung ist bei Rotationskörpern besonders gut, weil dort die Störung der u-Komponente selbst im Linearisierungsgebiet des Überschalls von der Größenordnung τ^2 bleibt. Bei ebener Strömung allerdings geht etwas von der Genauigkeit der Analogie verloren, denn die u-Störung ist im mittleren Überschallbereich im ebenen Fall von der Größenordnung τ. Die Übertragung vom Stationären ins Instationäre ist immer nur möglich, wenn sich auch der Hyperschallparameter in den entsprechenden Parameter für die instationäre Vergleichsströmung übertragen läßt. Wird die ungestörte Schallgeschwindigkeit im Instationären wie überall mit c_0 bezeichnet, so gilt also mit Gl. (70) die Bedingung:

$$\tau M_\infty = W_0/c_0. \tag{72}$$

Die charakteristische Geschwindigkeit W_0 geteilt durch die Schallgeschwindigkeit vor der Kopfwelle muß gleich sein dem Hyperschallparameter. Gleichzeitig folgt für den Vergleich instationärer Vorgänge untereinander aus dem Ähnlichkeitsgesetz die Übereinstimmung im Verhältnis von W_0/c_0 in den Vergleichsfällen.

8. Prandtl-Meyer-Expansion, endlicher Keil in hoher Hyperschallströmung

Die einfachste Lösung der Verträglichkeitsbedingungen (26) ist die ebene einfache Welle in einem idealen Gas konst. spez. Wärme. Sie kann natürlich nur bei isentroper Strömung auftreten. In diesem Falle ist es zweckmäßig, den Druckkoeffizienten c_{p1} durch den Machwinkel α_1 zu ersetzen. Die Beziehung kann von der unteren Gl. (29) übernommen werden. Für eine linkslaufende einfache Welle ist die obere Gl. (26) heranzuziehen, die bei Isentropie die Form erhält:

$$-\frac{\partial \vartheta_1}{\partial \xi} + \frac{2}{\varkappa - 1} \frac{\partial \alpha_1}{\partial \xi} = 0. \tag{73}$$

Der Machwinkel ändert sich also nur mit dem Faktor $(\varkappa - 1)/2$ des Strömungswinkels.

Die Integration von Gl. (73) führt mit $r(\eta)$ als beliebige Funktion zur Beziehung

$$-\vartheta_1 + \frac{2}{\varkappa - 1}\alpha_1 = 2r(\eta). \tag{74}$$

Diese stimmt formal ganz mit der unteren Gleichung (III,137) in [·13] überein, was nach der Analogie von HAYES, Gl. (68), nicht anders zu erwarten war.

Wenn es sich um eine einfache Welle handelt, dann ist $r(\eta)$ eine Konstante. Es sei eine solche einfache Welle hinter einem schiefen Stoß an einem Keil des halben Öffnungswinkels ϑ_0 behandelt. Es ist zweckmäßig, den Dickenparameter τ in Gl. (22) und (23) dem halben Öffnungswinkel gleichzusetzen,

$$\tau = \vartheta_0. \tag{75}$$

Dann sind alle Winkel in Vielfachen des Öffnungswinkel ϑ_0 gemessen. Mit Gl. (13) und (15) für die ϑ-, α- und γ-Werte hinter dem Stoß eines Keiles vom halben Öffnungswinkel ϑ_0 und den Entwicklungen (22) erhält man aus Gl. (74) den Zusammenhang:

$$-\vartheta_1 + \frac{2}{\varkappa - 1}\alpha_1 = -\hat{\vartheta}_1 + \frac{2}{\varkappa - 1}\hat{\alpha}_1 = \sqrt{\frac{2\varkappa}{\varkappa - 1}} - 1. \tag{76}$$

Mit Gl. (76) ist α_1 als Funktion der Strömungsrichtung ϑ_1 gegeben.

Mittels der Gln. (24) und (76) erhält man dann die Neigung der Machlinien als Funktion von ϑ_1 allein, nämlich:

$$\begin{aligned} \bar{y}_\xi / x_\xi &= \frac{3 - \varkappa}{2}\vartheta_1 - \frac{\varkappa - 1}{2}\left[\sqrt{\frac{2\varkappa}{\varkappa - 1}} - 1\right]; \\ \bar{y}_\eta / x_\eta &= \frac{\varkappa + 1}{2}\vartheta_1 + \frac{\varkappa - 1}{2}\left[\sqrt{\frac{2\varkappa}{\varkappa - 1}} - 1\right]. \end{aligned} \tag{77}$$

Handelt es sich um eine echte Prandtl-Meyer-Expansion, die am Ende des Keiles von der Längeneinheit, Abb. 8, auftritt und folglich vom Punkt mit den Koordinaten $x = \bar{y} = 1$ ausgeht, so erhält man für den Punkt P_A, in dem die erste linkslaufende Machlinie der Expansion auf den Stoß trifft, nach elementarer Rechnung folgende Koordinaten:

$$x_A = \frac{2}{\varkappa + 1}\bar{y}_A = 1 \bigg/ \left(1 - \sqrt{\frac{\varkappa - 1}{2\varkappa}}\right). \tag{78}$$

Die entsprechenden Koordinaten für den Fall schwach gestörter Überschallströmung, also schwacher Stöße, sind in [•13], Gl. (IX,198) angegeben.

Allgemein gilt für die linkslaufenden Machlinien der Prandtl-Meyer-Eckenströmung im vorliegenden Fall:

$$\frac{\bar{y}-1}{x-1} = \frac{\bar{y}_\eta}{x_\eta} = \frac{\varkappa+1}{2}\vartheta_1 + \frac{\varkappa-1}{2}\left[\sqrt{\frac{2\varkappa}{\varkappa-1}} - 1\right].$$

Damit ist ϑ_1 als Funktion der Koordinaten gegeben. Auch die rechtslaufenden Machlinien im Gebiet der Expansion lassen sich analytisch darstellen.

Man erhält zunächst durch Einführen der Koordinaten mittels der letzten Gleichung in der ersten Gl. (77) eine Differentialgleichung für die Koordinaten, die sich auf eine homogene gewöhnliche Differentialgleichung zurückführen läßt. Nach Berücksichtigung der Anfangsbedingung (78) gewinnt man schließlich die Darstellung für die durch den Punkt P_A gehende rechtslaufende Machlinie.

Abb. 8 zeigt, daß sich der Vorgang in nichtreduzierten Koordinaten kaum darstellen läßt. Einem schmalen Kompressionsbereich folgt eine verhältnismäßig

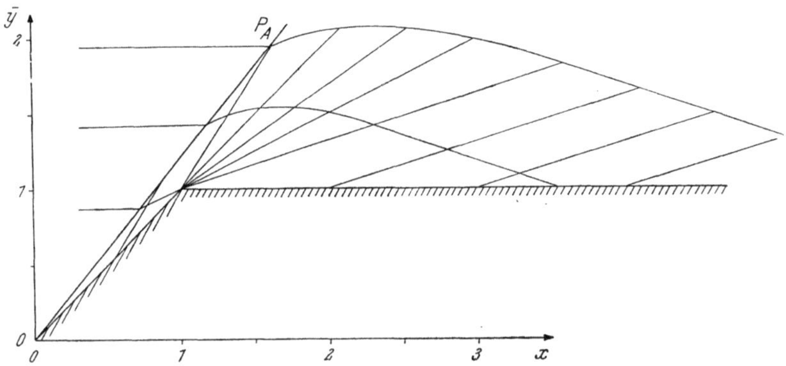

Abb. II,8. Keilströmung im Hyperschallimes bei $\varkappa = 1{,}4$.

stark aufgefächerte Prandtl-Meyer-Expansion. Je näher das Verhältnis der spezifischen Wärmen an $\varkappa = 1$ liegt, desto näher liegt der Stoß am Keil, desto größer aber auch wird die Auffächerung. Gemäß Gl. (77) wäre die Machlinienneigung bei $\varkappa = 1$ mit der Stromlinienneigung identisch. Die Machlinien würden in diesem Falle also im Abströmgebiet wieder parallel mit der Anströmung verlaufen. Die Machlinienneigung verschwindet allerdings mit $\varkappa \to 1$ nur wie $\sqrt{\varkappa - 1}$.

Die durch P_A gehende rechtslaufende Machlinie ist die Grenze, bis zu der die Lösung der einfachen Welle gilt. Darüber macht sich die Stoßkrümmung und damit das Auftreten von Rotationen bemerkbar.

Gemäß Gl. (76) liegen die α_1-Werte der Prandtl-Meyer-Expansion $0 \leqq \vartheta_1 \leqq 1$ innerhalb folgender Grenzen:

$$\frac{\varkappa-1}{2}\left[\sqrt{\frac{2\varkappa}{\varkappa-1}} - 1\right] \leqq \alpha_1 \leqq \frac{\varkappa-1}{2}\sqrt{\frac{2\varkappa}{\varkappa-1}}. \qquad (79)$$

Dabei gilt der linke Wert auf der Platte, der rechte Wert am Keil. Mit der Isentropenbeziehung erhält man damit für das Dichte- und Druckverhältnis von Plattenoberfläche und Keil:

$$\frac{p}{\hat{p}} = \left(\frac{\alpha}{\hat{\alpha}}\right)^{\frac{2\varkappa}{\varkappa-1}} = \left(\frac{\alpha_1}{\hat{\alpha}_1}\right)^{\frac{2\varkappa}{\varkappa-1}} = \left(1 - \sqrt{\frac{\varkappa - 1}{2\varkappa}}\right)^{\frac{2\varkappa}{\varkappa-1}} = \left(\frac{\varrho}{\hat{\varrho}}\right)^{\varkappa}. \tag{80}$$

Es herrscht also auf der Platte im Gegensatz zum Bereich niederer Hyperschallparameter ein im Vergleich zum Druck am Keil geringer Überdruck. Der Druck ist allerdings groß im Verhältnis zum Anströmdruck. Die Dichte beträgt bei $\varkappa = 1{,}40$ etwa ein 1/8 der Dichte am Keil und liegt damit etwas unter der Anströmdichte. Das Ergebnis von Gl. (80) gilt im übrigen auch bei stetigem Übergang vom Keil zur Platte, und zwar wie bei der Keilstufe, solange die vom Punkt P_A ausgehende rechtslaufende Machlinie, $\eta = \eta_A$, nicht auf die Platte trifft. Das Ergebnis gilt für kleine Keilwinkel, ist aber im übrigen unabhängig von deren Werten. An diesem Beispiel ist klar zu erkennen, daß schlanke Körper im Hyperschall-Limes starke Schwankungen des thermodynamischen Zustandes, vor allem des Druckes und auch der Dichte, zur Folge haben, worauf bereits in Abschnitt 2 hingewiesen wurde.

9. Profilkrümmung an der Vorderkante

Der Strömungszustand in der unmittelbaren Umgebung der Vorderkante eines gekrümmten Profiles wurde in [•13], Abschn. IX, 3 ganz allgemein für Überschallanströmung behandelt. Besonders einfache Aussagen sind für $M_\infty \to \infty$, also für den Hyperschall-Limes, zu gewinnen. Sie sind für das Charakteristikenverfahren des nächsten Abschnittes wichtig, gewähren aber außerdem schon für sich einen tiefen Einblick, weshalb ihnen ein besonderer Abschnitt gewidmet sei. Dabei seien außer dem unendlichen Hyperschallparameter auch kleine Strömungswinkel angenommen. Die Genauigkeit der Aussagen wird dieselbe sein wie im Abschnitt 3 und Abschnitt 6. Wieder wird ein ideales Gas konst. sp. W. vorausgesetzt. Mit dem Index 0 sei der Zustand hinter dem Stoß an der Vorderkante gekennzeichnet.

Dann gilt unter Vernachlässigung von Gliedern γ^3 gemäß [•13], Gl. (IX,59) und Gl. (12):

$$\left(\frac{\mathrm{d}p}{\mathrm{d}\gamma}\right)_{St} = \frac{4\varkappa}{\varkappa + 1} M_\infty^2 p_\infty \sin\gamma = \frac{4}{\varkappa + 1} \varrho_\infty u_\infty^2 \sin\gamma = \frac{4(\varkappa - 1)}{(\varkappa + 1)^2} \varrho_0 W_0^2 \sin\gamma. \tag{81}$$

Der Index „St" bedeutet hier und im folgenden, daß die Ableitung längs der Stoßfront erfolgt, der Index P, daß es sich um eine Ableitung längs der Profiloberfläche handelt. Alle Ableitungen sind dabei an der Profilvorderkante gebildet.

Für folgende, in den Gleichungen [•13], (IX,93) auftretende Größe erhält man dann mit Gl. (13):

$$\left(\frac{\mathrm{d}\vartheta}{\mathrm{d}p}\right)_{St} = \left(\frac{\mathrm{d}\vartheta}{\mathrm{d}\gamma}\right)_{St} \Big/ \left(\frac{\mathrm{d}p}{\mathrm{d}\gamma}\right)_{St} = \frac{\varkappa + 1}{2(\varkappa - 1)} \frac{1}{\varrho_0 W_0^2 \sin\gamma}. \tag{82}$$

Dies in die unterste Gleichung (IX,93) in [•13] eingesetzt liefert unter Heranziehung von Gl. (13) und (15):

$$K_{St} = \frac{(\varkappa + 1)^2}{4(2\varkappa - 1)} K_P. \tag{83}$$

Die Herleitung kann hier kurz gefaßt werden. Sie ist ausführlich als Beispiel VIII,34 in [•12] zu finden.

Gemäß Gl. (83) ist für $\varkappa \to 1$, also nach Gl. (12) für unendliche Verdichtung, die Krümmung der Stoßfront gleich jener des Profiles, beide Größen an der Vorderkante gebildet.

Ebenfalls aus [•13], Gl. (IX,93) folgt zusammen mit dem eben gewonnenen Ergebnis:

$$\left(\frac{\partial c_p}{\partial x}\right)_P = -\frac{3\varkappa(\varkappa + 1)}{2\varkappa - 1} \vartheta_0 K_P \tag{84}$$

und, da die Zustandsänderung am Profil isentrop ist, folgt:

$$\begin{aligned} \left(\frac{\partial \alpha}{\partial x}\right)_P &= \frac{\varkappa - 1}{2\varkappa} \left(\frac{\alpha}{c_p}\right)_0 \left(\frac{\partial c_p}{\partial x}\right)_P = -\frac{3}{2\varkappa - 1} \sqrt{\varkappa \left(\frac{\varkappa - 1}{2}\right)^3} K_P; \\ \frac{1}{\varrho_0} \left(\frac{\partial \varrho}{\partial x}\right)_P &= -\frac{3\varkappa^2}{2\varkappa - 1} \frac{K_P}{\vartheta_0}. \end{aligned} \tag{85}$$

Gemäß [•13], Gl. (IX,92) ist K_P von der Größenordnung ϑ_0. Der Dichtegradient entlang dem Profil ist daher, wenn die Profillänge wie immer von der Größenordnung der Einheit angenommen wird, von der Größenordnung ϱ_0. Damit bestätigt sich das Ergebnis des letzten Abschnittes, daß die Dichte auch entlang schlanker Profile auf Bruchteile ihres Wertes an der Spitze absinkt.

Für die verschiedenen Gradienten längs der Stoßfront kann die Ableitung nach der Bogenlänge unter den gegebenen Voraussetzungen durch jene nach x ersetzt werden. Der Gradient der Dichte entlang der Stoßfront verschwindet. Für andere Größen erhält man aus Gl. (81), (13), (15) und (83):

$$\begin{aligned} \left(\frac{\partial c_p}{\partial x}\right)_{St} &= \left(\frac{\partial c_p}{\partial \gamma}\right)_{St} \left(\frac{\partial \gamma}{\partial x}\right) = -\frac{(\varkappa + 1)^2}{2\varkappa - 1} \vartheta_0 K_P; \\ \left(\frac{\partial \alpha}{\partial x}\right)_{St} &= \frac{\varkappa + 1}{2(2\varkappa - 1)} \sqrt{\frac{\varkappa(\varkappa - 1)}{2}} K_P; \\ \left(\frac{\partial \vartheta}{\partial x}\right)_{St} &= -\frac{2}{\varkappa + 1} K_{St} = -\frac{\varkappa + 1}{2(2\varkappa - 1)} K_P. \end{aligned} \tag{86}$$

Mit den Gradienten sind die Strömungszustände nicht nur hinter dem Stoß an der Vorderkante, sondern auch noch in Nachbarpunkten auf der Stoßfront und auf dem Profil gegeben, was als Ausgang für das Charakteristikenverfahren sehr wertvoll ist.

Das Verhältnis der Druckgradienten am Stoß und am Profil ist gemäß Gl. (86) und (84)

$$\left(\frac{\partial c_p}{\partial x}\right)_{St} \Big/ \left(\frac{\partial c_p}{\partial x}\right)_P = \frac{\varkappa + 1}{3\varkappa}. \tag{87}$$

Es nimmt also selbst bei $\varkappa \to 1$, also bei unendlicher Verdichtung und Zusammenfallen von Kopfwelle und Profiloberfläche, nicht den Wert 1, sondern den Wert 2/3 an. Darauf wird später noch eingegangen.

10. Charakteristikenverfahren für hohe Hyperschallströmung

Für die Berechnung reiner ebener oder achsensymmetrischer Überschallströmungen steht eine Reihe von Charakteristikenverfahren zur Verfügung, vgl. etwa Abschn. IX,35 in [•13]. Sie sind ihrer Voraussetzung nach durchaus auch für Hyperschallströmungen anwendbar. Wenn die Machzahl jedoch im ganzen Strömungsfeld hoch ist, dann können die vereinfachten Verträglichkeitsbedingungen und Neigungsbedingungen von Abschn. 3 verwendet werden, womit der Arbeitsaufwand verringert wird. Nähere Untersuchungen über die dabei noch immer möglichen Varianten wurden in einer bei J. Zierep durchgeführten Dissertation von K. H. Strassemeyer [7] gemacht, aus der einige wesentliche Ergebnisse hier übernommen werden.

Es ist allgemein von Vorteil, die Behandlung mit den mit dem Index 1 gekennzeichneten reduzierten Größen, Gl. (22), (25), durchzuführen. Damit werden die Ähnlichkeitsgesetze bereits impliziert und Übertragungen auf andere Profildicken ermöglicht. Außerdem werden längere Dezimalbrüche vermieden, was bei Zahlenrechnungen immer zweckmäßig ist. Die folgende Darstellung soll im Gegensatz zur Originalarbeit auf ebene Strömung beschränkt bleiben, die ja den Charakter aller Hyperschallströmungen weitgehend widerspiegelt.

Die Verträglichkeitsbedingungen sind dann durch Gl. (26) ohne den dritten eingeklammerten Summanden gegeben. Dazu kommen noch der Energiesatz in der Form von Gl. (29) und die Neigungsbedingungen in der Form der Gln. (24). Auf die numerische Handhabung des Gleichungssystems im allgemeinen und die Programmierung soll hier nicht eingegangen werden.

Am Körper ist mit $f(x)$ als Dickenverteilungsfunktion die Randbedingung (56) zu erfüllen, an der Stoßfront die Bedingungen (57) und (58) mit $\bar{y}$ als reduzierter Ordinate gemäß Gl. (23).

Für den Rechnungsbeginn an der Profilvorderkante ist die Kenntnis der Zustandsgradienten dort erforderlich, wenn die Rechnung gleichzeitig an der Stoßfront und an der Profiloberfläche begonnen werden soll und die Zustände an beiden Kurven voneinander abhängen. Mit Gl. (58) ist aber nur der Zustand an der Vorderkante selbst bekannt. Die gesuchten Größen sind jedoch leicht aus den Gleichungen des letzten Abschnittes zu gewinnen.

Mit Gl. (56) folgt für die Vorderkante $x = 0$:

$$\vartheta_1 = f_x(0); \qquad K_P = -\left(\frac{\partial \vartheta}{\partial x}\right)_P = -\tau f_{xx}(0). \tag{88}$$

Daraus folgt mit Gl. (25), (58) und (84):

$$c_{p1} = (\varkappa + 1)\, f_x^2(0);$$

$$\left(\frac{\partial c_{p1}}{\partial x}\right)_P = -\frac{3\varkappa(\varkappa+1)}{2\varkappa-1}\,\frac{\vartheta(0)}{\tau^2}\,K_P = \frac{3\varkappa(\varkappa+1)}{2\varkappa-1}\, f_x(0)\, f_{xx}(0). \tag{89}$$

Gl. (87) gilt unverändert für c_{p1}, alle übrigen Gleichungen sind ebenso einfach aus (85) und (86) zu ermitteln.

Abb. 9 zeigt das Machlinien- und Stoßfrontbild für das Parabelbogenzweieck von $\tau = 0{,}10$ und $\varkappa = 1{,}40$ in derselben reduzierten Auftragung wie Abb. 8.

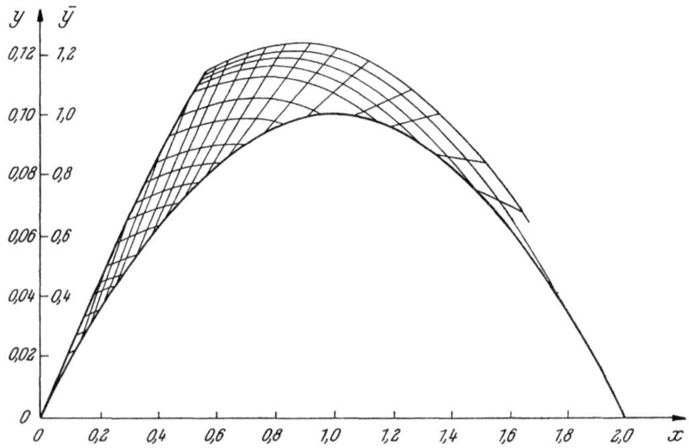

Abb. II,9. Das Machsche Netz für die Umströmung eines Parabelbogenzweieckes; $\tau = 0{,}10$; $M_\infty = 100$.

Die Länge des Profils ist mit $x = 2$ gewählt. Das ist bei Hyperschall zweckmäßig, weil vielfach nur die Verhältnisse vor dem Dickenmaximum interessieren. Der Parameter von $M_\infty \cdot \tau = 10$ kann als Hyperschall-Limes angesprochen werden, weil er die Bedingung (6) ausgezeichnet erfüllt. Auffallend ist der gerade Verlauf der linkslaufenden Machlinien trotz rotationsbehafteter Strömung, der durchaus an das Bild der linkslaufenden Machlinien in drehungsfreier Überschallströmung erinnert. Die rechtslaufenden Machlinien dagegen weisen eine dem Profil vergleichbare Krümmung auf. Der Profilteil hinter dem Dickenmaximum wird von einem ziemlich schmalen Streifen rechtslaufender Machlinien getroffen.

Die folgenden beiden Abbildungen stammen auch aus der zitierten Arbeit. Für die Ordinaten sind jedoch Ähnlichkeitsvariablen als Maßstab gewählt, um eine Umrechnung auf andere Dickenverhältnisse zu erleichtern. Abb. 10 zeigt den reduzierten Druckkoeffizienten entlang der Oberfläche, praktisch bis zum Hyperschall-Limes. Zum Vergleich sind die Werte und Gradienten von c_{p1} an der Vorderkante eingetragen. Bei der gewählten Länge des Parabelbogenzweieckes gilt:

$$h = \tau f(x) = \tau x(2 - x); \qquad f_x(0) = 2; \qquad f_{xx}(0) = -2$$

und folglich mit Gl. (89):

$$c_{p1} = 4(\varkappa + 1); \qquad \left(\frac{\partial c_{p1}}{\partial x}\right)_P = -\frac{12\varkappa(\varkappa + 1)}{2\varkappa - 1}.$$

Die durch diese beiden Werte festgelegte gestrichelte Gerade gibt den c_{p1}-Verlauf etwa bis $x = 0{,}20$ recht gut wieder. Bei der in Gl. (25) für den Hyperschall-Limes gewählten Darstellung des Druckkoeffizienten hat dieser nur positive Werte. Jedoch sind die Werte am Profilmaximum bereits sehr klein, was mit den Ergebnissen am endlichen Keil, Abb. 8, in Einklang steht.

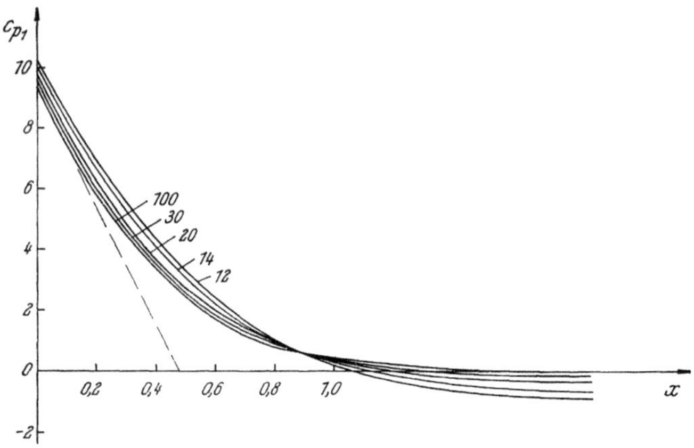

Abb. II,10. Druckverteilung auf einem Parabelbogenzweieck; $\tau = 0{,}10$; $M_\infty = 12-100$.

Für ein mit größerer Genauigkeit durchgeführtes Charakteristikenverfahren ist eine nur die Krümmung im Nullpunkt berücksichtigende Stoßfront nicht befriedigend. Abb. 9 zeigt nämlich, daß noch Profilteile hinter $x = 0{,}20$ für den hinteren Teil des Profiles von Einfluß sind. In der Originalarbeit wurde daher die Entwicklung an der Profilspitze um ein Glied über die Krümmung hinausgetrieben. Die auf diesem Wege gewonnene Zustandsverteilung an der Stoßfront diente dann als Anfangswert im gemischten Anfangswert-Randwert-Problem des Charakteristikenverfahrens.

Abb. 11 gibt den Widerstandsbeiwert des nichtangestellten Parabelbogenzweieckes als Funktion des Hyperschallparameters wieder. Die Rechnungen wurden in der genannten Arbeit für die ganze Skala der Tsien-Parameter durchgeführt. Um den Anschluß an das Linearisierungsgebiet zu ermöglichen, wurde die linke Form des Parameters in Gl. (59) gewählt. Der Widerstandsbeiwert c_w ist mit der Grundrißfläche des Profiles gebildet. Das Ergebnis der linearen Theorie, [·13], Gl. (IX,10), liefert dann in Ähnlichkeitsgrößen umgeschrieben:

$$\frac{c_w}{\tau^3} = \frac{16}{3} \frac{1}{\tau\sqrt{M_\infty^2 - 1}}.$$

Das Verhältnis c_w/τ^3 als reduzierter Widerstandsbeiwert läßt sich leicht auch direkt aus den Gleichungen für die Luftkräfte ermitteln.

Das Ergebnis zeigt, daß die lineare Theorie bis zu einem Hyperschallparameter von 0,50 in bestimmten Fällen noch gute Resultate für den Widerstandsbeiwert liefert. Ferner sieht man, daß der Hyperschall-Limes für den Widerstand bei einem Hyperschall-Parameter von $\tau\sqrt{M_\infty^2 - 1} = 3$ bereits nahezu erreicht ist.

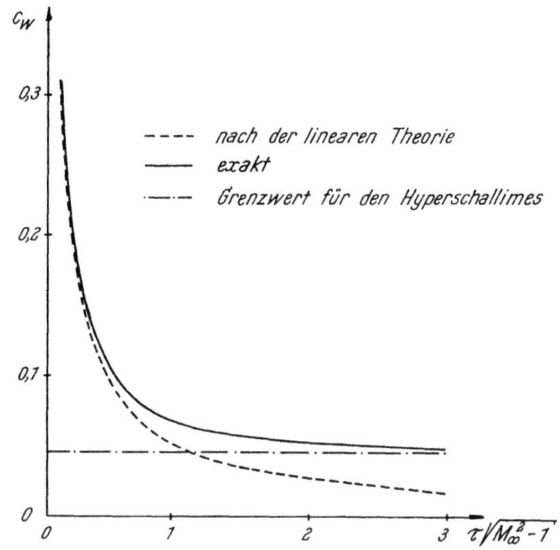

Abb. II,11. Der Widerstandsbeiwert eines Parabelbogenzweieckes mit $\tau = 0{,}10$ in Abhängigkeit vom Hyperschallparameter

11. Näherungen durch analytische Charakteristiken-Theorie

Die Ergebnisse der exakten Charakteristikentheorie zeigen, daß die Stoßfront bei Hyperschallströmung in jenem Gebiet nur geringe Krümmung zeigt, in dem sie von Einfluß auf die Druckverteilung auf der Profiloberfläche ist, Abb. 9. Man darf daher eine brauchbare Näherung erwarten, wenn die Kopfwelle im genannten Teil einfach als Gerade angenommen wird, mit jener Neigung, die sie an der

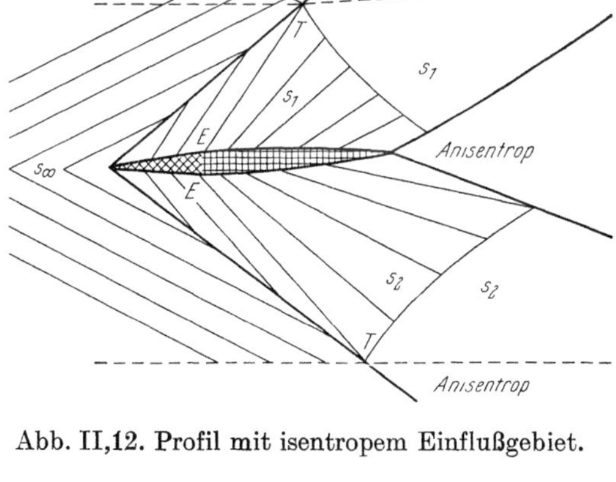

Abb. II,12. Profil mit isentropem Einflußgebiet.

scharf angenommenen Profilvorderkante besitzt. In diesem Fall befindet sich die Profiloberfläche unter dem Einfluß eines konstanten Anströmzustandes, nämlich jenem der Strömung an einem Keil mit einem Keilwinkel gleich dem Öffnungswinkel der Profilspitze. Dem Konzept liegt also die Vorstellung von Abb. 12 zugrunde, während sie jedoch dort völlig berechtigt ist, handelt es sich bei einem bereits an der Vorderkante gekrümmten Profil um eine Näherung.

Man bezeichnet diese Näherung im Anglo-Amerikanischen als *shock-expansion-approximation* (besser als die verbreitetere Bezeichnung „shock-expansion-theory"). Das Wort „expansion" weist dabei auf die verallgemeinerte Prandtl-Meyer-Expansion hin, wie sie bei einfachen Wellen stets auftritt. Auf die Einführung einer speziellen deutschen Benennung soll verzichtet werden.

Die shock-expansion-approximation kann im gesamten reinen Überschallbereich verwendet werden. Ihre Bedeutung liegt jedoch im Gebiet der höheren Überschall- und Hyperschallströmung, weil dort mit dem starken Entropieanstieg Ruhedruckverluste und Rotation zu berücksichtigen sind, die Voraussetzung drehungsfreier Strömung für die Lösung also nicht mehr erfüllt ist.

Im Rahmen der shock-expansion-Näherung läßt sich der Strömungszustand und die Lage der linkslaufenden Machlinien im oberen Teil des Strömungsfeldes eines Profiles als Funktion der Machlinienvariablen ξ allein darstellen. Damit liegt eine verhältnismäßig einfache Lösung vor, die als Lösung nullter Ordnung einem analytischen Charakteristikenverfahren zugrunde gelegt werden kann. W. Schneider [8] ist diesen Weg gegangen und konnte explizite Formeln für die Störglieder erster Ordnung, insbesondere also auch für den Druckkoeffizienten am Profil, gewinnen.

Gegenüber der in [•13], Abschn. IX,39 behandelten analytischen Profiltheorie bestehen einige Unterschiede. Dort wurde von der ungestörten Parallelströmung als exakter Lösung ausgegangen und die einfache Welle auf analytischem Wege gewonnen. Die Verdichtungsstöße konnten nachträglich in den Faltgebieten ermittelt werden. In der vorliegenden Hyperschallentwicklung wird aber bereits von der einfachen Welle ausgegangen, die hier allerdings nur bei verschwindender Stoßkrümmung eine exakte Lösung ist. Selbstverständlich kann auch der Verdichtungsstoß nicht mehr wie früher aus einer Faltung gewonnen werden. Die Stoßgleichungen müssen durch einen Störansatz für starke Stöße mit dem schiefen Stoß der shock-expansion-Näherung als Ausgangslösung erfüllt werden.

W. Schneider ist in seiner Arbeit von der in Abschnitt 8 wiedergegebenen Gl. (74) mit $r(\eta)$ als konstantem Wert der Größen hinter der Stoßfront ausgegangen:

$$-\vartheta_1(\xi) + \frac{2}{\varkappa - 1}\,\alpha_1(\xi) = -\hat{\vartheta}_1 + \frac{2}{\varkappa - 1}\,\hat{\alpha}_1. \tag{90}$$

In der Originalarbeit [8] wird mit den Winkeln ϑ und α selbst und nicht mit den reduzierten Größen gemäß Gl. (22) gearbeitet. Die Ausgangslösung entsprechend Gl. (90), [8] Gl. (20), wird als Grundlösung mit dem Index 0 versehen und die Werte hinter dem Stoß der shock-expansion-Näherung mit einem hochgestellten Stern.

Trotz der Näherung (90) bleiben die Ergebnisse nicht auf schlanke Profile beschränkt, weil die in Gl. (90) weggelassenen Glieder einer Potenzreihen-Entwicklung von α in der Störgleichung erster Ordnung berücksichtigt werden, [8], Gl. (11). Das Quadrat der lokalen Machzahl muß aber wesentlich größer als 1 sein, womit allzu dicke Profile ausgeschlossen sind. Die Lösung von Gl. (90) wird in der Originalarbeit als „vereinfachte shock-expansion theory" bezeichnet.

Die wiedergegebenen Ergebnisse seien im folgenden auf den Hyperschall-Limes und auf schlanke Profile beschränkt. Für diesen Spezialfall folgt gemäß der Isentropenbeziehung unter Zuhilfenahme von Gl. (76), (34) und (25) für ideale Gase konst. sp. W. als Formel für die shock-expansion-Näherung:

$$c_{p1} = (\varkappa + 1)\,\vartheta_1(0) \left[\frac{\vartheta_1 + \sqrt{\dfrac{2\varkappa}{\varkappa - 1} - 1}}{\vartheta_1(0) + \sqrt{\dfrac{2\varkappa}{\varkappa - 1} - 1}} \right]^{\frac{2\varkappa}{\varkappa - 1}} . \tag{91}$$

Der reduzierte Winkel ϑ_1 sowie sein Wert an der Vorderkante $\vartheta_1(0)$ können mit Gl. (56) durch die Dickenverteilungsfunktion $f(x)$ ausgedrückt werden.

Betreffs der Ergebnisse von SCHNEIDER, im folgenden Bild ausgezogen, und ihrer Herleitung muß auf die Originalarbeit verwiesen werden. Das in Abb. 13

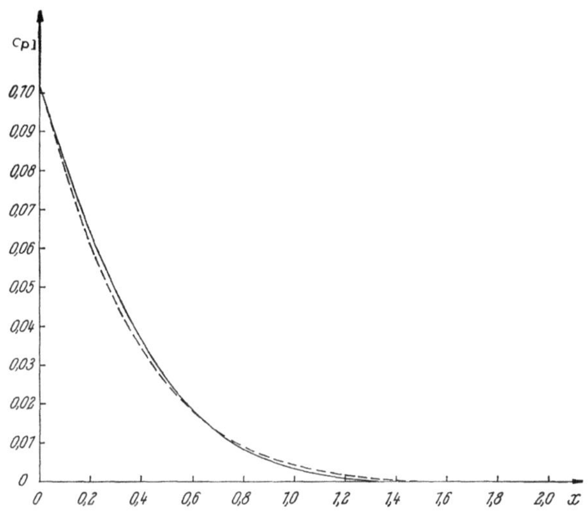

Abb. II,13. Der reduzierte Druckkoeffizient für ein Parabelbogenzweieck mit $\tau = 0{,}1063$ bei $M_\infty \to \infty$ und $\varkappa = 1{,}40$.

wiedergegebene Ergebnis zeigt jedoch, daß die shock-expansion-Näherung, gestrichelt, für den vorliegenden Fall eines schlanken Profiles sehr gut ist. Das wird auch durch einen Vergleich mit Abb. 10 voll bestätigt.

12. Newton-Näherung, Busemann-Korrektur

Bei hohen Hyperschallgeschwindigkeiten in der Anströmung verdichtet sich das Medium in der Kopfwelle stark und fließt dann in einer verhältnismäßig dünnen Schicht über den Vorderteil des Körpers hinweg. Dies trifft nicht nur bei schlanken Körpern zu, wie das anhand der exakten Lösung am Keil, Gl. (10), und Kegel festgestellt werden kann. Auch bei stumpfen Körpern ist die strömende Schicht hinter dem Zentrum der Kopfwelle nur dünn und bei Rotationskörpern besonders dünn, vgl. Abb. 17 und Gl. (11). Beim idealen Gas konst. sp. W. ist die Schicht um so dünner, je näher das Verhältnis der spez. Wärmen dem Werte $\varkappa = 1$ kommt, Gl. (12). Eine Dissoziation der Luft verursacht ebenfalls wegen damit verbundener stärkerer Verdichtung, [·13], Abschn. II,6, eine Verdünnung der Schicht hinter dem Stoß, wie noch durch die Theorie bestätigt werden wird.

Obwohl es nur Medien mit $\varkappa$-Werten nahe an der Einheit und keine solchen mit $\varkappa = 1$ gibt, führt der Grenzübergang $\varkappa \to 1$ zwar zu groben, aber in mancher Hinsicht brauchbaren Näherungen. Die strömende Schicht zwischen Kopfwelle und Körper, im folgenden kurz *Hyperschallstörschicht* genannt, wird allerdings verschwindend dünn, was niemals wirklich zutreffen kann. Die Bezeichnung „Störschicht" darf dabei selbstverständlich nicht im Sinne „kleiner Störungen" verstanden werden. Die Stoßform gleicht sich bis in die Nähe des Dickenmaximums der Körperform stark an. Gemäß Gl. (13) und (83) gilt bei schlanken Körpern für

$$\varkappa \to 1: \qquad \gamma \to \vartheta, \qquad K_{St} = K_P. \tag{92}$$

Bei $\varkappa \neq 1$ weichen die beiden Größen am Bug des Körpers nur etwa um den Wert $(\varkappa - 1)/\varkappa + 1)$ von der Einheit ab, was bei Neigungs- und Krümmungsunterschieden nicht sehr ins Gewicht fällt.

Im Hinblick auf die Bedeutung der Hyperschallströmung für beliebige Medien soll die Einschränkung auf das ideale Gas konst. sp. W. zunächst fallengelassen werden. Für unendliche Verdichtung strebt gemäß Gl. (10) der Strömungswinkel gegen den Stoßfrontwinkel und für den Druckkoeffizienten folgt nach Gl. (35):

$$\hat{\varrho}/\varrho \to \infty: \qquad \gamma \to \vartheta, \qquad c_p \to 2\sin^2\vartheta. \tag{93}$$

Wegen der verschwindenden Dicke der Hyperschallstörschicht sei der Druckkoeffizient unmittelbar hinter der Stoßfront, $\hat{c}_p$, zunächst dem Druckkoeffizienten auf der Körperoberfläche, c_p, gleichgesetzt, und zwar sowohl für ebene als auch für achsensymmetrische Strömung.

Ein solches Ergebnis entspricht der zweiten Version der Newtonschen Überlegungen über den Druck, den strömende Flüssigkeiten auf Oberflächen ausüben [·8]. Daher werden die Berechnungen des Druckkoeffizienten gemäß Gl. (93) als *Newtonsche Näherung* bezeichnet.

In der ersten Version seiner Darstellung über den Flüssigkeitsdruck geht Newton von der Annahme aus, daß die Flüssigkeitsteilchen an der Wand vollkommen elastisch reflektiert werden. Dies ist jedoch bei der Strömung eines Kontinuums nicht möglich, weil das Medium nach der Reflexion durch die anströmende Substanz nicht hindurchfließen kann. In der kinetischen Gastheorie dagegen ist dieses Modell zur Erklärung des Druckes verwirklicht. In der zweiten Version nimmt Newton an, daß das Medium unelastisch auf die Oberfläche aufschlägt, wo die Normalkomponente des Impulses in Druck verwandelt wird und die Flüssigkeit mit der Tangentialkomponente der Anströmung abgleitet. Diese Version kann nur verwirklicht werden, wenn die Verdichtung unendlich groß ist, so daß das abströmende Medium keine Verdrängungswirkung ausübt, und wenn gleichzeitig starke Verluste auftreten, wie sie dem unelastischen Stoß entsprechen. Alle diese Bedingungen werden von der Hyperschallströmung im Grenzfall verschwindend dünner Hyperschallstörschichten verwirklicht.

Dennoch enthält diese Vorstellung eine Ungenauigkeit, die schon sehr früh von A. Busemann aufgedeckt und korrigiert wurde [9]. Entlang gekrümmter Oberflächen fließt in der Hyperschallstörschicht stets eine endliche Menge, nämlich der gesamte in der Stoßfront verdichtete Zufluß. Eine solche endliche Menge auf gekrümmter Bahn übt zwangsläufig Zentrifugalkräfte aus, die in einem Drucksprung in der Hyperschallstörschicht zum Ausdruck kommen müssen. Gl. (93) ist nur korrekt, wenn die Zentrifugalkräfte verschwinden. Das ist an einer nicht gekrümmten Oberfläche und in einem Staupunkt der Fall. Die erforderliche Korrektur muß sich aus den Bewegungsgleichungen herleiten lassen.

Die Gln. (VI,48) in [•13] geben die Bewegungsgleichungen in orthogonalen krummlinigen Koordinaten bei ebener oder achsensymmetrischer Strömung wieder. Für η, die zweite unabhängige Veränderliche, sei die Stromfunktion Ψ gewählt. Die erste unabhängige Veränderliche ξ ist dann auf Orthogonal-Trajektorien der Stromlinien konstant. Sie kann aber im allgemeinen nicht die Potentialfunktion sein, weil letztere Drehungsfreiheit in der Strömung voraussetzt. Gemäß Abb. 14 gilt dann:

$$\eta = \Psi, \qquad \beta = \vartheta, \qquad W_1 = W, \qquad W_2 \equiv 0.$$

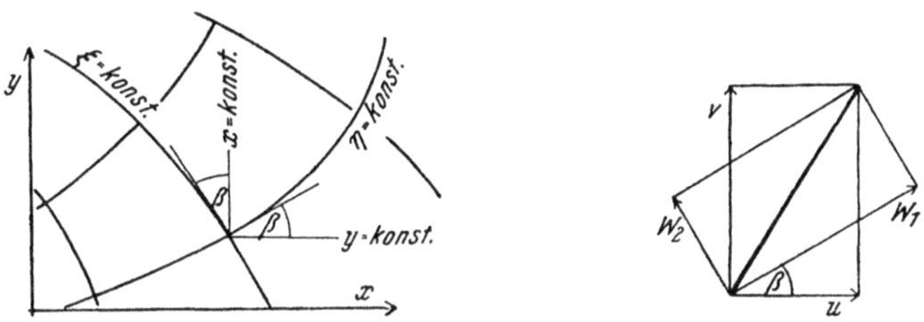

Abb. II,14. Krummlinige Orthogonal-Koordinaten und dazugehörige Geschwindigkeitskomponenten.

Wenn ferner die Stromfunktion gleichzeitig für ebene, $\sigma = 0$, und achsensymmetrische Strömung, $\sigma = 1$, eingeführt wird, so gilt mit [•13], Gl. (VI,43):

$$\Psi_y = u\varrho y^\sigma; \qquad \Psi_x = -v\varrho y^\sigma; \qquad h_2 = W\varrho y^\sigma. \tag{94}$$

Die untere Gleichung [•13], (VI,48) erhält damit zunächst die Form:

$$h_1 W \vartheta_\xi + y^\sigma \frac{\partial p}{\partial \Psi} = 0.$$

Die Ableitung von ϑ nach der Bogenlänge wäre die negative Krümmung der Stromlinien. Diese sei mit K_Ψ bezeichnet. Da zunächst noch nicht angenommen zu werden braucht, daß es sich um die Profilstromlinie handelt, sei K_Ψ von K_P unterschieden. Gemäß [•13], Gl. (VI,43) gilt dann:

$$h_1 \vartheta_\xi = |\mathrm{grad}\, \xi|\, \vartheta_\xi = -K_\Psi$$

und damit folgt exakt:

$$y^\sigma \frac{\partial p}{\partial \Psi} = W K_\Psi . \tag{95}$$

Daraus ergibt sich für die Druckverteilung auf einer Orthogonal-Trajektorie zur Stromlinie, ξ = konst., die Beziehung:

$$p(\xi, \Psi) = p(\xi, \Psi_A) + \int_{\Psi_A}^{\Psi} \frac{K_{\Psi'}}{y^\sigma} W \, d\Psi' . \tag{96}$$

Ψ' ist die zu Ψ gehörige Integrationsvariable. P ist ein beliebiger in der Hyperschallstörschicht zwischen Oberfläche und Stoßfront gelegener Punkt. A ist der Schnittpunkt der durch P gehenden Orthogonal-Trajektorie zu den Stromlinien, ξ = konst., mit der Stoßfront, Abb. 15.

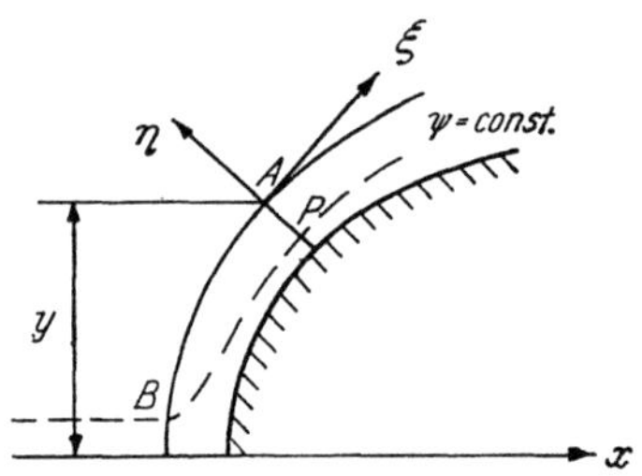

Abb. II,15. Hyperschallschicht am stumpfen Körper.

Die wesentlich veränderliche Größe im Integranden bei stumpfem Körper ist die Geschwindigkeit $W(\xi, \Psi)$, während die Stromlinienkrümmung K_Ψ und der Achsenabstand y quer über die dünne Hyperschallschicht, also bei konstantem ξ, annähernd konstant bleiben. Nur bei schlanken Hyperschallkörpern, wie etwa beim Profil in Abb. 1, gilt, wie früher erwähnt, einfach $W = u_\infty + \cdots$.

Die richtige Näherung der Geschwindigkeit W bildet eine echte Problematik, die erst im nächsten Abschnitt gelöst wird. Zunächst soll jedoch die ursprüngliche Busemann-Korrektur hergeleitet werden, um die Gültigkeitsgrenzen dieser noch immer verwendeten Näherung kennenzulernen. Wenn sie heute auch als überholt angesehen werden kann, ist aus ihrer Herleitung noch immer einiges zu lernen.

Aus Gl. (1) folgt eine sehr geringe Geschwindigkeitsänderung längs Stromlinien bei hohen Machzahlen und begrenzten Druckunterschieden. Wird eine derart geringe Geschwindigkeitsänderung längs Stromlinien auch in der Hyperschallstörschicht stumpfer Körper angenommen, wie das in den älteren Näherungen getan wurde, so ist die Geschwindigkeit im Punkt P gleich der Geschwindigkeit im Schnittpunkt B der durch P gehenden Stromlinie Ψ = konst. mit der Stoßfront, Abb. 15. Die Geschwindigkeit im Punkte B kann wegen der in der Newton-Busemann-Näherung angenommenen extremen Verdichtung der Tangentialkomponente der Geschwindigkeit im gleichen Punkte B gleichgesetzt werden:

$$W(\xi, \Psi) = W_B = u_\infty \cos \gamma_B + \cdots . \tag{97}$$

Damit hängt die Geschwindigkeit im Punkte P nur mehr von der Stromfunktion ab. Denn für alle Punkte der Stoßfront $y = \hat{y}$ gilt gemäß Gl. (94) wegen der Parallelströmung vor der Stoßfront:

$$\Psi = \frac{1}{1+\sigma} u_\infty \varrho_\infty \hat{y}^{(1+\sigma)}. \tag{98}$$

Da die Neigung der Stoßfront

$$\frac{\mathrm{d}\hat{y}}{\mathrm{d}x} = \operatorname{tg} \gamma$$

nur Funktion von $\hat{y}$ ist, ist sie gemäß Gl. (98) nur Funktion von Ψ. Es gilt auf Grund bekannter trigonometrischer Zusammenhänge:

$$\cos \gamma(\Psi) = \frac{1}{\sqrt{1 + (\mathrm{d}\hat{y}/\mathrm{d}x)^2}}. \tag{99}$$

Wird in Gl. (96) der Grenzübergang zu extremen Verdichtungen, also zu beliebig dünnen Hyperschallstörschichten, vollzogen, so folgt für den Druck am Profil, $p = p_P$ für $\Psi = 0$, gemäß Gl. (97) mit $y = h(x)$ als Körperkontur:

$$p_P = p_A - u_\infty^2 \varrho_\infty \frac{K_P}{h^\sigma} \int_0^h \cos \gamma(\hat{y})\, \hat{y}^\sigma \, \mathrm{d}\hat{y}. \tag{100}$$

Dabei wurden mit Rücksicht auf den späteren Vergleich die Winkelfunktionen nicht durch die Stoßfrontneigung Gl. (99) ersetzt. In Gl. (100) darf γ auch durch den Strömungswinkel ϑ ersetzt werden. Der Summand mit dem Integral ist die sogenannte *Busemann-Korrektur*. Sie stellt den durch die Zentrifugalkraft bedingten Drucksprung in der verschwindend dünnen Hyperschallstörschicht dar und verschwindet nur mit der Profilkrümmung K_P.

Für extrem dünne Hyperschallstörschichten, $\hat{\varrho}/\varrho_\infty \gg 1$, und schlanke Körper, $(\mathrm{d}\hat{y}/\mathrm{d}x)^2 \ll 1$ liefert die Busemann-Korrektur richtige Werte. Wegen $\cos \gamma = 1 - \cdots$ kann die Integration in einem solchen Fall allgemein durchgeführt werden und ergibt:

$$p_P = \hat{p} - \frac{2}{1+\sigma} \frac{u_\infty^2 \varrho_\infty}{2} K_P h(x).$$

Für den Druckkoeffizient am Körper erhält man mit Gl. (93) für $h_x^2 \ll 1$:

$$c_p = 2h_x^2 + \frac{2}{1+\sigma} h h_{xx}. \tag{101}$$

Der erste Summand ist der Druckkoeffizient hinter der Stoßfront, also die Newtonsche Näherung. Für den Gradient des Druckkoeffizienten gilt:

$$\frac{\partial c_p}{\partial x} = 4 h_x h_{xx} + \frac{2}{1+\sigma} (h_x h_{xx} + h h_{xxx}).$$

Daraus folgt dann weiter für das Verhältnis von Druckgradient am Stoß zu Druckgradient am Körper an der Körperspitze $h = 0$:

$$\left(\frac{\partial c_p}{\partial x}\right)_{St} \Bigg/ \left(\frac{\partial c_p}{\partial x}\right)_P = \frac{2 + 2\sigma}{3 + 2\sigma} = \begin{cases} 2/3 & \text{für} \quad \sigma = 0, \\ 4/5 & \text{für} \quad \sigma = 1. \end{cases} \tag{102}$$

Bei ebener Strömung, $\sigma = 0$, liegt volle Übereinstimmung mit Gl. (87) für $\varkappa = 1$, das ist $/\varrho_\infty = \infty$, vor. Damit ist der Unterschied zwischen dem Druckgradienten längs der Stoßfront und dem Druckgradienten längs der Körperoberfläche erklärt.

Auf einen Vergleich des Ergebnisses (101) mit den früheren Resultaten am Parabelzweieck soll verzichtet werden. Schon der erste Anteil, der Druckkoeffizient hinter der Stoßfront, enthält bei $\varkappa = 1{,}40$ einen Fehler von 20%. Bei schlanken Körpern wird durch die Newtonsche Näherung die Genauigkeit der shock-expansion-Näherung in keiner Weise erreicht.

Die Stärke von Gl. (93) liegt darin, daß sie weder auf kleine Strömungswinkel noch überhaupt auf reine Überschallströmung beschränkt ist. Sie kann also selbst auf stumpfe Körper mit lokalen Unterschallgebieten und richtigen Staupunkten angewendet werden, ein Problemkreis, der also auch schallnahe Strömung umfaßt. Auch Gasreaktionen mit Dissoziationen und Ionisationen sind zulässig. Mit Rücksicht auf diese Allgemeinheit ist selbst eine mit 10 bis 20% Fehler behaftete Näherung noch immer sehr willkommen.

Über die Dicke der Hyperschallstörschicht konnten allerdings im Rahmen dieses Abschnittes keine Aussagen gemacht werden.

13. Näherung von W. Schneider

Die Berechnung der Hyperschallstörschicht und der Hyperschallkopfwelle hat eine Reihe von Bearbeitungen erfahren, auf die hier nicht im einzelnen eingegangen werden kann. Vor allem wurden bereits sehr früh Entwicklungen nach $(\varkappa - 1)/(\varkappa + 1)$ und gleichzeitig nach $1/M_\infty^2$ vorgenommen. Betreffs aller dieser Arbeiten sei auf die einschlägige Fachliteratur [·3], [·8] hingewiesen. Die folgenden Darlegungen stützen sich auf eine Arbeit von W. Schneider [10], in der ebenfalls eine Reihe der wichtigsten vorausgegangenen Arbeiten genannt sind. Die Näherung von Schneider stellt eine sehr fruchtbare Behandlung des Problems dar. Sie fügt sich gleichzeitig aufgrund ihrer Anschaulichkeit ausgezeichnet in den vorliegenden Rahmen ein. Es handelt sich zunächst um eine indirekte Methode, bei der die Form der Stoßfront vor einem stumpfen Körper vorgegeben und die Körperform bestimmt wird. Angesichts der Ähnlichkeit von Stoß- und Körperform im Bereich großer Stoßstärken stellt eine solche indirekte Methode keinen wesentlichen Nachteil dar. Die wesentliche Problematik liegt aber gerade in jenem vorderen Teil der Kopfwelle und im Übergangsgebiet von Unterschallströmung zu Überschallströmung. Weiter stromabwärts besteht ja stets die Möglichkeit einer Fortsetzung mit Charakteristikenmethoden, ja sehr bald mit solchen für schlanke Körper. Der wesentliche Vorteil der im folgenden dargelegten Methode besteht in ihrer einheitlichen Gültigkeit über das schallnahe Gebiet hinweg bis weit in die reine Hyperschallströmung.

Zunächst sei ein stoßorientiertes rechtwinkliges Koordinatensystem eingeführt. ξ sei die Bogenlänge gemessen entlang der Stoßfront. Von einem beliebigen, in der Hyperschallstörschicht gelegenen Punkt P sei eine Gerade senkrecht zur Stoßfront gezogen. η sei die längs der Geraden von der Stoßfront nach außen gemessene Länge, Abb. 16. Damit liegt der Körper bei negativen η-Werten. Man gewinnt damit aber den Vorteil, daß ξ, η ein rechtsdrehendes System darstellt. Man beachte jedoch, daß sich das Koordinatensystem wesentlich von jenem des

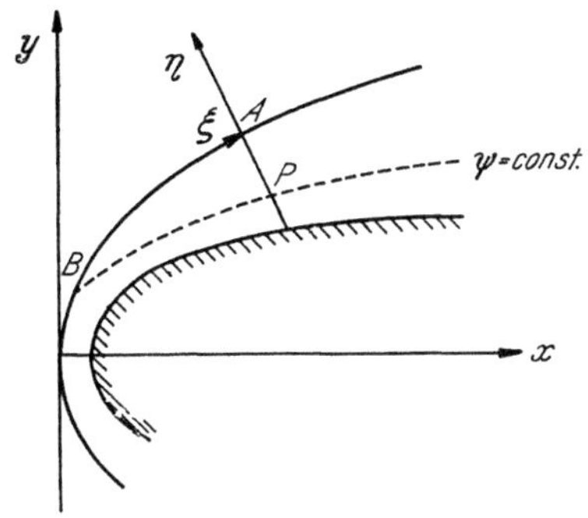

Abb. II,16. Koordinaten zur Theorie von SCHNEIDER.

letzten Abschnittes unterscheidet. Auch die Symbolik ist eine andere als in der Originalarbeit [10].

Die Form der Stoßfront sei durch die Parameterdarstellung

$$x = \hat{x}(\Psi), \qquad y = \hat{y}(\Psi) \tag{103}$$

gegeben. Damit ist gleichzeitig der Strömungszustand unmittelbar hinter der Stoßfront bekannt. Im folgenden wird zunächst der Strömungszustand auf den η-Geraden als Funktion von Ψ ermittelt, dann werden die η-Werte als Funktion von Ψ bestimmt. Daraus können dann schließlich die kartesischen Koordinaten durch die aus Abb. 16 folgenden geometrischen Beziehungen

$$x = \hat{x} - \eta \sin \gamma, \qquad y = \hat{y} + \eta \cos \gamma \tag{104}$$

berechnet werden.

Gemäß der Darstellung in Abb. 14 und gemäß den Gln. (VI,46) in [•13] ist die ξ-Komponente der Geschwindigkeit gleich der Komponente in Tangentialrichtung des Stoßes, $W_1 = W_t$, und die η-Komponente die Normalkomponente der Geschwindigkeit auf die Stoßfront, $W_2 = -W_n$. Der Winkel β in Gl. (VI,46) von [•13] ist im folgenden durch den Stoßfrontwinkel zu ersetzen, $\beta = \gamma$.

Mit δ als Normalabstand des Körpers von der Stoßfront,

$$\delta = -\eta_P, \tag{105}$$

kann bei einer Hyperschallstörschicht von folgenden Annahmen ausgegangen werden:

$$\varrho_\infty/\hat{\varrho} \ll 1, \qquad \delta K_{St} \ll 1, \qquad W_n/u_\infty \ll 1. \tag{106}$$

Die dritte Voraussetzung sei noch kurz untersucht. Sie ist an der Körperoberfläche ohne weiteres erfüllt, weil dort die η-Komponente der Geschwindigkeit nahezu gleich ist der Normalkomponente auf den Körper und letztere ja verschwindet. Unmittelbar hinter der Stoßfront dagegen gilt:

$$\hat{W}_n = \frac{\varrho_\infty}{\hat{\varrho}} W_n = \frac{\varrho_\infty}{\hat{\varrho}} u_\infty \sin \gamma .$$

Die letzte Annahme (106) folgt somit aus der ersten.

Für die Druckverteilung auf den η-Geraden kann wieder Gl. (96) herangezogen werden. Dabei kommt es wie im vorigen Abschnitt nur auf die unter Umständen starke Veränderlichkeit von W an, nicht aber auf die geringe Veränderlichkeit von y und von der Stromlinienkrümmung. Folgende Näherung ist daher zulässig:

$$p(\xi, \Psi) = p(\xi, \Psi_A) - \frac{K_{StA}}{\vartheta_A^\sigma} \int\limits_{\Psi}^{\Psi_A} W_t \, \mathrm{d}\Psi' . \tag{107}$$

Ψ' ist hier und im folgenden wieder die zu Ψ gehörige Integrationsvariable. Die Krümmung und die Ordinate sind durch die bekannten Werte auf der Stoßfront, K_{StA} und $\hat{\vartheta}_A$, ersetzt. Anstelle des Geschwindigkeitsbetrages steht die nahezu gleiche Tangentialkomponente W_t.

Mit Rücksicht auf die dritte Näherung (106) kann der Energiesatz für ein beliebiges Medium wie folgt genähert werden:

$$W_t^2(\xi, \Psi) = \hat{W}_t^2(\Psi) + 2[\hat{\imath}(\Psi) - i(\xi, \Psi)] . \tag{108}$$

Die Zustände an der Stoßfront, das sind also auch die Zustände im Punkte B, sind als Funktionen von Ψ bekannt. Die unbekannte Enthalpie im Aufpunkte P soll durch den thermodynamischen Zustand im Punkte B ausgedrückt werden.

In den älteren Theorien wurde wie in der Busemann-Korrektur die Geschwindigkeit auf Stromlinien konstant gesetzt und damit der Ausdruck in der eckigen Klammer von Gl. (108) vernachlässigt. Nun steht zwar in Gl. (1) neben der Geschwindigkeitsänderung der Faktor M^2, der im reinen Hyperschallbereich sehr groß ist, doch kann gleichzeitig die Druckänderung ein Vielfaches des örtlichen Druckes betragen. Es ist zu bedenken, daß der Druck im staupunktsnahen Punkt B außerordentlich hoch ist, im flacheren Teil der Kopfwelle dagegen ist bereits der Druck p_A unter Umständen außerordentlich klein im Vergleich zu p_B. Das gilt um so mehr für das Druckverhältnis p/p_B. Es liegen also auf Stromlinien über größere Abstände sehr große Druckgefälle vor, denen zufolge die Geschwindigkeit weiter stromabwärts nahezu wieder auf den Anströmwert beschleunigt wird. Zufolge der älteren Annahme dagegen wäre die Geschwindigkeit auf der ganzen Staupunktsstromlinie gemäß Gl. (97) Null.

Für beliebige Gase ist unter den getroffenen Annahmen starker Verdichtung mit Gl. (32) und $\varkappa$ als Verhältnis der spez. Wärmen in der Anströmung:

$$\hat{W}_t(\Psi) = u_\infty \cos \gamma_B ; \qquad 2\hat{\imath}(\Psi) = u_\infty^2 \left[\frac{2}{\varkappa - 1} \frac{1}{M_\infty^2} + \sin^2 \gamma_B \right] . \tag{109}$$

Für den Hyperschall-Limes des idealen Gases konst. sp. W., bei dem zunächst der nötige Einblick gewonnen werden soll, erhält man damit aus Gl. (108) wegen der Isentropie auf Stromlinien:

$$\begin{aligned} W_t^2(\xi, \Psi)/u_\infty^2 &= \cos^2\gamma_B + \sin^2\gamma_B[1 - T/T_B] \\ &= 1 - \sin^2\gamma_B\left(\frac{p}{p_B}\right)^{\frac{\varkappa-1}{\varkappa}} = 1 - \sin^2\gamma_B\left(\frac{p}{p_A}\cdot\frac{p_A}{p_B}\right)^{\frac{\varkappa-1}{\varkappa}} \\ &= 1 - \sin^2\gamma_B\left(\frac{\sin^2\gamma_A}{\sin^2\gamma_B}\right)^{\frac{\varkappa-1}{\varkappa}}\left(\frac{p}{p_A}\right)^{\frac{\varkappa-1}{\varkappa}} = 1 - \sin^2\gamma_A\left(\frac{\sin^2\gamma_B}{\sin^2\gamma_A}\right)^{\frac{1}{\varkappa}}\left(\frac{p}{p_A}\right)^{\frac{\varkappa-1}{\varkappa}}. \end{aligned} \tag{110}$$

Aus der Darstellung in der mittleren Zeile ist besonders leicht zu erkennen, daß für $\varkappa = 1$ die in der Busemann-Korrektur verwendete Näherung (97) folgt. Nun entspricht einer starken Kompression stets $(\varkappa - 1) \ll 1$ aber nie $(\varkappa - 1) = 0$. Für Druckverhältnisse p/p_B, die sich nicht zu stark vom Wert 1 unterscheiden, kann daher ohne größeren Fehler die $(\varkappa - 1)/\varkappa$-Potenz des Druckverhältnisses gleich 1 gesetzt werden, nicht aber für große Druckverhältnisse p/p_B, wie sie auftreten, wenn der Aufpunkt P schon im Überschallgebiet liegt.

Wird das Druckverhältnis schließlich in zwei Teilverhältnisse aufgeteilt und wird gemäß Gl. (35)

$$\frac{p}{p_B} = \frac{p}{p_A}\frac{p_A}{p_B} = \frac{p}{p_A}\frac{\sin^2\gamma_A}{\sin^2\gamma_B} \tag{111}$$

geschrieben, so ist für die Größenordnung des Druckverhältnisses nicht p/p_A maßgebend, das gemäß Gl. (106) stets die Größenordnung der Einheit aufweist, sondern p_A/p_B, das entlang der Kopfwellenfront sehr kleine Werte annehmen kann. Dieses Verhältnis von Drücken an der Stoßfront hat aber den Vorteil, nur von den Stromfunktionen Ψ_A und Ψ_B abzuhängen.

Damit wird W_t nach W. Schneider im Integral von Gl. (107) beispielsweise für den Fall des Hyperschall-Limes idealer Gase konst. sp. W. derart genähert, daß in Gl. (110) im Exponenten von p/p_A das Verhältnis der spez. Wärmen $\varkappa = 1$ gesetzt wird, nicht aber im Exponenten von $\sin^2\gamma_B/\sin^2\gamma_A$. Daraus folgt für den Druck auf ξ-Geraden aus Gl. (107) die Näherung:

$$p = p_A - \frac{K_{StA}}{\hat{y}_A^\sigma} u_\infty \int_{\Psi}^{\Psi_A} \sqrt{1 - \sin^2\gamma_A\left(\frac{\sin^2\gamma(\Psi')}{\sin^2\gamma_A}\right)^{\frac{1}{\varkappa}}}\, d\Psi'. \tag{112}$$

Auch diese Beziehung geht für $\varkappa = 1$ in die Busemann-Korrektur Gl. (100) über. $\gamma = \gamma(\Psi)$ ist wegen der Vorgabe der Stoßfront als Funktion von Ψ bekannt. Damit kann p als Funktion von Ψ_A und Ψ bestimmt werden.

Ohne Einschränkung auf ideale Gase und ohne Übergang zum Hyperschall-Limes würde sich W_t im Integral von Gl. (107) mittels Gl. (108) und (109) wie folgt darstellen:

$$\frac{W_t^2(\xi, \Psi)}{u_\infty^2} = \cos^2\gamma_B + \left[\frac{2}{\varkappa - 1}\frac{1}{M_\infty^2} + \sin^2\gamma_B - 2i(p_A, s_B)\right] + \cdots, \tag{113}$$

indem anstelle der unbekannten Enthalpie $i(p, s_B)$ die bekannte Enthalpie $i(p_A, s_B)$ genommen wird, d. i. also die Enthalpie für den Druck im Punkte A und für die Entropie s_B.

Wie bereits in Gl. (112) wird die Integration im allgemeinen nur numerisch durchführbar sein. Damit ist auch für den allgemeinen Fall p als Funktion von Ψ_A und Ψ bekannt. Da schließlich s nur von der Stromfunktion abhängt, ist der thermodynamische Zustand und der Strömungszustand in einem beliebigen Punkt der Hyperschallstörschicht gegeben. Es kommt nur noch darauf an, die Lage des Punktes als Funktion von Ψ zu finden.

Für die Ableitung der Stromfunktion längs der Geraden $\xi =$ konst., Abb. 16, findet man mittels Gl. (94) und (104):

$$\Psi_\eta = \Psi_x x_\eta + \Psi_y y_\eta = W_t \varrho y^\sigma = W_t \varrho (\hat{y}_A + \eta \cos \gamma_A)^\sigma . \tag{114}$$

Da nun Ψ_η die Ableitung bei konstantem ξ darstellt, gilt bei einer Integration längs $\xi =$ konst.:

$$(\hat{y}_A + \eta \cos \gamma_A)^\sigma \, \mathrm{d}\eta = \frac{1}{\varrho W_t} \, \mathrm{d}\Psi$$

oder bei einer Integration zwischen dem Punkt P und dem Punkt A mit $\eta = 0$:

$$\eta \left[\hat{y}_A + \frac{1}{2} \eta \cos \gamma_A\right]^\sigma = - \int\limits_{\Psi_B}^{\Psi_A} \frac{\mathrm{d}\Psi}{\varrho W_t} . \tag{115}$$

Insbesondere gilt für den Normalabstand des Körpers von der Kopfwelle im Punkt A mit Gl. (105):

$$\delta \left[\hat{y}_A - \frac{1}{2} \delta \cos \gamma_A\right]^\sigma = \int\limits_{0}^{\Psi_A} \frac{\mathrm{d}\Psi}{\varrho W_t} . \tag{116}$$

Ist η mittels Gl. (115) bestimmt, so sind die Koordinaten mit Gl. (104) schnell gefunden.

In Gl. (115) und (116) werden nun ϱ und W_t nicht mehr mit dem genäherten Druck und der Entropie, sondern mit dem durch Gl. (107) gefundenen Druck und der Entropie bestimmt. Im Hyperschall-Limes eines idealen Gases konst. sp. W. ergibt sich dann mit Gl. (111) folgende Darstellung für ϱ:

$$\varrho = \varrho_B \left(\frac{p}{p_B}\right)^{\frac{1}{\varkappa}} = \frac{\varkappa + 1}{\varkappa - 1} \varrho_\infty \left(\frac{p}{p_A} \frac{\sin^2 \gamma_A}{\sin^2 \gamma_B}\right)^{\frac{1}{\varkappa}} . \tag{117}$$

Unter Heranziehung von Gl. (110) folgt somit aus Gl. (116) beispielsweise für den ebenen Fall, $\sigma = 0$, im Hyperschall-Limes:

$$\delta = \frac{\varkappa - 1}{\varkappa + 1} \frac{1}{\varrho_\infty u_\infty} \int\limits_0^{\Psi_A} \left(\frac{p_A}{p} \frac{\sin^2 \gamma(\Psi)}{\sin^2 \gamma_A}\right)^{\frac{1}{\varkappa}} \frac{\mathrm{d}\Psi}{\sqrt{1 - \sin^2 \gamma_A \left(\frac{\sin^2 \gamma(\Psi)}{\sin^2 \gamma_A}\right)^{\frac{1}{\varkappa}} \left(\frac{p}{p_A}\right)^{\frac{\varkappa - 1}{\varkappa}}}} \tag{118}$$

Der Druck p in einem beliebigen auf der ξ-Geraden liegenden Punkt P ist dabei durch Gl. (112) gegeben. Damit ist die Ermittlung des Körperabstandes auf Ψ-Integrationen allein zurückgeführt.

Für beliebige Substanzen und Hyperschallströmungen ist die Vorgangsweise nach der Berechnung der Druckverteilung auf $\xi =$ konst. mit Hilfe von Gl. (107), in deren Integrand W_t mit Gl. (113) eingeführt wird, dieselbe. Da Druck und Entropie in jedem Punkte bekannt sind, kann nun die Dichte ϱ und mittels des Energiesatzes (108) W_t abhängig von Ψ bestimmt werden, worauf dann die Ortsbestimmung mittels (115) und (116) vorgenommen wird.

Obwohl die Tangentialgeschwindigkeit W_t in der Nähe des Staupunktes klein wird, ergibt sich dort bei der Berechnung von δ keine Schwierigkeit, so daß die Bestimmung des Körpers aus der Form der Stoßfront bis in den Staupunkt hinein gesichert ist.

Die folgenden beiden Abbildungen geben Ergebnisse der Methode für einen rotationssymmetrischen, parabelförmigen Stoß:

$$\sigma = 1; \qquad \mathfrak{y}^2 = 2\mathfrak{x}.$$

Bei der gewählten Parabeldarstellung ist der Nasenkrümmungsradius als Einheit genommen. Alle Längen sind im folgenden also im Vielfachen des Nasenkrümmungsradius der Kopfwelle gemessen. Ferner ist in der Anströmung gewählt:

$$M_\infty = 17{,}32; \qquad \varkappa_\infty = 1{,}40. \tag{119}$$

Die Machzahl entspricht beim vorliegenden Fall eines stumpfen Körpers durchaus bereits dem Hyperschall-Limes. Für die eine Hälfte der folgenden Ergebnisse, nämlich für das ideale Gas konst. sp. W., sind mit (119) bereits alle in Frage kommenden Kennzahlen festgelegt.

Die andere Hälfte der Ergebnisse betrifft ein Gas bei starker Dissoziation im Dissoziationsgleichgewicht mit den Kennzahlen von Gl. (49) und (40) und der dem Hyperschall-Limes genügenden Machzahl M_∞:

$$K_d = 1; \qquad \varrho_d/\varrho_\infty = 1{,}0 \cdot 10^9; \qquad \lambda = 0; \qquad \varkappa_\infty = 1{,}40; \qquad M_\infty = 17{,}32. \tag{120}$$

Es handelt sich gemäß [·13], Tabelle I,6 um ein „Lighthill-Gas", $\lambda = 0$. $K_d = 1$ bedeutet gemäß Gl. (40), daß die kinetische Energie der Anströmung gleich der Dissoziationsenergie ist. Das Verhältnis ϱ_d/ϱ_∞ entspricht gemäß Tabelle I,5 in [·13] für die Schichtung in der Norm-Atmosphäre einer Flughöhe von etwa 70 km.

Abb. 17 zeigt die zur Kopfwelle von der Form eines Rotationsparaboloids gehörige Körperform für den Fall eines idealen Gases konst. sp. W. mit den Kennzahlen (119) und für den Fall eines dissoziierenden Gases im thermodynamischen Gleichgewicht mit den Kennzahlen (120).

Entsprechend der wesentlich stärkeren Verdichtung bei Dissoziation, vgl. etwa Abschn. II,6 in [·13], liegt die Kopfwelle bei Dissoziation wesentlich näher am Körper als beim idealen Gas konst. sp. W. Im rechten Teil der Abbildung ist der Druckkoeffizient und außerdem der Gleichgewichtsdissoziationsgrad $\bar{\bar{x}}$ am Körper aufgetragen. Man beachte die logarithmische Skala auf der Ordinate. Wie aus der Newtonschen Näherung zu erwarten war, ist der Unterschied in der Druckverteilung am Körper nur gering.

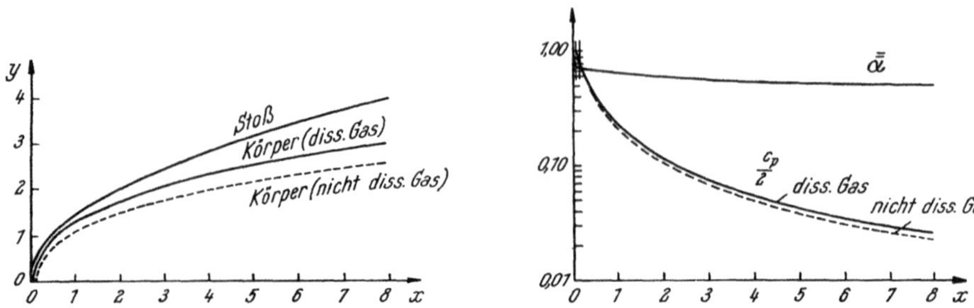

Abb. II,17. Stoßform, Körperform, Druckverteilung und Dissoziationsgrad im Hyperschall-Limes an einem Rotationskörper.

Abb. 18 zeigt die Staupunktsumgebung und den Schalldurchgang für die beiden Fälle. Es sei daran erinnert, daß im Hyperschall-Limes im Falle konstanter Verdichtung hinter der Stoßfront die Maximalablenkung mit dem Schallpunkt am Stoß zusammenfällt. Dieser Punkt rückt mit zunehmender Verdichtung gemäß Abschn. 4 zu größeren Stoßfrontwinkeln. In derselben Weise wirkt sich gemäß der vorliegenden Abbildung auch die höhere Verdichtung zufolge von Dissoziation aus. Die Lage des Schallpunktes am Körper ist allerdings in beiden Fällen nahezu dieselbe.

Soweit Vergleichsmöglichkeiten mit aufwendigeren Verfahren oder Versuchen vorliegen, zeigt die Näherung von Schneider sehr zufriedenstellende Ergebnisse.

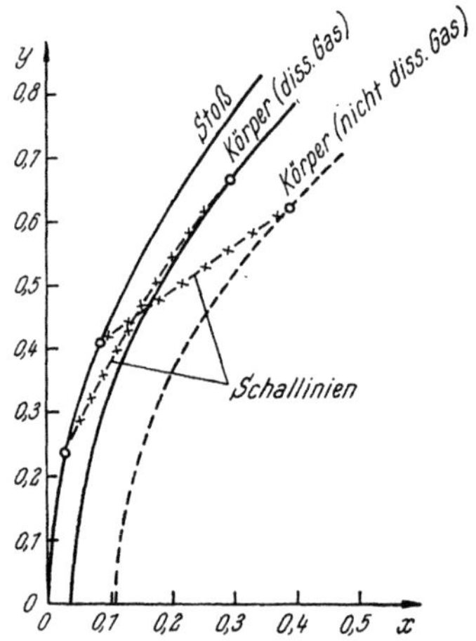

Abb. II,18. Staupunktsumgebung im Hyperschall-Limes am Rotationskörper.

Das Verfahren kann auch in ein direktes umgewandelt werden, indem die Integranden in den Integralen (107) und (116) als lineare Funktionen von Ψ angesetzt werden. In diese Ansätze gehen dann nur die Werte an der Kopfwelle und am Körper ein [11]. Man kann das Problem auf diese Weise auf gewöhnliche Differentialgleichungen längs der Körperoberfläche zurückführen. Die Hauptschwierigkeit bietet der Schalldurchgang. Wird beispielsweise auf der Körperachse mit der Rechnung und den dort bekannten Anfangsbedingungen für den Strömungszustand begonnen, so ist zunächst noch der Abstand der Kopfwelle vom Körper anzunehmen und solange zu variieren, bis bei stetiger Geschwindigkeitszunahme in das Überschallgebiet hereinintegriert werden kann.

Diese Vorgangsweise entspricht der Annahme eines Strömungszustandes im Unterschallteil einer Lavaldüse und der Variation einer solchen Anfangsbedingung so lange, bis der Durchgang durch den Düsenhals bei ständig zunehmender Geschwindigkeit gelingt. Problemlösungen solcher Art sind immer schwierig und auch unter Einsatz von Computern aufwendig.

Mit einem entsprechenden Problem wird man bereits bei der Methode von DORODNITSYN und BELOTSERKOVSKII konfrontiert [12], [13]. Bei dieser wird das Gebiet zwischen Kopfwelle und Körper nötigenfalls auch in mehrere Streifen zerlegt. Es ergeben sich dann wie am Körper noch an den weiteren Streifenrändern gewöhnliche Differentialgleichungen, die simultan zu lösen sind. Der wesentliche Unterschied zwischen den in [13] und [11] behandelten direkten Methoden besteht darin, daß im ersten Falle lineare Funktionen in den Abständen, in [11] jedoch lineare Funktionen in der Stromfunktion, angesetzt werden.

Im übrigen muß bezüglich der Einzelheiten sowie betreffs der Ergebnisse bei Hyperschallparametern, die unter dem Hyperschall-Limes liegen, und bezüglich des Erfassens der Relaxationserscheinungen auf die Spezialliteratur hingewiesen werden.

14. Hyperschall — Nachlauf

Der Nachlauf hinter Körpern unterscheidet sich bei Hyperschallströmung stark von jenem bei im wesentlichen drehungsfreien Überschallströmungen. Die Hauptmerkmale seien an Hand der Versuchsergebnisse von W. BEHRENS [14] besprochen. Es handelt sich um den Nachlauf hinter einem quer angeströmten Kreiszylinder bei $M_\infty = 6$ und $\varkappa = 1{,}40$. Man kann unterscheiden: Erstens den *inneren Nachlauf*, Abb. 19, der durch die Reibungsschicht am Körper und das Ablösungsgebiet hinter dem Körper erzeugt wird; er tritt bei allen Machzahlen auf und repräsentiert bei reiner Unterschallströmung allein den Widerstand; zweitens den *äußeren Nachlauf*, der von jenen Gasteilen gebildet wird, die von dem körpernahen Teil der Kopfwelle besonders starke Entropieerhöhungen erfahren haben. Der äußere Nachlauf ist für Hyperschallströmung kennzeichnend. Drittens kommt das im wesentlichen zwischen Kopf- und Schwanzwelle eingeschlossene Wellengebiet hinzu. Dieses ist von den Strömungen bei mittleren Überschallmachzahlen her bekannt und dort das kennzeichnende Merkmal der reibungsfreien Überschallströmung.

In einem Abstand von etwa $60d$ hinter dem Zylinder des Durchmessers d ist der innere Nachlauf, also die Reibungswirkung, in den äußeren Nachlauf aufgegangen. Allerdings zeigt auch der äußere Nachlauf in großem Abstand von

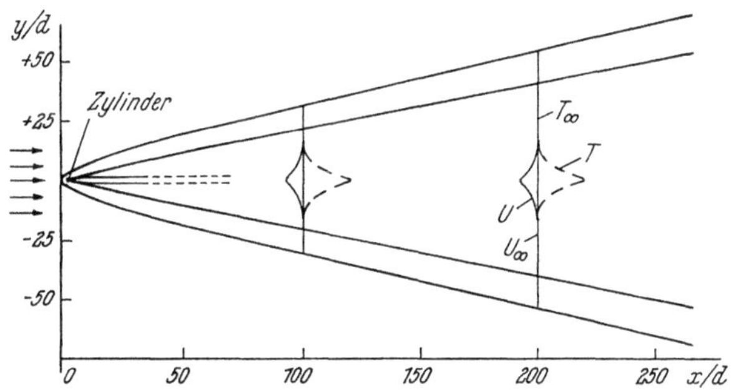

Abb. II,19. Strömungsfeld hinter einem Zylinder bei $M_\infty = 6{,}09$.

mehr als $1000d$ Reibungswirkung, die ebenfalls in der genannten Arbeit behandelt wird. Im folgenden soll jedoch entsprechend den Zielsetzungen dieses Buchteiles nur die reibungsfreie Hyperschallströmung untersucht werden, die bei einem Abstand von etwa $x/d = 200$ nahezu verwirklicht ist. Dort zeigt sich dann folgendes Bild:

Der statische Druck hinter dem Körper liegt bei $x/d = 100$ nur wenig über dem Anströmdruck p_∞. In diesem nahezu ungestörten Druckfeld fließen die Gasteile hoher Entropie ab. Da die Entropie längs Stromlinien konstant bleibt — Wärmeleitungs- und Reibungseffekte wirken sich hier nur langsam aus —, strömt der äußere Nachlauf bei nahezu konstantem Druck und einem in der Strömungsrichtung nahezu unveränderten Geschwindigkeits-, Temperatur- und Dichteprofil ab.

Das Wellengebiet unterscheidet sich von einem entsprechenden Gebiet bei mittlerer Überschallmachzahl dadurch, daß die Schwanzwelle stets schwach ist im Verhältnis zur Kopfwelle, weil die Hyperschallkopfwelle aus einem starken Überdruckgebiet, die Hyperschallschwanzwelle jedoch nur aus einem schwachen Unterdruckgebiet hervorgeht. Im übrigen hat die Welle wegen der bereits kleinen Strömungswinkel alle Eigenschaften einer Welle sehr schlanker Körper. Sie kann also sehr gut mit einer *shock-expansion*-Näherung wiedergegeben werden, wobei der Expansion die Entropie des jeweilig zugehörigen Kopfwellenabschnittes zugrunde gelegt wird. Mit der Entfernung vom Körper stromabwärts entfernt sich auch das Wellengebiet vom äußeren Nachlauf, wird dabei allerdings stets langsam breiter wie jedes Wellengebiet einer ebenen Strömung, weil die Schwanzwelle bald die Richtung der ungestörten Machlinie, die Kopfwelle jedoch die Form einer Parabel mit der ungestörten Machlinie als Achsenrichtung annimmt. Die weiteren Überlegungen seien dem den Hyperschall kennzeichnenden äußeren Nachlauf gewidmet.

Die Überlegungen dazu können weitgehend in Anlehnung an die Näherung des vorangegangenen Abschnittes durchgeführt werden. Sie seien auf das ideale Gas konst. sp. W. beschränkt.

Die Isentropenbeziehung [•13] (I,43) ist auf den Ruhedruck des Augenblickszustandes eines Teilchens anzuwenden. Folglich gilt:

$$\frac{T_\infty}{T_0} = \left(\frac{p_\infty}{p_0}\right)^{\frac{\varkappa-1}{\varkappa}}; \qquad \frac{T}{T_0} = \left(\frac{p}{\hat{p}_0}\right)^{\frac{\varkappa-1}{\varkappa}}.$$

Da der Ruhedruckverlust in der Schwanzwelle bei Hyperschallströmung gegen jenen in der Kopfwelle nicht ins Gewicht fällt, andere Ruhedruckverluste jedoch nicht auftreten, kann $\hat{p}_0$ als Ruhedruck hinter der Kopfwelle aufgefaßt werden. Sofern die Kopfwellenform durch Messung oder Rechnung bekannt ist, ist auch $\hat{p}_0(\Psi)$ eine bekannte Funktion der Stromfunktion, die sich wie im letzten Abschnitt aus der Kopfwellengleichung (103), dem Neigungswinkel (99) und der Anströmmachzahl M_∞ bestimmen läßt.

Im Hyperschallnachlauf, der dadurch gekennzeichnet ist, daß sich p von p_∞ nur wenig, dagegen $\hat{p}_0$ von p_0 sehr stark unterscheidet, gilt dann:

$$\frac{T}{T_\infty} = \left(\frac{p}{p_\infty}\right)^{\frac{\varkappa-1}{\varkappa}} \left(\frac{p_0}{\hat{p}_0}\right)^{\frac{\varkappa-1}{\varkappa}} = \left(\frac{p_0}{\hat{p}_0}\right)^{\frac{\varkappa-1}{\varkappa}} \left[1 + \frac{\varkappa - 1}{\varkappa} \left(\frac{p}{p_\infty} - 1\right) + \cdots\right], \tag{121}$$

wobei im Nachlauf die Störglieder des statischen Druckes vernachlässigt werden dürfen. Für die Dichte im Nachlauf gilt mit dem Hauptglied der Näherung (121) und der Zustandsgleichung idealer Gase:

$$\frac{\varrho}{\varrho_\infty} = \frac{p}{p_\infty} \frac{T_\infty}{T} = \left(\frac{\hat{p}_0}{p_0}\right)^{\frac{\varkappa-1}{\varkappa}} + \cdots. \tag{122}$$

Mit Hilfe von Gl. (II,73) in [•13], die nur den Energiesatz voraussetzt und folglich im ganzen reibungsfreien Hyperschallbereich gilt, folgt mit dem Hauptglied von (121) die Beziehung:

$$\frac{W^2}{W_\infty^2} = 1 - \frac{2}{\varkappa - 1} \frac{1}{M_\infty^2} \left(\frac{T}{T_\infty} - 1\right) = 1 - \frac{2}{\varkappa - 1} \frac{1}{M_\infty^2} \left[\left(\frac{p_0}{\hat{p}_0}\right)^{\frac{\varkappa-1}{\varkappa}} - 1\right] + \cdots, \tag{123}$$

womit nun auch die Geschwindigkeit in Abhängigkeit von Ψ bekannt ist.

Aus den Gln. (121), (122) und (123) ist bereits zu erkennen, daß sich im äußeren Hyperschallnachlauf eine starke Aufheizung und eine damit verbundene isobare Herabsetzung der Dichte ergibt. Die Aufheizung ist bei den vorhandenen hohen Hyperschallmachzahlen mit einer im Verhältnis zur Temperaturerhöhung geringen Geschwindigkeitsverminderung verbunden. Die Machzahl im Zentrum des Nachlaufes liegt im wesentlichen wegen der starken Aufheizung und der damit verbundenen Erhöhung der Schallgeschwindigkeit weit unter der Machzahl der Anströmung. Wieder lassen sich die typischen Hyperschalleigenschaften erkennen: Im Nachlauf, abgesehen vom statischen Druck, eine starke Störung des thermodynamischen Zustandes, aber eine geringe Störung der Geschwindigkeit gegenüber dem Anströmzustand.

Im Hyperschall-Limes würde der Ruhedruck eines idealen Gases konst. spez. Wärme gemäß Gl. (18) für jedes $\varkappa \neq 1$ mit $M_\infty \to \infty$ verschwinden, die Temperatur des Nachlaufes dagegen auf Grund von Gl. (121) über alle Grenzen wachsen. Für die Geschwindigkeit im Nachlauf dagegen würde man mit Gl. (123) und Gl. (18) die Näherung

$$\frac{W^2}{W_\infty^2} = 1 - \frac{2}{\varkappa - 1} \frac{1}{M_\infty^2} \left(\frac{p_0}{\hat{p}_0}\right)^{\frac{\varkappa-1}{\varkappa}} + \cdots = 1 - \left(\frac{2}{\varkappa + 1}\right)^{\frac{\varkappa+1}{\varkappa}} \varkappa^{\frac{1}{\varkappa}} \left(\frac{1}{M_\infty^2}\right)^{\frac{\varkappa-1}{\varkappa}} + \cdots$$

erhalten. Immer unter der Voraussetzung $\varkappa \neq 1$, also gemäß Gl. (16) endlicher Verdichtung im Stoß, verschwindet also die Geschwindigkeits-Delle im Hyperschall-Limes, $M_\infty \to \infty$.

Die unendliche Aufheizung im Nachlauf im Falle des Hyperschall-Limes ist nicht überraschend. Schon bei der Behandlung des Hyperschall-Limes in Gl. (54) war die Einführung einer reduzierten Entropiefunktion $\bar{s}$ erforderlich, die im Hyperschall beschränkt bleibt, während die Entropieerhöhung $(s - s_\infty)$ gemäß derselben Gl. (54) mit $M_\infty \to \infty$ logarithmisch über alle Grenzen wächst. Für bestimmte thermodynamische Größen wie den Druck p, den Ruhedruck $\hat{p}_0$ und die Entropie $\hat{s}$, nicht aber für den Widerstandsbeiwert und für den Auftriebsbeiwert führt der Grenzübergang $M_\infty \to \infty$ zu unbrauchbaren Ergebnissen. Man muß sich mit $M_\infty^2 \gg 1$ begnügen. Es gibt eben keine unendliche Geschwindigkeit und keine verschwindende Schallgeschwindigkeit. Beim Grenzübergang $c_\infty \neq 0$, $u_\infty \to \infty$ wird außerdem die dem idealen Gas konst. sp. W. gesteckte Grenze gesprengt, was im übrigen in der Kennzahl K, Gl. (40), deutlich zum Ausdruck kommt.

Einfacher noch als im vorigen Abschnitt am Körper kann y mit Hilfe von Gl. (94) durch Integration über Ψ oder mittels Gl. (98) auch über ϑ ermittelt werden. Da die bisherige Herleitung durchaus auch für Rotationskörper gilt, sei die Berechnung von y sowohl für den ebenen Fall, $\sigma = 0$, wie auch für den achsensymmetrischen Fall, $\sigma = 1$, vorgenommen. Es gilt:

$$y^{1+\sigma} = (1+\sigma)\int_0^{\Psi} \frac{1}{\varrho u}\, d\Psi' = (1+\sigma)\int_0^{\hat{y}} \frac{\varrho_\infty u_\infty}{\varrho u}\, \hat{y}'^{\sigma}\, d\hat{y}'. \qquad (124)$$

Die Größen Ψ' und $\hat{y}'$ seien wieder die zu den ungestrichenen Größen gehörigen Integrationsvariablen. Da die v-Komponente im Nachlauf verschwindet, ist die u-Komponente mit der Geschwindigkeit in Gl. (123) identisch. Die entscheidende Veränderliche im Integral ist gemäß Gl. (122) die Dichte. Beide Größen sind nur vom Ruhedruckverhältnis $\hat{p}_0/p_0$ und damit nur von $\hat{y}$ abhängig.

Abb. 20 zeigt die Stoßwelle am querangeströmten Kreiszylinder sowie das Geschwindigkeitsprofil, ausgezogen, und das Temperaturprofil, strichpunktiert,

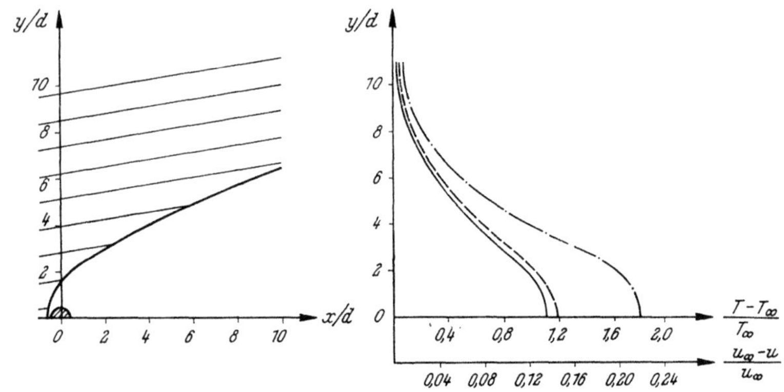

Abb. II,20. Geschwindigkeits- und Temperaturprofil im Nachlauf hinter einem Zylinder im Abstand $x = 200d$ bei $M_\infty = 6{,}09$, $Re_d = 960$.

in einem Abstand von 200 Durchmesser d. Die vorangegangene Herleitung setzt einen bestimmten großen Abstand vom Körper voraus. Das Meßergebnis von BEHRENS für das Geschwindigkeitsprofil, gestrichelt, bei einer mit dem Durchmesser gebildeten Reynoldszahl von $\mathrm{Re}_d = 960$ stimmt mit der nur auf Stoßverlusten fußenden Theorie dieses Abschnittes sehr gut überein. Der innere Nachlauf — also der Reibungsnachlauf — ist in einem solchen Abstand von 200 Durchmessern nicht mehr zu erkennen. Er dürfte jedoch zum kleinen Unterschied zwischen den Versuchen und der Theorie wesentlich mit beitragen.

Der Vergleich von y mit $\hat{y}$ im Nachlauf zeigt, daß die Masse im Nachlauf im wesentlichen wegen der stark herabgesetzten Dichte breiteren Raum einnimmt als in der Anströmung. Im vorliegenden Fall handelt es sich etwa um den Faktor 2, doch hängt dieser sehr stark von M_∞ ab. Er ist im Falle von Achsensymmetrie auch wieder ein anderer.

Gl. (V,46) in [·13] bringt den Widerstand mit dem Impulsfluß und der Druckstörung im Nachlauf in Zusammenhang. Beschränkt man sich nur auf den durch den Nachlauf bedingten Widerstandsanteil, so erhält man bei ebener Strömung folgenden Beitrag zum Widerstandsbeiwert:

$$c_w = 2\int_{-\infty}^{+\infty}\left(1-\frac{u}{u_\infty}\right)\frac{d\psi}{\varrho_\infty u_\infty d} = \frac{2}{d}\int_{-\infty}^{+\infty}\left(1-\frac{u}{u_\infty}\right)d\hat{y}.$$

BEHRENS gibt für den Widerstandsanteil die Werte $c_w = 1{,}06$ und $c_w = 1{,}19$ an, je nachdem ob über die theoretische oder die Versuchsnachlaufkurve integriert wurde. Dieser Wert liegt etwas unter dem von J. LUKASIEWICZ [15] aus Druckverteilungsmessungen gewonnenen Beiwert von $c_w = 1{,}27$ bei einer Machzahl $M_\infty = 8{,}08$. Das darf aber nicht verwundern. Es sind nämlich im ersten Fall alle Anteile vernachlässigt worden, die sich aus sehr kleinen Geschwindigkeits- und Druckstörungen hinter der bereits geschwächten aber sehr ausgedehnten Kopfwelle ergeben. Dieser Beitrag folgt aus einer sehr kleinen Entropieerhöhung längs einer sehr langen Front. Er ist bei mittleren Machzahlen und schlanken Körpern, also bei kleinem Hyperschallparameter (4), allein für den Widerstand im „Nachlauf" verantwortlich und wurde in [•13], Abschn. IX,43 ausführlich untersucht.

15. Räumliche Hyperschallströmungen

Schon bei der Gegenüberstellung ebener und achsensymmetrischer Überschallströmungen hat sich eine sehr nahe Verwandtschaft beider Strömungsformen gezeigt. Im folgenden sei noch etwas auf die Bedeutung der ebenen Strömung für allgemeinere räumliche Strömungen eingegangen.

Abb. 21 zeigt das Machkonoid eines Vorderkantenpunktes bei anliegender Kopfwelle und großem Hyperschallparameter. Unter den gegebenen Voraus-

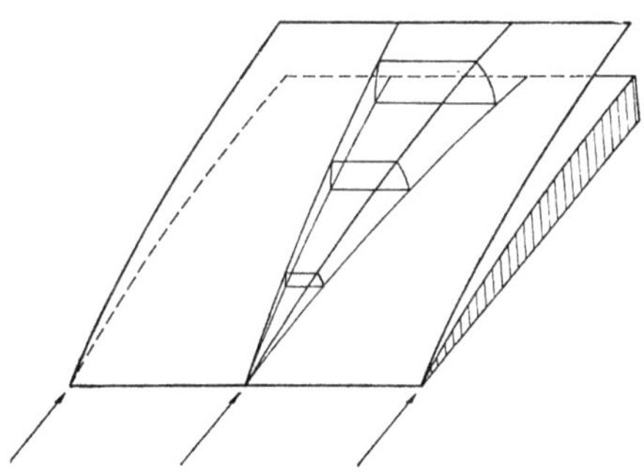

Abb. II,21. Machkonoid an einer scharfen Vorderkante.

setzungen ist auch die lokale Machzahl sehr groß, worauf bereits in Abschn. 2 hingewiesen wurde. Das Einflußgebiet einer Störung bleibt also nicht nur nach oben durch die Kopfwelle, sondern auch nach den Seiten hin stark begrenzt. Umgekehrt kann der Zustand in einem Punkt der Oberfläche nur von einem schmalen Körperstreifen beiderseits des durch den Punkt gehenden Längsschnittes abhängen. Der Körper wird dort im allgemeinen gut durch einen „ebenen Flügel" von der Form des durch den Aufpunkt gehenden Längsschnittes ersetzt werden können. Das bedeutet aber, daß von einer Näherung durch eine ebene Strömung in Längsschnitten, von einer sogenannten *Streifentheorie* (*strip-theory*), gute, unter Umständen sehr gute Ergebnisse zu erwarten sind.

Abb. 22 zeigt die Resultate numerischer Hyperschallrechnungen an einem Rhombuskegel, also einem Kegel rhombischen Querschnittes, aus einer Dissertation von K. STRAUSS [16]. Die Ergebnisse sind in verschiedener Hinsicht lehr-

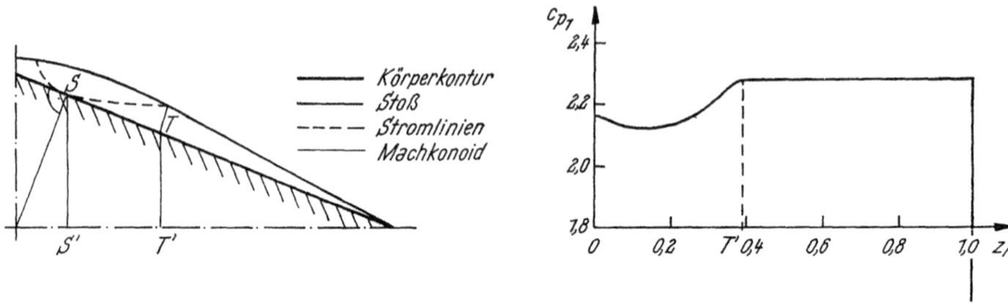

Abb. II,22. Hyperschallströmung am Rhombuskegel bei $M_\infty = 40$, $\tau = 0{,}20$, $s = 0{,}25$, $\varkappa = 1{,}40$.

reich. Bei dem gezeigten Beispiel einer Streckung von $2s = 0{,}50$, einem Dickenverhältnis (größte Dicke durch Tiefe) von $\tau = 0{,}20$ und $M_\infty = 40$ machen sich bereits die typischen Eigenschaften des Hyperschall-Limes geltend. Gemäß Gl. (30) und (10) würde man für den reduzierten Druckkoeffizienten bei ebener Strömung den Wert

$$c_{p1} = \frac{4}{\varkappa + 1} \frac{\sin^2 \gamma}{\mathrm{tg}^2} = (\varkappa + 1) \cos^2 \gamma = 2{,}37$$

erhalten. Dieses Ergebnis unterscheidet sich nur wenig von jenem am Rhombuskegel. Obwohl die Streckung mit $2s = 0{,}50$ bereits ziemlich klein ist, liefert die Streifentheorie sehr gute Resultate, vermag aber freilich nicht die Feinheiten der Druckverteilung über den Querschnitt wiederzugeben.

Beim vorliegenden Beispiel handelt es sich um eine sogenannte *kegelige Überschallströmung*, über deren Lösung im Linearisierungsgebiet der gasdynamischen Gleichung allerdings erst im Abschn. III,11 berichtet wird. Auch bei Hyperschall gibt es bei Überschallvorderkanten im kegeligen Sinne hyperbolische Gebiete an den Kanten und ein elliptisches Gebiet im Zentrum wie im nächsten Teil für den mittleren Überschall ausgeführt werden wird. Das Gebiet hinter der Überschallkante kann in Analogie zu [•13], Abschn. VII,12 mit einer Theorie des *schiebenden Keiles* exakt berechnet werden. Wird in dieser exakten Parallelströmung das von der Rhombusspitze ausgehende Machkonoid eingezeichnet, so ist damit die Begrenzung des schiebenden Teiles gefunden. In dem in Abb. 22 wiedergegebenen Schnitt ist es das vom Oberflächenpunkt T zur Kopfwelle gehende Kurvenstück. Bis zur Schnittkurve mit dem Mach-Konoid ist die Stoßfront eine ebene Fläche, im Schnitt also eine Gerade. Von dort aus krümmt sie sich, was weiter innen Anisentropien zur Folge hat. Alle Stromlinien streben im übrigen einer einzigen Geraden zu, nämlich der durch die Kegelspitze und den Punkt S gehenden geraden Linie, wie in [16] gezeigt wird. Der Punkt S ist durch den geringsten Abstand von der Kegelachse gekennzeichnet. Die Projektionen einiger Stromlinien auf die Zeichenebene sind als gestrichelte Kurve eingezeichnet. Die Stromlinien sind auch im Raume Kurven konstanter Entropie. Alle aus dem Gebiet des schiebenden Keiles stammenden Stromlinien haben folglich dieselbe Entropie und überstreichen einen Raum drehungsfreier Strömung.

Der Verdichtungsstoß nähert sich im Mittelschnitt stark der Körperoberfläche. Wie beim Kreiskegel liegt auch beim Rhombuskegel der Stoß näher am Körper als beim schiebenden Keil.

Literatur

[1] Tsien, H.: Similarity laws of hypersonic flow. J. aeronaut. Sci. **13**, 653—664 (1946).
[2] Oswatitsch, K.: Similarity laws for hypersonic flow. KTH AERO-TN 16 (1950).
[3] Oswatitsch, K.: Ähnlichkeitsgesetze für Hyperschallströmung. ZAMP **2**, 249—264 (1951).
[4] Schneider, W.: Reibungsfreie Hyperschallströmung eines realen Gases um einen angestellten Kreiskegel. Journal de Mécanique **5**, 45—67 (1966).
[5] Zierep, J.: Ein Ähnlichkeitsgesetz für Strömungen mit Relaxation. Acta Mechanica **11**, 313—318 (1971).
[6] Hayes, W. D.: On Hypersonic Similitude. Quart. Appl. Math. **5**, 105—106 (1947).
[7] Strassemeyer, K. H.: Charakteristikenverfahren zur Berechnung ebener und rotationssymmetrischer Hyperschallströmungen. Diss. Techn. Hochschule Karlsruhe (1966).
[8] Schneider, W.: Reibungsfreie Hyperschallströmung um Profile mit scharfer Vorderkante. Acta Mechanica **1**, 171—193 (1965).
[9] Busemann, A.: Flüssigkeits- und Gasbewegung. Handwörterbuch der Naturw. Bd. 4, 2. Aufl., 244—279. Jena: Gust. Fischer. 1933.
[10] Schneider, W.: An uniformly valid solution for the hypersonic flow past blunted bodies. J. Fluid Mech. **31**, 397—415 (1968); **32**, 829 (1968).
[11] Baston, A.: Ebene und achsensymmetrische, reibungsfreie Hyperschallströmung mit hoher Verdichtung in der Kopfwelle eines vorgegebenen Körpers. Diss. TH Aachen D82 (1973); DLR-FB 73—75 (1973).
[12] Dorodnitsyn, A. A.: On a method of numerical solution of some nonlinear problems of aero-hydrodynamics. IXe Congrès Int. Mecanique Appl., Tome I, 485—488, Univ. Bruxelles (1957).
[13] Belotserkovskii, O. M.: Flow with a detacted shock wave about a symmetrical profile. J. Appl. Math. Mech. (PMM) **22**, 279—296 (1958).
[14] Behrens, W.: The Far Wake behind Cylinders at Hypersonic Speeds, Part I: Flowfield. AIAA Journ. **5**, 2135—2141 (1967).
[15] Lukasiewicz, J.: Blast-Hypersonic Flow Analogy, Theory and Application. ARS-Journal **32**, 1343.
[16] Strauss, K.: Hyperschallströmungen um Rhombuspyramiden. Diss. Techn. Hochschule Karlsruhe (1971).
[17] Vas, I. E., Bogdonoff, S. M., and Hammit, A. G.: An Experimental Investigation of the Flow over Simple Two-Dimensional and Axial Symmetric Bodies at Hypersonic Speeds. Princeton University, Dep. Aeron. Eng., Rep. Nr. 382 (June 1957).

III. Stationäre Strömung um Flügel endlicher Spannweite

1. Vorbemerkung

Bereits bei der Behandlung der schallnahen Strömung hat sich herausgestellt, daß die Trennung zwischen Unterschall- und Überschallströmung im Raume nicht so scharf ist wie bei ebener Strömung. Das zeigt sich auch beim Auftriebsproblem des Rotationsrumpfes und des Flügels kleiner Streckung, worauf noch in diesem Teil zurückgekommen wird. Bei der allgemeinen räumlichen Strömung in Abschn. 11 begegnet man bei bestimmten Behandlungsmethoden ebenfalls elliptischen Problemen in stationärer Überschallströmung. Darüber hinaus wurde bereits in [•13], Abschn. VII, 12 bei Behandlung des Pfeileffektes gezeigt, daß es beim schiebenden Flügel in Überschallströmung eingebettete Unterschallgebiete gibt. Dies wird sich bei Flügeln mit Unterschallvorderkante immer wieder bestätigen. Es bestehen daher gute Gründe, den Flügel endlicher Spannweite für alle Anströmmachzahlen im folgenden Buchteil gemeinsam zu behandeln.

Typische schallnahe Probleme und typische Hyperschallprobleme bleiben dabei freilich im allgemeinen von der Untersuchung ausgeschlossen. Ihre Behandlung wurde bereits in den letzten beiden Teilen abgeschlossen.

Im wesentlichen handelt es sich also im folgenden Teil um eine Aerodynamik des nichtangestellten und des angestellten Flügels in reiner Unterschall- oder reiner Überschallströmung. Dabei werden, wie es dem Sinn dieses Buches entspricht, nicht so sehr Flügelformen studiert, sondern typische Strömungsformen und Strömungseigenschaften.

2. Die Unterschallströmung an flachen symmetrischen Körpern

Bei genügender Entfernung von der Schallnähe und vom Hyperschall kann von der linearisierten gasdynamischen Gleichung für das Störpotential ausgegangen werden. Sie sei in folgender Form geschrieben:

$$(1 - M_\infty^2)\, \varphi_{1xx} + \varphi_{1yy} + \varphi_{1zz} = 0. \tag{1}$$

Das Störpotential φ_1 steht dabei mit dem in üblicher Weise definierten Störpotential φ,

$$\Phi = u_\infty x + v_\infty y + \varphi,$$

in der durch Gl. (VII,52) in [•13], siehe Anhang, wiedergegebenen Beziehung. In φ_1 sind also bereits Faktoren abgespalten, die zur x-Komponente der Anströmung u_∞ und zum Störparameter δ^+ für das Verdrängungsproblem sowie zum Störparameter δ^- für das Anstellproblem proportional sind. Die folgenden Herleitungen gelten jedoch sinngemäß ebensogut für Störpotentiale, die in anderer Weise definiert sind, etwa für φ der letzten Gleichung.

Die Linearisierung gemäß Gl. (1) ist im allgemeinen berechtigter als bei der ebenen Strömung, da die Störungen bei räumlicher Strömung und gleicher Dicke oder gleicher Anstellung wegen der größeren Ausweichmöglichkeiten im Raum geringer sind. Noch kleiner sind freilich die Störungen an Rotationsrümpfen, wenn wieder bei gleichem Dickenverhältnis und gleichem M_∞ verglichen wird. In der Praxis baut man im allgemeinen allerdings die Rümpfe nicht so schlank wie die Flügel und die Leitwerke.

Die Lösung von Gl. (1) für die Einzelquelle mit q als reduzierter Quellstärke und β als Prandtlfaktor darf als bekannt angenommen werden, siehe etwa [•13], (Gl. VIII,1) im Anhang.

Die Randbedingung ergibt sich nach [•13], Gl. (VII,57) als Vorschrift für $v = \varphi_y$ und damit für v_1, wenn der flache Körper — wie stets im folgenden — durch eine Quellverteilung in der Ebene $y = 0$ dargestellt wird. Mit der Ausströmungsgeschwindigkeit v_1 aus dieser Ebene ist die Quellstärke bekannt. Für ein Flächenelement $d\zeta\, d\xi$, wobei ξ und ζ die Integrationsvariablen zu x und z darstellen, gilt wegen der Symmetrie der Strömung:

$$v_1(\xi, +0, \zeta) = -v_1(\xi, -0, \zeta) = v_1^+(\xi, +0, \zeta)$$

und folglich für das Quellelement:

$$dq = \varphi_{1n}\, df = v_1(\xi, +0, \zeta)\, d\zeta\, d\xi - v_1(\xi, -0, \zeta)\, d\zeta\, d\xi = 2 v_1^+(\xi, +0, \zeta)\, d\zeta\, d\xi .$$

Wie in [•13] bezeichnet der obere Index + stets das symmetrische Problem in y, also das Verdrängungsproblem, und der obere Index — das antisymmetrische Problem, also das Auftriebsproblem.

Nun braucht nur über alle Quellwirkungen in der z,x-Ebene integriert zu werden. Mit F als Grundrißfläche des Flügels, Abb. 1, erhält man dann für das

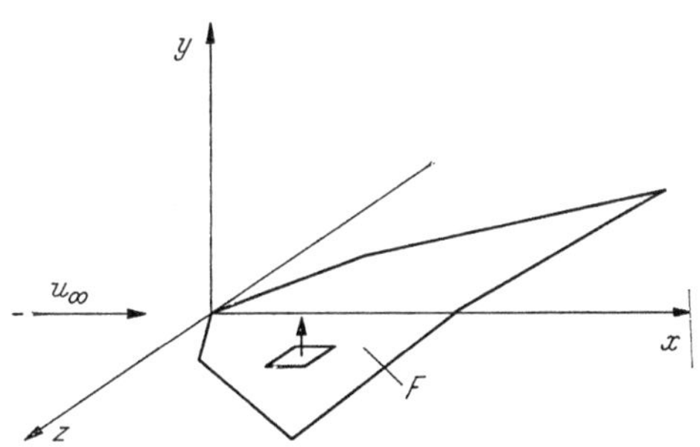

Abb. III,1. Körpergrundriß F.

Störpotential des Verdrängungsproblems:

$$\varphi_1^+ = -\frac{1}{2\pi}\iint\limits_F \frac{v_1^+(\xi, +0, \zeta)\,\mathrm{d}\zeta\,\mathrm{d}\xi}{\sqrt{(x-\xi)^2 + \beta^2 y^2 + \beta^2(z-\zeta)^2}}. \tag{2}$$

Der Übergang zum logarithmischen Potential der ebenen Strömung ist z. B. in [·13], Abschn. VIII,2 gezeigt. Einfacher ist der entsprechende Übergang in den Geschwindigkeitskomponenten.

Durch Ableiten von Gl. (2) ergeben sich die Geschwindigkeitskomponenten:

$$\begin{aligned}
\varphi_{1x}^+ = u_1^+ &= -\frac{1}{2\pi}\iint\limits_F \frac{v_1^+(\xi, +0, \zeta)\,\mathrm{d}\zeta\,\mathrm{d}\xi}{[(\xi-x)^2 + \beta^2 y^2 + \beta^2(\zeta-z)^2]^{3/2}}\\
\varphi_{1y}^+ = v_1^+ &= \frac{\beta^2 y}{2\pi}\iint\limits_F \frac{v_1^+(\xi, +0, \zeta)\,\mathrm{d}\zeta\,\mathrm{d}\xi}{[(\xi-x)^2 + \beta^2 y^2 + \beta^2(\zeta-z)^2]^{3/2}}\\
\varphi_{1z}^+ = w_1^+ &= -\frac{\beta^2}{2\pi}\iint\limits_F \frac{v_1^+(\xi, +0, \zeta)\,(\zeta-z)\,\mathrm{d}\zeta\,\mathrm{d}\xi}{[(\xi-x)^2 + \beta^2 y^2 + \beta^2(\zeta-z)^2]^{3/2}}.
\end{aligned} \tag{3}$$

Die Integration kann dabei ebenso gut über die ganze x,z-Ebene erstreckt werden, weil ja $v_1^+(\xi, +0, \zeta)$ außerhalb von F verschwindet.

Gegenüber der ebenen Strömung, vgl. etwa Gl. (VIII,8) in [·13], ergibt sich die Schwierigkeit, daß der Integrand auf $y = 0$ an der Stelle $\xi = x$, $\zeta = z$ quadratisch über alle Grenzen wächst. Man kann sich nun auch nicht mit einem Cauchyschen Hauptwert helfen. Dieser Schwierigkeit wird hier (und in den nächsten Abschnitten) sehr einfach dadurch begegnet, daß in Analogie zur ebenen Strömung einmal in ζ-Richtung in der Weise partiell integriert wird, daß die Singularität des Integranden um eine Potenz sinkt. Am stärksten interessiert die u-Störung, weil mit ihr im wesentlichen die Geschwindigkeits- und Druckstörung gegeben ist. Aus Gl. (3) folgt mit Hilfe der Integraltafel, wenn die Seitenkante durch $z = \mp s(x)$ gegeben ist und der Flügel sich in der Tiefe zwischen $0 \leq x \leq l$ erstreckt:

$$\begin{aligned}
\varphi_{1x}^+(x, y, z) = u_1^+(x, y, z) = -\frac{1}{2\pi}\int\limits_0^l \frac{\xi - x}{(\xi-x)^2 + \beta^2 y^2}\\
\times \left\{ \frac{v_1^+(\xi, +0, s)\,(s-z)}{\sqrt{(\xi-x)^2 + \beta^2 y^2 + \beta^2(s-z)^2}} - \frac{v_1^+(\xi, +0, -s)\,(s+z)}{\sqrt{(\xi-x)^2 + \beta^2 y^2 + \beta^2(s+z)^2}} \right.\\
\left. - \int\limits_{-s}^{+s} \frac{v_{1\xi}^+(\xi, +0, \zeta)\,(\zeta-z)\,\mathrm{d}\zeta}{\sqrt{(\xi-x)^2 + \beta^2 y^2 + \beta^2(\zeta-z)^2}} \right\} \mathrm{d}\xi.
\end{aligned}$$

Indem die Stelle $\xi = x$ wie im Falle ebener Strömung durch Bildung des Cauchyschen Hauptwertes ausgeschlossen wird, kann nun ohne weiteres zum

Wert auf der x,z-Ebene übergegangen werden. Für $y = 0$ gilt damit:

$$u_1^+(x, 0, z) = -\frac{1}{2\pi}\int\limits_0^l \left\{ \frac{v_1^+(\xi, +0, s)\,(s - z)}{\sqrt{(\xi - x)^2 + \beta^2(s - z)^2}} + \frac{v_1^+(\xi, +0, -s)\,(s + z)}{\sqrt{(\xi - x)^2 + \beta^2(s + z)^2}} \right.$$

$$\left. - \int\limits_{-s(\xi)}^{s(\xi)} \frac{v_{1\zeta}^+(\xi, +0, \zeta)\,(\zeta - z)\,\mathrm{d}\zeta}{\sqrt{(\xi - x)^2 + \beta^2(\zeta - z)^2}} \right\} \frac{\mathrm{d}\xi}{\xi - x}. \tag{4}$$

Bei ebener Strömung fällt mit $v_{1\zeta}^+ = 0$ das Doppelintegral weg.

Mit Gl. (4) ist die Aufgabe der Geschwindigkeitsbestimmung an einem flachen symmetrischen Körper bei $M_\infty < 1$ auf eine Integration zurückgeführt. Die dafür erforderliche Arbeit soll allerdings nicht unterschätzt werden, wenn die Körperform zu allgemein angenommen wird. Jedenfalls ist sie aber stets zu bewältigen, da numerische Integrationen durchgeführt werden können, wenn analytische nicht möglich erscheinen.

3. Einige typische Beispiele zum Dickenproblem

Als erstes Beispiel sei die Maximalgeschwindigkeit auf einem Flügel elliptischen Grundrisses und parabolischer Dickenverteilung in Längsschnitten gesucht, [•12], Beispiel X,3. Der Flügel liege innerhalb einer Ellipse mit den Halbachsen a und b und, mit Rücksicht auf möglichst einfache Darstellung, dem Dickenmaximum im Ursprung. Dann ist gemäß Gl. (VII,55) in [•13], siehe Anhang:

$$2h(x, z) = \tau f(x, z) = 2\tau a\left(1 - \frac{x^2}{a^2} - \frac{z^2}{b^2}\right); \qquad \frac{x^2}{a^2} + \frac{z^2}{b^2} \leqq 1.$$

Aus der Randbedingung folgt ferner für das Flügelgebiet:

$$v_1^+(\xi, +0, \zeta) = \frac{1}{2}\,f_x = -2\,\frac{x}{a}.$$

Bei innerer Integration über ζ in der ersten Gl. (3) ist die seitliche Flügelbegrenzung:

$$-a \leqq x \leqq +a; \qquad z = s(x) = \pm b\sqrt{1 - x^2/a^2},$$

und es folgt für die Störung im Ursprung:

$$2\pi u_1^+(0, 0, 0) = \frac{2}{a}\int\limits_{-a}^{+a} \xi^2 \int\limits_{-s(\xi)}^{+s(\xi)} \frac{\mathrm{d}\zeta}{[\xi^2 + \beta^2\zeta^2]^{3/2}}\,\mathrm{d}\xi.$$

Während die innere Integration noch elementar durchzuführen ist, führt die äußere Integration über ξ bereits auf vollständige elliptische Integrale. Dabei ist der Fall der querangeströmten Ellipse von jenem der längsangeströmten zu unterscheiden. Man erhält nach der üblichen Definition für die elliptischen Integrale $B(k)$ und $D(k)$:

$$a \leqq \beta b: \quad u_1^+(0, 0, 0) = \frac{4}{\pi}\frac{1}{\beta} B(k); \qquad k = \sqrt{1 - a^2/(\beta b)^2},$$

$$\beta b \leqq a: \quad u_1^+(0, 0, 0) = \frac{4}{\pi}\frac{b}{a} D(k); \qquad k = \sqrt{1 - (\beta b)^2/a^2}.$$

Man erkennt in beiden Formen die Prandtlsche Regel für Flügel endlicher Streckung besonders gut, wenn überall βu_1^+ und βb zusammengefaßt werden.

Für die Extremfälle sowie für den Kreisflügel sind in den Tabellen-Werken folgende erste Glieder der Entwicklung zu finden:

$$a \ll \beta b: \qquad B = 1 + \cdots;$$

$$a = \beta b: \qquad B(0) = D(0) = \pi/4;$$

$$\beta b \ll a: \qquad D = \ln \frac{4a}{\beta b} - 1 + \cdots.$$

Für den Flügel großer Streckung erhält man ohne Schwierigkeit den Anschluß an die Ergebnisse der ebenen Strömung. Für Flügel kleiner Streckung, $\beta b/a \ll 1$, ist der logarithmische Ausdruck kennzeichnend.

Als nächstes Beispiel sei ein Rechteckflügel endlicher Spannweite und konstanter Profilform in z-Richtung untersucht. Die Dickenverteilung f hänge nur von x ab:

$$s(x) = b = \text{konst.}; \qquad v_1^+(x, +0, z) = \frac{1}{2} f_x(x); \qquad 0 \leqq x \leqq 1.$$

In einem solchen Fall fällt das Doppelintegral in Gl. (4) weg, und es bleiben nur die einfachen Integrale. Da die Tiefe des Flügels als Einheit gewählt wurde, ist $2b$ das Verhältnis von Spannweite zur Tiefe, also die Streckung.

Besonders übersichtliche Ergebnisse erhält man für den Flügel *großer Streckung* $b^2 \gg 1$, der von F. Keune näher untersucht wurde [1]. Für einen Punkt des Flügels, der von der Seitenkante weit entfernt ist, gilt für den Kern der übriggebliebenen Glieder der Gl. (4) dann die Entwicklung:

$$1 \ll \beta^2(b \pm z)^2, \qquad -b < z < +b:$$

$$\frac{(b \pm z)}{\sqrt{(\xi - x)^2 + \beta^2(b \pm z)^2}} = \frac{1}{\beta} - \frac{1}{2}\frac{(\xi - x)^2}{\beta^3(b \pm z)^2} + \cdots.$$

Damit erhält man für die ersten beiden Glieder der Entwicklung in den Integralen nach partieller Integration wegen $f(0) = f(1) = 0$:

$$\int_0^1 \frac{v_1^+(\xi, +0)\,(b \pm z)\,d\xi}{\sqrt{(\xi - x)^2 + \beta^2 (b \pm z)^2}\,(\xi - x)} = \frac{1}{2\beta} \int_0^1 f_\xi(\xi) \left[\frac{1}{\xi - x} - \frac{1}{2}\,\frac{(\xi - x)}{\beta^2 (b \pm z)^2} + \cdots\right] d\xi$$

$$= \frac{1}{2\beta} \int_0^1 \frac{f_\xi(\xi)}{\xi - x}\,d\xi + \frac{1}{4\beta^3 (b \pm z)^2} \int_0^1 f(\xi)\,d\xi + \cdots. \qquad (5)$$

Der erste Summand ist vom Typus der ebenen Strömung, der zweite vom Typus der Fernwirkung, bei der, wie bereits in [•13], Gl. (VIII,29) die Fläche des Profillängsschnittes in die Rechnung eingeht. Die Potenz $1/\beta^3$ zeigt eine starke Empfindlichkeit des Korrekturgliedes gegenüber seitlichen Einflüssen bei Schallnähe, was auch durchaus verständlich ist.

Für den Mittelschnitt des Flügels der großen Streckung $2b$, also für $z = 0$, liefern beide einfachen Integrale von Gl. (4) denselben Beitrag, was zu folgendem Ergebnis führt:

$$u_1^+(x, 0, 0) = -\frac{1}{2\pi\beta} \int_0^1 \frac{f_\xi(\xi)\,d\xi}{\xi - x} - \frac{1}{4\pi\beta^3 \cdot b^2} \int_0^1 f(\xi)\,d\xi + \cdots.$$

Der erste Summand stellt die ebene Strömung um den Flügel unendlicher Streckung dar, $b \to \infty$. Gegenüber Gl. (VIII,8) in [•13] ist nur $v_1(\xi, +0)$ mittels der Randbedingung (VII,58) in [•13] durch die Ableitung der Dickenverteilungsfunktion $f(x)$ ersetzt. Die endliche Streckung macht sich dann im zweiten Summanden durch ein Integral über die Dickenverteilungsfunktion geltend. Diese Korrektur für große aber endliche Streckung ist also unabhängig von x über die Flügeltiefe hinweg konstant. Das Abschneiden des Flügels weit weg vom betrachteten Querschnitt wirkt sich also als kleine Geschwindigkeitsverminderung aus. Solche Effekte sind von den Unterschallkanalkorrekturen her bekannt.

Für die Geschwindigkeitsverteilung am Flügelende sei der Längsschnitt $z = -b$ ins Auge gefaßt. Dort fällt der zweite Summand im Integranden von Gl. (4) ganz weg. Gl. (5) ist dann nur für $(b - z)$ anzuwenden und die Verteilung am Flügelrand ist damit:

$$u_1^+(x, 0, -b) = -\frac{1}{4\pi\beta} \int_0^1 \frac{f_\xi(\xi)\,d\xi}{\xi - x} - \frac{1}{32\pi\beta^3 b^2} \int_0^1 f(\xi)\,d\xi + \cdots.$$

Für den sich einseitig ins Unendliche erstreckenden Flügel würde der zweite Summand wegfallen. Am Rande eines sich einseitig ins Unendliche erstreckenden Flügels ist die Störung genau halb so groß wie bei ebener Strömung. Am Rand eines endlichen Flügels der Streckung $2b$ kommt wieder eine konstante negative Korrektur hinzu.

Als nächstes Beispiel sei die Geschwindigkeitsverteilung im Mittelschnitt eines im Winkel Λ gepfeilten Flügels unendlicher Spannweite berechnet. Dabei sei angenommen, daß die Profillängsschnitte unabhängig von z sind. Die Dickenverteilung ist damit durch eine Formfunktion gegeben, die nur von den Variablen

$$x' = x - z \operatorname{tg} \Lambda \quad \text{bzw.} \quad \xi' = \xi - \zeta \operatorname{tg} \Lambda$$

abhängt. In der letzten Gleichung wurden gleichzeitig die dazugehörigen Integrationsveränderlichen eingeführt.

Die Tiefe des Flügels sei überall gleich der Einheit. Es genügt, die eine halbunendliche Seite des Flügels zu berechnen. Damit gilt:

$$0 \leqq x' \leqq 1, \qquad 0 \leqq z \leqq \infty, \qquad v_1^+(x, +0, z) = \frac{1}{2} f_x(x').$$

Es kommt dabei auf dasselbe hinaus, ob die Dickenverteilungsfunktion $f(x, z)$ nach x oder nach x' abgeleitet wird.

Aus Gl. (3) folgt für $y = 0$:

$$-4\pi u_1^+(x, 0, z) = \iint_F \frac{f_x(x')\,(\xi - x)\,\mathrm{d}\zeta\,\mathrm{d}\xi}{[(\xi - x)^2 + \beta^2(\zeta - z)^2]^{3/2}}.$$

Es liegt nahe, im Doppelintegral die Variable x' einzuführen, weil dann die Integration über z ohne Annahme über die Formfunktion f ausgeführt werden kann. Man erhält zunächst:

$$-4\pi u_1^+(x, 0, z)$$
$$= \int\limits_{x'=0}^{1} f_x(\xi') \int\limits_{\zeta=0}^{\infty} \frac{[\xi' - x' + (\zeta - z) \operatorname{tg} \Lambda]\,\mathrm{d}\zeta\,\mathrm{d}\xi}{\{(\xi' - x')^2 + 2(\xi' - x') \operatorname{tg} \Lambda(\zeta - z) + (\operatorname{tg}^2 \Lambda + \beta^2)\,(\zeta - z)^2\}^{3/2}}.$$

Die erforderlichen unbestimmten Integrale sind in Integraltabellen angegeben. Dabei erhält man nach längerer Rechnung für das bestimmte Integral über ζ das Ergebnis:

$$\int\limits_0^\infty \frac{[\;]\,\mathrm{d}\zeta}{\{\;\}^{3/2}} = \frac{1}{\sqrt{\operatorname{tg}^2 \Lambda + \beta^2}} \frac{1}{\xi' - x'}$$
$$+ \frac{z}{(\xi' - x')\sqrt{(\xi' - x')^2 - 2(\xi' - x')\,z \operatorname{tg} \Lambda + (\operatorname{tg}^2 \Lambda + \beta^2)\,z^2}}.$$

Der erste Summand wird sich als der Beitrag des unendlichen schiebenden Flügels erweisen. Der zweite Summand dagegen kann im Mittelschnitt, $z = 0$, nur an der Stelle $\xi' = x'$ Beiträge liefern, weil er für $\xi' \neq x'$ verschwindet. Daher kann für diesen zweiten Summanden die Belegungsfunktion $f_x(\xi') = f_x(x')$ gesetzt und die Integration über ξ' durchgeführt werden. Man erhält zunächst für $z \neq 0$ unter dem Logarithmus der Integralformel einen unbestimmten Ausdruck, der nach dem

Grenzübergang $z \to +0$ folgende Form annimmt:

$$\int\limits_0^1 \frac{z\,\mathrm{d}\xi'}{(\xi' - x')\sqrt{(\xi' - x')^2 - 2(\xi' - x')\,z\,\mathrm{tg}\,\Lambda + (\mathrm{tg}^2\Lambda + \beta^2)\,z^2}}$$
$$= -\frac{1}{\sqrt{\mathrm{tg}^2\Lambda + \beta^2}} \ln \frac{\sqrt{\mathrm{tg}^2\Lambda + \beta^2} - \mathrm{tg}\,\Lambda}{\sqrt{\mathrm{tg}^2\Lambda + \beta^2} + \mathrm{tg}\,\Lambda}.$$

Damit erhält man schließlich für das Doppelintegral der u_1-Verteilung:

$$u_1^+(x, 0, 0) =$$
$$= \frac{1}{4\pi\sqrt{\mathrm{tg}^2\Lambda + \beta^2}} \left[-\int\limits_0^1 \frac{f_x(\xi')\,\mathrm{d}\xi'}{\xi' - x'} + f_x(x') \ln \frac{\sqrt{\mathrm{tg}^2\Lambda + \beta^2} - \mathrm{tg}\,\Lambda}{\sqrt{\mathrm{tg}^2\Lambda + \beta^2} + \mathrm{tg}\,\Lambda} \right]. \tag{6}$$

Das Ergebnis genügt selbstverständlich der Prandtl-Regel, indem die Pfeilung stets in der Verbindung $\beta \cot \Lambda$ auftritt. Für den Mittelschnitt eines symmetrischen gepfeilten Flügels unendlicher Streckung ergibt sich der doppelte Wert von Gl. (6), nämlich je der gleiche Beitrag von der linken und rechten halbunendlichen Hälfte. Der erste Summand ist nach Verdoppelung der Beitrag des in beiden Richtungen sich ins Unendliche erstreckenden schiebenden Flügels, vgl. [•13], Gl. (VII,138). Der zweite Summand ist ein bemerkenswert einfacher Ausdruck vom Typus der Ackeret-Formel, [•13], (VIII,3). Bei positiver Neigung, $f_x(x') > 0$, wird die u-Komponente und damit die Geschwindigkeit herabgesetzt, bei negativer Neigung, also hinter dem Maximum des Mittelschnittes, wird die Geschwindigkeit erhöht.

Das Resultat wird von Abb. 2 für den Flügel endlicher Streckung bestätigt. Diese zeigt die Geschwindigkeitsverteilung an einem Profil nach R. T. Jones [2].

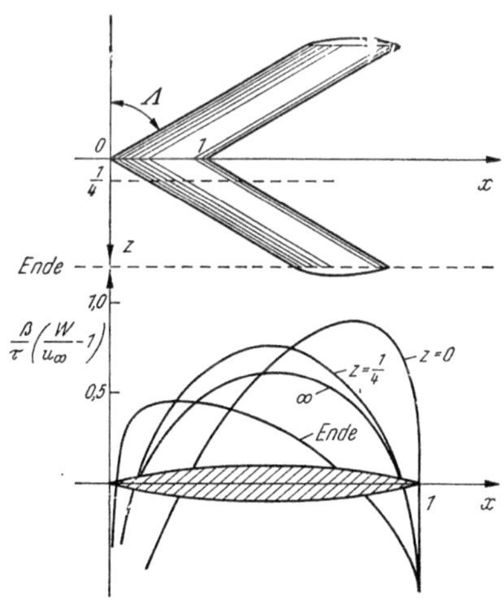

Abb. III,2. Geschwindigkeitsverteilung bei $M_\infty < 1$ im Längsschnitt eines mit $\Lambda = 60°$ gepfeilten Flügels nach Jones [2].

Ein ähnliches Beispiel gibt S. NEUMARK [3]. Das Profil ist in allen Längsschnitten gleichbleibend ein Parabelbogenzweieck. Die Pfeilung beträgt $\Lambda = 60°$ bei $M_\infty = 0$. Daraus können mit der Prandtlregel die Geschwindigkeitsverteilungen für andere M_∞-Werte bei entsprechend geändertem Pfeilwinkel berechnet werden. Bei unendlich langem Pfeilflügel strebt die Geschwindigkeitsverteilung in einem vom Mittelschnitt weit entfernten Längsschnitt dem mit unendlich bezeichneten Wert zu. Es handelt sich um das Ergebnis für den schiebenden Flügel, vgl. [•13], Abschn. VII,12. Das Beispiel zeigt, daß diese Verteilung schon sehr nahe am Mittelschnitt annähernd erreicht ist.

Das Geschwindigkeitsmaximum im Mittelschnitt verlagert sich stromabwärts. Hier ergibt sich also wie bei Überschallgeschwindigkeiten eine Druckverteilung mit Widerstand. Im ganzen darf sich natürlich kein Widerstand ergeben. Daher zeigt sich an den Enden eine schuberzeugende Druckverteilung.

4. Wirbelband und Wirbelsätze

Bevor die Umströmung tragender Flächen behandelt wird, seien einige aus den Wirbelsätzen resultierende Folgerungen hergeleitet, die sowohl für Unterschall- wie für Überschallströmung gelten. Dabei seien die Entropieunterschiede als verschwindend oder doch als unwesentlich angenommen, was für reine Unterschallströmung voll zutrifft und bei mittleren Überschallströmungen wenigstens im Rahmen der hier in erster Linie ins Auge gefaßten Theorie kleiner Störungen gilt.

Mit σ als Bogenelement der Kurve C kann die Zirkulation Γ, vgl. [•13], Gl. (IV,52), mit dem Geschwindigkeitspotential wie folgt in Zusammenhang gebracht werden:

$$\Gamma = \oint \frac{\partial \Phi}{\partial \sigma}\, d\sigma, \tag{7}$$

da ja bei Potentialströmungen die Geschwindigkeit in einer bestimmten Richtung, hier also in Tangentialrichtung, durch die Ableitung des Potentials in derselben Richtung gegeben ist.

Wird nun im Punkte P der Ebene $y = 0$, Abb. 3, ein Potentialsprung angenommen, dann drückt sich die Zirkulation in erster Ordnung durch den antisymmetrischen Anteil des Störpotentials φ_1^- aus, vgl. Gl. VII,52 im Anhang. Der

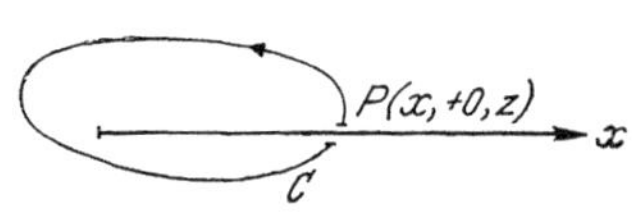

Abb. III,3. Potentialsprung am Wirbelband und Momentanbild der Kurve C.

symmetrische Anteil des Störpotentials, φ_1^+, zeigt ja keinen Sprung auf $y = 0$. Abb. 3 gibt dabei nur ein Momentanbild der Kurve C in einem bestimmten Zeitpunkt $t =$ konst. Außerdem handelt es sich um eine räumliche Kurve, die also nur in die Bildebene projiziert ist, aber keineswegs in ihr zu liegen braucht.

Man läßt die Integration von (7) am besten im Punkte $P(x, +0, z)$ beginnen und in dem unmittelbar unter der z,x-Ebene gelegenen Punkt $P(x, -0, z)$ endigen, so daß zwischen diesen beiden Punkten die Bogenlänge und damit der Beitrag zum Integral wegfällt. Damit gilt:

$$\Gamma = \oint \frac{\partial \Phi}{\partial \sigma}\, \mathrm{d}\sigma = \Phi(x, -0, z) - \Phi(x, +0, z)$$

$$= \varphi(x, -0, z) - \varphi(x, +0, z) = -2u_\infty \delta^- \varphi_1^-(x, +0, z). \quad (8)$$

Im Rahmen erster Ordnung in den Störungen gewinnt man aus dem Thomsonschen Satz, [•13], Gl. (IV,55), für stationäre Strömung und eine ganz im Medium liegende Kurve das Ergebnis:

$$0 = \frac{\mathrm{d}\Gamma}{\mathrm{d}t} = u\,\frac{\partial \Gamma}{\partial x} + v\,\frac{\partial \Gamma}{\partial y} + w\,\frac{\partial \Gamma}{\partial z} = -2u_\infty^2 \delta^- \varphi_{1x}^-(x, +0, z) = 0.$$

In erster Ordnung muß folglich auf freien Stromflächen der Ebene $y = 0$ die Beziehung $\varphi_{1x}^-(x, +0, z) = 0$ gelten. Dieses Ergebnis hätte man freilich auch aus der Bedingung erhalten können, daß an freien Stromflächen keine Drucksprünge auftreten dürfen. Mit Rücksicht auf die Zusammenhänge zwischen Auftrieb und Zirkulation war jedoch die Herleitung aus einem Wirbelsatz hier vorzuziehen.

Für das Anströmgebiet ergibt sich außer dem Verschwinden von $u_1\,(x, +0, z)$ nur noch das bekannte Ergebnis $\varphi_1^-(x, +0, z) = 0$. Letzteres gilt jedoch nicht für das Abströmgebiet des Flügels, d. h. für die z,x-Ebene hinter der Hinterkante. Wird die Flügelhinterkante mit $x_H(z)$ bezeichnet, Abb. 3, und die Halbspannweite mit b, so folgt also aus dem Wirbelsatz für

$$-b \leqq z \leqq b, \qquad x_H(z) \leqq x\colon \quad \varphi_1^-(x, +0, z) = \varphi_1^-\big(x_H(z), +0, z\big). \quad (9)$$

Dabei wurde stillschweigend angenommen, daß eine Gerade $y = +0$, $z =$ konst. den Flügel nur zweimal schneidet. Das schließt mit ein, daß nur eine einzige tragende Fläche und diese wieder nur auf $y = 0$ im Strömungsraum liegen darf.

Gl. (9) ist der mathematische Ausdruck dafür, daß sich im Potentialnachlauf der tragenden Fläche ein *Wirbelband* befinden muß, das sich stromabwärts ins Unendliche ausdehnt. Die Zirkulationsverteilung im Wirbelband ist mit Gl. (8) durch Gl. (9) gegeben. Das Wirbelband ist in Überschallströmung in gleicher Weise vorhanden wie in Unterschallströmung. Man bezeichnet die im Wirbelband abgehenden Wirbel als *freie Wirbel.* Ihnen sind die *tragenden Wirbel* auf der Flügelfläche gegenüberzustellen. Die tragenden Wirbel weisen einen Drucksprung auf, $u_1^+(x, +0, z) \neq 0$, und können daher nur an der Ober- oder Unterseite der tragenden Fläche auftreten, wo sie für den lokalen Auftrieb verantwortlich sind.

Die Existenz eines Wirbelbandes folgt auch zwangsläufig aus dem Helmholtzschen Wirbelsatz, vgl. etwa [•13], Abschn. IV,5, der in gleicher Weise für tragende wie für freie Wirbel gilt. Danach kann ein Wirbelfaden nirgends in der Strömung endigen. Die tragenden Wirbel an einer tragenden Fläche endlicher Spannweite müssen folglich ihre Fortsetzung in freien Wirbeln in der Strömung finden, wo sie aber dann gleich in die Hauptströmungsrichtung umgebogen werden und auf diese Weise das Wirbelband bilden.

Es wird sich im nächsten Abschnitt zeigen, daß im Wirbelband *Abwind* erzeugt wird. Das Wirbelband kann daher im allgemeinen nicht in der z,x-Ebene verbleiben. Wenn das Koordinatensystem nicht ganz speziell gewählt wird, wandert das Wirbelband in Strömungsrichtung langsam nach abwärts aus der Ebene $y = 0$ heraus, weil es ja eine Stromfläche darstellt. Für die Lösung des Randwertproblems allerdings kann das Wirbelband im Rahmen der Störtheorie erster Ordnung ohne Bedenken in die Ebene $y = 0$ verlegt werden.

5. Integralgleichung der tragenden Fläche in Unterschallströmung

Im Gegensatz zur Lösung Gl. (2) für das symmetrische Problem wird jetzt eine antisymmetrische Funktion für das Potential gebraucht, die der Gl. (1) genügt, im Anströmgebiet verschwindet und außerdem in der Ebene $y = 0$ gewisse Randbedingungen befriedigt. Zu diesen gehört das Verschwinden des Störpotentials in der Ebene $y = 0$ außerhalb der tragenden Fläche und des Wirbel-

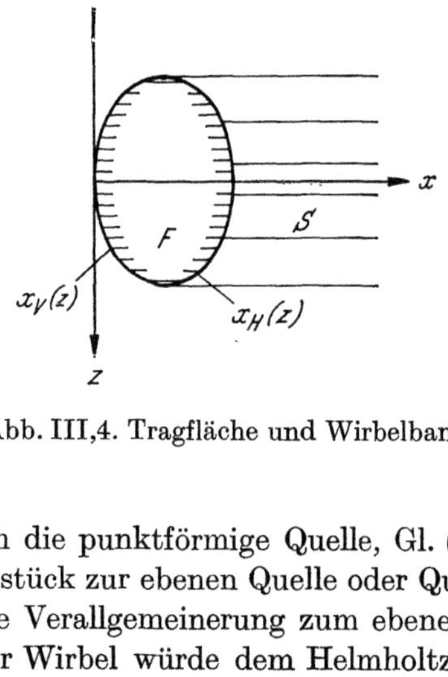

Abb. III,4. Tragfläche und Wirbelband.

bandes. Während jedoch die punktförmige Quelle, Gl. (VIII,1) in [·13], ein einfaches räumliches Gegenstück zur ebenen Quelle oder Quellinie darstellt, existiert keine einfache räumliche Verallgemeinerung zum ebenen Wirbel, Gl. (VIII,5) in [·13]. Ein punktförmiger Wirbel würde dem Helmholtzschen Wirbelsatz widersprechen. Man muß sich daher zunächst damit begnügen, auf dem Flügel eine Zirkulationsverteilung vorzugeben, die dann aber im Wirbelband fortgesetzt werden muß. Gemäß Gl. (8) läuft dies auf die Vorgabe einer Verteilung des Störpotentials $\varphi_1^-(x, +0, z)$ auf Flügel- und Wirbelband heraus. Sei die Fläche des Wirbelbandes zunächst mit S bezeichnet, Abb. 4, dann kann unter Heranziehung der mittleren Gl. (3) geschrieben werden:

$$\varphi_1^- = \frac{\beta^2 y}{2\pi} \iint\limits_{F+S} \frac{\varphi_1^-(\xi, +0, \zeta)\, d\zeta\, d\xi}{[(\xi - x)^2 + \beta^2 y^2 + \beta^2(\zeta - z)^2]^{3/2}}. \tag{10}$$

$v_1^+(x, y, z)$ in Gl. (3) muß nämlich der Gl. (1) genügen und damit auch φ_1^- von Gl. (10). Man braucht die Gl. (1) ja nur nach y abzuleiten, um dies zu erkennen. v_1^+ ist ferner, wie schon öfter festgestellt, eine antisymmetrische Funktion und schließlich genügt Gl. (10), ähnlich wie die mittlere Gl. (3), der Randbedingung

$$\lim_{y \to +0} \varphi_1^-(x, y, z) = \varphi_1^-(x, +0, z),$$

wie auch der Anströmbedingung, d. h. dem Verschwinden im Unendlichen. Der einzige Unterschied zu Gl. (3) besteht darin, daß das Störpotential auf dem Wirbelband bis ins Unendliche vorhanden ist und folglich die Integration auch über die Wirbelbandfläche S zu erstrecken ist.

Wie beim ebenen Problem wird der Aufwind am Flügel, also $v_1^-(x, 0, z)$, durch die Zirkulationsverteilung am Flügel, also durch $\varphi_1^-(x, +0, z)$, auszudrücken sein. Nicht anders als in der Profiltheorie kann für die Bestimmung der Zirkulationsverteilung aus der Flügelform nur eine Integralgleichung gewonnen werden.

Zunächst sei in Gl. (10) eine partielle Integration über ξ derart vorgenommen, daß anstelle von φ_1^- nur mehr das auf dem Wirbelband verschwindende $u_1^-(x, +0, z) = \varphi_{1x}^-$ auftritt. Die obere Grenze dieser Integration liegt wegen des Wirbelbandes bei $\xi \to \infty$. Mittels bekannter, elementarer, unbestimmter Integrale mit $x = x_H(z)$ als Hinter- und $x = x_V(z)$ als Vorderkante des Profiles erhält man:

$$\varphi_1^-(x, y, z) =$$

$$= \frac{y}{2\pi} \int_{-b}^{+b} \frac{1}{y^2 + (\zeta - z)^2} \left[\varphi_1^-(x(\zeta)_H + 0, \zeta) - \int_{x_V(\xi)}^{x_H(\xi)} \frac{u_1^-(\xi, +0, \zeta)\,(\xi - x)\,\mathrm{d}\xi}{\sqrt{(\xi - x)^2 + \beta^2 y^2 + \beta^2 (\zeta - z)^2}} \right] \mathrm{d}\zeta.$$

Im ausintegrierten Bestandteil war dabei zu berücksichtigen, daß folgendes gilt:

$$\varphi_1^-(x_V, +0, z) = 0; \qquad \varphi_1^-(\infty, +0, z) = \varphi_1^-(x_H, +0, z).$$

Es zeigt sich als zweckmäßig, auch φ_1^- durch eine Integration von u_1^- über ξ auszudrücken. Damit erhält man die auf eine Integration über die Flügelfläche F beschränkte Darstellung:

$$\varphi_1^-(x, y, z) = \frac{y}{2\pi} \iint_F \frac{u_1^-(\xi, +0, \zeta)}{y^2 + (\zeta - z)^2} \left[1 - \frac{\xi - x}{\sqrt{(\xi - x)^2 + \beta^2 y^2 + \beta^2 (\zeta - z)^2}} \right] \mathrm{d}\zeta\,\mathrm{d}\xi.$$

Hier sei nun noch eine partielle Integration nach ζ in der Weise vorgenommen, daß die Singularität des Kernes nochmals verringert wird. Der erste Summand in der eckigen Klammer führt ohne weiteres auf die Funktion arctg, wie die Integraltabellen zeigen, aber auch der zweite Teil des Integrals. Durch Heranziehen der verschiedenen Funktionsbeziehungen für inverse trigonometrische

Funktionen erhält man folgende Darstellungen:

$$\varphi_1^-(x, y, z) = -\frac{1}{2\pi}\iint_F \frac{\partial^2 \varphi_1^-(\xi, +0, \zeta)}{\partial\zeta\,\partial\xi}$$

$$\times \left[\operatorname{arctg}\frac{\zeta - z}{y} - \operatorname{arctg}\frac{(\xi - x)(\zeta - z)}{y\sqrt{(\xi - x)^2 + \beta^2 y^2 + \beta^2(\zeta - z^2)^2}}\right] d\zeta\, d\xi$$

$$= -\frac{1}{2\pi}\iint_F \varphi_{1\zeta\xi}^- \left[\arcsin\frac{(\zeta - z)}{\sqrt{y^2 + (\zeta - z)^2}}\right.$$

$$\left. - \arcsin\frac{(\xi - x)(\zeta - z)}{\sqrt{[y^2 + (\zeta - z)^2][(\xi - x)^2 + \beta^2 y^2]}}\right] d\zeta\, d\xi \qquad (11)$$

$$= -\frac{1}{2\pi}\iint_F \varphi_{1\zeta\xi}^-$$

$$\times \left[\operatorname{arctg}\frac{\beta^2 y(\zeta - z)}{(\xi - x)^2 + \beta^2 y^2 + (\xi - x)\sqrt{(\xi - x)^2 + \beta^2 y^2 + \beta^2(\zeta - z)^2}} \pm \{\pi\}\right] d\zeta\, d\xi.$$

Alle drei Darstellungen zeigen gewisse Vorteile vor den übrigen, so daß auf keine hier verzichtet werden soll. Die letzte Darstellung enthält je nach dem Funktionsbereich den Summanden $-\pi$, 0 oder $+\pi$, was symbolisch durch $\{\pi\}$ ausgedrückt wurde. Für die folgende Anwendung spielt der Wert dieser additiven Konstante jedoch keine Rolle.

Der Kern von Gl. (11) nimmt in den 4 Quadranten der Integrationsebene $y \to +0$ die in Abb. 5 wiedergegebenen Werte an. Dabei sind die Integrationsvariablen ξ und ζ jeweils vom Aufpunkt $P(x, +0, z)$ her gemessen. Damit bestätigt sich unter der Voraussetzung der nötigen Stetigkeitseigenschaften der Funktion φ_1 im Integrationsgebiet die Erfüllung der Randbedingung sofort. Da die Belegung hinter dem Aufpunkt in der Darstellung von Gl. (11)

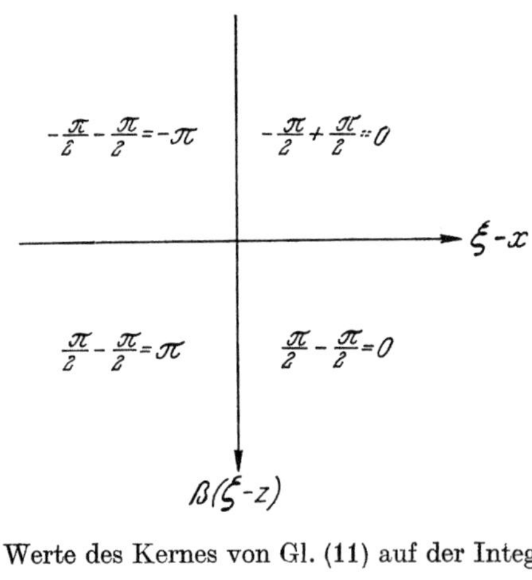

Abb. III,5. Werte des Kernes von Gl. (11) auf der Integrationsebene.

keine weiteren Beiträge liefert und das Störpotential für $\zeta = \pm b$ verschwindet, gilt:

$$\varphi_1^-(x, +0, z) = -\frac{1}{2\pi}\int\limits_{-b}^{z} -\pi \int\limits_{x_V(\zeta)}^{x} \frac{\partial^2 \varphi_1^-}{\partial \xi\, \partial \zeta}\, d\xi\, d\zeta - \frac{1}{2\pi}\int\limits_{z}^{b} \pi \int\limits_{x_V(\zeta)}^{x} \frac{\partial^2 \varphi_1^-}{\partial \xi\, \partial \zeta}\, d\xi\, d\zeta$$

$$= \frac{1}{2}\int\limits_{-b}^{z} \frac{\partial \varphi_1^-(x, +0, \zeta)}{\partial \zeta}\, d\zeta - \frac{1}{2}\int\limits_{z}^{b} \frac{\partial \varphi_1^-(x, +0, \zeta)}{\partial \zeta}\, d\zeta = \varphi_1^-(x, +0, z).$$

Wenn es also gelungen wäre, von vornherein den Term mit den Eigenschaften von Abb. 5 zu bilden, könnte allenfalls direkt von Gl. (11) ausgegangen werden. Ein solcher Weg wird bei Überschallströmung beschritten werden.

Die letzte Darstellung von Gl. (11) eignet sich besonders zum Übergang zur gesuchten Integralbeziehung. Man hat nur noch nach y abzuleiten und dann den Grenzübergang $y \to +0$ zu vollziehen. Da die Koordinaten des Aufpunktes nicht in die Integrationsgrenzen eingehen, erfolgt die y-Ableitung nur im Kern, wobei die additive Konstante $\{\pi\}$ keine Rolle spielt. Im Argument der Funktion arctg der letzten Zeile spielen wegen des Grenzüberganges $y \to +0$ die quadratischen Beiträge von y im Nenner keine Rolle. Die Durchführung der vorgesehenen Rechenoperation kommt auf eine Entwicklung des Argumentes nach kleinem y und nachfolgende y-Ableitung heraus. Damit bekommt der Kern des Doppelintegrals die Form:

$$\frac{\beta^2(\zeta - z)}{(\xi - x)\left[\xi - x + \sqrt{(\xi - x)^2 + \beta^2(\zeta - z)^2}\right]} = \frac{1}{\zeta - z}\left[\frac{\sqrt{(\xi - x)^2 + \beta^2(\zeta - z)^2}}{\xi - x} - 1\right].$$

Schließlich gewinnt man damit das Ergebnis:

$$v_1^-(x, 0, z) = \frac{1}{2\pi}\iint\limits_{F} \varphi_{1\xi\zeta}^-(\xi, +0, \zeta)\left[1 - \frac{\sqrt{(\xi - x)^2 + \beta^2(\zeta - z)^2}}{\xi - x}\right]\frac{d\zeta\, d\xi}{\zeta - z}. \qquad (12)$$

Mit Rücksicht darauf, daß im allgemeinen die Flügelform, also die linke Seite von Gl. (12), vorgegeben wird und nach φ_{1xz}^- gefragt wird, kann Gl. (12) als *Integralgleichung der Tragflächentheorie* bezeichnet werden. Sie ist mit der ursprünglich für inkompressible Strömung hergeleiteten Gleichung von E. Reissner [4] sehr nahe verwandt. Selbstverständlich genügt Gl. (12) der Prandtl-Regel. Dies bestätigt sich nach Multiplikation von φ_1^- sowie von ζ und z mit dem Prandtl-Faktor β sofort.

Da φ_1^- bis auf einen Faktor einer Zirkulationsverteilung entspricht, können die Ableitungen φ_{1x}^- und φ_{1z}^- in der Belegungsfläche als Wirbelverteilungen gedeutet werden. φ_{1xz}^- ist dann die Ableitung einer Wirbelverteilung.

6. Auftrieb und induzierter Widerstand

Noch mehr als bei inkompressibler Strömung eignet sich die Trefftz-Ebene bei kompressibler Unterschallströmung für die Herleitung von Zusammenhängen zwischen Zirkulation, Widerstand und Auftrieb. Für den Auftrieb ist mit dem verallgemeinerten Kutta-Joukowskischen Satz, [·13], Gl. (V,44), bereits der gesagte Zusammenhang gegeben. Der Widerstand dagegen ist mit Gl. (V,49) in [·13] zunächst nur durch die Störung der Geschwindigkeitskomponenten in der Trefftz-Ebene ausgedrückt. Für diese darf vorausgesetzt werden, daß der Störbereich nur einen geringen Abstand vom Wirbelband besitzt im Vergleich zum Abstand der Trefftz-Ebene vom Flügel:

$$(x-\xi)^2 \gg \beta^2(y^2+z^2). \tag{13}$$

Unter dieser Voraussetzung ist aber in der zweiten Zeile von Gl. (11) folgende Näherung zulässig:

$$(\xi-x)/\sqrt{(\xi-x)^2+\beta^2y^2+\beta^2(\zeta-z)^2} = -1+\cdots.$$

Das Störpotential von Gl. (11) erhält damit die Näherung in der Trefftz-Ebene:

$$\begin{aligned}\varphi_1^-(x,y,z) &= -\frac{1}{2\pi}\int\limits_{-b}^{+b} 2\operatorname{arctg}\frac{\zeta-z}{y}\int\limits_{x_V(\zeta)}^{x_H(\zeta)}\frac{\partial^2\varphi_1^-}{\partial\zeta\,\mathrm{d}\xi}\,\mathrm{d}\xi\,\mathrm{d}\zeta\\ &= -\frac{1}{\pi}\int\limits_{-b}^{+b}\varphi_{1\zeta}^-(x_H,+0,\zeta)\operatorname{arctg}\frac{\zeta-z}{y}\,\mathrm{d}\zeta.\end{aligned}\tag{14}$$

Es handelt sich um das Potential einer in der Trefftz-Ebene vor sich gehenden ebenen Wirbelströmung.

Bemerkenswert ist in Gl. (14) das völlige Fehlen des Prandtl-Faktors. Dies ist jedoch typisch für alle Querschnittsströmungen, vgl. etwa Abschn. I,31.

Genau genommen allerdings befindet sich das Wirbelband weit hinten, wo die Trefftz-Ebene liegt, nicht mehr in der Ebene $y=0$, sondern ein Stück darunter. Das ist aber für die folgenden Berechnungen des Gesamtimpulses in der Trefftz-Ebene ohne Bedeutung.

Da keine u-Störungen mehr auftreten, reduziert sich Gl. (V,49) mit Gl. (VII,52) in [·13] zu der Form:

$$W = \frac{\varrho_\infty}{2}\iint\limits_{b_k}(\varphi_y^2+\varphi_z^2)\,\mathrm{d}y\,\mathrm{d}z = \frac{u_\infty^2\varrho_\infty}{2}(\delta^-)^2\iint\limits_{b_k}[(\varphi_{1y}^-)^2+(\varphi_{1z}^-)^2]\,\mathrm{d}y\,\mathrm{d}z. \tag{15}$$

Weil φ_1^- die Laplace-Gleichung im Querschnitt erfüllt, kann das Doppelintegral mit Hilfe des Greenschen Satzes S. 368 auf eine Integration über das Wirbelband reduziert werden. Man erhält mit Rücksicht auf die Symmetrieeigenschaften und Gl. (8) für den induzierten Widerstand:

$$\begin{aligned}W &= -u_\infty^2\varrho_\infty(\delta^-)^2\int\limits_{-b}^{+b}\varphi_1^-(x_H,+0,z)\,v_1^-(x_T,+0,z)\,\mathrm{d}z\\ &= \frac{\varrho_\infty}{2}\int\limits_{-b}^{+b}\Gamma(z)\,v(x_T,+0,z)\,\mathrm{d}z.\end{aligned}\tag{16}$$

Es handelt sich um die bekannte Beziehung zwischen induziertem Widerstand, Zirkulation und Abwind in der Trefftz-Ebene, die durch x_T gekennzeichnet wurde.

Aus [·13], Gl. (V,44) folgt der Auftrieb in der zu Gl. (16) entsprechenden Darstellung:

$$A = -\varrho_\infty u_\infty \int_{-b}^{+b} \Gamma(z)\, \mathrm{d}z = 2u_\infty^2 \varrho_\infty\, \delta^- \int_{-b}^{+b} \varphi_1^-(x, +0, z)\, \mathrm{d}z. \tag{17}$$

Die beiden letzten Gleichungen enthalten explizit keine Kompressibilitätseffekte. Damit gilt in erster Näherung der Störrechnung genauso wie bei inkompressibler Strömung der Satz, daß die *elliptische Auftriebsverteilung* Gl. (18) über die Spannweite bei gegebenem Gesamtauftrieb und gegebener Spannweite den kleinsten induzierten Widerstand ergibt.

$$\varphi_1^-(x_H, +0, z) = \varphi_1^-(x_H, +0, 0) \sqrt{1 - z^2/b^2}. \tag{18}$$

Mit der Auftriebsverteilung ist die Abwindverteilung gekoppelt. Man erhält aus Gl. (12) mit Gl. (13) auf demselben Wege, der zu Gl. (14) führte, von der im übrigen auch ausgegangen werden kann:

$$v_1^-(x_T, 0, z) = \frac{1}{\pi} \int_{-b}^{+b} \varphi_{1\zeta}^-(x_H, +0, \zeta)\, \frac{\mathrm{d}\zeta}{\zeta - z}. \tag{19}$$

Wird in diese Gleichung die elliptische Auftriebsverteilung (18) eingeführt, so erhält man mit Hilfe der Integraltabelle das bekannte Ergebnis konstanten Abwindes:

$$v_1^-(x_T, 0, z) = v_1^-(x_T, 0, 0) = -\varphi_1^-(x_H, +0, 0)/b. \tag{20}$$

Mit Gl. (17) und (16) lassen sich die Luftkraftbeiwerte der elliptischen Auftriebsverteilung nun leicht durch den konstanten Abwind in der Trefftz-Ebene ausdrücken. Wählt man F als Bezugsfläche für die Luftkraftbeiwerte, so erhält man mit Gl. (18) und (20):

$$\begin{aligned} c_a &= A \Big/ \left(\frac{\varrho_\infty u_\infty^2}{2} F\right) = -\frac{4b^2}{F} \frac{\pi}{2} v_1^-(x_T)\, \delta^- \\ c_W &= W \Big/ \left(\frac{\varrho_\infty u_\infty^2}{2} F\right) = \frac{4b^2}{F} \frac{\pi}{4} [v_1^-(x_T)\, \delta^-]^2. \end{aligned} \tag{21}$$

Durch Eliminieren von $v_1^- \delta^-$ entspringt daraus die bekannte Beziehung für elliptische Auftriebsverteilung:

$$c_W = \frac{1}{\pi} \left(\frac{F}{4b^2}\right) c_a^2. \tag{22}$$

Sie gilt für kompressible Strömung in gleicher Weise wie für inkompressible Strömung. Dabei sind F und b Fläche und Halbspannweite des Flügels und nicht etwa eines Vergleichflügels bei $M_\infty \to 0$.

Man bezeichnet im deutschsprachigen Schrifttum das Verhältnis von Flügelfläche zum Quadrat der Spannweite, also $F/4b^2$, als *Seitenverhältnis*. Für den Reziprokwert wird in der anglo-amerikanischen Literatur das Symbol $A = 4b^2/F$ und die Bezeichnung *aspect ratio* verwendet. Nur bei einem Rechteck-Flügel ist „aspect ratio" und *Streckung* dasselbe.

7. Flügel großer und kleiner Streckung

Einer allgemeinen Bestimmung der Wirbelverteilung bei vorgegebener Tragflächenform in Unterschallströmung, also der Lösung der Doppelintegralgleichung (12), stehen große analytische Schwierigkeiten im Wege. Die Lösung ist bisher nur auf numerischem Wege möglich. Solchen Methoden kann der Einsatz elektronischer Rechenmaschinen sehr zugute kommen. Sie sind im allgemeinen für das gesamte Gebiet reiner Unterschallströmung dieselben. Es kann daher hier der Hinweis auf die einschlägigen Werke für inkompressible Strömung und auf die Anwendung der Prandtl-Glauert-Analogie genügen.

In zwei Fällen allerdings ist die Lösung der Integralgleichung (12) weitgehend möglich, nämlich im klassischen Fall des *Flügels großer Streckung* und in dem besonders für Schallnähe wichtigen Gebiet des *Flügels kleiner Streckung*. Im ersten Falle handelt es sich um die typische Flügelform großer Spannweite im Verhältnis zur Tiefe für den niedrigen Machzahlenbereich. Dieser Fall dient im folgenden im wesentlichen als Gegenstück zu den Tragflügeln bei Schall- und Überschallgeschwindigkeiten. Vom Flügel kleiner Streckung war bereits bei schallnaher Strömung im Abschn. I,31 die Rede. Zu dieser Klasse gehören auch die stark gepfeilten Flügel. Die folgende Darstellung wird auf neuem Wege zur Gl. (I,211) führen und an diese anschließen. Da die Überlegungen am Rande der Zielsetzung dieses Buches liegen, sollen die Zusammenhänge nur skizziert werden.

Bei *Flügeln großer Streckung* kommen die ausschlaggebenden Beiträge aus der Spannweitenrichtung. Für diese Richtung nimmt der Kern in Gl. (12) eine vereinfachte Form an, nämlich:

$$(\xi - x)^2 \ll \beta^2(\zeta - z)^2, \qquad \begin{aligned} \zeta < z&: \quad \frac{1}{\zeta - z} + \frac{\beta}{\xi - x}; \\ z < \zeta&: \quad \frac{1}{\zeta - z} - \frac{\beta}{\xi - x}. \end{aligned} \tag{23}$$

Wie sofort gezeigt wird, darf $\varphi^-_{1\xi\zeta}$ nicht gleich Null gesetzt werden, obwohl die Ableitungen nach z bei Flügeln großer Streckung geringe Werte annehmen. Dem steht nämlich entgegen, daß eine Integration über eine lange Strecke, nämlich die Spannweite, durchzuführen ist. Es könnten noch Bedenken bestehen, daß der Kern des Doppelintegrales (12) überall, auch in der Nähe des Aufpunktes durch die vereinfachte Form der Gl. (23) dargestellt werden darf. Für einen Punkt mitten im Flügel könnte man jedoch die Umgebung des Aufpunktes noch herausschälen und einer gesonderten Kontrolle unterwerfen, ohne zu einem anderen Ergebnis wie dem folgenden zu gelangen. Für Punkte am Flügelrand allerdings wird noch einiges am Abschnittsende zu sagen sein.

Eines zeigt sich allerdings schon jetzt. Bei gleichem Flügelgrundriß, also gleichen ξ- und ζ-Bereichen, ist die Voraussetzung für Gl. (23) um so schlechter erfüllt, je höher die Machzahl der Anströmung ist. Bei gleicher Genauigkeit muß die Streckung wie $1/\beta$ mit M_∞ zunehmen.

Bei Einführen des vereinfachten Kernes (23) in Gl. (12) zeigt sich wieder der große Vorteil des Auflösens eines Doppelintegrales in Einzelintegrale. Man erhält:

$$v_1(x, 0, z) = \frac{1}{2\pi} \int\limits_{\zeta=-b}^{+b} \frac{1}{\zeta - z} \int\limits_{x_V(\zeta)}^{x_H(\zeta)} \varphi_{1\xi\zeta}^{-}(\xi, +0, \zeta)\, d\xi\, d\zeta$$

$$+ \frac{1}{2\pi} \int\limits_{\xi=0}^{1} \frac{\beta}{\xi - x} \left[\int\limits_{\zeta=-s(\xi)}^{z} \varphi_{1\xi\zeta}^{-}\, d\zeta - \int\limits_{z}^{+s(\xi)} \varphi_{1\xi\zeta}^{-}\, d\zeta \right] d\xi$$

$$= \frac{1}{2\pi} \int\limits_{-b}^{+b} \varphi_{1\zeta}^{-}(x_H, +0, \zeta) \frac{d\zeta}{\zeta - z} + \frac{\beta}{\pi} \int\limits_{x_V(z)}^{x_H(z)} \varphi_{1\xi}^{-}(\xi, +0, z) \frac{d\xi}{\xi - x}.$$

Dabei ist der Flügelrand wieder durch die Funktion $z = \pm s(x)$ oder auch durch $x_V(z) \leqq x \leqq x_H(z)$ dargestellt, und es ist bereits berücksichtigt, daß $\varphi_{1\xi}^{-}$ und $\varphi_{1\zeta}^{-}$ überall außerhalb des Flügels verschwinden. Man erhält damit die berühmte Prandtlsche Integralgleichung für den Flügel großer Streckung:

$$v_1^{-}(x, 0, z) = \frac{\beta}{\pi} \int\limits_{x_V(z)}^{x_H(z)} u_1^{-}(\xi, +0, z) \frac{d\xi}{\xi - x} + \frac{1}{2\pi} \int\limits_{-b}^{+b} \varphi_{1\zeta}^{-}(x_H, +0, \zeta) \frac{d\zeta}{\zeta - z}. \tag{24}$$

Der erste Summand unterscheidet sich von Gl. (VIII,12) in [•13] für die ebene Strömung nur dadurch, daß die „ebene Strömung" für jenen Längsschnitt $z =$ konst. zu nehmen ist, für den die Aufwindverteilung gesucht wird, Abb. 6. Eine Beschränkung auf diesen ersten Beitrag wird in der anglo-amerikanischen Literatur als *strip theory*, weniger genau im Deutschen als *Streifentheorie* bezeichnet. Der zweite Summand berücksichtigt die Beiträge, die aus dem Abweichen von der Streifentheorie folgen. Der Ausdruck $\varphi_{1\zeta}^{-}(x_H, +0, z)$ kann mit Gl. (8) sofort auf die Zirkulationsverteilung an der Hinterkante und damit auch die Zirkulationsverteilung im Wirbelband zurückgeführt werden. Man gewinnt damit dann die im Schrifttum gebräuchlichere Darstellung der Prandtl-Integralgleichung für Flügel großer Streckung.

Man erkennt in diesem zweiten Beitrag genau den halben Wert des Abwindes in der Trefftz-Ebene, Gl. (19). Dies steht in vollkommener Analogie zum einseitig abgeschnittenen dicken Flügel großer Streckung, Abschn. 3, Mitte. Dort ergeben sich am abgeschnittenen Ende eines einseitig ins Unendliche gehenden Flügels konstanten Längsschnittes genau die halben Geschwindigkeitsstörungen der ebenen Strömung. Dementsprechend liefert in Gl. (24) das Wirbelband in seiner Ansatzlinie am Flügel genau die Hälfte des Abwindes, den es bei reiner ebener Querschnittsströmung in der Trefftz-Ebene erreicht.

Ein plattenförmiger Flügel großer Streckung mit dem Grundriß einer Ellipse oder einer Halbellipse liegt also im konstanten Abwindfeld des ersten Summanden von Gl. (24) und gleichzeitig im konstanten Abwind, den das Wirbelband am

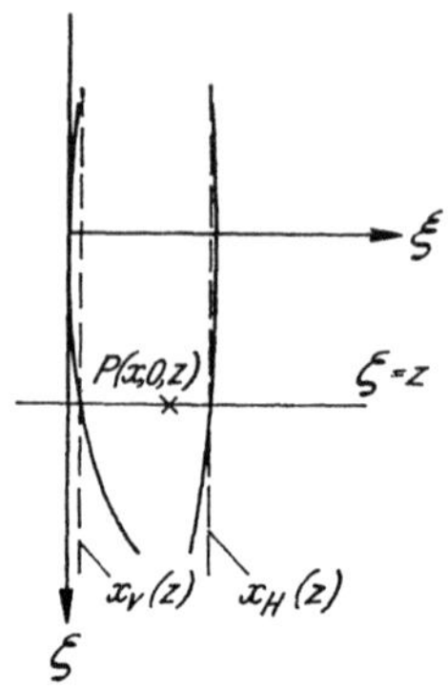

Abb. III,6. Streifentheorie.

Flügel bei elliptischer Auftriebsverteilung erzeugt. Den ersten Summanden bezeichnet man als effektiven Abwind, v_{1eff}^-, weil er für den effektiv eintretenden Auftrieb maßgebend ist. Bei plattenförmigem Längsschnitt ergibt sich an der Oberseite die in [·13], Abb. VIII,5 wiedergegebene u_1^--Verteilung und der aus Gl. (VIII,12) folgende Abwind. Der zweite Summand wird als induzierter Abwind v_{1i}^- bezeichnet. Damit gilt:

$$v_1^- = v_{\mathrm{1eff}}^- + v_{1i}^-. \tag{25}$$

Da der Auftriebsbeiwert des Längsschnittes mit [·13], Gl. (VIII,19) gegeben ist und mit jenem der ganzen Platte übereinstimmen muß, kann im Rahmen der vorliegenden Näherung mit Hilfe der oberen Gleichung (21) geschrieben werden:

$$c_a = \frac{2\pi}{\beta} \sin \varepsilon_{\mathrm{eff}} = -\frac{2\pi}{\beta}\, \delta^- v_{\mathrm{1eff}}^- = -\frac{4b^2}{F}\, \frac{\pi}{2}\, v_1^-(x_T)\, \delta^- = -\frac{4b^2}{F}\, \pi v_{1i}^- \delta^-. \tag{26}$$

Damit ist aber der induzierte Abwind auf den effektiven zurückgeführt. Es gilt für den Flügel großer Streckung:

$$v_{1i}^- = \frac{1}{2}\, v_1^-(x_T) = \frac{2}{\beta} \cdot \frac{F}{4b^2}\, v_{\mathrm{1eff}}^- \tag{27}$$

und mit Gl. (25) und (27):

$$v_1^- = \left(1 + \frac{2}{\beta}\, \frac{F}{4b^2}\right) v_{\mathrm{1eff}}^-; \qquad c_a = \frac{2\pi}{\beta + F/(2b^2)} \sin \varepsilon. \tag{28}$$

Diese Beziehung wird in der Regel für inkompressible Strömung, $\beta = 1$, wiedergegeben. Daraus könnte dann mit der Prandtlschen Regel ohne weiteres die Form (28) hergeleitet werden. In jedem Fall darf aber das Seitenverhältnis $F/4b^2$ nur klein gegen β sein.

Der Korrekturfaktor $F/(2\beta b^2)$ für den Auftrieb in Gl. (28) könnte mit gleicher Berechtigung auch mit einem negativen Vorzeichen in den Zähler gezogen werden.

Wie bereits in Gl. (24) zeigt es sich auch in Gl. (28), daß der Anwendungsbereich dieser Theorie bei hohen Unterschallgeschwindigkeiten auf wesentlich größere Streckungen beschränkt bleibt als im Inkompressiblen.

Beim *Flügel kleiner Streckung* kommen die ausschlaggebenden Beiträge aus der Anströmrichtung. Auch unter dieser Voraussetzung kann der Kern von Gl. (12) vereinfacht werden, man erhält für:

$$\beta^2(\zeta - z)^2 \ll (\xi - x)^2; \qquad \xi < x: \quad \frac{2}{\zeta - z}; \qquad x < \xi: \quad 0. \tag{29}$$

Die Wirkung der stromabwärts gelegenen Wirbelverteilung fällt also jetzt fort. Damit gibt es auch keine Wirkung des Wirbelbandes auf den Flügel. Die Voraussetzungen zu Gl. (29) sind um so besser erfüllt, je kleiner β, also je höher die Machzahl der Anströmung ist. Beim Flügel kleiner Streckung ist — also ganz im Gegensatz zum Flügel großer Streckung — Schallnähe eine günstige Voraussetzung. Dies macht sich auch bei der Behandlung in Abschn. I,31 geltend. Der Kern von Gl. (29) in Gl. (12) eingeführt, führt zu folgendem Ergebnis:

$$v_1^-(x, 0, z) = \frac{1}{2\pi} \int_{-b}^{+b} \frac{2}{\zeta - z} \int_{x_V(\zeta)}^{x} \varphi_{1\zeta\xi}^-(\xi, +0, \zeta)\, d\zeta\, d\xi = \frac{1}{\pi} \int_{-s(\xi)}^{+s(\xi)} \varphi_{1\zeta}^-(x, +0, \zeta) \frac{d\zeta}{\zeta - z}. \tag{30}$$

Es genügt, die Integration in z-Richtung über die lokale Spannweite $s(x)$ zu erstrecken, weil $\varphi_{1\zeta}^- = w_1^-$ seitlich außerhalb vom Flügel und Wirbelband überall verschwindet.

Gl. (30) unterscheidet sich von Gl. (19) für den Abwind durch das Wirbelband in der Trefftzebene nur dadurch, daß letztere Gleichung keine x-Abhängigkeit aufweist, während in Gl. (30) die lokale Spannweite $s(x)$ und die Wirbelverteilung des lokalen Querschnittes eingehen.

Die folgenden Ausführungen seien auf ebene Querschnitte, Abb. 7, beschränkt. Dagegen darf der Plattenabwind noch von x abhängen:

$$v_1^-(x, 0, z) = v_1^-(x, 0, 0) = v_1^-(x). \tag{31}$$

Hier können mit Vorteil die Erkenntnisse über den Abwind im Wirbelband verwendet werden, wobei überall anstelle des konstanten Zustandes im Wirbelband die entsprechenden Größen des lokalen Querschnittes einzusetzen sind. Eine konstante Abwindverteilung über dem Plattenquerschnitt wird demnach wieder durch elliptische Verteilung des Potentials erzeugt:

$$\varphi_1^-(x, +0, z) = \varphi_1^-(x, +0, 0) \sqrt{1 - z^2/s^2(x)}. \tag{32}$$

Dabei braucht die Beziehung zwischen Abwind und Wirbelverteilung nicht erst aus Gl. (30) bestimmt zu werden, sie kann direkt von Gl. (20) übernommen werden.

$$v_1^-(x, 0, z) = v_1^-(x) = -\varphi_1^-(x, +0, 0)/s(x). \tag{33}$$

Jeder Flügel kleiner Streckung, der in Querschnitten eben ist, in x-Richtung jedoch gewölbt sein darf, hat also *elliptische Zirkulationsverteilung*.

Es sei zunächst angenommen, daß der ins Auge gefaßte Flügel kleiner Streckung mit maximaler lokaler Spannweite endigt: $s(x_H) = b$. Dann ist gemäß Gl. (20) und (33) der Abwind des Wirbelbandes gleich dem Abwind an der Hinter-

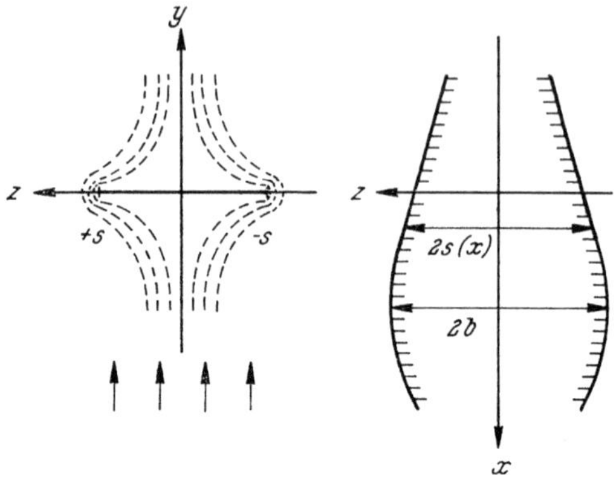

Abb. III,7. Tragende Platte kleiner Streckung.

kante. Für den Auftriebsbeiwert kann die obere Gl. (21) direkt übernommen werden, und man erhält für den Flügel kleiner Streckung, der mit größter Breite endigt:

$$c_a = -\frac{4b^2}{F}\frac{\pi}{2} v_1^-(x_H)\,\delta^- = +\frac{4b^2}{F}\frac{\pi}{2} \sin \varepsilon(x_H). \tag{34}$$

Es kommt also nur auf die lokale Anstellung des Flügelendes an, wobei allerdings vorausgesetzt werden muß, daß die Wölbung überall gering ist, die lokale Anstellung des Querschnittes sich mit x also nur langsam ändert. Bei einer Platte, $\varepsilon(x) = \varepsilon(x_H) = \varepsilon$, ist in Gl. (34) einfach der Anstellwinkel einzusetzen. Der Auftriebsbeiwert ist beim Flügel kleiner Streckung unabhängig von der Machzahl der Anströmung, eine Eigenschaft, die auch der Auftrieb angestellter Rotationskörper aufweist. Der Beiwert des induzierten Widerstandes kann wegen des Vorliegens elliptischer Auftriebsverteilung mit Gl. (22) berechnet werden.

Die nächsten Überlegungen seien auf die ebene Platte kleiner Streckung beschränkt, da dieses Beispiel bereits den nötigen Einblick gewährt. Mit Gl. (32) und (33) stellt sich das Störpotential wie folgt dar:

$$\varphi_1^-(x, +0, z) = -v_1^- \sqrt{s^2(x) - z^2}. \tag{35}$$

Wegen der Voraussetzung konstanten Flügelabwindes v_1^- ergeben sich daraus die übrigen Geschwindigkeitskomponenten:

$$u_1^-(x, +0, z) = -v_1^- \frac{s\,\dfrac{\mathrm{d}s}{\mathrm{d}x}}{\sqrt{s^2(x) - z^2}}; \qquad w_1^-(x, +0, z) = v_1^- \frac{z}{\sqrt{s^2(x) - z^2}}. \tag{36}$$

Die beiden Geschwindigkeitskomponenten in der Flügelebene wachsen also an der Flügelkante mit der Wurzel aus dem reziproken Abstand von der Kante über alle Grenzen. Das ist an der Vorderkante durchaus verständlich, da diese ja umströmt wird und als scharfe Kante die gleichen Singularitäten aufweist wie die Vorderkante des Profils in ebener Strömung, vgl. etwa [•13], Gl. (VIII,15).

Diese aus der Umströmung einer scharfen Kante entspringende Singularität wird gelegentlich als Argument gegen die Gültigkeit der hier hergeleiteten Theorie kleiner Streckung von R. T. JONES [I,55] ins Treffen geführt. Dazu ist jedoch zu bemerken, daß dasselbe Argument gegen die Plattentheorie bei Profilen erhoben werden müßte. Alle Theorien für unendlich dünne Platten sind letzten Endes nur als asymmetrische Teillösungen für angestellte dünne Flächen endlicher Dicke und in der Regel auch endlichen Nasenkrümmungsradius der Vorderkante anzusehen. Die Umströmungssingularität rückt bei endlichem Krümmungsradius der Vorderkante in das Innere des Körpers hinein, die Plattenlösung leistet jedoch auch dabei nicht weniger wertvolle Dienste.

Würden diese Lösungen (35), (36) auch im Gebiet abnehmender lokaler Spannweite verwendet werden, $\mathrm{d}s/\mathrm{d}x < 0$, dann würde daraus eine Umströmung der Hinterkante folgen, während an der Hinterkante doch die Kutta-Joukowski-Bedingung des glatten Abströmens erfüllt sein soll. Dies kann sofort dadurch erseicht werden, daß man das Wirbelband von der Stelle größter lokaler Spannweite, $\mathrm{r}(x) = b$, abgehen läßt, Abb. 8. Dann schwimmt der Flügelteil hinter dem Breiten-

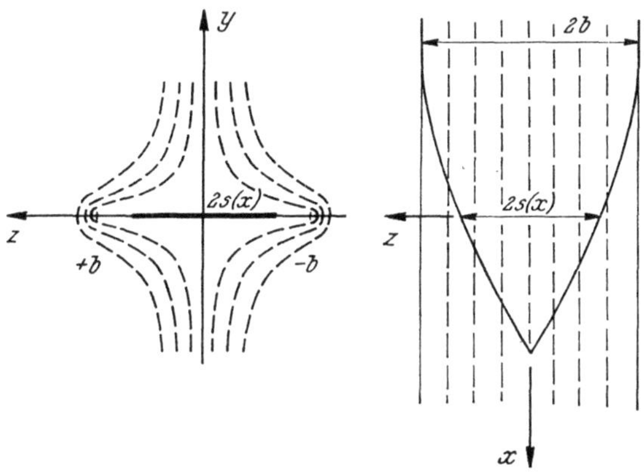

Abb. III,8. Platte hinter dem Breitenmaximum in der Wirbelschicht.

maximum im Wirbelband ohne zu tragen und die Bedingung glatten Abströmens ist erfüllt. Im Rahmen der Genauigkeit der Theorie kleiner Streckung trägt daher nur der Flügelteil bis zum Breitenmaximum und nicht darüber hinaus.

Bei einem Dreieckflügel allerdings wäre gemäß Gl. (36) die Abströmbedingung nicht erfüllt, weil an der Hinterkante $\mathrm{d}s/\mathrm{d}x \neq 0$ ist. Bei Überschallanströmung ist dies, wie sich zeigen wird, zulässig, nicht aber bei Unterschallanströmung. Das knickförmige Ende der Vorderkante eines solchen Flügels an der Hinterkante widerspricht der Voraussetzung kleiner Streckung, die nur stetige, sanfte Übergänge in x-Richtung zuläßt. An der Hinterkante zeigt der Deltaflügel vielmehr plötzlichen Geschwindigkeitsabfall. Die Änderungen in x-Richtung sind dort viel stärker als jene in z-Richtung, womit die Umgebung der Hinterkante eines

Dreiecksflügels zu einem eingebetteten Problem großer Streckung wird [5]. Dem umgekehrten Fall begegnet man an der Seitenkante eines Flügels großer Streckung. Dort ändern sich etwa bei elliptischer Auftriebsverteilung die Strömungszustände viel stärker in z-Richtung als in x-Richtung. Die im Anfang dieses Abschnittes wiedergegebene klassische Theorie des Flügels großer Streckung ist daher wenigstens bei elliptischer Wirbelverteilung an den seitlichen Flügelenden sicher falsch und muß dort durch eine eingebettete Theorie kleiner Streckung korrigiert werden [6].

8. Einflüsse und Abhängigkeiten bei Überschallströmung

Auch bei stationärer Strömung im Raume unterscheidet sich die Überschallströmung von der in den letzten Abschnitten behandelten Unterschallströmung im wesentlichen durch die Begrenztheit der Einflüsse, die eine Störung in irgendeinem Raumpunkt auf die Umgebung ausüben kann. Damit geht eine Begrenztheit der Abhängigkeit des Strömungszustandes in irgendeinem Punkt vom Strömungszustand in der Umgebung Hand in Hand. Es kommt im folgenden also darauf an, die typischen Eigenschaften, die bereits bei ebener und achsensymmetrischer Überschallströmung hervortreten, für die räumliche Überschallströmung zu verallgemeinern.

Dabei wird am besten von den Überlegungen für die achsensymmetrischen Strömungen ausgegangen, da im Raume genauso wie bei letzterer zunächst punktförmige Störungen betrachtet werden sollen. Während aber punktförmige Störungen bei Rotationsrümpfen nur auf der Körperachse angeordnet werden, können sie bei räumlicher Strömung zunächst in irgendeinem Punkt des Raumes auftreten. Bei den folgenden Anwendungen allerdings werden sie durchwegs in die Belegungsebene $\eta = 0$ verlegt, Abb. 9. Im Linearisierungsgebiet der gasdynamischen Gleichung, Gl. (1), die vorerst allein ins Auge gefaßt und wie folgt geschrieben wird

$$\cot^2 \alpha \varphi_{1xx} - \varphi_{1yy} - \varphi_{1zz} = 0, \qquad \cot \alpha = \sqrt{M_\infty^2 - 1},$$

hat die Lösung für eine Einzelstörung in der Belegungsebene dann die Form:

$$\varphi_1 = -\frac{q}{4\pi \sqrt{(x-\xi)^2 - y^2 \cot^2 \alpha - (z-\zeta)^2 \cot^2 \alpha}}. \tag{37}$$

Dabei wird der Einfachheit halber der Index ∞ beim Machwinkel α weggelassen, weil im folgenden kein anderer Machwinkel als jener der Anströmung auftritt.

Die Lösung der Einzelstörung wird außerhalb des Kegels

$$(x-\xi)^2 = \cot^2 \alpha [y^2 + (z-\zeta)^2] \tag{38}$$

imaginär. Damit ist der Einfluß einer Punktstörung auf das Innere und den Mantel des Kegels von Abb. 9 beschränkt.

Ist dagegen nach der Abhängigkeit des Zustandes in einem Punkte $P(x, y, z)$, Abb. 10, vom Strömungszustand auf der Belegungsebene $\eta = 0$ gefragt, so sind

ξ, ζ in Gl. (38) die Veränderlichen und x, y, z konstante Werte. Man erhält für das Variablenpaar ξ, ζ eine Hyperbel:

$$\operatorname{tg}^2 \alpha (\xi - x)^2 - (\zeta - z)^2 = y^2. \tag{39}$$

Der Strömungszustand im Punkte $P(x, y, z)$ ist nur von jenen Teilen der Randwerte abhängig, die auf oder innerhalb des Hyperbelastes von Abb. 10

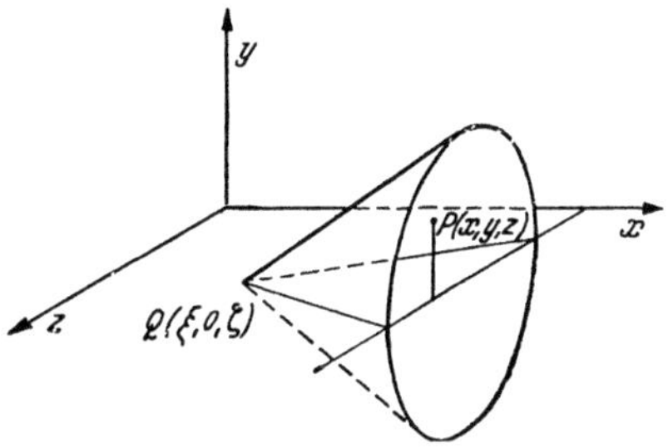

Abb. III,9. Einflußkegel eines Punktes.

liegen. Liegt der Punkt P in der Belegungsebene, $y = 0$, so zerfällt die Hyperbel in das Geradenpaar:

$$\xi \leqq x: \quad \operatorname{tg} \alpha (\xi - x) - (\zeta - z) = 0; \qquad \operatorname{tg} \alpha (\xi - x) + (\zeta - z) = 0. \tag{40}$$

Es liegt im folgenden wieder ein gemischtes Anfangswert-Randwertproblem vor. Die Anfangswerte sind dabei wieder einfach durch Verschwinden der Störungen in der Parallelströmung gegeben. Diesem Umstand wird durch Wahl der singulären Lösung Rechnung getragen. Auf $\eta = 0$ handelt es sich nicht um Anfangswerte, sondern um Randwerte. Das Belegungsgebiet steht ja selbst unter dem Einfluß der Anströmung. Es kann dort nur eine Komponente, also eine Randbedingung, vorgegeben werden und nicht der volle Strömungszustand, wie das im Abhängigkeitsgebiet der Fall ist.

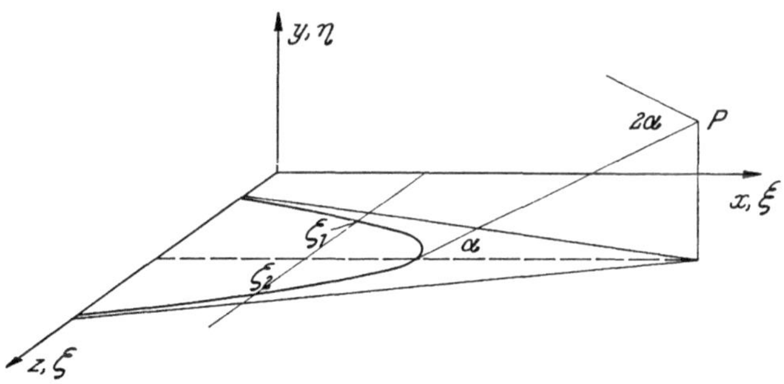

Abb. III,10. Abhängigkeitsgebiet des Punktes P.

Eine Reihe der folgenden Überlegungen ist ohne weiteres auf beliebige reine Überschallströmungen übertragbar. Der Einfluß- und Abhängigkeitskegel ist dann nur durch ein entsprechendes Konoid zu ersetzen, das nur an den Spitzen die Form des Kegels annimmt. Die Gerade etwa in Gl. (40) wird zur Kurve. Vor allem lassen sich aber im allgemeinen Fall der nichtlinearisierten gasdynamischen

Gleichung die Abhängigkeits- und Einflußgrenzen erst gleichzeitig mit der Lösung festlegen, wie das bei den ebenen und achsensymmetrischen Charakteristikenverfahren geschieht. Über die hier zunächst dargelegte akustische Theorie mit den *eingefrorenen Machkegeln* der ungestörten Parallelströmung führt beispielsweise das analytische Charakteristikenverfahren in Teil IV hinaus.

Für die folgende Lösungsmethode wird sich die Lage der Flügelkanten als ausschlaggebend erweisen. Bevor auf die speziellen Verhältnisse bei Überschallströmungen eingegangen wird, soll der Begriff der Vorderkante und der Hinterkante nochmals scharf definiert werden.

Wie bereits bei Unterschallströmungen spricht man von einer *Vorderkante* des Flügels, wenn das Medium darauf zuströmt, von einer *Hinterkante,* wenn das

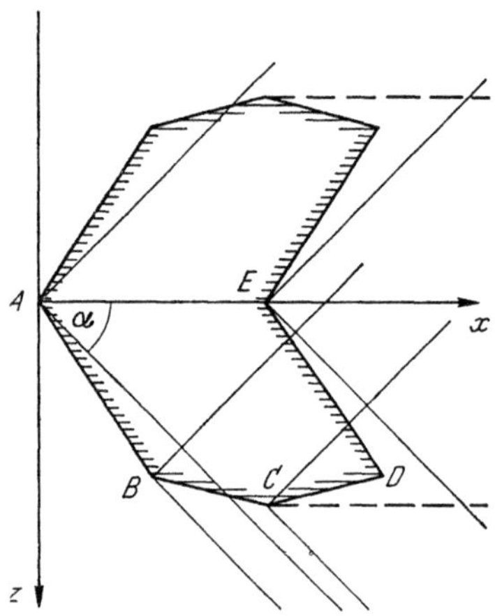

Abb. III,11. Kantentypen.

Medium von der Kante wegströmt. Man spricht von einer *Überschallkante,* wenn die Kante weniger gepfeilt ist als die Machlinie. Den Extremfall einer Überschallkante stellt die Vorderkante oder Hinterkante eines Rechteckflügels dar. Bei einer Überschallkante vermag sich die Störung auf der Unterseite der Kante nicht auf der Oberseite auszuwirken und umgekehrt. Bei einer *Unterschallkante* dagegen übt eine Störung an der Kante Einflüsse auf die nächste Umgebung des Flügels aus und von dort pflanzen sich die Einflüsse auf die andere Flügelseite fort.

Abb. 11 gibt die wesentlichen Kantentypen wieder. $A-B$ ist eine *Überschallvorderkante,* vgl. dazu auch Abschn. VII,12 in [·13] über den Pfeileffekt. Einflüsse von der Oberseite $y = +0$ können sich nicht auf der Unterseite $y = -0$ geltend machen und umgekehrt. Dies ist erst möglich, wenn die Kante auf der Strecke $B-C$ zu einer *Unterschallvorderkante* wird. Der Einfluß macht sich vom Punkt B an nun auch im Anströmgebiet der Kante $B-C$ bemerkbar und kann von dort auf die andere Flügelseite wirken. Das ist für die symmetrische Strömung, also für den Dickeneffekt von geringerer Bedeutung, weil im Einflußgebiet der Kante $B-C$ außerhalb des Flügels wohl u-Störungen vorkommen, aber die v-Komponente wie bei Unterschallströmung außerhalb des Flügels überall verschwindet.

Dennoch werden sich wichtige Unterscheidungsmerkmale in den Lösungen an der Kante zeigen. Bei der für das Auftriebsproblem maßgebenden antisymmetrischen Lösung dagegen herrscht im Einflußgebiet der Unterschallkante außerhalb des Flügels Aufwind. Die Unterschallvorderkante wird in ganz ähnlicher Weise umströmt wie bei reiner Unterschallströmung. Von der Kante $C-D$ fließt das Medium ab. Es handelt sich also um eine *Unterschallhinterkante*. Diese Kante könnte umströmt werden. Jedoch wird man im allgemeinen bei einer solchen Kante die *Kutta-Joukowski-Bedingung* glatten Abströmens stellen. Wie bei reiner Unterschallströmung geht dann zwischen der vom Punkte C ausgehenden, gestrichelt gekennzeichneten Stromlinie und der Hinterkante ein Wirbelband ab, für das ganz ähnliche Bedingungen gelten, wie im Wirbelband der tragenden Fläche in Unterschallströmung. $D-E$ schließlich ist eine *Überschallhinterkante*. Von dieser gehen freilich Einflüsse in das Feld hinter der Tragfläche aus. Diese können sich jedoch nicht stromaufwärts auf die andere Seite der Kante auswirken. Deshalb sind die Zustände an der Ober- und Unterseite des Flügels vor einer Überschallhinterkante genauso wie hinter der Überschallvorderkante unabhängig voneinander.

In jenen Teilen des Flügels, die nur unter dem Einfluß von Überschallvorderkanten stehen, und das wird in Abb. 24 der ganze Flügel sein, sind die Lösungen auf der Ober- und Unterseite des Flügels völlig unabhängig voneinander. Wie bei ebener Überschallströmung verliert damit eine Unterscheidung zwischen der Behandlung mit symmetrischen und antisymmetrischen Lösungen ihren Sinn. Das Auftriebs- und Dickenproblem ist mit gleichen Mitteln zu behandeln. Ganz anders und im allgemeinen auch entsprechend aufwendiger sind dagegen die Probleme, bei denen Unterschallkanten eine Rolle spielen, wie sich im folgenden laufend bestätigen wird. Wie bei reiner Unterschallströmung bleibt das Dickenproblem einfach, das Auftriebsproblem dagegen erfordert dann eine getrennte Behandlung.

Bei Änderung der Anströmmachzahl behalten die Kanten in Abb. 11 ihre Eigenschaft als Unter- bzw. Überschallkante bei, wenn gleichzeitig die Spannweite oder auch die Streckung des Flügels gemäß der allgemeinen Prandtl-Regel geändert werden.

9. Überschallströmung an flachen Körpern ohne Kantenumströmung

Wie im letzten Abschnitt dargelegt, kommt es bei Überschallströmung wesentlich darauf an, ob die Vorderkanten des Flügels umströmt werden oder icht. Der letztere Fall kann sowohl v orliegen, wenn es sich um ein reines Dickenproblem handelt, also um ein symmetrisches Problem, aber auch, wenn der Flügel Überschallvorderkanten aufweist und folglich die Unter- und Oberseite unabhängig voneinander berechnet werden können. Stets wird sich in solchen Fällen eine Belegung der Ebene $y = 0$ mit quellartigen Singularitäten, Gl. (37), anbieten. Das heißt allerdings nicht, daß diese Singularitäten für Aufwindgebiete tragender Flächen keine Bedeutung hätten.

Bei innerer Integration über ζ, also bei innerer Integration bei konstantem ξ, sind die Integrationsgrenzen ganz im Gegensatz zur Unterschallströmung nun nicht durch die Flügelgrenzen allein gegeben. Wenn die Belegung über die durch Gl. (39), Abb. 10, gegebenen Grenzen hinausgeht, so folgen die Integrationsgrenzen für ζ aus der Hyperbelgleichung, nämlich:

$$\zeta_{1,2} = z \mp \sqrt{\operatorname{tg}^2 \alpha (x - \xi)^2 - y^2}. \tag{41}$$

Die obere Integrationsgrenze für ξ ergibt sich aus dem Scheitelpunkt der Hyperbel. Das ist der Punkt mit $\zeta_1 = \zeta_2$, also:

$$\xi = x - y \cot \alpha, \tag{42}$$

wie z. B. bei der achsensymmetrischen Überschallströmung. Auch bei Gl. (42) muß vorausgesetzt werden, daß sich ξ noch auf dem Belegungsgebiet befindet und nicht etwa bereits im Nachlauf, da sonst die obere Grenze für ξ durch das Flügelende gegeben ist. Die untere Grenze von ξ ist durch den vordersten Punkt des Flügels, im folgenden also im allgemeinen durch $\xi = 0$ festgelegt.

Damit erhält man für das Störpotential zunächst die Darstellung:

$$\varphi_1 = -\frac{1}{4\pi} \int\limits_0^{x - y \cot\alpha} \left\{ \int\limits_{\zeta_1}^{\zeta_2} \frac{q(\xi, \zeta)\, \mathrm{d}\zeta}{\sqrt{(x - \xi)^2 - y^2 \cot^2 \alpha - (z - \zeta)^2 \cot^2 \alpha}} \right\} \mathrm{d}\xi. \tag{43}$$

Diese Darstellung geht bereits auf Lord Rayleigh [7] zurück, der in der Membrantheorie der Akustik auf ganz analoge Randwertprobleme stieß.

Die Lösung (43) liegt keineswegs so auf der Hand wie die entsprechende Lösung bei $M_\infty < 1$, Gl. (2). Bei einer Verifikation durch Einsetzen in Gl. (37) muß in Gl. (43) auch nach den Grenzen differenziert werden, was wegen der Singularität des Kernes nicht ohne entsprechende Vorbereitung möglich ist.

Die Integrationsreihenfolge in Gl. (43) kann natürlich ohne weiteres umgekehrt werden bei Beachten der durch Gl. (39) gegebenen Grenzen. Stets sind aber die Grenzen des zuerst auszuführenden Integrals durch das Verschwinden der Nennerwurzel in Gl. (43) gekennzeichnet, wobei das Integral endlich bleibt. Doch würden sich an diesen Grenzen Schwierigkeiten ergeben, wenn φ zur Ermittlung der Geschwindigkeitskomponenten nochmals nach x, y oder z differenziert wird. Einerseits wird der Integrand an den Grenzen, nach denen differenziert werden muß, unendlich. Andererseits tritt bei der Ableitung des Integranden die Nennerpotenz 3/2 auf. Es liegt damit ein uneigentliches Integral vor. Man hat es schließlich mit der Differenz zweier unendlicher Größen zu tun. Einer solchen Differentiation hat also stets eine Integration vorauszugehen, die erforderlichenfalls auch nur partiell zu sein braucht und die den Zweck hat, die Singularität des Integranden herabzusetzen.

Es ist lehrreich, die gewöhnliche *ebene* Strömung zu studieren, was zur bekannten Ackeret-Formel führen muß. In diesem Falle ist q nur Funktion von ξ, weshalb die erste Integration sofort ausführbar wird:

$$\varphi_1 = -\frac{1}{4\pi}\int\limits_0^{x-y\cot\alpha} q(\xi)\int\limits_{\zeta_1}^{\zeta_2}\frac{d\zeta}{\sqrt{(x-\xi)^2-y^2\cot^2\alpha-(z-\zeta)^2\cot^2\alpha}}\,d\xi$$

$$= -\frac{\operatorname{tg}\alpha}{4\pi}\int\limits_0^{x-y\cot\alpha} q(\xi)\int\limits_{-1}^{+1}\frac{dt}{\sqrt{1-t^2}}\,d\xi = -\frac{\operatorname{tg}\alpha}{4}\int\limits_0^{x-y\cot\alpha} q(\xi)\,d\xi.$$

Da ein Integral über $q(\xi)$ wieder eine Funktion von ξ ist, für welches die obere Grenze $x - y\cot\alpha$ einzusetzen ist, gibt die letzte Gleichung das bekannte Resultat für die ebene Überschallströmung kleiner Störungen, daß φ_1 nur Funktion von $x - y\cot\alpha$ ist.

Da die Unterscheidung zwischen symmetrischer und antisymmetrischer Lösung hier nicht zweckmäßig ist, ist für das Folgende in erster Näherung anzusetzen:

$$\varphi = u_\infty\,\delta\,\varphi_1. \tag{44}$$

Daraus folgt für die vollen Komponenten:

$$v = \varphi_y = \frac{1}{4}\,u_\infty\,\delta\,q(x-y\cot\alpha); \qquad w = \varphi_z = 0;$$

$$u - u_\infty = \varphi_x = -\frac{1}{4}\,u_\infty\,\delta\operatorname{tg}\alpha q(x-y\cot\alpha) = -v\operatorname{tg}\alpha.$$

Die letzte Zeile enthält die Ackeret-Formel. Die erste Zeile gibt den Zusammenhang von q und v, welcher sehr wichtig ist, wenn q durch die Körperdicke ausgedrückt werden soll. Es zeigt sich, daß diese Beziehung nicht nur für ebene Strömung gilt. Zu diesem Zweck sei q an der Stelle $\zeta = z$ entwickelt, wobei hier nach dem zweiten Glied abgebrochen werden soll:

$$q(\xi,\zeta) = q(\xi,z) + q_\zeta(\xi,z)\,(\zeta - z) + \cdots.$$

Dies in Gl. (43) eingesetzt, läßt wieder eine Integration über ζ zu, deren erster Teil sich ganz analog zum ebenen Fall ergibt:

$$\varphi_1 = -\frac{\operatorname{tg}\alpha}{4}\int\limits_0^{x-y\cot\alpha} q(\xi,z)\,d\xi$$

$$+\int\limits_0^{x-y\cot\alpha} q_\zeta(\xi,z)\int\limits_{\zeta_1}^{\zeta_2}\frac{(\zeta-z)\,d\zeta}{\sqrt{(x-\xi)^2-y^2\cot^2\alpha-(z-\zeta)^2\cot^2\alpha}}\,d\xi + \cdots$$

$$= -\frac{\operatorname{tg}\alpha}{4}\int\limits_0^{x-y\cot\alpha} q(\xi,z)\,d\xi$$

$$+\int\limits_0^{x-y\cot\alpha} q_\zeta(\xi,z)\operatorname{tg}^2\alpha\left[\sqrt{(x-\xi)^2-y^2\cot^2\alpha-(z-\zeta)^2\cot^2\alpha}\right]_{\zeta_2}^{\zeta_1} d\xi + \cdots.$$

Der Klammerausdruck verschwindet aber an beiden Grenzen, so daß nur das erste Integral bleibt. Aus ihm folgt:

$$v_1 = \varphi_{1y} = + \frac{1}{4} q(x - y \cot \alpha, z) + \cdots.$$

Das erste folgende Glied enthält die Ableitung $q_{\zeta\zeta}$, auf welche es natürlich ankommt, wenn v in einiger Entfernung vom Körper bestimmt werden soll. Hier interessiert aber der v-Wert unmittelbar auf $y = 0$, wofür nur die q-Werte der unmittelbaren Umgebung verantwortlich sein können:

$$v_1(x, +0, z) = + \frac{1}{4} q(x, z). \tag{45}$$

Damit kann φ_1 durch die v_1-Verteilung in der Belegungsebene ausgedrückt werden. Man erhält auf $y = 0$:

$$\varphi_1(x, +0, z) = - \frac{1}{\pi} \int_0^x \int_{\zeta_1}^{\zeta_2} \frac{v_1(\xi, +0, \zeta)\, d\zeta}{\sqrt{(x - \xi)^2 - (z - \zeta)^2 \cot^2 \alpha}}\, d\xi. \tag{46}$$

Die Grenzen für die innere Integration vereinfachen sich dabei zu:

$$\zeta_{1,2} = z \mp \operatorname{tg} \alpha (x - \xi). \tag{47}$$

Wie bereits bei achsensymmetrischer Strömung, [•13], Gl. (IX,33) gegenüber Gl. (VIII,37), fehlt in Gl. (46) gegenüber der entsprechenden Gl. (2) für $M_\infty < 1$ bei π wieder der Faktor 2.

Wegen der Singularität des Integranden wird hier auf Gleichungen, welche Gl. (3) entsprechen, verzichtet. Man führt in der Praxis zunächst besser eine Integration aus, bevor die Komponenten ermittelt werden.

Das Problem dieses Abschnittes wurde zuerst von A. E. Puckett [8] bearbeitet, der bereits zahlreiche Anwendungsbeispiele gibt. Hier sei zunächst in Ergänzung des Beispiels in Abb. 2 die Geschwindigkeitsverteilung am selben Flügel, nur mit unendlicher Spannweite, bei $M_\infty = \sqrt{2}$ nach R. T. Jones [9] wiedergegeben, Abb. 12. Da die Pfeilung des Flügels Λ größer ist als der „Pfeilwinkel" des Machkegels $\pi/2 - \alpha$, ergibt sich in unendlicher Entfernung der Pfeileffekt des unendlich langen, schiebenden Flügels. Abb. 13 zeigt schließlich die Geschwindigkeitsverteilung im Mittelschnitt bei gleichbleibendem Pfeilwinkel Λ und verschiedenen Machzahlen der Anströmung. Diese können keineswegs ineinander mit der Pr. Regel umgerechnet werden, weil sich damit auch die Pfeilung ändern würde. Wenn das Resultat bei solcher Schallnähe auch kaum mehr als richtig angesprochen werden kann, da die Voraussetzungen der Linearisierung nicht mehr erfüllt sind, so ist es doch insofern wertvoll, als es zeigt, daß die Verteilungen alle vom selben Typus sind. Stets ist das Geschwindigkeitsmaximum im Sinne eines Widerstandes verlagert.

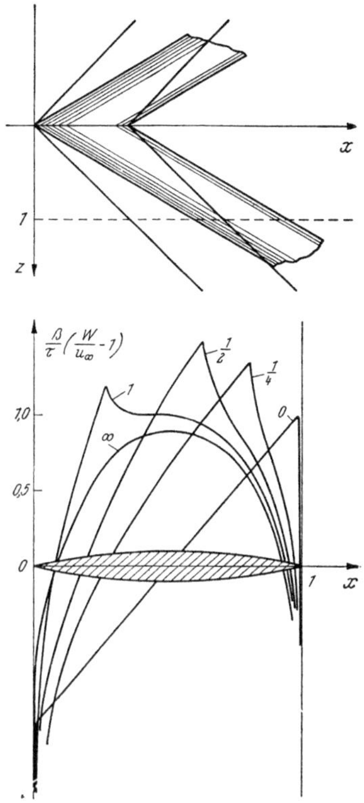

Abb. III,12. Geschwindigkeit bei $M_\infty > 1$ in Längsschnitten eines Pfeilflügels ($\Lambda = 60°$) nach JONES.

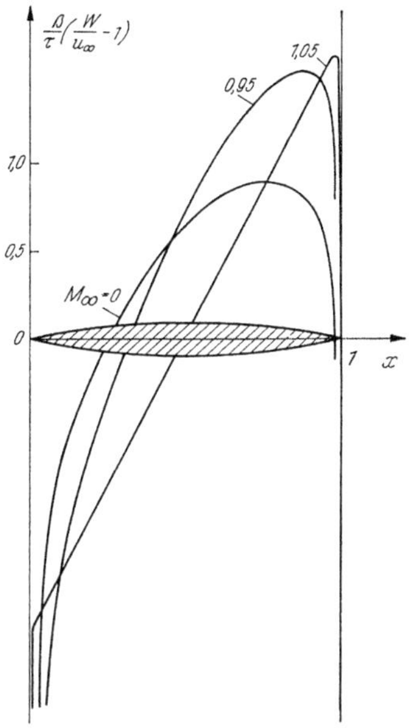

Abb. III,13. Geschwindigkeitsverteilung im Mittelschnitt des Pfeilflügels bei verschiedenen M_∞.

10. Umformung auf spezielle Machebenen

In Abb. 11, sowie 12 oben sind die in der Ebene $y = 0$ liegenden Erzeugenden der Einflußmachkegel für ausgezeichnete Punkte der Belegung eingezeichnet; siehe auch Abb. 9. Diese geraden Linien können ebenso gut als Schnitte von Machebenen, die senkrecht auf $y = 0$ stehen, mit der z,x-Ebene angesehen werden. Es erweist sich für das Folgende als zweckmäßig, diese Machebenen als unabhängige Veränderliche einzuführen. Es sei:

$$s = x + z \cot \alpha ; \qquad t = x - z \cot \alpha . \tag{48}$$

In der Prandtl-transformierten z,x-Ebene, Abb. 14, erscheinen s und t dann als die Koordinaten eines um die y-Achse um 45° gedrehten Systems geänderten Maßstabes. Der Ursprung beider Systeme ist derselbe.

Zur Festlegung der Integrationsgrenzen muß wenigstens die Vorderkante in die neuen Variablen umgeschrieben werden. Sie sei durch $t_v(s)$ gegeben, wenn als innere Integration jene über t gewählt wird. Die untere Grenze von s, also ihr kleinster Wert, sei $s = s_v$. Bei einer Überschallvorderkante, wie sie in Abb. 14

gezeigt ist, ist dieser s_v-Wert negativ. Im übrigen werden die Integrationsgrenzen besser anhand der einzelnen Beispiele ermittelt.

Sind die zu s und t gehörigen Integrationsvariablen σ und τ,

$$\sigma = \xi + \zeta \cot \alpha; \qquad \tau = \xi - \zeta \cot \alpha, \tag{49}$$

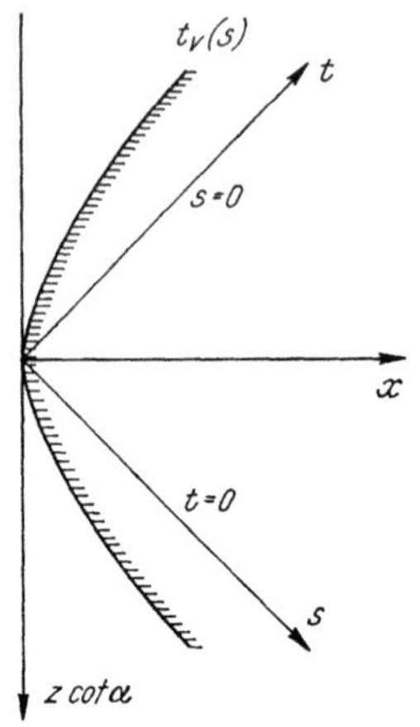

Abb. III,14. Machebenen-Koordinaten.

dann erhält der Wurzelausdruck im Integranden von (48) die Form:

$$(x - \xi)^2 - (z - \zeta)^2 \cot^2 \alpha = (s - \sigma)\,(t - \tau). \tag{50}$$

Das Flächenelement der Integration ist mit Hilfe der Jacobischen Determinante umzurechnen

$$d\sigma\, d\tau = (\sigma_\zeta \tau_\xi - \sigma_\xi \tau_\zeta)\, d\zeta\, d\xi = 2 \cot \alpha\, d\zeta\, d\xi \tag{51}$$

und das Störpotential (46) erhält damit die Gestalt:

$$\varphi_1(s, t, +0) = -\frac{\operatorname{tg} \alpha}{2\pi} \int\limits_{s_v}^{s} \frac{1}{\sqrt{s - \sigma}} \int\limits_{t_v(\sigma)}^{t} \frac{v_1(\sigma, \tau, +0)\, d\tau}{\sqrt{t - \tau}}\, d\sigma. \tag{52}$$

Da die Darstellung in s, t nun völlig symmetrisch ist, spielt die Integrationsreihenfolge nur beim nichtsymmetrischen Flügel, also etwa bei Flügelrändern, eine Rolle. Das Zerfallen des Kernes in 2 Faktoren stellt im allgemeinen einen entschiedenen Vorteil dar. Die oberen Grenzen der beiden Integrationsveränderlichen sind durch die Nullstellen der beiden Wurzeln gegeben. In die Auftriebsverteilung am Flügel, $v_1(x, +0, z)$, müssen freilich nun auch mittels Gl. (48) die neuen Veränderlichen s, t eingeführt werden.

Die Störkomponenten können durch die Ableitungen von φ_1 nach s und t mittels der Kettenregel der Differentiation wie folgt dargestellt werden:

$$u_1 = \varphi_{1x} = \varphi_{1s} + \varphi_{1t}; \qquad w_1 = \varphi_{1z} = \cot \alpha (\varphi_{1s} - \varphi_{1t}). \tag{53}$$

Es erweist sich im allgemeinen als Vorteil, die Koordinaten x und z erst ganz am Ende der Rechnung wieder einzuführen.

11. Gleichungen für kegelige Strömung

Ein besonderer — wie sich zeigen wird, sehr fruchtbarer — Fall ergibt sich, wenn die $v_1(\xi, +0, \zeta)$-Verteilung in Gl. (46) auf Strahlen durch den Ursprung konstant angenommen werden darf. Die Körper müssen dann allgemeine Kegelform aufweisen, natürlich mit wenig angestellten Oberflächenelementen, wobei es ohne weiteres erlaubt ist, daß die Belegung auch stromaufwärts erfolgt, wenn sie für $\xi < 0$ nur außerhalb vom Abhängigkeitskegel des Ursprungs bleibt, Abb. 16. Ein einfaches Beispiel für eine Belegung auf $y = 0$, $x < 0$ liefert der unendlich lange schiebende Flügel. Ist dabei $\Lambda < \pi/2 - \alpha$, so übertrifft die Normalkomponente auf die Vorderkante die Schallgeschwindigkeit. Ist hingegen $\Lambda > \pi/2 - \alpha$, so kann das Problem durch eine Translation in Vorderkantenrichtung auf eine ebene Unterschallströmung zurückgeführt werden, weshalb es verständlich ist, daß die Überschalldarstellung zu keinem Resultat führt. Die Beschränkung der Belegung auf das Gebiet außerhalb des Abhängigkeitsgebietes erweist sich auch im folgenden wiederholt als notwendig. Schließlich würde eine Belegung des Abhängigkeitskegels die ungestörte Anströmung zerstören.

Wie bei der exakten und bei der wenig gestörten Strömung um einen Kreiskegel bei $M_\infty > 1$, gibt es auch hier Strömungszustände, welche auf Strahlen durch den Ursprung konstant sind, wenn der Körper und die Belegung diese Forderung erfüllen. Nur hängen die Zustände im Gegensatz zur Kreiskegel-Strömung nun von zwei Parametern ab.

Allerdings soll im folgenden das Ergebnis im allgemeinen nur auf $y = 0$ betrachtet werden, wo als einzige unabhängige Veränderliche dann das Verhältnis z/x auftritt. Natürlich kann der Körper auch endlich sein, wenn die interessierenden Punkte nur nicht im Einflußgebiet des abschließenden Schnittes liegen.

Die solchermaßen definierte Strömung wurde zuerst von A. Busemann [10] mittels konformer Abbildung behandelt und als „infinitesimal kegelige Überschallströmung" bezeichnet. Im folgenden wird ein völlig anderer Weg als jener von Busemann beschritten, doch soll zuvor wegen der allgemein interessierenden Verhältnisse kurz auf die Behandlung in [10] eingegangen werden.

Unter Beschränkung auf die Machzahl $M_\infty = \sqrt{2}$ lauten die Gleichungen für die Komponenten wie folgt:

$$-\frac{\partial u_1}{\partial x} + \frac{\partial v_1}{\partial y} + \frac{\partial w_1}{\partial z} = 0; \qquad \frac{\partial u_1}{\partial y} = \frac{\partial v_1}{\partial x}; \qquad \frac{\partial u_1}{\partial z} = \frac{\partial w_1}{\partial x}. \tag{54}$$

Daraus ergibt sich etwa für die x-Komponente, in gleicher Weise aber auch für die anderen beiden Komponenten:

$$-\frac{\partial^2 u_1}{\partial x^2} + \frac{\partial^2 u_1}{\partial y^2} + \frac{\partial^2 u_1}{\partial z^2} = 0. \tag{55}$$

Da die Werte auf Strahlen durch den Ursprung konstant sind, hängen sie nur von den folgendermaßen definierten Kegelkoordinaten ab:

$$r^2 = \frac{y^2}{x^2} + \frac{z^2}{x^2}; \qquad \chi = \operatorname{arctg} \frac{y}{x}. \tag{56}$$

In den Kegelkoordinaten lautet dann Gl. (55):

$$(1 - r^2)\, r^2 \frac{\partial^2 u_1}{\partial r^2} + (1 - 2r^2)\, r \frac{\partial u_1}{\partial r} + \frac{\partial^2 u_1}{\partial \chi^2} = 0. \tag{57}$$

Gl. (57) ist der Tschapliginschen Gleichung gleichwertig, vergleiche [·13], Gl. (VI,101). Sie kann mit Transformationen, die der dort angegebenen Gleichung (VI,102) analog sind, vereinfacht werden. Innerhalb des Kreises vom Radius $r = 1$, d. h. innerhalb des vom Ursprung ausgehenden Machkegels ergibt sich mit

$$\varrho = \frac{1 - \sqrt{1 - r^2}}{r}; \qquad \frac{d\varrho}{dr} = \frac{1}{\sqrt{1 - r^2}} \frac{\varrho}{r}, \qquad (r < 1), \tag{58}$$

die Laplace-Gleichung in ebenen Polarkoordinaten:

$$\varrho^2 \frac{\partial^2 u_1}{\partial \varrho^2} + \varrho \frac{\partial u_1}{\partial \varrho} + \frac{\partial^2 u_1}{\partial \chi^2} = 0. \tag{59}$$

Damit ergibt sich die Möglichkeit, die Probleme innerhalb des Ursprungs-Machkegels nach Busemann [10] mittels konformer Abbildung zu behandeln [12]. Wichtig ist hierbei, daß nur die Geschwindigkeitskomponenten u_1, v_1, w_1, nicht aber das Potential φ_1, dessen Dimension ja um eine Längendimension größer ist als jene der Komponenten, von r und χ allein abhängen. Daher gelingt die Überführung in die Laplace-Gleichung für das Potential nicht ohne weiteres.

Außerhalb des Kreises $r = 1$, Abb. 15, hat Gl. (57) hyperbolischen Typus und ist daher auf die Wellengleichung zurückführbar. Die Charakteristiken sind die Tangenten an den Kreis $r = 1$.

Wie in Teil IV allgemein ausgeführt wird, gewinnt man beispielsweise die Machebenen zu Überschallvorderkanten, Abb. 16, indem man die Einflußkegel, Abb. 9, der Punkte der Überschallkante konstruiert und deren Einhüllende bildet. Dies sind zwei Charakteristiken-Ebenen, die durch die Kante gehen und die Einflußkegel tangieren. Da es Ebenen sind, genügt zu ihrer Auffindung ein einziger Machkegel, am besten der Kegel $r = 1$ in Abb. 15. In dieser Abbildung erscheint die Überschallkante als Punkt, etwa auf $y = 0$ für $z > 1$. Die Machebene erscheint als Tangente von diesem Punkt an den Kreis $r = 1$. Daraus erklären sich anschaulich die Charakteristiken der *infinitesimal kegeligen Darstellung*. Und es wird weiter klar, daß es von einem Punkt innerhalb des Kreises $r = 1$, also dem Repräsentanten einer Unterschallkante, keine Tangenten an den Kreis gibt, womit die Gleichung den hyperbolischen Charakter verliert.

Nach den Ausführungen über den Pfeileffekt, vgl. [·13], Abschn. VII,12, kann der mit der Anstellung des Kegelstrahles zur Anströmrichtung zusammenhängende Wechsel vom elliptischen zum hyperbolischen Typus nicht mehr verwundern.

Dieselben Erscheinungen werden sich im folgenden von anderen Gesichtspunkten aus ergeben.

Da die kegelige Strömung konstante v_1-Werte auf Halbstrahlen aufweist, werden zweckmäßig die Halbstrahlen selbst als Koordinaten im Integral (47) eingeführt. Dann läßt sich die Integration längs der Halbstrahlen ausführen, und

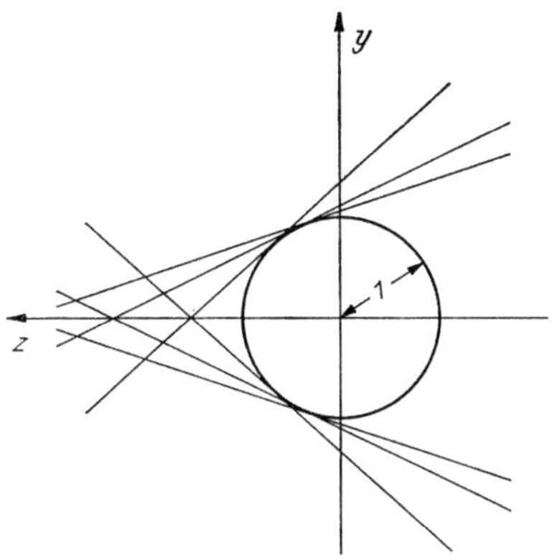

Abb. III,15. Charakteristiken der kegeligen Strömung.

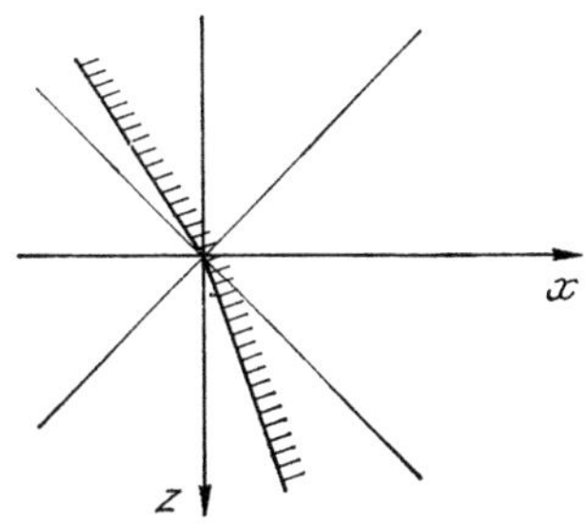

Abb. III,16. Kegelige Fläche ohne Kantenumströmung.

es bleibt wie bei achsensymmetrischer Strömung nur mehr ein einfaches Integral. Die Singularitäten im zugehörigen Integranden haben sich dabei erniedrigt, so daß durch Differentiation auf die gesuchten Komponenten übergegangen werden kann.

Die Übersichtlichkeit wird erleichtert, wenn im folgenden nur der Fall $M_\infty = \sqrt{2}$, $\alpha = 45°$ behandelt wird. Der Übergang zum allgemeinen Fall beliebiger M_∞-Werte im Resultat ist mittels der Prandtl-Regel leicht. Vorweg seien die Integrationsgrenzen untersucht, wenn neben dem Halbstrahl noch ξ als Koordinate eingeführt wird. Dabei ergeben sich aus der Lage der Halbstrahlen Typenunterschiede, Abb. 17. Befindet sich der Halbstrahl im Einflußkegel des Ur-

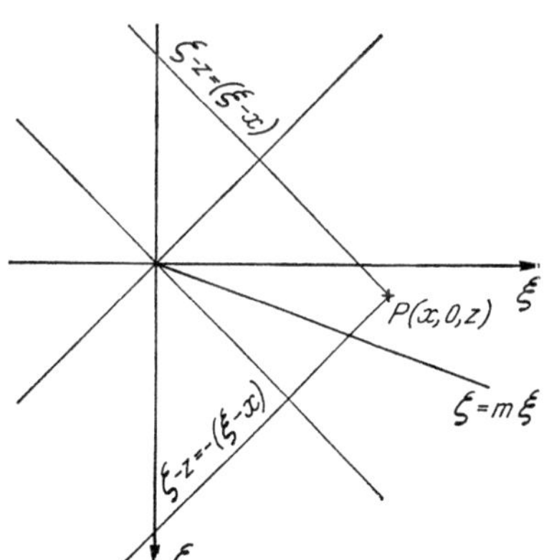

Abb. III,17. Integrationsgrenzen bei kegeliger Strömung, $M_\infty = \sqrt{2}$.

sprunges, so strahlt seine Belegung Störungen im ganzen Einflußkegel und nur in diesem aus. In Übereinstimmung mit der vorausgegangenen Darstellung sei das Gebiet des Einflußkegels als *elliptisch* bezeichnet und der darin gelegene Halbstrahl als *Unterschallhalbstrahl*. Nur dieses Gebiet wird im vorliegenden Abschnitt behandelt, weil für *Überschallhalbstrahlen* andere Methoden zielführender sind.

Selbstverständlich kann das *hyperbolische Gebiet* in analoger Weise bearbeitet werden wie das in [•11] auch geschehen ist. Man bezeichnet einen außerhalb des vom Ursprung ausgehenden Doppelkegels liegenden Halbstrahl als *Überschallhalbstrahl*. Wie bei einer Überschallvorderkante beeinflußt seine Belegung das hyperbolische Gebiet nur stromabwärts innerhalb der vom Halbstrahl ausgehenden Machflächen, dazu aber auch noch das gesamte elliptische Gebiet.

Für die kegelige Integrationsvariable sei das Symbol $m = \zeta/\xi$ eingeführt. In den beiden neuen Integrationsvariablen schreibt sich dann der Radikand im Integranden von Gl. (46) für den Normmachwinkel $\cot\alpha = 1$ wie folgt:

$$m = \zeta/\xi\colon\ (x - \xi)^2 - (z - \zeta)^2 = (1 - m^2)\,\xi^2 - 2(x - mz)\,\xi + (x^2 - z^2)\,. \tag{60}$$

Da die Belegung nur von m abhängt, wird die Integration über ξ nun als erste ausgeführt. Dabei folgen die Grenzen von ξ für ein bestimmtes m aus dem Nullsetzen der rechten Gleichungsseite von (60) nach kurzer Rechnung wie folgt:

$$z/x \lesseqgtr m\colon\ 0 \leqq \xi \leqq \frac{x \pm z}{1 \pm m} = \xi_1\,. \tag{61}$$

Es liegt also eine Fallunterscheidung vor, (nämlich ob sich der Aufpunkt z/x außerhalb oder innerhalb des Belegungshalbstrahles befindet), die aber später bedeutungslos wird.

Mit den neuen Variablen erhält das Integrationsdifferential die Form

$$d\xi\, d\zeta = \xi\, d\xi\, dm$$

und damit das Störpotential von Gl. (46) für $-1 \leqq z/x \leqq +1$ die Form:

$$\varphi_1(x, +0, z) = -\frac{1}{\pi}\int\limits_{m=-1}^{+1} v_1(m, +0)\int\limits_{\xi=0}^{\xi_1}\frac{\xi\, d\xi}{\sqrt{(1 - m^2)\,\xi^2 - 2(x - mz)\,\xi + (x^2 - z^2)}}\, dm$$

$$= \frac{1}{\pi}\int\limits_{-1}^{+1}\left\{\sqrt{x^2 - z^2} - \frac{x - mz}{\sqrt{1 - m^2}}\ln\frac{x - mz + \sqrt{1 - m^2}\,\sqrt{x^2 - z^2}}{|mx - z|}\right\}\frac{v_1(m, +0)}{1 - m^2}\, dm\,.$$

Die Grenzen von m sind zunächst in der Annahme gewählt, daß es im ganzen Bereich $-1 \leqq m \leqq +1$ v_1-Werte gibt. Den Kern des nunmehr einfachen Integrals der unteren Zeile erhält man aus der Integrationstabelle. Der Ausdruck $mx - z$ ändert im Integrationsbereich von m das Vorzeichen. Wie häufig bei verwandten

Fällen kann das Absolutzeichen im Argument des Logarithmus nicht weggelassen werden. Der Zähler im Argument des Logarithmus dagegen ist stets positiv. Der Einfachheit halber sei für den Logarithmus im letzten Integranden ein eigenes Funktionssymbol gewählt:

$$L(z/x, m) = \ln \frac{x - mz + \sqrt{(1-m^2)(x^2-z^2)}}{|mx - z|}. \tag{62}$$

Für diese Funktion gilt:

$$L(z/x, 1) = 0; \qquad L(z/x, m) = L(-z/x, -m). \tag{63}$$

Ferner erhält man für die Ableitung von L folgende Ergebnisse:

$$\frac{\partial L}{\partial m} = -\frac{\sqrt{x^2-z^2}}{\sqrt{1-m^2}\,(mx-z)}; \qquad \frac{\partial L}{\partial x} = -\frac{z\sqrt{1-m^2}}{(mx-z)\sqrt{x^2-z^2}}. \tag{64}$$

Wie früher darauf hingewiesen wurde, kann man nach der Durchführung einer Integration die Ableitung φ_{1x} bilden, zumal die Integrationsgrenzen nun überhaupt nicht mehr von der Lage des Aufpunktes abhängen, was für das elliptische Gebiet kennzeichnend ist. Man erhält mit Gl. (64):

$$\varphi_{1x}(x, +0, z) = u_1(x, +0, z)$$

$$= -\frac{1}{\pi}\int\limits_{-1}^{+1}\left[\frac{m}{\sqrt{1-m^2}}\,\frac{\partial L}{\partial m} + \frac{1}{\sqrt{1-m^2}^{\,3}}\,L\right] v_1(m, +0)\,dm.$$

Eine partielle Integration liegt nun nahe, und zwar — wegen der einfachen Gestalt von $\partial L/\partial m$ — im Sinne einer Ableitung von L. Dabei ist es zweckmäßig für die folgende Mittelung ein eigenes Symbol einzuführen:

$$V(m) = \int\limits_0^m \frac{v_1(t)\,dt}{(1-t^2)^{3/2}}. \tag{65}$$

Außerdem ist bei der partiellen Integration die Grenze des Aufwindgebietes von Bedeutung, sie sei mit $m = m_a$ bezeichnet. Beim symmetrischen Problem, also beim dicken Flügel, deckt sich die Aufwindgrenze mit der Flügelvorderkante, $m = \pm m_v$:

$$v_1(m, +0) = v_1^+(m, +0) = 0 \qquad \text{für} \qquad |m| > m_a = m_v = \cot \Lambda. \tag{66}$$

Beim tragenden Dreieckflügel dagegen ist im gesamten elliptischen Gebiet Aufwind oder Abwind:

$$v_1(m, +0) = v_1^-(m, +0) \neq 0 \qquad \text{für} \qquad m_a = 1 > |m| \geqq 0. \tag{67}$$

So erhält man schließlich für die x-Komponente mit Rücksicht auf die rechte Gleichung (63) für $M_\infty = \sqrt{2}$ die Darstellung:

$$u_1(x, +0, z) = -\frac{1}{\pi} V(m_a) [L(z/x, m_a) + L(-z/x, m_a)]$$
$$+ \frac{1}{\pi} \sqrt{x^2 - z^2} \int_{-m_a}^{m_a} \left[\frac{m}{1 - m^2} v_1(m) - \frac{V(m)}{\sqrt{1 - m^2}} \right] \frac{dm}{mx - z}. \tag{68}$$

Damit ist für das kegelige elliptische Gebiet eine Darstellung gefunden, die mit jener bei ebener Unterschallströmung starke Ähnlichkeit aufweist, was nach den Ausführungen am Anfang dieses Abschnittes nicht mehr überraschen kann. Das Integral hat völlig Unterschallcharakter. Es handelt sich um ein Poisson-Integral innerhalb fester Grenzen. Die Belegung allerdings ist nicht durch die y-Komponente selbst gegeben, sondern durch die ziemlich komplizierte Funktion von v_1 in der eckigen Klammer. Vor dem Integral sorgt der Faktor $\sqrt{x^2 - z^2}$ für das Verschwinden der Störungen außerhalb des elliptischen Gebietes. Die ausintegrierten Bestandteile am Anfang der rechten Seite machen wenig Arbeit. Sie erweisen sich für das Dickenproblem als wesentlich.

Damit ist im elliptischen Gebiet eine Darstellung gefunden, die auf dem Weg über eine Absteigmethode aus der allgemeinen räumlichen Strömung gewonnen wurde. Freilich muß auch der direkte Weg über kegelige Koordinaten und die Differentialgleichung (59) zum selben Ziel führen, was aber nicht ganz einfach zu zeigen ist.

Trotz des elliptischen Charakters im betrachteten Gebiet bleiben selbstverständlich auch gewisse hyperbolische Eigenschaften erhalten, so zum Beispiel, daß sich ein Abschneiden eines allgemeinen kegeligen Körpers nicht stromaufwärts geltend machen kann, sondern nur im Einflußgebiet der Abschneidekurve.

12. Nichtangestellte kegelige Körper mit Unterschallvorderkanten

Für den Fall der in y symmetrischen Strömung, also für den Fall der Quellbelegung, gilt Gl. (66). Damit erhält Gl. (68) die spezielle Form (immer für die Normmachzahl $M_\infty = \sqrt{2}$):

$$u_1^+(x, 0, z) = -\frac{1}{\pi} V(m_v) [L(z/x, m_v) + L(-z/x, m_v)]$$
$$+ \frac{1}{\pi} \sqrt{x^2 - z^2} \int_{-m_v}^{+m_v} \left[\frac{m}{1 - m^2} v_1^+(m, +0) - \frac{V^+(m)}{\sqrt{1 - m^2}} \right] \frac{dm}{mx - z}, \tag{69}$$

mit $m_v = \operatorname{ctg} \Lambda$ als m-Wert der Vorderkante.

Die in der eckigen Klammer stehende „Quellbelegung“ kann nun beispielsweise als einfaches Polynom angesetzt werden. Daraus kann dann weiter einerseits unter Berücksichtigung der Beziehung (65) die Quellverteilung und damit auch die Dickenverteilung des Kegels bestimmt werden, andererseits folgt aus (69) die Geschwindigkeitsverteilung. Diesen Weg hat F. HJELTE beschritten [13] und die Geschwindigkeitsverteilung für die auf dem skizzierten Weg gewonnene Kegel-Systematik angegeben.

Im folgenden soll nur das einfachste Beispiel, nämlich jenes eines Kegels rhombusförmigen Querschnittes herangezogen werden, Abb. 18.

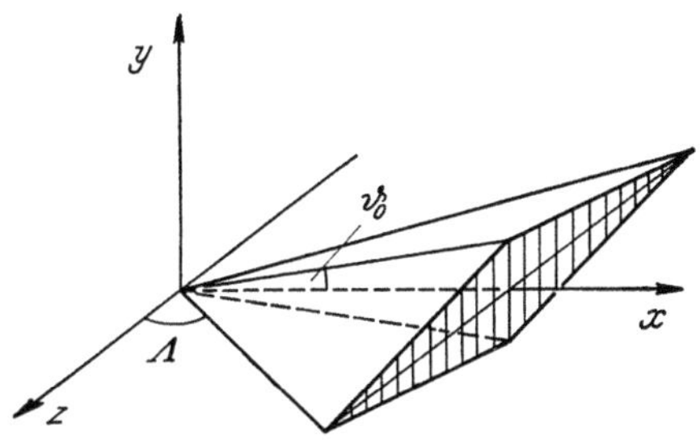

Abb. III,18. Rhombuskegel.

Für diesen Körper gilt ganz unabhängig davon, ob es sich um Über- oder Unterschallvorderkanten handelt für $0 \lesseqgtr z \lesseqgtr \pm m_v x$:

$$2h = \tau(x \mp z/m_v) = 2 \operatorname{tg} \vartheta_0 (x \mp z \operatorname{tg} \Lambda).$$

Mit Gl. (VII,55) in [·13], siehe Anhang, folgt daraus die Dickenverteilungsfunktion für $0 \lesseqgtr z \lesseqgtr \pm m_v x$:

$$f(x, z) = x \mp z \operatorname{tg} \Lambda.$$

Daraus folgt weiter mit Gl. (VII,57), dort mit dem Störparameter $\delta^+ = \tau$, für $-m_v x \leqq z \leqq m_v x$:

$$v_1^+(x, +0, z) = 1/2. \tag{70}$$

Für die Aufwindverteilungsfunktion $V^+(m)$ gilt mit Gl. (65) dann für den Rhombuskegel:

$$V^+(m) = \frac{1}{2} \frac{m}{\sqrt{1 - m^2}}.$$

Der Ausdruck in der eckigen Klammer von Gl. (69) und selbstverständlich auch von (68) verschwindet also für konstantes v_1. Es bleibt beim Rhombuskegel nur die erste Zeile von Gl. (69). Mit Gl. (62) gewinnt man damit nach elementarer Reduktion folgendes Ergebnis:

$$u_1^+(x, 0, z) = -\frac{1}{\pi} \frac{m_v}{\sqrt{1 - m_v^2}} \ln \frac{\sqrt{1 - m_v^2}\, x + \sqrt{x^2 - z^2}}{\sqrt{|m_v^2 x^2 - z^2|}}. \tag{71}$$

Es zeigt sich, daß im ganzen Störgebiet Untergeschwindigkeit herrscht, wie das auch beim Kreiskegel nicht anders der Fall ist. An der Vorderkante, $z \to m_v x$, wächst u_1^+ negativ logarithmisch über alle Grenzen. Das ist kennzeichnend für das Verhalten an Unterschallvorderkanten in der vorliegenden Näherung. Allerdings muß darauf hingewiesen werden, daß an der Vorderkante ebenso wenig wie beim schiebenden Flügel ein Staupunkt vorliegt. Das trifft nur für die Kegelspitze zu. Die Vorderkante dagegen weist eine endliche Tangentialgeschwindigkeit auf. Solche logarithmische Unendlichkeiten sind allerdings keine wesentlichen Schwächen der Theorie. Genauso wie beim Kreiskegel verschwindet $u_1^+(x, 0, z)$ auch am Machkegel der Kegelspitze. In Gl. (71) ist das nur in der Belegungsebene, also für $|z| \to x$ zu erkennen.

Die Umrechnung auf $M_\infty \neq \sqrt{2}$ soll hier nicht erfolgen, weil das Beispiel noch einmal in anderem Zusammenhang vorkommt.

13. Tragendes Dreieck mit Unterschallkanten

Das tragende Dreieck mit zwei Unterschallkanten bei $z/x = \pm m_v$ kann auch mit Hilfe von Quellbelegungen behandelt werden. Im vorliegenden Fall gibt es auf $y = 0$ im ganzen elliptischen Gebiet Quellen: Am Flügel negative Quellen bedingt durch den vom Flügel erzeugten Abwind, zwischen Vorderkante und Machkegel Aufwindquellen, bedingt durch die Kantenumströmung zufolge des Druckausgleiches zwischen Druck- und Saugseite.

Bei einer Betrachtung des oberen Halbraumes allein spielen die Vorgänge im unteren Halbraum keine Rolle. Es ist irrelevant, ob der Aufwind zwischen Flügel und Machkegel von einem in der Nähe von $y = 0$ befindlichen und entsprechend geformten Körper erzeugt wird oder in der freien Strömung auftritt. Die Bedingung für das antisymmetrische Problem bleibt das Verschwinden von $u_1^-(x, 0, z)$ zwischen Vorderkante und Machkegel.

Damit führt Gl. (68) wieder auf ein Integralgleichungsproblem, jedoch mit geänderter Fragestellung. Es wird nach jener Aufwindverteilung vor dem Flügel gefragt, die dort keine Wirbelverteilung und damit $u_1(x, 0, z) = 0$ erzeugt. Während bei der entsprechenden Hauptaufgabe der Tragflügeltheorie in Abschn. 7 nach jener Wirbelverteilung auf dem Flügel gefragt wurde, die die gewünschte Flügelform, also die gewünschte Abwindverteilung am Flügel liefert, ist nun die Fragestellung etwas abgewandelt. Es wird sich gleich zeigen, daß die im vorliegenden Abschnitt gewählte Formulierung zweckmäßig und zielführend ist.

Mit $m_a = 1$ von Gl. (67) und der ersten Gl. (63) verschwindet der ausintegrierte Bestandteil von Gl. (68). $V(1)$ hat nämlich durchaus einen endlichen Wert. Da $v_1^-(m)$ an der Vorderkante des Flügels eine integrierbare Singularität aufweist — es wächst vor dem Flügel wie Eins durch die Wurzel aus dem Flügelabstand über alle Grenzen — ist $V^-(m)$ überall stetig. Die partielle Integration, die zu Gl. (68) geführt hat, ist also nachträglich durchaus gerechtfertigt. Diese Gleichung erhält also für das antisymmetrische Problem in y, also für den Fall tragender Flächen für die Normmachzahl die Form:

$$u_1^-(x, +0, z) = \frac{1}{\pi}\sqrt{x^2 - z^2}\int\limits_{-1}^{+1}\left[\frac{m}{1 - m^2}\, v_1^-(m, 0) - \frac{V^-(m)}{\sqrt{1 - m^2}}\right]\frac{dm}{mx - z}. \quad (72)$$

Als Beispiel sei der ebene tragende Dreieckflügel mit zwei symmetrischen Unterschallvorderkanten bei $z = \pm m_v x$ gewählt, Abb. 19.

Mit Gl. (VII,61) aus [·13] erhält man dann für die nichtgewölbte Platte, $g \equiv 0$, am Flügel für den Störparameter und die Randbedingung:

$$\delta^- = \operatorname{tg} \varepsilon; \qquad v_1^-(x, 0, z) = -1 \qquad \text{für} \qquad -m_v x \leqq z \leqq m_v x. \tag{73}$$

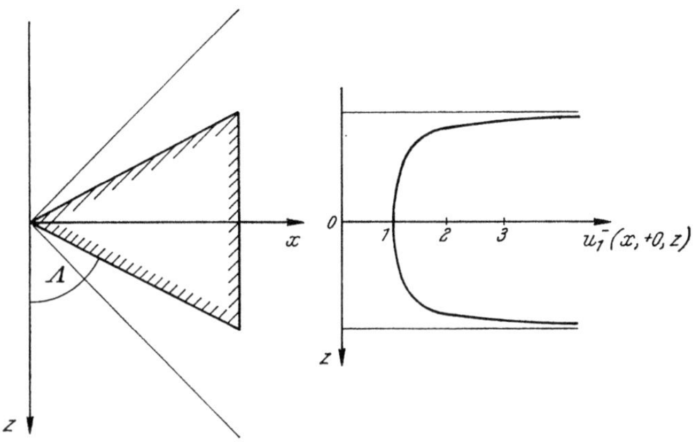

Abb. III,19. Dreieckflügel mit Kantenumströmung bei $M = \sqrt{2}$.

Für die Belegungsfunktion in Gl. (72) sei ein spezielles Symbol eingeführt, für das sich im Aufwindgebiet vor dem Flügel mit Gl. (73) folgende Darstellung finden läßt:

$$\begin{aligned} m_v \leqq m \leqq 1:\ K(m) &= \frac{m}{1-m^2}\, v_1^-(m, 0) - \frac{1}{\sqrt{1-m^2}} \int_0^m \frac{v_1^-(t, 0)\, dt}{\sqrt{1-t^2}^3} \\ &= \frac{1}{\sqrt{1-m^2}} \left[\frac{m v_1^-(m)}{\sqrt{1-m^2}} + \int_0^{m_v} \frac{dt}{\sqrt{1-t^2}^3} - \int_{m_v}^m \frac{v_1^-(m)\, dt}{\sqrt{1-t^2}^3} \right] \\ &= \frac{m}{1-m^2} [v_1^-(m) + 1] - \frac{1}{\sqrt{1-m^2}} \int_0^m \frac{v_1^-(t) + 1}{\sqrt{1-t^2}^3}\, dt \\ &= m^2 \frac{d}{dm} \left[\frac{\sqrt{1-m^2}}{m} \int_0^m \frac{(v_1^- + 1)\, dt}{\sqrt{1-t^2}^3} \right]. \end{aligned} \tag{74}$$

Die letzte Darstellung ist für die Herleitung der Umkehrformel, nämlich für die Darstellung von v_1 durch $K(m)$ besonders geeignet. Da $K(m)$ für $m < m_v$ verschwindet, findet man zunächst

$$\int_0^m \frac{v_1^-(t)+1}{\sqrt{1-t^2}^3}\,dt = \frac{m}{\sqrt{1-m^2}}\int_{m_v}^m \frac{K(t)}{t^2}\,dt,$$

und nach Ableitung dieser Gleichung nach m:

$$v_1^-(m)+1 = \frac{1-m^2}{m}\,K(m) + \int_{m_v}^m \frac{K(t)}{t^2}\,dt. \tag{75}$$

Da die Belegungsfunktion in Gl. (72) bei symmetrischer Verteilung von v_1 zur x,y-Ebene eine ungerade Funktion ihres Argumentes ist, $K(m) = -K(-m)$, beschränkt man die Integration wie folgt am besten auf ein Intervall. Mit den neuen Variablen

$$\bar\zeta = \frac{m^2-m_v^2}{1-m_v^2}\,, \qquad \bar z = \frac{(z/x)^2-m_v^2}{1-m_v^2} \tag{76}$$

erhält man aus Gl. (72):

$$\pi u_1^-(x,+0,z)/\sqrt{1-(z/x)^2} = \int_{-1}^{-m_v} K(m)\,\frac{dm}{m-z/x} + \int_{m_v}^1 K(m)\,\frac{dm}{m-z/x}$$

$$= \int_{m_v}^1 K(m)\,\frac{2m\,dm}{m^2-(z/x)^2} = \int_0^1 K(m)\,\frac{d\bar\zeta}{\bar\zeta-\bar z}. \tag{77}$$

Für $m_v^2 < (z/x)^2 < 1$, d. h. für $0 < \bar z < 1$, folgt damit die Integralgleichung

$$0 = \int_0^1 K(m)\,\frac{d\bar\zeta}{\bar\zeta-\bar z} \tag{78}$$

mit der Lösung, vgl. die Integraltabelle, wieder für $m_v^2 < (z/x)^2 < 1$:

$$K(m) = \frac{C}{\sqrt{\bar\zeta(1-\bar\zeta)}} = \frac{C(1-m_v^2)}{\sqrt{(m^2-m_v^2)\,(1-m^2)}}. \tag{79}$$

Die zunächst noch freie Konstante C bestimmt sich daraus, daß der Aufwind am Machkegel verschwinden muß: $v_1^-(1) = 0$. Aus Gl. (75) folgt damit:

$$1 = C(1-m_v^2)\int_{m_v}^1 \frac{dt}{t^2\sqrt{(t^2-m_v^2)\,(1-t^2)}} = C(1-m_v^2)\,\frac{E'(m_v)}{m_v^2}. \tag{80}$$

Dabei ist $E'(m_v)$ das vollständige elliptische Integral $E\left(\sqrt{1-m_v^2}\right)$ des Argumentes $\sqrt{1-m_v^2}$. Die Funktion muß den einschlägigen Tabellenwerken entnommen werden. Die im folgenden benötigten Werte sind in Abb. 20 wiedergegeben.

Das Ergebnis (79) mit der Konstanten gem. Gl. (80) kann nun in Gl. (77) eingesetzt werden:

$$\pi u_1^-(x, +0, z)/\sqrt{1-(z/x)^2} = \frac{m_v^2}{1-m_v^2}\,\frac{1}{E'(m_v)}\int\limits_0^1 \frac{d\xi}{(\xi-\bar{z})\sqrt{\xi(1-\xi)}}.$$

Es handelt sich um den bereits früher bei der Behandlung der elliptischen Verteilung in der Tragflügeltheorie auftretenden Integral-Typus. Man wird durch die Substitution $t = 2\xi - 1$ direkt auf die untere Form geführt und erhält mit Gl. (76) schließlich das Ergebnis für $-m_v < z/x < m_v$, Abb. 19:

$$u_1^-(x, +0, z) = \frac{m_v}{E'(m_v)}\,\frac{1}{\sqrt{1-[z/(m_v x)]^2}}. \tag{81}$$

Ein Vergleich mit dem Ergebnis des Flügels kleiner Streckung, Gl. (35) und (36), für den Spezialfall der ebenen Dreieckplatte, $v_1^-(x, 0, z) = -1$, zeigt, daß sich die in der ersten Ordnung der Störungen exakte Theorie Gl. (81) von der

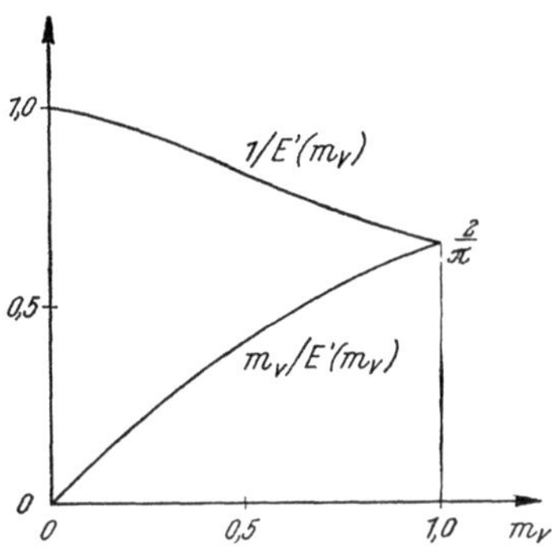

Abb. III,20. Die Funktionen zu Gl. (81) bis (83); $m_v = \cot\Lambda \cot\alpha$.

Theorie kleiner Streckung nur durch einen von der Pfeilung abhängigen Faktor unterscheidet. Damit kann einerseits die Genauigkeit der Theorie kleiner Streckung überprüft werden, worauf in Abschn. 17 eingegangen wird, andererseits können Ergebnisse der Theorie kleiner Streckung weitgehend übernommen werden. Aus Gl. (81) erhält man sofort das Störpotential auf der Oberseite für die Normmachzahl:

$$\varphi_1^-(x, +0, z) = \frac{1}{E'(m_v)}\sqrt{m_v^2 x^2 - z^2}.$$

Ein Vergleich mit Gl. (35), $v_1^- = -1$, und Abb. 20 zeigt, daß letztere Darstellung für kleine Werte von m_v, also für kleine Streckungen, mit dem früheren Ergebnis übereinstimmt. Diese und die folgenden Gleichungen gelten alle für $-m_v x < z < m_v x$.

Durch Anwenden der Prandtl-Regel folgt die Form für beliebige Machzahlen, indem jeweils φ_1^-, m_v und z durch φ_1^- cot α, m_v cot α und z cot α ersetzt werden. Ersetzt man außerdem noch m_v durch den Pfeilwinkel, $m_v = \cot \Lambda$, so erhält man schließlich für $1 < M_\infty$:

$$\varphi_1^-(x, +0, z) = \frac{1}{E'(\cot \Lambda \cot \alpha)} \sqrt{x^2 \cot^2 \Lambda - z^2}. \tag{82}$$

Die Auftriebsverteilung ist also auch im Falle der exakten Störtheorie erster Ordnung elliptisch! Die Herleitung der Geschwindigkeitskomponenten am Flügel für beliebige Überschallgeschwindigkeiten kann wegen ihrer Einfachheit wegbleiben.

Wie das Potential unterscheidet sich auch der Auftriebsbeiwert von jenem für Flügel kleiner Streckung, Gl. (34), nur um den Faktor, der das vollständige elliptische Integral enthält:

$$c_a = \frac{4b^2}{F} \cdot \frac{\pi}{2} \cdot \frac{1}{E'(\cot \Lambda \cot \alpha)} \sin \varepsilon. \tag{83}$$

Der Druckpunkt befindet sich wieder im Schwerpunkt des Dreiecks, also in der Entfernung von 2/3 der Tiefe von der Spitze, weil jeder Querschnittsstreifen proportional zu seiner lokalen Spannweite trägt. Die Druckpunktlage ist also unabhängig von der Machzahl, eine Eigenschaft, die auch der Flügel kleiner Streckung gemäß der Theorie von R. T. Jones aufweist. Während aber letztere Theorie bei Unterschallströmung in der Umgebung der Hinterkante von Deltaflügeln ungenau wird, handelt es sich bei reiner Überschallströmung um ein im Rahmen der linearen Theorie exaktes Resultat, weil sich das Abschneiden des Flügels an der Hinterkante nicht stromaufwärts auswirken kann.

Wegen der elliptischen Auftriebsverteilung ergibt sich der induzierte Widerstand wieder mit Gl. (22) aus dem Auftriebsbeiwert.

14. Flügel ohne Kantenumströmung

Im Rahmen der vorliegenden Störtheorie weisen Überschallkanten keine Umströmung auf, so daß unter dem Titel dieses Abschnittes sowohl angestellte wie dicke nichtangestellte Flügel behandelt werden können, weil in beiden Fällen die Aufwindverteilung im Integrationsgebiet von Gl. (52) bekannt ist. Diese Darstellung des Potentials soll im folgenden der Darstellung von Gl. (46) vorgezogen werden, weil sie sich für die gestellte Aufgabe als besonders geeignet erweist. Als einfachstes Beispiel sei eine konstante Aufwindverteilung am Flügel angenommen, $v_1(x, +0, z) =$ konst. Damit ist bei Überschallvorderkante gleichzeitig der Rhombuskegel mit der Randbedingung (70) erfaßt, wie auch der angestellte Deltaflügel mit der Randbedingung (73). Zum Abschluß des Abschnittes soll jedoch noch kurz der Rhombuskegel mit Unterschallvorderkante mit Gl. (52) behandelt werden, weil damit ein interessanter Einblick in die Fallunterscheidungen von Über- und Unterschallvorderkante gewonnen wird. Daraus erklärt sich auch die Wahl der Abschnittsüberschrift.

Bei der gewählten Behandlung bedeutet die Annahme $M_\infty \neq \sqrt{2}$ keine wesentliche Belastung der Rechnung, weshalb die folgende Darstellung nicht auf die Normmachzahl beschränkt zu werden braucht. Zunächst müssen jedoch die Vorderkanten sowie die Koordinaten einiger wesentlicher Punkte in s, t dargestellt werden.

Führt man in der Gleichung für die Vorderkante, die zunächst keineswegs Überschallvorderkante zu sein braucht,

$$z = \pm x \cot \Lambda = \pm m_v x, \qquad z \gtrless 0,$$

mit Gl. (48) die neuen unabhängigen Veränderlichen s, t ein, so erhält man in diesen die Vorderkanten-Gleichungen in der Form:

$$s \gtrless t: \quad t = t_v(s) = \frac{\operatorname{tg} \Lambda \operatorname{tg} \alpha \mp 1}{\operatorname{tg} \Lambda \operatorname{tg} \alpha \pm 1} \cdot s.$$

Es ist zweckmäßig für den Faktor vor s ein neues Symbol einzuführen, nämlich

$$\lambda = \frac{\operatorname{tg} \Lambda \operatorname{tg} \alpha - 1}{\operatorname{tg} \Lambda \operatorname{tg} \alpha + 1}. \tag{84}$$

Damit stellt sich die Vorderkante wie folgt dar:

$$s > t: \quad t = t_v(s) = \lambda s; \qquad s < t: \quad t = t_v(s) = s/\lambda. \tag{85}$$

Es wird sich im folgenden immer wieder herausstellen, daß der Übergang vom ersten in den zweiten z,x-Quadranten einem Vertauschen von s und t entspricht. Das kommt bereits in der Kantendarstellung (85) zum Ausdruck.

Der Wertebereich von Über- und Unterschallkanten folgt aus Gl. (84):

$$\begin{aligned} &\text{Unterschallkante:} \quad 0 \leqq \lambda \leqq 1; \\ &\text{Überschallkante:} \quad -\infty \leqq \lambda \leqq 0. \end{aligned} \tag{86}$$

Auf Überschallkanten ist gemäß Abb. 21 eine der Variablen s oder t positiv, die andere negativ. Bei Unterschallkanten dagegen, Abb. 22, sind beide Variablen s und t positiv. Dem wird in Gl. (85) durch die Beziehungen (86) entsprochen.

Je nachdem, ob die äußere Integration über τ oder über σ erfolgt, spielen die Schnittpunkte A oder B der Machlinien des Punktes $P(s, t)$, mit dem linken oder rechten Vorderkantenteil eine Rolle, Abb. 21, 22 und 26. Da diese Punkte eine ihrer s- oder t-Koordinaten jeweils mit dem Punkt P gemeinsam haben, sind ihre s,t-Werte mit Gl. (85) schnell gefunden:

$$A(s, \lambda s); \qquad B(\lambda t, t). \tag{87}$$

Wegen des Vorderkantenknickes an der Spitze und der damit verbundenen Unterscheidung der Darstellung der Kanten in den verschiedenen Bereichen gem. Gl. (85) muß die Integration in zwei Teilintegrationen aufgespalten werden.

Man erhält für Gl. (52) und Überschallvorderkanten, Abb. 21:

$$\varphi_1(s, t, +0) = -\frac{\operatorname{tg}\alpha}{2\pi} v_1 \left[\int\limits_{\lambda t}^{0} \frac{1}{\sqrt{s-\sigma}} \int\limits_{\sigma/\lambda}^{t} \frac{d\tau}{\sqrt{t-\tau}} d\sigma + \int\limits_{0}^{s} \frac{1}{\sqrt{s-\sigma}} \int\limits_{\lambda\sigma}^{t} \frac{d\tau}{\sqrt{t-\tau}} d\sigma \right]$$

$$= -\frac{\operatorname{tg}\alpha}{\pi} v_1 \left[\int\limits_{\lambda t}^{0} \sqrt{\frac{t-\sigma/\lambda}{s-\sigma}}\, d\sigma + \int\limits_{0}^{s} \sqrt{\frac{t-\lambda\sigma}{s-\sigma}}\, d\sigma \right]. \quad (88)$$

Es handelt sich um einen Integraltypus der Tabelle im Anhang. Dabei ist zu beachten, daß λ für Überschallvorderkanten negativ ist. Damit kann die

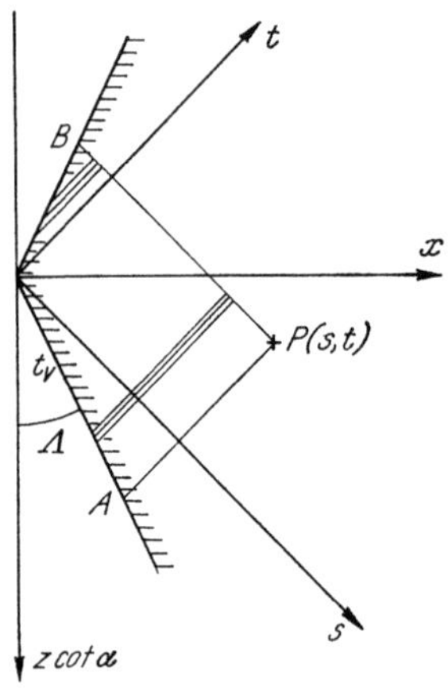

Abb. III,21. σ, τ-Integration bei Überschallvorderkanten.

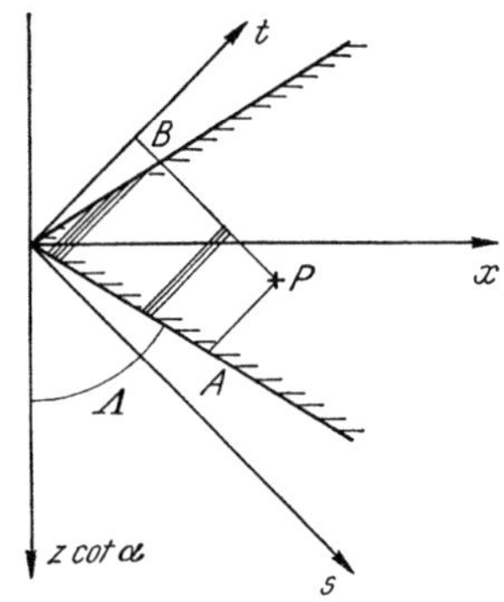

Abb. III,22. σ, τ-Integration bei Unterschallvorderkanten.

zweite Integration ausgeführt werden; sie führt nach Einsetzen der Grenzen und nach Umformung zu dem Ergebnis:

$$\varphi_1(s, t) = -\frac{\operatorname{tg}\alpha\, v_1}{\pi \sqrt{-\lambda}} \left[(s - \lambda t) \operatorname{arctg} \sqrt{\frac{-\lambda t}{s}} + (t - \lambda s) \operatorname{arctg} \sqrt{\frac{-\lambda s}{t}} \right]. \quad (89)$$

Man beachte die völlige Symmetrie in s und t.

Aus Gl. (89) folgt durch Ableiten nach s und t mit Gl. (53) und nach Umformung des konstanten Koeffizienten mit Gl. (84):

$$\left.\begin{aligned} u_1(s, t) &= -\frac{2}{\pi} v_1 \frac{\operatorname{tg}\alpha}{\sqrt{1 - \operatorname{tg}^2\alpha \operatorname{tg}^2\Lambda}} \left[\operatorname{arctg} \sqrt{-\lambda \frac{s}{t}} + \operatorname{arctg} \sqrt{-\lambda \frac{t}{s}} \right]; \\ w_1(s, t) &= \frac{2}{\pi} v_1 \frac{\operatorname{tg}\alpha \operatorname{tg}\Lambda}{\sqrt{1 - \operatorname{tg}^2\alpha \operatorname{tg}^2\Lambda}} \left[\operatorname{arctg} \sqrt{-\lambda \frac{s}{t}} - \operatorname{arctg} \sqrt{-\lambda \frac{t}{s}} \right]. \end{aligned}\right\} \quad (90)$$

In den Argumenten der arctg-Funktionen ist λ von Gl. (84) der Übersicht wegen noch belassen worden.

Die bisherigen Ergebnisse gelten alle im elliptischen Gebiet, da das Integrationsgebiet so gewählt wurde, daß der Punkt B in Abb. 21 im zweiten z,x-Quadranten liegt. Es kann aber hier gezeigt werden, daß stetiger Anschluß der Störgeschwindigkeiten am hyperbolischen Gebiet vorliegt.

Dort handelt es sich nämlich um eine schiebende ebene Platte mit Überschallvorderkante. Aus Abb. 23 geht unmittelbar hervor, daß es sich keineswegs um

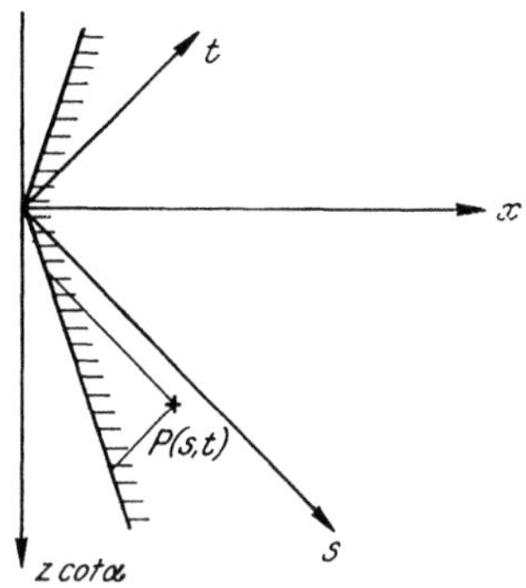

Abb. III,23. Aufpunkt im hyperbolischen Gebiet.

eine schiebende Platte unendlicher Spannweite handeln muß, um die Resultate von Abschn. VII,12 in [•13] anwenden zu dürfen. Bei Überschallvorderkanten kommt es nur darauf an, daß die Voraussetzungen für den schiebenden Flügel, also konstante Längsprofile, im ganzen Integrationsgebiet erfüllt sind. Der Knick an der Flügelnase macht sich im Punkte $P(s, t)$ des hyperbolischen Gebietes gar nicht bemerkbar, geschweige denn der Verlauf des Flügels in Richtung größerer z-Werte.

Für die schiebende Platte ist in [•13], Gl. (VII,139) gemäß der Ackeret-Formel Gl. (IX,3) dort

$$(W/u_\infty - 1)_{\Lambda=0} = -\operatorname{tg} \alpha(v/u_\infty)$$

zu setzen, wobei noch zu beachten ist, daß gemäß der angewendeten Näherung auf der linken Seite noch die W-Störung durch die u-Störung ersetzt werden darf. Damit ist aber bereits unmittelbar der Anschluß an die obere Gl. (90) hergestellt. Am Rand ihrer Gültigkeit, das ist auf dem Machkegel $s = 0$ oder auch $t = 0$, steht in der eckigen Klammer nur mehr $\pi/2$.

Auch in der unteren Gl. (90) erhält man im ersten z,x-Quadranten am Machkegel, also für $t = 0$, den Wert $\pi/2$, womit die obere und untere Gleichung (90) dann genau die Beziehungen für schiebende Flügel wiedergeben.

Auf die Summe der arctg-Funktionen in den beiden Gln. (90) können die entsprechenden Additionstheoreme angewendet werden. Gleichzeitig sei λ mittels Gl. (84) ausgedrückt. Diese Darstellung eignet sich besonders für den Übergang zu den kartesischen Koordinaten mittels Gl. (48):

$$u_1(x, +0, z) = -\frac{2}{\pi} v_1 \frac{\operatorname{tg}\alpha}{\sqrt{1-\operatorname{tg}^2\alpha\operatorname{tg}^2\Lambda}} \operatorname{arctg}\left(\frac{\sqrt{1-\operatorname{tg}^2\alpha\operatorname{tg}^2\Lambda}}{\operatorname{tg}\alpha\operatorname{tg}\Lambda}\cdot\frac{s+t}{2\sqrt{s\cdot t}}\right)$$

$$= -\frac{2}{\pi} v_1 \frac{\operatorname{tg}\alpha}{\sqrt{1-\operatorname{tg}^2\alpha\operatorname{tg}^2\Lambda}} \operatorname{arctg}\sqrt{\frac{\cot^2\alpha\cot^2\Lambda-1}{1-\cot^2\alpha\, z^2/x^2}}; \tag{91}$$

$$w_1(x, +0, z) = \frac{2}{\pi} v_1 \frac{\operatorname{tg}\alpha\operatorname{tg}\Lambda}{\sqrt{1-\operatorname{tg}^2\alpha\operatorname{tg}^2\Lambda}} \operatorname{arctg}\left(\sqrt{1-\operatorname{tg}^2\alpha\operatorname{tg}^2\Lambda}\cdot\frac{s-t}{2\sqrt{s\cdot t}}\right)$$

$$= \frac{2}{\pi} v_1 \frac{\operatorname{tg}\alpha\operatorname{tg}\Lambda}{\sqrt{1-\operatorname{tg}^2\alpha\operatorname{tg}^2\Lambda}} \operatorname{arctg}\left(\frac{z}{x\cot\Lambda}\sqrt{\frac{\cot^2\alpha\cot^2\Lambda-1}{1-\cot^2\alpha\, z^2/x^2}}\right).$$

Es sei daran erinnert, daß beim vorliegenden Beispiel v_1 am Flügel als konstant angenommen wurde. Dies hat zur Folge, daß die Lösung (90) und (91) kegelig ist; u_1 und w_1 sind demnach nur Funktionen von z/x oder auch, was gleichbedeutend ist, nur Funktionen von s/t.

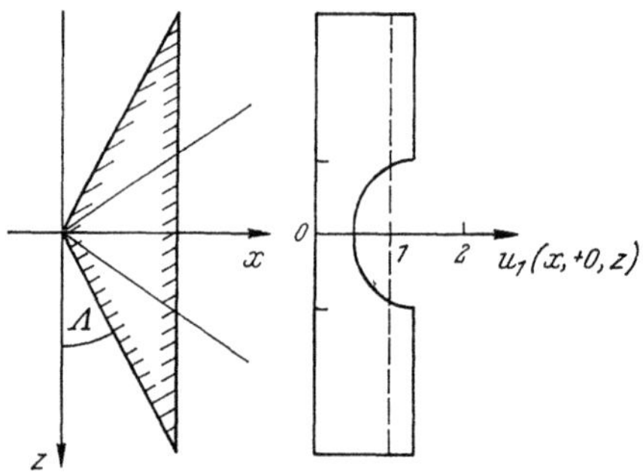

Abb. III,24. Dreieckflügel ohne Kantenumströmung bei $M = \sqrt{2}$.

Die u_1-Verteilung in der Belegungsebene ist in Abb. 24 wiedergegeben. Im hyperbolischen Gebiet zeigt sich, wie bereits ausgeführt, das Ergebnis des schiebenden Flügels. Am Machkegel schließt sie sich dann stetig an die Verteilung im elliptischen Gebiet, Gl. (91), an und zeigt dort, genauso wie die u_1-Verteilung bei Unterschallvorderkanten, am Machkegel eine senkrechte Tangente. Dies folgt im wesentlichen nach kurzer Rechnung aus Gl. (91) wegen des Ausdruckes $\sqrt{x^2 - z^2\cot^2\alpha}$ im Nenner des Argumentes der arctg-Funktion. Der u_1-Wert im hyperbolischen Gebiet liegt wegen des Pfeileffektes stets über dem Ackeret-Wert der nichtschiebenden Platte, der letztere liegt dagegen wieder über $u_1(x, +0, 0)$. Mittels einer etwas umständlichen Integration kann gezeigt werden, daß der Mittelwert von u_1 über der lokalen Spannweite exakt dem Ackeret-Wert der ebenen Strömung gleich ist, d. i. die gestrichelte Gerade in Abb. 24:

$$\frac{1}{2x\cot\Lambda}\int_{-x\cot\Lambda}^{+x\cot\Lambda} u_1(x, +0, z)\, dz = -v_1\operatorname{tg}\alpha. \tag{92}$$

Die Ergebnisse interessieren vor allem im Hinblick auf die Eigenschaften tragender Deltaflügel mit Überschallvorderkante. Dafür braucht die Randbedingung (73) nicht erst eingesetzt und die Luftkraft berechnet zu werden. Es gilt vielmehr wegen des einfachen Ergebnisses (92), daß der Auftriebs- und Widerstandsbeiwert mit jenem der ebenen Platte, [·13], Gl. (IX,10), übereinstimmen:

$$c_a = 4 \operatorname{tg} \alpha \operatorname{tg} \varepsilon; \qquad c_w = 4 \operatorname{tg} \alpha \operatorname{tg}^2 \varepsilon. \tag{93}$$

Daraus folgt, daß der Tangentialkraftbeiwert einer Dreieckplatte verschwindet, eine zwangsweise Folge davon, daß eine Überschallvorderkante nicht umströmt wird und daher dort keine Saugkräfte angreifen können.

Es wird sich allerdings herausstellen, daß diese Folgerungen nur für reine Überschallvorderkanten gelten, das sind Vorderkanten ohne jede Wirkung vor die Kante. Über- und Unterschallvorderkanten werden nämlich ganz allgemein nach ihrer Lage zum eingefrorenen Machkegel in der ungestörten Anströmung definiert. Selbst sehr scharfe aber schallnahe Überschallvorderkanten schieben jedoch einen Stoß vor sich her und üben also Einflüsse vor der Kante aus. Solche „Überschallvorderkanten" bekommen also die physikalischen Eigenschaften von Unterschallvorderkanten. Bei Anstellung werden solche Kanten dann sogar umströmt, was zu Problemen führt, die im Abschn. IV,9 noch besprochen werden.

Der Druckpunkt der Dreieckplatte liegt freilich nicht wie beim ebenen Fall bei $l = 1/2$ der Flügeltiefe, sondern wie bei jeder Dreieckplatte bei $l = 2/3$ der Tiefe.

Die Geschwindigkeitsverteilung gemäß Gl. (90) und (91) kann ohne weiteres für Überschallvorderkanten bei beliebiger Überschallhinterkante übernommen werden. Bei Unterschallhinterkanten dagegen gilt die Verteilung nur bis an die Grenze des Einflußbereiches der Hinterkante. In keinem der genannten Fälle jedoch kann Gl. (93) übernommen werden, weil die Voraussetzung der Mittelwertsbildung (92) nicht mehr erfüllt ist. Die Luftkraftbeiwerte müssen in einem solchen Fall durch Integration bestimmt werden.

Für den Rhombuskegel, Abb. 18, mit Unterschallvorderkante ist das Doppelintegral für das Potential Gl. (52) wieder in zwei Teilintegrale aufzuspalten, Abb. 22, wobei die Integration über τ von Vorderkante zu Vorderkante geht, so lange $\sigma \leqq \lambda t$ gilt. Überraschenderweise stimmt jedoch die Darstellung für das Potential nach Ausführung der ersten Integration mit jener für Überschallvorderkanten überein. Allerdings gilt das Ergebnis jetzt nur für die symmetrische Lösung. Es ist:

$$\begin{aligned} \varphi_1^+(s,t,0) &= -\frac{\operatorname{tg}\alpha}{2\pi} v_1^+ \left[\int_0^{\lambda t} \frac{1}{\sqrt{s-\sigma}} \int_{\lambda\sigma}^{\sigma/\lambda} \frac{d\tau}{\sqrt{t-\tau}}\, d\sigma + \int_{\lambda t}^{s} \frac{1}{\sqrt{s-\sigma}} \int_{\lambda\sigma}^{t} \frac{d\tau}{\sqrt{t-\tau}}\, d\sigma \right] \\ &= \frac{\operatorname{tg}\alpha}{\pi} v_1^+ \left[\int_0^{\lambda t} \sqrt{\frac{t-\sigma/\lambda}{s-\sigma}}\, d\sigma - \int_0^{s} \sqrt{\frac{t-\lambda\sigma}{s-\sigma}}\, d\sigma \right]. \end{aligned} \tag{94}$$

Zur Herleitung der unteren Gleichungszeile bedarf es wohl einer kurzen Zwischenrechnung. Sie stimmt dann aber formal völlig mit der unteren Zeile von Gl. (88) überein. Für die weitere Integration kommt nun aber der wesentliche

Unterschied dadurch herein, daß in Gl. (88) wegen der Überschallvorderkante gemäß Gl. (86) $\lambda < 0$, in Gl. (94) dagegen wegen der Unterschallvorderkante $\lambda > 0$ gilt. Das führt zur wesentlichen Fallunterscheidung der Integraltabelle. Nach Ausführen der zweiten Integration erhält man damit nach Zwischenrechnung folgende Darstellung:

$$\varphi_1^+(s, t, 0) = -\frac{\operatorname{tg}\alpha}{2\pi}\frac{v_1^+}{\sqrt{\lambda}}\left[(s-\lambda t)\ln\frac{\sqrt{s}+\sqrt{\lambda t}}{|\sqrt{s}-\sqrt{\lambda t}|}+(t-\lambda s)\ln\frac{\sqrt{\lambda s}+\sqrt{t}}{|\sqrt{t}-\sqrt{\lambda s}|}\right]. \quad (95)$$

Je nachdem, ob der Aufpunkt auf dem Flügel oder vor dem Flügel, aber hinter der Kopf-Machwelle, liegt, ist im ersten Quadranten $t \gtrless \lambda s$ und im zweiten Quadranten $\lambda t \lessgtr s$.

Wie beim Flügel mit Überschallvorderkante ist aus Gl. (95) φ_{1s}^+ und φ_{1t}^+ herzuleiten. Man erhält dann beispielsweise für die x-Komponente nach Durchführung der etwas längeren aber elementaren Rechnung für $v_1^+ = 1/2$ gemäß den Randbedingungen (70)

$$\begin{aligned} u_1^+(x, 0, z) &= -\frac{v_1^+\operatorname{tg}\alpha}{2\pi}\frac{1-\lambda}{\sqrt{\lambda}}\left[\ln\frac{\sqrt{s}+\sqrt{\lambda t}}{|\sqrt{s}-\sqrt{\lambda t}|}+\ln\frac{\sqrt{t}+\sqrt{\lambda s}}{|\sqrt{t}-\sqrt{\lambda s}|}\right] \\ &= -\frac{\operatorname{tg}\alpha\, v_1^+}{\pi\sqrt{\operatorname{tg}^2\alpha\operatorname{tg}^2\Lambda-1}}\ln\frac{\sqrt{1-\cot^2\alpha\cot^2\Lambda}\,(s+t)+2\sqrt{st}}{\sqrt{\cot^2\alpha\cot^2\Lambda(s+t)^2-(s-t)^2}}, \end{aligned} \quad (96)$$

in Übereinstimmung mit Gl. (71), bei der allerdings noch $M_\infty = \sqrt{2}$, also $\operatorname{tg}\alpha = 1$, vorausgesetzt wurde. Die Darstellung in s und t wird im Rahmen der analytischen Charakteristikenmethode in Abschn. IV,7 verwendet werden.

Während die linearen Theorien, denen die gasdynamische Gleichung (1) zugrundeliegt, bei stationärer ebener Unterschall- oder Überschallströmung den Grenzübergang $M_\infty \to 1$ nicht zulassen, ist ein entsprechender Grenzübergang zur Schallkante, also $\cot\Lambda\cot\alpha \to 1$, unter bestimmten Voraussetzungen sehr wohl zulässig. Wird in Gl. (91) angenommen

$$\cot^2\alpha\cot^2\Lambda - 1 \ll 1 - \cot^2\alpha\, z^2/x^2, \quad (97)$$

dann führt die genannte Gleichung im ersten Glied der Entwicklung zum Ergebnis:

$$u_1(x, +0, z) = -\frac{2}{\pi}v_1\frac{\operatorname{tg}\alpha}{\sqrt{1-\cot^2\alpha\, z^2/x^2}} + \cdots. \quad (98)$$

Die Voraussetzung (97) beinhaltet kleine Abstände der Überschallvorderkante vom Kopfmachkegel, also vom Machkegel der Flügelspitze, im Verhältnis zum Abstand des Aufpunktes vom Kopfmachkegel. Genau genommen gilt daher Gl. (98) nicht für Punkte nahe an der Schallkante.

Zum selben Ergebnis führt Gl. (81), die allerdings auf $\operatorname{tg}\alpha = 1$ beschränkt ist. Mit Abb. 20, $1/E'(1) = 2/\pi$, und dem Aufwindwert für die angestellte Platte, $v_1^- = -1$, ist volle Übereinstimmung zu Gl. (98) erreicht.

Das gleiche Resultat liefert aber auch der Rhombuskegel mit Unterschallvorderkante. Beschränkt man sich mit Gl. (71) wieder auf $\operatorname{tg}\alpha = 1$, so kann unter der Voraussetzung

$$1 - m_v^2 \ll 1 - z^2/x^2,$$

die das Gegenstück zu Gl. (97) für Unterschallvorderkanten bildet, entwickelt werden

$$\ln \frac{\sqrt{1 - m_v^2}\, x + \sqrt{x^2 - z^2}}{\sqrt{|m_v^2 x^2 - z^2|}} = \sqrt{\frac{1 - m_v^2}{1 - z^2/x^2}} + \cdots,$$

mit dem Ergebnis:

$$u_1^+(x, 0, z) = -\frac{1}{\pi} \frac{1}{\sqrt{1 - z^2/x^2}}.$$

Beim Vergleich mit (98) ist zu beachten, daß neben $\cot\alpha$ beim symmetrischen Problem gemäß Gl. (70) $v_1^+ = 1/2$ gesetzt wurde.

15. Integralgleichung der tragenden Fläche in Überschallströmung

Im folgenden soll das für Überschallströmung geltende Gegenstück zu der in Abschn. 5 behandelten Wirbelbelegung bei Unterschallströmung hergeleitet werden. Diese Aufgabe ist in verschiedener Hinsicht einfacher als die frühere. Das Wirbelband, das sich auch bei Überschallströmung bilden muß, weil Wirbel nicht im Strömungsraum endigen können, kann nun nicht stromaufwärts wirken und kann sich folglich auf den Zustand im Punkte eines Flügels nicht bemerkbar machen, es sei denn, dieser Punkt befindet sich in der Nähe einer Unterschallhinterkante. Dazu kommt, daß es bei Überschallströmungen nicht nötig ist, mit singulären Kernen zu arbeiten, wie bei der Herleitung des Zusammenhanges zwischen Aufwind φ_{1y} und Belegungsstärke, Gl. (45), gezeigt wurde. Diese Zusammenhänge entspringen dort aus der Differentiation nach der von der Aufpunktlage abhängigen oberen Grenze und nicht aus der Singularität des Kernes.

Mit Rücksicht auf die skizzierten Überschalleigenschaften sei im folgenden nicht der Kern von Gl. (43) verwendet, sondern ein neuer Kern, der sich aus einer Integration des früheren Kernes über y ergibt, nämlich:

$$\frac{\pi}{2} - \arcsin \frac{y \cot\alpha}{\sqrt{(x-\xi)^2 - (z-\zeta)^2 \cot^2\alpha}} = \arccos \frac{y \cot\alpha}{\sqrt{(x-\xi)^2 - (z-\zeta)^2 \cot^2\alpha}}$$

$$= \frac{\pi}{2} - \operatorname{arctg} \frac{y \cot\alpha}{\sqrt{(x-\xi)^2 - y^2\cot^2\alpha - (z-\zeta)^2 \cot^2\alpha}}$$

$$= \operatorname{arctg} \frac{\sqrt{(x-\xi)^2 - y^2\cot^2\alpha - (z-\zeta)^2 \cot^2\alpha}}{y \cot\alpha}. \tag{99}$$

Die angegebenen unterschiedlichen Formen sollen den Vergleich mit anderen verwendeten Darstellungen erleichtern. Man überzeugt sich leicht, daß es sich bei Gl. (99) um eine Lösung von Gl. (1) handelt. Im folgenden wird stets $0 \leqq y$ angenommen. Für $y \to +0$ nimmt die Funktion von Gl. (99) den Wert $\pi/2$ an.

Das Störpotential im Raume $\varphi_1(s, t, y)$ läßt sich nun mit Hilfe des Kernes (99) durch das Störpotential auf der Belegungsebene $y = +0$ wie folgt darstellen:

$$\varphi_1^-(s, t, y) = \frac{2}{\pi} \int\limits_{s_B}^{s_A} \int\limits_{t_1(\sigma)}^{t-y^2\cot^2\alpha/(s-\sigma)} \varphi_{1\sigma\tau}^-(\sigma, \tau, +0) \arccos \frac{y \cot \alpha}{\sqrt{(s-\sigma)(t-\tau)}} \, d\tau \, d\sigma. \quad (100)$$

Dabei ist wieder mittels Gl. (50) zur s,t-Darstellung übergegangen worden. Im Gegensatz zu Gl. (52) steht links noch das Potential φ_1 im Raume. Dementsprechend sind die Integrationsgrenzen nun wie in Abb. 10 durch die Hyperbel und nicht durch ein Geradenpaar gegeben.

Mit dem Grenzübergang $y \to +0$ bestätigt man

$$\varphi_1^-(s, t, +0) = \frac{2}{\pi} \int\limits_{s_v}^{s} \int\limits_{t_v(\sigma)}^{t} \varphi_{1\sigma\tau}^-(\sigma, \tau, +0) \frac{\pi}{2} \, d\tau \, d\sigma = \int\limits_{s_v}^{s} \varphi_{1\sigma}(\sigma, t, +0) \, d\sigma$$
$$= \varphi_1^-(s, t, +0),$$

weil φ_1^- und auch seine Ableitungen nach s und t vor der Vorderkante verschwinden. Betreffs der genauen Untersuchungen sei auf die Originalarbeit von E. Leiter [14] verwiesen. Dabei ist zu beachten, daß die Ableitungen φ_{1s}^- und φ_{1t}^- an der Innenseite von Unterschallvorderkanten wie die Wurzel aus dem reziproken Kantenabstand über alle Grenzen wachsen, vgl. Abb. 19.

Eine gewisse Verwandtschaft von Gl. (100) für Überschallströmung mit Gl. (11) für Unterschallströmung ist offensichtlich. Auch in letzterer nehmen die zwei Glieder des mittleren Kernes für $y \to +0$ die Werte $\pm\pi/2$ an. Er springt jedoch im Gegensatz zum Kern (99) nicht beim Vorzeichenwechsel von $(\zeta - z)$ und $(\xi - x)$ um den Wert π. Bei $M_\infty > 1$ fällt ein solcher Sprung des Kernes im Integrationsgebiet weg und an dessen Stelle tritt eine scharfe Grenze für die Integration.

Zur Gewinnung der Überschalltragflächengleichung ist, ähnlich wie in Abschn. 5, in Gl. (100) φ_{1y}^- zu bilden und dann der Grenzübergang $y \to +0$ durchzuführen. Dabei ist zu beachten, daß die Grenze im Doppelintegral (100) von der Grenze im Doppelintegral (52) um einen Anteil abweicht, der proportional zu y^2 ist. Bei der inneren Integrationsgrenze ist dies unmittelbar zu sehen. Es kann aber auch für $(s_A - s)$ und $(s_B - s_v)$ leicht gezeigt werden. Daher bleibt nach dem Grenzübergang $y \to +0$ nur die Ableitung des Kernes nach y übrig, wie übrigens auch beim entsprechenden Vorgang in Abschn. 5. Man erhält [14]:

$$v_1^-(s, t, 0) = -\frac{2}{\pi} \cot \alpha \int\limits_{s_v}^{s} \int\limits_{t_v(\sigma)}^{t} \frac{\varphi_{1\sigma\tau}^-(\sigma, \tau, +0) \, d\tau}{\sqrt{(s-\sigma)(t-\tau)}} \, d\sigma. \quad (101)$$

Bei gegebener Flügelform, also bei gegebener Aufwindverteilung v_1^- am Flügel, liegt eine Doppelintegralgleichung für die Verteilung von φ_{1st}^- am Flügel vor. Für dieses Problem ist Gl. (101) als *Integralgleichung der Überschalltragflächentheorie* zu bezeichnen.

16. Tragende Fläche mit teilweise umströmter Vorderkante

Häufig weisen tragende Flächen Grundrisse auf, die zum Teil Überschall-, zum Teil Unterschallvorderkanten besitzen. Im Punkte B von Abb. 11 tritt ein derartiger Wechsel von Überschall- zu Unterschallvorderkante auf. Abb. 26 und 27 liefern weitere Beispiele. Es kann sich im folgenden durchaus auch wie in der letzten Abbildung um Seitenkanten handeln, die in Anströmrichtung verlaufen,

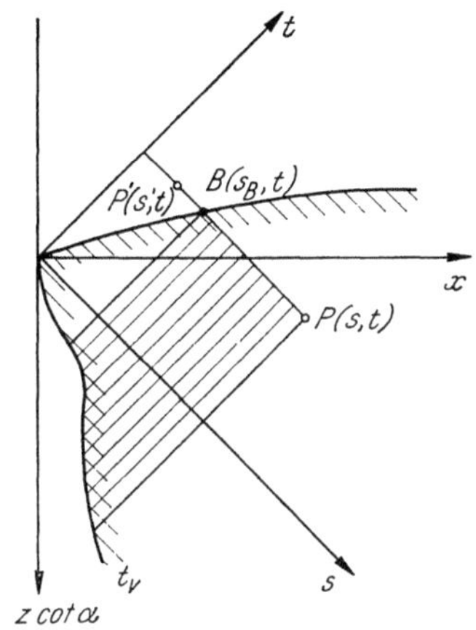

Abb. III,25. Tragender Flügel mit stückweiser Über- und Unterschallvorderkante.

die also Grenzfälle zwischen Vorder- und Hinterkante darstellen. Der Übergang von Überschall- zur Unterschallkante darf außerdem glatt sein, also nicht knickförmig wie in den angeführten Beispielen. Es wird sich gleich zeigen, daß sich die Strömung auf der Tragfläche im Einflußbereich solcher Wechsel von Überschall- zu Unterschallkanten besonders einfach berechnen läßt. Die Kantenform und die Abwindverteilung am Flügel dürfen dabei sehr allgemein gehalten werden, Abb. 25.

Es sei von der Potentialdarstellung Gl. (52) ausgegangen und die Integration sei in zwei Teilintegrationen für den antisymmetrischen Anteil des Potentials φ_1^- aufgespalten:

$$\varphi_1^-(s, t, +0) = -\frac{\operatorname{tg}\alpha}{2\pi}\int_0^{s_B}\frac{1}{\sqrt{s-\sigma}}\int_{t_v(\sigma)}^{t}\frac{v_1^-(\sigma,\tau)\,d\tau}{\sqrt{t-\tau}}\,d\sigma$$
$$-\frac{\operatorname{tg}\alpha}{2\pi}\int_{s_B}^{s}\frac{1}{\sqrt{s-\sigma}}\int_{t_v(\sigma)}^{t}\frac{v_1^-(\sigma,\tau)\,d\tau}{\sqrt{t-\tau}}\,d\sigma\,.$$

Unter t_v sei dabei nur der Überschallast der Vorderkante verstanden, in Abb. 25 also nur der im ersten z,x-Quadranten gelegene Teil.

Die Aufspaltung ist so vorgenommen, daß der erste Summand das gesamte maßgebende, jedoch unbekannte Aufwindgebiet zwischen Unterschallvorderkante und Kopfwelle mit umfaßt, während das zweite Integral lediglich die vorgegebenen Abwindverteilungen am Flügel enthält.

Nun verschwindet aber das Störpotential im gesamten Aufwindgebiet, folglich auch für jeden Punkt $P'(s', t)$ mit $0 \leqq s' \leqq s_B$. Daher gilt für das Störpotential im Bereich $0 \leqq s \leqq s_B$:

$$\varphi_1^-(s, t, +0) = -\frac{\operatorname{tg}\alpha}{2\pi} \int_0^s \frac{1}{\sqrt{s-\sigma}} \int_{t_v(\sigma)}^t \frac{v_1^-(\sigma, \tau)\, d\tau}{\sqrt{t-\tau}}\, d\sigma = 0.$$

Diese Gleichung kann für alle s-Werte des Aufwindgebietes nur dann erfüllt werden, wenn das Integral über jeden σ-Streifen gleich Null ist:

$$0 \leqq s \leqq s_B\colon \quad \int_{t_v(s)}^t \frac{v_1^-(s, \tau)\, d\tau}{\sqrt{t-\tau}} = 0. \tag{102}$$

Damit fällt aber der erste Summand von $\varphi_1^-(s, t, +0)$ im Aufpunkt $P(s, t)$ weg.

Das Störpotential auf dem Flügel ist durch eine Integration über die in Abb. 25 schraffierte Fläche zu ermitteln, also durch eine Integration über ein völlig bekanntes Abwindgebiet:

$$\varphi_1^-(s, t, +0) = -\frac{\operatorname{tg}\alpha}{2\pi} \int_{s_B}^s \int_{t_v(\sigma)}^t \frac{v_1^-(\sigma, \tau)\, d\tau\, d\sigma}{\sqrt{(s-\sigma)(t-\tau)}}. \tag{103}$$

Die Begrenzung des Integrationsgebietes ergibt sich aus der Reflexion der vom Aufpunkt P ausgehenden rechtslaufenden Machlinie im Punkte B an der Unterschallvorderkante in Form einer linkslaufenden Machlinie. Die Wirkung des bekannten Abwindes auf dem Flügel vor dem Integrationsgebiet von Gl. (103) und des Aufwindes vor dem Unterschallteil der Vorderkante heben sich gegenseitig auf.

Dieses außerordentlich fruchtbare und einfache Ergebnis wird in der westlichen Literatur nach seinem Autor als *Theorem von Evvard* bezeichnet [15]. Im russischen Schrifttum wird als Autorin E. A. Krassilstschikova genannt.

Als Beispiel sei wieder eine ebene Platte, $v_1^-(x, y, 0) = \text{konst.}$, herangezogen, deren Vorderkante im ersten Quadranten mit der z-Achse zusammenfallen und im zweiten Quadranten durch eine gerade Unterschallkante beliebiger Pfeilung dargestellt sein soll, Abb. 26.

$$t \leqq 0\colon\ t_v(s) = -s; \qquad 0 \leqq t\colon\ t_v(s) = s/\lambda. \tag{104}$$

Gemäß Gl. (86) liegt der λ-Wert einer Unterschallvorderkante zwischen 0 und 1. Die Beziehung von λ zu Pfeilwinkel Λ und Machwinkel α gibt Gl. (84).

Die Koordinaten des Punktes B, aber nicht des Punktes A, sind wieder durch Gl. (87) gegeben.

Das formulierte Strömungsproblem tritt etwa an den Seitenkanten eines trapezförmigen Flügels auf. Der Überschallteil der Vorderkante kann ohne

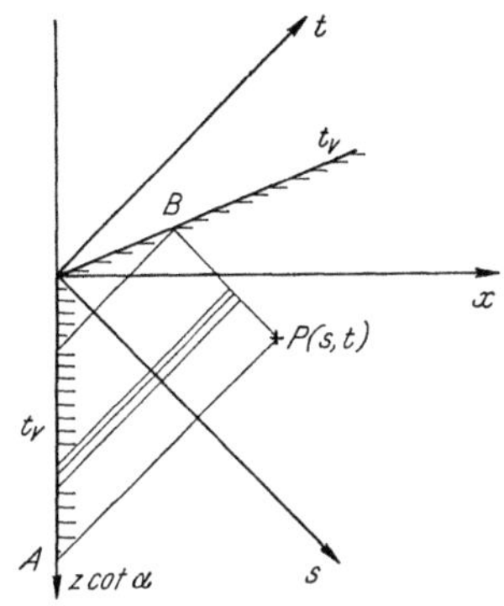

Abb. III,26. σ, τ-Integration bei Über- und Unterschallvorderkanten.

wesentliche Einschränkung der Allgemeinheit senkrecht zur Anströmung gewählt werden, weil die Lösung eine Verallgemeinerung durch eine Lorentz-Transformation zuläßt, Abschn. 18.

Mit Gl. (103) erhält man für das Potential ein einziges Doppelintegral, nämlich:

$$\varphi_1^-(s, t, +0) = -\frac{\operatorname{tg}\alpha}{2\pi} v_1^- \int\limits_{\lambda t}^{s} \frac{1}{\sqrt{s-\sigma}} \int\limits_{-\sigma}^{t} \frac{d\tau}{\sqrt{t-\tau}}\, d\sigma$$

$$= -\frac{\operatorname{tg}\alpha}{\pi} v_1^- \int\limits_{\lambda t}^{s} \sqrt{\frac{t+\sigma}{s-\sigma}}\, d\sigma .$$

Die letzte Integration läßt sich mit der Integrationstabelle leicht durchführen und liefert:

$$\varphi_1^-(s, t, +0) = -\frac{\operatorname{tg}\alpha}{\pi} v_1^- \left[\sqrt{(1+\lambda)\, t(s-\lambda t)} + (s+t) \operatorname{arctg} \sqrt{\frac{s-\lambda t}{(1+\lambda)\, t}}\right]. \tag{105}$$

Das Störpotential verschwindet, wie erforderlich, an der Unterschallvorderkante $s = \lambda t$.

Durch Ableiten von φ_1 nach s und t folgen mit Gl. (53) die Komponenten:

$$\left.\begin{aligned} u_1^-(s, t, +0) &= -\frac{v_1^- \operatorname{tg}\alpha}{\pi} \left[(1-\lambda) \sqrt{\frac{(1+\lambda)\, t}{s-\lambda t}} + 2 \operatorname{arctg} \sqrt{\frac{s-\lambda t}{(1+\lambda)\, t}}\right]; \\ w_1^-(s, t, +0) &= -\frac{v_1^-}{\pi} (1+\lambda) \sqrt{\frac{(1+\lambda)\, t}{s-\lambda t}} . \end{aligned}\right\} \tag{106}$$

Es handelt sich wieder um eine kegelige Strömung. Die Störkomponenten hängen nur von t/s und folglich nur von z/x ab. An der Unterschallvorderkante, $s = \lambda t$, wachsen die Störkomponenten wie bei allen Unterschallvorderkanten tragender Platten mit der Wurzel aus dem reziproken Kantenabstand über alle Grenzen. Die Ergebnisse gelten nur im elliptischen Gebiet auf der Platte. Im Aufwindgebiet vor der Unterschallkante müssen u_1^- und w_1^- ja verschwinden. Am Machkegel, in Abb. 26: $t = 0$, schließt der Wert von (105) stetig an die Werte der Ackeret-Theorie für eine nichtschiebende ebene Platte an:

$$u_1^- = -v_1 \operatorname{tg} \alpha; \qquad w_1^- = 0.$$

Für den Seitenrand des Rechteckflügels, Abb. 27, ist gemäß Gl. (84), wegen $\Lambda = \pi/2$, $\lambda = 1$. Mit der Störparameterwahl gemäß Gl. (73) folgt damit:

$$u_1^-(x, +0, z) = \operatorname{tg} \alpha \frac{2}{\pi} \operatorname{arctg} \sqrt{\frac{s-t}{2t}} = \operatorname{tg} \alpha \frac{2}{\pi} \operatorname{arctg} \sqrt{\frac{z \cot \alpha}{x - z \cot \alpha}};$$

$$w_1^-(x, +0, z) = \frac{2}{\pi} \sqrt{\frac{2t}{s-t}} = \frac{2}{\pi} \sqrt{\frac{x - z \cot \alpha}{z \cot \alpha}}.$$

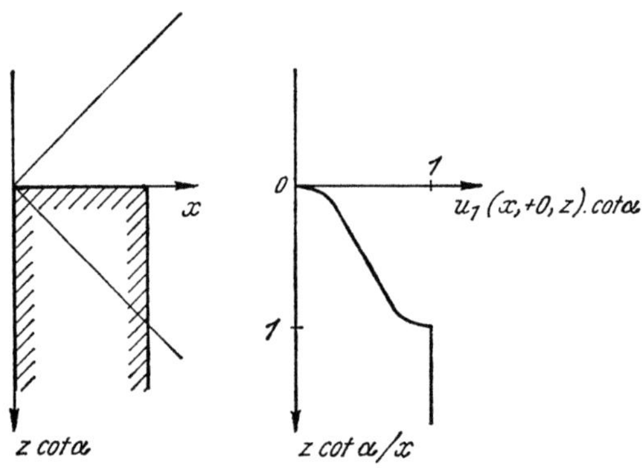

Abb. III,27. Geschwindigkeitsverteilung am Rand eines Rechteckflügels.

Der Seitenrand eines Rechteckflügels stellt einen Grenzfall dar, der mit den Gln. (106) gerade noch erfaßt werden kann. Die Seitenkante liegt in Strömungsrichtung. Sie ist folglich der Grenzfall zwischen Vorderkante und Hinterkante. u_1^- ist die Störkomponente in Kantenrichtung. Diese Störkomponente muß an der Kante stets verschwinden, wie auch aus den Gln. (106) ganz allgemein abzulesen ist. Da das Störpotential an der Kante überall Null ist, muß nämlich auch die Ableitung des Störpotentials längs der Kante, das ist die Störkomponente in Kantenrichtung, Null sein. Die z-Komponente der Störgeschwindigkeit ist dagegen voll vorhanden. Sie wächst an der Kante wieder integrabel über alle Grenzen und ist an der Oberseite positiv. Die Strömung geht oben in das Flügelinnere, wie gar nicht anders zu erwarten ist.

Zufolge der einfachen funktionellen Gestalt von u_1^- sieht man sofort, daß der Rechteckflügel im Einbruchgebiet, also im Einflußgebiet der Unterseite, nur mit halber Normalkraft im Vergleich zum unbeeinflußten Teil des Flügels trägt. Die Strömung am Seitenrand des Rechteckflügels wurde erstmalig von H. SCHLICHTING [16] mittels der Tragflügeltheorie hergeleitet.

17. Näherungen für Flügel mit Unterschallvorderkanten

Flugzeuge, die im unteren und mittleren Überschallbereich fliegen, haben im allgemeinen Flügel mit Unterschallvorderkanten, vielfach sogar mit Pfeilungen nahe jener der Schallkante. Exakte Lösungen für solche Flügel sind, vom reinen Deltaflügel, Abschn. 13, abgesehen, verhältnismäßig aufwendig. Es ist daher immer wieder versucht worden, eine dem Evvardschen Theorem entsprechende Verallgemeinerung für vollständige Unterschallvorderkanten zu finden.

Einer formalen Anwendung des Evvard-Theorems mit vollständigen Unterschallvorderkanten, Abb. 28, steht zunächst nichts im Wege. Das Störpotential

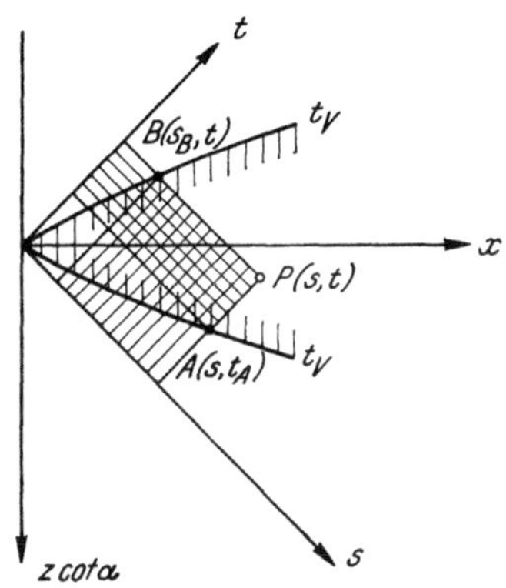

Abb. III,28. Einbeziehung des Aufwindgebietes in die Integration.

im Aufpunkt P ergibt sich nach Gl. (102) in diesem Falle durch eine Integration über die Rechteckflügelfläche:

$$t_A \leqq \tau \leqq t, \qquad 0 \leqq \sigma \leqq s; \qquad \text{oder:} \qquad s_B \leqq \sigma \leqq s; \qquad 0 \leqq \tau \leqq t.$$

Beide Integrationen zeigen jedoch denselben Nachteil, nämlich, daß sie sich zum Teil über Gebiete mit unbekanntem Aufwind erstrecken; es sind dies die Aufwindgebiete vor der Unterschallvorderkante.

Abgesehen von diesem offensichtlichen Nachteil kann mit Hilfe des Evvard-Theorems Gl. (103) geschrieben werden:

$$\varphi_1^-(s, t, +0) = -\frac{\operatorname{tg}\alpha}{2\pi} \int\limits_0^s \frac{1}{\sqrt{s-\sigma}} \int\limits_{t_A}^t \frac{v_1^-\, d\tau}{\sqrt{t-\tau}}\, d\sigma$$

$$= -\frac{\operatorname{tg}\alpha}{2\pi} \left[\int\limits_0^{s_B} \frac{1}{\sqrt{s-\sigma}} \int\limits_{t_A}^t \frac{v_1^-\, d\tau}{\sqrt{t-\tau}}\, d\sigma + \int\limits_{s_B}^s \frac{1}{\sqrt{s-\sigma}} \int\limits_{t_A}^t \frac{v_1^-\, d\tau}{\sqrt{t-\tau}}\, d\sigma \right].$$

Auch für den vorliegenden Fall muß das Störpotential im Aufwindgebiet verschwinden. Daraus folgt mit Gl. (102) für $0 \leqq s \leqq s_B$:

$$\int_0^t \frac{v_1^-(s, \tau)\, d\tau}{\sqrt{t - \tau}} = 0.$$

Der Unterschied gegenüber dem Fall des letzten Abschnittes besteht nur darin, daß v_1^--Werte nur im elliptischen Gebiet vorkommen und das Aufwindfeld nun aus zwei Teilen besteht, zwischen denen dann das bekannte Abwindfeld des Flügels liegt.

Aus der letzten Gleichung folgt nun:

$$\int_0^{t_A} \frac{v_1^-(s, \tau)\, d\tau}{\sqrt{t - \tau}} + \int_{t_A}^t \frac{v_1^-(s, \tau)\, d\tau}{\sqrt{t - \tau}} = 0.$$

Damit erhält man aber für das Störpotential die Darstellung:

$$\varphi_1^-(s, t, +0) = -\frac{\operatorname{tg} \alpha}{2\pi} \left[\int_{s_B}^{s} \int_{t_A}^{t} \frac{v_1^-(\sigma, \tau)\, d\tau\, d\sigma}{\sqrt{(s - \sigma)(t - \tau)}} - \int_0^{s_B} \int_0^{t_A} \frac{v_1^-(\sigma, \tau)\, d\tau\, d\sigma}{\sqrt{(s - \sigma)(t - \tau)}} \right]. \tag{107}$$

Diese Darstellung ist wieder völlig symmetrisch in s und t geworden. Das erste Integral erstreckt sich in Abb. 28 über die doppelt schraffierte Fläche, das zweite Integral dagegen über die unschraffierte Fläche der Abbildung. Es enthält Abwinde am Flügel und Aufwinde vor der Vorderkante. Das erste Doppelintegral liefert, wie noch an einem Beispiel bestätigt werden wird, den Hauptbeitrag. Es ist nicht nur die Integrationsfläche größer, auch der Kern ist größer, weil der Aufpunkt näher an den Auf- und Abwindgebieten liegt. Und schließlich wechselt der Aufwind im zweiten Doppelintegral auch noch das Vorzeichen.

Das Ergebnis (107) läßt sich jedoch nicht durch alternierende Reflexion der Machlinien an den beiden Zweigen der Unterschallvorderkanten in eine konvergente Reihe von Doppelintegralen umwandeln, wie gelegentlich im Schrifttum behauptet wurde.

Der tragende Deltaflügel mit Unterschallvorderkante eignet sich besonders für die Beurteilung einer Näherung, weil ein Vergleich mit exakten Ergebnissen möglich ist. Betreffs Einzelheiten sei auf eine Veröffentlichung von J. Zierep [17] verwiesen. Bei einer Beschränkung auf das Hauptglied von (107) erhält man mit $v_1^- = -1$ gemäß Gl. (73) mit s_B und t_A gemäß Gl. (87):

$$\varphi_1^-(x, +0, z) = \frac{\operatorname{tg} \alpha}{2\pi} \int_{\lambda t}^{s} \int_{\lambda s}^{t} \frac{d\tau\, d\sigma}{\sqrt{(s - \sigma)(t - \tau)}} = \frac{2 \operatorname{tg} \alpha}{\pi} \sqrt{(t - \lambda s)(s - \lambda t)}$$

$$= \frac{4}{\pi} \frac{1}{1 + \cot \Lambda \cot \alpha} \sqrt{x^2 \cot^2 \Lambda - z^2} = K \sqrt{x^2 \cot^2 \Lambda - z^2}. \tag{108}$$

Die z,x-Darstellung folgt aus der s,t-Darstellung ohne weiteres mittels der Gln. (48) und (84). Damit kann der Koeffizient K, der sich aus der Theorie kleiner Streckung, Gl. (35), ergibt, mit dem Hauptglied der Gl. (107) und mit der exakten Störtheorie erster Ordnung, Gl. (82), verglichen werden. In Gl. (35) ist dabei $v_1^- = -1$ und $s(x) = x \cot \Lambda$ zu setzen:

	Gl. (35)	Gl. (82)	Gl. (108)
K	1	$1/E'(\cot \Lambda \cot \alpha)$	$\frac{4}{\pi}(1 + \cot \Lambda \cot \alpha)^{-1}$.

Das Ergebnis ist in Abb. 29 wiedergegeben. Wie bereits in Abschn. 13 festgestellt wurde, stimmt die Theorie kleiner Streckung, Gl. (35), für $\cot \Lambda \cot \alpha \to 0$ mit dem exakten Ergebnis überein. Auf der anderen Seite herrscht Übereinstimmung von Gl. (108) mit dem exakten Ergebnis für Schallkanten,

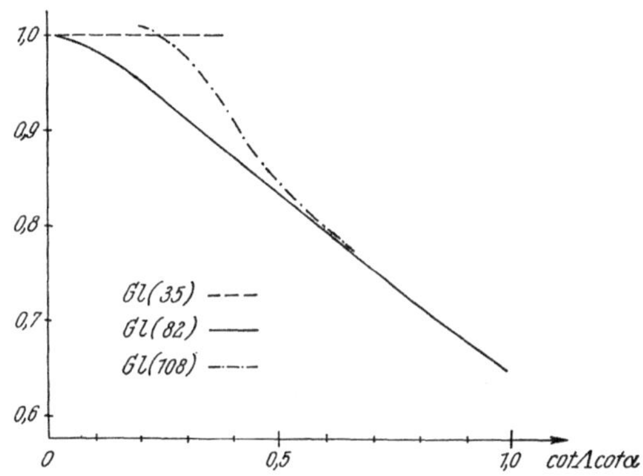

Abb. III,29. Koeffizienten exakter und genäherter Auftriebsverteilung.

$\cot \Lambda \cot \alpha \to 1$, weil der zweite Beitrag von Gl. (107) in diesem Falle verschwindet, was man sich auch anhand von Abb. 28 überlegen kann. Darüber hinaus ist aber im vorliegenden Fall Gl. (108) erst bei $\cot \Lambda \cot \alpha = 0{,}2$ eine schlechtere Näherung als die Theorie kleiner Streckung, Gl. (35).

18. Verallgemeinerungen durch Transformation

Mit Transformationen, welche die Eigenschaft besitzen, die Ausgangsgleichung in sich überzuführen, können aus bekannten Lösungen neue hergestellt werden. Die Randbedingungen der neuen Lösungen ergeben sich dabei ebenfalls durch dieselbe Transformation. Bei der Laplace-Gleichung sind es beispielsweise die konformen Abbildungen, durch deren Anwendung viele Randwertaufgaben gelöst werden können. Eine besonders einfache Transformation bei der Laplace-Gleichung ist die Drehung des Koordinatensystems, wobei es physikalisch klar ist, daß die Form der Differentialgleichung dabei ungeändert bleibt.

Wie die genannten Transformationen, beschränken sich auch jene dieses Abschnittes keineswegs auf „kegelige Strömungen". Doch sollen nur Transformationen in der x,z-Ebene betrachtet werden, womit das Anwendungsgebiet auf flache Körper beschränkt bleibt. Es sei eine einfache lineare Beziehung angenommen, d. h. das Gegenstück zur „Drehung" bei der Laplace-Gleichung sei gesucht. Des besseren Überblickes wegen seien die Betrachtungen auf $M_\infty = \sqrt{2}$ beschränkt.

In das Gleichungssystem

$$-\frac{\partial u_1}{\partial x} + \frac{\partial v_1}{\partial y} + \frac{\partial w_1}{\partial z} = 0; \qquad \frac{\partial u_1}{\partial y} = \frac{\partial v_1}{\partial x}; \qquad \frac{\partial w_1}{\partial y} = \frac{\partial v_1}{\partial z}, \tag{109}$$

wird zunächst eine lineare Transformation in den unabhängigen und abhängigen Veränderlichen eingeführt:

$$\begin{aligned} x' &= ax + bz; & z' &= cx + dz; & y' &= y; \\ u_1 &= Au_1' + Bw_1' & w_1 &= Cu_1' + Dw_1'; & v_1 &= v_1'. \end{aligned} \tag{110}$$

Aus der Forderung, daß die Gleichungen in den gestrichenen Größen wieder die Form von (109) annehmen sollen und daß die Transformation für den Parameterwert $\sigma = 0$ die Identität ergeben soll, ergibt sich nach elementarer Rechnung:

$$x' = \frac{x - \sigma z}{\sqrt{1-\sigma^2}}; \quad z' = \frac{-\sigma x + z}{\sqrt{1-\sigma^2}}; \quad x = \frac{x' + \sigma z'}{\sqrt{1-\sigma^2}}; \quad z = \frac{\sigma x' + z'}{\sqrt{1-\sigma^2}}. \tag{111}$$

Diese Transformation führt die Wellengleichung in sich über und ist als *Lorentz-Transformation* durch die spezielle Relativitätstheorie sehr bekannt geworden. Für die neuen Geschwindigkeitskomponenten ergibt sich:

$$u_1'(x', z') = \frac{u_1(x, z) + \sigma w_1(x, z)}{\sqrt{1-\sigma^2}}; \qquad w_1(x', z') = \frac{\sigma u_1(x, z) + w_1(x, z)}{\sqrt{1-\sigma^2}}. \tag{112}$$

Der Parameter σ ist innerhalb der Grenzen $-1 < \sigma < 1$ frei wählbar. Die Umkehr der Gl. (112) ergibt sich, wie bei der Gl. (111), einfach durch einen Vorzeichenwechsel von σ. Die Transformation der Geschwindigkeitskomponenten entspricht genau den Umkehrformeln der Koordinatentransformation.

Durch die Gl. (111) geht der Abhängigkeits- und Einflußkegel des Ursprungs in sich über:

$$\text{aus} \quad x^2 = y^2 + z^2 \quad \text{folgt} \quad x'^2 = y'^2 + z'^2. \tag{113}$$

Ferner kann durch die Transformation kein Punkt über den Machkegel versetzt werden. Die Geraden durch den Ursprung in der x,z-Ebene erfahren folgende Lageänderung:

$$\frac{z'}{x'} = \frac{-\sigma + \dfrac{z}{x}}{1 - \sigma \dfrac{z}{x}}. \tag{114}$$

Daraus folgt:

$\frac{z}{x}$	1	σ	0	$-\sigma$	-1	$-\frac{1}{\sigma}$	∞	$\frac{1}{\sigma}$	1
$\frac{z'}{x'}$	1	0	$-\sigma$	$-\frac{2\sigma}{1+\sigma^2}$	-1	$-\frac{1+\sigma^2}{2\sigma}$	$-\frac{1}{\sigma}$	∞	1

Alle Geraden durch den Ursprung drängen sich demnach bei positivem σ zur Geraden $x' = -z'$ hin unabhängig davon, ob sie nun im Einflußkegel liegen oder außerhalb von diesem. In Abb. 30, welche diesen Vorgang zeigt, stehen an den

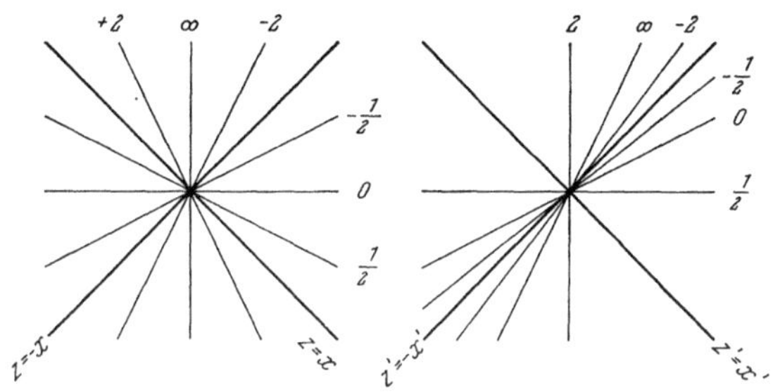

Abb. III,30. Verzerrung des Geradenbüschels nach Gl. (114): $\sigma = 1/2$.

Geraden die Richtungskonstanten vor der Transformation, um so die Zuordnung kenntlich zu machen.

Man erkennt die Bedeutung der Transformation sofort an der kegeligen Strömung. Eine symmetrisch um die x-Achse gelegene Dreieckfläche geht in eine asymmetrisch gelegene über. Ein Flügelrand mit der x-Achse als umströmte Kante bekommt eine andere Gerade als Rand. Mit den in Abschn. 13 und 14 behandelten symmetrisch angeströmten tragenden Dreiecken beliebigen Pfeilwinkels und den in Abschn. 16 behandelten Flügelrändern hat man unter Hinzunahme der „Lorentz-Transformation" bereits den allgemeinsten Fall tragender kegeliger Flächen beliebiger Lage beider Kanten.

Nur darf bei tragenden Flächen eine Unterschallvorderkante nicht in eine Unterschallhinterkante verwandelt werden und umgekehrt, wenn an der Unterschallhinterkante die Bedingung „glatten Abströmens" gefordert wird. Dieses „Verbot" entspringt der Abströmbedingung. Die Differentialgleichungen würden auch bei Umgehung des Verbotes erfüllt bleiben.

Wie in Abschn. 7 bei der Behandlung der Theorie von JONES ausführlich gezeigt wurde, unterscheiden sich die Randbedingungen an Vorder- und Hinterkanten ganz wesentlich, weil sich das Wirbelband einer tragenden Fläche an der breitesten Stelle ablöst. Eine Hinterkante liegt somit stets im Wirbelband, an ihr ist die Bedingung glatten Abströmens zu erfüllen, wie in inkompressibler Strömung.

Die Transformation kann auch auf den Kreiskegel angewendet werden. Doch bleibt dieser hierbei im allgemeinen kein Kreiskegel mehr.

Im Hinblick auf die Analogie zur dichtebeständigen Strömung kann auch von einer „hyperbolischen Drehung" gesprochen werden. Sie ist im Gegensatz zur gewöhnlichen (elliptischen) Drehung mit Verzerrungen verbunden.

19. Verallgemeinerung durch Superposition

Überschallströmungen an tragenden Flächen, die zum Teil Überschallvorderkanten besitzen, zeichnen sich durch Bereiche konstanten Störzustandes aus. Die hyperbolischen Gebiete in den Abbildungen 24, 26 und 27 liefern dafür Beispiele. Lösungen mit solchen Eigenschaften eignen sich besonders zur bausteinförmigen Zusammensetzung von Flügeln. Darin liegt der eigentliche Wert der hergeleiteten Einzellösungen für verschiedene Kantenkombinationen. Die im folgenden dargelegte Methode ist nicht unbedingt auf die Störtheorie erster Ordnung beschränkt, soll jedoch an den Ergebnissen dieser Theorie erläutert werden.

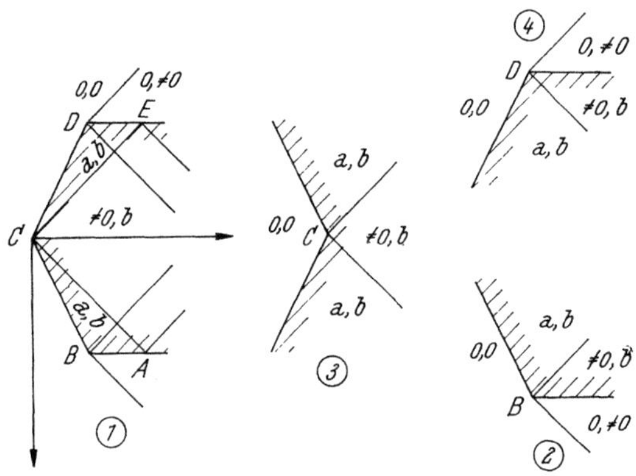

Abb. III,31. Superposition von Lösungen: ① = ② + ④ − ③.

Die Überschallströmung an einer angestellten Dreieckplatte mit Überschallvorderkanten, aber abgeschnittenen Flügelspitzen, Abb. 31 links, sei mittels der bereits vorliegenden Lösungen bestimmt. In der Umgebung des Punktes C liegt die Lösung von Abb. 24 vor. Sie wird durch die, von den Kantenpunkten B und D ausgehenden, Machkegel begrenzt. Diese erscheinen im Bild als Machlinien, die von B und D aus in die Flügelfläche eindringen. In der Umgebung der Randpunkte B und D liegen dagegen Lösungen mit einer Überschall- und einer Unterschallkante vor. Sie sind vom Typus der Abb. 26 und können aus der zugehörigen Lösung mittels einer Lorentztransformation erhalten werden. Diese Lösungen gelten dann bis zu jener Machlinie, längs der sich der Einfluß des Knickes im Punkte C geltend macht.

In Abb. 31 sind die konstanten Werte von u_1 und v_1 in den „schiebenden Teilen" der Lösungen mit a und b bezeichnet. Auf der Flügeloberfläche ist überall

$v_1 = b$. Außerhalb der schiebenden Teile am Flügel steht für u_1 einfach $\neq 0$. Außerhalb vom Flügel dagegen muß der Randbedingung entsprechend überall $u_1 = 0$ gelten. Im Anströmgebiet ist auch $v_1 = 0$. Im Aufwindgebiet an den Seitenkanten dagegen ist $v_1 \neq 0$, wie dies alles in den verschiedenen Feldern der Abbildung eingetragen ist.

Die Gesamtlösung kann durch bausteinartige Zusammensetzung der erwähnten Teillösungen bis an die Gültigkeitsgrenzen heran gewonnen werden.

Wenn das Ergebnis allerdings durch eine Superposition von Teillösungen erhalten werden soll, müssen die rechts in Abb. 31 angeführten Fälle zusammengesetzt werden. Die Summation der Teillösungen ② und ④ führt nämlich zu einer Vorwärtspfeilung des Flügels im Punkte C! Diese muß durch die Subtraktion der Lösung ③ wieder gelöscht werden. Man kann sich überzeugen, daß damit aber dann alle Voraussetzungen erfüllt sind.

In jedem Falle gilt das Ergebnis nur bis zum Einflußbereich jener Seitenkanten-Punkte A und E, die durch das Auftreffen der Machlinien des Punktes C auf die Seitenkanten gekennzeichnet sind. Von da ab ist nämlich im Aufwindgebiet entgegen der Randbedingung $u_1 \neq 0$. Am Flügel gilt die Lösung dann noch bis zu jener hereinwandernden Machlinie, die den Einfluß des „falschen" Aufwindgebietes stromaufwärts begrenzt.

Die Folge ist, daß stromabwärts von diesen Grenzen die hier skizzierte einfache Methode versagt, nicht aber, daß die weitere Lösung besonders schwierig sein muß.

Literatur

[1] Keune, F.: An approximate method of calculating the subsonic velocity distribution on high aspect ratio swept wings of small thickness at zero lift. KTH-AERO TN 26, Stockholm (1950).

[2] Jones, R. T.: Subsonic flow over thin oblique airfoils at zero lift. NACA Rep. 902 (1948).

[3] Neumark, S.: Critical Mach numbers for swept-back wings. Aeronaut. Quart. **2**, 84—110 (1950).

[4] Reissner, E.: Note on the theory of lifting surfaces. Proc. Nat. Acad. Sci. USA **35**, 208—215 (1949).

[5] Niyogi, P.: Die Auftriebsverteilung an der Hinterkante eines Flügels kleiner Streckung. Diss. Techn. Hochschule Aachen (1965).

[6] Gretler, W.: Zur angenäherten Lösung der Gleichung der tragenden Fläche bei Flügeln großer Streckung. ZAMM **45**, T 156—T 159 (1965).

[7] Lord Rayleigh: The Theory of Sound, Vol. 1, 2. New York: Dover Publications. 1945.

[8] Puckett, A. E.: Supersonic wave drag of thin airfoil. J. Aeronaut. Sci. **13**, 475—484 (1946).

[9] Jones, R. T.: Thin oblique airfoils at supersonic speeds. NACA Rep. 851 (1946).

[10] Busemann, A.: Infinitesimale kegelige Überschallströmungen. Schriften Dtsch. Akad. Lufo. **7** B/3, 105—120 (1943).

[11] Behrbohm, H. und Oswatitsch, K.: Flache kegelige Körper in Überschallströmung. Ing. Archiv **17**, 370—377 (1950); Ausführlicher: Corps conique plats dans un écoulement supersonique. Centre d'Etudes supérieures de Mécanique (Section des fluides compressibles). Bulletin 10, 11 and 12. Paris (1950/51).

[12] Germain, P.: La théorie des mouvements homogènes et son application au calcul de certaines ailes delta en régime supersonique. Rech. aeronaut. Nr. 7, 3—16 (1949).

[13] Hjelte, F.: Velocity distribution on a family of thin conical bodies with zero incidence according to linearised supersonic flow theory. KTH-AERO TN 22, Stockholm (1952).

[14] LEITER, E.: Strömungen um Tragflächen im stationären Überschallflug. Ihre Darstellung und Berechnung auf der Grundlage von Auftriebs-Aufwindbeziehungen. DLR-FB 75—61 (1975).
[15] EVVARD, J. C.: Use of source distributions for evaluating theoretical aerodynamics of thin finite wings at supersonic speeds. NACA Rep. 951 (1950).
[16] SCHLICHTING, H.: Tragflügeltheorie bei Überschallgeschwindigkeit. Lufo **13**, 320—335 (1936).
[17] ZIEREP, J.: Die Überschallströmung um einen Flügel mit zwei Unterschallvorderkanten. ZAMM **41**, T 166—T 169 (1961).

IV. Räumliche und zeitliche Wellenausbreitung

1. Vorbemerkung

Ausbreitungsprobleme wurden bereits wiederholt behandelt. In [•13], Teil III, waren es die instationären ebenen Wellen, sowie Zylinder- und Kugelwellen. Die stehenden ebenen und achsensymmetrischen Wellen in Überschallströmung und Hyperschallströmung kamen in [•13], Teil IX, und in Teil II dieses Buches wiederholt zur Sprache. In Teil III dieses Buches schließlich wurden unter anderem die Luftkräfte an Flügeln bei Überschallströmung im Rahmen der akustischen Theorie bestimmt, was die Lösung der gasdynamischen Gleichung für den entsprechenden Problemkreis zur Voraussetzung hat. Im folgenden Teil soll nun das Augenmerk auf die Ausbreitung zweidimensionaler Wellengebilde gerichtet werden, und zwar entweder auf die Ausbreitung flächenförmiger stationärer Wellenformen in der Überschallströmung im Raume oder instationäre ebene und achsensymmetrische Wellen, wie sie etwa bei Beschleunigung oder Verzögerung von Flugkörpern auftreten. Freilich würde auch das Problem der Ausbreitung instationärer Wellen im Raume zu dem hier behandelten Fragenkomplex gehören. Die Behandlung solcher Vorgänge, die nur mit drei örtlichen Koordinaten und der Zeit beschrieben werden können, überschreitet jedoch die gesteckten Grenzen.

Von den instationären Vorgängen sollen, wie im wesentlichen in [•13] Teil III, nur die „echt instationären“ Strömungen untersucht werden, also solche, die sich nicht durch einen Separationsansatz auf einen im wesentlichen stationären Vorgang zurückführen lassen. Das sind also Anfahr-, Beschleunigungs- und Verzögerungsströmungen, nicht aber periodische Vorgänge wie das Flattern. Allerdings beansprucht gerade das „Flügelflattern“, also die Schwingungen von Flügeln, in der Aerodynamik ganz besonderes Interesse. Das einschlägige Gebiet ist jedoch derart umfangreich, daß es nur in speziellen Werken behandelt werden kann [•2], [•6], und mit einem kurzen Einblick wenig gewonnen ist. Zur Flügelform selbst kommt neben der Machzahl der Anströmung als zweite wichtige Kennzahl die *reduzierte Frequenz* hinzu. Für diese wird sich jedoch im allgemeinen kein derart einfaches Ähnlichkeitsgesetz einführen lassen wie es die Prandtl-Glauert-Analogie für den Machzahleffekt bei stationärer Strömung ist.

Einige der folgenden Ergebnisse gelten freilich auch für die Umströmung schwingender Körper, so zum Beispiel die *akustische Näherung* in Überschallströmung, da die *eingefrorenen Machkegel* für den ruhenden und den schwingenden Flügel dieselben sind.

Die räumliche Überschallströmung und die ebene oder achsensymmetrische instationäre Strömung sind Ausbreitungsvorgänge von engster mathematischer

Verwandtschaft. Beide Strömungsarten ließen sich daher formal mathematisch gemeinsam behandeln. Dabei ginge allerdings wesentliches an Anschaulichkeit verloren. Daher wurde eine getrennte Darstellung der Vorgänge vorgezogen. Begonnen wird mit der stationären Überschallströmung, weil dazu im letzten Teil bereits Vorarbeit geleistet wurde.

Die Darstellung instationär bewegter Körper muß dann in den Abschnitten 12 bis 16 durchgeführt werden, bevor in den folgenden Abschnitten auf die Wellenausbreitung eingegangen werden kann.

2. Stationäre Wellenfronten, allgemeine Gleichungen

Die Wellenfront sei ähnlich wie in [•13], Teil IX, zunächst in impliziter Form dargestellt:

$$\xi(x, y, z) = \text{konst.} \tag{1}$$

Im folgenden wird sich die vektorielle Darstellung als sehr zweckmäßig erweisen. Daher sei der Einheitsvektor der Normalen auf die Wellenfront eingeführt:

$$\vec{n} = \text{grad}\ \xi / |\text{grad}\ \xi|\,. \tag{2}$$

Er weist gemäß Gl. (2) stets in die Richtung des Gradienten von ξ. Seine Richtung hängt damit von der Zählung von ξ ab.

Wenn Gl. (1) eine stehende Wellenfront in Überschallströmung darstellen soll, so muß die Normalkomponente der Geschwindigkeit auf die Wellenfront gleich der Schallgeschwindigkeit c sein. Es gilt

$$\vec{W}\ \text{grad}\ \xi = c\ |\text{grad}\ \xi|\,, \tag{3}$$

wenn die Zählung von ξ so festgesetzt ist, daß grad ξ mit dem Geschwindigkeitsvektor $\vec{W}$ einen spitzen Winkel einschließt.

In den Komponenten schreibt sich Gl. (3) wie folgt

$$u\ \xi_x + v\ \xi_y + w\ \xi_z = c \sqrt{\xi_x^2 + \xi_y^2 + \xi_z^2}\,,$$

oder nach Wegschaffen der Wurzel durch Quadrieren:

$$\begin{aligned}(u^2 - c^2)\ \xi_x^2 + (v^2 - c^2)\ \xi_y^2 + (w^2 - c^2)\ \xi_z^2 \\ + 2uv\xi_x\xi_y + 2vw\xi_y\xi_z + 2wu\xi_z\xi_x = 0.\end{aligned} \tag{3a}$$

In der letzten Form wird die Neigungsgleichung in der Regel direkt aus der gasdynamischen Gleichung für das Geschwindigkeitspotential abgeleitet [•14], indem die Flächen unbestimmter Querableitung gesucht werden. Auch als solche können die Wellenflächen definiert werden. Sie werden auch als *Machflächen* oder *Charakteristikenflächen* bezeichnet. Dies wurde beispielsweise für die Machlinien im Abschn. IX,15, [•13], für den allgemeinen Fall drehungsbehafteter Strömungen gezeigt. Der Ausdruck in den eckigen Klammern von [•13], Gl. (IX,49), stellt den ebenen Spezialfall, $\xi_z = 0$, von Gl. (3) dar.

Wird c mit der allgemeinen Beziehung zwischen Machzahl und Machwinkel, $c = W \sin \alpha$, aus Gl. (3) eliminiert

$$\vec{W} \operatorname{grad} \xi = W |\operatorname{grad} \xi| \sin \alpha = W |\operatorname{grad} \xi| \cos (\pi/2 - \alpha),$$

so erweist sich diese Gleichung als Bedingung, daß grad ξ mit der Strömung den Winkel $(\pi/2 - \alpha)$ einschließt.

grad ξ bildet gemäß Gl. (3) lokal einen Kegel. Dieser sogenannte *Normalenkegel* hat einen halben Öffnungswinkel von der Größe $(\pi/2 - \alpha)$. Man kann sich diesen Kegel veranschaulichen, wenn man Abb. 3 um den Geschwindigkeitsvektor rotieren läßt. $\xi =$ konst. gibt dann gleichzeitig den lokalen Machkegel.

Die zwei getrennten Machlinienscharen $\xi =$ konst. und $\eta =$ konst. der ebenen oder achsensymmetrischen Überschallströmung, [•13], Abb. IX,39, ergeben sich bei dieser Betrachtung als die zwei „Erzeugenden" des Schnittes $z = 0$ eines ein-

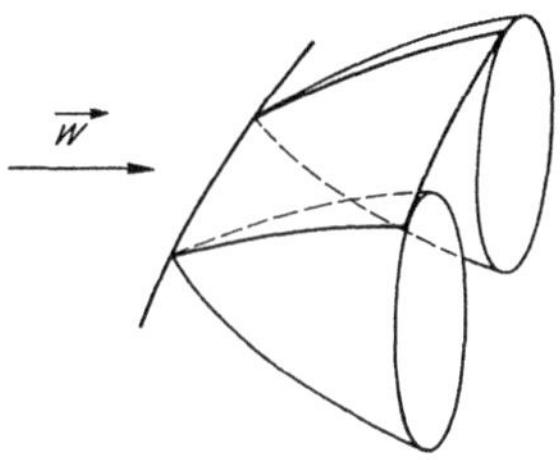

Abb. IV,1. Machfläche als Einhüllende der Machkonoide einer Grundkurve.

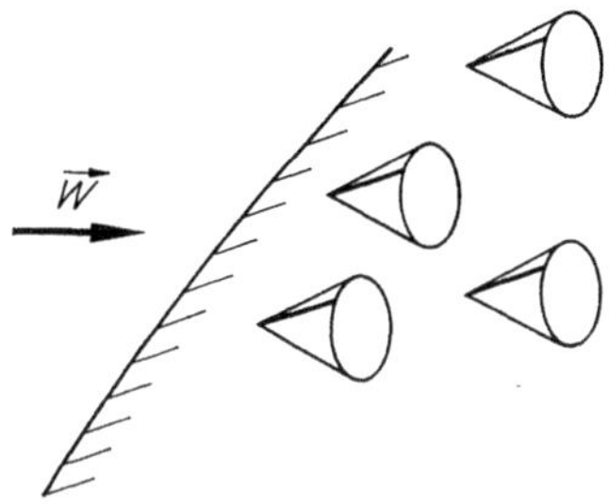

Abb. IV,2. Richtungsfeld auf einer Machfläche als Tangenten örtlicher Machkegel.

zigen Machkegels. Daher besteht zunächst kein Anlaß, neben der Machfläche von Gl. (1) etwa noch eine weitere $\eta(x, y, z) =$ konst. einzuführen.

Zur Festlegung einer „Wellenfront" in der Bezeichnung der Gasdynamik, also einer „Machfläche", oder in der mathematischen Bezeichnung einer „Charakteristischen Fläche", bedarf es neben der Gl. (3) auch einer *Anfangsbedingung*, also einer *Anfangskurve*, im folgenden *Grundkurve* genannt, von welcher die Fläche ausgeht. Diese Grundkurve kann im folgenden die Überschallkante eines Flügels sein. Auf diese Grundkurve seien nun Machkonoide aufgereiht, Abb. 1. Sie beginnen an der Kurve als örtliche Machkegel. Die Machfläche ist dann offenbar die Einhüllende dieser Machkonoide. Damit ist nämlich an jedem Flächenpunkt Gl. (3) erfüllt und gleichzeitig die Grundkurve Teil der Wellenfläche.

Ebensogut kann aber auch jeder Punkt der Wellenfläche die Spitze eines örtlichen Machkegels sein und auch jede andere, in der Wellenfläche verlaufende Kurve als neue Grundkurve angesehen werden. Die Wellenfront hat dann in jedem ihrer Punkte mit dem örtlichen Machkegel ein kleines Stück einer Erzeugenden gemeinsam, wodurch auf der gesamten Machfläche ein Richtungsfeld festgelegt wird, Abb. 2. Dieses Richtungsfeld legt eine einparametrige Schar von Kurven fest, die als *Bicharakteristiken* bezeichnet werden.

Diese Bezeichnung wird sogleich gerechtfertigt werden. Zunächst soll jedoch eine Darstellung der Bicharakteristiken gefunden werden. Sie können wie jede andere Kurve durch eine Parameterdarstellung wiedergegeben werden:

$$\vec{r} = \vec{r}(\lambda) = \{x(\lambda), y(\lambda), z(\lambda)\}. \tag{4}$$

Über die Wahl des Parameters λ wird zunächst keine Annahme getroffen. λ könnte die Zeit t, eine Koordinate oder auch eine andere geeignete Größe sein.

Der Einheitsvektor der Bicharakteristikenrichtung hängt dann mit der Ableitung von r, d. i. mit der Kurvenrichtung, wie folgt zusammen:

$$\vec{b} = \vec{r}_\lambda(\lambda)/|\vec{r}_\lambda|. \tag{5}$$

Ähnlich wie beim Normalenvektor $\vec{n}$, Gl. (2), sei angenommen, daß $\vec{b}$ mit $\vec{W}$ einen spitzen Winkel einschließe, nämlich den Machwinkel α, was keine Einschränkung bedeutet, die Vorzeichen bei den folgenden Beziehungen aber eindeutig festlegt.

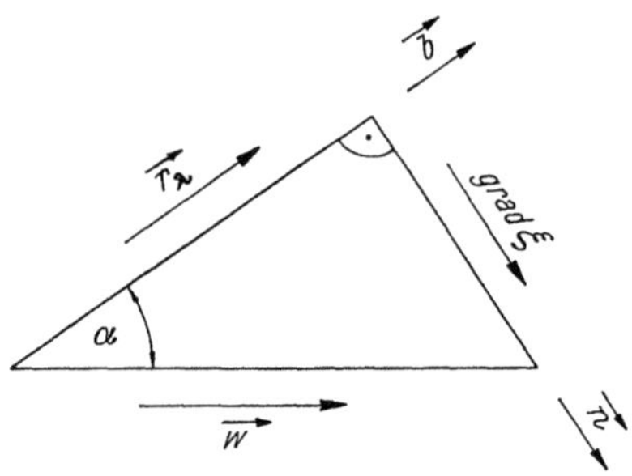

Abb. IV,3. Bicharakteristiken-, Normalen- und Geschwindigkeitsvektor.

Gemäß ihrer Definition spannen die Vektoren $\vec{W}$, $\vec{n}$ und $\vec{b}$ ein Dreieck auf, Abb. 3. Zwischen ihnen besteht folgende Beziehung

$$\vec{W} = \sqrt{W^2 - c^2}\,\vec{b} + c\,\vec{n}, \tag{6}$$

oder, wenn diese Gleichung durch die Schallgeschwindigkeit dividiert wird, mit $\vec{M}$ als Machzahlvektor

$$\vec{M} = \vec{W}/c = \{u/c, v/c, w/c\}, \tag{7}$$

die Beziehung:

$$\vec{M} = \sqrt{M^2 - 1}\,\vec{b} + \vec{n}. \tag{8}$$

Diese Vektorgleichung enthält als Spezialfall auch Gl. (3).

Man braucht Gl. (8) nur skalar mit $\vec{n}$ zu multiplizieren:

$$\vec{M}\,\vec{n} = 1.$$

Das bedeutet, daß die Normalkomponente des Machzahlvektors auf die Machfläche gleich der Einheit ist. Mit Gl. (2) und (7) erhält man dann sofort Gl. (3).

Multipliziert man Gl. (8) skalar mit $\vec{b}$, so erhält man zunächst:

$$\vec{M}\,\vec{b} = \sqrt{M^2 - 1} = M\cos\alpha.$$

Das bedeutet, daß die Bicharakteristikenrichtung $\vec{b}$ mit dem Machvektor und folglich mit dem gleichgerichteten Geschwindigkeitsvektor den Machwinkel α einschließt. Dies ist keine neue Erkenntnis; da aber die letzte Gleichung alle Vektoren $\vec{b}$ umfaßt, die mit der Strömungsrichtung den Machwinkel einschließen, ist sie die Gleichung für den lokalen *Machkegel* oder in der mathematischen Bezeichnung für den *Monge-Kegel*.

Führt man in der letzten Gleichung mit Gl. (5) die Ableitung der Koordinaten ein, so erhält man die sogenannte *Monge-Gleichung*

$$\vec{r}_\lambda \vec{M} = \sqrt{M^2 - 1}\, |r_\lambda|, \tag{9}$$

oder mit Hilfe von Gl. (4) und Gl. (7) ausgeschrieben in den Koordinaten und Komponenten:

$$\begin{aligned}(v^2 + w^2 - c^2)\, x_\lambda^2 + (w^2 + u^2 - c^2)\, y_\lambda^2 + (u^2 + v^2 - c^2)\, z_\lambda^2 \\ -2uvx_\lambda y_\lambda - 2vwy_\lambda z_\lambda - 2wuz_\lambda x_\lambda = 0.\end{aligned} \tag{9a}$$

Die Monge-Gleichung (9) ist das Gegenstück zu Gl. (3) für den Normalenkegel. Bei beiden Gleichungen handelt es sich um Spezialfälle der allgemeinen Vektorgleichung (8).

Unter der partiellen Ableitung nach λ sei die Ableitung der entsprechenden Größe entlang der Bicharakteristik verstanden. Auf Grund der Kettenregel der Differentiation gilt also:

$$\frac{\partial}{\partial \lambda} = \frac{\partial}{\partial x}\, x_\lambda + \frac{\partial}{\partial y}\, y_\lambda + \frac{\partial}{\partial z}\, z_\lambda = \vec{r}_\lambda \operatorname{grad}. \tag{10}$$

Wegen der aus Gl. (2) und (3) folgenden Gleichungen

$$\vec{n} \operatorname{grad} \xi = |\operatorname{grad} \xi|, \qquad \vec{M} \operatorname{grad} \xi = |\operatorname{grad} \xi|$$

gilt

$$(\vec{M} - \vec{n}) \operatorname{grad} \xi = 0,$$

und nach Gl. (8) also

$$\vec{b} \operatorname{grad} \xi = 0,$$

oder mit Gl. (5) und (10):

$$\partial \xi / \partial \lambda = 0. \tag{11}$$

Der Inhalt dieser Gl. (11) ist identisch mit dem Inhalt von Gl. (3). Damit erweist sich, daß die Bicharakteristikenrichtung als jene ausgezeichnet ist, in der sich die Ableitungskombination von Gl. (3) auf eine einzige Ableitung reduziert. Es besteht also eine weitgehende Analogie zum hyperbolischen System von Differentialgleichungen, wie es in [·13], Abschn. IX,17 behandelt wird. Freilich herrscht keine völlige Analogie, weil es sich hier ja um eine einzige Differentialgleichung erster Ordnung handelt, während dort ein System zweier Gleichungen erster Ordnung vorliegt.

Analogien für die Überführung einer partiellen Differentialgleichung erster Ordnung in die Form von Gl. (11) gibt es im übrigen in der Strömungsmechanik einige. Beispielsweise gilt für die spezifische Entropie s einer stationären reibungsfreien Strömung im thermodynamischen Gleichgewicht [•13], Gl. (IV,62):

$$\vec{W} \operatorname{grad} s = u \frac{\partial s}{\partial x} + v \frac{\partial s}{\partial y} + w \frac{\partial s}{\partial z} = 0 .$$

Es kann leicht gezeigt werden, daß die Charakteristiken dieser Gleichung die Stromlinien sind und daß s längs der Stromlinien eine formal zu Gl. (11) identische Gleichung erfüllt. Ganz Entsprechendes gilt für Stromflächen im Raum, deren Charakteristiken ebenfalls die Stromlinien sind. Für die Differentialgleichung der Entropie bei instationärer Strömung erweisen sich die Teilchenbahnen als Charakteristiken.

Ein ganz wesentlicher Unterschied zum Problem bei zwei unabhängigen Veränderlichen, also vor allem zum Problem der ebenen oder achsensymmetrischen Überschallströmung, ergibt sich daraus, daß eine Wellenfläche erst durch Vorgabe einer Anfangskurve festgelegt ist. Diese tritt als nötige Anfangsbedingung zur Differentialgleichung (3) und (9) noch hinzu. Zur Festlegung einer Machlinie in der Ebene dagegen war nur die Vorgabe eines ihrer Punkte erforderlich. Für die lokalen Beziehungen in der Umgebung eines Punktes muß demzufolge im Raum ein Kurvenelement vorgegeben sein, damit die Bicharakteristikenrichtung festgelegt ist, vgl. Abb. 1. Die Richtung des Kurvenelementes sei durch einen Einheitsvektor in der Tangentenrichtung $\vec{k}$ gegeben. Der Buchstabe k soll dabei an das Wort „Kante" erinnern, weil als Kurve später im allgemeinen Überschallkanten gewählt werden.

Da $\vec{k}$ in der Wellenfront liegt, steht der Normalenvektor $\vec{n}$ senkrecht zur Kante. Zusammen mit der nach Gl. (8) wiedergegebenen Form von Gl. (3) erhält man damit folgende beiden Gleichungen für die Bestimmung des Normalenvektors bei gegebener Kantenrichtung und gegebenem Machzahlvektor:

$$\vec{M}\vec{n} = 1, \qquad \vec{k}\vec{n} = 0. \tag{12}$$

Nach Bestimmung von $\vec{n}$ folgt aus Gl. (8) dann sofort der Vektor $\vec{b}$. Vor der Anwendung auf ein Beispiel sei Gl. (8) aber noch mit dem Vektor $\vec{k}$ skalar multipliziert. Zusammen mit Gl. (12) rechts folgt dann ganz allgemein:

$$\vec{b}\vec{k} = \frac{\vec{M}\vec{k}}{\sqrt{M^2 - 1}} = \frac{\vec{W}\vec{k}}{\sqrt{W^2 - c^2}} . \tag{13}$$

Diese Aussage ist wichtig. Von $\vec{k}$ wurde nur vorausgesetzt, daß es sich um einen „inneren" Einheitsvektor handelt, also um einen Vektor, der in der Machfläche liegt. Nach Gl. (13) muß folglich für jedes $\vec{k}$ die Komponente des Bicharakteristikenvektors in Richtung von $\vec{k}$ proportional zur entsprechenden Komponente des Geschwindigkeits- oder Machzahlvektors sein. Insbesondere weisen diese Komponenten in dieselbe Richtung oder verschwinden gemeinsam.

Für die weiteren Ausführungen sei der Vektor $\vec{k}$ wie die Flügelkante bei den Beispielen der vorangegangenen Teile in die Ebene $y = 0$ verlegt. Seine Komponenten hängen dann mit dem Pfeilwinkel Λ der Abb. 4 wie folgt zusammen:

$$\vec{k} = \{\sin\Lambda, 0, \cos\Lambda\} . \tag{14}$$

Zur Vereinfachung der folgenden Herleitung sei ohne Einschränkung der Allgemeinheit der Aussage das Koordinatendreibein so gelegt, daß x in die lokale Geschwindigkeitsrichtung weist. β sei der Winkel, den die Projektion des Normalenvektors auf eine Ebene $x =$ konst. in der y-Richtung einschließt, also der Azimutalwinkel des Normalenvektors, Abb. 4. Dort folgen der Reihe nach aus

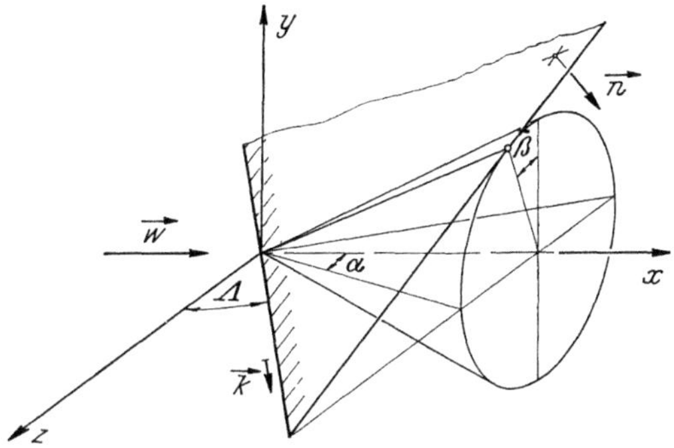

Abb. IV,4. Kanten- und Normalenvektor.

den Gln. (12) und (8) mit Wiederholung von Gl. (14) die Gleichungen der Aufstellung (15):

$$\begin{aligned} \vec{k} &= \{\sin\Lambda, & &0, & &\cos\Lambda\}; \\ \vec{M} &= \{1/\sin\alpha, & &0, & &0\}; \\ \vec{n} &= \{\sin\alpha, & &-\cos\alpha\cos\beta, & &-\cos\alpha\sin\beta\}; \\ \vec{b} &= \{\cos\alpha, & &\sin\alpha\cos\beta, & &\sin\alpha\sin\beta\}. \end{aligned} \tag{15}$$

Zur Befriedigung von Gl. (12) rechts muß folgende Beziehung zwischen Λ und β bestehen:

$$\operatorname{tg}\Lambda = \sin\beta\cot\alpha. \tag{16}$$

Mit dieser Beziehung könnte der Azimutalwinkel β, Abb. 4, wohl leicht aus den Beziehungen (15) eliminiert werden. Damit wäre jedoch zunächst wenig gewonnen.

Die Winkel Λ und β können im übrigen gemäß ihrer Einführung auch negative Werte annehmen, je nachdem ob die Kante im ersten und dritten, oder im zweiten und vierten z,y-Quadranten liegt.

Da die Extremwerte von $\sin\beta$ bei ± 1 liegen, gibt es Lösungen von (15) nur für

$$-(\pi/2 - \alpha) \leqq \Lambda \leqq (\pi/2 - \alpha). \tag{17}$$

Machflächen können danach nur von *Überschallkanten* ausgehen oder in der Grenze von *Schallkanten*:

$$\beta = \pm\pi/2; \qquad \Lambda = \pm(\pi/2 - \alpha); \qquad \vec{k} = \pm\vec{b}. \tag{18}$$

Unterschallkanten verlaufen innerhalb der Machkegel, es gibt dort dann keine Einhüllende von Machkegeln. Dafür liefert bereits die akustische Theorie des nächsten Abschnittes einleuchtende Beispiele.

Bei den folgenden Bestimmungen von Wellenfronten sei stets angenommen, daß das Strömungsfeld bekannt sei. Durch örtliche Vorgabe eines Grundkurvenelementes, etwa des Kantenvektors $\vec{k}$, ist $\vec{b}$ bestimmt und damit auch ein Flächenelement der Wellenfront in Richtung $\vec{b}$ zufolge von Gl. (11). Um nun aber den nächsten Schritt entlang der Bicharakteristik gehen zu können, müssen die Kantenrichtungen am Ende des ersten Schrittes bekannt sein. Denn die Wellenfront könnte ja beispielsweise entlang der Bicharakteristikenkurven eine schraubenförmige Drehung machen. Zur Integration der Machfläche fehlt also noch eine Aussage über die Änderung von $\vec{n}$ oder von grad ξ entlang der Bicharakteristik.

Die Herleitung der gesuchten Gleichung sei nur skizziert, weil es sich dabei nur um eine, allerdings nicht ganz einfache, mathematische Routinearbeit handelt. Auf Gl. (3) werde zunächst der Gradient-Operator angewendet, was zu folgender Vektor-Gleichung führt:

$$\left(\vec{W}\,\mathrm{grad} - c\,\frac{\mathrm{grad}\,\xi}{|\mathrm{grad}\,\xi|}\,\mathrm{grad}\right)\mathrm{grad}\,\xi$$

$$= -\mathrm{grad}\,\xi \times \mathrm{rot}\,\vec{W} - (\mathrm{grad}\,\xi\,\mathrm{grad})\,\vec{W} + |\mathrm{grad}\,\xi|\,\mathrm{grad}\,c.$$

Nun ist aber zufolge der Gln. (2), (5) und (6):

$$\vec{W} - c\,\frac{\mathrm{grad}\,\xi}{|\mathrm{grad}\,\xi|} = \vec{W} - c\vec{n} = \sqrt{W^2 - c^2}\,\vec{b} = \frac{\sqrt{W^2 - c^2}}{|\vec{r}_\lambda|}\,\vec{r}_\lambda.$$

Mit Hilfe von Gl. (10) erhält die vorletzte Gleichung daher die gesuchte Form:

$$\frac{\sqrt{W^2 - c^2}}{|\vec{r}_\lambda|}\,\frac{\partial}{\partial\lambda}\,(\mathrm{grad}\,\xi) = |\mathrm{grad}\,\xi|\,\mathrm{grad}\,c - \mathrm{grad}\,\xi \times \mathrm{rot}\,\vec{W} - (\mathrm{grad}\,\xi\,\mathrm{grad})\,\vec{W}. \quad (19)$$

Mit Gl. (19) sind die nötigen Voraussetzungen zur Berechnung der Machflächenfronten geschaffen. Ausgehend von einem Grundkurven- oder Kantenelement kann die Flächennormale und die Bicharakteristik bestimmt werden. Damit ist ein Flächenelement der Wellenfront bekannt. Mit Gl. (19) läßt sich dann die Normalenrichtung der Wellenfront auf der Bicharakteristik am Rande des Machflächenelementes bestimmen, worauf ein nächster Schritt vom Rande des Elements in Richtung der Bicharakteristik gemacht werden kann. Man bestimmt im allgemeinen Fall also schrittweise längs der Bicharakteristikkurve $\vec{n}$ und $\vec{b}$ oder grad ξ und $\vec{r}_\lambda$, was wegen Gl. (2) und (5) auf dasselbe herauskommt. Es wird also nicht nur die Bicharakteristikenkurve, sondern mit der laufenden Berechnung von $\vec{n}$ oder grad ξ ein ganzer Streifen der Wellenfront, der sogenannte *Charakteristische Streifen* berechnet.

Wird die Grundkurve oder die Vorderkante ab einem bestimmten Punkt abgeändert, so ist die Kantenrichtung wenigstens auf der einen Seite des Punktes noch unverändert. Damit bleiben aber Bicharakteristik und Streifen, die vom genannten Punkt ausgehen, ebenfalls unverändert. Ab der herausgegriffenen

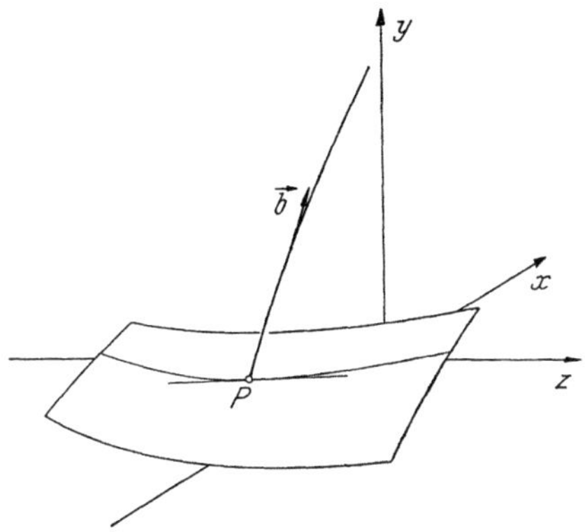

Abb. IV,5. Bicharakteristik als Verzweigungskurve einer Machfläche.

Bicharakteristik macht sich jedoch die Änderung der Grundkurve bemerkbar, Abb. 5. Damit ist die Bicharakteristik also die „Verzweigungskurve“ der Machfläche bei örtlicher Änderung der Grundkurve. Sie begrenzt das Einflußgebiet der Grundkurve auf der Wellenfront.

Die Darstellung in diesem Abschnitt sowie in den nächsten Abschnitten lehnt sich an die Arbeiten [1], [2] an, auf die betreffs Einzelheiten verwiesen sei.

3. Akustische Wellenfronten

Schon bei der Darstellung der Charakteristikentheorie für zwei unabhängige Veränderliche wurde des öfteren von der linearisierten gasdynamischen Gleichung ausgegangen. Sie führt im ebenen Fall zur Ackeret-Näherung, [·13], Abschn. IX,1, im achsensymmetrischen Fall zum Verfahren von Sauer-Heinz, [·13], Abschn. IX,33, und beim angestellten Rotationskörper zum Verfahren von Oswatitsch-Erdmann, [·13], Abschn. IX,33. Allen diesen Verfahren ist gemein, daß die Machlinien zwei Scharen paralleler Geraden bilden, weil ihre Neigung nur von den Koeffizienten der gasdynamischen Gleichung abhängt und diese Koeffizienten konstant sind. Es wird also in diesen Fällen mit den mit der Parallelströmung *eingefrorenen* Machlinien gearbeitet. Diese Näherung wird im allgemeinen in der Akustik, insbesondere auch in der geometrischen Akustik, angewendet, weshalb die Bezeichnung *Akustische Theorie* oder *Näherung* eingeführt wurde. In dieser ist die Darstellung der Machlinien bei zwei unabhängigen Veränderlichen kein Problem.

Nicht mehr so einfach ist die Darstellung der Wellenfronten im Rahmen der akustischen Näherung bei drei unabhängigen Veränderlichen. Deshalb ist der Lösung dieser Aufgabe ein eigener Abschnitt gewidmet. Die Machkonoide sind bei Parallelanströmung mit konstanter Machzahl M_∞ wieder Machkegel mit der Anströmung, im folgenden der x-Richtung, als Achse und mit dem Machwinkel $\alpha = \alpha_\infty$ als halbem Öffnungswinkel. Wegen des „Einfrierens“ unterscheiden sich die Machkonoide = Machkegel nur durch die Lage ihrer Spitze. Die Darstellung der zu einer vorgegebenen Grundkurve gehörigen Machflächen bedarf jedoch noch einiger Überlegungen.

Die Aufgabe kann als die Berechnung einer zu einer Grundkurve gehörigen Machfläche in einer Parallelströmung aufgefaßt werden. Dieselbe Fragestellung ergibt sich im übrigen bei beliebigen Störungen an der Saugseite der Überschallvorderkante eines Flügels, weil dort eine verallgemeinerte Prandtl-Meyer-Expansion an der ungestörten Wellenfront der Überschallvorderkante ansetzt.

In jedem Fall ist in den Gleichungen des letzten Abschnittes für den Spezialfall der akustischen Näherung zu setzen:

$$\vec{W} = \text{konst.}, \qquad c = \text{konst.}, \qquad \vec{M} = \text{konst.} \tag{20}$$

Damit folgt aber aus Gl. (19) bereits die wichtige Beziehung:

$$\frac{\partial}{\partial \lambda} (\text{grad}\ \xi) = 0. \tag{21}$$

Auf der Bicharakteristik ist grad ξ konstant und gleich seinem Ausgangswert auf der Grundkurve! Dasselbe gilt mit Gl. (2) für den Normalenvektor $\vec{n}$ und mit Gl. (8) wegen Gl. (20) für den Einheitsvektor der Bicharakteristik $\vec{b}$. Mit Gl. (5) muß dann auch r_λ konstant sein. Die Bicharakteristik ist also in der akustischen Theorie eine Gerade, nämlich eine bestimmte „Erzeugende" des an der Grundkurve im entsprechenden Punkt mit der Spitze ansetzenden Machkegels.

Die Wellenfronten werden zufolge dieser Ausführungen in der akustischen Näherung also durch Geraden erzeugt. Die kleinste Krümmung der Wellenfront ist Null. Mit $1/R_1$ und $1/R_2$ als kleinster und größter Krümmung verschwindet also die *Gaußsche Krümmung* $1/(R_1 \cdot R_2)$ der Machfläche. Die charakteristischen Flächen in der akustischen Theorie sind damit sogenannte *abwickelbare Regelflächen.*

Zur analytischen Beschreibung der Wellenfronten sei eine Parameterdarstellung gewählt

$$\vec{r} = \vec{r}(\varrho, \lambda) = \{x(\varrho, \lambda), y(\varrho, \lambda), z(\varrho, \lambda)\}, \tag{22}$$

mit $\lambda = 0$ für die Grundkurve und $\varrho = $ konst. für die Bicharakteristik.

Die Grundkurve sei die Flügelvorderkante und gemäß den Beispielen von Teil III in die Ebene $y = 0$ verlegt. Es handle sich um eine Parallelströmung in x-Richtung:

$$\vec{M} = \{M_\infty, 0, 0\}; \qquad \vec{W} = \{u_\infty, 0, 0\}. \tag{23}$$

Die Darstellung der Kante ist zufolge der Annahmen dann gegeben durch

$$\lambda = 0\colon\ x(\varrho, 0) = p(\varrho); \qquad y(\varrho, 0) = 0; \qquad z(\varrho, 0) = q(\varrho), \tag{24}$$

wobei die Funktionen $p(\varrho)$, $q(\varrho)$ für die Kantenform verantwortlich sind und im übrigen, wie bei jeder Parameterdarstellung, durch die Kurvenform noch nicht ganz eindeutig festgelegt sind, solange dem Parameter ϱ keine geometrische Bedeutung gegeben wird.

Ohne Einschränkung der Allgemeinheit könnte der Parameter ϱ noch immer durch eine beliebige monotone Funktion von ϱ und der Bicharakteristikenparameter λ durch eine ebensolche Funktion von λ ersetzt werden. Insbesondere könnte in Gl. (24) entweder $x = \varrho$ oder $z = \varrho$ gesetzt werden. Es ist jedoch zweckmäßig, die Wahl des Parameters nicht vorzeitig festzulegen.

Für den Pfeilungswinkel der Kante gilt mit Gl. (24):

$$\operatorname{tg} \Lambda = p_\varrho / q_\varrho . \tag{25}$$

Da das lokale Koordinatensystem in der Aufstellung (15) in derselben Weise gewählt wurde, wie das Koordinatensystem der Parallelanströmung des vorliegenden Abschnittes, können die Beziehungen (15) und (16) ohne weiteres übernommen werden, wenn dem Machwinkel nur der Index ∞ angefügt wird.

Mit Gl. (16) und (25) folgt dann

$$\sin \beta = p_\varrho \operatorname{tg} \alpha_\infty / q_\varrho ; \qquad \cos \beta = \pm \sqrt{1 - \operatorname{tg}^2 \alpha_\infty p_\varrho^2 / q_\varrho^2},$$

und auf der rechten Seite von Gl. (15) folgt zusammen mit Gl. (5):

$$x_\lambda = |\vec{r}_\lambda| \cos \alpha_\infty ; \qquad y_\lambda = \pm |\vec{r}_\lambda| \sin \alpha_\infty \sqrt{1 - \operatorname{tg}^2 \alpha_\infty \, p_\varrho^2 / q_\varrho^2};$$
$$z_\lambda = |\vec{r}_\lambda| \, p_\varrho \sin \alpha_\infty \operatorname{tg} \alpha_\infty / q_\varrho .$$

$|\vec{r}_\lambda|$ ist, wie bereits festgestellt, in der akustischen Näherung seinem Wert an der Grundkurve gleich. Er hängt also nur von ϱ ab. Wegen der noch offen gebliebenen Freiheit in der Parameterwahl kann folgende Normierung getroffen werden:

$$|\vec{r}_\lambda| \equiv q_\varrho / \sin \alpha_\infty . \tag{26}$$

Die Beziehung (26) kann als Festlegung des Parameters λ abhängig von der Bicharakteristik $\varrho =$ konst. aufgefaßt werden. Die Parameterwahl auf der Grundkurve wäre damit noch immer frei. Mit Gl. (26) kann selbstverständlich aber auch eine Vorschrift für den Bicharakteristikparameter λ eingeführt werden, womit dann eine Bindung für die Wahl des Grundkurvenparameters ϱ verbunden wäre. Die Normierung (26) erweist sich als sehr vorteilhaft. Damit gilt:

$$x_\lambda = \cot \alpha_\infty q_\varrho ; \qquad \cot \alpha_\infty y_\lambda = \pm \sqrt{q_\varrho^2 \cot^2 \alpha_\infty - p_\varrho^2}; \qquad \cot \alpha_\infty z_\lambda = p_\varrho . \tag{27}$$

Die Darstellung hat sich damit nicht nur sehr vereinfacht, sie genügt auch der Prandtl-Glauert-Analogie, ohne daß die Parameter λ und ϱ abhängig von M_∞ gewählt zu werden brauchen. Dies wird sich noch besser an der integrierten Form von (27) zeigen. Mit der Anfangsbedingung (24) folgt aus (27):

$$\begin{aligned} x = p(\varrho) + \cot \alpha_\infty q_\varrho \lambda ; \qquad \cot \alpha_\infty \, y = \pm \sqrt{q_\varrho^2 \cot^2 \alpha_\infty - p_\varrho^2} \, \lambda ; \\ \cot \alpha_\infty \, z = \cot \alpha_\infty q(\varrho) + p_\varrho \, \lambda . \end{aligned} \tag{28}$$

Damit ist die Wellenfront in der akustischen Näherung für eine beliebige, in der Ebene $y = 0$ verlaufende Kurve gemäß Gl. (24) allgemein dargestellt. Gemäß der allgemeinen Prandtl-Regel, [·13] Gl. (VII,100), sind alle in der y- oder z-Richtung verlaufenden Koordinaten einschließlich jener der Grundkurve, d. i. $q(\varrho)$, mit $\cot \alpha_\infty$ multipliziert. Die in x-Richtung verlaufenden Koordinaten, das sind x und $p(\varrho)$, behalten dagegen den Faktor 1.

Das untere Vorzeichen der y-Darstellung bezieht sich auf den unteren Halbraum, wo eine symmetrische Front entsteht, was unmittelbar einleuchtet.

Die Wurzel in der Darstellung von y verschwindet bei einer Schallkante und wird bei Unterschallkanten imaginär.

Das folgende Beispiel, Abb. 6, zeigt, daß die Kante in ihrem Unterschallteil einfach innerhalb der vom Überschallkantenteil gebildeten Wellenfront weiterläuft, ohne selbst stehende Wellen hervorrufen zu können. Das ist jedoch nichts Neues. Die Wellenfront von Dreieckflügeln mit Unterschallvorderkanten ist, wie

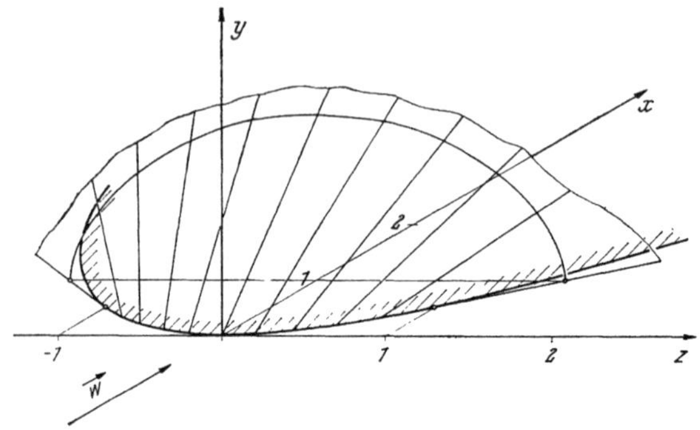

Abb. IV,6. Bicharakteristiken der akustischen Wellenfront einer Parabelkante, $M_\infty = \sqrt{2}$, $R = 1$.

etwa aus Abschn. III,13 bekannt, der von der Flügelspitze ausgehende Machkegel. Ganz Ähnliches trifft auch auf die Kopfwelle spitzer Rotationskörper zu. Auch bei der Behandlung der Evvard-Theorie, Abschn. III,16, treten bereits Übergänge von Überschallvorderkanten zu Unterschallvorderkanten auf.

Für eine Parabel als Grundkurve in der Ebene $y = 0$ gemäß Abb. 6 mit dem Scheitelkrümmungsradius R

$$z^2 = 2Rx$$

kann in Gl. (24) folgende Parameterdarstellung gewählt werden:

$$x = p(\varrho) = \varrho^2/2R, \qquad z = q(\varrho) = \varrho .$$

Aus Gl. (28) folgt dann sofort die Parameterdarstellung der Wellenfront im oberen Halbraum:

$$x(\varrho, \lambda) = \varrho^2/2R + \lambda \cot \alpha_\infty ;$$

$$y(\varrho, \lambda) = \sqrt{1 - \varrho^2 \operatorname{tg}^2 \alpha_\infty / R^2}\, \lambda ; \qquad z(\varrho, \lambda) = \varrho + \varrho\lambda \operatorname{tg} \alpha_\infty / R .$$

Danach gibt es nur eine Lösung für $\varrho \operatorname{tg} \alpha_\infty \gtreqless R$. Sie entspricht jedoch bereits einer geschlossenen Kopfwelle, innerhalb der sich die Kante für $R < \varrho \operatorname{tg} \alpha_\infty$ fortsetzt, Abb. 6. Gemäß Gl. (16) und Abb. 4 ist die Bicharakteristik auf dieselbe Seite der Symmetrieebene $z = 0$ geneigt wie die Kante.

Grundsätzlich interessant sind Knicke der Grundkurve, wie sie etwa bei Überschallvorderkanten von Deltaflügeln auftreten, Abb. III,24. Bei einer stromabwärts gepfeilten Vorderkante, Abb. 7, eines Deltaflügels gehen rechts und links ebene Wellenfronten ab, die jedoch an der letzten von der Spitze ausgehenden Bicharakteristik endigen. Der von der Flügelspitze ausgehende Machkegel verbindet die beiden ebenen Wellenfronten und vereinigt sie zu einer geschlossenen

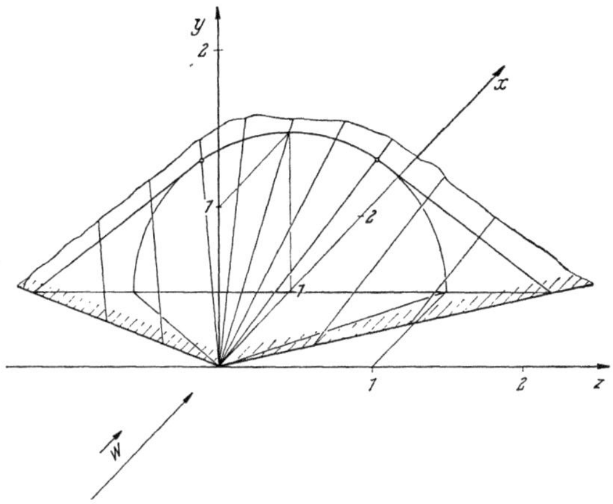

Abb. IV,7. Akustische Wellenfront einer stromabwärts gepfeilten Überschallkante.

Charakteristikenfläche. In der Flügelspitze sind sozusagen alle zwischen der rechten und linken Vorderkante auftretenden Richtungen vereinigt. Dementsprechend kommen auch alle dazugehörigen Bicharakteristiken auf dem Machkegel vor. Dieser Machkegel kann im übrigen bis zur Flügelebene fortgesetzt werden. Dabei begrenzt sein Mantel das Einflußgebiet der Flügelspitze, Abb. III,24, ist aber dann nicht mehr Teil der Wellenfront.

Eigenartig ist die Wellenfront einer stromaufwärts gepfeilten Kante, Abb. 8. Da die Bicharakteristiken in diesem Fall zur Symmetrieebene $z = 0$ hin geneigt sind, besteht die Wellenfront aus zwei Ebenen, die sich in der Symmetrieebene $z = 0$ durchschneiden. Die Wellenebenen setzen sich über diesen Schnitt hinaus

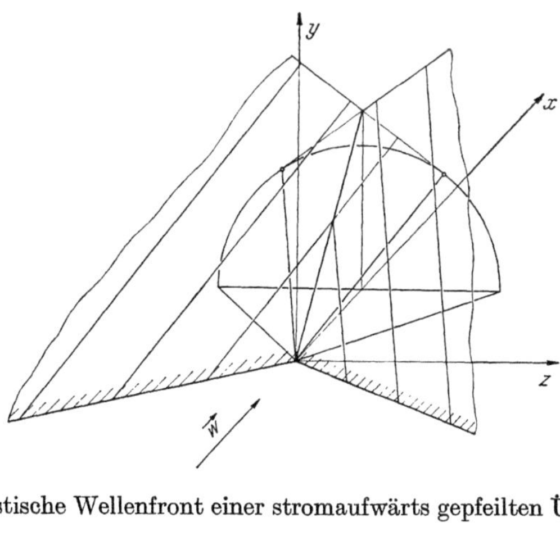

Abb. IV,8. Akustische Wellenfront einer stromaufwärts gepfeilten Überschallkante.

fort, und zwar wieder bis zur letzten vom Knick ausgehenden Bicharakteristik. Dort werden sie wieder durch den von der Spitze ausgehenden Machkegel zu einer geschlossenen Fläche ergänzt, die sich jedoch im vorliegenden Fall überfaltet. Der Teil hinter der Schnittlinie liegt zwar hinter der eigentlichen Wellenfront, ist deshalb aber nicht ohne Bedeutung. Denn der Machkegelteil gehört auch hier wieder zu jenem vom konkaven Knick der Vorderkante ausgehenden Machkegel, der das Einflußgebiet des Knickes begrenzt und auch noch in der Flügelebene $y = 0$ anzutreffen ist, vgl. etwa Abb. III,31, Lösung 3.

4. Störtheorie stationärer Wellenfronten

Die Herleitung der Störgleichungen erfolgt auf einem ganz ähnlichen Weg wie bei zwei unabhängigen Veränderlichen, [•13], Abschn. IX,38. Sie soll hier in der knappen vektoriellen Form erfolgen, da eine Übertragung in die Komponentenschreibweise im Hinblick auf die Vorarbeit in Teil IX in [•13] dem Leser überlassen werden kann. Die Entwicklungen seien auf das erste Störglied beschränkt.

Wie früher, beispielsweise [•13], Gl. VII,20, soll wieder nach einem Störparameter δ entwickelt werden, wobei auf eine Trennung von symmetrischem und antisymmetrischem Anteil verzichtet werden soll, wie das auch schon gelegentlich früher geschehen ist. Dann kann gesetzt werden:

$$\vec{M} = \vec{M}_0 + \delta \vec{M}_1 + \cdots; \qquad \frac{\vec{W}}{c_0} = \vec{M}_0 + \delta \vec{W}_1 + \cdots; \qquad \frac{c}{c_0} = 1 + \delta c_1 + \cdots. \tag{29}$$

Im Gegensatz zu [•13], Abschn. IX,38 ist die Geschwindigkeit nun allerdings durch c_0 dimensionslos gemacht worden. Das kann zwar zu Unterschieden in den Faktoren der Störgleichungen führen, dagegen wird jedoch der Vergleich mit instationären Vorgängen erleichtert, wo ein Dividieren durch u_0 allgemein nicht mehr möglich ist, weil sich das ungestörte Medium in Ruhe befinden kann.

Aus dem Energiesatz, [•13], Gl. (II,29), folgt mit Gl. (29):

$$c_1 = -\frac{\varkappa - 1}{2} \vec{M}_0 \vec{W}_1. \tag{30}$$

Ausgehend vom Machzahlvektor $\vec{M}$, Gl. (7), kann dann der Störvektor $\vec{M}_1$ mit Gl. (29) und (30) sofort auf die Störung des Geschwindigkeitsvektors zurückgeführt werden mit dem Ergebnis:

$$\vec{M}_1 = \vec{W}_1 - c_1 \vec{M}_0 = \vec{W}_1 + \frac{\varkappa - 1}{2} (\vec{M}_0 \vec{W}_1) \vec{M}_0. \tag{31}$$

Daraus folgt für die später noch benötigte Machzahlfunktion:

$$M = |\vec{M}| = M_0 + \delta \frac{\vec{M}_0 \vec{M}_1}{M_0} + \cdots; \qquad \cot \alpha = \cot \alpha_0 + \delta \operatorname{tg} \alpha_0 \vec{M}_0 \vec{M}_1 + \cdots. \tag{32}$$

Durch Bilden des skalaren Produktes von Gl. (31) mit $\vec{M}_0$ erhält man:

$$\vec{M}_0 \vec{M}_1 = \vec{M}_0 \vec{W}_1 \left(1 + \frac{\varkappa - 1}{2} M_0^2\right).$$

Der Klammerausdruck ist derselbe, der stets bei Ableitung des Machwinkels nach der Geschwindigkeit auftritt, vgl. [•13], Gl. IX,141, und der dort zur Einführung der Machzahlfunktion $A(M)$, Gl. IX,144, Anlaß gegeben hat.

Entsprechend zu [•13], Gl. (IX,145) sei auch der Ortsvektor entwickelt, und zwar wie früher ohne Einführung eines Störparameters:

$$\vec{r}(\lambda) = \vec{r}_0(\lambda) + \vec{r}_1(\lambda) + \cdots. \tag{33}$$

Daraus folgt für den Betrag der Ableitung des Ortsvektors:

$$|\vec{r}_\lambda| = |\vec{r}_{0\lambda}| + \frac{\vec{r}_{0\lambda}}{|\vec{r}_{0\lambda}|} \vec{r}_{1\lambda} + \cdots = |\vec{r}_{0\lambda}| + \vec{b}_0 \vec{r}_{1\lambda} + \cdots. \tag{34}$$

Aus den letzten beiden Gleichungen folgt ferner zusammen mit Gl. (5) für $\vec{b}_1$, den Störvektor des Bicharakteristikenvektors $\vec{b} = \vec{b}_0 + \vec{b}_1$, nach kurzer Rechnung:

$$\vec{b}_1 = \frac{\vec{r}_{1\lambda}}{|\vec{r}_{0\lambda}|} - \left(\vec{b}_0 \frac{\vec{r}_{1\lambda}}{|\vec{r}_{0\lambda}|}\right) \vec{b}_0. \tag{35}$$

Da $\vec{b}_1$ als Störvektor eines Einheitsvektors auf $\vec{b}_0$ senkrecht steht, $\vec{b}_1 \cdot \vec{b}_0 = 0$, zeigt Gl. (35), daß ähnliches für $\vec{r}_{1\lambda}$ und $\vec{r}_{0\lambda}$ im allgemeinen nicht gelten kann. Wohl gilt aber mit dem Störansatz $\vec{n} = \vec{n}_0 + \vec{n}_1$ für den Normalenvektor wegen $\vec{n}_0 \cdot \vec{b}_0 = 0$

$$\vec{b}_1 \vec{n}_0 = \frac{\vec{r}_{1\lambda}}{|\vec{r}_{0\lambda}|} \vec{n}_0, \tag{36}$$

eine Beziehung, die später noch verwendet wird.

Die Entwicklungen von $\vec{M}$ und $\vec{r}$ in die Monge-Gleichung (9) eingesetzt, ergeben sofort folgende *Monge-Gleichungen* nullter und erster Ordnung:

$$\vec{r}_{0\lambda} \vec{M}_0 = \cot \alpha_0 \, |\vec{r}_{0\lambda}|. \tag{37}$$

Diese Gleichung wurde in der akustischen Näherung der Wellenausbreitung verwendet und dient nun gleichzeitig zur Ermittlung des ersten Summanden von Gl. (33).

Die Glieder erster Ordnung, gekennzeichnet durch einmaliges Auftreten des Index 1 in jedem Summanden, führen zunächst zu folgender Beziehung:

$$\vec{r}_{1\lambda} \left(\vec{M}_0 - \cot \alpha_0 \frac{\vec{r}_{0\lambda}}{|\vec{r}_{0\lambda}|}\right) = \delta \vec{M}_1 (\operatorname{tg} \alpha_0 \vec{M}_0 \, |\vec{r}_{0\lambda}| - \vec{r}_{0\lambda}).$$

Nun gilt aber mit Gl. (5) und (8) in nullter Ordnung

$$\vec{M}_0 = \cot \alpha_0 \frac{\vec{r}_{0\lambda}}{|\vec{r}_{0\lambda}|} + \vec{n}_0, \tag{38}$$

und somit für die Glieder erster Ordnung der Monge-Gleichung:

$$\vec{r}_{1\lambda}\,\vec{n}_0 = \delta\,|\vec{r}_{0\lambda}|\,\mathrm{tg}\,\alpha_0 \vec{M}_1\,\vec{n}_0. \tag{39}$$

Die Verrückung der Bicharakteristik in Richtung der ungestörten Normalen $\vec{n}_0$ ist demnach proportional zur Störkomponente des Machzahlvektors in derselben Richtung, Abb. 9. Damit ist die wichtigste Beziehung für die Auslenkung der Wellenfront aus der ungestörten Richtung gefunden.

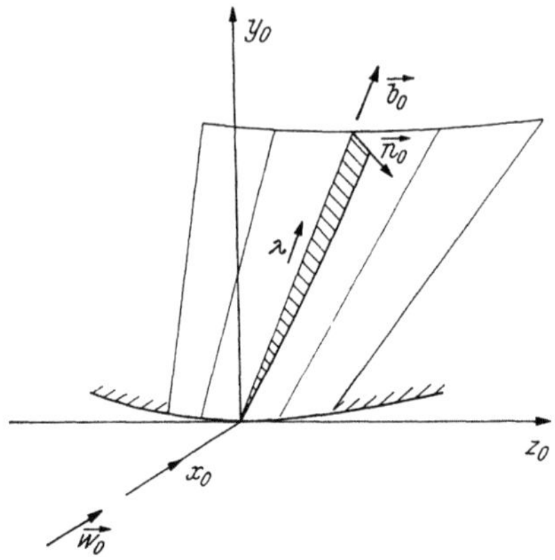

Abb. IV,9. Verlagerung der Wellenfront in Normalenrichtung zufolge kleiner Störungen.

Gl. (39) ist die verallgemeinerte Form der Gl. (IX,147) in [•13]. Dies soll kurz gezeigt werden. Für beide Machlinienscharen $\xi, \eta =$ konst, die im Raume als Machkegel anzusehen sind, gilt folgendes:

$$\vec{n}_0 = \{\sin\alpha_\infty, \quad \mp\cos\alpha_\infty, \quad 0\}; \quad \vec{r}_{0\lambda} = \{|\vec{r}_{0\lambda}|\cos\alpha_\infty; \quad \pm|\vec{r}_{0\lambda}|\sin\alpha_\infty; \quad 0\}.$$

Damit kann gesetzt werden:

$$|\vec{r}_{0\lambda}| = \pm y_{0\lambda}/\sin\alpha_\infty.$$

Für den Machzahlvektor und den dazugehörigen Störvektor gilt mit Gl. (31) und (IX,144) von [•13] nach kurzer elementarer Rechnung:

$$\vec{M}_0 = \{M_\infty, 0, 0\}; \qquad \vec{M}_1 = \{A\cot^2\alpha_\infty\,u_1, v_1, 0\}.$$

Dieses Zwischenergebnis in Gl. (39) eingesetzt liefert:

$$x_{1\lambda} \mp y_{1\lambda}\cot\alpha_\infty = -y_{0\lambda} M_\infty\,\delta(v_1 \mp A\cot\alpha_\infty\,u_1).$$

Im Unterschied zu dieser Gleichung steht in Gl. (147) l. c. auf der rechten Seite der Faktor M_∞^2, weil dort die Geschwindigkeitsstörung mit u_∞, hier aber mit c_∞ dimensionslos gemacht wurde. Ferner erkennt man, daß in [•13], Abschn. IX als laufender Parameter λ auf den Bicharakteristiken wechselweise η und ξ gewählt wurden.

Freilich kann bei räumlicher Strömung auch die Auslenkung der Bicharakteristik innerhalb derselben Front von Bedeutung sein, z. B. wenn nach der genauen Abgrenzung des Einflusses eines Kantenknickes auf die Wellenausbreitung gefragt wird. Dafür müßte dann die Störgleichung zu Gl. (13) hergeleitet werden.

Auch die Störgleichung zu Gl. (19) kann für eine allgemeine Theorie Interesse gewinnen, um eine Aussage über die Änderung der Wellenrichtung entlang der Bicharakteristik zu erhalten. Zur Beantwortung solcher Fragen muß mangels Raum jedoch auf die Spezialliteratur verwiesen werden [1].

Bei den im folgenden herangezogenen Beispielen der Theorie werden durchwegs nur charakteristische Streifen an Symmetrieebenen untersucht. Das können Mittelschnitte, $z = 0$, angestellter oder nichtangestellter symmetrischer Körper, insbesondere symmetrischer Flügel sein, es kann sich aber auch um die Belegungsebene eines zu $y = 0$ symmetrischen nichtangestellten Flügels handeln. In allen diesen Fällen erfolgt die Auslenkung der Bicharakteristiken in der Symmetrieebene und auch die Wellennormale liegt in dieser Ebene. Gl. (39) reicht zur Bestimmung der Wellenausbreitung in allen solchen Strömungen aus, die eine ganze Reihe interessanter Beispiele umfassen.

Da $\vec{n}_0$ sowie $\vec{r}_{0\lambda}$ gemäß der akustischen Theorie von λ nicht abhängen, folgt aus Gl. (39) durch Integration:

$$\vec{r}_1\,\vec{n}_0 = \delta\,|\vec{r}_{0\lambda}|\,\operatorname{tg}\alpha_\infty \int_0^\lambda \vec{M}_1(\xi, \bar{\lambda}, \varrho)\,\vec{n}_0\,d\bar{\lambda}. \tag{40}$$

Dabei ist für $\lambda = 0$ angenommen $\vec{r}_1 \cdot \vec{n}_0 = 0$. $\bar{\lambda}$ ist die zu λ gehörige Integrationsvariable. ϱ ist die bereits in der akustischen Theorie verwendete Variable: Eine Integration bei festem ξ und ϱ bedeutet eine Integration längs einer Bicharakteristik.

Gl. (40) stellt eine räumliche Verallgemeinerung der Gl. (IX,151) in [•13] dar, wie analog zum letzten Kleindruck gezeigt werden kann.

5. Fronten schwacher stationärer Stöße

Die Behandlung von Verdichtungsstößen im Rahmen der Störtheorie sei auf die Berechnung schwacher Kopfwellen beschränkt. Eine solche Beschränkung wäre für die Lösung der Aufgabe dieses Abschnittes nicht unbedingt erforderlich. Dadurch, daß eine Kopfwelle jedoch mit kontantem Zustand angeströmt wird, wird einiger Aufwand erspart und die Anschauung erleichtert. Auch werden alle im folgenden behandelten Spezialfälle damit erfaßt. Im Gegensatz zur mehr formalen Ableitung in [•13], Abschn. IX,38, sei ein anschaulicherer Weg beschritten.

Abb. 10 zeigt den Schnitt einer Machfläche mit einer $\vec{n}_0$, $\vec{b}_0$-Ebene. $\vec{b}_0$ und $\vec{n}_0$ sind dabei der Bicharakteristiken- und der Normalenvektor einer „Erzeugenden" der akustischen Wellenfront. Die Machwellenschnitte sind in Abb. 10 zur Erleichterung der Herleitung durch die Stoßfront hindurch analytisch fortgesetzt und nach dem Durchtritt gestrichelt gezeichnet.

Man könnte sich einen Stoß auch wieder als in eine Faltung eingefügt vorstellen. Das Auftreten einer solchen Faltung ist jedoch für die folgenden Überlegungen nicht erforderlich.

Während die ungestörte Bicharakteristik und der Normalenvektor in der Zeichenebene liegen, braucht dies bei den gestörten Vektoren $\vec{n}$ und $\vec{b}$ nicht mehr ganz zuzutreffen. Dies ist jedoch wegen der Voraussetzung „kleiner Störungen“ ohne Bedeutung. Es ist auch irrelevant, ob λ längs der ungestörten, längs der gestörten Bicharakteristik oder später längs der Stoßfront gezählt wird. Wie jedoch die ebene Strömung sehr deutlich zeigte, Abb. IX,48 in [•13], können die kleinen Neigungsunterschiede in großen Entfernungen vom Körper zu beträchtlichen Abständen zwischen gestörter und ungestörter Machfläche und damit zwischen Stoßfront und akustischer Kopfwelle führen.

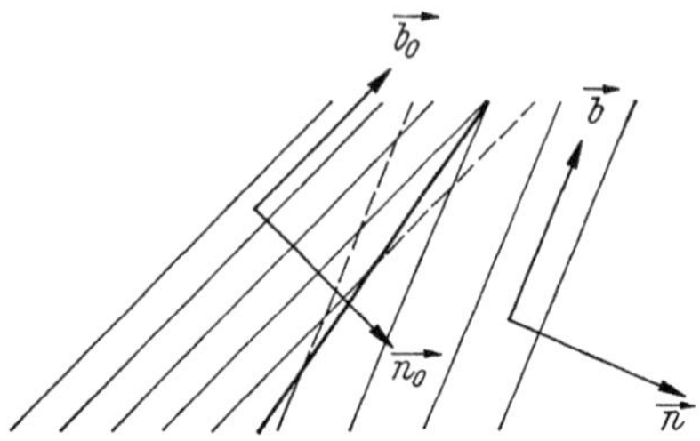

Abb. IV,10. Stoß- und Wellenfront in der $\vec{b}_0$, $\vec{n}_0$-Ebene.

Für die Herleitung der Stoßfrontgleichung sei die von A. KLUWICK [8] stammende Formulierung für einen schwachen Stoß verwendet. Danach kann eine Stoßfront als eine Machwellenfront aufgefaßt werden, deren Geschwindigkeitsvektor, Machvektor usw. in einem bestimmten Punkt der Front das arithmetische Mittel der gleichen Größen der dort von beiden Seiten einlaufenden Machflächen sind. Die gleiche Aussage kann dann auch für die entsprechenden Störgrößen getroffen werden. Da aber die Störung vor einer Kopfwelle verschwindet, ist die Störung einer schwachen Kopfwelle gerade halb so groß wie die Störung der im betrachteten Punkt von rückwärts einlaufenden Machwelle.

Mit Gl. (39) gilt dann für den Störvektor der *Stoßfront*:

$$(\vec{r}_{1\lambda}\,\vec{n}_0)_{st} = \frac{1}{2}\,\delta\,|\vec{r}_{0\lambda}|\,\operatorname{tg}\alpha_\infty\,\vec{M}_1\,\vec{n}_0. \tag{41}$$

Für den ungestörten Machwinkel α_0 wurde gleich jener der Anströmung, α_∞, gewählt. Da es nur Störungen hinter der Stoßfront gibt, bedarf $\vec{M}_1$ keiner weiteren Indizierung.

Zur Ermittlung der Stoßfront wird im allgemeinen die Beziehung zwischen ξ und λ hinter der Stoßfront benötigt. Dabei ist zu beachten, daß sich der Abstand der Wellenfronten hinter der Kopfwelle ganz wesentlich von jenem vor der Kopfwelle unterscheidet. $\hat{x}(\lambda)$, $\hat{y}(\lambda)$, $\hat{z}(\lambda)$ sei in der folgenden Zwischenrechnung der Schnitt der Stoßfront mit der Normalen-Ebene der Wellenfront, Gl. (1). Dann gilt mit Gl. (2) für die Änderung von ξ entlang der Stoßfront:

$$\frac{d\xi}{d\lambda} = \xi_x\hat{x}_\lambda + \xi_y\hat{y}_\lambda + \xi_z\hat{z}_\lambda = \vec{\hat{r}}_\lambda \operatorname{grad}\xi = \vec{\hat{r}}_\lambda\,\vec{n}\,|\operatorname{grad}\xi|.$$

Nun ist aber mit Gl. (2)

$$\frac{\partial\xi}{\partial\xi} = 1 = \xi_x x_\xi + \xi_y y_\xi + \xi_z z_\xi = \vec{r}_\xi \operatorname{grad}\xi = \vec{r}_\xi\,\vec{n}\,|\operatorname{grad}\xi|$$

und folglich in erster Näherung:

$$\frac{1}{|\mathrm{grad}\ \xi|} = \vec{n}\,\vec{r}_\xi = \vec{n}_0\,\vec{r}_{0\xi} + \vec{n}_0\,\vec{r}_{1\xi} + \vec{n}_1\,\vec{r}_{0\xi} + \cdots.$$

Der letzte Summand der rechten Gleichungsseite ist klein im Vergleich zum ersten Summanden und kann daher in erster Ordnung weggelassen werden. Beim zweiten Summanden handelt es sich dagegen um einen *kumulativen Beitrag,* wie er bereits beim ebenen und achsensymmetrischen Fall in [·13], Abschn. IX,40 und Abschn. IX,42 entscheidend auftrat. Das Integral in Gl. (40) kann nämlich sehr groß werden, ein Effekt, der durch Ableitung nach ξ noch verstärkt werden kann. Eine Reihe der späteren Beispiele macht eine weitere Erläuterung zunächst überflüssig.

Die Gleichung für die Stoßfrontneigung kann damit in folgende Form gebracht werden:

$$(\vec{n}_0\,\vec{r}_{0\xi} + \vec{n}_0\vec{r}_{1\xi})\,\frac{d\xi}{d\lambda} = \vec{r}_\lambda\,\vec{n} = [\vec{r}_{0\lambda} + (\vec{r}_{1\lambda})_{st}]\,[\vec{n}_0 + \vec{n}_1].$$

Hierin ist bei $\vec{r}_{1\lambda}$ die in Gl. (41) verwendete Symbolik angewendet worden. $\vec{r}_{0\lambda}$ dagegen gibt die Richtung der ungestörten Front, also der ungestörten Bicharakteristik.

Mit r_λ als Bicharakteristikenrichtung ist bei der weiteren Vereinfachung auf folgende Beziehung zu achten:

$$0 = \vec{r}_\lambda\,\vec{n} = \vec{r}_{0\lambda}\,\vec{n}_0 + \vec{r}_{1\lambda}\,\vec{n}_0 + \vec{r}_{0\lambda}\,\vec{n}_1 + \cdots = \vec{r}_{1\lambda}\vec{n}_0 + \vec{r}_{0\lambda}\,\vec{n}_1 + \cdots.$$

Daraus folgt mit Gl. (39):

$$\vec{r}_{0\lambda}\,\vec{n}_1 = -\vec{r}_{1\lambda}\,\vec{n}_0 = -\delta\,|\vec{r}_{0\lambda}|\,\mathrm{tg}\,\alpha_\infty\,\vec{M}_1\,\vec{n}_0.$$

Damit erhält die Stoßfrontgleichung schließlich unter Verwendung von Gl. (41) die Form:

$$[\vec{n}_0\,\vec{r}_{0\xi} + \vec{n}_0\,\vec{r}_{1\xi}]\,\frac{d\xi}{d\lambda} = (\vec{r}_{1\lambda})_{st}\,\vec{n}_0 + \vec{r}_{0\lambda}\vec{n}_1 = -\frac{1}{2}\,\delta\,|\vec{r}_{0\lambda}|\,\mathrm{tg}\,\alpha_\infty\,\vec{M}_1\,\vec{n}_0.$$

Das negative Vorzeichen gegenüber dem positiven Vorzeichen in Gl. (41) erklärt sich physikalisch dadurch, daß die Stoßfront gegenüber den ungestörten Machflächen genau entgegengesetzte Neigung aufweist wie gegenüber den gestörten Machflächen hinter der Front.

Mit Hilfe der letzten Gleichung und der nach ξ abgeleiteten Gl. (40) folgt schließlich die Stoßfrontgleichung:

$$\frac{d\xi}{d\lambda} = -\frac{1}{2}\,\frac{|\vec{r}_{0\lambda}|\,\mathrm{tg}\,\alpha_\infty\,\delta\vec{M}_1\,\vec{n}_0}{\vec{r}_{0\xi}\,\vec{n}_0 + |\vec{r}_{0\lambda}|\,\mathrm{tg}\,\alpha_\infty\delta\int\limits_0^\lambda (\vec{M}_{1\xi}\,\vec{n}_0)\,d\bar{\lambda}}. \tag{42}$$

Die mit dem Index 0 gekennzeichneten Größen der ungestörten Strömung wie auch $\vec{M}_1$ hängen im allgemeinen von dem die Bicharakteristik kennzeichnenden Parameter ϱ ab. Das trifft auch auf den in Abb. 10 wiedergegebenen Schnitt zu. Da die Stoßfront jedoch bei konstantem ϱ zu integrieren ist, geht diese Variable in Gl. (42) nur als konstanter Parameter ein. Die wesentliche Abhängigkeit ist also jene des Störvektors $\vec{M}_1$ von λ und ξ, der wiederum nur in Form des skalaren Produktes $\vec{M}_1 \cdot \vec{n}_0$ auftritt.

Für eine Kopfwelle in einer Parallelströmung in x-Richtung gemäß Gl. (23) gilt:

$$\vec{M}_0\, \vec{w}_1 = \vec{M}_\infty\, \vec{w}_1 = M_\infty\, u_1 .$$

Daraus folgt für die Komponenten des Machstörvektors mittels Gl. (31):

$$\vec{M}_1 = \left\{\left(1 + \frac{\varkappa - 1}{2} M_\infty^2\right) u_1 = A \cot^2 \alpha_\infty u_1; \qquad v_1; \qquad w_1\right\}. \tag{43}$$

In der x-Komponente ist dabei die in [•13], Gl. (IX,144) eingeführte, wiederholt auftretende Machzahlfunktion $A(M_\infty)$ verwendet, siehe unseren Anhang S. 370.

Mit $\vec{n}_0$ gemäß Gl. (15) ist dann schließlich:

$$\vec{n}_0\, \vec{M}_1 = \left(1 + \frac{\varkappa - 1}{2} M_\infty^2\right) u_1 \cos \alpha_\infty - v_1 \sin \alpha_\infty \cos \beta - w_1 \sin \alpha_\infty \sin \beta .$$

Die Änderungen der Geschwindigkeitskomponenten im Stoß lassen sich wie bei zwei unabhängigen Veränderlichen, vgl. Gl. (IX,158) in [•13], auf die Änderung einer einzigen Komponente zurückführen, weil die Tangentialkomponenten im Stoß erhalten bleiben müssen. Besonders einfach drückt sich diese Bedingung wieder bei einer Kopfwelle aus, weil dort die Störungen vor der Front verschwinden; mit Gl. (15) gilt:

$$\vec{b}_0\, \vec{w}_1 = 0 = u_1 \cos \alpha_\infty - v_1 \sin \alpha_\infty \cos \beta - w_1 \sin \alpha_\infty \sin \beta .$$

Genaugenommen müßte anstelle des ungestörten Bicharakteristikenvektors $\vec{b}_0$, Gl. (15), ein in der Stoßfront liegender Vektor genommen werden, etwa das Mittel von $\vec{b}$ an beiden Ufern der Front. Dies führt jedoch nur zu Korrekturen höherer Ordnung.

Bei Überschallkanten kann natürlich β gemäß Gl. (16) auch durch den Kantenwinkel Λ, Abb. 4, ersetzt werden.

Aus den beiden letzten Gleichungen lassen sich nun v_1 und w_1 eliminieren mit dem, freilich auf eine Kopfwelle beschränkten, Ergebnis:

$$\vec{n}_0\, \vec{M}_1 = \frac{\varkappa + 1}{2} M_\infty\, u_1 . \tag{44}$$

Es erweist sich als zweckmäßig, für das in Gl. (40) auftretende innere Produkt $\vec{r}_1 \cdot \vec{n}_0$ ein besonderes Symbol einzuführen. Mit Gl. (44) sei:

$$H(\xi, \lambda) \sin \alpha_\infty = -\vec{r}_1\, \vec{n}_0 = -\delta \frac{|\vec{r}_{0\lambda}|}{\cos \alpha_\infty} \frac{\varkappa + 1}{2} \int_0^\lambda u_1(\xi, \bar{\lambda})\, d\bar{\lambda} . \tag{45}$$

Damit erhält die Stoßfrontgleichung (42) dann die kürzere Darstellung:

$$\frac{d\xi}{d\lambda} = \frac{1}{2} \frac{H_\lambda}{\vec{r}_{0\xi}\, \vec{n}_0/\sin\alpha_\infty - H_\xi}. \tag{46}$$

Ist diese Differentialgleichung unter der vorgegebenen Anfangsbedingung, etwa $\xi = 0$ für $\lambda = 0$, gelöst, so ist die Störung unmittelbar hinter der Stoßfront bekannt,

$$\hat{u}_1 = u_1\big(\hat{\xi}(\lambda), \lambda\big),$$

und zwar für jede ungestörte Bicharakteristikrichtung β gesondert. Die Lage der Stoßfront in der ungestörten Normalenrichtung, Abb. 9, gemäß Gl. (15)

$$\vec{n}_0 = \{\sin\alpha_\infty, \quad -\cos\alpha_\infty\cos\beta, \quad -\cos\alpha_\infty\sin\beta\}$$

folgt daraus in erster Näherung:

$$\frac{y\cos\beta + z\sin\beta}{x}\cot\alpha_\infty - 1 = -\frac{x\sin\alpha_\infty - y\cos\alpha_\infty\cos\beta - z\cos\alpha_\infty\sin\beta}{x\sin\alpha_\infty}$$

$$= -\frac{\vec{r}\,\vec{n}_0}{x\sin\alpha_\infty} = -\frac{\vec{r}_0\,\vec{n}_0}{x\sin\alpha_\infty} - \frac{\vec{r}_1\,\vec{n}_0}{x\sin\alpha_\infty} + \cdots.$$

Der Einfachheit halber sei der ungestörte Machkegel in den Ursprung verlegt, was etwa für den Machkegel einer Flügelspitze bei dem folgenden Beispiel von vornherein erfüllt ist; dann hat $\vec{r}_0$ die Richtung der ungestörten Bicharakteristik, und es gilt $\vec{r}_0 \cdot \vec{n}_0 = 0$. Für den letzten Summanden der letzten Gleichung sind die Werte der Stoßfront, Gl. (41), einzusetzen. Im Nenner des Störgliedes darf x jedoch durch x_0 ersetzt werden. Man erhält dann für die Lage der Stoßfront mit Gl. (44):

$$\frac{y\cos\beta + z\sin\beta}{x}\cot\alpha_\infty - 1 = -\frac{1}{2}\frac{\delta\,|\vec{r}_{0\lambda}|}{x_0\cos\alpha_\infty}\frac{\varkappa+1}{2}M_\infty\int\limits_0^\lambda u_1(\hat{\xi}, \bar{\lambda})\,d\bar{\lambda}. \tag{47}$$

Für den häufig auftretenden Spezialfall der kegeligen Strömung ist die Störung hinter der Stoßfront konstant. Die Integration in Gl. (47) kann dann allgemein ausgeführt werden. Dabei tritt λ als Faktor auf, was folgende Vereinfachung zuläßt:

$$|\vec{r}_{0\lambda}|\,\lambda/(x_0\cos\alpha_\infty) = 1/\cos^2\alpha_\infty = M_\infty^2/\cot^2\alpha_\infty.$$

Damit folgt für die Lage einer *kegeligen* Stoßfront:

$$\frac{y\cos\beta + z\sin\beta}{x}\cot\alpha_\infty - 1 = -\frac{\delta}{2}\frac{\varkappa+1}{2}\frac{M_\infty^3}{\cot^2\alpha_\infty}\hat{u}_1 = -\delta S(M_\infty)\,\hat{u}_1\cot\alpha_\infty. \tag{48}$$

Der Druck unmittelbar hinter der Stoßfront sei sowohl durch den Druckkoeffizienten wie auch durch die Druckstörung dargestellt. Ersterer interessiert für aerodynamische Fragen, letztere für Fragen des Überschallknalles. Der

Druckkoeffizient folgt wie immer aus der differentiellen Bernoulligleichung, nur ist dabei zu beachten, daß die u-Störung gemäß dem Ansatz (29) mit der Schallgeschwindigkeit der Anströmung dimensionslos gemacht ist. Es gilt:

$$c_p = -2\delta\hat{u}_1/M_\infty; \qquad \frac{p-p_\infty}{p_\infty} = \frac{\varkappa}{2} M_\infty^2 c_p = -\varkappa\delta\hat{u}_1 M_\infty, \tag{49}$$

wobei für $\hat{u}_1$ die Werte unmittelbar hinter der Stoßfront einzusetzen sind, was im allgemeinen erst nach der Ermittlung von $\hat{\xi}(\lambda)$ möglich ist.

Für die Berechnung der Stoßfront genügt die Kenntnis der Störströmung in der Umgebung der Kopfwelle, im wesentlichen also in der Umgebung der akustischen Machwellenfront. Dort kann die Störung häufig, allerdings nicht immer, in der Form eines Separationsansatzes dargestellt werden. Ein Beispiel dafür bietet sich bei der achsensymmetrischen Strömung an, wobei in [•13], Gl. (IX,242) die Variable η dort jetzt durch λ zu ersetzen wäre:

$$\vec{n}_0 \vec{M}_1 = \frac{\varkappa+1}{2} M_\infty u_1 = -G(\lambda)\, F'(\xi). \tag{50}$$

$F(\xi)$ kann als eine verallgemeinerte Whitham-Funktion aufgefaßt werden, vgl. Gl. (IX,227) in [•13]. Die Funktionen $G(\lambda)$ und $F(\xi)$ sind für den jeweiligen Körper aus der akustischen Theorie gesondert zu ermitteln. Für das Folgende genügt die Zulässigkeit des Separationsansatzes Gl. (50).

Dieser Ansatz in Gl. (42) eingefügt, ergibt zunächst folgende Beziehung:

$$\frac{d\xi}{d\lambda}\left[\vec{r}_{0\xi}\,\vec{n}_0 - \delta\,|\vec{r}_{0\lambda}|\,\mathrm{tg}\,\alpha_\infty F''(\xi)\int_0^\lambda G(\bar{\lambda})\,d\bar{\lambda}\right] = \frac{1}{2}\,\delta\,|\vec{r}_{0\lambda}|\,\mathrm{tg}\,\alpha_\infty G(\lambda)\,F'(\xi).$$

Es ist zu beachten, daß es sich um eine gewöhnliche Differentialgleichung für die Beziehung zwischen ξ und λ handelt, wobei diese Variablen nur in F und G auftreten. Wie leicht zu verifizieren ist, ist folgende Transformation möglich:

$$\begin{aligned} 2F'(\xi)\,(\vec{r}_{0\xi}\,\vec{n}_0) &= \delta\,|\vec{r}_{0\lambda}|\,\mathrm{tg}\,\alpha_\infty\left[2F'F''\int_0^\lambda G(\bar{\lambda})\,d\bar{\lambda} + F'^2 G(\lambda)\,\frac{d\lambda}{d\xi}\right] \\ &= \delta\,|\vec{r}_{0\lambda}|\,\mathrm{tg}\,\alpha_\infty\,\frac{d}{d\xi}\left[F'^2\int_0^\lambda G(\bar{\lambda})\,d\bar{\lambda}\right]. \end{aligned}$$

Der Einfachheit halber sei zunächst die folgende Anfangsbedingung angenommen:

$$\lambda = 0, \qquad \xi = 0, \qquad F(0) = 0.$$

Die Bedingung $F(0) = 0$ ist im allgemeinen leicht zu erfüllen, weil im Separationsansatz (50) nur die Ableitung $F'(\xi)$ steht. Für allgemeinere Anfangsbedingungen wird das folgende Ergebnis entsprechend zu erweitern sein. Es gilt:

$$\frac{F(\xi)}{F'^2(\xi)} = \frac{1}{2} \frac{\delta\, |\vec{r}_{0\lambda}|\, \mathrm{tg}\, \alpha_\infty}{\vec{r}_{0\xi}\, \vec{n}_0} \int_0^\lambda G(\bar{\lambda})\, d\bar{\lambda}. \tag{51}$$

Damit ist die Integration der Kopfwellengleichung (42), die in [·13], Abschn. IX,40 für den ebenen Fall und in Abschn. IX,42 für den achsensymmetrischen Fall durchgeführt wurde, ganz allgemein gelungen. Gl. (51) stellt eine implizite Beziehung zwischen ξ und λ entlang der Kopfwelle dar. Die Lage der Kopfwelle kann dann mit Gl. (47) oder, bei kegeliger Strömung, mit Gl. (48) bestimmt werden.

Es läßt sich aber auch eine gelegentlich nützliche Beziehung zwischen der Funktion $H(\xi, \lambda)$, Gl. (45), und $F(\xi)$ herstellen. Mit Gl. (50) und (51) gilt:

$$H(\xi, \lambda) = \delta \frac{|\vec{r}_{0\lambda}|}{\cos \alpha_\infty} \cdot F'(\xi) \int_0^\lambda G(\bar{\lambda})\, d\bar{\lambda} = 2 \frac{\vec{r}_{0\xi}\, \vec{n}_0}{\sin \alpha_\infty} \cdot \frac{F(\xi)}{F'(\xi)}, \tag{52}$$

also eine weitere implizite Beziehung zwischen ξ und λ auf der Stoßfront.

Die Möglichkeit einer allgemeinen Integration erscheint zunächst etwas überraschend. Sie erklärt sich aber heute aus einer völlig anderen neuen Betrachtungsweise [3], die hier aus Raummangel nicht dargestellt werden kann. Ein schwacher Stoß kann nämlich als Ort verschwindenden Potentialsprunges in einer überfalteten Strömung aufgefaßt werden. Zur Auffindung des Stoßes muß allerdings das Störpotential zweiter Ordnung, also φ_2, bestimmt werden, und zwar nur dessen *kumulativer Anteil*, also jener Anteil, der mit zunehmendem Abstand von der Störquelle über alle Grenzen wächst. Für die erforderlichen kumulativen Anteile kann die Aufgabe analytisch allgemein durchgeführt werden, wonach sich die Stoßfront im Integrationsgebiet ergibt.

6. Differentialgleichungen in Störkoordinaten

Zur Berechnung der Wellenausbreitung ist nun noch das Störfeld in Abhängigkeit von den charakteristischen Veränderlichen zu ermitteln. In [·13], Abschn. IX,38 wurde zu diesem Zweck von den Verträglichkeitsbedingungen ausgegangen. Dieser Weg könnte auch bei räumlicher Strömung beschritten werden, doch wird zur Vermeidung von Wiederholungen eine andere Herleitung vorgezogen.

Wieder werden Koordinaten nach Störungen entwickelt, wobei als ungestörte Strömung im allgemeinen die Parallelströmung mit konstantem Geschwindigkeitsvektor ins Auge gefaßt ist. Im Gegensatz zu Gl. (33) sei der Ortsvektor jedoch als Funktion des ungestörten Ortsvektors angesehen:

$$\vec{r}(x_0, y_0, z_0) = \vec{r}(\vec{r}_0) = \vec{r}_0 + \vec{r}_1(\vec{r}_0) + \cdots. \tag{53}$$

Über die Art der Störung sei zunächst nichts vorausgesetzt. Es brauchten in diesem Abschnitt auch nicht Ausbreitungsvorgänge angenommen zu werden, es könnte sich zunächst auch um Unterschallströmung handeln.

Die Vektorgleichung (53) soll nun nach x abgeleitet werden, wobei auf die rechte Gleichungsseite die Kettenregel angewendet wird:

$$\frac{\partial}{\partial x} = \frac{\partial}{\partial x_0}\frac{\partial x_0}{\partial x} + \frac{\partial}{\partial y_0}\frac{\partial y_0}{\partial x} + \frac{\partial}{\partial z_0}\frac{\partial z_0}{\partial x}. \tag{54}$$

Das führt zu folgendem Gleichungssystem, das in Tensorsymbolik zwar kürzer, aber für viele Leser nicht übersichtlicher dargestellt würde:

$$\begin{aligned}
1 &= \left(1 + \frac{\partial x_1}{\partial x_0}\right)\frac{\partial x_0}{\partial x} + \frac{\partial x_1}{\partial y_0}\frac{\partial y_0}{\partial x} + \frac{\partial x_1}{\partial z_0}\frac{\partial z_0}{\partial x} + \cdots;\\
0 &= \frac{\partial y_1}{\partial x_0}\frac{\partial x_0}{\partial x} + \left(1 + \frac{\partial y_1}{\partial y_0}\right)\frac{\partial y_0}{\partial x} + \frac{\partial y_1}{\partial z_0}\frac{\partial z_0}{\partial x} + \cdots;\\
0 &= \frac{\partial z_1}{\partial x_0}\frac{\partial x_0}{\partial x} + \frac{\partial z_1}{\partial y_0}\frac{\partial y_0}{\partial x} + \left(1 + \frac{\partial z_1}{\partial z_0}\right)\frac{\partial z_0}{\partial x} + \cdots.
\end{aligned}$$

Weggelassen wurden alle Terme mit einer Indexsumme im Zähler größer als eins.

Damit liegt ein System für die drei in Gl. (54) auftretenden Ableitungen $\partial\vec{r}_0/\partial x$ vor. Sie lassen sich leicht bis einschließlich der Glieder erster Ordnung ermitteln. Nach Einsetzen in Gl. (53) und durch zyklisches Vertauschen erhält man schließlich:

$$\begin{aligned}
\frac{\partial}{\partial x} &= \frac{\partial}{\partial x_0} - \frac{\partial x_1}{\partial x_0}\frac{\partial}{\partial x_0} - \frac{\partial y_1}{\partial x_0}\frac{\partial}{\partial y_0} - \frac{\partial z_1}{\partial x_0}\frac{\partial}{\partial z_0} + \cdots;\\
\frac{\partial}{\partial y} &= \frac{\partial}{\partial y_0} - \frac{\partial x_1}{\partial y_0}\frac{\partial}{\partial x_0} - \frac{\partial y_1}{\partial y_0}\frac{\partial}{\partial y_0} - \frac{\partial z_1}{\partial y_0}\frac{\partial}{\partial z_0} + \cdots;\\
\frac{\partial}{\partial z} &= \frac{\partial}{\partial z_0} - \frac{\partial x_1}{\partial z_0}\frac{\partial}{\partial x_0} - \frac{\partial y_1}{\partial z_0}\frac{\partial}{\partial y_0} - \frac{\partial z_1}{\partial z_0}\frac{\partial}{\partial z_0} + \cdots.
\end{aligned} \tag{55}$$

Während Gl. (54) exakt ist, sind in Gl. (55) jedoch Glieder höherer Ordnung weggelassen. Besonders sei darauf hingewiesen, daß die Herleitung von Gl. (55) nur die Voraussetzung kleiner Beträge der Ableitungen $\partial x_1/\partial x_0$, $\partial x_1/\partial y_0$ usw. enthält, aber nicht kleiner Werte von x_1, y_1, z_1. Das ist deshalb so wichtig, weil im allgemeinen nur die Koordinaten Akkumulierungseffekte zeigen, aber nicht die Neigungen der Koordinatenflächen im x_0, y_0, z_0-Raum, wie dies an der ebenen Strömung leicht gezeigt werden kann.

Die Störgleichungen, [·13], Gl. (VII,51), auf die Komponenten umgeschrieben,

$$(1 - M_\infty^2)\frac{\partial u_1}{\partial x} + \frac{\partial v_1}{\partial y} + \frac{\partial w_1}{\partial z} = 0; \qquad \frac{\partial u_1}{\partial y} - \frac{\partial v_1}{\partial x} = 0; \qquad \frac{\partial u_1}{\partial z} - \frac{\partial w_1}{\partial x} = 0,$$

erhalten mit Gl. (55) damit in erster Ordnung folgende Gestalt:

$$\begin{gathered}
(1 - M_\infty^2)\frac{\partial u_1}{\partial x_0} + \frac{\partial v_1}{\partial y_0} + \frac{\partial w_1}{\partial z_0} = 0;\\
\frac{\partial u_1}{\partial y_0} - \frac{\partial v_1}{\partial x_0} = 0; \qquad \frac{\partial u_1}{\partial z_0} - \frac{\partial w_1}{\partial x_0} = 0.
\end{gathered} \tag{56}$$

Dies ist die Verallgemeinerung der Störgleichungen für ebene Strömung, (IX,165) in [•13].

Gemäß den getroffenen Voraussetzungen gelten die Gln. (56) für beliebige Koordinatenstörungen, wenn nur die neuen Koordinatenebenen gegenüber jenen im Strömungsraum ausreichend wenig geneigt sind.

Damit gewinnen die Ergebnisse der akustischen Theorie für $M_\infty > 1$ des Teiles III auch für die Behandlung der Ausbreitungsprobleme einschließlich der kumulativen Effekte große Bedeutung. Sie können formal in die Veränderlichen x_0, y_0, z_0 umgeschrieben werden, wie das bereits bei den analogen Fällen in den Abschnitten IX,38 bis IX,48 von [•13] geschehen ist.

Die Störgleichungen zweiter Ordnung, die in analoger Weise hergeleitet werden können, unterscheiden sich allerdings wesentlich von jenen der akustischen Theorie. Zwar treten wieder alle Glieder von Gl. (56) auf, mit u_2, v_2, w_2 anstelle von u_1, v_1, w_1; die inhomogene rechte Seite der Störgleichungen zweiter Ordnung enthält aber nun im Gegensatz zu den Störgleichungen zweiter Ordnung im Strömungsraum nicht nur Ableitungen der Geschwindigkeitsstörungen erster Ordnung $\vec{w}_1$, sondern auch Ableitungen der Koordinatenstörungen $\vec{r}_1$. Es sieht daher zunächst so aus, als ob diese inhomogenen Gleichungen zweiter Ordnung schwieriger zu lösen wären als jene der akustischen Theorie. A. Kluwick [8] hat jedoch gezeigt, daß wenigstens die kumulativen Glieder der Lösung zweiter Ordnung auf die akustische Theorie zurückgeführt werden können.

7. Schallkanten

Vor der Behandlung des eigentlichen Themas dieses Abschnittes sei die Umströmung eines nicht angestellten Rhombuskegels mit zunächst noch beliebiger Unterschallvorderkante betrachtet, wie sie im Rahmen der akustischen Theorie in Abschn. III,14 behandelt wurde. Die Differentialgleichungen (56) weisen nun als unabhängige Veränderliche die ungestörten Koordinaten auf; vgl. die ebene und achsensymmetrische Strömung in [•13], Gln. (IX,165) und (IX,169). In diesen unabhängigen Veränderlichen weisen die Charakteristikenflächen alle Eigenschaften der akustischen Theorie auf, weshalb der x_0, y_0, z_0-Raum wieder als *Charakteristikenraum* bezeichnet werden möge. In diesem Raum ist die Randbedingung zu formulieren. Für den Rhombuskegel gilt, Abb. 11:

$$-x_0 \cot \Lambda_0 \leqq z_0 \leqq x_0 \cot \Lambda_0, \qquad y_0 = 0: \quad v_1 = \text{konst.}$$

Außerhalb des angegebenen Bereiches ist wegen der verschwindenden Anstellung überall $v_1 = 0$. Der Pfeilwinkel Λ_0 im Charakteristikenraum braucht keineswegs mit dem geometrischen Pfeilwinkel des Flügels Λ übereinzustimmen, wie sich noch zeigen wird.

Da sowohl die Randbedingungen als auch die Differentialgleichungen formal mit jenen von Abschn. III,14 übereinstimmen, kann die Lösung auch von dort übernommen werden, also gilt beispielsweise für das folgendermaßen definierte Störpotential

$$u_1 = \frac{\partial \varphi_1}{\partial x_0}; \qquad v_1 = \frac{\partial \varphi_1}{\partial y_0}; \qquad w_1 = \frac{\partial \varphi_1}{\partial z_0} \tag{57}$$

in formaler Übereinstimmung mit Gl. (III,95):

$$\varphi_1(s, t, 0) = -\frac{\operatorname{tg} \alpha_\infty}{2\pi} \frac{v_1}{\sqrt{\lambda_0}} \left[(s - \lambda_0 t) \ln \frac{\sqrt{s} + \sqrt{\lambda_0 t}}{\left|\sqrt{s} - \sqrt{\lambda_0 t}\right|} + (t - \lambda_0 s) \ln \frac{\sqrt{t} + \sqrt{\lambda_0 s}}{\left|\sqrt{t} - \sqrt{\lambda_0 s}\right|} \right]; \tag{58}$$

dabei ist λ_0 gemäß Gl. (III,84) folgender Pfeilungsparameter:

$$\lambda_0 = \frac{\operatorname{tg} \Lambda_0 \operatorname{tg} \alpha_\infty - 1}{\operatorname{tg} \Lambda_0 \operatorname{tg} \alpha_\infty + 1} = \frac{1 - \cot \Lambda_0 \cot \alpha_\infty}{1 + \cot \Lambda_0 \cot \alpha_\infty}. \tag{59}$$

Er hat mit dem Kurvenparameter der Bicharakteristik, Gl. (4), natürlich nichts gemein.

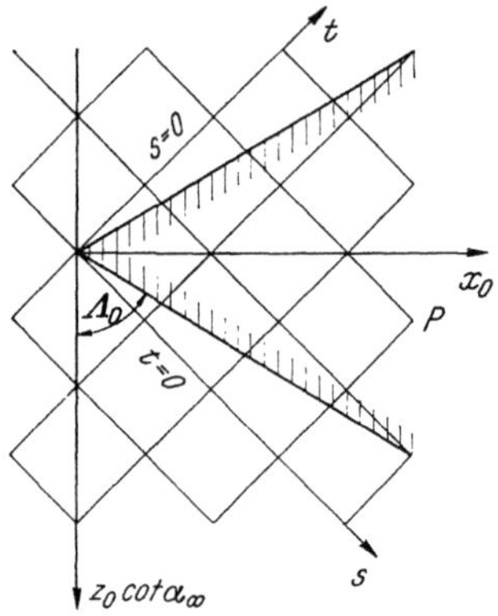

Abb. IV,11. Projektionsebene, $y_0 = y = 0$, des Flügels bei abgelöster Kopfwelle im Charakteristikenraum.

Die Variablen s und t haben gemäß Gl. (48) zu den ungestörten Koordinaten folgende Beziehung:

$$\begin{aligned} s &= x_0 + z_0 \cot \alpha_\infty; \qquad & t &= x_0 - z_0 \cot \alpha_\infty; \\ x_0 &= \frac{1}{2}(s + t); & z_0 &= \frac{1}{2} \operatorname{tg} \alpha_\infty (s - t). \end{aligned} \tag{60}$$

$s =$ konst. und $t =$ konst. sind im Charakteristikenraum Mach-Ebenen mit Erzeugenden parallel zur y_0-Achse. Ihre Schnitte mit der Ebene $y_0 = 0$, Abb. 11, sind Bicharakteristiken.

Der Rhombuskegel wird — nicht anders wie ein Kreiskegel — als Kopfwelle einen schwachen Stoß aufweisen. Er sei im ersten Quadranten der Strömungsebene $y = 0$ bestimmt. Die maßgebende Bicharakteristik ist dann in der Ebene der Abb. 11 die Gerade $t = 0$, wobei am besten als Bicharakteristikenparameter s gewählt wird. Damit ist in den Gleichungen (49), (51) und (52) zu setzen:

$$\lambda = s, \qquad \xi = t. \tag{61}$$

Für den ungestörten Ortsvektor erhält man dann aus Gl. (60) und (61):

$$\vec{r}_0 = \left\{\frac{1}{2}(s+t);\quad 0;\quad \frac{1}{2}\operatorname{tg}\alpha_\infty(s-t)\right\};$$

$$\vec{r}_{0\lambda} = \vec{r}_{0s} = \left\{\frac{1}{2};\quad 0;\quad +\frac{1}{2}\operatorname{tg}\alpha_\infty\right\};\quad |\vec{r}_{0\lambda}| = \frac{1}{2\cos\alpha_\infty}; \tag{62}$$

$$\vec{r}_{0\xi} = \vec{r}_{0t} = \left\{\frac{1}{2};\quad 0;\quad -\frac{1}{2}\operatorname{tg}\alpha_\infty\right\}.$$

Ferner folgen mit dem Mach-Vektor der Anströmung und den Gln. (5) und (8):

$$\vec{M}_0 = \{M_\infty, 0, 0\};\qquad \vec{b}_0 = \{\cos\alpha_\infty, 0, \sin\alpha_\infty\};\qquad \vec{n}_0 = \{\sin\alpha_\infty, 0, -\cos\alpha_\infty\}. \tag{63}$$

Damit erhalten die Gleichungen (51) und (52) zunächst die vereinfachte Form:

$$\frac{F(t)}{F'^2(t)} = \frac{\delta}{4\cos^2\alpha_\infty}\int\limits_0^s G(\bar{s})\,d\bar{s};\qquad x_1\sin\alpha_\infty - z_1\cos\alpha_\infty = -2\sin\alpha_\infty\frac{F(t)}{F'(t)}. \tag{64}$$

Es gilt nun noch, durch Entwicklung in der Umgebung des „Kopfmachkegels" den Ansatz (49) zu erhalten.

Die Störkomponenten sind mit Gl. (57) am besten mittels der Kettenregel aus dem Potential (58) zu gewinnen. Es gilt ja für die Komponenten in der Ebene $y_0 = 0$ mit Gl. (60):

$$u_1 = \varphi_{1x_0} = \varphi_{1s} - \varphi_{1t};\qquad w_1 = \varphi_{1z_0} = (\varphi_{1s} - \varphi_{1t})\cot\alpha_\infty. \tag{65}$$

Nun ist noch die Störkomponente v_1 am Rhombuskegel in Gl. (58) durch das Dickenverhältnis auszudrücken. Es ist in erster Näherung gemäß Gl. (29)

$$\frac{\tau}{2} = \frac{v}{u_\infty} = \frac{1}{M_\infty}\frac{v}{c_\infty} = \frac{1}{M_\infty}\delta v_1$$

und somit für den Störparameter:

$$\delta = \tau,\qquad v_1 = \frac{1}{2}M_\infty. \tag{66}$$

Mit Gl. (65) und (66) erhält man aus Gl. (58) und (59) nach Zwischenrechnung folgende Darstellung in der Umgebung von $t = 0$:

$$\frac{\varkappa+1}{2}M_\infty u_1 = -\frac{\varkappa+1}{\pi}\,\frac{M_\infty^2\cot\Lambda_0}{1-\cot^2\Lambda_0\cot^2\alpha_\infty}\sqrt{\frac{t}{s}} + \cdots. \tag{67}$$

Der konstante Faktor vor $\sqrt{t/s}$ läßt sich beliebig in zwei Faktoren für die Funktionen F und G von Gl. (49) aufteilen. Wir setzen mit Gl. (61):

$$F'(t) = \sqrt{t}; \qquad G(s) = \frac{\varkappa + 1}{\pi} \frac{M_\infty \cot \Lambda_0}{1 - \cot^2 \Lambda_0 \cot^2 \alpha_\infty} \frac{1}{\sqrt{s}}.$$

Aus der linken Gl. (64) folgt mit $\delta = \tau$ nach elementarer Zwischenrechnung

$$\sqrt{\frac{t}{s}} = \frac{3}{4} \frac{\varkappa + 1}{\pi} \frac{\tau}{\sin^2 \alpha_\infty \cos^2 \alpha_\infty} \frac{\cot \Lambda_0}{[1 - \cot^2 \Lambda_0 \cot^2 \alpha_\infty]}$$
$$= \frac{3}{\pi} S \frac{\tau \cot \Lambda_0 \cot \alpha_\infty}{1 - \cot^2 \Lambda_0 \cot^2 \alpha_\infty}. \tag{68}$$

Dabei ist $S(M_\infty)$ die in [·13], Abschn. IX,38, Gl. (IX,159), eingeführte Machzahlfunktion, siehe Anhang S. 370.

Ein Vergleich mit den Rechnungen am Kreiskegel in [·13], Abschn. IX,42 zeigt folgendes: Dort ergab sich in der unter Gl. (IX,245) stehenden Gleichung mit dem Störparameter von Gl. (IX,237) links:

$$\sqrt{\frac{\xi}{\eta}} = \frac{3}{\pi} S \cot \alpha_\infty \pi \operatorname{tg}^2 \vartheta_0.$$

ϑ_0 ist der halbe Öffnungswinkel der Kegelspitze, $\pi \operatorname{tg}^2 \vartheta_0$ also die Querschnittsfläche an der Stelle $x = 1$.

In Gl. (68) dagegen erhält man für kleine Streckung, d. i. für $\cot^2 \alpha_\infty \cot^2 \Lambda_0 \ll 1$:

$$\sqrt{\frac{t}{s}} = \frac{3}{\pi} S \cot \alpha_\infty \tau \cot \Lambda_0.$$

Es wird sich gleich zeigen, daß bei kleiner Streckung $\Lambda_0 = \Lambda$ gesetzt werden darf. Somit ist $\tau \cot \Lambda_0$ der Querschnitt des Rhombuskegels bei $x = 1$. Gl. (68) führt also für kleine Streckung zu einer Aussage des Äquivalenzsatzes, daß Kegel gleicher Querschnittsfläche bei gleichen M_∞ gleiche Stoßlagen und Stoßstärken aufweisen. Letzteres ist nämlich eine unmittelbare Folge gleicher Werte $\sqrt{t/s} = \sqrt{\xi/\eta}$.

Mit Gl. (68) ist die Lage und Stärke der Stoßfront im wesentlichen auf das Dickenverhältnis τ und die Pfeilung des Flügels im Charakteristikenraum, Λ_0, zurückgeführt. Diese ist jedoch keineswegs der Pfeilung des Flügels im Strömungsraum, also Λ, gleichzusetzen, wenn sich die Kantenrichtung der Richtung der Bicharakteristik in der Strömungsebene nähert. Die Lage der Punkte im Strömungsraum im allgemeinen und speziell die Lage der Vorderkante muß also neu bestimmt werden. Die Rechnungen seien dabei auf die Ebene $y = y_0 = 0$ beschränkt.

Die Koordinatenstörungen eines Punktes P im Charakteristikenraum, Abb. 11, sind also mit Gl. (40) zu ermitteln, wobei je einmal längs einer Bicharakteristik $t =$ konst. und einer Bicharakteristik $s =$ konst. über das Störgebiet bis zum Punkt P zu integrieren ist. Die Integration beginnt am Kopf-Machkegel. Bei der vorangegangenen Berechnung des Stoßes sei bei der Integration längs einer Bicharakteristik, etwa $t =$ konst., die andere Bicharakteristikenvariable als laufender Bicharakteristikenparameter gewählt, etwa $\lambda = s$. Der Machstörvektor $\vec{M}_1$ ist durch Gl. (43) gegeben, der Normalenvektor folgt aus Gl. (62), (5) und (8). Damit erhält man für die in Gl. (40) auftretenden Größen folgende Zusammenstellung:

$$\begin{array}{lllll} \xi; & \lambda; & |\vec{r}_{0\lambda}|; & \vec{n}_0; & \vec{M}_1\,\vec{n}_0; \\ t; & s; & \frac{1}{2}\cos\alpha_\infty; & \{\sin\alpha_\infty, 0, -\cos\alpha_\infty\}; & 2\cos^3\alpha_\infty[D\varphi_{1s} + S\varphi_{1t}]; \\ s; & t; & \frac{1}{2}\cos\alpha_\infty; & \{\sin\alpha_\infty, 0, \cos\alpha_\infty\}; & 2\cos^3\alpha_\infty[S\varphi_{1s} + D\varphi_{1t}]. \end{array} \tag{69}$$

Die Störkomponenten u_1, w_1 sind dabei mittels Gl. (65) auf die Ableitungen φ_{1s}, φ_{1t} durchgeführt. $A(M_\infty)$, $S(M_\infty)$, $D(M_\infty)$ sind wieder die in [•13] eingeführten Machzahlfunktionen, Anhang S. 370.

Mit dem bereits früher gewählten Störparameter $\delta = \tau$ erhalten die Gln. (40) schließlich folgende, von der speziellen Geschwindigkeitsverteilung in der Ebene $y = 0$ noch völlig unabhängige Form:

$$\begin{aligned} x_1 - z_1 \cot\alpha_\infty &= \tau\cos\alpha_\infty \int_0^s [D\varphi_{1s}(\bar{s}, t) + S\varphi_{1t}(\bar{s}, t)]\, d\bar{s}; \\ x_1 + z_1 \cot\alpha_\infty &= \tau\cos\alpha_\infty \int_0^s [S\varphi_{1s}(s, \bar{t}) + D\varphi_{1t}(s,\bar{t})]\, d\bar{t}. \end{aligned} \tag{70}$$

Eine der beiden Integrationen des oberen und unteren Integrals kann stets ohne Kenntnis des speziellen Störpotentials ausgeführt werden und ergibt das Störpotential selbst. Die zweite Integration bleibt einem aber offenbar nicht erspart. Die Gln. (70) sind eng verbunden mit den Gln. (IX,151) in [•13].

Aus Gl. (70) ist zu erkennen, daß die Koordinatenstörungen im allgemeinen proportional zum Dickenverhältnis τ sind und daß sie eine homogene Funktion erster Ordnung in s und t sein müssen, weil φ_{1s} und φ_{1t} bei einer kegeligen Strömung, wie sie durch Gl. (58) gegeben ist, homogene Funktionen nullter Ordnung in s und t sind. Die Kegeligkeit der Strömung ist damit auch im Strömungsraum gewahrt. Dann genügt aber auch die Bestimmung von z/x als Funktion von t/s, und der Verlauf der Bicharakteristiken $s =$ konst. und $t =$ konst. in der Strömungsebene $y = 0$ kann berechnet werden. Er ist in Abb. 12 wiedergegeben. Die Integrationen lassen sich für die Funktion von Gl. (58) elementar analytisch durchführen. Die Rechnung ist jedoch etwas zeitraubend und die Schlußformeln sind lang, weshalb hier ein Hinweis auf die Originalarbeit [3] genügen möge.

Etwas näher sei aber das Ergebnis für die Vorderkante betrachtet. Mit Gl. (60) erhält man:

$$\begin{aligned} \cot\Lambda_0 \cot\alpha_\infty &= \frac{z_0 \cot\alpha_\infty}{x_0} = \frac{s - t}{s + t}; \\ \cot\Lambda \cot\alpha_\infty &= \frac{(z_0 + z_1)\cot\alpha_\infty}{(x_0 + x_1)} = \frac{s - t + 2z_1\cot\alpha_\infty}{s + t + 2x_1}. \end{aligned} \tag{71}$$

Damit bestätigt sich $\cot \Lambda$ als Funktion von t/s und nach Ermittlung von x_1 und z_1 aus dem System (70) als Funktion von $\cot \Lambda_0$.

Für den Rhombuskegel erhält man nach Zwischenrechnung und zulässigen Vernachlässigungen folgende von E. Y. C. SUN [4], Gl. (19), angegebene Beziehung zwischen der Pfeilung im Strömungsraum Λ und der Pfeilung im Charakteristikenraum Λ_0, wobei der Übersichtlichkeit wegen anstelle von Λ_0 mit Gl. (59) der Pfeilungsparameter λ_0 eingeführt ist:

$$\lambda_0^{1/2}(\cot \Lambda \cot \alpha_\infty - 1) = S(M_\infty)\,\frac{\tau}{\pi} - 2\lambda_0^{3/2}.$$

Bei einem Vergleich der hier abgeleiteten Beziehungen mit jenen in den Arbeiten von SUN [3], [4] ist zu beachten, daß dort mit τ das halbe Dickenverhältnis bezeichnet wird. Es gilt demnach $2\tau_{\mathrm{Sun}} = \tau$.

Für einen bestimmten Wert von

$$K_B = S(M_\infty)\,\frac{\tau}{\pi} = \frac{1}{\pi}\,\frac{\varkappa + 1}{4}\,\frac{M_\infty^4}{(M_\infty^2 - 1)^{3/2}} \cdot \tau \tag{72}$$

ist damit jeder reduzierten Pfeilung $\cot \Lambda_0 \cot \alpha_\infty$ und damit jedem Wert von λ_0 eine bestimmte reduzierte Pfeilung $\cot \Lambda \cot \alpha_\infty$ im Strömungsraum zugeordnet. Darin kommt das Ähnlichkeitsgesetz von S. B. BERNDT [6] für schallnahe Kanten zum Ausdruck. K_B ist, bis auf einen unwesentlichen Faktor, der erstmalig von BERNDT eingeführte Ähnlichkeitsparameter, der bei verwandten Problemen immer wieder auftritt.

Mit dem Ähnlichkeitsparameter von Gl. (72) kann die davorstehende Gleichung schließlich in folgende Form gebracht werden:

$$\frac{\cot \Lambda \cot \alpha_\infty - 1}{K_B^{2/3}} = \sqrt{\frac{K_B^{2/3}}{\lambda_0}} - 2\,\frac{\lambda_0}{K_B^{2/3}}. \tag{73}$$

Aus dieser Beziehung folgt für $M_\infty = \sqrt{2}$ und $\tau = 0{,}10$, das ist $K_B = 0{,}0764$:

$\cot \Lambda_0$	λ_0	$\cot \Lambda$	
0,74	0,15	0,90	(74)
0,80	0,11	1,00	

Für *Schallkanten*, $\cot \Lambda \cot \alpha_\infty = 1$, folgt aus Gl. (73) die einfache Beziehung:

$$\lambda_0 = \frac{1 - \cot \Lambda_0 \cot \alpha_\infty}{1 + \cot \Lambda_0 \cot \alpha_\infty} = (K_B/2)^{2/3}. \tag{75}$$

Für kleinere Werte von λ_0, also für größere Streckung des Flügels im Charakteristikenraum, ergeben sich Überschallvorderkanten im Strömungsraum. *Überschallkante* bedeutet dabei definitionsgemäß, daß die Pfeilung des Rhombuskegels kleiner ist als jene des ungestörten Machkegels. Dennoch legt sich bei Überschreiten der Schallkantenpfeilung die Kopfwelle noch nicht an. Sie wird durch die Vorwirkung der Kante noch weggeschoben. In bezug auf die Bicharakteristikenrichtung *hinter* der Kopfwelle hat die Körperfront noch den Charakter einer Unterschallkante. Darauf wird im übernächsten Abschnitt nochmals eingegangen.

Die Zuordnung der Punkte der z_0,x_0-Ebene zu jener der z,x-Ebene erfolgt in ebenderselben Weise wie die Zuordnung der Vorderkantenrichtung Λ_0 zu Λ. Weil die Strömung kegelig ist, entspricht dabei ganz allgemein ein Strahl durch den Ursprung des Charakteristikenraumes einem Strahl durch den Ursprung des Strömungsraumes.

Die weiteren Ausführungen seien auf die Berechnung der Stoßstärke und der Stoßlage beschränkt. Aus Gl. (67) und (68) folgt für die Störung unmittelbar hinter der Stoßfront:

$$u_1 = \hat{u}_1 = -\frac{6}{\pi^2} S\,\tau\, M_\infty \frac{\cot^2 \Lambda_0 \cot \alpha_\infty}{[1 - \cot^2 \Lambda_0 \cot^2 \alpha_\infty]^2}.$$

Daraus folgt wieder, zusammen mit Gl. (49) für den Druckkoeffizienten der Kopfwelle, mit $\delta = \tau$:

$$\cot \alpha_\infty\, c_p = \frac{12}{\pi^2} \tau^2 S \frac{\cot^2 \alpha_\infty \cot^2 \Lambda_0}{[1 - \cot^2 \alpha_\infty \cot^2 \Lambda_0]^2} = \frac{12}{\pi} \tau\, K_B \frac{\cot^2 \alpha_\infty \cot^2 \Lambda_0}{[1 - \cot^2 \alpha_\infty \cot^2 \Lambda_0]^2}. \tag{76}$$

Die Stoßlage in der Flügelebene folgt für das vorliegende kegelige Feld aus Gl. (48) mit $\beta = \pi/2$ zu:

$$\frac{z \cot \alpha_\infty}{x} - 1 = 6 \left[K_B \frac{\cot \alpha_\infty \cot \Lambda_0}{1 - \cot^2 \alpha_\infty \cot^2 \Lambda_0} \right]^2. \tag{77}$$

Das Produkt $\cot \alpha_\infty\, c_p$ in Gl. (76) links tritt in gleicher Weise auf wie in der akustischen Theorie. Die reduzierte Pfeilung $\cot \Lambda_0 \cot \alpha_\infty$ im Charakteristikenraum kann mittels Gl. (73) auf die Pfeilung im Strömungsraum zurückgeführt werden. Die Gln. (76) und (77) gelten zunächst durchaus auch noch für beliebige Streckung, $\cot \alpha_\infty \cot \Lambda_0 < 1$.

Für schallnahe Kanten kann, wie das Beispiel (74) zeigt, mit Gl. (75) folgende Näherung wegen $\lambda_0^2 \ll 1$ eingeführt werden:

$$\frac{\cot \Lambda_0 \cot \alpha_\infty}{1 - \cot^2 \Lambda_0 \cot^2 \alpha_\infty} = \frac{1 - \lambda_0^2}{4\lambda_0} = \frac{1}{4\lambda_0} + \cdots.$$

Damit erhalten die Gleichungen (76) und (77) für die Stoßlage und den Druckkoeffizienten hinter der Stoßfront einer *schallnahen* Kante eines Rhombuskegels die Form

$$\begin{aligned} \frac{z}{x} \cot \alpha_\infty - 1 &= \frac{3}{8} K_B^{2/3} \left(\frac{K_B^{2/3}}{\lambda_0} \right)^2; \\ c_p &= \frac{3}{4\pi} \frac{\tau}{\cot \alpha_\infty} K_B^{-1/3} \frac{K_B^{2/3}}{\lambda_0}, \end{aligned} \tag{78}$$

und daraus folgt schließlich mit Gl. (75) für einen Rhombuskegel mit *Schallkante*, $\cot \Lambda \cot \alpha_\infty = 1$:

$$\frac{z}{x} \cot \alpha_\infty - 1 = \frac{3}{2^{5/3}} K_B^{2/3}; \qquad c_p = \frac{3}{2^{2/3}\pi} \cdot \frac{\tau}{\cot \alpha_\infty} K_B^{-1/3}. \tag{79}$$

Das Ähnlichkeitsgesetz für schallnahe Kanten ist aus den letzten Gleichungen besonders deutlich zu erkennen. Die Potenz 2/3 der Kennzahl K_B tritt in gleicher Weise in (73) wie in (79) links auf.

In den Entwicklungen in der Umgebung der Kopfwelle wurde stets nur das erste Glied im Verhältnis t/s berücksichtigt. Dies ist nicht unbedingt notwendig, um zum Ziel zu kommen, und wurde in der Originalarbeit von Sun [4] auch nicht durchwegs so gehandhabt. Bei starken Abweichungen der Stoßfront vom Machkegel müssen daher in den hier wiedergegebenen Formeln gewisse Ungenauigkeiten in Kauf genommen werden. Mit diesen wird allerdings gleichzeitig eine wesentliche Vereinfachung eingetauscht.

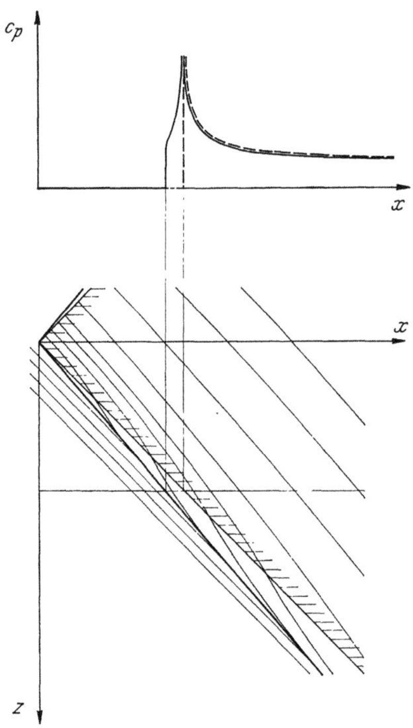

Abb. IV,12. Rhombuskegel mit Schallvorderkante nach [3], $M_\infty = \sqrt{2}$; $\tau = 0{,}10$; $\Lambda = 45°$.

Abb. 12 zeigt für den Rhombuskegel mit Schallvorderkante mit $\tau = 0{,}10$ bei $M_\infty = \sqrt{2}$, also für den unteren Fall der Aufstellung (74), die Stoßfront und die gleichlaufenden Machlinien. Die Neigung der Stoßfront ist mit $z = 1{,}14x$ etwas geringer als jene, die man mit Gl. (79) erhält, nämlich $1{,}17x$. Im gleichen Bild ist der Verlauf des Druckkoeffizienten in einem repräsentativen Längsschnitt wiedergegeben, wobei der Drucksprung wieder nicht völlig mit dem durch Gl. (79) rechts ermittelten übereinstimmt. Die Vorwärtswirkung fällt bei der akustischen Theorie wegen des Einfrierens der Machkegel natürlich völlig fort. Der Druck am Flügel liegt deutlich unter dem Wert der akustischen Theorie (in Abb. 12 gestrichelt). Das hat zur Folge, daß der Widerstandsbeiwert für den Mantel des Rhombuskegels in Abb. 13, bezogen auf die Grundrißfläche, überall unter dem Wert der akustischen Theorie liegt. Letztere weist einen seit längerem bekannten Knick der

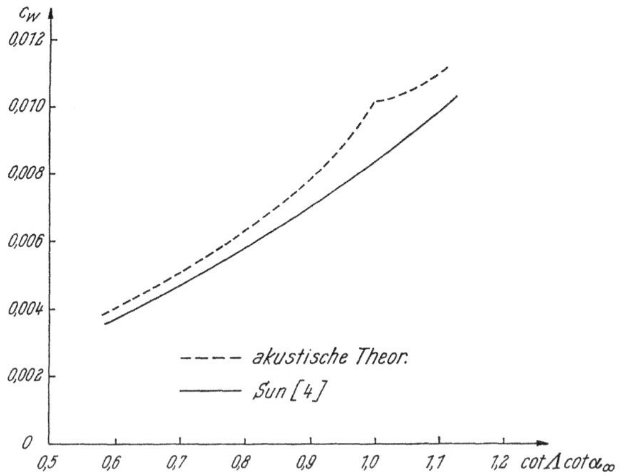

Abb. IV,13. Widerstandsbeiwerte c_w, auf die Flügelfläche bezogen, für $M_\infty = \sqrt{2}$ und $\tau = 0{,}10$ bei verschiedenen Pfeilwinkeln.

Beiwertskurve bei der Schallkante auf. Etwas ähnliches gibt es bei der die Kopfwellenablösung berücksichtigenden Theorie nicht. Die Unterschiede sind bei Schallkanten deutlich, liegen bei starken Unterschallkanten dagegen im Bereich der Genauigkeit einer Theorie erster Ordnung.

Gemäß den hier wiedergegebenen Beziehungen für schallnahe Kanten würde sich die Stoßfront mit abnehmender Pfeilung immer mehr in die Anströmung hinein verlegen. Das ist bei scharfen Vorderkanten gewiß falsch, weil sich die Stoßfront schließlich anlegt, was dann zu Lösungen mit „echten" Überschallvorderkanten führt, wie sie im nächsten Abschnitt behandelt werden. Für den Vorgang des Heranrückens der Vorderkante an die Stoßfront, reicht die Näherung erster Ordnung in t/s, etwa in Gl. (77), nicht aus. Es sind dann die genaueren Rechnungen von Sun [4] erforderlich.

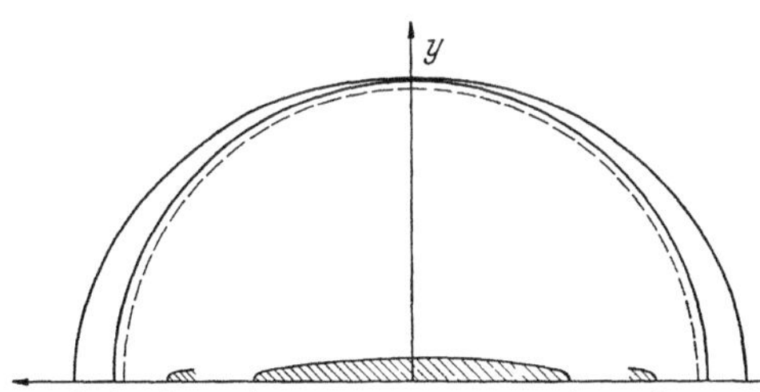

Abb. IV,14. Einfluß stumpfer Kanten auf die Stoßlage nach [5].

Bei stumpfen Vorderkanten freilich kommt es bei kegeligen Körpern ebensowenig zu einem Anliegen der Kopfwelle wie bei stumpfen Profilnasen oder stumpfen Rotationskörpern. Auch für stumpfe Vorderkanten läßt sich die angegebene Theorie durchführen, solange die Stoßwellen schwach genug bleiben. Stumpfe Kanten haben verständlicherweise einen wesentlich stärkeren Einfluß auf die Stoßlage wie scharfe Kanten. Abb. 14 zeigt ein Ergebnis von A. FROHN [5] für zwei Streckungen und die akustische Theorie (gestrichelt). Dem Verhältnis von Nasenkrümmungsradius zu lokaler Spannweite kommt hier entscheidende Bedeutung zu.

8. Übergang zu Überschallkanten

Bei diesem Problem handelt es sich um die Erweiterung der akustischen Lösung von Abschn. III,14 auf Strömungen mit schwachen Stößen, schwachen Prandtl-Meyer-Expansionen und dgl. Wie bei der akustischen Lösung kann die Strömung auf der Ober- und Unterseite getrennt berechnet werden, solange sie nicht in den Einflußbereich der Hinterkante gerät. Bei Überschallhinterkanten, also etwa bei deltaförmigem Grundriß, können im vorliegenden Fall also die Luftkräfte auf der Ober- und Unterseite getrennt ermittelt werden. Wird, wie in den folgenden Beispielen, der Aufwind auf dem Flügel, also $v_1(x, \pm 0, z)$, als konstant angenommen, dann gewinnt man damit nicht nur die Druckverteilung an einem Rhombuskegel, wie etwa im letzten Abschnitt für die Schallkanten, sondern unter anderem auch die Druckverteilung an der angestellten Deltaplatte, mit Luftkraftbeiwerten, die sich nur wenig von jenen der akustischen Theorie, Gl. (III,93), unterscheiden.

Wenn es sich beim speziellen Beispiel um den Rhombuskegel handeln soll, so sind für den Störparameter und für den Aufwind in der Belegungsebene dieselben Werte wie im letzten Abschnitt, Gl. (66) zu wählen. Wird jedoch die angestellte Dreiecksplatte ins Auge gefaßt, so gilt auf der Saug- und Druckseite mit der Störgleichung (29):

$$\delta = \mp 2\varepsilon, \qquad v_1 = M_\infty/2. \tag{80}$$

Freilich hätte auch wie meist bei Anstellproblemen der Störparameter $\delta = \varepsilon$ gesetzt werden können. Dann müßte aber im Gegensatz zu Gl. (64) für den Aufwind auf Saug- und Druckseite $v_1 = \mp M_\infty$ stehen, was für das Folgende weniger zweckmäßig ist.

Die akustische Lösung zeigt für die angestellte Platte und für den Rhombuskegel im Gebiet zwischen der Vorderkante und der von der Flügelspitze ausgehenden Machlinie, in Abb. 15 die Gerade $t = 0$ und $s = 0$, die Ergebnisse des schiebenden Flügels, [·13], Abschn. VII,12. Wie dort ausführlich dargelegt, kann die Strömung in diesem Teil aus einer „ebenen Strömung" senkrecht zur Vorderkante und aus der Translationsbewegung tangential zur Vorderkante zusammengesetzt werden. Die Superposition dieser beiden Strömungen ist aber weitgehend auch mit der exakten Keilströmung normal zur Vorderkante zulässig. Damit könnte die Strömung im genannten Teil auch exakt ermittelt werden. Näherungsrechnungen in diesem Teil lassen sich also unter Umständen an exakten Rechnungen prüfen.

Allerdings werden die Ergebnisse am „schiebenden Teil" des Flügels nur dann richtig, wenn nicht nur, wie bei der Platte, die Profilform konstant ist, sondern wenn auch die Normalkomponente des Machvektors auf dem Flügel im Überschallbereich liegt:

$$M_n > 1. \tag{81}$$

Ganz im Gegensatz zur akustischen Näherung kommt es nun auf die lokale Machzahl an, wobei durchaus $M_n < 1$ werden kann, obwohl $M_{\infty n} > 1$ erfüllt ist.

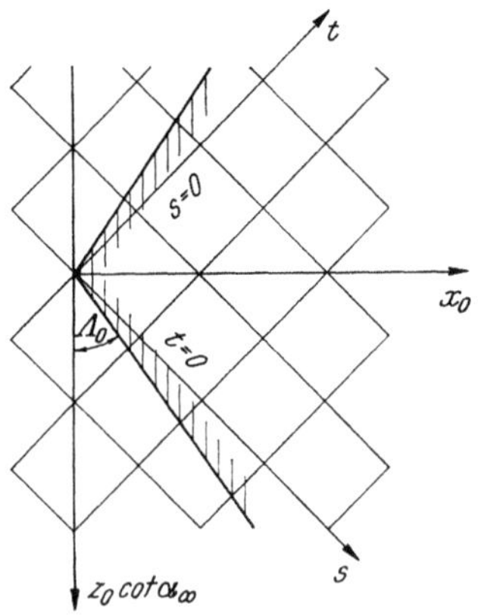

Abb. IV,15. Projektionsebene $y_0 = y = 0$ des Flügels bei anliegender Kopfwelle im Charakteristikenraum.

Bei positiver Anstellung des Oberflächenelementes wird die Machzahl bekanntlich verringert. In diesem Fall kann eine Überschallvorderkante bezogen auf die *lokale* Machzahl eine Unterschallvorderkante sein.

Wenn die Normalkomponente der Machzahl hinter der Vorderkante kleiner als 1 ist, dann laufen die von der Flügelspitze ausgehenden Machlinien auf der Flügeloberfläche nicht mehr von der Kante weg. Die Strömung unmittelbar hinter der Vorderkante steht dann bereits unter dem Einfluß des Knickes an der Flügelspitze, Abb. 16 rechts. Das Gebiet des schiebenden Flügels ist trotz anliegender Kopfwelle verschwunden. Es leuchtet also ein, daß im folgenden eine Fallunterscheidung getroffen werden muß, ob Gl. (81) auf der Flügelkante erfüllt ist oder nicht.

Zunächst soll die Voraussetzung (81) für die Flügelkante getroffen werden. Dann wird ein Punkt der knapp hinter der Flügelkante liegt, im wesentlichen nur von ungestörten — „eingefrorenen" — Machlinien erreicht, Abb. 16 links. Der Pfeilwinkel der Vorderkante im Charakteristikenraum und im Strömungsraum ist unter diesen Umständen derselbe:

$$\Lambda_0 = \Lambda. \tag{82}$$

Wegen des konstanten Aufwindes, $v_1(x, 0, z) = M_\infty/2$, sind die rechtslaufenden Machlinien am Flügel für alle Werte $t \leqq 0$ gerade Linien.

Von besonderem Interesse für das Folgende ist die Strömung in der Umgebung der Geraden $t = 0$. Dies ist bei Einführung kegeliger Koordinaten die Grenze zwischen dem hyperbolischen Gebiet, $t < 0$, und dem elliptischen Gebiet, $t > 0$, Abschn. III,11.

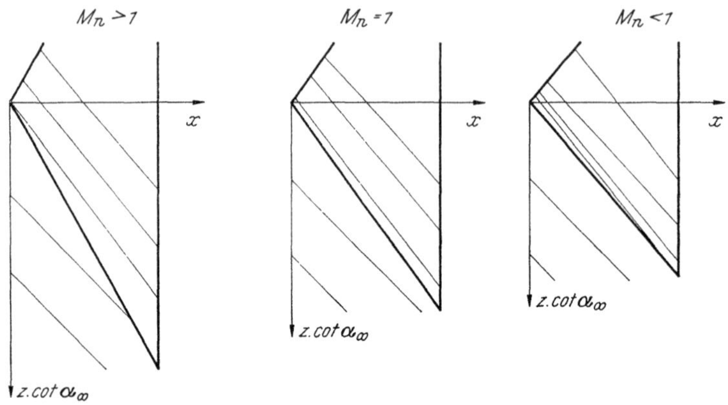

Abb. IV,16. Rechtslaufende Bicharakteristiken in der Ebene eines Deltaflügels bei anliegendem Stoß nach [4]. M_n: Normalkomponente am Kantenrand.

Wie auch im letzten Abschnitt kann die Lösung der akustischen Theorie für den Dreiecksflügel im Überschall mit Überschallvorderkante, Gl. (III,90), direkt übernommen werden, wenn dort nur die Symbole der akustischen Näherung durch jene der analytischen Charakteristikentheorie ersetzt werden:

$$\alpha \to \alpha_\infty; \qquad \lambda \to \lambda_0; \qquad \Lambda \to \Lambda_0. \tag{83}$$

Die letzte Superposition ist mit Gl. (82) nicht gleichzusetzen; denn Gl. (82) gilt wohl im ersten zu behandelnden Fall, keineswegs aber immer. Wird schließlich noch nach kleinen Werten von t/s entwickelt, so erhält man für $0 < t$ folgende Ergebnisse:

$$\begin{aligned} u_1 &= -v_1 \frac{\operatorname{tg}\alpha_\infty}{\sqrt{1-\operatorname{tg}^2\alpha_\infty \operatorname{tg}^2\Lambda_0}} \left[1 - \frac{4}{\pi}\frac{\operatorname{tg}\Lambda_0 \operatorname{tg}\alpha_\infty}{\sqrt{1-\operatorname{tg}^2\Lambda_0\operatorname{tg}^2\alpha_\infty}} \cdot \sqrt{\frac{t}{s}} + \cdots\right]; \\ w_1 &= v_1 \frac{\operatorname{tg}\Lambda_0 \operatorname{tg}\alpha_\infty}{\sqrt{1-\operatorname{tg}^2\alpha_\infty \operatorname{tg}^2\Lambda_0}} \left[1 - \frac{4}{\pi}\frac{1}{\sqrt{1-\operatorname{tg}^2\Lambda_0\operatorname{tg}^2\alpha_\infty}} \sqrt{\frac{t}{s}} + \cdots\right]. \end{aligned} \tag{84}$$

Der konstante erste Summand in den beiden Klammerausdrücken gilt gleichzeitig auch für alle Werte am schiebenden Gebiet des Flügels.

Da es sich um eine kegelige Strömung handelt, interessieren nur die Koordinatenverhältnisse, beispielsweise in der folgenden Form, die gleich noch mit Gl. (60) wie folgt geschrieben werden kann:

$$\begin{aligned} \frac{z\cot\alpha_\infty}{x} &= \frac{2z_0\cot\alpha_\infty + 2z_1\cot\alpha_\infty}{2x_0 + 2x_1} = \frac{s - t + x_1 + z_1\cot\alpha_\infty - (x_1 - z_1\cot\alpha_\infty)}{s + t + x_1 + z_1\cot\alpha_\infty + (x_1 - z_1\cot\alpha_\infty)} \\ &= 1 - 2(x_1 - z_1\cot\alpha_\infty)/s - 2t/s + \cdots. \end{aligned} \tag{85}$$

Es bedarf also nur der einen Kombination der Koordinatenstörungen zur Ermittlung der Lage der Punkte in der Strömungsebene. Gl. (40) führt wie im letzten Abschnitt wieder zu (70), nur soll der Störparameter δ noch nicht durch τ ersetzt werden, um die Störparameterwahl noch offen zu halten. Außerdem sei u_1 und w_1 anstelle von φ_{1s} und φ_{1t} eingeführt. Mit Gl. (65) gilt dann:

$$x_1 - z_1 \cot \alpha_\infty = \frac{M_\infty}{2} \delta \int_0^s [A u_1 - w_1 \operatorname{tg} \alpha_\infty] \, d\bar{s}. \tag{86}$$

Die Integration kann in der Umgebung der Machlinie $t = 0$ ohne zusätzlichen Fehler bei $s = 0$ begonnen werden; bezüglich der Machzahlfunktion A siehe Anhang S. 370. Nach Einsetzen der Entwicklung (84) in Gl. (86) und Ausführen der Integration erhält man mit v_1 von Gl. (64) oder (80):

$$\begin{aligned}\frac{x_1 - z_1 \cot \alpha_\infty}{s} = &-\frac{\delta M_\infty^2 \operatorname{tg} \alpha_\infty}{4\sqrt{1 - \operatorname{tg}^2 \alpha_\infty \operatorname{tg}^2 \Lambda_0}} (A + \operatorname{tg} \Lambda_0 \operatorname{tg} \alpha_\infty) \\ &+ \frac{2}{\pi} \frac{\delta M_\infty^2 \operatorname{tg} \Lambda_0 \operatorname{tg} \alpha_\infty}{1 - \operatorname{tg}^2 \Lambda_0 \operatorname{tg}^2 \alpha_\infty} (A + 1) \sqrt{\frac{t}{s}} + \cdots.\end{aligned} \tag{87}$$

Dies wiederum in Gl. (85) eingesetzt gibt die Beziehung zwischen den Koordinaten und dem Verhältnis t/s. Der erste Summand liefert dabei die Lage der Machlinien $t = 0$, nämlich:

$$\left(\frac{z \cot \alpha_\infty}{x}\right)_{t=0} = 1 + \frac{\delta M_\infty^2 \operatorname{tg} \alpha_\infty (A \cot \Lambda_0 \cot \alpha_\infty + 1)}{\sqrt{\cot^2 \Lambda_0 \cot^2 \alpha_\infty - 1}}. \tag{88}$$

Wenn δ positiv ist, wenn es sich also um einen Rhombuskegel oder um die Druckseite eines angestellten Deltaflügels handelt, dann dreht sich die Machlinie $t = 0$ in Kantenrichtung. Es ist nicht anders zu erwarten, denn die Machzahl ist in einem solchen Gebiet vermindert. Durch das gleichzeitige Auftreten positiver z-Komponenten der Geschwindigkeit, Gl. (84), wird der Effekt noch verstärkt. Auf der Saugseite eines angestellten Dreieckflügels, gemäß Gl. (80) $\delta = -2\varepsilon$, wird die Machlinie $t = 0$ von der Kante weggedreht.

Für kleine positive Werte von t/s gilt mit den Gln. (85), (87) und (88) nach elementarer Umformung folgende Darstellung:

$$\frac{z \cot \alpha_\infty}{x} = \left(\frac{z \cot \alpha_\infty}{x}\right)_{t=0} - \frac{8}{\pi} \delta S \frac{\cot \Lambda_0 \cot \alpha_\infty}{\cot^2 \Lambda_0 \cot^2 \alpha_\infty - 1} \sqrt{\frac{t}{s}} - 2\frac{t}{s} + \cdots. \tag{89}$$

Hierin könnte das Produkt $\delta \cdot S(M_\infty)/\pi$ wieder als Berndtscher Ähnlichkeitsparameter aufgefaßt werden, Gl. (72).

Gln. (89) und (84) können als Parameterdarstellung für die Geschwindigkeitsverteilung in der Strömungsebene auf dem Flügel angesehen werden, am besten gleich mit $\sqrt{t/s}$ als Parameter. Der Störparameter δ sei als ausreichend klein angenommen, so daß die Vernachlässigung höherer Glieder in der Reihe (89) gerechtfertigt erscheint.

Für positive δ, also für den Rhombuskegel oder die Druckseite des Dreiecksflügels, haben der zweite und dritte Summand in Gl. (89) das gleiche Vorzeichen. Für genügend kleine Werte von $\sqrt{t/s}$ weichen u_1 gemäß Gl. (84) sowie $z \cot \alpha_\infty / x$ gemäß Gl. (89) proportional zu $\sqrt{t/s}$ von jenen Werten ab, die sie bei $t = 0$ angenommen haben. Das heißt aber, daß sich u_1 in der Umgebung von $t = 0$ linear mit z/x ändert. Die senkrechte Tangente in Abb. III,24 am Übergang vom hyperbolischen zum elliptischen Gebiet tritt also in Wirklichkeit gar nicht auf. Sie ist eine Folge eines Fehlers der akustischen Theorie an dieser Stelle. Es ist bemerkenswert, daß die akustische Theorie durch das mit ihr verbundene Einfrieren der Machlinien und Machflächen selbst bei Annahme kleinster Störungen bei kleinen Werten von t/s eine lokal unrichtige Darstellung ergibt.

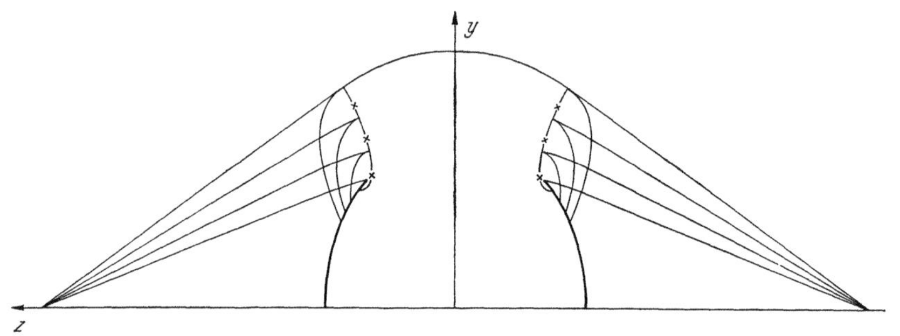

Abb. IV,17. Prandtl-Meyer-Expansion und Stoß an der Saugseite eines Delta-Flügels.

An der Saugseite eines Dreieckflügels liefert der zweite Summand von Gl. (89) wegen $\delta < 0$ positive Werte. Es kommt daher zu einer Faltung in der Strömungsebene. In der Umgebung von $t = 0$ tritt ein Verdichtungsstoß auf. Von den Vorderkanten breitet sich eine Prandtl-Meyer-Expansion aus. Damit ergibt sich das in Abb. 17 wiedergegebene Machlinienbild. Eingezeichnet sind die Schnitte der kegeligen Machflächen mit einer Ebene $x =$ konst. Solche kegelige Machflächen gibt es nur im kegelig-hyperbolischen Gebiet. In der akustischen Theorie, Abschn. III,11, ergeben sich die Machlinien als Tangenten an den Machkreis, Abb. III,15. In der vorliegenden Näherung kann die von der Vorderkante ausgehende Prandtl-Meyer-Expansion genau angegeben werden sowie auch einige andere Größen in ausreichender Näherung wie etwa der Fußpunkt der Verdichtungsstöße. Über den Beginn des Stoßes im Strömungsfeld herrscht allerdings noch eine gewisse Unklarheit, [9], [11].

Abb. 18 zeigt die Kopfwelle eines Rhombuskegels nach [4]. Nicht anders sieht die Kopfwelle auf der Druckseite eines Dreieckflügels aus. Im unteren Bild ist der bisher behandelte Fall zu sehen. Wie die akustische Lösung weist die Kopfwelle an der Kante ein unter dem Einfluß des „schiebenden Flügels“ stehendes gerades Stück auf, dann folgt erst der gekrümmte Teil des Stoßes. Selbst bei schlanken Körpern zeigen sich aber noch deutliche Unterschiede in der Lage des Stoßes und in der Lage der eingefrorenen Machschen Wellen.

Der Grenzfall für die Beziehung (82) wird erreicht, wenn die Machlinie $t = 0$ mit der Vorderkante zusammenfällt, wenn also die Normalkomponente des Machvektors unmittelbar an der Kante $M_n = 1$ ist. Dies bedeutet, daß in Gl. (88)

$$(z \cot \alpha_\infty / x)_{t=0} = \cot \Lambda_0 \cot \alpha_\infty = \cot \Lambda \cot \alpha_\infty$$

zu setzen ist. Da es sich aber um ,,kleine Störungen`` handeln soll, darf dann der Koeffizient von A in Gl. (88) durch 1 ersetzt werden. Das führt mit $\delta = \tau$ und weiteren zulässigen Näherungen zur Beziehung:

$$[\cot^2 \Lambda \cot^2 \alpha_\infty - 1]^{3/2} = \tau \frac{\varkappa + 1}{2} \frac{M_\infty^4}{\sqrt{M_\infty^2 - 1}^3} = 2\pi K_B. \tag{90}$$

Für den Grenzfall des Verschwindens des schiebenden Anteiles, in [4] Fall 2, läßt sich also wieder eine Beziehung in der Form des Ähnlichkeitsgesetzes von

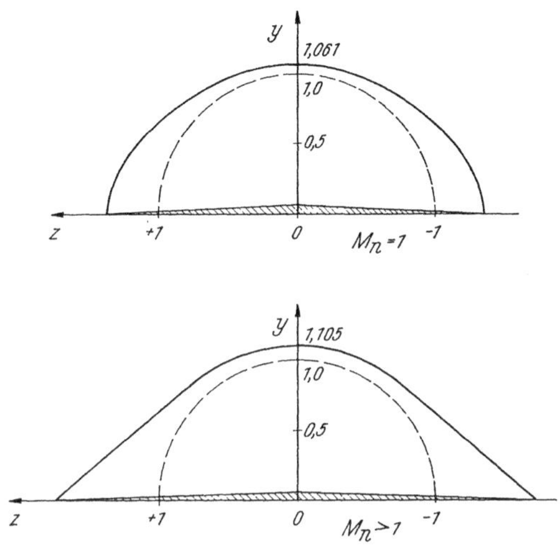

Abb. IV,18. Anliegender Stoß nach [4]. M_n: Normalkomponente am Kantenrand; --- eingefrorener Machkegel.

S. B. BERNDT [6] aufstellen. Es handelt sich in diesem Grenzfall um eine ,,Schallkante``, wenn man diese Bezeichnung nicht wie üblich auf den Anströmzustand, sondern auf den Abströmzustand unmittelbar hinter dem Stoß bezieht, Abb. 16 Mitte. Die Krümmung des Stoßes setzt in diesem Fall unmittelbar an der Vorderkante an, Abb. 18 oben.

Bei weiterer Erhöhung der Pfeilung des Flügels bei unveränderlichem Dickenverhältnis τ und gleichbleibender Machzahl der Anströmung kommt es nach SUN [4] noch keineswegs zu einer Kopfwellenablösung. Nur liegt dann in der Strömungsebene die Machlinie $t = 0$ vor der durch Λ_0 gegebenen Kante. Das bedeutet, daß Gl. (82) nun nicht mehr gilt; die Pfeilung des Flügels im Strömungsraum Λ wird nun geringer als jene im Charakteristikenraum Λ_0. SUN [4] findet für alle Überschallvorderkanten im Charakteristikenraum, Abb. 15, bis in die Nähe des Grenzfalles der Schallkante, nämlich

$$\cot \Lambda_0 \cot \alpha_\infty = 1,$$

vernünftige Lösungen im Strömungsraum. Es laufen in diesem Falle Machlinien vom Flügel zur Vorderkante hin, Abb. 16 rechts. Die Stoßkrümmung ist noch stärker als jene von Abb. 18 oben.

Im Grenzfall kann der Stoß schließlich senkrecht aus der Belegungsebene herausgehen. Es handelt sich dann um einen schiefen Stoß mit dem Kantenwinkel als Stoßfrontwinkel. In der Ebene $y = 0$ muß in diesem Fall die Kante und damit die Stoßfront die Winkelhalbierende der gleichlaufenden Machlinien sein, die aus der ungestörten Strömung bzw. vom Flügel her in die Stoßfront hineinlaufen.

Die Berechnung der Stoßfront sei auf die Kopfwelle am schiebenden Teil des Flügels und im Mittelschnitt $z_0 = 0$ beschränkt. Der Mittelschnitt interessiert vor allem im Zusammenhang mit dem Überschallknall, Abschn. 11. Dabei sei Gl. (82) als gültig angenommen. Die Pfeilung sei also kleiner oder höchstens gleich dem durch Gl. (90) angegebenen Grenzwert. Für den Mittelschnitt $z_0 = 0$ folgt für den behandelten Flügel nach einer unveröffentlichten Arbeit von Sun die Aufwindverteilung:

$$v_1(x_0, y_0, 0) = \frac{M_\infty}{\pi} \operatorname{arctg}\left(\cot\alpha_\infty \cot\Lambda_0 \sqrt{x_0^2/y_0^2 \cot^2\alpha_\infty - 1}\right).$$

Man überzeugt sich leicht, daß auf der Flügelfläche, $y_0 = 0$, die Randbedingung (80) erfüllt ist. In der Stoßumgebung gilt mit

$$x_0 = \xi + \lambda \cot\alpha_\infty; \qquad y_0 = \lambda; \qquad z_0 = 0 \tag{91}$$

für die Geschwindigkeitskomponenten die Beziehung:

$$-u_1 \cot\alpha_\infty = v_1 = \frac{M_\infty}{\pi} \operatorname{arctg}\left(2 \cot\Lambda_0 \cot\alpha_\infty \sqrt{\frac{\xi}{2\lambda \cot\alpha_\infty}}\right). \tag{92}$$

Dabei wird unter „Stoßumgebung" folgende Ungleichung verstanden:

$$\xi \ll \lambda \cot\alpha_\infty .$$

Für die anschließende Berechnung gilt für die Vektoren im ungestörten Feld:

$$\begin{aligned} &\vec{r}_0 = \{\xi + \lambda\cot\alpha_\infty, \lambda, 0\}; \qquad \vec{r}_{0\xi} = \{1, 0, 0\}; \\ &\vec{r}_{0\lambda} = \{\cot\alpha_\infty, 1, 0\}; \quad |\vec{r}_{0\lambda}| = M_\infty; \quad \vec{n}_0 = \{\sin\alpha_\infty, -\cos\alpha_\infty, 0\}. \end{aligned} \tag{93}$$

$\vec{n}_0$ folgt dabei direkt aus Gl. (15) für $\beta = 0$.

Aus Gl. (93) erhält man:

$$(\vec{r}_{0\xi}\, \vec{n}_0)/\sin\alpha_\infty = 1 .$$

Für kegelige Felder folgt dann die Stoßfrontgleichung (46) in der Form:

$$\frac{d\xi}{d\lambda} = \frac{\xi}{\lambda} = \frac{1}{2} \frac{H_\lambda}{1 - H_\xi} . \tag{94}$$

Im kegeligen Feld erübrigt sich also eine Integration. Dabei ist nach Gl. (45) und (92):

$$H(\xi, \lambda) = 2\delta\, S \cot\alpha_\infty \frac{1}{\pi} \int\limits_0^\lambda \operatorname{arctg}\left[2 \cot\alpha_\infty \cot\Lambda \sqrt{\frac{\xi}{2\bar{\lambda} \cot\alpha_\infty}}\right] d\bar{\lambda}.$$

Für das Folgende ist es zweckmäßig, für das Argument von Gl. (92) eine neue Variable einzuführen. Es sei:

$$t = 2 \cot\alpha_\infty \cot\Lambda \sqrt{\frac{\xi}{2\lambda \cot\alpha_\infty}}. \tag{95}$$

Auf elementarem Weg erhält man dann für die Ableitungen von H die Darstellungen:

$$\begin{aligned} H_\lambda &= \frac{2}{\pi}\, \delta\, S \cot\alpha_\infty \operatorname{arctg} t; \\ H_\xi &= \frac{4}{\pi}\, \delta\, S \cot^2\alpha_\infty \cot^2\Lambda \left(\frac{1}{t} - \frac{\pi}{2} + \operatorname{arctg} t\right). \end{aligned} \tag{96}$$

Die Stoßfrontgleichung (94) läßt sich nun mit Hilfe von Gl. (95) auf die Variable t allein zurückführen, wobei eine neue, auf das spezielle Problem zugeschnittene Kennzahl eingeführt sei:

$$K = \delta\, S \cot^2\alpha_\infty \cot^2\Lambda. \tag{97}$$

Mit Gl. (95) und (97) läßt sich dann die Stoßgleichung (94) wie folgt schreiben:

$$K[\operatorname{arctg} t + 2t - \pi t^2 + 2t^2 \operatorname{arctg} t] = \frac{\pi}{2}\, t^2. \tag{98}$$

Jedem Wert von K, der allein von M_∞ und von der Flügelform abhängt, läßt sich gemäß Gl. (98) ein Wert von t zuordnen. Mit Gl. (95) und (92) folgt daraus der Wert von $u_1 = \hat{u}_1$. Daraus folgt wieder mit Gl. (49) der Druckkoeffizient des Stoßes und mit Gl. (48) und $\beta = 0$ die Lage des Stoßes im Mittelschnitt.

Die Durchführung sei allerdings auf die beiden Grenzfälle $t \ll 1$ und $t \gg 1$ beschränkt, da die beiden Fälle allgemeinere Gültigkeit besitzen. Die Entwicklung in Gl. (98) sei dabei zur Begrenzung des Aufwandes auf das erste Glied beschränkt. Die Voraussetzung $t \ll 1$ führt mit Gl. (98), wie leicht einzusehen ist, zur Beziehung:

$$K = \frac{\pi}{6}\, t + \cdots. \tag{99}$$

Damit kann die dieser Gleichung zugrunde gelegte Voraussetzung direkt auf die Machzahl der Anströmung und die geometrischen Größen zurückgeführt werden. In diesem Abschnitt sei vor allem die Druckseite einer angestellten Platte betrachtet. Mit Gl. (80) ist der Störparameter dann gleich dem doppelten Anstellwinkel $\delta = 2\varepsilon$. Die der Beziehung (99) zugrunde liegende Voraussetzung erhält mit Gl. (97) die Form:

$$t = \frac{6}{\pi} K = \frac{12}{\pi} \varepsilon S(M_\infty) \cot^2 \alpha_\infty \cot^2 \Lambda \ll 1. \tag{100}$$

Diese Voraussetzung kann, wie man sich überzeugt, selbst bei mittleren Streckungen bei ausreichend kleinem Anstellwinkel ε noch erfüllt sein.

Im übrigen ist nur bei der Voraussetzung (100) für den Dreieckflügel mit Überschallvorderkante ein Separationsansatz gemäß Gl. (50) möglich. In allen anderen Fällen läßt sich nämlich in Gl. (92) die Funktion arctg nicht nach kleinen Werten des Argumentes entwickeln, was einen Separationsansatz ausschließt.

Mit Gl. (95) (100) folgt aus Gl. (92) für die Störung hinter dem Stoß:

$$\hat{u}_1 \cot \alpha_\infty = -\frac{M_\infty}{\pi} t = -\frac{12}{\pi^2} M_\infty \varepsilon S \cot^2 \alpha_\infty \cot^2 \Lambda.$$

Mit Gl. (49) folgt dann weiter für die Druckstörung im Stoß:

$$\begin{aligned} \frac{p - p_\infty}{p_\infty} &= \frac{24}{\pi^2} \varepsilon^2 \varkappa M_\infty^2 S \cot \alpha_\infty \cot^2 \Lambda \\ &= \frac{6}{\pi^2} \varepsilon^2 \varkappa (\varkappa + 1) \frac{M_\infty^2}{\cot^2 \alpha_\infty} \cot^2 \Lambda. \end{aligned} \tag{101}$$

Ein Vergleich mit dem Ergebnis für die Kopfwelle eines Kreiskegels, [·13], Gl. (IX,246) und Gl. (IX,199), zeigt, daß folgende Ausdrücke einander gegenüberstehen

$$\text{Kreiskegel: } \delta^{+2} = \operatorname{tg}^4 \vartheta_0 \, \pi^2; \qquad \text{Flügel: } 4\varepsilon^2 \cot^2 \Lambda = \tau^2 \cot^2 \Lambda.$$

Für einen Vergleich zieht man anstelle der angestellten Platte besser den Rhombuskegel vom Dickenverhältnis τ heran. Für die Druckstörung im Mittelschnitt des Flügels, $z = 0$, steht also dem Querschnitt des Rhombuskegels von der Länge 1, das ist $\tau \cot \Lambda$, der Querschnitt des Kreiskegels der Länge 1, das ist $\operatorname{tg}^2 \vartheta_0 \, \pi$, gegenüber. Im Mittelschnitt verursacht der Dreiecksflügel mit Überschallvorderkante unter der Voraussetzung (100) also dieselbe Stoßstärke wie sein äquivalenter Rotationskörper, ein Ergebnis, das eigentlich nicht zu erwarten war.

Die Stoßneigung folgt aus Gl. (48) mit $\beta = 0$:

$$\frac{y \cot \alpha_\infty}{x} - 1 = \frac{24}{\pi^2} \varepsilon^2 S^2 \cot^2 \alpha_\infty \cot^2 \Lambda = \frac{3}{2\pi^2} (\varkappa + 1)^2 \varepsilon^2 \frac{M_\infty^8}{\cot^4 \alpha_\infty} \cot^2 \Lambda. \tag{102}$$

Für den zweiten Grenzfall, das ist $t \gg 1$, folgt aus Gl. (98) nach entsprechender Entwicklung des Klammerausdruckes:

$$K = t^2 + \cdots. \tag{103}$$

Die Voraussetzung für diese Näherung ist also mit Gl. (97):

$$t = \sqrt{K} = \sqrt{2\varepsilon S} \cot \alpha_\infty \cot \Lambda \gg 1. \tag{104}$$

Da ε wegen der Voraussetzung kleiner Störungen klein sein muß, wird der Wurzelausdruck höchstens nahe dem Wert 1 liegen. Das heißt, der Machkegel muß im Verhältnis zum Flügel stark gepfeilt sein, $\operatorname{tg} \alpha_\infty \ll \cot \Lambda$. Die Ergebnisse gleichen sich dann jenen der ebenen Strömung, Abschn. IX,40 in [·13] an, wie noch kurz gezeigt wird.

Unter der Voraussetzung (104) ist die Geschwindigkeit im Mittelschnitt:

$$u_1 \cot \alpha_\infty = -M_\infty/2 = \hat{u}_1 \cot \alpha_\infty .$$

Wie sich noch herausstellen wird gilt dies im ganzen Störbereich. Daraus folgt dieselbe Stoßstärke wie bei ebener Strömung, mit $\delta = 2\varepsilon$ und Gl. (49) nämlich

$$\frac{p - p_\infty}{p_\infty} = \frac{\varkappa}{\cot \alpha_\infty} \varepsilon M_\infty^2 . \tag{105}$$

Aus Gl. (48) folgt die Stoßlage

$$\frac{y \cot \alpha_\infty}{x} - 1 = \varepsilon \frac{\varkappa + 1}{4} \frac{M_\infty^4}{\cot^3 \alpha_\infty} = \varepsilon\, S(M_\infty), \tag{106}$$

selbstverständlich wieder in Übereinstimmung mit dem Fall ebener Strömung.

Abschließend seien noch die Zustände am *schiebenden* Teil des Flügels betrachtet. Dabei kann jene Stelle gewählt werden, wo der ungestörte Machkegel der Spitze die von der Vorderkante ausgehende ebene Machwellenfront gerade berührt. Er ist durch den Winkel β gemäß Gl. (16) gegeben:

$$\sin \beta = \operatorname{tg} \Lambda \operatorname{tg} \alpha_\infty . \tag{107}$$

Da die durch diesen Winkel β gegebene Bicharakteristik von der Flügelspitze ausgeht, können alle einschlägigen Formeln unverändert verwendet werden.

Die konstante Störung am schiebenden Teil folgt aus dem ersten Summanden in den eckigen Klammern von Gl. (84), das ist die Stelle $t = 0$. Mit Gl. (80) und (82) gilt:

$$u_1 \cot \alpha_\infty = -\frac{M_\infty}{2} \frac{\cot \Lambda \cot \alpha_\infty}{\sqrt{\cot^2 \Lambda \cot^2 \alpha_\infty - 1}} . \tag{108}$$

Dieser Wert gilt auf der Oberfläche des schiebenden Teils genauso wie hinter der Stoßfront. Für den Grenzfall $\operatorname{ctg}^2 \alpha \cot^2 \Lambda \gg 1$, also für verschwindende Pfeilung, gehen die Beziehung wie auch alle folgenden Formeln in jene der ebenen Strömung am Keil über. Der Unterschied zwischen dem schiebenden Teil und der Strömung innerhalb des Machkegels fällt dann fort, obwohl die akustische Theorie an der Wellenfront des Machkegels die Störung Null, an der ebenen Wellenfront des schiebenden Teils vor der Überschallvorderkante dagegen eine Störung gemäß Gl. (108) liefert.

Aus dieser Gleichung folgt mit Gl. (49) und $\delta = 2\varepsilon$ sofort die Druckstörung im entsprechenden Stoßteil:

$$\frac{p - p_\infty}{p_\infty} = K \frac{\varepsilon}{\cot \alpha_\infty} M_\infty^2 \frac{\cot \Lambda \cot \alpha_\infty}{\sqrt{\cot^2 \Lambda \cot^2 \alpha_\infty - 1}} . \tag{109}$$

Die Neigung der Stoßfront folgt aus Gl. (48) mit Gl. (108) für den durch Gl. (107) gegebenen Winkel:

$$\frac{y \cos \beta + z \sin \beta}{x} \cot \alpha_\infty - 1 = \varepsilon\, S \frac{\cot \Lambda \cot \alpha_\infty}{\sqrt{\cot^2 \Lambda \cot^2 \alpha_\infty - 1}}. \tag{110}$$

Die Werte für den schiebenden Teil gelten für alle Überschallvorderkanten, nicht nur etwa für die beiden Extremfälle gemäß Gl. (100) und Gl. (104), für die die Rechnung im Mittelschnitt durchgeführt wurde.

9. Flügel mit Kantenumströmung

Eine formale Übertragung der bisher entwickelten Methode auf tragende Flächen mit umströmten Kanten führt auf gewisse Schwierigkeiten, wie folgende Überlegungen zeigen: Es handle sich beispielsweise um einen tragenden Dreiecksflügel mit zwei Unterschallvorderkanten, wie er im Rahmen der akustischen Theorie Abschn. III,13 behandelt wurde. Das Bild des Flügels im Charakteristikenraum wäre dann durch Abb. 11 gegeben. Die Machlinien in der Belegungsebene dieses Flügels, $y = y_0 = 0$, haben im Aufwindgebiet vor den Unterschallvorderkanten die Richtung der eingefrorenen Machlinien, wenn von einem Einfluß des Aufwindes dort auf die Machlinienrichtung abgesehen wird, denn im Aufwindgebiet gilt $u_1(x, 0, z) = w_1(x, 0, z) = 0$. Auf der Druck- und Saugseite des Flügels begegnet man dagegen völlig unterschiedlichen Machlinienrichtungen, da u_1 und w_1 auf der Oberseite entgegengesetztes Vorzeichen aufweisen wie auf der Unterseite. Die Machlinien trennen sich also an der Vorderkante und treffen nach Überqueren des Flügels im zweiten Aufwindfeld nicht mehr zusammen. Das hat aber zur Folge, daß die Ober- und Unterseite nicht mehr ohne weiteres gemeinsam dargestellt werden können. Die Lösung des Strömungsproblemes kann nicht mehr durch eine einfache Übertragung der akustischen Lösung in den Charakteristikenraum erfolgen.

Da die Lösung dieser Schwierigkeit den Rahmen dieses Buches sprengen würde, sei im folgenden auf eine Erweiterung der Methode verzichtet. Es seien nur zwei wichtige Ergebnisse analysiert, was auf Grund des bisher gewonnenen Einblickes keine wesentlichen Schwierigkeiten bietet.

Als erstes sei die Strömung am Rande eines Rechteckflügels betrachtet, also die Erweiterung des Beispieles vom Ende des Abschnittes III,16 auf nichtlineare Wellenausbreitung. Es handelt sich dabei überhaupt um die erste Lösung eines solchen Problems. Sie wurde von M. J. Lighthill mit der von ihm entwickelten Methode geliefert [10]. Abb. 19 zeigt das Stoßbild in einer Ebene $x =$ konst. Die angestellte Rechteckplatte erscheint als eine Gerade die unter dem mit einem Kreuz bezeichneten vorderen Platteneckpunkt 0 liegt. Dieser Punkt 0 ist das Zentrum des kegeligen Strömungsfeldes. Außerhalb des Einflußgebietes des Platteneckpunktes 0 handelt es sich um eine exakt bestimmbare ebene Strömung. Sie weist auf der Druckseite einen Verdichtungsstoß, auf der Saugseite eine durch zwei „Machlinien" begrenzte Prandtl-Meyer-Expansion auf. Der äußere Rand der Prandtl-Meyer-Expansion setzt sich in einem von 0 ausgehenden Machkegel fort.

Die Kopfwelle selbst fällt auf der Saugseite bis zur Ebene $y = 0$ mit dem vom Punkt 0 ausgehenden eingefrorenen Machkegel zusammen. Auf der Druckseite dagegen geht die Kopfwelle kontinuierlich mit zunehmender Entfernung von der Ebene $y = 0$ in eine Stoßwelle über, die schließlich an den Verdichtungsstoß des ebenen Teiles anschließt. Der „ebene Teil" wird auf der Druckseite durch eine kreisförmige Machlinie begrenzt. Nach den Ergebnissen des letzten Abschnittes steht es jedoch fest, daß die Geschwindigkeit auf der tragenden Fläche an der Grenze des

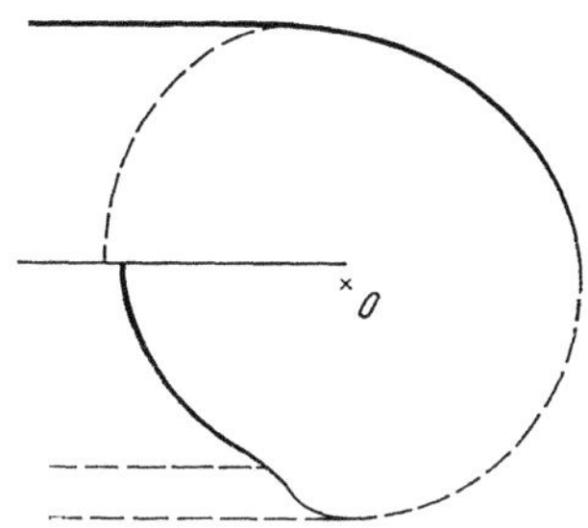

Abb. IV,19. Stoßverlauf am seitlichen Rand eines Rechteckflügels nach [10]; – – – Machflächenschnitte.

ebenen Strömungsfeldes nicht mit senkrechter Tangente abfällt, wie dies noch in Abb. III,27 der akustischen Theorie dargestellt ist, sondern mit einem endlichen Gradienten. Auf der Saugseite tritt am Rande des ebenen Strömungsfeldes ein Stoß auf, der im Gebiet der Prandtl-Meyer-Expansion entstanden ist. Eine genaue Darstellung in der Umgebung des Stoßbeginnes fehlt gegenwärtig noch. Der Stoßteil auf der Flügeloberfläche dagegen kann genauso wie der Stoß auf der Saugseite des tragenden Dreiecksflügels mit Überschallvorderkanten genau angegeben werden.

Abb. 20 zeigt das Feld kegeliger Machflächen an der Saugseite eines angestellten Deltaflügels mit schallnahen Unterschallvorderkanten. Solche kegelige Machflächen, die wieder im Schnitt $x =$ konst. als „Machlinien" erscheinen,

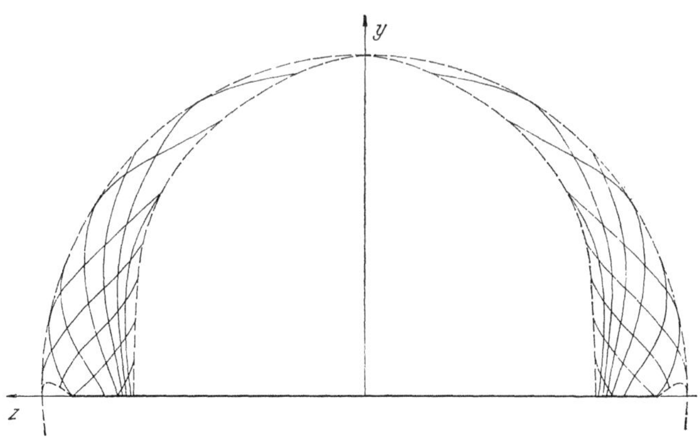

Abb. IV,20. Machflächenverlauf an der Saugseite eines Deltaflügels mit schallnaher Unterschallvorderkante nach [7].

treten gemäß der akustischen Theorie nur außerhalb des eingefrorenen Machkegels auf und erscheinen dort als Tangenten an den Machkreis. Wegen der hohen Störgeschwindigkeit bei der Umströmung der Vorderkanten dringt aber bei Berücksichtigung der nichtlinearen Ausbreitungsvorgänge das hyperbolische Gebiet auf der Saugseite auch in das Innere des eingefrorenen Machkegels ein. Sowohl die Übergeschwindigkeiten als auch die Strömungsrichtungen zur Flügelmitte wirken in diesem Sinne. Das Resultat von A. Frohn [7] zeigt dabei sehr deutliche Abweichungen von der akustischen Theorie.

Das Ergebnis ist recht bemerkenswert, weil entgegen der ursprünglichen Annahme die Saugseite nicht mehr die Druckseite zu beeinflussen vermag. Es können also auf der Saugseite gewisse Formänderungen vorgenommen werden, die sich auf der Druckseite gar nicht auswirken können, eine Erkenntnis, die auch gewisse Folgen für die Praxis haben dürfte.

10. Verallgemeinerte Prandtl-Meyer-Expansion

Der ebenen Prandtl-Meyer-Expansion begegnet man auch in räumlicher Strömung an geraden Kanten. Weist eine solche Kante einen konvexen Knick auf, Abb. 21, dann breitet sich von ihr ein Expansionsfächer aus, dessen ebener Charakter erst weiter draußen verlorengeht, sobald sich nämlich die Seitenkantenenden bemerkbar machen. Dies geschieht längs der von den Endpunkten ausgehenden Bicharakteristiken. Der Einfluß der Endlichkeit der Kanten ist für die Stoßausbreitung in großer Entfernung von wesentlicher Bedeutung. Ihm ist der nächste Abschnitt gewidmet. Im folgenden wird das Augenmerk auf die Vorgänge in der Umgebung der Kantenmitte gerichtet.

Von einer Pfeilung der Kanten, wie sie unter anderem in Abb. 21 gezeigt wird, sei im folgenden abgesehen. Sie kann verhältnismäßig einfach mittels des Pfeileffektes hergeleitet werden, wie dies schon im Zusammenhang mit Abb. 17 dargelegt wurde. Es sei nur auf die interessante Tatsache hingewiesen, daß das Ende

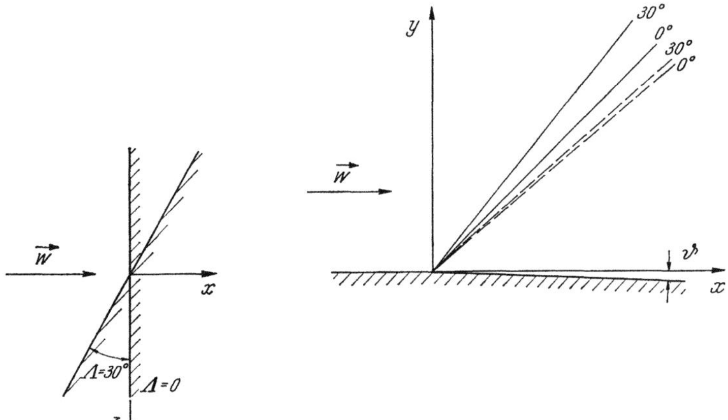

Abb. IV,21. Gerades Kantenstück mit konvexem Knick bei $M_\infty = \sqrt{2}$ nach [2].

der Prandtl-Meyer-Expansion, im Beispiel von Abb. 21 gestrichelt, für verschiedene Pfeilungen praktisch dasselbe ist.

Im vorliegenden Abschnitt sei eine Verallgemeinerung der Expansion durch eine Krümmung der Hinterkante vorgenommen. Der Kantenkrümmungsradius sei R. Die Krümmung sei bei positivem R stromabwärts gerichtet.

Die akustische Wellenfront einer solchen Kante wurde bereits in Abschn. 3 hergeleitet. Ihre Parameterdarstellung, die der Abb. 6 zugrunde liegt, kann von dort übernommen werden. Da im folgenden jedoch Störtheorie getrieben wird, handelt es sich bei der akustischen Wellenfront um die mit dem Index 0 zu versehende ungestörte Front, die bei Parallelanströmung auch den Beginn der Prandtl-Meyer-Expansion darstellt:

$$\begin{gathered} x_0(\varrho, \lambda) = \varrho^2/2R + \lambda \cot \alpha_\infty; \\ y_0(\varrho, \lambda) = \sqrt{1 - \varrho^2 \operatorname{tg}^2 \alpha_\infty/R^2}\, \lambda; \qquad z_0(\varrho, \lambda) = \varrho + \varrho\lambda \operatorname{tg} \alpha_\infty/R. \end{gathered} \tag{111}$$

Da später noch der Normalenvektor $\vec{n}_0$ der akustischen Wellenfront gebraucht wird, sei mit der Ermittlung des Bicharakteristikenvektors der akustischen Wellenfront begonnen. Aus der Parameterdarstellung (111) der Fläche folgt

$$\vec{r}_{0\lambda} = \left\{\cot \alpha_\infty, \quad \sqrt{1 - \varrho^2 \operatorname{tg}^2 \alpha_\infty/R^2}, \quad \varrho \operatorname{tg} \alpha_\infty/R\right\}; \quad |\vec{r}_{0\lambda}| = M_\infty.$$

Mit Gl. (5) folgen daraus weiter die Komponenten des Bicharakteristikenvektors:

$$\vec{b}_0 = \left\{\cos \alpha_\infty, \quad \sin \alpha_\infty \sqrt{1 - \varrho^2 \operatorname{tg}^2 \alpha_\infty/R^2}, \quad \sin \alpha_\infty \operatorname{tg} \alpha_\infty \varrho/R\right\}.$$

Der Normalenvektor $\vec{n}_0$ folgt dann aus Gl. (8), wobei der ungestörte Machvektor der Parallelanströmung zu verwenden ist:

$$\vec{M}_\infty = \{M_\infty, 0, 0\}.$$

Damit gilt für den Normalenvektor der akustischen Wellenfront:

$$\vec{n}_0 = \left\{\sin \alpha_\infty, \quad -\cos \alpha_\infty \sqrt{1 - \operatorname{tg}^2 \alpha_\infty \varrho^2/R^2}, \quad -\sin \alpha_\infty \varrho/R\right\}. \tag{112}$$

Man bestätigt leicht, daß es sich um einen Einheitsvektor handelt, der für die gerade Kante, $R \to \infty$, besonders einfache Komponenten aufweist.

Zur Ermittlung des Bicharakteristikenverlaufes mittels der Gl. (40) bedarf es der Bestimmung der Störkomponenten an beiden Ufern der akustischen Wellenfront. Ist die Strömung bereits vor der Wellenfront gestört, indem es sich beispielsweise um die Prandtl-Meyer-Expansion an der gekrümmten Hinterkante eines Flügels handelt, dann ist die Expansionsströmung in die übrige Strömung einzubetten, wie das schon von der ebenen Strömung her bekannt ist, vgl. etwa [·13], Abb. IX,65. Auch die achsensymmetrische Strömung liefert dafür Beispiele, vgl. [·13], Abb. IX,115. Die bereits vorhandene Störung überlagert sich dann mit der Expansionsströmung ohne deren Charakter wesentlich zu beeinflussen. Wie auch bei der ebenen wird bei der verallgemeinerten Prandtl-Meyer-Expansion durchaus das Wesentliche bereits erfaßt, wenn vor der Expansion Parallelströmung angenommen wird. Diese Voraussetzung soll daher im folgenden getroffen werden.

Durch einen Knick an einer Überschallkante entsteht in der von dort ausgehenden Welle im Rahmen der akustischen Theorie ein Sprung in den Geschwindigkeitskomponenten, und zwar bei der Expansionskante eine sprunghafte Geschwindigkeitszunahme, also ein „Verdünnungsstoß", wie ihn beispielsweise die Ackeret-Lösung bei der ebenen Strömung entlang einer von einem konvexen Knick ausgehenden Machlinie aufweist.

Die Störkomponenten am stromabwärts gelegenen Ufer der Welle könnten grundsätzlich mit Hilfe des Integrales Gl. (III,43) ermittelt werden, indem das Potential und seine Ableitungen zunächst für Punkte hinter der Wellenfront bestimmt werden und der Punkt sodann an das stromabwärts gelegene Ufer der Wellenfront herangerückt wird. Dieser Vorgang erweist sich jedoch in der Durchführung als ziemlich kompliziert. Es sei daher ein anderer von H. Behrbohm [12] gewiesener Weg beschritten, auf dem man die Sprünge der Komponenten der Wellenfront verhältnismäßig einfach ermitteln kann.

In den Wellenfronten müssen die Komponenten einer „Verträglichkeitsbedingung" genügen: Die Differentialgleichungen auf innere Variable, im vorliegenden Fall etwa auf λ und ϱ transformiert, dürfen keine nach außen führende Ableitungen mehr aufweisen. Es handelt sich dabei um eine Verallgemeinerung der Verträglichkeitsbedingungen bei zwei unabhängigen Veränderlichen, wo nach Transformation der Differentialgleichungen auf Machlinien nur mehr die innere Ableitung auftritt, vgl. [•13], Abschn. IX,17.

Für den Mittelschnitt $z = 0$ ist die Verträglichkeitsbedingung der akustischen Näherung schnell zu ermitteln. Gl. (III,1) kann in Komponenten wie folgt geschrieben werden:

$$-\cot^2\alpha_\infty \frac{\partial u_1}{\partial x} + \frac{\partial v_1}{\partial y} + \frac{\partial w_1}{\partial z} = 0; \qquad \Big|\; +1$$

$$\frac{\partial u_1}{\partial y} - \frac{\partial v_1}{\partial x} = 0. \qquad \Big|\; -\cot\alpha_\infty$$

Werden die beiden Gleichungen nun mit den Faktoren rechts multipliziert und addiert, so folgt die Linearkombination:

$$-\left[\cot\alpha_\infty \frac{\partial(\cot\alpha_\infty u_1)}{\partial x} + \frac{\partial(\cot\alpha_\infty u_1)}{\partial y}\right] + \cot\alpha_\infty \frac{\partial v_1}{\partial x} + \frac{\partial v_1}{\partial y} + \frac{\partial w_1}{\partial z} = 0.$$

Nun gilt auf der Charakteristikenfläche (111) zufolge der Kettenregel der Differentiation:

$$\frac{\partial}{\partial\lambda} = \cot\alpha_\infty \frac{\partial}{\partial x} + \sqrt{1 - \operatorname{tg}^2\alpha_\infty \frac{\varrho^2}{R^2}}\, \frac{\partial}{\partial y} + \operatorname{tg}\alpha_\infty \frac{\varrho}{R} \frac{\partial}{\partial z};$$

$$\frac{\partial}{\partial\varrho} = \frac{\varrho}{R}\frac{\partial}{\partial x} - \frac{\operatorname{tg}^2\alpha_\infty \lambda\varrho/R^2}{\sqrt{1 - \operatorname{tg}^2\alpha_\infty \varrho^2/R^2}} \frac{\partial}{\partial y} + (1 + \operatorname{tg}\alpha_\infty \lambda/R) \frac{\partial}{\partial z}.$$

Für den Mittelschnitt $z = 0$ oder $\varrho = 0$ folgt daraus

$$\frac{\partial}{\partial\lambda} = \cot\alpha_\infty \frac{\partial}{\partial x} + \frac{\partial}{\partial y}; \qquad \frac{\partial}{\partial\varrho} = (1 + \operatorname{tg}\alpha_\infty \lambda/R)\frac{\partial}{\partial z},$$

und mittels der letzten Komponentengleichung endlich die „Verträglichkeitsbedingung“ im Mittelschnitt:

$$-\cot\alpha_\infty \frac{\partial u_1}{\partial \lambda} + \frac{\partial v_1}{\partial \lambda} + \frac{1}{1 + \operatorname{tg} \alpha_\infty \lambda / R} \frac{\partial w_1}{\partial \varrho} = 0. \tag{113}$$

In den ersten beiden Summanden sind die in der ebenen akustischen Theorie allein auftretenden Glieder zu erkennen. Der dritte Summand entspricht bei achsensymmetrischer Strömung dem inhomogenen Beitrag, wie sich dies im folgenden noch deutlich zeigen wird.

In der Wellenfront dürfen die Tangentialkomponenten der Geschwindigkeit ebensowenig wie in der Front einer Stoßwelle einen Sprung machen. Das geht allein schon daraus hervor, daß das Geschwindigkeitspotential in der Wellenfront keinen Sprung aufweist; dies gilt damit auch für alle Tangentialableitungen des Geschwindigkeitspotentials. Das bedeutet aber, daß der Störvektor der Geschwindigkeit in die Richtung der Flächennormale weisen muß. Mit Gl. (105) muß also folgende Beziehung gelten:

$$u_1 : v_1 : w_1 = 1 : -\sqrt{\cot^2 \alpha_\infty - \varrho^2/R^2} : -\varrho/R. \tag{114}$$

Daraus folgt aber sofort für den Mittelschnitt, $\varrho = 0$:

$$u_1 = -v_1 \operatorname{tg} \alpha_\infty; \qquad w_1 = 0; \qquad w_{1_\varrho} = v_1 \operatorname{tg} \alpha_\infty / R. \tag{115}$$

Die erste der Gln. (115) entspricht der Ackeret-Beziehung. Ihr begegnet man hier wie schon früher im Rahmen der Theorie kleiner Störungen in Faltungen und im Sprunggebiet. Die letzte Gl. (115) ist mit einer entsprechenden Beziehung bei achsensymmetrischer Strömung eng verwandt, vgl. [•13], Gl. (VI,7).

Die Beziehungen (115), in die Verträglichkeitsbeziehung (113) eingesetzt, führen zu folgender Differentialgleichung auf $\varrho = 0$:

$$2 \frac{\partial v_1}{\partial \lambda} + \frac{v_1}{R \cot \alpha_\infty + \lambda} = 0. \tag{116}$$

Mit der Anfangsbedingung auf $\varrho = 0$

$$y = 0, \quad \lambda = 0, \quad v_1(\lambda, 0) = v_1(0, 0)$$

folgt aus Gl. (116) und (115) schließlich die akustische Lösung:

$$v_1(\lambda, 0) = -u_1 \cot \alpha_\infty \frac{v_1(0, 0)}{\sqrt{1 + \lambda \operatorname{tg} \alpha_\infty / R}}. \tag{117}$$

Man erkennt sofort, daß bei verschwindender Kantenkrümmung $R \to \infty$ kein Abklingen der Störung mit λ stattfindet.

Bei $R \neq 0$ erfolgt das Abklingen dagegen genauso wie bei achsensymmetrischer Strömung. Die entsprechende Beziehung in [•13], Gl. (IX,49), in die vorliegenden Symbole übertragen, lautet:

$$-u_1 \cot \alpha_\infty = v_1 = v_1(x, h) \sqrt{h/r}.$$

Dabei ist h der Radius des Kreiszylinders und r der Achsenabstand. Er steht mit $\lambda = y$ der vorausgegangenen Rechnung in folgendem Zusammenhang:

$$y = \lambda = r - h.$$

Die Ebene $y = 0$, in der die Kante liegt, entspricht der Tangentialebene $y = h$ an den Kreiszylinder, die Kante selbst der Schnittkurve dieser Ebene mit jenem achsensymmetrischen Machkegel, der den Zylinder an der Knickstelle $r = h$ erreicht, Abb. 22. Diese Schnittkurve ist eine Hyperbel, deren Scheitelkrümmungsradius R sich aus dem Zylinderradius h, wie folgt, ergibt:

$$R = h \cdot \operatorname{tg} \alpha_\infty .$$

Das Abklingen der Störung, die von einem Knick einer gekrümmten Kante hervorgerufen wird, ist also im Mittelschnitt identisch mit dem Abklingen der Störung die vom Knick eines Kreiszylinders ausgeht. Unterschiedliche Krümmungsradien R der Kante entsprechen einfach unterschiedlichen Zylinderdurchmessern h.

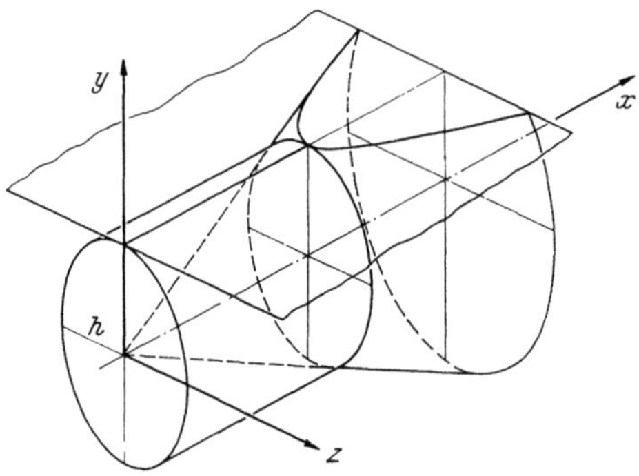

Abb. IV,22. Schnitt des Machkegels mit der Tangentialebene des Kreiszylinders.

Damit wird auch verständlich, daß im Nenner der Abklingfunktion für alle Krümmungsradien R eine Quadratwurzel auftritt.

Für die Ermittlung der Bicharakteristiken im Schnitt $\varrho = 0$ am stromabwärts gelegenen Ufer der akustischen Wellenfront ist Gl. (40) heranzuziehen. Die dort mit dem Index 0 versehenen Größen sind bereits berechnet. Aus Gl. (112) und den vorangegangenen Gleichungen folgt auf $\varrho = 0$:

$$\vec{n}_0 = \{\sin \alpha_\infty, -\cos \alpha_\infty, 0\}; \qquad |\vec{r}_{0\lambda}| = M_\infty .$$

Wie beim Verdichtungsstoß kann auch beim Verdünnungsfächer Gl. (44) herangezogen werden. Mit Gl. (117) gilt also:

$$\vec{M}_1 \vec{n}_0 = \frac{\varkappa + 1}{2} M_\infty u_1 = -\frac{\varkappa + 1}{2} \frac{M_\infty}{\cot \alpha_\infty} \frac{v_1(0, 0)}{\sqrt{1 + \lambda \operatorname{tg} \alpha_\infty / R}} .$$

Zusammen mit der vorletzten Gleichung folgt dann durch Integration von Gl. (40):

$$x_1 - y_1 \cot \alpha_\infty = -\operatorname{tg} \vartheta(0)\, 4S \cot^2 \alpha_\infty R \left[\sqrt{1 + \lambda \operatorname{tg} \alpha_\infty / R} - 1\right].$$

Dabei wurde mit Gl. (80) gesetzt:

$$v_1(0, 0) = M_\infty/2; \qquad \delta = 2 \operatorname{tg} \vartheta(0).$$

$\vartheta(0)$ ist der Strömungswinkel auf $y = y_0$ unmittelbar hinter der Kante. Er ist bei dem angenommenen konvexen Knick negativ.

Da die Integrationslänge quer über den Sprung verschwindet, gilt mit Gl. (40) und der die Sprungfront überschneidenden Machfläche mit der Normalen $\vec{n}_0 = \{\sin \alpha_\infty, \cos \alpha_\infty, 0\}$:

$$x_1 + y_1 \cot \alpha_\infty = 0.$$

Damit gewinnt man nach kurzer Zwischenrechnung die Parameterdarstellung für die Bicharakteristik $\varrho = 0$ am stromabwärts gelegenen Ufer:

$$\begin{aligned} x &= \lambda \cot \alpha_\infty - \operatorname{tg} \vartheta(0)\, 2S \cot^2 \alpha_\infty R \left[\sqrt{1 + \lambda \operatorname{tg} \alpha_\infty/R} - 1\right]; \\ y \cot \alpha_\infty &= \lambda \cot \alpha_\infty + \operatorname{tg} \vartheta(0)\, 2S \cot^2 \alpha_\infty R \left[\sqrt{1 + \lambda \operatorname{tg} \alpha_\infty/R} - 1\right]. \end{aligned} \tag{118}$$

Man überzeugt sich leicht, daß man für den Grenzfall der geraden Kante, $R \to \infty$, die ebene Prandtl-Meyer-Expansion erhält.

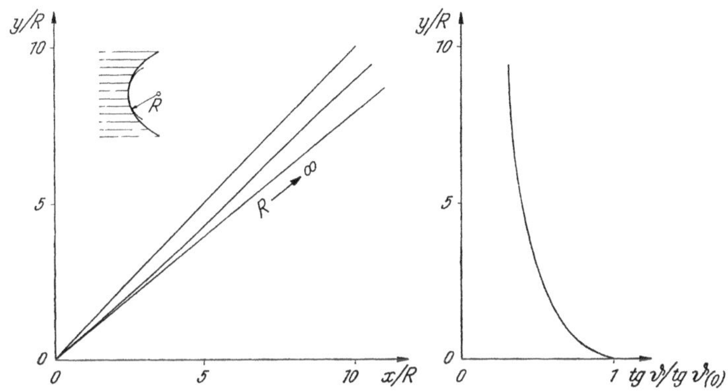

Abb. IV,23. Prandtl-Meyer-Expansion im Mittelschnitt einer gekrümmten Kante. $M_\infty = \sqrt{2}$; $\operatorname{tg} \vartheta_0 = -0{,}05$; $x = 1{,}40$.

Ein Spezialfall des Ergebnisses (118) ist in Abb. 23 wiedergegeben. Die Bicharakteristik verläuft in einem weiten unteren Teil entlang der ebenen Prandtl-Meyer-Expansion, $R \to \infty$, obwohl die Störung $\operatorname{tg} \vartheta/\operatorname{tg} \vartheta(0)$ bereits beträchtlich abgenommen hat. Die akustische Prandtl-Meyer-Expansion, also der Verdünnungssprung, läßt sich in beliebig viele Teilsprünge auflösen, indem $\vartheta(0)$ in kleinere Sprünge des Strömungswinkels unterteilt wird. Jeder solche Teil von $\vartheta(0)$ entspricht dann einem bestimmten Wert von ξ. Damit läßt sich eine beliebige Zahl von Bicharakteristiken in den Fächer einfügen.

11. Charakteristiken-Grenzfläche der ebenen Prandtl-Meyer-Expansion

Die Frage der seitlichen Begrenzung einer ebenen Prandtl-Meyer-Expansion zufolge der endlichen Erstreckung $2b$ der Expansionskante wurde in jüngster Zeit von Hendriks [13] erfolgreich bearbeitet. Das Problem soll wegen seiner allgemeinen Bedeutung im folgenden kurz auf analytischem Wege nach A. Kluwick [14] behandelt werden.

Der erste seitliche Einbruch von den Flügelenden erfolgt auf eine *Charakteristiken-Grenzfläche*, die gerade noch in der ungestörten Prandtl-Meyer-Expansion eingebettet ist. Wird von einer reinen ebenen Prandtl-Meyer-Expansion ausgegangen, so muß es demnach neben den „trivialen" ebenen Machflächen noch andere Machflächen geben, nämlich solche, die den ersten Einbruch begrenzen.

Die Charakteristikenfläche gemäß Gl. (1) ist dann eine Lösung der Gl. (3a), deren Koeffizienten jedoch ihrerseits der ebenen Prandtl-Meyer-Expansion zu genügen haben. Es ist also $w = 0$ und u, v, c nur Funktion von

$$t = y \cot \alpha_\infty / x. \tag{119}$$

Damit lautet die Charakteristikengleichung:

$$(u^2 - c^2)\, \xi_x^2 + (v^2 - c^2)\, \xi_y^2 - c^2 \xi_z^2 + 2uv\xi_y\xi_x = 0.$$

Diese ist im Rahmen des gestellten Problems noch exakt. Wird jedoch, wie im folgenden, nur eine schwache Expansion angenommen, so kann die letzte Gleichung in erster Näherung nach Division durch c^2 wie folgt geschrieben werden:

$$(M^2 - 1)\, \xi_x^2 - \xi_y^2 - \xi_z^2 + 2M_\infty^2 \frac{v}{u_\infty} \xi_x\xi_y = 0. \tag{120}$$

Die zugehörige Monge-Gleichung lautet gemäß Gl. (9a):

$$-x_\lambda^2 + (M^2 - 1)\, y_\lambda^2 + (M^2 - 1)\, z_\lambda^2 - 2M_\infty \frac{v}{u_\infty} x_\lambda y_\lambda = 0.$$

In beiden letzten Gleichungen ist M die lokale Machzahl und v/u_∞ im Rahmen der Näherung die Stromlinienneigung. Letztere ist negativ, da von einer Parallelströmung in x-Richtung als ungestörter Strömung ausgegangen wird:

$$\vec{M}_\infty = \{M_\infty, 0, 0\}.$$

Aus der Monge-Gleichung folgt unter anderem die Form der lokalen Machkegel. Sie ist wie der Strömungszustand nur Funktion von t, Gl. (119).

Gl. (120) sowie die darunterstehende Monge-Gleichung enthalten natürlich auch die triviale Lösung, nämlich $\xi_z = 0$, $z_\lambda = 0$. Für diese folgt aus der Monge-Gleichung — am kürzesten, wenn $\lambda = x$ gesetzt wird:

$$-1 + (M^2 - 1)\left(\frac{y}{x}\right)^2 - 2M_\infty \frac{v}{u_\infty} \frac{y}{x} = 0. \tag{121}$$

Nach A. Kluwick [14] bietet sich neben der trivialen Lösung von Gl. (120) auch folgende analytische Lösung an, die noch zu verifizieren sein wird:

$$\xi = \frac{z^2}{t - t_0} + y^2. \tag{122}$$

Dabei wird angenommen, daß die Kante der Expansion mit der z-Achse zusammenfällt und der Ursprung sich in Kantenmitte befindet, Abb. 24. Der Punkt, in dem sich das Kantenende, $z = \pm b$, gerade bemerkbar macht, ist mit dem Index $P_0(x_0, y_0, 0)$ bezeichnet. Er liegt auf der Geraden $t = t_0$, $z = 0$. Sie ist nicht nur Bicharakteristik der trivialen Machebene $y/x = y_0/x_0$, sondern auch der Machfläche gemäß Gl. (122), wie sich noch zeigen wird.

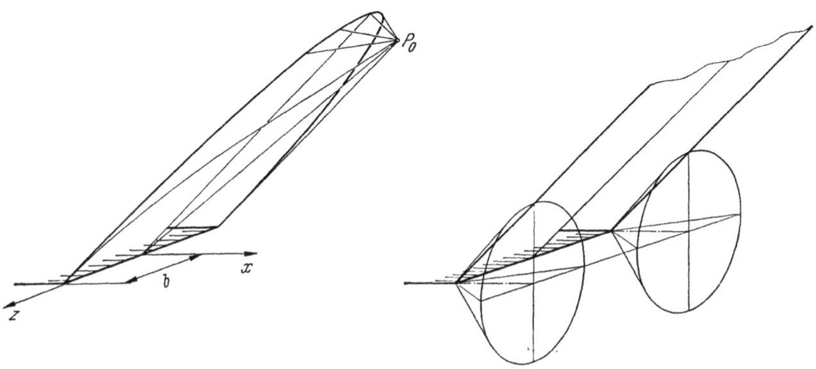

Abb. IV,24. Bereich der ebenen Expansion an einer endlichen Kante (links) und akustische Näherung (rechts).

Die Fläche (122) kann als Einhüllende des örtlichen Machkegels in der Umgebung des Punktes P_0 als kegelig angenommen werden. Sie kann dann aber nur durch den Punkt P_0 gehen, wenn $\xi = y_0^2$ gilt. Damit liegt folgende Darstellung der Machfläche vor:

$$z^2 = (y_0^2 - y^2)\,(t - t_0). \tag{123}$$

Man beachte, daß überall $0 \leqq y \leqq y_0$ und $t_0 \leqq t \leqq 1$ gilt. Außerdem ist voraussetzungsgemäß $t - t_0 \ll 1$.

Zunächst sei die Lösung verifiziert. Man erhält nach elementarer Umrechnung:

$$\xi_x = \frac{y_0^2 - y^2}{t - t_0}\,\frac{t}{x}; \qquad \xi_y = \frac{y_0^2 - y^2}{t - t_0}\,\frac{t}{y}\left[-1 + 2\,\frac{t - t_0}{y_0^2 - y^2}\,\frac{y^2}{t}\right];$$

$$\xi_z = 2\sqrt{\frac{y_0^2 - y^2}{t - t_0}}.$$

Werden die Komponenten von grad ξ in Gl. (120) eingesetzt, so ergibt sich nach Division durch einen gemeinsamen Faktor folgende Gleichung:

$$(M^2 - 1)\frac{y^2}{x^2} - 2M_\infty \frac{v}{u_\infty}\frac{y}{x} - 1 + 4\frac{y^2}{t^2}\frac{t - t_0}{y_0^2 - y^2}\left[t - 1 + 2M_\infty \frac{v}{u_\infty} t \frac{y}{x}\right]$$
$$- 4\frac{y^4}{t^2}\left(\frac{t - t_0}{y_0^2 - y^2}\right)^2 = 0.$$

Die ersten drei Summanden kompensieren sich zufolge von Gl. (121). Der Rest ist jedoch unter der Voraussetzung

$$\frac{t - t_0}{y_0^2 - y^2}\, y^2 \ll 1 \tag{124}$$

sehr klein. Dabei ist zu beachten, daß der Ausdruck in der eckigen Klammer voraussetzungsgemäß für sich klein ist.

Die Lösung (122) gilt also gemäß Gl. (124) bis auf eine enge Umgebung des Punktes P_0. Dort kann nämlich $y_0^2/y^2 - 1$ ebenso klein werden wie $t - t_0$. Wie sich im nächsten Abschnitt zeigen wird, interessieren nicht zuletzt sehr kleine Werte von $(1 - t_0)$. Das heißt, daß die Darstellung (123) bis ganz nahe an den Punkt P_0 heran gilt und damit für weite Schlüsse brauchbar erscheint.

Die charakteristische Grenzfläche trifft die Expansionskante im Punkt mit den Koordinaten $x = y = 0$, $z = \pm b$. Dort muß sie in die ungestörte Charakteristikenebene $t = y \cot \alpha_\infty / x = 1$ einmünden. Damit erhält man aus Gl. (123) folgende wichtige Beziehung zwischen der halben Länge der Prandtl-Meyer-Kante b und der Ordinate y_0 des Endpunktes der ebenen Expansion:

$$b^2 = y_0^2(1 - t_0). \tag{125}$$

Bei einer bestimmten Breite $2b$ der Expansionskante endet die ebene Expansion um so eher, und ist y_0 um so kleiner, je stärker die örtliche Auffächerung $(1 - t_0)$ ist.

Abb. 25 zeigt die Höhenlinien $y =$ konst. der Charakteristikenfläche (123). Die größten x-Werte werden auf der Geraden $t = t_0$, $z = 0$ erreicht. Diese Gerade ist im übrigen eine Bicharakteristik der Charakteristikenfläche, wie sich gleich noch

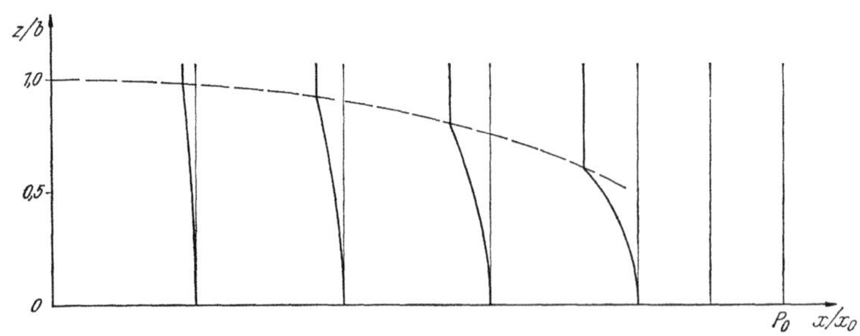

Abb. IV,25. Höhenlinien $y =$ konst. der Charakteristiken-Fläche gemäß [14]; – – – Störungsrand.

deutlicher zeigen wird. Die Höhenlinien sind parabelähnliche Kurven mit dem Scheitel auf $z = 0$. Die größten z-Werte werden bei einem festgehaltenen y auf der Ebene $t = 1$ erreicht, das ist der Expansionsbeginn. Daraus folgt als Begrenzungskurve für die reine ebene Expansion:

$$z^2 = (y_0^2 - y^2)(1 - t_0), \qquad y = x \cot \alpha_\infty .$$

Gl. (125) kann als Spezialfall der letzten Beziehung aufgefaßt werden.

Ein klares Bild der Fläche liefert der Normalenvektor $\vec{n}$ und der Bicharakteristikenvektor $\vec{b}$. Die Komponenten des ersteren erhält man mit Gl. (2) aus dem zuvor hergeleiteten Vektor grad ξ nach Zwischenrechnung:

$$\vec{n} = \left\{\frac{y}{x}\frac{1}{\sqrt{1 + y^2/x^2}};\ \frac{1}{\sqrt{1 + y^2/x^2}}\left[-1 + 2\frac{t - t_0}{y_0^2 - y^2}\,y^2\right];\right.$$

$$\left.\frac{2}{\sqrt{1 + y^2/x^2}}\sqrt{\frac{t - t_0}{y_0^2 - y^2}\,y^2}\right\}. \tag{126}$$

Die x-Komponente ist dieselbe wie jene der trivialen Lösung. Die y-Komponente weicht gemäß Gl. (124) von jener der trivialen Lösung um eine „kleine" Störung ab. Die z-Komponente dagegen ist für sich eine „kleine" Störung. In beiden Störgliedern konnte bei der Herleitung $t = 1$ gesetzt werden.

Wegen $y/x = \operatorname{tg}(\vartheta + \alpha)$ erhält man in der ebenen Prandtl-Meyer-Expansion für den Normalenvektor und den Bicharakteristikenvektor folgende Werte:

$$\vec{n} = \{\sin(\vartheta + \alpha), -\cos(\vartheta + \alpha), 0\};$$

$$\vec{b} = \{\cos(\vartheta + \alpha), \sin(\vartheta + \alpha), 0\}.$$

Der Machzahlvektor ist im übrigen auch für die charakteristische Grenzfläche

$$\vec{M} = \vec{w}/c = \{\cos\vartheta/\sin\alpha, \sin\vartheta/\sin\alpha, 0\}.$$

Man bestätigt leicht, daß die drei angeführten Vektoren der Gl. (8) genügen.

Der Normalenvektor und der Bicharakteristikenvektor seien für die folgende Darstellung gemäß Abschn. 4 in einen ungestörten und in einen gestörten Anteil aufgespalten, $\vec{n} = \vec{n}_0 + \vec{n}_1$, $\vec{b} = \vec{b}_0 + \vec{b}_1$. Dabei sind $\vec{n}_0$ und $\vec{b}_0$ Vektoren der ersten, noch ungestörten Machebene.

$$\vec{n}_0 = \{\sin\alpha_\infty, -\cos\alpha_\infty, 0\}; \qquad \vec{b}_0 = \{\cos\alpha_\infty, \sin\alpha_\infty, 0\}.$$

Bei einer Abspaltung der Störgleichung aus Gl. (8) erhält man mit dem Störansatz (29) für den Machzahlvektor $\vec{M}$ unter Beachtung von Gl. (32) folgende Beziehung für die Störglieder erster Ordnung:

$$\delta\vec{M}_1 - \delta(\vec{M}_\infty\,\vec{M}_1)\operatorname{tg}\alpha_\infty\,\vec{b}_0 = \vec{b}_1\cot\alpha_\infty + \vec{n}_1 .$$

Nun besitzt aber weder $\delta\vec{M}_1$ die Störung des Machzahlvektors noch $\vec{b}_0$ eine z-Komponente. Daher ist in der letzten Gleichung für die z-Komponente die linke

Seite Null. Für die z-Komponente von $\vec{b}_1$, das sei b_{1z}, folgt mit Gl. (123) und (126):

$$b_{1z} = -n_{1z} \operatorname{tg} \alpha_\infty = -\frac{2 \operatorname{tg} \alpha_\infty y}{\sqrt{1 + \operatorname{tg}^2 \alpha_\infty}} \sqrt{\frac{t - t_0}{y_0^2 - y^2}} = -2 \sin \alpha_\infty \frac{yz}{y_0^2 - y^2}.$$

Dabei durfte im Koeffizient $y/x = \operatorname{tg} \alpha_\infty$ gesetzt werden.

Mit dieser Beziehung liegt die seitliche Abweichung des Vektors $\vec{b}$ in z-Richtung aus seiner ungestörten Lage fest. Abb. 26 zeigt die Normalprojektionen des

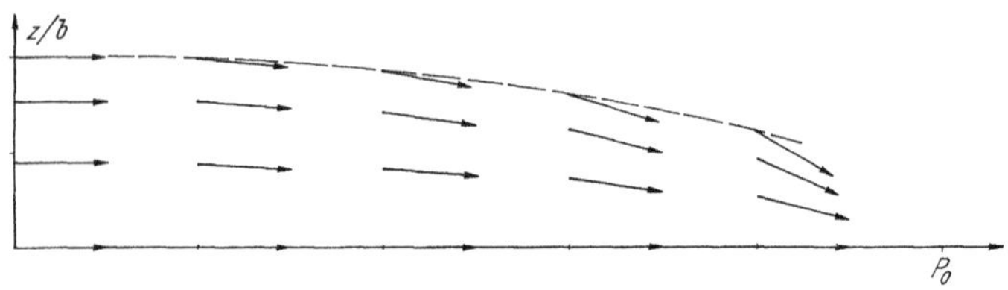

Abb. IV,26. Normalprojektion des Bicharakteristiken-Vektors auf die Charakteristiken-Ebene $y/y_0 = x/x_0$; - - - Störungsrand. $M_\infty = \sqrt{2}$; $1 - t_0 = 0{,}09$.

Bicharakteristikenvektors auf die durch P_0 gehende Charakteristikenebene. Sofern die Abweichungen von $\vec{b}_0$ klein sind, handelt es sich um eine quantitative Darstellung gemäß der letzten Gleichung. Bei großen Abweichungen dagegen ist das Bild nur qualitativ zu verstehen.

Der Bicharakteristikenvektor liegt außer auf der Geraden $z = 0$, die damit eine Bicharakteristik darstellt, nicht in der Darstellungsebene. An der Expansionskante fallen alle Vektoren $\vec{b}$ mit einem der Vektoren der trivialen Lösung zusammen, bei $z = b$ mit jenen der ungestörten Machlinie. Die Randkurve liegt in der Ebene $t = 1$. Sie ist in der Abbildung in die Ebene $t = t_0$ projiziert. Die Bicharakteristikenvektoren $\vec{b}$ an der Randkurve liegen aber freilich nicht in der Ebene $t = 0$. Es darf daher nicht verwundern, daß sie auch nicht in die Tangentialrichtung der Randkurve weisen.

Es mag dahingestellt bleiben, ob es neben der eben dargestellten Charakteristiken-Grenzfläche noch eine andere Grenzfläche gibt. Sicher gibt es innerhalb der ebenen Prandtl-Meyer-Expansion die unterschiedlichsten nicht trivialen Charakteristikenflächen. Jede innerhalb der Expansion gezogene Überschallgrundkurve liefert nämlich eine nichttriviale Charakteristikenfläche. An der Expansionskante, $x = y = 0$, kann allerdings innerhalb der Expansion keine andere Kurve gezogen werden als die Hinterkantengerade. Dagegen kann aber dort innerhalb des Bereiches $1 \leqq t \leqq t_0$ eine beliebige Verteilung des Bicharakteristikenvektors, $\vec{b} = \{0, 0, z\}$, gewählt werden, was auf die Wahl einer Grundkurve in Kantennähe innerhalb der Expansion hinausläuft.

Dem Ergebnis dieses Abschnittes kommt grundsätzliches Interesse zu. Bereits bei der Behandlung der ebenen Überschallströmung hat es sich gezeigt, daß die akustische Theorie in größerer Entfernung vom Störzentrum völlig falsche Resultate liefert. Beispielsweise pflanzen sich gemäß der akustischen Theorie die Störungen längs eingefrorener Machlinien ungedämpft bis ins Unendliche fort, während sich in Wirklichkeit die Machlinien auffächern und die Störungen auf den Machlinien durch Kopf- und Schwanzwelle absorbiert werden.

Im Rahmen der akustischen Theorie würde die Prandtl-Meyer-Expansion an einer Kante durch einen Verdünnungssprung in einer Ebene wiedergegeben werden. Diese erstreckt sich bis zu den eingefrorenen Machkegeln, die den Einfluß der Expansionskantenenden begrenzen, Abb. 24 rechts. Zwischen den beiden Berührungsbicharakteristiken der Hinterkanten-Machebene und der Randmachkegel erstreckt sich dann der Verdünnungssprung gemäß der akustischen Theorie in konstanter Breite bis ins Unendliche. Auch hier versagt also die akustische Theorie nicht nur bezüglich der Darstellung des Auffächerns der Expansion, sondern auch bezüglich der richtigen seitlichen Begrenzung der Einflußgebiete in einigem Abstand vom Störzentrum völlig.

12. Nah- und Fernfeld eines Flügels, Überschallknall

Bei der Stoßwellenausbreitung eines mit Überschallgeschwindigkeit fliegenden Flugzeuges unterscheidet man „Nahfeld" und „Fernfeld". Dabei versteht man unter dem Nahfeld jenes Gebiet, in dem die einzelnen Stöße und Expansionsfächer in Abhängigkeit von der Formgebung des Flugzeuges noch getrennt zu erkennen sind. Im Fernfeld dagegen wird angenommen, daß sich die Stöße im wesentlichen schon zu einer Kopfwelle und zu einer Schwanzwelle vereinigt haben und die zwischen den beiden liegende Expansionsströmung die Stoßwellen mit zunehmender Entfernung schwächt. Die Form des Flugzeuges ist also im Fernfeld nurmehr in den Grundzügen zu erkennen. Im wesentlichen ist im Fernfeld nur eine N-Welle zu beobachten, also das Druckbild in der Reihenfolge von Kopfwelle — Expansion — Schwanzwelle. Solche Fernwirkungen wurden bereits bei instationären Ausbreitungen gezeigt, [•13], Abb. III,33.

Für außerordentlich große Entfernungen können für das Fernfeld, wie auch bei den zuvor genannten Beispielen, asymptotische Formeln aufgestellt werden, die im wesentlichen schon früh von Whitham [15] hergeleitet wurden und den Vorteil großer Einfachheit für sich haben. In diesem Zusammenhang wird gerne von der „Whitham-Theorie" gesprochen, was insofern irreführend ist, weil die asymptotischen Formeln nur einen Teil der Whitham-Arbeit darstellen. Darüber hinaus ist die Anwendung solcher asymptotischer Formeln in wichtigen Fällen der Praxis gar nicht gerechtfertigt, weil die beim Kursflug auftretenden Flughöhen für eine Anwendung der Formeln zu klein sind, wie z. B. Stuff [16] gezeigt hat. Die in der Folge der Arbeiten von Whitham, der selbst wieder auf der Arbeit von M. J. Lighthill [10] fußt, entstandenen zahlreichen Veröffentlichungen zielen direkt auf eine Berechnung des Knalles in großer Entfernung vom Störkörper und unterscheiden sich methodisch etwas von der von mir und meinen Mitarbeitern entwickelten analytischen Charakteristikentheorie. Betreffs der einschlägigen anglo-amerikanischen Literatur sei auf das Buch von Whitham [•15] verwiesen.

Wie früher wird auch im folgenden der Versuch unternommen, das Fernfeld über das Nahfeld und über alle wesentlichen, dazwischen liegenden Übergänge zu erfassen, da angenommen werden muß, daß das Nahfeld unter bestimmten Bedingungen sehr wesentlichen Einfluß auf das Fernfeld ausübt, da Wellenausbreitungsvorgänge erst auf große Entfernungen zu dämpfen sind; Entfernungen, die mit schwächer werdenden Störungen anwachsen. Selbstverständlich können im vorliegenden Rahmen nur bestimmte charakteristische Erscheinungen besprochen werden. Eine Theorie der Knallausbreitung würde einen sehr großen Rahmen und die Durchführung einiger noch ausstehender Vorarbeiten erfordern.

Ein Maß für die Begrenzung des Nahfeldes gibt jener Punkt P_a der Stoßfront, bei dem sich erstmalig das Flügelende bemerkbar macht, Abb. 27. Die Koordi-

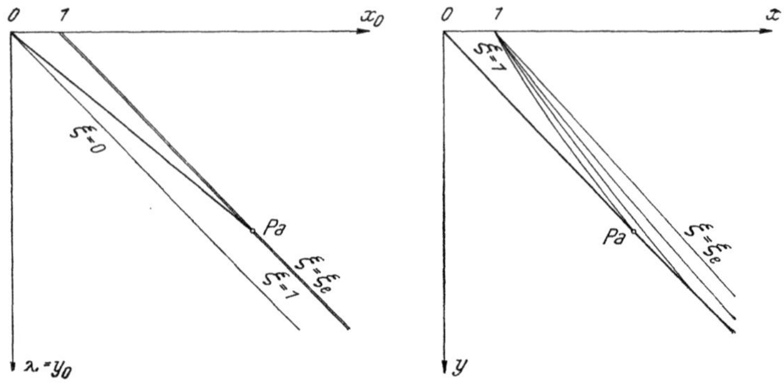

Abb. IV,27. Stoß (—) und Bicharakteristiken (—) eines Deltaflügels in der x_0,y_0-Ebene und in der x,y-Ebene.

naten dieses Endpunktes des kegeligen Stoßes sind leicht zu ermitteln. Es handelt sich um den Schnittpunkt der letzten, von der Hinterkante noch unbeeinflußten Bicharakteristik mit der Stoßfront im Mittelschnitt des Flügels, $z = z_0 = 0$. Werden alle Längen durch die Flügeltiefe im Mittelschnitt dimensionslos gemacht, dann hat der Endpunkt des Flügels im Mittelschnitt die Koordinaten $x = 1 = x_0 + \cdots$; $y = y_0 = \lambda = 0$; $z = z_0 = 0$. Aus Gl. (91) folgt daraus für den Punkt P_a der Wert $\xi = 1$.

Die folgenden Rechnungen sollen sich durchwegs auf den Spezialfall des Flügels Gl. (100) beschränken, also einen Flügel sehr kleinen Anstellwinkels ε und stark gepfeilter Überschallvorderkante. Wenn dieser Fall in der Praxis auch noch keine größere Bedeutung gewonnen hat, so hat er den Vorteil eines klaren, nicht zu aufwendigen Einblickes. Darüber hinaus darf angenommen werden, daß sich die Ergebnisse nicht zu sehr von jenen auf der Druckseite von Flügeln mit hoher Unterschallpfeilung unterscheiden, wie man ihnen im Flugzeugbau sehr wohl begegnet.

Aus Gl. (100) folgt für einen solchen Flügel der t-Wert der Stoßfront und aus Gl. (95) mit $\xi = 1$ der λ-Wert, der gemäß Gl. (91) dem y_0-Wert und an der Stoßfront in der vorliegenden ersten Näherung also dem y-Wert gleichgesetzt werden darf. Damit sind die Koordinaten des Punktes P_a bereits bekannt:

$$P_a\colon x = y \cot \alpha_\infty = \frac{\pi^2}{72[\varepsilon S \cot \alpha_\infty \cot \Lambda]^2} = 2 \left[\frac{\pi \cot^3 \alpha_\infty}{3(\varkappa + 1)\, M_\infty^4\, \varepsilon \cot \alpha_\infty \cot \Lambda}\right]^2. \tag{127}$$

Praktische Beispiele, die plausiblen Flächenbelastungen und Flughöhen entsprechen, zeigen, daß es sich dabei um ganz beträchtliche Abstände vom Flügel in der Größe von 1 bis 10 km handeln kann, [17] Tab. 1. Schon das kegelige Nahfeld kann also einen beträchtlichen Teil des Flugzeugabstandes vom Boden beanspruchen.

Bei allen vier dort behandelten Beispielen ist die atmosphärische Schichtung wohl für die Tragkraft des Flugzeuges berücksichtigt, nicht aber für die Wellenausbreitung. Der letzte Effekt ist durchaus nicht zu vernachlässigen, wie das im einfachsten Fall der ebenen, senkrecht zur Schichtung vordringenden Welle in [•13], Abschn. III,14 gezeigt wurde. Dabei ist nicht nur die Dichteschichtung, sondern auch die Temperaturschichtung maßgebend. Eine Übersicht über die zahlreichen einschlägigen Arbeiten ist z. B. in [18] zu finden.

Eine Gegenüberstellung der Entfernung des Punktes P_a, also des Endpunktes der kegeligen Kopfwelle, eines Kreiskegels, Gl. (IX,246) in [•13], und eines Deltaflügels zeigt wieder, daß der Abstand für äquivalente Körper derselbe ist, wie das schon für die Druckstörung in Anschluß an Gl. (101) festgestellt wurde.

Mit dem Zusammentreffen von Kopfwelle und Verdünnungsfächer im Punkte P_a beginnt eine Schwächung des Verdichtungsstoßes, wobei ein vorderer Teil des Verdünnungsfächers gelöscht wird. Dieser Vorgang, der den Übergang vom Nahfeld zum Fernfeld bildet, soll im folgenden untersucht werden.

In der akustischen Ebene, Abb. 27 links, erscheint der kegelige Teil des Stoßes als gerade Linie, die von der Flügelspitze zum Punkt P_a führt, entsprechend der aus Gl. (95) und (100) folgenden Beziehung:

$$\frac{\xi}{2\lambda \cot \alpha_\infty} = \left(\frac{6}{\pi}\, \varepsilon S \cot \Lambda \cot \alpha_\infty\right)^2 .$$

Ein Teil des akustischen Störfeldes liegt in dieser Ebene vor der Kopfwelle. In der Strömungsebene dagegen liegt der Stoß infolge einer Überfaltung knapp vor der Bicharakteristik $\xi = 0$. Mit $\xi = \xi_e$ sei die letzte Bicharakteristik der verallgemeinerten Prandtl-Meyer-Expansion bezeichnet. Im ganzen Einflußgebiet des Expansionsfächers verläuft die Kopfwelle zwischen $\xi = 1$ und $\xi = \xi_e$. Sie wurde der Übersichtlichkeit wegen in die akustische Ebene, Abb. 27 links, über den Punkt P_a hinaus eingezeichnet.

Die vom Flügelende ausgehende Prandtl-Meyer-Expansion ist in der kegeligen Flügelströmung, wie sie im Mittelschnitt durch Gl. (92) dargestellt ist, eingebettet. Sie beginnt im kegeligen Feld mit der Störung auf $\xi = 1$. Der Fächer ohne vorausgegangene Störung ist, bei einem Krümmungsradius R der Hinterkante, durch Gl. (117) gegeben. Dabei darf, wie am Ende von Abschn. 10 dargelegt wurde, der v_1-Wert an der Kante selbst zur Kennzeichnung der Bicharakteristikenfächer verwendet werden. Es sei für

$$1 < \xi\colon \quad v_1(0,0) = -\frac{M_\infty}{2}\,(\xi - 1). \tag{128}$$

Damit ist $v_1(0, 0) = 0$ für $\xi = 1$, bei $\xi = 1$ herrscht also noch die kegelige Strömung. Für $1 < \xi$ ergibt sich, wie es sein muß, ein negativer Zusatz in der Strömungsrichtung zum kegeligen Feld. Der Faktor $M_\infty/2$ ist derselbe wie in Gl. (80).

An der Kante selbst herrscht auf der Druckseite mit Gl. (80), (128) und (29) die Strömungsrichtung:

$$\frac{v}{u_\infty} = \frac{1}{M_\infty}\,\delta v_1 = \frac{2\varepsilon}{M_\infty}\left[\frac{M_\infty}{2} - \frac{M_\infty}{2}\,(\xi - 1)\right] = \varepsilon(2 - \xi).$$

Bei der ebenen Strömung, also dem Grenzfall sehr großer Streckung, der hier nur ad hoc herangezogen wird, endet die Expansion mit verschwindendem Strömungswinkel, also beim Wert $\xi = \xi_e = 2$. Bei Flügeln mittlerer Streckung müßte der Wert von ξ_e erst aus der akustischen Theorie ermittelt werden. Für das Folgende spielt jedoch dieser Wert nur eine untergeordnete Rolle und soll nicht weiter bestimmt werden.

Die weiteren Rechnungen seien auf gerade Hinterkanten beschränkt, $R \to \infty$. Mit Gl. (128) und (117) erhält man dann für das Gebiet des Expansionsfächers in großer Entfernung eines Flügels, der der Bedingung (100) genügen muß, die Störverteilung:

$$v_1 = -u_1 \cot\alpha_\infty = \frac{M_\infty}{\pi}\, 2\cot\alpha_\infty \cot\Lambda\, \frac{1}{\sqrt{2\lambda\cot\alpha_\infty}} - \frac{M_\infty}{2}\,(\xi - 1).$$

Für den „Fächer" im akustischen Raum, also für den unstetigen Verdünnungssprung, gilt folgende Darstellung der ungestörten Koordinaten:

$$\vec r_0 = \{1 + \lambda\cot\alpha_\infty,\ \ \lambda,\ \ 0\};$$

$$\vec r_{0\lambda} = \{\cot\alpha_\infty,\ \ 1,\ \ 0\}; \qquad |\vec r_{0\lambda}| = M_\infty;$$

$$\vec r_{0\xi} = \{0,\ \ 0,\ \ 0\}.$$

Eine Gegenüberstellung der ersten Zeile mit (91) zeigt, daß der Anschluß an das Kegelfeld gewahrt ist. Die letzte Beziehung gilt für alle Werte $1 < \xi < \xi_e$, wie unmittelbar aus Abb. 27 links hervorgeht.

Aus den vorangegangenen Gleichungen und aus Gl. (45) folgt der Wert von H mit seinen Ableitungen. Man erhält nach kurzer Zwischenrechnung:

$$H(\xi,\lambda) = \delta\,\frac{\varkappa+1}{4}\,\frac{M_\infty^4}{\cot^2\alpha_\infty}\int\limits_0^\lambda\left[\frac{4}{\pi}\,\frac{\cot\Lambda\cot\alpha_\infty}{\sqrt{2\bar\lambda\cot\alpha_\infty}} - (\xi - 1)\right]d\bar\lambda;$$

$$H_\lambda = \delta\,\frac{\varkappa+1}{4}\,\frac{M_\infty^4}{\cot^2\alpha_\infty}\left[\frac{4}{\pi}\,\frac{\cot\Lambda\cot\alpha_\infty}{\sqrt{2\lambda\cot\alpha_\infty}} - (\xi - 1)\right];$$

$$H_\xi = -\delta\,\frac{\varkappa+1}{4}\,\frac{M_\infty^4}{\cot^3\alpha_\infty}\,\lambda.$$

In der Stoßfrontgleichung (46) verschwindet das Glied mit $\vec r_{0\xi}$. Sie lautet unter Heranziehung der letzten Beziehungen:

$$\frac{d\xi}{d\lambda} = \frac{1}{2\lambda}\left[-(\xi - 1) + \frac{4}{\pi}\,\frac{\cot\Lambda\cot\alpha_\infty}{\sqrt{2\lambda\cot\alpha_\infty}}\right].$$

Für diese erhält man mit den Anfangsbedingungen

$$\lambda = \lambda_a = y_a, \qquad \xi = 1$$

folgende Lösung:

$$\xi - 1 = \frac{2}{\pi} \frac{\cot \Lambda \cot \alpha_\infty}{\sqrt{2\lambda \cot \alpha_\infty}} \ln \frac{\lambda}{\lambda_a}. \tag{129}$$

Die Lösung (129), in die Stoßgleichung darüber eingesetzt, ergibt ein Verschwinden des Stoßes, das ist $d\xi/d\lambda = 0$, für:

$$\ln \lambda/\lambda_a = 2 = \ln y/y_a.$$

Das würde heißen, daß die Kopfwelle in etwa siebenfacher Entfernung des Punktes P_a vom Störzentrum verschwinden würde. Es wird sich jedoch gleich zeigen, daß dieses Ergebnis zufolge des seitlichen Einbruches der Störungen in die Prandtl-Meyer-Expansion bald außervon P_a seine Gültigkeit verliert.

Zunächst läßt sich aus Gl. (118) folgende Beziehung zwischen Bicharakteristikenneigung in der ebenen Prandtl-Meyer-Expansion und Strömungswinkel $\vartheta(0)$ für $R \to \infty$ herleiten:

$$\frac{y \cot \alpha_\infty}{x} - 1 = 2S(M_\infty) \operatorname{tg} \vartheta(0).$$

Zufolge von Gl. (128) und Gl. (80) läßt sich $\vartheta(0)$ auch durch die charakteristische Variable ersetzen:

$$\operatorname{tg} \vartheta(0) = v/u_\infty = \frac{1}{M_\infty} \delta v_1 = -\varepsilon(\xi - 1).$$

Mit den beiden letzten Gleichungen und Gl. (129) ist dann die Beziehung zwischen den Machlinienneigungen der ebenen Prandtl-Meyer-Expansion und der Entfernung vom Flügel $y = y_0 = \lambda$ leicht hergestellt:

$$1 - \frac{y \cot \alpha_\infty}{x} = 2\varepsilon(\xi - 1)\, S = \frac{4}{\pi} S \frac{\varepsilon \cot \Lambda \cot \alpha_\infty}{\sqrt{2y \cot \alpha_\infty}} \ln \frac{y}{y_a}. \tag{130}$$

Gemäß Gl. (125) kann aber die reine ebene Expansion nur bis zu einem Punkt P_0 auftreten, dessen Lage von der Länge der Expansionskante abhängt. Deren halbe Länge b steht mit der Pfeilung des Dreiecksflügels und mit den Koordinaten des Punktes P_0 gemäß Gl. (119) in folgender Beziehung:

$$b^2 = \cot^2 \Lambda = y_0^2 \left(1 - \frac{y_0 \cot \alpha_\infty}{x_0}\right). \tag{131}$$

Aus den beiden letzten Gleichungen folgt dann für die Ordinate des Endpunktes der reinen ebenen Expansion an der Stoßfront:

$$\cot^2 \Lambda = \frac{4}{\pi} S y_0^2 \frac{\varepsilon \cot \Lambda \cot \alpha_\infty}{\sqrt{2y_0 \cot \alpha_\infty}} \ln \frac{y_0}{y_a}.$$

In diese Gleichung wird aber am besten auch die Ordinate des Punktes P_a, des Endpunktes für die kegelige Strömung, mit Gl. (127) eingeführt. Das ergibt schließlich die Beziehung:

$$\left(\frac{y_0}{y_a}\right)^{3/2} \ln \frac{y_0}{y_a} = \frac{3}{2}\left(\frac{12}{\pi}\,\varepsilon S(M_\infty)\cot^2\alpha_\infty\cot^2\Lambda\right)^2. \tag{132}$$

Die Stoßgleichung wurde in diesem Abschnitt für Flügel hergeleitet, die der Ungleichung (100) genügen. Nur für diesen Fall gilt auch Gl. (132). Das heißt aber, daß in diesem Fall y_0/y_a nur wenig über dem Wert 1 liegen kann, weil anderenfalls die rechte Gleichungsseite nicht klein sein kann. Daraus folgt näherungsweise:

$$\frac{y_0}{y_a} - 1 = \frac{3}{2}\left(\frac{12}{\pi}\,\varepsilon S\cot^2\alpha_\infty\cot^2\Lambda\right)^2 + \cdots.$$

Bei mäßiger Überschallvorderkante des Dreiecksflügels und kleinem Anstellwinkel ε, mathematisch formuliert bei Erfüllung der Ungleichung (100), liegt also der Endpunkt der ebenen Expansion P_0 nur wenig über dem Endpunkt der kegeligen Strömung P_a. Bei mittleren oder großen Kennzahlen K gemäß Gl. (97) müßte die Rechnung gesondert durchgeführt werden, was aber den vorliegenden Rahmen sprengen würde. Gl. (131) gilt jedoch im ganzen Bereich der Kennzahl K, da die Prandtl-Meyer-Expansion an der Hinterkante des Flügels im unteren Teil in die durch den Flügel gestörte Strömung eingebettet werden kann. Das bedeutet jedoch, daß der Endpunkt P_0 der eingebetteten ebenen Expansion mit abnehmender Pfeilung Λ vom Punkte P_a abrückt. Der Übergang zum ebenen Fall, $K \to \infty$, mit Ausdehnung der ebenen Expansion ins Unendliche und völliger Absorption der ebenen Expansion durch die vorausgegangene Kopfwelle, läßt sich also sicher sauber durchführen, wenngleich die Art des Überganges nur auf Grund detaillierter Rechnungen ermittelt werden kann.

Auch bei Dreiecksflügel mit Schall- oder Unterschallvorderkanten bildet sich an der Hinterkante zunächst eine eingebettete ebene Expansion, die nach oben in ganz ähnlicher Weise, wie das eben gezeigt wurde, durch einen Punkt P_0 begrenzt wird, dessen Koordinate Gl. (131) genügt.

Sollte die Darstellung der Charakteristiken-Grenzfläche noch zu korrigieren sein, dann würde der Punkt P_0 noch stärker an den Punkt P_a heranrücken.

In allen Fällen bildet sich dann außerhalb des Punktes P_0 ein Übergangsgebiet, in dem die Expansion durch die seitliche Einwirkung der Kantenenden ihren ebenen Charakter verliert und in zunehmendem Maß den Charakter einer achsensymmetrischen Prandtl-Meyer-Expansion annehmen wird. Man gelangt auf diese Weise in das *Fernfeld* des Flügels, in dem die weitere Dämpfung der Kopfwelle vor sich geht. Daneben ist aber auch stets selbst für den einfachsten Fall des angestellten Dreiecksflügels mit dem Auftreten einer Schwanzwelle zu rechnen, insbesondere dann, wenn der Flügel stärkere Pfeilung aufweist. Gerade bei nicht zu großer Streckung des Flügels wird nämlich nur ein Teil der Hinterkantenexpansion von der Kopfwelle absorbiert. Dahinter entsteht eine unter Umständen beträchtliche Überexpansion, also ein Unterdruckgebiet, das in größerer Entfernung durch eine Schwanzwelle abgeschlossen wird, in der der Druck im wesentlichen auf den Anströmdruck p_∞ springt.

Entscheidend kann das Nahfeld auch von einer Krümmung oder Pfeilung der Expansionskante beeinflußt werden. Ganz allgemein stellt sich die Frage, wie weit sich das Fernfeld eines mit Überschallgeschwindigkeit fliegenden Flügels ohne näherungsweises Eingehen auf das Nahfeld berechnen läßt und ob die am Erdboden beobachtete Knallwirkung im Fernfeld oder noch im Übergang zum Nahfeld zu suchen ist. Dies hängt nicht zuletzt auch von der Größe des Flugkörpers ab, da die Abmessungen der Stöße bei gleicher Körperform und gleicher Anstellung proportional zur Flugkörperlänge sind.

Mit diesen Hinweisen sollte nur die Problematik der Berechnung des Überschallknalles angedeutet werden. Es handelt sich um ein Spezialgebiet, bei dem außerdem noch die Schichtung der Atmosphäre und gegebenenfalls die Turbulenz in der Atmosphäre zu berücksichtigen sind.

13. Potentialgleichungen für instationäre, räumliche Vorgänge

Die Gleichung für das Störpotential braucht hier nicht neu abgeleitet zu werden, weil die Herleitung in der Literatur wiederholt durchgeführt ist. Es sei im folgenden von der Darstellung in [·13], Gl. (VII,23) ausgegangen, wobei stets Störungen eines mit dem Index 0 gekennzeichneten Strömungszustandes angenommen werden:

$$-\frac{1}{c_0^2}\,\varphi_{1tt} - 2M_0\,\frac{1}{c_0}\,\varphi_{1xt} + (1 - M_0^2)\,\varphi_{1xx} + \varphi_{1yy} + \varphi_{1zz} = 0. \tag{133}$$

Gl. (III,1) ist leicht als spezieller Fall von Gl. (133) für stationäre Strömung zu erkennen. Da der spezielle Fall verschwindender Grundströmung, d. i. $M_0 \to 0$ und $u_0 \to 0$, keineswegs ausgeschlossen werden soll, werden alle Geschwindigkeitsstörungen wie in Gl. (29) auf die ungestörte Schallgeschwindigkeit c_0 bezogen. Gl. (29) gilt also auch im folgenden, freilich aber nicht die aus dem Energiesatz folgende Gl. (30). An ihre Stelle tritt die bezüglich kleiner Störungen vereinfachte Gleichung (VII,14) von [·13]:

$$-\varphi_t = i - i_0 + \frac{1}{2}\,(W^2 - W_0^2).$$

Zusammen mit dem den Gleichungen (29) entsprechenden Störansatz

$$\varphi = \delta c_0 \varphi_1 + \cdots; \qquad \vec{W}_1 = \operatorname{grad}\varphi_1 \tag{134}$$

folgt für den Spezialfall des idealen Gases nach Zwischenrechnung:

$$-\frac{2}{\varkappa - 1}\,c_1 = \varphi_{1t} + \vec{M}_0\,\vec{W}_1 + \left\{\frac{1}{2}\,\delta(v_1^2 + w_1^2)\right\} + \cdots. \tag{135}$$

Der Summand in den geschwungenen Klammern ist an der Oberfläche von Rotationsrümpfen von der gleichen Größenordnung wie die vorangehenden Summanden und ist nur für eine eventuelle Anwendung von Gl. (135) auf Rotationsrümpfe mitgeführt, vgl. etwa die Ausführungen in [·13], Abschn. VII,8. Der zweite Summand fällt bei Störungen im ruhenden Medium weg, $\vec{M}_0 = 0$, vgl. etwa Gl. (III,71) in [·13]. Bei stationärer Strömung am Flügel, $\varphi_{1t} = 0$, erhält man dagegen Gl. (30).

Gl. (133) kann bei genügend schnellen zeitlichen Änderungen auch bei Schallnähe verwendet werden, etwa $M_0 = 1$. Ähnlich wie beim angestellten Flügel kleiner Streckung kann also auch im Instationären im Rahmen einer Theorie erster Ordnung mit der linearen Potentialgleichung operiert werden. Dazu sei auf das Werk von M. LANDAHL [·10] und an neuerer Literatur auf die Originalarbeiten von I. TEIPEL [19] und H. SOCKEL [20] verwiesen.

Für ruhende Grundströmung, $M_0 = 0$, geht Gl. (133) über in die aus der Optik bekannte Form:

$$-\frac{1}{c_0^2}\varphi_{1tt} + \varphi_{1xx} + \varphi_{1yy} + \varphi_{1zz} = 0. \tag{136}$$

Man erhält Gl. (136) aber auch, wenn man sich mit der Grundströmung mitbewegt, weil für den mitbewegten Beobachter die Grundströmung ruht. Die Koordinaten für den mitbewegten Beobachter sind:

$$t' = t; \qquad x' = x - u_0 t; \qquad y' = y; \qquad z' = z. \tag{137}$$

Die *Galilei-Transformation* (137) in Gl. (133) eingeführt ergibt Gl. (136) in den gestrichenen Variablen.

Aus Gl. (137) folgt:

$$\frac{\partial}{\partial t} = \frac{\partial}{\partial t'} - u_0\frac{\partial}{\partial x'}; \quad \frac{\partial}{\partial x} = \frac{\partial}{\partial x'}; \quad \frac{\partial^2}{\partial t^2} = \frac{\partial^2}{\partial t'^2} - 2u_0\frac{\partial^2}{\partial t'\,\partial x'} + u_0^2\frac{\partial^2}{\partial x'^2}; \quad \frac{\partial^2}{\partial x^2} = \frac{\partial^2}{\partial x'^2}.$$

Gl. (136) in die gestrichenen Variablen umgeschrieben, führt zusammen mit der letzten Ableitungstransformation direkt auf Gl. (133).

Gl. (136) kann aber auch mit Hilfe einer *Lorentz-Transformation* in sich übergeführt werden. Wie man sich leicht überzeugen kann, wird diese Aufgabe in x und t von folgender Transformation geleistet:

$$x' = \frac{M_0 c_0 t + x}{\sqrt{1 - M_0^2}}; \qquad c_0 t' = \frac{c_0 t + M_0 x}{\sqrt{1 - M_0^2}}. \tag{138}$$

Eine solche Überführung in sich ist nur bei $M_0 < 1$ möglich.

Die entsprechende Überschalltransformation

$$x' = \frac{M_0 c_0 t + x}{\sqrt{M_0^2 - 1}}; \qquad c_0 t' = \frac{c_0 t + M_0 x}{\sqrt{M_0^2 - 1}}$$

würde Gl. (136) überführen in die Differentialgleichung

$$+\frac{1}{c_0^2}\,\varphi_{1t't'} - \varphi_{1x'x'} + \varphi_{1y'y'} + \varphi_{1z'z'} = 0\,.$$

Die hier wiedergegebenen Transformationen leisten gute Dienste zur Erzeugung neuer aus bekannten Lösungen.

14. Einige singuläre Lösungen

Nach der Vorbereitung in den früheren Abschnitten stehen zur Erzeugung singulärer Lösungen mehrere Wege offen, die aber untereinander in Zusammenhang stehen. Es sei zunächst von Gl. (136) ausgegangen, also von einer Störung in einem ursprünglich ruhenden Medium. Die Gleichung besitzt dann eine kugelsymmetrische Lösung, die z. B. in [•13], Gl. (III,70) wiedergegeben ist. Der dort mit x bezeichnete Abstand vom Ursprung sei nun mit r bezeichnet. Damit erhält die Lösung die Form:

$$\varphi_1 = \frac{1}{r}\,F(c_0 t - r) \qquad \text{mit} \qquad r = \sqrt{x^2 + y^2 + z^2}. \tag{139}$$

Man überzeugt sich leicht, daß es sich in der Tat für jede Funktion F des Argumentes $(c_0 t - r)$, unter der Voraussetzung ausreichender Differenzierbarkeitseigenschaften, um eine Lösung der Gl. (136) handelt. Sie entspricht einer vom Zentrum $r = 0$ aus laufenden kugelsymmetrischen Störung. Auch eine entsprechende Funktion von $(c_0 t + r)$ würde eine Lösung ergeben. Es handelt sich dann um eine auf das Zentrum zu laufende Störung, eine Lösung, die aber bei den folgenden Beispielen nicht benötigt wird.

Durch Anordnung gleich starker Kugelquellen auf der z-Achse könnte wie in [•13], Abschn. III,12 auch eine zylindersymmetrische Lösung erzeugt werden. Zur Erzeugung einer ebenen instationären Singularität sei jedoch ein anderer Weg vorgezogen. Gl. (136) kann nämlich leicht in Gl. (III,1) für den ebenen Fall, d. i. für $\partial/\partial z = 0$, übergeführt werden. Man braucht für die stationäre Überschallströmung nur den Spezialfall $M_\infty = \sqrt{2}$ zu wählen und die Variablen der ersten Zeile durch jene der zweiten Zeile von (140) zu ersetzen:

$$\begin{matrix} x; & z; & y; \\ c_0 t; & x; & y. \end{matrix} \tag{140}$$

Mit A als noch frei verfügbare Konstante folgt dann etwa aus Gl. (IX,17) in [•13] die Lösung:

$$\varphi_1 = -\frac{A}{\sqrt{c_0^2 t^2 - x^2 - y^2}}\,. \tag{141}$$

Man überzeugt sich leicht, daß (141) eine Lösung von Gl. (136) darstellt. Der Faktor A hängt mit der „Quellstärke“ zusammen und wird später noch bestimmt werden.

Abgesehen davon, daß es sich bei (139) um eine kugelsymmetrische Lösung handelt, bei (141) aber um eine zylindersymmetrische, besteht noch ein wesentlicher Unterschied darin, daß φ_1 von Gl. (139) im Ursprung immer singulär ist, φ_1 von Gl. (141) nur zum Zeitpunkt $t = 0$.

Da Gl. (136), in den gestrichenen Variablen geschrieben, durch die Galilei-Transformation (137) in Gl. (133) übergeht, geht auch die Lösung (141) — und jede andere Lösung von (136) — durch die Transformation in eine Lösung von (133) über. Damit erhält man folgende singuläre Lösung von (133):

$$\varphi_1 = -\frac{A}{\sqrt{t^2(c_0^2 - u_0^2) + 2xu_0t - x^2 - y^2}}. \tag{142}$$

Die Lösung (142) ist in jenem Teil des x,y,t-Raumes gültig, in dem der Radikand positiv ist, also durchaus auch bei Überschallanströmung, $u_0^2 > c_0^2$.

Mit der Lorentz-Transformation kann eine ruhende Quelle in eine bewegte Quelle umgewandelt werden. Dies sei am Beispiel der Kugelquelle gezeigt. Das Potential einer stationären Quelle

$$\varphi_1 = A/\sqrt{x^2 + y^2 + z^2},$$

genügt sicher der Potentialgleichung (136), da die stationäre räumliche Strömung einen Spezialfall der instationären räumlichen Strömung darstellt. Werden in der obigen Lösung gestrichene Koordinaten eingeführt und wird die Transformation (138) ausgeführt, die sich in diesem Fall nur auf x' erstreckt, so erhält man die neue Lösung:

$$\varphi_1 = \frac{A\sqrt{1 - M_0^2}}{\sqrt{(u_0t + x)^2 + (1 - M_0^2)(y^2 + z^2)}} \tag{143}$$

Sie gilt in dieser Form nur für Unterschallströmung. Es handelt sich offenbar um eine Quelle auf der x-Achse, deren Ursprung mit der Geschwindigkeit u_0 nach links wandert.

15. Räumliche instationäre Strömungen in akustischer Näherung

Wie im Stationären lassen sich auch im Instationären Lösungen für die Umströmung von Körpern aus singulären Lösungen aufbauen. Durch eine Belegung der x-Achse zu verschiedenen Zeiten — bei Ruhe in der ungestörten Strömung — erhält man aus der singulären Lösung (141) dann die allgemeinere Lösung:

$$\varphi_1 = -\iint \frac{A(\bar{x}, \bar{t})\, d\bar{x}\, d\bar{t}}{\sqrt{c_0^2(t - \bar{t})^2 - (x - \bar{x})^2 - y^2}}. \tag{144}$$

Dabei sind $\bar{x}$ und $\bar{t}$ hier und im folgenden die zu x und t gehörigen Integrationsvariablen.

Die Lösung (144) ist eng verwandt mit der Überschallösung bei einem Tragflügel, Gl. (III,43). Letztere kann für $M_\infty = \sqrt{2}$ mit der Gegenüberstellung (140), die analog auch auf die Integrationsvariablen anzuwenden ist, in Gl. (144) übergeführt werden. Dabei entspricht gemäß Gl. (III,45):

$$\frac{A}{c_0} = \frac{1}{4\pi}\, q = \frac{1}{\pi}\, v_1(\bar{x}, +0, \bar{t}).$$

Damit ist bereits folgende Form gewonnen:

$$\varphi_1 = -\frac{c_0}{\pi} \int\int \frac{v_1(\bar{x}, +0, \bar{t})\, d\bar{t}\, d\bar{x}}{\sqrt{c_0^2(t-\bar{t})^2 - (x-\bar{x})^2 - y^2}}. \qquad (145)$$

Die Integration ist, wie immer bei Ausbreitungsproblemen, über das ganze Gebiet zu erstrecken, in dem der Radikand im Nenner nicht negativ wird,

$$c_0^2(t-\bar{t})^2 - (x-\bar{x})^2 - y^2 \geqq 0, \qquad (146)$$

und in dem andererseits Quellen auftreten, $v_1(x, +0, t) \neq 0$. Daß es sich um quellartige Singularitäten handelt, geht allein daraus hervor, daß φ_1 in y symmetrisch ist.

Die Belegungsfunktion $A(x, t)$ hätte wie immer in ähnlichen Fällen auf mathematischem Wege gefunden werden können, indem in Gl. (145) φ_{1y} gebildet und dann zur Grenze $y \to 0$ geschritten wird. Zur Vermeidung von Wiederholungen wurde jedoch auf diesen exakten Weg, der auch wesentlich länger wäre, verzichtet.

Mittels der Galilei-Transformation (137) ist die Lösung (145) nun leicht in eine solche für die Störung in Parallelströmung übergeführt:

$$\varphi_1 = -\frac{c_0}{\pi} \int\int \frac{v_1(\bar{x}, +0, \bar{t})\, d\bar{x}\, d\bar{t}}{\sqrt{(1-M_0^2)\, c_0^2(t-\bar{t})^2 + 2M_0c_0(t-\bar{t})\,(x-\bar{x}) - (x-\bar{x})^2 - y^2}}. \qquad (147)$$

An der Belegung $v_1(x, +0, t)$ ändert sich dabei nichts, da es sich um eine Ableitung φ_{1y} handelt und y von der Transformation unberührt bleibt. Die Lösung gilt gleichermaßen in Unter- und Überschallströmung. Das Integrationsgebiet erstreckt sich aber nun über alle Quellen im Bereiche:

$$(1-M_0^2)\, c_0^2(t-\bar{t})^2 + 2M_0c_0(t-\bar{t})\,(x-\bar{x}) - (x-\bar{x})^2 - y^2 \geqq 0. \qquad (148)$$

Eine räumliche Quellbelegung unterscheidet sich ganz wesentlich von der zuvor behandelten ebenen Belegung. Die Betrachtungen seien auf die Belegung der x-Achse beschränkt. Es handelt sich dann um eine instationäre Bewegung eines Rotationsrumpfes, bei dem auch Formänderungen zugelassen sind, sofern die Rotationssymmetrie des Rumpfes gewahrt bleibt. Die Betrachtung kann auf die Ebene $z = 0$ beschränkt bleiben, weil die Strömung in jedem Achsenschnitt dieselbe ist.

Die für den vorliegenden Fall maßgebende singuläre Lösung (139) hat die Eigenschaft, daß ein vom Quellpunkt ausgehendes, zeitlich begrenztes Signal bei seiner Ausbreitung stets zeitlich begrenzt bleibt. Lediglich die Stärke des Störpotentials φ nimmt umgekehrt proportional zum Abstand ab. Diese Eigenschaft der akustischen Kugelwelle ist in [·13], Abschn. III,12 ausführlich dargelegt. Eine Störung kann im Punkte $P(x, y, 0, t)$ des Raumes daher nur wahrgenommen werden, wenn sie in jenem Zeitpunkt $\bar{t}$ ausgelöst wurde, für den die Störung im Aufpunkt gerade zur Zeit t einlangt. Die Wegstrecke von der Belegung zum Aufpunkt P muß also bei ruhendem Medium gerade gleich sein der Schallgeschwindigkeit multipliziert mit der Zeitdifferenz:

$$\sqrt{(x - \bar{x})^2 + y^2} = c_0(t - \bar{t}). \tag{149}$$

Im allgemeinen räumlichen Fall muß links der entsprechende Abstand vom Aufpunkt und Belegungspunkt stehen. Gl. (149) entspricht dem Gleichheitszeichen in Gl. (146) für $t > \bar{t}$. Die Zeit im Quellpunkt muß ja kleiner sein als die Zeit im Aufpunkt.

Während im ebenen instationären Fall stets bis zu der durch Gl. (149) gegebenen Randkurve zu integrieren ist, erfolgt die Integration im räumlichen Fall nur über die Randkurve selbst. Der Unterschied ist nicht ganz so groß, wie es zunächst erscheinen mag, da auch im ebenen Fall gemäß Gl. (145) bei gleichmäßiger Quellverteilung die stärksten Beiträge aus der Umgebung der Randkurve kommen.

Beim räumlichen instationären Fall ist also nur über eine Kurve zu integrieren:

$$\varphi_1 = -\frac{1}{4\pi} \int \frac{q(\bar{x}, \bar{t})\, d\bar{x}}{\sqrt{(x - \bar{x})^2 + y^2}}. \tag{150}$$

Die Quellstärke q hängt dabei genauso wie bei stationärer Strömung mit dem Potential zusammen:

$$q = 2\pi \lim_{y \to 0} (\varphi_{1y}\, y). \tag{151}$$

Der mathematische Nachweis kann ebenso erbracht werden, wie es im letzten Kleindruck angedeutet wurde.

Das Quellsymbol q ist in Gl. (150) nur der besseren Übersicht wegen eingeführt. Zu integrieren ist über die Quelltätigkeit in dem durch Gl. (149) gegebenen Zeitpunkt. Aus diesem Grund wird die Darstellung (150) als *retardiertes Potential* bezeichnet. Eine breitere Darstellung der Theorie ist z. B. im Buch von Frankl und Karpovich [·17] zu finden.

Vielfach ist eine Integration über die Zeit einer solchen über $\bar{x}$ vorzuziehen. Aus Gl. (149) folgt dann:

$$\bar{x} - x = \mp\sqrt{c_0^2(t - \bar{t})^2 - y^2}\,; \qquad c_0\, d\bar{t} = \frac{x - \bar{x}}{\sqrt{(x - \bar{x})^2 + y^2}}\, d\bar{x}. \tag{152}$$

Während im Aufpunkt P nur Signale von Quellen mit $\bar{t} < t$ eintreffen können können die Quellpunkte aber sowohl vor wie hinter dem Aufpunkt liegen. Es ist daher zweckmäßig, die Integration über $\bar{t}$ in zwei Teilintegrationen zu zerlegen:

$$\varphi_1 = -\frac{c_0}{4\pi} \int\limits_{\substack{-\infty \\ \bar{x}<x}}^{t+y/c_0} \frac{q(\bar{x}, \bar{t})\, d\bar{t}}{\sqrt{c_0^2(t-\bar{t})^2 - y^2}} + \frac{c_0}{4\pi} \int\limits_{\substack{-\infty \\ x<\bar{x}}}^{t+y/c_0} \frac{q(\bar{x}, \bar{t})\, d\bar{t}}{\sqrt{c_0^2(t-\bar{t})^2 - y^2}}. \tag{153}$$

In diese Darstellung des retardierten Potentials ist nun der Ort $\bar{x}$ des Quellpunktes gemäß Gl. (152) links einzusetzen, und zwar ist im ersten Integral das obere Vorzeichen, im zweiten Integral das untere Vorzeichen zu wählen.

Auch das retardierte Potential könnte durch die Galilei-Transformation (137) in eine für Parallelanströmung geeignete Form gebracht werden. Davon kann jedoch für die folgenden Zwecke abgesehen werden.

16. Randbedingungen, Integrationsgrenzen

Die Randbedingung wird, wie in der Regel bei kleinen Störungen, auch im folgenden bei Flügeln auf der Skelettlinie, $y = 0$, und bei Rotationsrümpfen auf der x-Achse, $y = z = 0$, gestellt. Da nur Verdrängungsprobleme ins Auge gefaßt werden sollen und keine Auftriebsprobleme, handelt es sich stets um Lösungen, die in y symmetrisch sind. Eine Aufspaltung in symmetrischen und antisymmetrischen Anteil erübrigt sich also. Die Herleitung der Randbedingung sei von [·13], Abschn. VII,4 und VII,5 übernommen und mittels der Ansätze in den Abschnitten VII,7 und VII,8 auf kleine instationäre Störungen übertragen.

Im Falle *ebener* Strömungen gilt dann gemäß Gl. (VII,31) in [·13]:

$$v(x, +0, t) = \frac{\partial h}{\partial t} + u_0 \frac{\partial h}{\partial x} + \cdots.$$

Die halbe Dicke des Profils $h(x, t)$ hängt nun auch von der Zeit t ab. Sie soll durch das Dickenverhältnis τ und die Dickenverteilungsfunktion $f(x, t)$ dargestellt werden:

$$h(x, t) = \frac{1}{2} \tau f(x, t). \tag{154}$$

Dabei ist τ eine Konstante, etwa das beim Vorgang auftretende maximale Dickenverhältnis. Die Dickenverteilungsfunktion $f(x, t)$ hat dann im Instationären wie im Stationären die Größenordnung der Einheit. Mit dem Störansatz (29) und dem Störparameter der ebenen Strömung

$$\delta = \tau \tag{155}$$

lautet die Randbedingung in den Störgrößen:

$$\varphi_{1y}(x, +0, t) = v_1(x, +0, t) = \frac{1}{2c_0} f_t(x, t) + \frac{1}{2} M_0 f_x(x, t). \tag{156}$$

Gegenüber Gl. (VII,58) in [•13] handelt es sich um eine Einschränkung auf ebene Strömungen, aber um eine Erweiterung auf instationäre Vorgänge. Die Machzahl der ungestörten Strömung M_0 tritt in Gl. (156) deshalb auf, weil v_1 gemäß Gl. (29) mit c_0 und nicht wie in [•13] mit u_0 dimensionslos gemacht wurde.

Für *Rotationsrümpfe* ist Gl. (VII,41) aus [•13] heranzuziehen. Dabei darf jedoch W_1 durch v und r durch y ersetzt werden, weil im folgenden ausschließlich in der Ebene $z = 0$ gearbeitet wird:

$$y = 0: \qquad yv = \frac{1}{2\pi}\,[F_t + u_0 F_x] + \cdots.$$

Der Störparameter δ in Gl. (29) sei nun:

$$\delta = F_{\max}, \tag{157}$$

wobei $F_{\max}$ wieder eine Konstante sei, etwa die im zeitlichen Verlauf auftretende maximale Querschnittsfläche des Rotationskörpers. Damit kann die Querschnittsfläche wieder durch $F_{\max}$ und eine Querschnittsverteilungsfunktion $f(x,t)$ von der Größenordnung der Einheit dargestellt werden:

$$F(x, t) = F_{\max}\, f(x, t). \tag{158}$$

Die Bedingung auf der Achse für die Störgrößen lautet dann mit Gl. (151):

$$y \to 0: \qquad y\,\varphi_{1y} = y\,v_1 = \frac{q(x, t)}{2\pi} = \frac{1}{2\pi}\left[\frac{1}{c_0}\,f_t + M_0\,f_x\right]. \tag{159}$$

Gl. (VII,70) in [•13] erweist sich als spezieller Fall von Gl. (159) für stationäre Strömung.

Ein wichtiger Spezialfall für instationäre Randbedingungen ist die Beschleunigung oder Verzögerung eines Körpers unveränderlicher Form. Mit $x_s(t)$ als zeitlich veränderliche Abszisse der Körperspitze gilt beispielsweise für einen Rotationsrumpf die Darstellung:

$$F = F_{\max}\, f[x - x_s(t)] \quad \text{mit} \quad x_s - 1 \leqq x \leqq x_s \tag{160}$$
$$\text{bzw.} \quad x_s \leqq x \leqq x_s + 1.$$

Dabei wurde angenommen, daß der Körper die Länge 1 habe, daß also alle Längen durch die Körperlänge dimensionslos gemacht seien. Die Darstellung (160) gilt dabei innerhalb der oberen angegebenen Grenzen, wenn sich der Körper nach rechts bewegt, und innerhalb der unteren Grenzen, wenn er nach links fliegt.

Wenn ein ungleichförmig bewegter Körper vorliegt, so wird in der Regel ein luftruhendes Koordinatensystem angenommen; denn es ist im allgemeinen nicht zweckmäßig, sowohl der anströmenden Luft als auch dem Körper eine Geschwindigkeit zuzuschreiben. Daher kann im folgenden ein bezüglich der Luft ruhendes Koordinatensystem vorausgesetzt werden, $M_0 = 0$. Damit folgt aus Gl. (160):

$$f_x = -\frac{dx_s}{dt}\,f_t \qquad \text{mit} \qquad \frac{dx_s}{dt} = u_s.$$

Dabei ist u_s die Geschwindigkeit der Körperspitze und damit im vorliegenden Fall die Geschwindigkeit des Körpers überhaupt. $u_s/c_0 = M_s(t)$ ist die Machzahl, mit der der Körper fliegt, und zwar ist $M_s \gtrless 0$, je nachdem ob der Körper nach rechts oder nach links fliegt. Nach allem ist dann mit Gl. (159):

$$q(x, t) = -M_s(t)\, f_x\big(x - x_s(t)\big). \tag{161}$$

Bei konstanter Flugmachzahl, $M_s =$ konst., liegt ein Vergleich mit den Ergebnissen der stationären Strömung auf der Hand. Dabei ist zu beachten, daß ein von links stationär angeströmter Körper einem in ruhender Luft nach links fliegenden Körper entspricht, also $M_s < 0$.

Entsprechendes wie für den Rotationsrumpf gilt selbstverständlich auch für das fliegende Profil. Die Integrationsgrenzen seien im folgenden dabei für beide Fälle gleichzeitig besprochen.

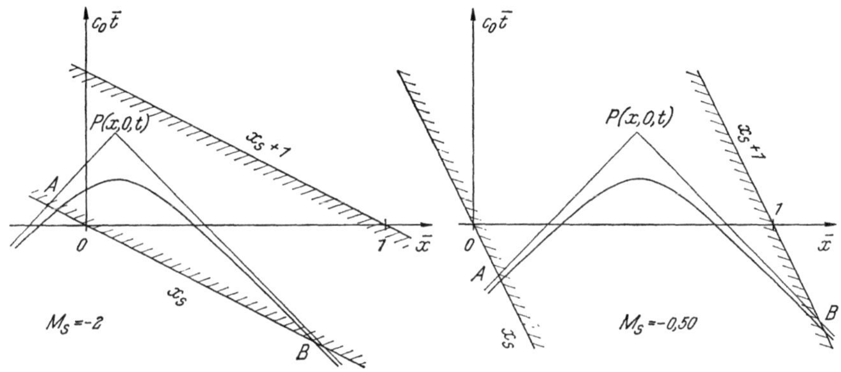

Abb. IV,28. Integrationsgebiet bei Überschall- und Unterschallflug in Luft-ruhendem System.

Abb. 28 zeigt links das Integrationsgebiet eines mit Überschallgeschwindigkeit nach links, rechts jenes eines mit Unterschallgeschwindigkeit nach links fliegenden Körpers der Länge 1. Die schraffierte Linie $x = x_s$ ist die Bahnkurve der Körperspitze, die schraffierte Linie $x = x_s + 1$ ist Bahnkurve des Körperendes. Die — stark ausgezogene — Hyperbel ist die Kurve (149) für einen bestimmten Aufpunkt $P(x, y, t)$. Die beiden darüber verlaufenden Asymptoten entsprechen der zerfallenden Hyperbel eines Punktes $P(x, 0, t)$. Sie entsprechen den Gleichungen:

$$c_0(t - \bar{t}) = x - \bar{x}; \qquad c_0(t - \bar{t}) = \bar{x} - x. \tag{162}$$

Der Aufpunkt $P(x, y, t)$ ist so gewählt, daß seine Abszisse im Bereich $x_s < x < x_s + 1$ liegt. Das Quellgebiet ist im vorliegenden Fall gemäß Gl. (160) durch die beiden schraffierten Linien begrenzt. Zu integrieren ist also bei ebener Strömung in der Darstellung (145) bei Überschall über den ganzen zwischen der Hyperbel und der Vorderkante liegenden, jedoch begrenzten Bereich, bei Unterschallgeschwindigkeit dagegen über den durch die Hyperbel, die Vorder- und Hinterkante begrenzten, unter Umständen unendlich ausgedehnten Bereich. Bei Überschall hat also, wie nicht anders zu erwarten, nur ein Teil der Belegung und damit des Profiles Einfluß auf den Strömungszustand im Aufpunkt P, bei Unterschallströmung aber das ganze Profil. Beschleunigung und Verzögerung kommen nur in der Krümmung der Kurven x_s und $x_s + 1$ in der Abbildung zur Geltung.

Bei Startvorgängen oder anderen Übergängen zu einem stationären Zustand, beispielsweise zum Flug mit konstanter Geschwindigkeit, kommt es bei Überschallströmung lediglich auf den Zeitbereich

$$c_0 t_B < c_0 \bar{t} \leqq c_0 t - y \tag{163}$$

an. B ist dabei jener Punkt, in dem sich bei Überschallgeschwindigkeit die Hyperbel (149) mit der Linie der Vorderkante $x = x_s(t)$ schneidet, und t_B ist der zugehörige Zeitpunkt. Die obere Grenze von $c_0\bar{t}$ folgt aus Gl. (149) für $x = \bar{x}$. Wenn die Belegung in den durch Gl. (163) gegebenen Grenzen stationär ist, dann ist die Lösung selbst stationär. Bei Überschallgeschwindigkeit wird folglich der stationäre Endzustand bald nach dem Übergang zum stationären Flug erreicht. Bei Unterschallgeschwindigkeit dagegen ist, wie Abb. 28 rechts zeigt, die ganze Vorgeschichte maßgebend. Theoretisch müßte also der Körper zu allen Zeiten $c_0\bar{t} \leqq y - c_0 t$ stationär fliegen, damit die stationäre Lösung erreicht wird. Nur die Zeit $y - c_0 t < c_0\bar{t}$ spielt keine Rolle. Der stationäre Endzustand wird folglich bei Unterschallflug eines Profiles also nur asymptotisch erreicht. Über die Art der Näherung an den asymptotischen Endzustand scheinen noch keine Rechnungen vorzuliegen.

Wesentlich anders liegen die Verhältnisse bei einem fliegenden Rotationskörper. Hier ist sowohl bei Unterschallgeschwindigkeit wie Überschallgeschwindigkeit nur über die Zustände auf der Hyperbel (149) zu integrieren, also im vorliegenden Fall in Gl. (150) über

$$x_A \leqq \bar{x} \leqq x_B. \tag{164}$$

Bei einer Integration über die Zeit ist in Gl. (153) über:

$$c_0 t_A \leqq c_0\bar{t} \leqq c_0 t - y \qquad \text{für} \qquad \bar{x} \leqq x \tag{165}$$

und über

$$c_0 t_B \leqq c_0\bar{t} \leqq c_0 t - y \qquad \text{für} \qquad x \leqq \bar{x}$$

zu integrieren.

Bei Rotationsrümpfen wird also der stationäre Endzustand stets nach einer endlichen Laufzeit erreicht. Ist der Flug zwischen den Zeitpunkten t_A und t_B stationär, dann ist die Lösung selbst stationär und unabhängig von der Vorgeschichte. Der Unterschied zwischen Unter- und Überschallströmung ist nur der, daß es im ersten Fall auf die gesamte Körperform, bei Überschall aber nur auf die Körperform vor dem Aufpunkt ankommt.

Dies ist leichter in einem körperruhenden Koordinatensystem zu erkennen, Abb. 29. Ein solches ist stets sinnvoll, wenn die Fluggeschwindigkeit, also die Anströmmachzahl $M_s = M_\infty$, konstant ist, die Körperform sich jedoch zeitlich ändert, der Körper also z. B. aufgeblasen wird, pulsiert oder schwingt.

Die Galilei-Transformation führt dann Abb. 28 in Abb. 29 über, indem die als gestrichen angesehenen Koordinaten der ersten Abbildung in die ungestrichenen Unabhängigen der letzten Abbildung übergeführt werden. Wegen der Annahme konstanter Fluggeschwindigkeit in Abb. 28 sind $x_s(t)$ und $x_s(t + 1)$ gerade

Linien, die nun in $x_s = 0$ und $x_s + 1 = 1$ übergehen. Die Quellen im Belegungsbereich sind freilich im allgemeinen zeitlich veränderlich. Der Unterschied zwischen Überschall- und Unterschallströmung ist jetzt auch klar zu erkennen. Bei $M_\infty > 1$ ist nur über die x-Werte der Hyperbel zu integrieren. Im Gebiet, in dem bereits stationäre Zustände herrschen, hängt die Quellverteilung nur mehr von $\bar{x}$ und nicht mehr von $\bar{t}$ ab.

Der Übergang zur stationären Lösung wird bei ebener Strömung durch Integration von (147) über $\bar{t}$ und bei zeitlich konstantem v_1 vollzogen. Beim retardierten

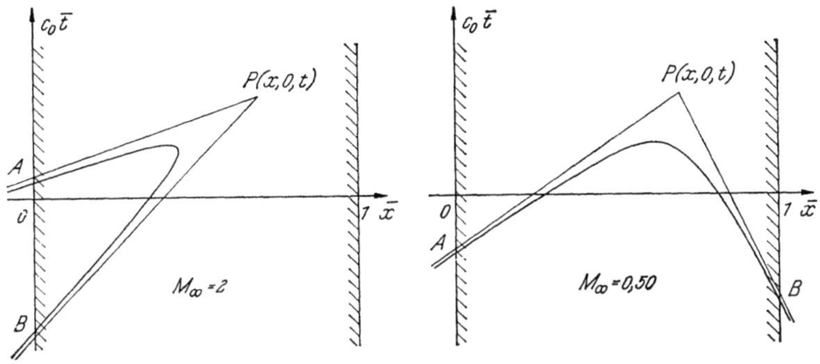

Abb. IV,29. Integrationsgebiet bei Überschall- und Unterschallanströmung im Körperruhenden System.

Potential für Rotationskörper, Gl. (150), kommt man etwas schneller zum Ziel, weil keine Integration mehr auszuführen ist. Die unabhängigen Veränderlichen in (150) sind nun als gestrichene Größen der Galilei-Transformation (137) anzusehen, ebenso die Variablen in (149). Nach Ausführung der Transformation und Elimination der Zeit mittels Gl. (149) gelangt man direkt zur Darstellung für stationär angeströmte Rotationsrümpfe bei Unterschall, [·13], Abschn. VIII,7, und bei Überschall, [·13], Abschn. IX,3.

17. Ungleichförmig bewegte räumliche Quelle

Eine singuläre Lösung besonderer Art bildet die ungleichförmig bewegte räumliche Quelle. Sie bewege sich ungleichförmig mit beliebiger Geschwindigkeit auf der x-Achse. Die Bahnkurve ist dann gegeben durch:

$$x = x_s(t), \qquad y = 0, \qquad z = 0. \tag{166}$$

Die Quellverteilung sei zunächst auf ein sehr kurzes Stück l der x-Achse beschränkt. Im Gegensatz zu Gl. (150) sei die Quellverteilung im Zähler des Integranden nun mit q' bezeichnet. q sei die Gesamtquellstärke während der kurzen Quelltätigkeit.

Die Darstellung ist nahe verwandt mit dem Flug eines Körpers konstanter Form, Gl. (161), nur soll jetzt nicht die Körperform erhalten bleiben, sondern die gesamte Quelltätigkeit örtlich knapp begrenzt sein. Es ist zweckmäßig, für den

Abstand vom Quellbeginn, gegeben durch $x_s(t)$, eine neue Variable X einzuführen. Für die Gesamtquellstärke gilt dann mit dieser neuen Variablen:

$$\overline{X} = \overline{x} - x_s(\bar{t}), \qquad q(\bar{t}) = \int_0^l q'(\overline{X}, \bar{t})\, d\overline{X}. \tag{167}$$

Zunächst sei in der Darstellung (150) ebenfalls die Variable $\overline{X}$ eingeführt. Mit Gl. (167) links und Gl. (152) rechts gilt dann:

$$d\overline{X} = d\overline{x} - \frac{dx_s}{d\bar{t}} \frac{1}{c_0} \frac{x - \overline{x}}{\sqrt{(x - \overline{x})^2 + y^2}}\, d\overline{x}.$$

Dabei ist ähnlich wie im letzten Abschnitt:

$$\frac{1}{c_0} \frac{dx_s(\bar{t})}{d\bar{t}} = M_s(\bar{t}). \tag{168}$$

Die Machzahl der Körperspitze dort ist jetzt die Machzahl, mit der sich die Quelle bewegt. Sie ist positiv gemäß Gl. (168), wenn die Quelle nach rechts fliegt, negativ, wenn sie sich nach links bewegt. Mit den letzten beiden Gleichungen gilt dann:

$$d\overline{X} = \left[\sqrt{(x - \overline{x})^2 + y^2} - M_s(\bar{t})\,(x - \overline{x})\right] \frac{d\overline{x}}{\sqrt{(x - \overline{x})^2 + y^2}}.$$

Wird nun die Länge des Quellgebietes auf 0 zusammengezogen, $l \to 0$, dann darf überall im Integranden $\overline{x}$ durch $x_s(\bar{t})$ ersetzt werden, wegen $0 \leqq \overline{x} \leqq l$. Mit Gl. (150) und der letzten Gleichung gilt dann:

$$\varphi_1 = -\frac{1}{4\pi} \int_0^l \frac{q'(\overline{X}, \bar{t})\, d\overline{X}}{\sqrt{[x - x_s(\bar{t})]^2 + y^2} - M_s(\bar{t})\,[x - x_s(\bar{t})]}$$

$$= -\frac{1}{4\pi} \frac{1}{\sqrt{[x - x_s(\bar{t})]^2 + y^2} - M_s(\bar{t})\,[x - x_s(\bar{t})]} \int_0^l q'(\overline{X}, \bar{t})\, d\overline{X}.$$

Daraus folgt schließlich mit Gl. (167) und (149) die Lösung von H. Sockel [21]:

$$\varphi_1 = -\frac{1}{4\pi} \frac{q(\bar{t})}{\sqrt{[x - x_s(\bar{t})]^2 + y^2} - M_s(\bar{t})\,[x - x_s(\bar{t})]}, \tag{169}$$

$$c_0\bar{t} = c_0 t - \sqrt{[x - x_s(\bar{t})]^2 + y^2}.$$

Es handelt sich um eine Verallgemeinerung der Lösung (139) auf eine auf der x-Achse ungleichförmig bewegte Quelle. Wie dort F ist jetzt q noch immer eine, bei Beachtung der nötigen Differenzierbarkeit, beliebige Funktion. Da die Lösung achsensymmetrisch ist, konnte $z = 0$ als Repräsentativebene der Darstellung gewählt werden.

Die Verifikation der Lösung (169) ist ziemlich umständlich. Dabei ist in Gl. (136) $\varphi_{1zz} = \varphi_{1y}/y$ zu setzen, weil es sich um eine achsensymmetrische Lösung handelt. Bei der Durchführung einer solchen Rechnung ist darauf zu achten, daß φ_1 neben den Aufpunktsvariablen x, y, t noch die retardierte Zeit $\bar{t}$ enthält und diese wiederum durch die Beziehung in Gl. (168) und (169) implizit durch die Ortsvariablen dargestellt ist.

Auch der Übergang zur gleichförmig bewegten Quelle ist nicht ganz einfach. Läßt man die Bahn der Quelle der Einfachheit halber durch den Ursprung gehen, dann gilt mit Gl. (168) wegen $M_s =$ konst.:

$$x_s(\bar{t}) = M_s c_0 \bar{t}\,.$$

Die untere Gl. (169) läßt sich in diesem Fall nach $\bar{t}$ auflösen. Man erhält:

$$(1 - M_s^2)\, c_0 \bar{t} = c_0 t - M_s x - \sqrt{(x - M_s c_0 t)^2 + (1 - M_s^2)\, y^2}\,. \tag{170}$$

Mit dieser Beziehung folgt wiederum für den Nenner von φ_1 in Gl. (169):

$$\sqrt{[x - x_s(\bar{t})]^2 + y^2} - M_s[x - x_s(\bar{t})] = \sqrt{(x - M_s c_0 t)^2 + (1 - M_s^2)\, y^2}$$

und damit für die gleichförmig bewegte Quelle:

$$\varphi_1 = -\frac{1}{4\pi} \frac{q(\bar{t})}{\sqrt{(x - M_s c_0 t)^2 + (1 - M_s^2)\, y^2}}$$

mit $\bar{t}$ aus Gl. (170).

Diese Lösung läßt sich aber auch im wesentlichen durch eine Lorentz-Transformation von Gl. (139) gewinnen, wobei in Gl. (138) $M_0 = -M_s$ zu setzen wäre.

18. Allgemeine Gleichungen für instationäre Wellenfronten

Die instationären Wellenfronten können genauso wie die stationären in Abschn. 2 als die einhüllenden Flächen der Elementarwellen angesehen werden, die von jedem ihrer Punkte ausgehen. Freilich handelt es sich nur um „Flächen" im mathematischen Sinn, nämlich um zweidimensionale Mannigfaltigkeiten im x,y,t-Raum. Physikalisch handelt es sich um zeitlich veränderliche Kurven, die in Analogie zu Gl. (1) durch folgende implizite Gleichung dargestellt werden mögen:

$$\xi(x, y, t) = \text{konst.} \tag{171}$$

Der Normalenvektor der Kurve, nicht der Fläche, kann wie in Gl. (2) dargestellt werden:

$$\vec{n} = \frac{\operatorname{grad} \xi}{|\operatorname{grad} \xi|} = \left\{ \cos\beta = \frac{\xi_x}{\sqrt{\xi_x^2 + \xi_y^2}}, \qquad \sin\beta = \frac{\xi_y}{\sqrt{\xi_x^2 + \xi_y^2}} \right\}. \tag{172}$$

Er hat wegen der Beschränkung auf ebene und achsensymmetrische Strömung, also auf zwei Ortskoordinaten, nur zwei Komponenten, seiner Definition nach also keine „Komponente" in Richtung der t-Achse. Die zeitliche Änderung des Ortsvektors $\vec{r}(x, y)$ der Wellenfront setzt sich zusammen aus einer Fortpflanzung der Welle normal zu ihrer Front mit der örtlichen Schallgeschwindigkeit c und der lokalen Strömungsgeschwindigkeit $\vec{W}$, mit der die Welle vom strömenden Medium mitgetragen wird:

$$\vec{r}_t = c\,\vec{n} + \vec{W}. \tag{173}$$

Unter- und Überschallgeschwindigkeit kommen in Gl. (173) nicht zum Ausdruck. Sie unterscheiden sich nur dadurch, daß die Welle bei Unterschallgeschwindigkeit, Abb. 30 links, auch stromaufwärts wirkt, bei Überschallgeschwindigkeit jedoch nur stromabwärts „fortgeschwemmt" wird.

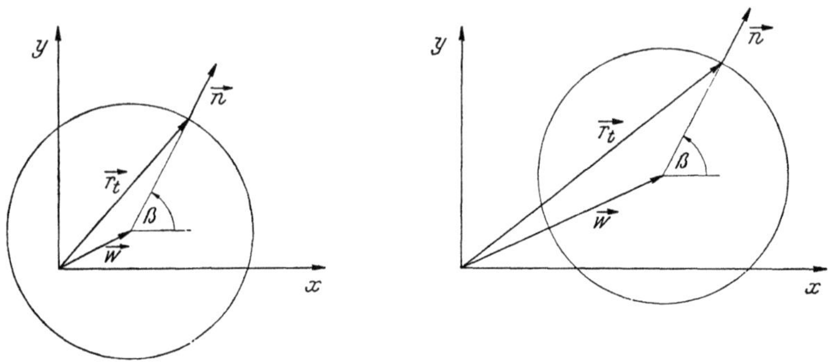

Abb. IV,30. Wellenausbreitung von einem Zentrum aus bei Unter- und Überschallströmung.

Für eine „innere" zeitliche Ableitung der Wellenfront (171), also für eine zeitliche Ableitung entlang einer in die Wellenfront gelegten Richtung, gilt:

$$\xi_t + \xi_x x_t + \xi_y y_t = \xi_t + \vec{r}_t \operatorname{grad} \xi = 0, \tag{174}$$

wobei die zeitlichen Ableitungen des Ortsvektors gerade jene von Gl. (173) sind.

Damit hat die Wellenfront folgender partiellen Differentialgleichung zu genügen:

$$\xi_t + \vec{W} \operatorname{grad} \xi = -c\,|\operatorname{grad} \xi|. \tag{175}$$

Sie ist in der Literatur häufig in der quadratischen Form angegeben:

$$(c^2 - u^2)\,\xi_x^2 + (c^2 - v^2)\,\xi_y^2 - \xi_t^2 - 2uv\xi_x\xi_y - 2u\xi_x\xi_t - 2v\xi_y\xi_t = 0. \tag{175a}$$

Wird Gl. (173) skalar mit $\vec{n}$ multipliziert, so erhält man die sogenannte *Monge-Gleichung*:

$$\vec{n}\,\vec{r}_t = \vec{W}\,\vec{n} + c. \tag{176}$$

Auch sie ist in der quadratischen Form bekannter. Aus Gl. (176) folgt:

$$c^2 = (\vec{r}_t - \vec{W})^2 = (x_t - u)^2 + (y_t - v)^2. \tag{176a}$$

Während Gl. (175) und (175a) von den Komponenten des Vektors grad ξ zu erfüllen sind, hat der „Bicharakteristikenvektor" x_t, y_t der Gl. (176) oder

(176a) zu genügen. Daß es sich um einen Bicharakteristikenvektor handelt, geht allein schon aus Gl. (174) hervor, wonach sich ξ bei Ableitung in der genannten Richtung nicht ändert.

Im Gegensatz zu Gl. (4) oder (5) ist auf einen speziellen Parameter λ für die Bicharakteristik verzichtet worden, weil sich bei instationärer Strömung die Zeit t als geeigneter Parameter anbietet.

Der Bicharakteristikenvektor zeigt im Gegensatz zum Normalenvektor auch in Zeitrichtung. Die Neigungen seiner beiden Komponenten x_t, y_t sind gemäß Gl. (173) durch den Strömungszustand und den Normalenvektor ausgedrückt. $\vec{n} \cdot \vec{r}_t$ ist die Komponente des Bicharakteristikenvektors in Normalenrichtung. Ein Einheitsvektor in Richtung der Bicharakteristik, vergleichbar etwa im Stationären mit $\vec{b}$, wird im folgenden nicht eingeführt.

19. Akustische Wellenfronten, Beispiele

Die Gleichungen für die akustischen Wellenfronten folgen aus den allgemeinen Gleichungen des letzten Abschnittes, indem die Schallgeschwindigkeit c und der Geschwindigkeitsvektor $\vec{W}$ als konstant angenommen werden. Die neuen Gleichungen unterscheiden sich daher von den vorangegangenen nur dadurch, daß c und $\vec{W}$ den Index 0 erhalten, womit gleichzeitig auch die Lösung für die Grundströmung des Störansatzes (29) gewonnen wird. Die Indizierung der Komponenten und der Zeit t kann jedoch im folgenden noch hintan gestellt werden.

Aus Gl. (173) und Gl. (175) folgt dann der spezielle Fall der akustischen Näherung:

$$\vec{r}_t = c_0 \vec{n} + \vec{W}_0, \tag{177}$$

$$\xi_t + \vec{W}_0 \operatorname{grad} \xi = -c_0 |\operatorname{grad} \xi| . \tag{178}$$

Auf Gl. (178) sei nun die Vektoroperation „grad" ausgeübt. Dabei ist mit Gl. (172) folgende Beziehung zu beachten:

$$\operatorname{grad} |\operatorname{grad} \xi| = \frac{1}{2\sqrt{\xi_x^2 + \xi_y^2}} \operatorname{grad} (\operatorname{grad}^2 \xi) = (\vec{n} \operatorname{grad}) \operatorname{grad} \xi .$$

Damit folgt aus Gl. (178):

$$\left[\frac{\partial}{\partial t} + (\vec{W}_0 + \vec{n}\, c_0) \operatorname{grad}\right] \operatorname{grad} \xi = 0 . \tag{179}$$

Der in den eckigen Klammern stehende Differentialoperator ist gemäß Gl. (177) die zeitliche Ableitung in Bicharakteristikenrichtung. Gl. (179) zeigt also, daß sich grad ξ und damit die Normalenrichtung und ferner mit Gl. (177) auch die Bicharakteristikenrichtung entlang einer Bicharakteristik nicht ändert. Wie in der akustischen Theorie der stationären Wellenfronten, Abschn. 3, sind die Bicharakteristiken also gerade Linien und die instationären akustischen Wellenfronten *abwickelbare Regelflächen*.

Es bedarf also nur der Bestimmung der Normalenrichtungen entlang der Ausgangskurven der Charakteristikenflächen, also entlang der Ausgangskurven der Wellenfronten. Die Front läßt sich in der vorliegenden Näherung dann mit Gl. (177) leicht längs Bicharakteristiken integrieren, weil die rechte Seite dieser Gleichung entlang dem Integrationsweg konstant ist.

Im folgenden sei die Wellenfront eines auf der x-Achse ungleichförmig bewegten Punktes, der etwa als die Spitze eines Körpers angesehen werden kann, in einer ebenfalls in x-Richtung verlaufenden Parallelströmung der konstanten Machzahl M_0 gesucht. Die Bahn des Punktes ist dann gegeben durch:

$$x = x_s(t), \qquad y = y_s = 0.$$

Die Bahn liegt in der Wellenfront. Es muß daher das innere Produkt

$$\frac{dx_s}{dt}\,\xi_x + \frac{dy_s}{dt}\,\xi_y + \xi_t = 0 \tag{180}$$

verschwinden; denn der Bahnvektor im x,y,t-Raum hat die Komponenten dx_s/dt, dy_s/dt, 1 und der Vektor ξ_x, ξ_y, ξ_t steht senkrecht auf der Wellenfront.

Mit Gl. (178) gilt nun:

$$\xi_t + u_0 \xi_x = -c_0\,|\mathrm{grad}\,\xi|.$$

Aus den letzten beiden Gleichungen folgen zusammen mit der Gleichung der Bahnkurve und Gl. (172) für die Komponenten des Normalenvektors:

$$\left(\frac{dx_s}{dt} - u_0\right)\cos\beta = c_0$$

und folglich:

$$\cos\beta = \frac{1}{M_s - M_0}; \qquad \sin\beta = \frac{\sqrt{(M_s - M_0)^2 - 1}}{M_s - M_0}. \tag{181}$$

Dabei ist M_s die Flugmachzahl, genauso gebildet wie in Gl. (168). Sowohl M_s als auch M_0 können positive und negative Werte annehmen je nachdem, in welche Richtung sich der Punkt bewegt und in welche Richtung das Medium strömt. In jedem Falle gibt es aber nur reelle Normalenrichtungen und Bicharakteristikenrichtungen für $|M_s - M_0| \geqq 1$, also für Überschallflug.

Da die Bicharakteristikenrichtung, gegeben durch β, auf Bicharakteristiken konstant ist, läßt sich Gl. (177) leicht integrieren. Mit t_s als jenem Zeitpunkt der Bahnkurve des Punktes mit der Koordinate x_s erhält man schließlich für $t \geqq t_s$:

$$x = x_s(t_s) + (M_0 + \cos\beta)\,c_0(t - t_s); \qquad y = \sin\beta\,c_0(t - t_s). \tag{182}$$

Für jeden festen Wert der Bahnkurve $t = t_s$ folgt aus Gl. (181) ein Wert für β. Gl. (182) ist also eine Parameterdarstellung für die Bicharakteristik. Durch Änderung des Parameters erhält man schließlich eine abwickelbare Regelfläche, nämlich die akustische Wellenfront.

Die Form der Wellenfront in einem bestimmten Zeitpunkt $t =$ konst. folgt aus Gl. (182), indem t festgehalten und t_s variiert wird, was gemäß Gl. (181) auch mit einer Änderung von β verbunden ist. Für die Neigung der Wellenfront im Punkte $x = x_s$ erhält man zunächst aus Gl. (182) wegen $t = t_s$:

$$\frac{dx}{dt_s} = u_s - (M_0 + \cos\beta)\, c_0; \qquad \frac{dy}{dt_s} = -c_0 \sin\beta .$$

Daraus folgt für die Neigung der Welle, vgl. Abb. 30, mit Gl. (181):

$$-\frac{dy}{dt_s}\bigg/\frac{dx}{dt_s} = \frac{\sin\beta}{M_s - M_0 - \cos\beta} = \frac{1}{\sqrt{(M_s - M_0)^2 - 1}} . \tag{183}$$

Die Neigung der Wellenfront in einem Momentanbild $t = 0$ an der Spitze $x = x_s$ ist danach gleich dem Machwinkel der Relativmachzahl $|M_s - M_0|$ im betrachteten Zeitpunkt. Dies ist nicht überraschend. In der unmittelbaren Umgebung der Spitze liegt die Wellenfront mit dem quasistationären Machwinkel an, vgl. auch Abb. 33.

Als spezielles Beispiel sollen die Vorgänge beim beschleunigten oder verzögerten Durchschreiten der Schallgeschwindigkeit in ruhender Luft noch näher unter sucht werden. Es gilt dann:

$$M_0 = 0; \qquad x_s = c_0 t_s + \frac{1}{2}\, b_0 t_s^2; \qquad y_s = 0 . \tag{184}$$

Bei einer Beschleunigung des Punktes $x = x_s$ ist $0 < b_0$, bei einer Verzögerung $b_0 < 0$. Dabei sind die Koordinaten so gewählt, daß der Ursprung mit dem Schalldurchgang zusammenfällt.

Die Wellenfront ergibt sich im vorliegenden Fall ziemlich leicht aus der Anschauung. Bei verzögertem Flug, Abb. 31, liegt die Bahnkurve nur für $x_s < 0$ außerhalb der auf der Bahnkurve angeordneten Machkegel. Bei Unterschallflug dreht sich die Bahnkurve in den vom Schallpunkt, $x_s = c_0 t_s = 0$, ausgehenden Wellenkegel. Eine Einhüllende kann es also nur für den Überschallbahnteil

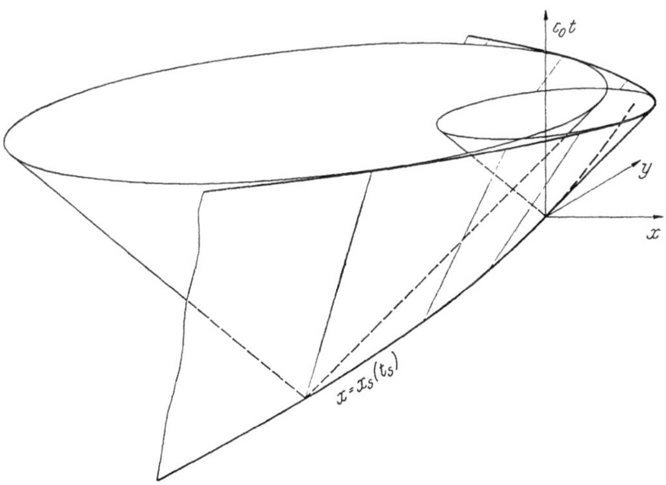

Abb. IV,31. Akustische Wellenfront bei verzögertem Flug nach [22].

geben, also für Punkte $x_s \leqq 0$. Die im folgenden angegebenen Bicharakteristiken-Geraden, die Erzeugenden der Wellenfront, sind in der Abbildung eingetragen. Die „Buglinie" der Wellenfront fällt mit der Bicharakteristik des Punktes $M_s = 1$, d. i. $x = c_0 t$, $y = 0$, zusammen.

Beim beschleunigten Flug, Abb. 32, dagegen gibt es erst für Bahnpunkte $0 \leqq x_s$ Einhüllende der Machkegel. Die „Buglinie" der Wellenfront ist nun der

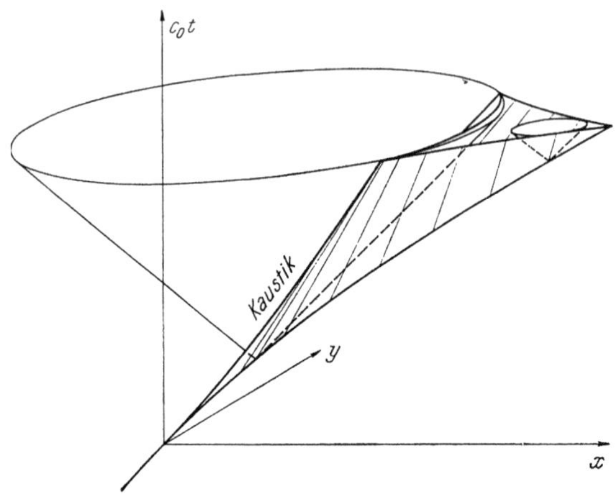

Abb. IV,32. Akustische Wellenfront bei beschleunigtem Flug nach [22].

Überschallteil der Bahnkurve. Die Einhüllende, also die von der Buglinie ausgehende Wellenfront, unterscheidet sich von der stationären Front, also der Wellenfront bei konstanter Fluggeschwindigkeit, nur dadurch, daß es sich um keine ebene Fläche handelt. Darüber hinaus enthält die Einhüllende aber noch einen bogenförmigen Teil, der jenem bei verzögertem Flug ähnelt, nur ist jetzt der Körper diesem Teil vorausgeeilt.

Aus Gl. (182) folgt unmittelbar:

$$x = c_0 t_s + \frac{1}{2} b_0 t_s^2 + \cos\beta\, c_0 (t - t_s); \qquad y = \sin\beta\, c_0 (t - t_s)$$

mit

$$M_s - M_0 = M_s = \frac{1}{c_0} \frac{dx_s}{dt_s} = 1 + \frac{b_0}{c_0} t_s .$$

Das vorliegende Ausbreitungsproblem erlaubt eine von der Beschleunigung unabhängige Darstellung. Es seien folgende reduzierte Größen für Beschleunigung und Verzögerung eingeführt:

$$\begin{gathered} b_0 \gtrless 0\colon \quad X = \pm \frac{b_0}{c_0^2} x; \qquad Y = \pm \frac{b_0}{c_0^2} y; \qquad T = \pm \frac{b_0}{c_0} t. \\ m = \frac{b_0}{c_0} t_s; \qquad M_s = 1 + m. \end{gathered} \tag{185}$$

Bei den Koordinaten und der Zeit ist die Reduktion derart ausgeführt, daß positive Ausgangsgrößen auch stets positiven reduzierten Größen entsprechen. Anstelle von t_s dagegen wurde als Parameter m, also die Abweichung von der Machzahl 1, gewählt, wobei $0 < m$ Überschall und $m < 0$ Unterschall bedeutet. Anstelle von Gl. (181) tritt nun:

$$\cos\beta = \frac{1}{1+m}; \qquad \sin\beta = \frac{\sqrt{2m+m^2}}{1+m}. \tag{186}$$

Es muß also stets $0 < m$ gelten. Die Koordinatengleichungen erhalten die Form für

$$b_0 \lesseqgtr 0; \qquad T \mp m \geqq 0: \qquad \begin{aligned} X &= \pm\left(m + \frac{1}{2}\,m^2\right) + \cos\beta\,[T \mp m]; \\ Y &= \sin\beta\,[T \mp m]. \end{aligned} \tag{187}$$

Eine qualitative, aber recht genaue Darstellung wurde schon von L. PRANDTL 1938 gegeben [23]. Es handelt sich um Momentanbilder der Wellenfronten, Abb. 33.

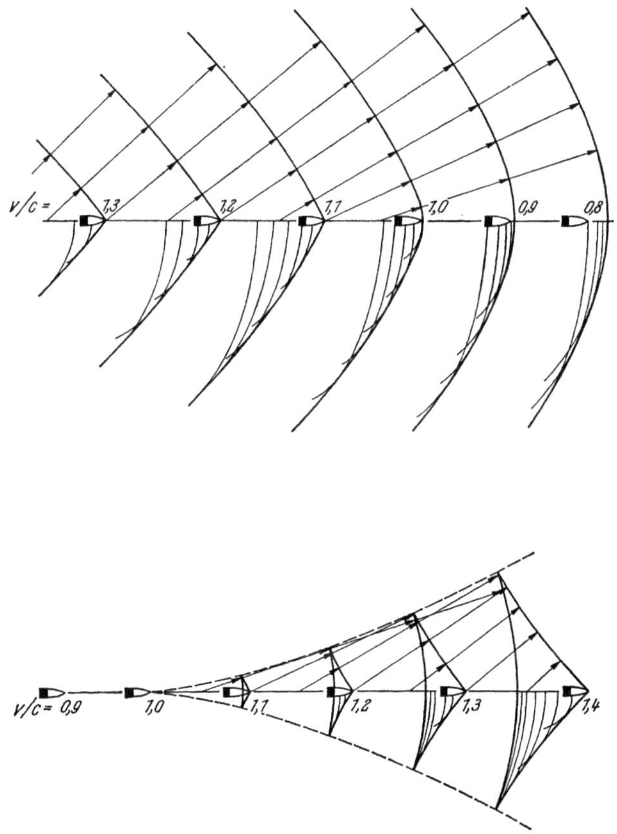

Abb. IV,33. Knallwelle für gleichförmig verzögerte geradlinige (oben) und gleichmäßig beschleunigte geradlinige Bewegung des Objektes (unten).

Die Geraden mit den Pfeilen entsprechen den Bicharakteristiken. In der unteren Hälfte sind die Wellenfronten von Kugelwellen eingezeichnet, die von der Geschoßbahn ausgehen. Als deren Einhüllende ergibt sich ja dann die Kopfwelle.

Die Kopfwelle des beschleunigt bewegten Körpers zeigt eine Umkehr der Wellenfront an einer sogenannten *Kaustik* wieder zur Bahnkurve zurück. Die von der Körperspitze ausgehenden Wellen haben große Ähnlichkeit mit der Kopfwelle eines stationär fliegenden Geschosses, nur zeigen die entfernteren Teile größere Frontneigungen entsprechend den kleineren Übergeschwindigkeiten, bei denen diese Teile der Welle ausgelöst wurden. Der nachlaufende bogenförmige Teil der Welle ist vom Körper gleich nach dem Schalldurchtritt ausgelöst worden. Diesem Teil der „Kopfwelle" ist der Körper wegen seiner höheren Geschwindigkeit davongeflogen. Es handelt sich um keine Schwanzwelle. Am Geschoßende würde eine solche Schwanzwelle eine ganz analoge Gestalt wie die Kopfwelle annehmen. Siehe dazu etwa die Bilder 12 und 13 in der Arbeit von R. Stuff [22].

Der Ort der Kaustik läßt sich im übrigen aus den Gln. (187) ziemlich schnell ermitteln Aus der Bedingung $dY/dm = 0$ folgt aus den Gln. (187) und (186):

$$T \mp m = \pm(1 + m)\,(2m + m^2).$$

Wegen $T - m \geqq 0$ und $m > 0$ gibt es also nur eine Lösung bei Beschleunigung. Aus den Gln. (187) folgt damit weiter:

$$X = \frac{3}{2}\,(2m + m^2); \qquad Y = (2m + m^2)^{3/2} = \left(\frac{2}{3}\,X\right)^{3/2}.$$

Das ist eine Neilsche Parabel, die in der Prandtlschen Abb. 33 als gestrichelte Kurve eingezeichnet ist.

20. Störtheorie instationärer Wellenfronten

Zur Ermittlung der gestörten Wellenfronten müssen, ähnlich wie in Abschn. 4, die Störansätze in die Monge-Gleichung, jetzt Gl. (176), eingeführt werden. Dabei können die Ansätze (29) ohne weiteres übernommen werden, bei instationärer Strömung aber selbstverständlich nicht Gl. (30). Als Bicharakteristikenparameter sei im Gegensatz zu Abschn. 4 im allgemeinen t_0, der Zeitmaßstab der akustischen Näherung, gewählt. Selbstverständlich muß auch die Zeitvariable gestört werden. In Erweiterung zu Gl. (33) gilt also:

$$t = t_0 + t_1 + \cdots; \qquad \vec{r}(t_0) = \vec{r}_0(t_0) + \vec{r}_1(t_0) + \cdots. \tag{188}$$

Die Monge-Gleichung sei zunächst in der Form geschrieben:

$$\vec{n}\,d\vec{r} = (\vec{W}\,\vec{n} + c)\,dt.$$

Führt man hierin die Störansätze (29) und (188) einschließlich bis zur ersten Ordnung ein, so erhält man zunächst mit dem Störansatz des Normalenvektors $\vec{n} = \vec{n}_0 + \vec{n}_1$:

$$(\vec{n}_0 + \vec{n}_1)\,d(\vec{r}_0 + \vec{r}_1) = [(\vec{M}_0\,\vec{n}_0 + 1) + \delta(\vec{W}_1\,\vec{n}_0 + c_1) + \vec{M}_0\,\vec{n}_1]\,c_0\,d(t_0 + t_1).$$

Daraus entspringt die Monge-Gleichung nullter Ordnung:

$$\vec{n}_0\, d\vec{r}_0 = (\vec{M}_0\, \vec{n}_0 + 1)\, c_0\, dt_0. \tag{189}$$

Bei der Gleichung erster Ordnung ist folgende Beziehung zu beachten. Aus Gl. (173) folgt in nullter Ordnung:

$$d\vec{r}_0 = (\vec{M}_0 + \vec{n}_0)\, c_0\, dt_0.$$

Das innere Produkt dieser Beziehung mit $\vec{n}_1$ ergibt, weil $\vec{n}$ ein Einheitsvektor ist und folglich $\vec{n}_0\, \vec{n}_1 = 0$ gilt:

$$\vec{n}_1\, d\vec{r}_0 = \vec{M}_0\, \vec{n}_1 c_0\, dt_0. \tag{190}$$

Damit erhält die Monge-Gleichung erster Ordnung die Form:

$$\vec{n}_0\, d\vec{r}_1 - (1 + \vec{M}_0\, \vec{n}_0)\, d(c_0 t_1) = \delta (c_1 + \vec{W}_1\, \vec{n}_0)\, d(c_0 t_0). \tag{191}$$

Dabei ist zu beachten, daß $\vec{M}_0$ in der ganzen Strömung konstant ist und in vielen Fällen, wie etwa im Beispiel des letzten Abschnittes, überhaupt verschwindet. $\vec{n}_0$ dagegen ist entlang einer ungestörten, also einer akustischen Bicharakteristik konstant. Wird entlang einer solchen integriert, so erhält man:

$$\vec{n}_0\, \vec{r}_1 - (1 + \vec{M}_0\, \vec{n}_0)\, c_0 t_1 = \delta \int (c_1 + \vec{W}_1 \vec{n}_0)\, d(c_0 t_0). \tag{192}$$

$\vec{n}_0\, \vec{r}_1$ ist die Abweichung der Bicharakteristik aus ihrer ungestörten Lage in Richtung senkrecht auf die ungestörte Wellenfront. $\vec{w}_1\, \vec{n}_0$ ist die Komponente der Störgeschwindigkeit senkrecht auf die ungestörte Wellenfront.

Gl. (192) stellt eine Verallgemeinerung der Gl. (III,155) in [•13] dar. Längs einer rechtslaufenden Machlinie, die räumlich betrachtet ja eine Bicharakteristik darstellt, gilt beispielsweise $\vec{n}_0\, \vec{r}_1 = x_1$, $\vec{n}_0\, \vec{w}_1 = u_1$.

Zur Ermittlung der Lage der Wellenfront mittels Gl. (192) müssen wie im Stationären zunächst $\vec{w}_1$ und c_1 bekannt sein. Genauso wie in Abschn. 6 kann auch bei instationären Vorgängen gezeigt werden, daß das Störpotential in erster Ordnung die Differentialgleichung im ungestörten, durch den Index 0 gekennzeichneten Raum x_0, y_0, t_0 erfüllt. Die Herleitung erfolgt in gleicher Weise wie jene des Systems (56) und darf daher hier weggelassen werden. Das Potential φ_1 genügt also der Differentialgleichung

$$(1 - M_0^2)\, \varphi_{1x_0x_0} + \varphi_{1y_0y_0} + \varphi_{1z_0z_0} - \frac{1}{c_0^2}\, \varphi_{1t_0t_0} - 2M_0\, \frac{1}{c_0}\, \varphi_{1x_0t_0} = 0, \tag{193}$$

wobei die Geschwindigkeitskomponenten und die Schallgeschwindigkeitsstörung wie folgt mit dem Potential zusammenhängen:

$$u_1 = \varphi_{1x_0}, \quad v_1 = \varphi_{1y_0}, \quad w_1 = \varphi_{1z_0}, \quad \frac{2}{\varkappa - 1}\, c_1 + \vec{M}_0\, \vec{W}_1 = -\varphi_{1t_0}. \tag{194}$$

An der Oberfläche von Rotationskörpern wäre die letzte Gleichung noch durch das Glied in geschwungenen Klammern von Gl. (135) zu ergänzen.

Die enge Verwandtschaft zu den akustischen Gleichungen, bei denen ja nur der Index 0 bei den unabhängigen Veränderlichen wegbleibt, ermöglicht eine direkte Übernahme der Lösungen in akustischer Näherung von Abschn. 15 sowie der singulären Lösungen von Abschnitt 14 und 17. Auch die Beziehung zwischen Quellstärke und Belegungsfunktion bleibt erhalten. Nur die Anfangsbedingungen bedürfen unter Umständen einer gewissen Änderung, wofür in Abschnitt 2 ein Beispiel gegeben ist.

Liegt die Lösung (194) in ihrer Abhängigkeit von $\vec{r}_0$ und t_0 vor, so braucht im Integranden von Gl. (192) nur die Parameterdarstellung auf der ungestörten Bicharakteristik eingeführt zu werden und die Integration kann durchgeführt werden, wobei als Integrationsvariable am besten t_0 dient. Die ungestörte Bicharakteristik erhält man durch Integration von Gl. (189). Das läuft darauf hinaus, daß in Abschnitt 9 die unabhängigen Veränderlichen $\vec{r}$ und t mit dem Index 0 zu versehen sind. Im Beispiel Gl. (182) ergibt sich dadurch sofort die gewünschte Parameterdarstellung.

21. Fronten schwacher instationärer Stöße

Auch die folgende Darstellung soll wie im Abschnitt 5 auf Stoßfronten beschränkt werden, die in ein ungestörtes Medium vordringen. Die Darstellung wird dann wesentlich übersichtlicher und gleichzeitig wird damit ein wesentlicher Spezialfall erfaßt.

Als laufender Parameter entlang des Schnittes der Wellenfront mit der ungestörten Normalenrichtung $\vec{n}_0$, vgl. etwa Abb. 10 für den analogen stationären Fall, sei in der vorbereitenden Rechnung der Übersichtlichkeit wegen zunächst wie im stationären Fall der Parameter λ gewählt. Aus Gl. (191) folgt dann für die Neigung der gestörten Bicharakteristik unmittelbar hinter der Wellenfront:

$$\vec{n}_0\,\vec{r}_{1\lambda} - (1 + \vec{M}_0\,\vec{n}_0)\,c_0 t_{1\lambda} = \delta(c_1 + \vec{W}_1\,\vec{n}_0)\,c_0 t_{0\lambda}. \tag{195}$$

Für die Neigung der Stoßfront folgt wieder wie im Stationären nur der halbe Wert:

$$\vec{n}_0(\vec{r}_{1\lambda})_{St} - (1 + \vec{M}_0\vec{n}_0)\,c_0(t_{1\lambda})_{St} = \frac{1}{2}\,\delta(c_1 + \vec{W}_1\,\vec{n}_0)\,c_0 t_{0\lambda}, \tag{196}$$

denn die Neigung der Stoßfront ist ja das arithmetische Mittel der Neigungen der Wellenfronten in der ungestörten Anströmung und der Neigung der Wellenfront unmittelbar hinter der Stoßfront.

Gl. (196) dient zur Bestimmung der Stoßfrontneigung nach Ermittlung des Zustandes hinter der Stoßfront, also der rechten Seite von (196). Zu diesem Zweck muß die Stoßfrontgleichung in den charakteristischen Variablen gelöst werden, also am besten in ξ und λ bei festgehaltenen Normalenrichtungen $\vec{n}_0$ gemäß Gl. (172). Die Normalenrichtung im vorliegenden Fall ist jene der akustischen Wellenfront. Der Winkel β bedarf keiner Indizierung, weil kein gestörter Winkel β eingeführt wird.

Als Variable ξ könnte gewählt werden:

$$\begin{aligned}\xi &= x_0 \cos\beta + y_0 \sin\beta - (1 + \vec{M}_0 \vec{n}_0)\, c_0 t_0 \\ &= \vec{r}_0 \vec{n}_0 - (1 + \vec{M}_0 \vec{n}_0)\, c_0 t_0 .\end{aligned} \tag{197}$$

$\xi =$ konst. ist dann eine Tangentialebene an den Ausbreitungskegel im x_0, y_0, t_0-Raum entsprechend Abb. 30.

Für $\vec{M}_0 = 0$ und $\beta = 0$ sowie $\beta = \frac{\pi}{2}$ ergibt sich bis auf das Vorzeichen und die Symbole die Charakteristik von [•13], Gl. (III,144). Ein konstanter Faktor spielt jedoch bei der Darstellung (197) keine Rolle, weil die Wellenfronten durch $\xi =$ konst. gegeben sind.

Mit $\hat{x}, \hat{y}, \hat{t}$ als unabhängige Variable der Stoßfront folgt mit Gl. (172) und (175) für die ξ-Änderung auf der Stoßfront:

$$\frac{d\xi}{d\lambda} = \xi_x \hat{x}_\lambda + \xi_y \hat{y}_\lambda + \xi_t \hat{t}_\lambda = \vec{\hat{r}}_\lambda \operatorname{grad} \xi + \xi_t \hat{t}_\lambda = |\operatorname{grad} \xi|\, [\vec{\hat{r}}_\lambda \vec{n} - (c + \hat{W} \vec{n})\, \hat{t}_\lambda].$$

Zunächst sei $|\operatorname{grad} \xi|$ durch die Koordinaten der Wellenfront ausgedrückt, denn diese lassen sich mit Gl. (192) bestimmen. Es gilt mit Gl. (2) und (175):

$$\partial\xi/\partial\xi = 1 = \xi_x x_\xi + \xi_y y_\xi + \xi_t t_\xi = |\operatorname{grad} \xi|\, [\vec{n}\vec{r}_\xi - (c + \vec{W}\vec{n})\, t_\xi].$$

Daraus folgt durch Einführung der Störungen bis zur ersten Ordnung mit Gl. (29) nach elementarer Rechnung:

$$\begin{aligned}\frac{1}{|\operatorname{grad} \xi|} &= \vec{n}_0 \vec{r}_{0\xi} - (1 + \vec{M}_0 \vec{n}_0)\, c_0 t_{0\xi} + \vec{n}_0 \vec{r}_{1\xi} - (1 + \vec{M}_0 \vec{n}_0)\, c_0 t_{1\xi} \\ &\quad - [\vec{M}_0 \vec{n}_1 + \delta(c_1 + \vec{W}_1 n_0)]\, c_0 t_{0\xi} .\end{aligned}$$

Hier brauchen nur Größen nullter Ordnung oder solche von gleicher Größenordnung mitgeführt zu werden. Der Klammerausdruck der vorletzten Gleichung wird sich als eine Größe erster Ordnung erweisen. Der die Störungen $\vec{W}_1$ und c_1 enthaltende Term darf wegbleiben, weil „kleine Störungen" der Geschwindigkeit und der Schallgeschwindigkeit vorausgesetzt wurden. Keinesfalls dürfen jedoch die Beiträge mit $\vec{r}_{1\xi}$ und $t_{1\xi}$ vernachlässigt werden. $\vec{r}_1$ und t_1 können nämlich gemäß Gl. (192) erhebliche Werte annehmen, und das gilt nicht weniger für ihre Ableitungen nach ξ. Es handelt sich hier wieder um *kumulative Beiträge*, die aus der Integration kleiner Störungen über lange Wegstrecken resultieren. Es können sowohl Fälle auftreten, wo die genannten Terme trotzdem vernachlässigt werden können, also auch solche, wo die kumulativen Glieder den Hauptbeitrag liefern. In der letzten Gleichung sind folglich alle Beiträge der ersten Zeile zu berücksichtigen.

Durch Einführen der Störglieder kann ferner folgende Umformung vorgenommen werden:

$$\begin{aligned}\vec{\hat{r}}_\lambda \vec{n} - (c + \vec{W} \vec{n})\, \hat{t}_\lambda &= \vec{r}_{0\lambda} \vec{n}_0 - (1 + \vec{M}_0 \vec{n}_0)\, c_0 t_{0\lambda} \\ &\quad + \vec{r}_{0\lambda} \vec{n}_1 - [\vec{M}_0 \vec{n}_1 + \delta(c_1 + \vec{W}_1 \vec{n}_0)]\, c_0 t_{0\lambda} \\ &\quad + (\vec{r}_{1\lambda})_{St}\, \vec{n}_0 - (1 + \vec{M}_0 \vec{n}_0)\, c_0 (t_{1\lambda})_{St} .\end{aligned}$$

Dabei ist die in Gl. (196) verwendete Symbolik wieder eingeführt.

Die Glieder nullter Ordnung fallen zufolge der Monge-Gleichung (189) fort. Die den Vektor $\vec{n}_1$ enthaltenden Glieder heben sich zufolge von Gl. (190) weg. Zufolge von Gl. (196) bleibt dann schließlich:

$$\frac{1}{|\text{grad}\ \xi|}\ \frac{d\xi}{d\lambda} = \left[\vec{r}_\lambda\, \vec{n} - (c + \vec{W}\vec{n})\, t_\lambda\right] = -\frac{1}{2}\, \delta(c_1 + \vec{W}_1\, \vec{n}_0)\, c_0 t_{0\lambda}\,.$$

Wie bei der Gleichung für den stationären Stoß hat sich das Vorzeichen auf der rechten Gleichungsseite gegenüber jenem in Gl. (196) gerade umgedreht. Das liegt wiederum daran, daß die Stoßfront gegenüber der gestörten Wellenfront entgegengesetzte Neigung aufweist wie gegenüber der ungestörten Wellenfront vor dem Stoß.

Mit dem für $|\text{grad}\ \xi|$ gewonnenen Ausdruck, der nach ξ in der Normalebenen abgeleiteten Beziehung (192) und der unabhängigen Veränderlichen $\lambda = t_0$ folgt schließlich die Stoßfrontgleichung:

$$\frac{d\xi}{d(c_0 t_0)} = -\frac{1}{2}\ \frac{\delta(c_1 + \vec{W}_1\, \vec{n}_0)}{\vec{n}_0\, \vec{r}_{0\xi} - (1 + \vec{M}_0 \vec{n}_0)\, c_0 t_{0\xi} + \delta \int (\vec{W}_{1\xi} \vec{n}_0 + c_{1\xi})\, d(c_0 t_0)}\,. \tag{198}$$

Die ersten beiden Summanden des Nenners, das sind in Integrationsrichtung konstante Größen, geben im allgemeinen einfache Werte. Bei der Wahl von ξ gemäß Gl. (197) erhält man beispielsweise:

$$1 = \vec{r}_{0\xi}\, \vec{n}_0 - (1 + \vec{M}_0\, \vec{n}_0)\, c_0 t_{0\xi}\,.$$

Es besteht eine enge Verwandtschaft zur Stoßfrontgleichung (42) für den stationären Fall. Für verschiedene Spezialfälle lassen sich dort und auch hier weitere Vereinfachungen einführen, was aber auf eine unnötige Wiederholung herauslaufen würde.

Aus der Integration von Gl. (198) folgt die Beziehung zwischen ξ und $c_0 t_0$ für eine bestimmte Normalenrichtung β. Damit ist aber der Zustand unmittelbar hinter der Stoßfront bekannt und mit Gl. (196) die Abweichung der Stoßfrontneigung von der ungestörten, also der akustischen Wellenfront gegeben.

22. Überschallströmung an einer plötzlich angestellten Platte

Dieses Beispiel wurde gewählt, weil es einfach, dabei aber recht lehrreich ist. Es wird angenommen, daß eine in x-Richtung unendlich lange Platte zum Zeitpunkt $t = t_0 = 0$ plötzlich angestellt wird. Mit dem Anstellwinkel ε gilt nach der Anstellung der Platte auch $y = 0$, $v = \varepsilon u_\infty$ oder mit der Parameterwahl Gl. (80) für positive und negative Anstellung folgende Randbedingung im x_0,y_0,t_0-Raum. Für

$$y_0 = 0, \quad 0 < x_0, \quad 0 < c_0 t_0\colon\ v_1 = M_\infty/2\,. \tag{199}$$

Der Rand des Quellgebietes in Abb. 34 ist schraffiert. Die Integration für das Potential φ_1 ist in Gl. (147) bei konstantem v_1 über jene Teile des Quellgebietes zu erstrecken, die innerhalb der durch Gl. (148) gegebenen verzerrten Hyperbel liegen. Für einen Punkt auf der Plattenoberfläche zerfällt die Hyperbel in zwei Geraden. Dabei können drei typische Fälle unterschieden werden. Für einen Punkt im Gebiete ① von Abb. 35 macht sich gemäß Abb. 34 der Plattenanfang bei

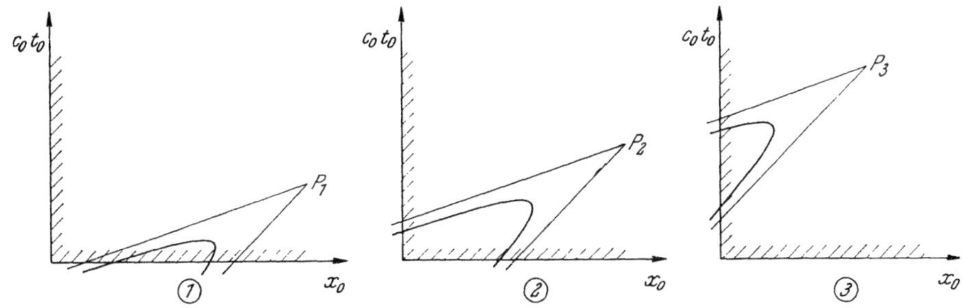

Abb. IV,34. Integrationsgebiet an der bei $M_\infty = 2$ plötzlich angestellten Platte.

$x_0 = 0$ gar nicht bemerkbar. Die Lösung ist dieselbe wie bei einer sich auch stromaufwärts unendlich lang erstreckenden Platte. Es handelt sich im wesentlichen um eine ebene Welle in y-Richtung, betrachtet aus einem mit der Geschwindigkeit $-u_\infty$ bewegten Koordinatensystem. Im Gebiet ② gibt es verschiedene Übergänge von Gebiet ① zu Gebiet ③, das ebenfalls wie das Gebiet ① konstante Strömungszustände aufweist. Der Übergang am Kreisrand erweist sich als stetig, die Ableitungen des Strömungszustandes in das Kreisinnere sind dagegen — wie auch

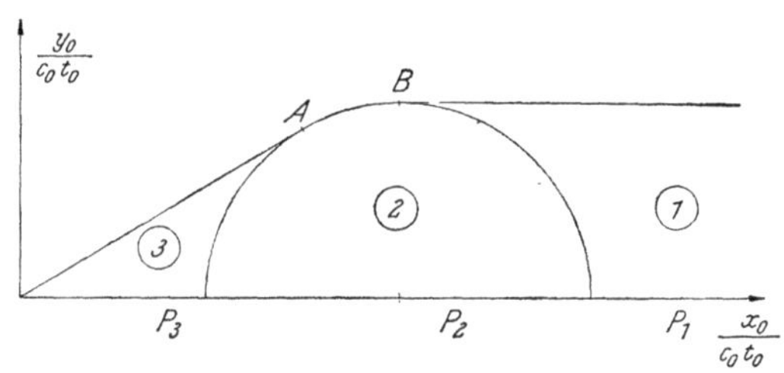

Abb. IV,35. Akustische Wellen an der bei $M_\infty = 2$ plötzlich angestellten Platte.

bei stationären Strömungen am Machkegel — unendlich. Die Berechnung der Zustände im Gebiet ② erfordert im übrigen einigen Aufwand [24]. Im Gebiet ③ macht sich gemäß Abb. 34 rechts das Einsetzen der Quelltätigkeit im Zeitpunkt t_0 nicht bemerkbar. Man erhält dort die exakte stationäre Lösung; das ist im vorliegenden Fall die Ackeret-Näherung für die ebene Überschallströmung. Wie bereits früher erwähnt, würde dort auch dann die stationäre Lösung vorliegen, wenn eine in x veränderliche Quellverteilung herrschen würde.

Wegen der Randbedingung (199), die weder eine örtliche noch eine zeitliche Begrenzung aufweist, hängt die Lösung für den Strömungszustand nur von den Verhältnissen $x_0/c_0 t_0$ und $y_0/c_0 t_0$ ab. Man nennt eine solche Lösung *in der Zeit kegelig*. In diesem Fall ist der Strömungszustand auch in $x/c_0 t$ und $y/c_0 t$ kegelig.

Die Schallgeschwindigkeitsstörung als maßgebende Größe für die Druckstörung läßt sich im Gebiet ① aus der Theorie der einfachen ebenen Welle, vgl. etwa Gl. (III,137) in [•13], ermitteln. Im Gebiet ③ führt Gl. (30) zusammen mit der Ackeret-Formel, Gl. (IX,3) in [•13], zum Ziel. Man erhält im Gebiet ①:

$$\frac{2}{\varkappa - 1} c_1 = v_1 ,$$

im Gebiet ③ :

$$\frac{2}{\varkappa - 1} c_1 = -M_\infty u_1 = v_1 \frac{M_\infty}{\sqrt{M_\infty^2 - 1}} .$$

Auf der Druckseite ist also c_1 und damit der Druck im stationären Gebiet größer als im „Wellen-Gebiet" ①. Im Gebiet ② errechnet man einen monotonen Abfall des Druckes. Interessanter ist die Saugseite. In der akustischen Theorie geht vom Plattenanfang zum Punkt A ein Verdünnungsstoß, der bei einer Über-

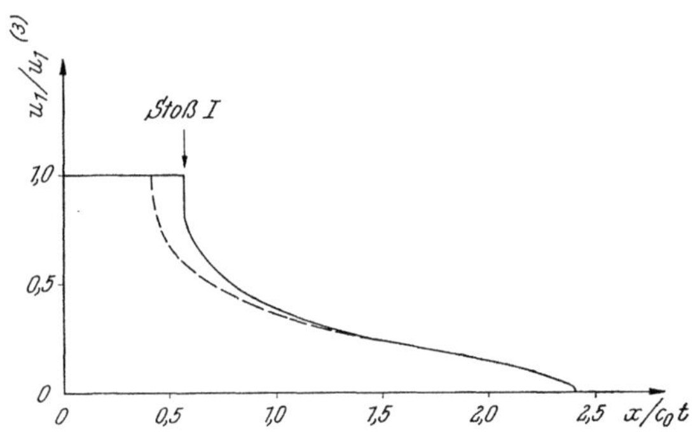

Abb. IV,36. u_1-Verteilung auf der Saugseite der Platte, $M_\infty = \sqrt{2}$, $\varepsilon = 0{,}10$ (– – – akustische Theorie).

tragung in die Strömungsebene zu einer Prandtl-Meyer-Expansion wird. Wegen der negativen Werte von ε auf der Saugseite ist nun der Unterdruck im Gebiet ③ größer als im Gebiet ①. Der Druck an der Platte steigt also im Gebiet vom Werte im stationären Gebiet zu jenen im Wellengebiet an, und zwar am Machkreis jeweils mit senkrechter Tangente, wie die Rechnung zeigt. Das führt zu Faltungen und weiter zu Stößen an den Grenzen des Gebietes ② auf der Saugseite. Ähnliches wurde an der Saugseite von Dreiecksflügeln mit Überschallvorderkanten festgestellt.

Die einschlägigen Rechnungen wurden von A. Kluwick [25] durchgeführt. Abb. 36 gibt die u_1-Verteilung an der Plattenoberfläche geteilt durch den Wert $u_1^{(3)}$ des Gebietes ③. Danach liegt die Stoßstärke an der Grenze zum Gebiet ① innerhalb der Zeichengenauigkeit, der Stoß am Rande zum Gebiet ③ dagegen ist recht deutlich und führt dazu, daß die Störung dort der akustischen Störung sichtlich vorauseilt.

Stöße und Prandtl-Meyer-Expansionen können im ganzen Feld gerechnet werden. Nur in der Umgebung der Punkte A und B bietet die Analyse in der Strömungsebene noch gewisse ungelöste Schwierigkeiten.

23. Ablösung der Kopfwelle bei verzögertem Überschallflug

Wie die Theorie der stationären Überschallströmung zeigt, kann die Kopfwelle an einem spitzen Körper im allgemeinen und speziell an einem spitzen Rotationskörper nur bei ausreichend hoher Überschallgeschwindigkeit anliegen. Bei schlanken Rotationsrümpfen, die im folgenden ausschließlich ins Auge gefaßt werden mögen, liegt diese Ablösemachzahl bei geringen Überschallgeschwindigkeiten. Nach den Ausführungen in Abschn. I,11 kann die Ablösemachzahl mit Gl. (I,96) und (I,2) abhängig vom halben Öffnungswinkel des Kreiskegels ϑ_s wie folgt angegeben werden:

$$M_\infty^2 - 1 = 3{,}31\, tg^2\, \vartheta_s. \tag{200}$$

Wie schon früher dargelegt und im Beispiel des letzten Abschnittes an einer ebenen Strömung noch speziell gezeigt, ist die Überschallströmung in der Umgebung einer Spitze quasistationär. Das trifft auch für einen beschleunigt oder verzögert bewegten Körper zu. Mit M_s als Flugmachzahl des Körpers und damit auch der Spitze, Gl. (167), anstelle von M_∞ gibt Gl. (200) jene Grenze an, an der die Kopfwelle nicht mehr anliegen kann. Bei einem halben Öffnungswinkel von $\vartheta_s = 5^\circ$ an der Spitze ist die Ablösungsmachzahl gemäß Gl. (200) $M_s = 1{,}013$. Sie liegt also im schallnahen Bereich.

Die Grenze für die kleinste Überschallmachzahl, bei der die Kopfwelle noch anliegen kann, gilt in gleicher Weise für die Ablösung der Kopfwelle bei verzögertem Überschallflug wie für das Anlegen bei beschleunigtem Flug zur Überschallgeschwindigkeit. Die im Rahmen der akustischen Theorie wiedergegebenen Ergebnisse in Abschn. 19, Abb. 31, gelten also in der Umgebung des Schalldurchtrittes nur ungenau. An einer Körperspitze mit kleinem aber immerhin endlichem Öffnungswinkel kann die Kopfwelle gar nicht senkrecht werden, wie das bei der akustischen Wellenfront bei $M_s = 1$ der Fall ist. Die Kopfwelle muß bereits im Bereich des Überschallfluges abgelöst sein.

Die Rechnung im Rahmen der Störtheorie wurde für verschiedene Fälle, unter anderem auch für die beschleunigt und verzögert fliegende Spindel einschließlich der Berechnung von Kopf- und Schwanzwelle von R. Stuff [22] durchgeführt. Im folgenden sei aber nur der Ablösungsvorgang in der unmittelbaren Umgebung der Spitze behandelt. Es sei der Übergang von einem schiefen, an der Spitze anliegenden Stoß zu einem abgelösten auf der Achse senkrechten Stoß dargestellt. Einen quasistationären Übergang gibt es zwischen diesen beiden Strömungszuständen offenbar nicht.

Der Vorgang soll im Falle der Verzögerung studiert werden, weil dann das Medium vor der Kopfwelle stets ungestört ist. Im vorliegenden Fall befindet sich das Medium wie im Beispiel von Abb. 31 überhaupt in Ruhe. Die Methode für eine Berechnung des Beispieles liegt in den vorangegangenen Abschnitten vor. Im folgenden soll nur die grundsätzliche Vorgangsweise der Berechnung skizziert werden.

Vor der Ablösung der Kopfwelle herrscht reiner Überschallflug, nach der Ablösung müssen jedoch Wellen vom Körper zur abgelösten Kopfwelle vordringen können. Die Relativgeschwindigkeit des Körpers liegt wohl noch im

Überschallbereich, der Strömungszustand mit Wellengeschwindigkeiten, die größer sind als die Schallgeschwindigkeit, hat aber dort Unterschallcharakter.

Die Analogie zur stationären Strömung an Überschallkanten mit abgelöstem Stoß liegt auf der Hand, Abschn. 7 und 8. Auch dort wurden Lösungen von Unterschallkantencharakter herangezogen, obwohl die Normalkomponente der Anströmung auf die Vorderkante bereits im Überschallbereich liegt.

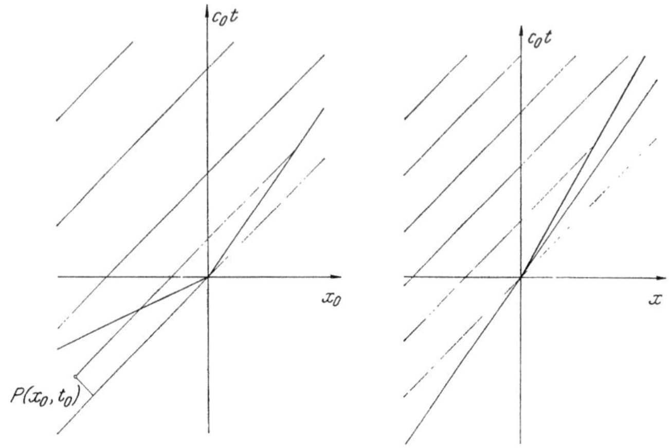

Abb. IV,37. Bahnkurve im Charakteristikenraum und im physikalischen Raum.

Nach den vorausgegangenen Ausführungen muß die Flugbahn in der Integrationsebene, das ist die x_0,c_0t_0-Ebene, im Ablösungspunkt einen Knick aufweisen, Abb. 37 links. Der Ablösungspunkt wurde der Einfachheit halber in den Ursprung des Diagramms verlegt. Vor der Ablösung, also bei $t_0 < 0$, muß es sich um Überschallgeschwindigkeit handeln, die Flugbahn muß dort also flacher verlaufen als die gleichlaufende Machlinie durch den Ursprung. Nach der Ablösung dagegen, $0 < t_0$, muß eine Unterschallflugbahn vorliegen, sie muß steiler sein als die gleichlaufende Machlinie. Dadurch ergibt die Rechnung in allen Punkten über der Machlinie $x_0 = c_0t_0$ vor der Flugbahn Störungen. Da es sich um Überdruck handelt, führen die Störungen zu einer Faltung der Strömung im Strömungsraum und damit zu einer Kopfwelle. Der Knick in Abb. 37 links ist der Deutlichkeit wegen übertrieben eingezeichnet.

Der Überschallast der Flugbahn in der x_0,c_0t_0-Ebene stimmt mit jenem in der x,c_0t-Ebene, nämlich der Flugebene, überein. Die Punkte des Unterschallastes dagegen erhalten durch die Berechnung eine neue Lage in der Flugebene. Dabei ist die Größe des Knickes in der Integrationsebene so zu wählen, daß der Knick in der Flugebene wegfällt. Dort muß die Flugbahn einen auch in der Ableitung stetigen Verlauf aufweisen. Zur Bestimmung des Knickes bedarf es keiner Iteration. Der Knick braucht nur als noch unbestimmte Größe in die Integrationsgrenzen eingeführt zu werden. Sein Wert kann dann mittels der Bedingung der Knicklosigkeit der wirklichen Körperbahn bestimmt werden. Die Stoßlage schließlich folgt aus den Rechnungen zwangsweise.

Abb. 38 gibt eine Darstellung der Stoßfront in der Umgebung der verzögert nach rechts fliegenden Körperspitze. Die Lösung erweist sich in einer Umgebung, in der die Körperspitze als Kreiskegel angesehen werden darf, als *in der Zeit kegelig*. Außerhalb der beiden von der Spitze stromaufwärts gehenden Strahlen hat der Stoß im Rahmen dieses lokal vergrößerten Bildes dieselbe Neigung wie im Ablösungsmoment. Dazwischen fügt sich eine parabelförmige Stoßfront mit stetigem Übergang ein. Dieses bausteinartig eingefügte Stück ist kennzeichnend für viele Lösungen bei Ausbreitungsproblemen. Es vergrößert sich proportional mit der

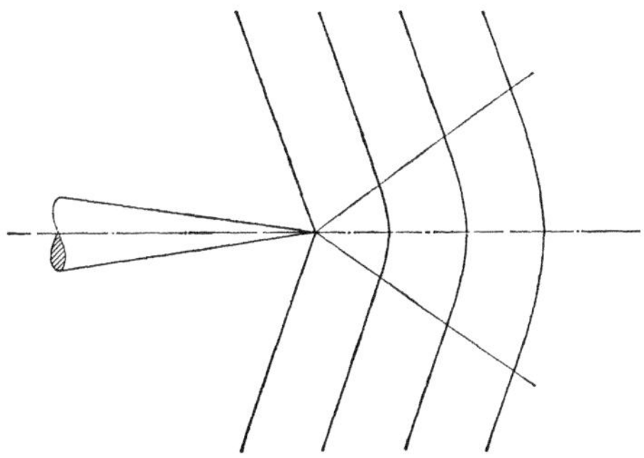

Abb. IV,38. Kopfwelle in Umgebung der Spitze bei Ablösung.

Zeit, die seit dem Ablösungsvorgang vergangen ist. Dadurch daß das Übergangsstück bei $t = 0$ verschwindend klein ist, wird der Übergang von der geknickten Stoßfront im Ablösungspunkt zur gewölbten Stoßfront danach ermöglicht.

Ähnliche Übergänge sind bei der Ablösung oder beim Anlegen der Kopfwelle an ebene und räumliche spitze Körper zu erwarten.

Literatur

[1] Leiter, E. und Oswatitsch, K.: Die Anwendung der Monge-Gleichung auf Ausbreitungsvorgänge in Gasen. Acta Mechanica **8**, 213—234 (1969).

[2] Leiter, E.: Stationäre Expansionsströmungen an räumlichen Überschallkanten. Acta Mechanica **8**, 235—254 (1969).

[3] Sun, Y. C.: Nicht-angestellte Deltaflügel mit Unterschall- und Schallvorderkanten. Journal de Mécanique **3**, 142—163 (1964).

[4] Sun, Y. C.: Die Kopfwelle an einem nicht angestellten Deltaflügel in stationärer Überschallströmung beim Übergang von Unterschall- zu Überschallvorderkanten. Journal de Mécanique **7**, 521—573 (1968).

[5] Frohn, A. und Sun, Y. C.: Dreidimensionale Überschallströmung um Flügel endlicher Spannweite. DVL-Nachrichten Heft 39, 450—453 (1969).

[6] Berndt, S. B.: Similarity laws for transonic flow around wings of finite aspect ratio. KTH-AERO TN 14, Stockholm (1950).

[7] Frohn, A.: Theorie der schwach gestörten Überschallströmung um kegelige Flügel mit Kantenumströmung. DLR-FB 69—89; Diss. Techn. Hochschule Aachen (1969).

[8] Kluwick, A.: Gleichmäßig gültige Störtheorie und kumulative Effekte bei Wellenausbreitungsvorgängen. Journal de Mécanique **13**, 131—157 (1974).

[9] Bulakh, B. M. and Reyn, J. W.: Remarks on the problem of the delta-shaped wing. PMM **31**, 190—192 (1967), (engl. Ausgabe pp. 207—210).

[10] Lighthill, M. J.: The Shock Strength in Supersonic Conical Fields. Phil. Mag. **40**, 1202—1223 (1949).

[11] Bannink, W. J. and Nebbeling, C.: Investigation of the expansion side of a delta wing at supersonic speed. AIAA Journ. **11**, 1151—1156 (1973).

[12] BEHRBOHM, H.: Zusammenfassender Bericht über die Tragflächentheorie im stationären Überschallflug. Z. f. Flugwiss. **1**, 62—79 (1953).

[13] HENDRIKS, TH. P. M.: Dreidimensionale Effekte in der Theorie des Überschallknalls (sonic boom). ZAMM, GAMM-Tagungsheft 1975.

[14] KLUWICK, A.: Analytische Darstellung der Charakteristiken-Grenzfläche einer Prandtl-Meyer-Expansion an einer Kante endlicher Ausdehnung. (In Arbeit.)

[15] WHITHAM, G. B.: The flow pattern of a supersonic projectile. Comm. Pure Appl. Math. **5**, 301—348 (1952).

[16] STUFF, R.: Überschallknall und Widerstand eines vorne spitzen Rotationskörpers in einer schweregeschichteten Atmosphäre. ZAMP **21**, 940—946 (1970).

[17] OSWATITSCH, K. and SUN, Y. C.: The Wave Formation and Sonic Boom due to a Delta Wing. Aeronat. Quart. **23**, 87—108 (1972).

[18] STUFF, R.: Closed form solution for the sonic boom in a polytropic atmosphere. Journ. of Aircraft **9**, 556—562 (1972).

[19] TEIPEL, I.: Die instationären Luftkräfte bei Machzahl 1. Z. f. Flugwiss. **12**, 6—14 (1964).

[20] SOCKEL, H.: Linearisierung der instationären, gasdynamischen Gleichung und Diskussion der Voraussetzungen an verschiedenen Fällen. ZAMM **51**, 299—302 (1971).

[21] SOCKEL, H.: Singuläre Lösungen der instationären, linearisierten, gasdynamischen Gleichung. ZAMM **51**, 371—376 (1971).

[22] STUFF, R.: Analytische Berechnung von Verdichtungsstößen beschleunigter oder verzögerter Rotationskörper. Diss. Techn. Hochschule Aachen 1968; DLR-FB 68—62 (1968).

[23] PRANDTL, L.: Über die Schallausbreitung bei rasch bewegten Körpern. 1938. Ges. Abhandlungen, II. Teil, 1059—1070. Berlin—Göttingen—Heidelberg: Springer. 1961.

[24] RYHMING, I.: Die instationäre zweidimensionale Überschallströmung um eine plötzlich angestellte dünne Platte. DVL-Bericht 35 (1957).

[25] KLUWICK, A.: Die Überschallströmung um eine plötzlich angestellte Platte. Z. f. Flugwiss. **20**, 295—300 (1972).

Tabelle A. *Beziehungen zwischen verschiedenen Größen für das ideale Gas konstanter spezifischer Wärme.*

	M^2	M^{*2}	$\frac{c}{c_0}$	$\frac{T}{T_0} = \frac{i}{i_0}$	$\frac{p}{p_0}$	$\frac{\varrho}{\varrho_0}$
M^2	M^2	$\frac{M^{*2}}{1 - \frac{\varkappa - 1}{2}(M^{*2} - 1)}$	$\frac{2}{\varkappa - 1}\left[\left(\frac{c_0}{c}\right)^2 - 1\right]$	$\frac{2}{\varkappa - 1}\left(\frac{T_0}{T} - 1\right)$	$\frac{2}{\varkappa - 1}\left[\left(\frac{p_0}{p}\right)^{\frac{\varkappa-1}{\varkappa}} - 1\right]$	$\frac{2}{\varkappa - 1}\left[\left(\frac{\varrho_0}{\varrho}\right)^{\varkappa - 1} - 1\right]$
M^{*2}	$\frac{M^2}{1 + \frac{\varkappa - 1}{\varkappa + 1}(M^2 - 1)}$	M^{*2}	$\frac{\varkappa + 1}{\varkappa - 1}\left[1 - \left(\frac{c}{c_0}\right)^2\right]$	$\frac{\varkappa + 1}{\varkappa - 1}\left(1 - \frac{T}{T_0}\right)$	$\frac{\varkappa + 1}{\varkappa - 1}\left[1 - \left(\frac{p}{p_0}\right)^{\frac{\varkappa-1}{\varkappa}}\right]$	$\frac{\varkappa + 1}{\varkappa - 1}\left[1 - \left(\frac{\varrho}{\varrho_0}\right)^{\varkappa - 1}\right]$
$\frac{c}{c_0}$	$\frac{1}{\sqrt{1 + \frac{\varkappa - 1}{2} M^2}}$	$\sqrt{1 - \frac{\varkappa - 1}{\varkappa + 1} M^{*2}}$	$\frac{c}{c_0}$	$\sqrt{\frac{T}{T_0}}$	$\left(\frac{p}{p_0}\right)^{\frac{\varkappa-1}{2\varkappa}}$	$\left(\frac{\varrho}{\varrho_0}\right)^{\frac{\varkappa-1}{2}}$
$\frac{T}{T_0} = \frac{i}{i_0}$	$\frac{1}{1 + \frac{\varkappa - 1}{2} M^2}$	$1 - \frac{\varkappa - 1}{\varkappa + 1} M^{*2}$	$\left(\frac{c}{c_0}\right)^2$	$\frac{T}{T_0}$	$\left(\frac{p}{p_0}\right)^{\frac{\varkappa-1}{\varkappa}}$	$\left(\frac{\varrho}{\varrho_0}\right)^{\varkappa - 1}$
$\frac{p}{p_0}$	$\left(1 + \frac{\varkappa - 1}{2} M^2\right)^{-\frac{\varkappa}{\varkappa-1}}$	$\left(1 - \frac{\varkappa - 1}{\varkappa + 1} M^{*2}\right)^{\frac{\varkappa}{\varkappa-1}}$	$\left(\frac{c}{c_0}\right)^{\frac{2\varkappa}{\varkappa-1}}$	$\left(\frac{T}{T_0}\right)^{\frac{\varkappa}{\varkappa-1}}$	$\frac{p}{p_0}$	$\left(\frac{\varrho}{\varrho_0}\right)^{\varkappa}$
$\frac{\varrho}{\varrho_0}$	$\left(1 + \frac{\varkappa - 1}{2} M^2\right)^{-\frac{1}{\varkappa-1}}$	$\left(1 - \frac{\varkappa - 1}{\varkappa + 1} M^{*2}\right)^{\frac{1}{\varkappa-1}}$	$\left(\frac{c}{c_0}\right)^{\frac{2}{\varkappa-1}}$	$\left(\frac{T}{T_0}\right)^{\frac{1}{\varkappa-1}}$	$\left(\frac{p}{p_0}\right)^{\frac{1}{\varkappa}}$	$\frac{\varrho}{\varrho_0}$

Tabelle B. *Zustandsgrößen und Geschwindigkeitsbeträge vor und hinter einem senkrechten Stoß.*

($\varkappa = c_p/c_v = 1{,}400$)

$\frac{\hat{p}}{p}$	M	M^*	$\frac{W}{c} - \frac{\hat{W}}{c}$	$\frac{\hat{\varrho}}{\varrho} = \frac{W}{\hat{W}}$	$\frac{\hat{T}}{T}$	$\frac{\hat{s} - s}{c_v}$	$\frac{\hat{p}_0}{p_0}$
$\frac{\hat{p}}{p}$	$\frac{U}{c}$		$\frac{\Delta W}{c}$	$\frac{\hat{\varrho}}{\varrho}$	$\frac{\hat{T}}{T}$	$\frac{\hat{s} - s}{c_v}$	$\exp\left(\frac{\hat{s} - s}{c_p - c_v}\right)$
1	1	1	0	1	1	0	1
1,1	1,04	1,035	0,069	1,07	1,028	0,00004	0,9999
1,2	1,08	1,07	0,132	1,14	1,054	0,00025	0,9994
1,3	1,12	1,10	0,191	1,21	1,078	0,00073	0,9982
1,4	1,16	1,13	0,246	1,27	1,102	0,00154	0,9961
1,5	1,195	1,155	0,299	1,33	1,125	0,00271	0,9932
1,75	1,28	1,22	0,418	1,48	1,18	0,00709	0,9824
2	1,36	1,275	0,525	1,63	1,23	0,0134	0,9670
2,5	1,51	1,37	0,709	1,88	1,33	0,0307	0,9261
3	1,65	1,45	0,867	2,11	1,42	0,0525	0,8770
3,5	1,77	1,52	1,008	2,32	1,51	0,0771	0,8246
4	1,89	1,58	1,133	2,50	1,60	0,1038	0,7714
5	2,10	1,68	1,358	2,82	1,78	0,1589	0,6722
6	2,30	1,76	1,553	3,08	1,95	0,215	0,5839
8	2,65	1,87	1,890	3,50	2,28	0,326	0,4431
10	2,95	1,95	2,18	3,82	2,62	0,429	0,3423
12,5	3,30	2,03	2,50	4,11	3,04	0,548	0,2541
15	3,61	2,08	2,78	4,34	3,46	0,655	0,1944
17,5	3,89	2,12	3,03	4,51	3,88	0,753	0,1521
20	4,16	2,16	3,26	4,65	4,30	0,843	0,1215
25	4,65	2,21	3,69	4,87	5,14	1,002	0,0816
30	5,09	2,24	4,08	5,03	5,96	1,140	0,05785
40	5,87	2,29	4,75	5,25	7,63	1,370	0,0325
50	6,55	2,32	5,34	5,38	9,30	1,558	0,0203
60	7,19	2,34	5,86	5,47	11,0	1,715	0,0137
80	8,30	2,365	6,81	5,60	14,3	1,972	0,00722
100	9,27	2,38	7,64	5,67	17,6	2,176	0,00434
150	11,35	2,40	9,38	5,78	26,0	2,56	0,00168
200	13,1	2,41	10,85	5,83	34,3	2,83	0,000842
250	14,65	2,24	12,14	5,86	42,6	3,05	0,000542
300	16,05	2,43	13,31	5,89	51,0	3,22	0,000319
400	18,5	2,43	15,4	5,91	67,6	3,50	0,0001585
600	22,7	2,44	18,9	5,93	101	3,90	0,0000583
800	26,2	2,44	21,8	5,95	134	4,19	0,0000281
1000	29,3	2,44	24,4	5,97	168	4,41	0,0000162
2000	41,4	2,45	34,5	5,98	334	5,27	0,00000191
3000	50,7	2,45	42,3	5,99	501	5,50	0,00000107

Tabelle C. *Zustands- und Geschwindigkeitsgrößen im Stromfaden bei isentroper stationärer Strömung.*

Unterschalltabelle ($\varkappa = 1{,}400$)

M	M^*	$\frac{p}{p_0}$	$\frac{\varrho}{\varrho_0}$	$\frac{T}{T_0}$	$\frac{\varrho W}{\varrho^* c^*}$	$\beta = \sqrt{1 - M^2}$
0,05	0,055	0,998	0,999	1,000	0,086	0,999
0,1	0,109	0,993	0,995	0,998	0,172	0,995
0,15	0,164	0,984	0,989	0,996	0,256	0,989
0,2	0,218	0,973	0,980	0,992	0,337	0,980
0,25	0,272	0,958	0,969	0,988	0,416	0,968
0,3	0,326	0,939	0,956	0,982	0,491	0,954
0,35	0,379	0,919	0,941	0,976	0,562	0,937
0,4	0,431	0,896	0,924	0,969	0,629	0,917
0,45	0,483	0,870	0,906	0,961	0,690	0,893
0,5	0,535	0,843	0,885	0,952	0,746	0,866
0,55	0,585	0,814	0,863	0,943	0,797	0,835
0,6	0,635	0,784	0,840	0,933	0,842	0,800
0,65	0,684	0,753	0,816	0,922	0,881	0,760
0,7	0,732	0,721	0,792	0,911	0,914	0,714
0,75	0,779	0,689	0,766	0,899	0,941	0,661
0,8	0,825	0,656	0,740	0,887	0,963	0,600
0,85	0,870	0,623	0,714	0,874	0,980	0,527
0,9	0,915	0,591	0,687	0,861	0,991	0,436
0,95	0,958	0,559	0,660	0,847	0,998	0,312
1,00	1,000	0,528	0,634	0,833	1,000	0,000

Überschalltabelle ($\varkappa = 1{,}400$)

M	M^*	$\frac{p}{p_0}$	$\frac{\varrho}{\varrho_0}$	$\frac{T}{T_0}$	$\frac{\varrho W}{\varrho^* c^*}$	$\frac{\hat{p}_0}{p_0}$
1	1,000	0,528	0,634	0,833	1,000	1,000
1,05	1,041	0,498	0,608	0,819	0,998	1,000
1,1	1,082	0,468	0,582	0,805	0,992	0,999
1,2	1,158	0,412	0,531	0,776	0,970	0,993
1,3	1,231	0,361	0,483	0,747	0,938	0,979
1,4	1,300	0,314	0,437	0,718	0,897	0,958
1,5	1,365	0,272	0,395	0,690	0,850	0,930
1,6	1,425	0,235	0,356	0,661	0,800	0,895
1,7	1,483	0,203	0,320	0,634	0,748	0,856
1,8	1,536	0,174	0,287	0,607	0,695	0,813
1,9	1,586	0,149	0,257	0,581	0,643	0,767
2	1,633	0,128	0,230	0,556	0,593	0,721
2,5	1,826	0,059	0,132	0,444	0,379	0,499
3	1,964	0,027	0,0762	0,357	0,236	0,328
3,5	2,064	0,0131	0,0452	0,290	0,147	0,213
4	2,138	0,00659	0,0277	0,238	0,0933	0,139
4,5	2,194	0,00346	0,0174	0,198	0,0604	0,0917
5	2,236	0,00189	0,0113	0,167	0,0400	0,0618
6	2,295	0,000633	0,00519	0,122	0,0188	0,0297
7	2,333	0,000242	0,00261	0,00960	0,00960	0,0153
8	2,359	0,000102	0,00141	0,0725	0,00526	0,00849
9	2,377	0,0000474	0,000815	0,0581	0,00306	0,00496
10	2,391	0,0000236	0,000495	0,0476	0,00187	0,00304
20	2,435	0,000000209	0,0000170	0,0123	0,0000651	0,000108
∞	2,4495	0	0	0	0	0

Tabelle D. *Zustände in der Prandtl-Meyer-Expansion.*
($\varkappa = 1{,}400$)

Ch	ϑ	M	M^*	α	$\frac{p}{p_0}$	$\frac{\varrho}{\varrho_0}$	$\frac{T}{T_0}$	$\frac{\varrho W}{\varrho^* c^*}$
1000	0	1,000	1,000	90°	0,5283	0,6339	0,8333	1,0000
999	1	1,082	1,067	67°33′	0,4789	0,5910	0,8103	0,9947
998	2	1,133	1,107	61°58′	0,4496	0,5649	0,7957	0,9864
997	3	1,177	1,141	58°10′	0,4249	0,5426	0,7830	0,9765
996	4	1,218	1,171	55°11′	0,4028	0,5223	0,7712	0,9654
995	5	1,256	1,200	52°46′	0,3830	0,5038	0,7602	0,9534
994	6	1,293	1,227	50°40′	0,3644	0,4862	0,7494	0,9404
993	7	1,330	1,252	48°45′	0,3464	0,4690	0,7389	0,9263
992	8	1,365	1,276	47° 6′	0,3300	0,4530	0,7285	0,9120
991	9	1,400	1,300	45°35′	0,3142	0,4374	0,7184	0,8970
990	10	1,435	1,323	44°11′	0,2990	0,4222	0,7083	0,8811
989	11	1,469	1,345	42°54′	0,2847	0,4077	0,6986	0,8651
988	12	1,502	1,366	41°45′	0,2711	0,3937	0,6888	0,8487
987	13	1,537	1,387	40°35′	0,2580	0,3800	0,6792	0,8318
986	14	1,570	1,409	39°34′	0,2456	0,3669	0,6696	0,8148
985	15	1,604	1,429	38°34′	0,2337	0,3541	0,6601	0,7975
984	16	1,638	1,448	37°37′	0,2221	0,3415	0,6506	0,7797
983	17	1,673	1,467	36°42′	0,2111	0,3294	0,6412	0,7621
982	18	1,707	1,486	35°52′	0,2006	0,3175	0,6319	0,7441
981	19	1,741	1,505	35° 3′	0,1905	0,3060	0,6226	0,7262
980	20	1,775	1,523	34°17′	0,1808	0,2948	0,6134	0,7081
979	21	1,809	1,541	33°34′	0,1715	0,2839	0,6043	0,6899
978	22	1,844	1,559	32°50′	0,1627	0,2733	0,5951	0,6718
977	23	1,879	1,576	32° 9′	0,1540	0,2629	0,5860	0,6536
976	24	1,915	1,593	31°29′	0,1459	0,2529	0,5769	0,6355
975	25	1,950	1,610	30°51′	0,1380	0,2430	0,5679	0,6174
974	26	1,986	1,627	30°14′	0,1306	0,2335	0,5590	0,5995
973	27	2,023	1,643	29°37′	0,1234	0,2243	0,5499	0,5815

Tabelle D (*Fortsetzung*)

Ch	ϑ	M	M^*	α	$\frac{p}{p_0}$	$\frac{\varrho}{\varrho_0}$	$\frac{T}{T_0}$	$\frac{\varrho W}{\varrho^* c^*}$
972	28	2,060	1,659	29° 2′	0,1166	0,2153	0,5411	0,5637
971	29	2,096	1,675	28°30′	0,1099	0,2066	0,5322	0,5461
970	30	2,134	1,691	27°57′	0,1037	0,1982	0,5233	0,5286
969	31	2,172	1,706	27°25′	0,09770	0,1899	0,5146	0,5113
968	32	2,211	1,722	26°53′	0,09200	0,1819	0,5058	0,4942
967	33	2,249	1,738	26°24′	0,08656	0,1741	0,4971	0,4773
966	34	2,289	1,753	25°54′	0,08137	0,1666	0,4884	0,4607
965	35	2,329	1,767	25°26′	0,07644	0,1593	0,4798	0,4442
964	36	2,369	1,782	24°58′	0,07174	0,1522	0,4711	0,4280
963	37	2,411	1,796	24°30′	0,06726	0,1454	0,4626	0,4121
962	38	2,453	1,810	24° 4′	0,06301	0,1389	0,4540	0,3964
691	39	2,495	1,824	23°38′	0,05898	0,1325	0,4455	0,3811
960	40	2,538	1,838	23°12′	0,05517	0,1263	0,4370	0,3660
959	41	2,581	1,852	22°47′	0,05153	0,1203	0,4286	0,3513
958	42	2,626	1,865	22°23′	0,04811	0,1145	0,4203	0,3368
957	43	2,671	1,878	21°59′	0,04488	0,1089	0,4121	0,3228
956	44	2,718	1,891	21°35′	0,04181	0,1035	0,4038	0,3090
955	45	2,764	1,904	21°13′	0,03890	0,09835	0,3955	0,2955
954	46	2,812	1,917	20°50′	0,03616	0,09336	0,3873	0,2824
953	47	2,861	1,931	20°27′	0,03357	0,08853	0,3792	0,2695
952	48	2,911	1,943	20° 5′	0,03114	0,08391	0,3712	0,2571
951	49	2,961	1,955	19°44′	0,02886	0,07946	0,3632	0,2451
950	50	3,013	1,967	19°23′	0,02670	0,07518	0,3552	0,2333
949	51	3,066	1,979	19° 2′	0,02467	0,07106	0,3472	0,2128
948	52	3,119	1,991	18°42′	0,02277	0,06711	0,3394	0,2108
947	53	3,174	2,003	18°22′	0,02101	0,06334	0,3317	0,2001
946	54	3,230	2,014	18° 2′	0,01935	0,05973	0,3240	0,1898
945	55	3,287	2,025	17°43′	0,01781	0,05628	0,3163	0,1798

Tabelle D (*Fortsetzung*)

Ch	ϑ	M	M^*	α	$\frac{p}{p_0}$	$\frac{\varrho}{\varrho_0}$	$\frac{T}{T_0}$	$\frac{\varrho W}{\varrho^* c^*}$
940	60	3,594	2,080	16° 9′	0,01148	0,04114	0,2790	0,1349
935	65	3,941	2,131	14°42′	0,007131	0,02926	0,2435	0,09835
930	70	4,339	2,177	13°20′	0,004233	0,02017	0,2098	0,06929
925	75	4,802	2,221	12° 1′	0,002391	0,01341	0,1782	0,04697
920	80	5,348	2,260	10°47′	0,001271	0,008541	0,1488	0,03045
915	85	6,007	2,296	9°35′	0,0006291	0,005169	0,1217	0,01863
910	90	6,820	2,328	8°26′	0,0002849	0,002935	0,09706	0,01078
905	95	7,852	2,356	7°19′	0,0001156	0,001541	0,07505	0,005732
900	100	9,210	2,380	6°14′	0,00004069	0,0007310	0,05566	0,002745
895	105	11,095	2,401	5°10′	0,00001175	0,0003010	0,03903	0,001140
890	110	13,87	2,4183	4° 8′	0,000002587	0,0001021	0,02533	0,0003896
885	115	18,435	2,4317	3° 6′	0,0000003670	0,00002531	0,01450	0,00009710
880	120	27,35	2,4413	2° 6′	0,00000002385	0,000003593	0,006640	0,00001384
875	125	52,48	2,4473	1° 6′	0,0000000002746	0,0000001481	0,001812	0,0000005397
869,55	130,45	∞	2,4495	0°	0	0	0	0

Integrale und Integralsätze

(Vergleiche etwa W. GRÖBNER und N. HOFREITER: Integraltafeln, Wien—New York: Springer. Bei den unbestimmten Integralen sind die willkürlichen additiven Konstanten weggelassen.)

1. $$\int \sqrt{at^2 + 2bt + c}\, dt = \frac{1}{2}\left(t + \frac{b}{a}\right)\sqrt{at^2 + 2bt + c}$$
$$+ \frac{ac - b^2}{2a\sqrt{a}} \ln \left| \frac{at + b}{\sqrt{a}} + \sqrt{at^2 + bt + c} \right|, \quad \text{für} \quad a > 0;$$

für $a < 0$:
$$= \frac{1}{2}\left(t + \frac{b}{a}\right)\sqrt{at^2 + 2bt + c} + \frac{b^2 - ac}{2a\sqrt{-a}} \arcsin \frac{at + b}{\sqrt{b^2 - ac}}.$$

2. $$\int \frac{dt}{\sqrt{at^2 + 2bt + c}} = \frac{1}{\sqrt{a}} \ln \left| \frac{at + b}{\sqrt{a}} + \sqrt{at^2 + 2bt + c} \right|, \quad \text{für} \quad a > 0;$$
$$= -\frac{1}{\sqrt{-a}} \arcsin \frac{at + b}{\sqrt{b^2 - ac}}, \quad \text{für} \quad a < 0.$$

3. $$\int \frac{t\, dt}{\sqrt{at^2 + 2bt + c}} = \frac{1}{a}\sqrt{at^2 + 2bt + c} - \frac{b}{a}\int \frac{dt}{\sqrt{at^2 + 2bt + c}}.$$

4. $$\int \frac{dt}{t\sqrt{at^2 + 2bt + c}} = -\frac{1}{\sqrt{c}} \ln \left| \frac{c + bt + \sqrt{c}\sqrt{at^2 + 2bt + c}}{t} \right|, \quad \text{für} \quad c > 0.$$

5. $$\int \frac{dt}{(at^2 + 2bt + c)^{3/2}} = \frac{1}{ac - b^2} \frac{at + b}{\sqrt{at^2 + 2bt + c}}.$$

6. $$\int \frac{t dt}{(at^2 + 2bt + c)^{3/2}} = -\frac{1}{ac - b^2} \frac{bt + c}{\sqrt{at^2 + 2bt + c}}.$$

7. $$\int \frac{dt}{\sqrt{(at + b)(ft + g)}} = \pm \frac{2}{\sqrt{af}} \ln \left[\sqrt{\pm a(ft + g)} + \sqrt{\pm f(at + b)}\right],$$

für $af > 0$; $a(ft + g) \gtrless 0$;
$$= \operatorname{sign}(a) \frac{2}{\sqrt{-af}} \operatorname{arctg} \sqrt{\frac{-f(at + b)}{a(ft + g)}}, \quad \text{für} \quad af < 0.$$

8. $$\int \sqrt{\frac{ft+g}{at+b}}\,\mathrm{d}t = \frac{1}{a}\sqrt{(at+b)\,(ft+g)} \mp \frac{\Delta}{a\sqrt{af}} \ln\left[\sqrt{\pm a(ft+g)} + \sqrt{\pm f(at+1)}\right],$$

$$\Delta = bf - ag, \qquad \text{für} \qquad af > 0, \qquad a(ft+g) \lesseqgtr 0;$$

$$= \frac{1}{a}\sqrt{(at+b)\,(ft+g)} - (a)\frac{\Delta}{a\sqrt{-af}} \operatorname{arctg}\sqrt{\frac{-f(at+b)}{a(ft+g)}},$$

$$\Delta = bf - ag, \qquad \text{für} \qquad af < 0.$$

9. $$\int \frac{\mathrm{d}t}{1+t^2} = \operatorname{arctg} t; \qquad \int\limits_0^1 \ldots\,\mathrm{d}t = \frac{\pi}{4}; \qquad \int\limits_0^\infty \ldots\,\mathrm{d}t = \frac{\pi}{2}.$$

10. $$\int \frac{\mathrm{d}t}{\sqrt{1-t^2}} = \arcsin t; \qquad \int\limits_0^1 \ldots\,\mathrm{d}t = \frac{\pi}{2}.$$

11. $$\int \sqrt{\frac{1-t}{t}}\,\mathrm{d}t = \sqrt{(1-t)\,t} + \frac{1}{2}\arcsin(2t-1); \qquad \int\limits_0^1 \ldots\,\mathrm{d}t = \frac{\pi}{2}.$$

12. $$\int \sqrt{t(1-t)}\,\mathrm{d}t = \frac{1}{4}\left[(2t-1)\sqrt{t(1-t)} + \frac{1}{2}\arcsin(2t-1)\right]; \qquad \int\limits_0^1 \ldots\,\mathrm{d}t = \frac{\pi}{8}.$$

13. $$\int \frac{\mathrm{d}t}{(1+t^2)^{3/2}} = \frac{t}{\sqrt{1+t^2}}; \qquad \int\limits_0^1 \ldots\,\mathrm{d}t = \frac{1}{\sqrt{2}}.$$

14. $$\int \frac{\mathrm{d}t}{(1+t^2)^{5/2}} = \frac{t\left(1+\frac{2}{3}t^2\right)}{(1+t^2)^{3/2}}; \qquad \int\limits_0^1 \ldots\,\mathrm{d}t = \frac{5}{6}\,\frac{1}{\sqrt{2}}.$$

15. $$\int \frac{t\,\mathrm{d}t}{(1+t^2)^{3/2}} = -\frac{1}{\sqrt{1+t^2}}; \qquad \int\limits_0^1 \ldots\,\mathrm{d}t = 1 - \frac{1}{\sqrt{2}}.$$

16. $$\int \frac{t\,\mathrm{d}t}{(1+t^2)^{5/2}} = \frac{1}{3}\,\frac{1}{(1+t^2)^{3/2}}; \qquad \int\limits_0^1 \ldots\,\mathrm{d}t = \frac{1}{3}\left(1 - \frac{1}{2\sqrt{2}}\right).$$

17. $$\int \frac{t^2\,\mathrm{d}t}{(1+t^2)^{3/2}} = \ln\left|t + \sqrt{1+t^2}\right| - \frac{t}{\sqrt{1+t^2}}; \qquad \int\limits_0^1 \ldots\,\mathrm{d}t = \ln\left(1+\sqrt{2}\right) - \frac{1}{\sqrt{2}}.$$

18. $$\int \frac{t^2\,dt}{(1+t^2)^{5/2}} = \frac{1}{3}\,\frac{t^3}{(1+t^2)^{3/2}}; \qquad \int_0^1 \ldots\,dt = \frac{1}{6}\,\frac{1}{\sqrt{2}}.$$

19. $$\int \frac{t^3\,dt}{(1+t^2)^{3/2}} = \frac{2+t^2}{\sqrt{1+t^2}}; \qquad \int_0^1 \ldots\,dt = \frac{3}{\sqrt{2}} - 2.$$

20. $$\int \frac{t^3\,dt}{(1+t^2)^{5/2}} = -\frac{\frac{2}{3}+t^2}{\sqrt{(1+t^2)^{3/2}}}; \qquad \int_0^1 \ldots\,dt = \frac{2}{3} - \frac{5}{6}\,\frac{1}{\sqrt{2}}.$$

21. $$\int \frac{t^4\,dt}{(1+t^2)^{3/2}} = \frac{1}{2}\,\frac{3t+t^3}{\sqrt{1+t^2}} - \frac{3}{2}\ln\left|t+\sqrt{1+t^2}\right|;$$

$$\int_0^1 \ldots\,dt = \sqrt{2} - \frac{3}{2}\ln\left(1+\sqrt{2}\right).$$

22. $$\int \frac{t^4\,dt}{(1+t^2)^{5/2}} = -\frac{1}{3}\,\frac{3t+4t^3}{(1+t^2)^{3/2}} + \ln\left|t+\sqrt{1+t^2}\right|;$$

$$\int_0^1 \ldots\,dt = \ln\left(1+\sqrt{2}\right) - \frac{7}{6\sqrt{2}}.$$

23. $$\int \frac{dt}{(1-t^2)^{3/2}} = \frac{t}{\sqrt{1-t^2}}.$$

24. $$\int \frac{t\,dt}{(1-t^2)^{3/2}} = \frac{1}{\sqrt{1-t^2}}.$$

25. $$\int \sqrt{t(1-t)}\,\frac{dt}{t-a} = \sqrt{a(1-a)}\,\ln\frac{\left[\sqrt{(1-a)\,t} - \sqrt{a(1-t)}\right]^2}{|t-a|}$$

$$-\left(a-\frac{1}{2}\right)\arcsin\,(2t-1) + \sqrt{t(1-t)}; \qquad \int_0^1 \ldots\,dt = \left(\frac{1}{2}-a\right)\pi.$$

26. $$\int \frac{dt}{\sqrt{a^2-t^2}\,(t-\alpha)} = -\frac{1}{\sqrt{a^2-\alpha^2}}\ln\left|\frac{-\alpha t + a^2 + \sqrt{(a^2-\alpha^2)\,(a^2-t^2)}}{t-\alpha}\right|,$$

für $|\alpha| < a$;

$$= \frac{1}{\sqrt{\alpha^2-a^2}}\arcsin\frac{a^2-\alpha t}{a\,|t-\alpha|}, \qquad \text{für} \quad |\alpha| > a > 0.$$

27. $$\int\limits_0^\infty \operatorname{arctg} \sqrt{\frac{R}{2t}} \frac{dt}{t-\alpha} = -\pi \ln \sqrt{\frac{2\alpha}{2\alpha+R}}, \qquad \text{für} \qquad \alpha > 0.$$

28. $$\int\limits_0^\infty \sqrt{\frac{R}{2t}} \frac{dt}{t-\alpha} = 0, \qquad \text{für} \qquad \alpha > 0.$$

29. $$\int\limits_0^1 \sqrt{\frac{1-t}{t}} \frac{dt}{t-\alpha} = -\pi, \qquad \text{für} \qquad 0 < \alpha < 1$$

30. Betzsche Umkehrformel:

$$\int\limits_0^1 \frac{f(\xi)}{\xi - x} \, d\xi = g(x);$$

$$f(x) = \frac{C}{\sqrt{x(1-x)}} - \frac{1}{\pi^2} \frac{1}{\sqrt{x(1-x)}} \int\limits_0^1 g(t) \sqrt{t(1-t)} \frac{dt}{t-x}.$$

31. Abelsche Integralgleichung:

$$\int\limits_a^x \frac{f(\xi)}{\sqrt{x-\xi}} \, d\xi = g(x); \qquad f(x) = \frac{1}{\pi} \frac{d}{dx} \int\limits_a^x \frac{g(t)}{\sqrt{x-t}} \, dt.$$

32. Greenscher Integralsatz (B: ebener Bereich, von der Kurve C mit dem Bogenelement ds umschlossen; $\mathfrak{n}$: herausweisende Kurvennormale):

a) Φ und Ω Skalarfelder,

$$\iint\limits_B (\Phi \Delta \Omega - \Omega \Delta \Phi) \, d\xi \, d\eta = \oint\limits_C \left(\Phi \frac{\partial \Omega}{\partial n} - \Omega \frac{\partial \Phi}{\partial n} \right) ds;$$

b) φ genüge der Laplacegleichung $\varphi_{yy} + \varphi_{zz} = 0$,

$$\iint\limits_B (\varphi_y^2 + \varphi_z^2) \, dy \, dz = \oint\limits_C \varphi \frac{\partial \varphi}{\partial n} \, ds.$$

Gleichungen aus [·13], K. Oswatitsch, Grundlagen der Gasdynamik

$$c_p = 2\frac{p - p_a}{\varrho_a W_a^2} = -\left(\frac{W^2}{W_a^2} - 1\right) + \frac{1}{4} M_a^2 \left(\frac{W^2}{W_a^2} - 1\right)^2 - \frac{1}{24} M_a^4 (2 - \varkappa) \left(\frac{W^2}{W_a^2} - 1\right)^3 + \cdots$$

$$= -2\left(\frac{W}{W_a} - 1\right) - (1 - M_a^2)\left(\frac{W}{W_a} - 1\right)^2 + \frac{1}{3} M_a^2 [3(1 - M_a^2) + M_a^2(\varkappa + 1)] \left(\frac{W}{W_a} - 1\right)^3 + \cdots. \quad \text{(II,81)}$$

$$\frac{\varrho W}{\varrho_a W_a} - 1 = (1 - M_a^2)\left(\frac{W}{W_a} - 1\right) - \frac{1}{2} M_a^2 [3(1 - M_a^2) + M_a^2(\varkappa + 1)] \left(\frac{W}{W_a} - 1\right)^2 + \cdots. \quad \text{(II,83)}$$

$$\mathrm{A} = -\varrho_\infty u_\infty \int \Gamma(z)\, \mathrm{d}z. \quad \text{(V,44)}$$

$$\mathrm{W} = \iint_{f_k} [\varrho W_n (u_\infty - u) + (p_\infty - p) \cos(n, x)]\, \mathrm{d}f. \quad \text{(V,46)}$$

$$\mathrm{W} = \frac{\varrho_\infty}{2} \iint_{f_k} \left[v^2 + w^2 - (1 - M_\infty^2)(u - u_\infty)^2 + 2\frac{M_\infty^2}{u_\infty}\left(1 - M_\infty^2 + \frac{\varkappa + 1}{3} M_\infty^2\right)(u - u_\infty)^3 \right] \mathrm{d}y\, \mathrm{d}z. \quad \text{(V,49)}$$

$$\mathrm{K}_x = \iint_{y = \pm 0} [\mp \varrho v (u - u_\infty)]\, \mathrm{d}z\, \mathrm{d}x. \quad \text{(V,56)}$$

$$(c^2 - u^2)\frac{\partial u}{\partial x} - uv\left(\frac{\partial u}{\partial y} + \frac{\partial v}{\partial x}\right) + (c^2 - v^2)\frac{\partial v}{\partial y} = 0. \quad \text{(VI,5)}$$

$$\frac{\partial v}{\partial x} - \frac{\partial u}{\partial y} = \frac{p}{c_p - c_v}\frac{\mathrm{d}s}{\mathrm{d}\psi}. \quad \text{(VI,19)}$$

$$\mathrm{T} = -2\varrho_\infty \iint_{y = +0} [v^+ \varphi_x^+ + v^- \varphi_x^-]\, \mathrm{d}z\, \mathrm{d}x + \cdots. \quad \text{(VII,42)}$$

$$\mathrm{N} = 2\varrho_\infty u_\infty \iint_{y = +0} \varphi_x^-\, \mathrm{d}z\, \mathrm{d}x + \cdots. \quad \text{(VII,44)}$$

$$(1 - M_\infty^2)\,\varphi_{1xx} + \varphi_{1yy} + \varphi_{1zz} = 0. \tag{VII,51}$$

$$\varphi = \delta^+ u_\infty \varphi_1^+ + \delta^- u_\infty \varphi_1^-. \tag{VII,52}$$

$$h_o + h_u = \tau f(x, z). \tag{VII,55}$$

$$y \to +0: \quad \delta^+ \varphi_{1y}^+ = \frac{1}{2}\,\tau f_x(x, z). \tag{VII,57}$$

$$\delta^- = \operatorname{tg} \varepsilon:\; y \to +0: \quad v_1^- = \varphi_{1y}^- = -1 + k g_x(x, z) \cot \varepsilon. \tag{VII,61}$$

$$F = F_{\max} f(x) = \pi\,\frac{\tau^2}{4}\,f(x). \tag{VII,69}$$

$$c_t^+ = \int_0^1 c_p^+ f_x \,\mathrm{d}x. \tag{VII,79}$$

$$c_t^+/F_{\max} = -2\int_0^1 R_x(x)\, f_x \,\mathrm{d}x - \frac{1}{4\pi}\, f_x^2(1) \ln\left[F_{\max} f(1)/\pi\right]. \tag{VII,80}$$

$$4\pi\varphi_1 = -q[(x-\xi)^2 + (1 - M_\infty^2)\,(y-\eta)^2 + (1 - M_\infty^2)\,(z-\zeta)^2]^{-1/2}. \tag{VIII,1}$$

$$c_w = 2 \operatorname{tg} \alpha_\infty \int_0^1 (h_{ox}^2 + h_{ux}^2)\,\mathrm{d}x. \tag{IX,9}$$

$$\operatorname{tg} \gamma = \frac{u - \hat{u}}{\hat{v}}. \tag{IX,62}$$

$$-\vartheta_\xi + \frac{\cot \alpha}{\varrho W^2}\, p_\xi + \left\{\sin \alpha \sin \vartheta\, \frac{1}{y}\, \frac{\partial l}{\partial \xi}\right\} = 0. \tag{IX,71}$$

$$A(M_\infty) = \left(1 + \frac{\varkappa - 1}{2}\, M_\infty^2\right) \operatorname{tg}^2 \alpha_\infty. \tag{IX,144}$$

$$\left.\begin{aligned} S(M_\infty) &= \frac{1}{2}\, M_\infty^2 \operatorname{tg} \alpha_\infty (A + 1) = \frac{\varkappa + 1}{4}\, \frac{M_\infty^4}{(M_\infty^2 - 1)^{3/2}}. \\ D(M_\infty) &= \frac{1}{2}\, M_\infty^2 \operatorname{tg} \alpha_\infty (A - 1) = S - M_\infty^2 \operatorname{tg} \alpha_\infty. \end{aligned}\right\} \tag{IX,159}$$

Bücher

[•1] ASHLEY, H. and LANDAHL, M.: Aerodynamics of Wings and Bodies. Reading: Addison-Wesley. 1965.

[•2] BISPLINGHOFF, R. L., ASHLEY, H. and HALFMANN, R. L.: Aeroelasticity. Reading: Addison-Wesley. 1965.

[•3] CHERNYI, C. C.: Introduction to Hypersonic Flow. New York: Academic Press. 1961.

[•4] DORFNER, K. R.: Dreidimensionale Überschallprobleme der Gasdynamik. Berlin—Göttingen—Heidelberg: Springer. 1957.

[•5] FERRARI, C. and TRICOMI, F.: Aerodinamica Transonica. Roma: Edisione Cremonese. 1962. (Engl. Übersetzung: Transonic Aerodynamics. New York: Academic Press. 1968.)

[•6] FÖRSCHING, H. W.: Grundlagen der Aeroelastik. Berlin—Heidelberg—New York: Springer. 1974.

[•7] GUDERLEY, K. G.: Theorie schallnaher Strömungen. Berlin—Göttingen—Heidelberg: Springer. 1957.

[•8] HAYES, W. D. and PROBSTEIN, R. F.: Hypersonic Flow Theory. New York: Academic Press. 1959.

[•9] KEUNE, F. und BURG, K.: Singularitätenverfahren der Strömungslehre. Karlsruhe: G. Braun. 1974.

[•10] LANDAHL, M. T.: Unsteady Transonic Flow. Oxford: Pergamon Press. 1961.

[•11] OSWATITSCH, K.: Gasdynamik. Wien: Springer. 1952.

[•12] OSWATITSCH, K. und SCHWARZENBERGER, R.: Übungen zur Gasdynamik. Wien: Springer. 1963.

[•13] OSWATITSCH, K.: Grundlagen der Gasdynamik. Wien—New York: Springer. 1976.

[•14] SAUER, R.: Anfangswertprobleme bei partiellen Differentialgleichungen. Berlin—Göttingen—Heidelberg: Springer. 1952.

[•15] WHITHAM, G. B.: Linear and Non-Linear Waves. New York: Wiley. 1974.

[•16] ZIEREP, J.: Theorie der schallnahen und der Hyperschallströmung. Karlsruhe: G. Braun. 1966.

[•17] FRANKL, F. I. and KARPOVICH, E. A.: Gasdynamics of Thin Bodies. London—New York: Interscience. 1953. (Übersetzt aus dem Russischen von D. Friedman.)

Monographieartikel, Symposiumsbände

[••1] CHUSHKIN, P. I.: Numerical Method of Characteristics for Three-Dimensional Supersonic Flows. Progress in Aeronautical Sciences, Vol. 9 (Küchemann, D., ed.), pp. 41—122. Oxford: Pergamon Press. 1968.

[••2] CONOR, A. L.: Theory of Hypersonic Flow about a Wing. Progress in Aerospace Sciences, Vol. 14 (Küchemann, D., ed.), pp. 103—175. Oxford: Pergamon Press. 1973.

[••3] COX, R. N.: Experimental Facilities for Hypersonic Research. Progress in Aeronautical Sciences, Vol. 3 (Ferri, A. et al., eds.), pp. 137—178. Oxford: Pergamon Press. 1962.

[••4] FENAIN, M.: Calcul numérique des ailes en régime supersonique stationaire ou instationaire. Progress in Aeronautical Sciences, Vol. 10 (Küchemann, D., ed.), pp. 191—259. Oxford: Pergamon Press. 1970.

[••5] FERRI, A.: The Method of Characteristics. High Speed Aerodynamics and Jet Propulsion, Vol. 6 (Sears, W. R., ed.), pp. 583—669. Princeton: Princeton University Press. 1954.

[••6] FERRI, A.: Supersonic Flows with Shock Waves. High Speed Aerodynamics and Jet Propulsion, Vol. 6 (Sears, W. R., ed.), pp. 670—747. Princeton: Princeton University Press. 1954.

[••7] GERMAIN, P.: Ecoulement Transsoniques Homogenes. Progress in Aeronautical Sciences, Vol. 5 (Küchemann, D. and Sterne, L. H. G., eds.), pp. 163—273. Oxford: Pergamon Press. 1964.

[••8] KLUWICK, A.: Analytical Methods of Charakteristics (in Vorbereitung).

[••9] KÜCHEMANN, D.: Hypersonic Aircraft and Their Aerodynamic Problems. Progress in Aeronautical Sciences, Vol. 6 (Küchemann, D. and Sterne, L. H. G., eds.), pp. 271—353. Oxford: Pergamon Press. 1965.

[••10] LEITER, E.: Nichtlineare Ausbreitungsvorgänge. Übersichtsbeiträge zur Gasdynamik. (Leiter, E. und Zierep, J., Hrsg.), pp. 13—94. Wien—New York: Springer. 1971.

[••11] LOCK, R. C. and BRIDGEWATER, J.: Theory and Aerodynamic Design for Swept-Winged Aircraft at Transonic and Supersonic Speeds. Progress in Aeronautical Sciences, Vol. 8 (Küchemann, D., ed.), pp. 139—228. Oxford: Pergamon Press. 1967.

[••12] MISELS, H.: Hypersonic Flow over Slender Bodies Associated with Power-Law Shocks. Advances in Applied Mechanics, Vol. 7 (Dryden, H. L. et al., eds.), pp. 2—54. New York: Academic Press. 1962.

[••13] v. MISES, R.: Mathematical Theory of Compressible Fluid Flow. New York: Academic Press. 1958.

[••14] OSWATITSCH, K.: Similarity and Equivalence in Compressible Flow. Advances in Applied Mechanics, Vol. 6 (Dryden, H. L. et al., eds.), pp. 154—271. New York: Academic Press. 1960.

[••15] OSWATITSCH, K., Hrsg.: Symposium Transsonicum. Berlin—Göttingen—Heidelberg—New York: Springer. 1964.

[••16] OSWATITSCH, K. und RUES, D., Hrsg.: Symposium Transsonicum II. Berlin—Heidelberg—New York: Springer. 1976.

[••17] SCHNEIDER, W.: Hyperschallströmungen. Übersichtsbeiträge zur Gasdynamik (Leiter, E. und Zierep, J., Hrsg.), pp. 163—194. Wien—New York: Springer 1971.

[••18] SICHEL, M.: Two Dimensional Shock Structure in Transonic and Hypersonic Flow. Advances in Applied Mechanics, Vol. 11 (Chia-Sen Yih, ed.), pp. 132—207. New York: Academic Press. 1971.

[••19] SMITH, J. H. B.: Remarks on the Structure of Conical Flows. Progress in Aerospace Sciences, Vol. 12 (Küchemann, D., ed.). Oxford: Pergamon Press. 1972.

[••20] TEIPEL, I.: Ergebnisse der Theorie schallnaher Strömungen. Progress in Aeronautical Sciences, Vol. 5 (Küchemann, D. and Sterne, L. H. G., eds.), pp. 104–142. Oxford: Pergamon Press. 1964.

[••21] VAN DE VOREN, A. I.: Unsteady Airfoil Theory. Advances in Applied Mechanics, Vol. 5 (Dryden, H. L. et al., eds.), pp. 36–83. New York: Academic Press. 1958.

[••22] WARREN, C. H. E. and RANDALL, D. G.: The Theory of Sonic Bangs. Progress in Aeronautical Sciences, Vol. 1 (Ferri, A. et al., eds.). pp. 238–274. Oxford: Pergamon Press. 1961. Correction see Vol. 5, pp. 295–302. 1964.

[••23] ZIEREP, J.: Theorie und Experiment bei schallnahen Strömungen. Übersichtsbeiträge zur Gasdynamik (Leiter, E. und Zierep, J., Hrsg.), pp. 117–162. Wien–New York: Springer. 1971.

Namen- und Sachverzeichnis

(Steht vor dem Substantiv ein Adjektiv, so ist in der Regel unter dem Substantiv nachzusehen; z. B.: „tragender Wirbel“ unter „Wirbel, tragender“. Diese Regel wird durchbrochen, wenn das Adjektiv die wesentliche Aussage enthält, wie z. B. „gasdynamische Gleichung“ oder „kumulativer Effekt“. Betreffs einfacher Grundbegriffe sei auf [·13] verwiesen. Hinweise auf die Literaturverzeichnisse sind durch kursive Zahlen gekennzeichnet.)

GPSR Compliance

The European Union's (EU) General Product Safety Regulation (GPSR) is a set of rules that requires consumer products to be safe and our obligations to ensure this.

If you have any concerns about our products, you can contact us on ProductSafety@springernature.com

In case Publisher is established outside the EU, the EU authorized representative is:

Springer Nature Customer Service Center GmbH
Europaplatz 3
69115 Heidelberg, Germany

Batch number: 10584556

Printed by Printforce, the Netherlands